高水平专业群教材建设专项项目
新时代新理念职业教育教材
新型活页式融媒体教材

U0971939

《焊接结构生产》工作页

王　剑　编著

北京交通大学出版社
·北京·

目　录

项目 1　掌握焊接安全防护要领

<table>
<tr><td>项目描述</td><td>穿戴焊接防护用品，并观察焊接生产过程中产生的有害因素。</td></tr>
<tr><td>项目要求</td><td>依据“1+X 特殊焊接技术职业技能中级”证书考核标准，完成以下作业：
（1）穿戴焊接防护用品；
（2）观察焊接有害因素。</td></tr>
<tr><td>学习目标</td><td>1. 职业知识目标
（1）能够总结出常见焊接方法的主要焊接危害；
（2）能够说出常见的焊接有害因素；
（3）能够归纳出常见的焊接有害因素的预防措施；
（4）能够说明各种焊接防护用品的功能。
2. 职业技能目标
（1）能够针对不同生产环境对各种焊接防护用品进行选择；
（2）能够规范、熟练地对焊接防护用品进行穿戴；
（3）能够规范、熟练地对焊接防护用品质量情况进行检查。
3. 职业素养目标
（1）能够养成自觉遵守技术标准和要求规定、规范操作、安全、环保、“5S”作业、团结协作的好习惯。
（2）能够在“珍爱生命”方面有着更加深刻的理解和认识。
（3）通过对项目内容的学习，在“一种便于观察周围环境宽视野焊接面罩”创新案例启发的基础之上，让学生完成新型焊接面罩的设计，将学生所学的专业内容与创新教育结合，促使学生发挥专业优势、开拓思维眼界、提升创新能力。</td></tr>
<tr><td>项目载体</td><td>本项目的载体为焊接生产中焊接工人经常穿戴的焊接防护用品，如图 1－1 所示。
本项目以常见的焊接防护用品穿戴为例，让学生了解焊接中常见的焊接有害因素，能够根据不同生产环境正确选择焊接防护用品，同时还能够正确地完成焊工服、焊接围裙、焊接手套、安全带、焊接面罩、焊工帽、安全帽、防尘口罩、焊工鞋、耳塞、护目镜等焊接防护用品的穿戴和质量检查。
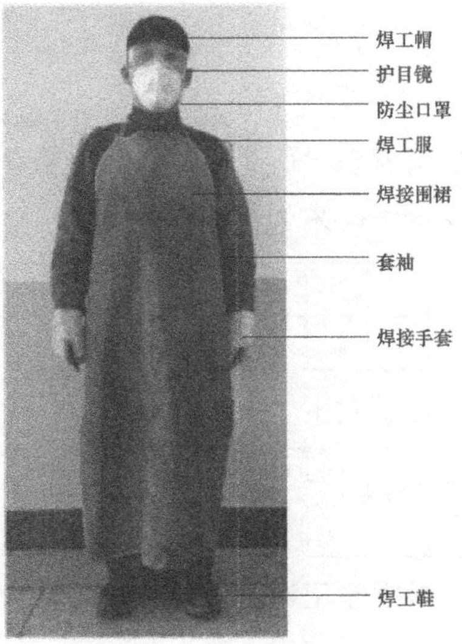

图 1－1　焊接防护用品</td></tr>
<tr><td>计划学时</td><td></td></tr>
</table>

任务 1.1　穿戴焊接防护用品

工作页	上课地点		学生姓名		完成/未完成
	任课教师		上课时间		优/良/中/及格

课前导学

在焊接过程中可能会产生有毒气体、有害粉尘、弧光辐射、高频电磁场、噪声等，还有可能发生触电、爆炸、烧伤、中毒和机械损伤等事故。这些都严重危害着焊工及其他人员的生命安全与健康，因此加强各项安全防护的措施和组织措施，加强焊接技术人员的责任感，防止事故和灾害的发生，是十分必要的。

结合教材、工作页及线上教学资源提示，课前小组讨论后整理出关于“穿戴焊接防护用品”职业活动的相关职业知识，并填写在图 1－2 中。

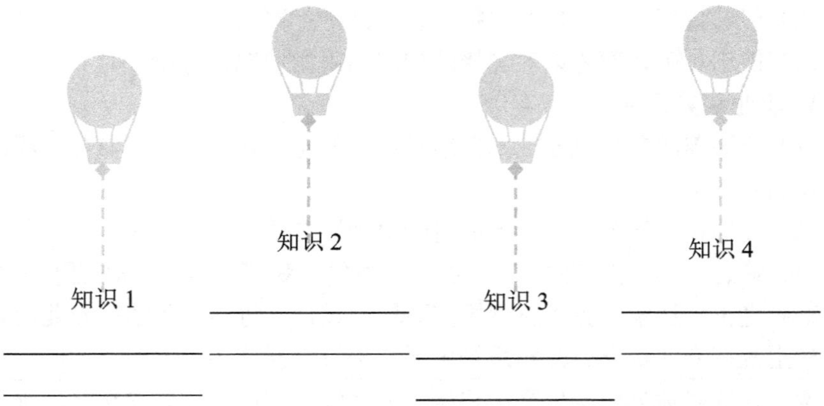

图 1－2　“穿戴焊接防护用品”相关的职业知识

课中探索

准备阶段

1. 视频导入

扫码观看视频资料，观看后请就以下两个问题进行回答，并总结凝练写在方格内。

任务 1.1 导入视频

（1）你在实际焊接操作中见过哪些不安全的现象？

（2）你认为如何才能降低或者不发生个人安全事故？

教学组织：教师检查纠错，学生改正错误。评价： ☆☆☆☆☆

★课程思政：珍爱生命

焊接安全关乎到每一个同学的生命安全，焊接工人每天要与电、烟尘、电磁场、辐射、噪声等环境接触，长时间无防护的接触会导致身心疾病，同学们要学会珍爱生命，爱护自己的身体，在焊接生产中采取有效的保护措施来保护好自己。

2. 问题导入

你认为焊接防护用品都应该包含哪些？请写在图 1-3 中。那么大家现在想不想了解这些焊接防护用品的正确穿戴方法呢？

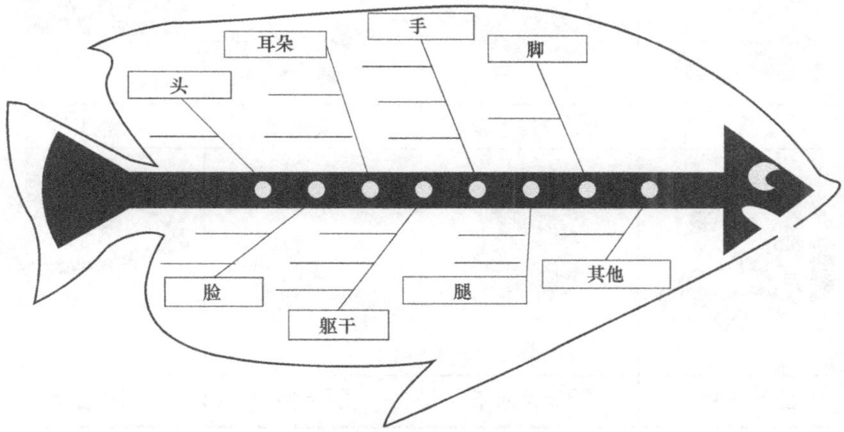

图 1-3　焊接防护用品

教学组织：教师检查纠错，学生改正错误。评价：☆☆☆☆☆

演示阶段

请结合本小组收集到的重要信息，观察教师演示的职业活动，待演示结束后在图 1-4 中写出你认为对于本任务职业活动有用的信息。

图 1-4　“穿戴焊接防护用品”有用的职业活动信息

教学组织：教师检查纠错，学生改正错误。评价：☆☆☆☆☆

实施与总结阶段

一、工作工序

步骤 1　作业准备

对照表 1－1“穿戴焊接防护用品”作业准备情况检查表，核准作业准备信息，如果已经准备好，请在“□”里面画上“√”；若有遗漏，请补充后画上“√”。

表 1－1　“穿戴焊接防护用品”作业准备情况检查表

□焊工服	□焊接围裙	□焊接手套	□安全带	□焊工鞋	□焊接脚盖
		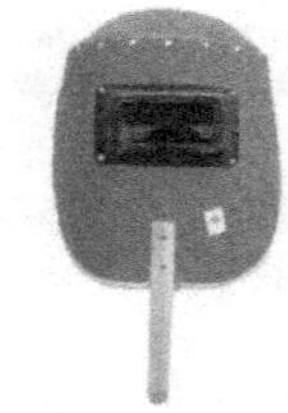	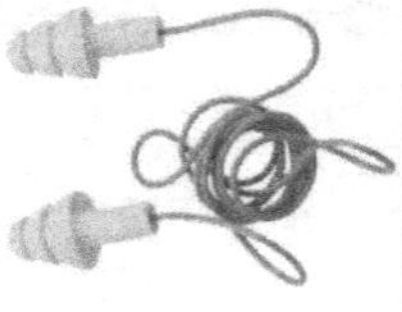		
□防尘口罩	□焊工帽	□焊接面罩	□耳塞	□护目镜	□安全帽

教学组织：教师检查纠错，学生改正错误。评价：☆☆☆☆☆

步骤 2　穿戴焊工服

1. 穿戴衣服

检查焊工服的衣服是否存在安全隐患问题，如：潮湿、较大的破损、孔洞和缝隙等，如果有请更换，如果没有请按照图 1－5 中的示例正确穿戴。

2. 穿戴裤子

检查焊工服的裤子是否存在安全隐患问题，如：__________、__________、__________等，如果有请更换，如果没有请按照图 1－6 中的示例正确穿戴焊。

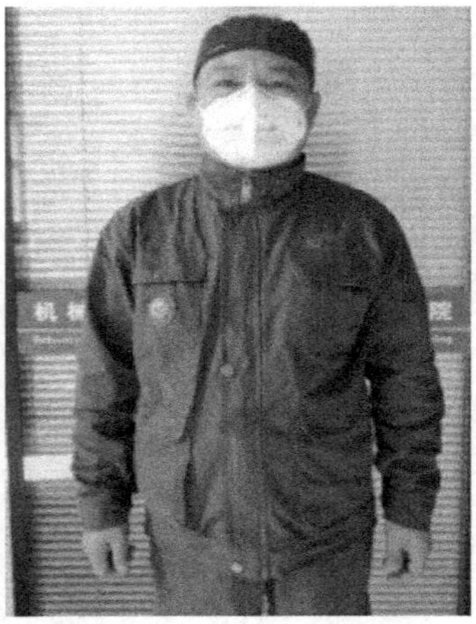

图 1－5　焊工衣服穿戴

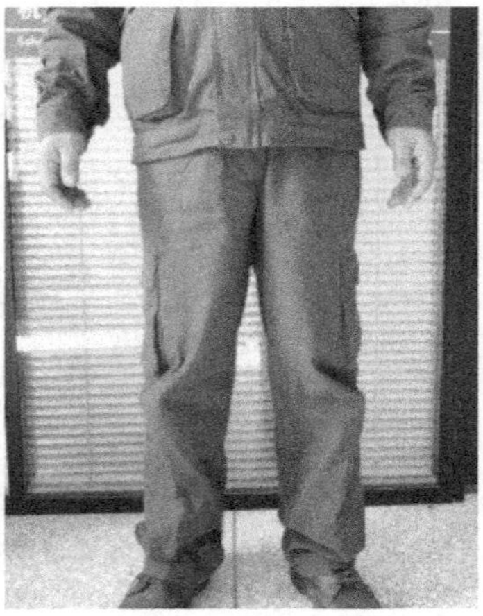

图 1－6　焊工裤子穿戴

职业知识：焊工服穿戴技术标准

焊工服穿戴技术标准

01 焊工服穿戴要整齐，并______领口、衣襟、袖口及下______。

02 领口不可______或卷曲。

03 焊工服上身应遮住腰部，内衣下摆不能______。

04 裤子要系皮带，裤门扣子要扣好，裤脚至平踝关节下 2 cm，不能______，产生拖地情况，同时也不能太短，致使脚部皮肤______。

教学组织：教师检查纠错，学生改正错误。评价：☆☆☆☆☆

步骤 3　穿戴焊工鞋

检查焊工鞋是否存在安全隐患问题，如：________、________、________、________、________等，如果有请更换，如果没有请按照图 1-7 中的示例正确穿戴。

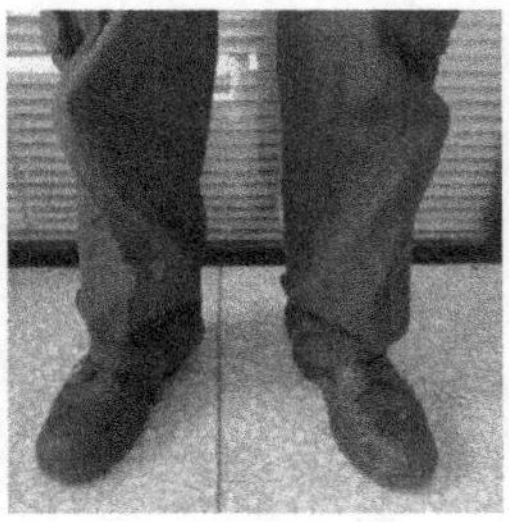

图 1-7　焊工鞋穿戴

职业知识：焊工鞋穿戴技术标准

焊工鞋穿戴技术标准

1 鞋带必须系紧，防止因脱落，造成意外伤害，鞋带不能留______或拖地

2 穿戴______尺码的焊工鞋

3 ________拖穿

4 定期清理焊工鞋，________也必须经常清扫。

教学组织：教师检查纠错，学生改正错误。评价：☆☆☆☆☆

步骤 4　穿戴防尘口罩

检查防尘口罩是否存在安全隐患问题，如：________、________、________或明显脏污等，如果有请更换，如果没有请按照图 1-8 中的示例正确穿戴。

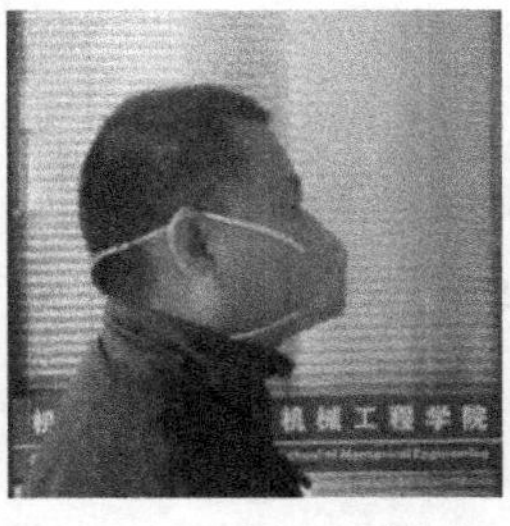

图 1-8　防尘口罩穿戴

职业知识：防尘口罩穿戴技术标准

防尘口罩穿戴技术标准

1 面向口罩无鼻夹的一面，使鼻夹位于口罩______

2 将口罩抵住下巴，双手将_____头带拉过头顶，置于颈后耳朵下方。

3 将______头带拉过头顶，置于颈后耳朵上方，达到口罩与脸部紧密贴合。

4 将双手手指置于金属鼻夹中部，从中部向两侧按照鼻梁形状向内按压，直至将其完全按压成______形状为止。

教学组织：教师检查纠错，学生改正错误。评价：☆☆☆☆☆

步骤 5　穿戴护目镜

检查护目镜（防尘眼镜、白眼镜、色眼镜）是否存在安全隐患问题，如：____________、____________等，如果有请更换，如果没有请按照图 1－9 中的示例正确穿戴。

图 1－9　护目镜穿戴

职业知识：护目镜穿戴技术标准

护目镜穿戴技术标准

护目镜必须能够______遮住眼睛。

佩戴护目镜时应______摘戴。

可在两镜架腿末端系一根合适长度的______。

教学组织：教师检查纠错，学生改正错误。评价：☆☆☆☆☆

步骤 6　穿戴焊工帽

检查焊工帽是否存在安全隐患问题，如：穿戴后易______、较大______和______等，如果有请更换，如果没有请按照图 1－10 中的示例正确穿戴。

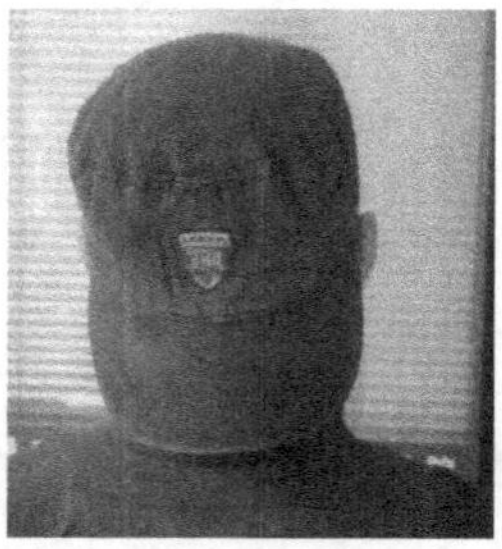

图 1－10　焊工帽穿戴

职业知识：焊工帽穿戴技术标准

焊工帽穿戴技术标准

根据头围大小调整好______，使操作时不易滑落。

焊工帽佩戴端正，帽檐须在_______方。

______必须盘在帽内。

教学组织：教师检查纠错，学生改正错误。评价：☆☆☆☆☆

步骤 7　穿戴焊接手套

检查焊接手套是否存在安全隐患问题，如：______、______等，如果有请更换，如果没有请按照图 1－11 中的示例正确穿戴。

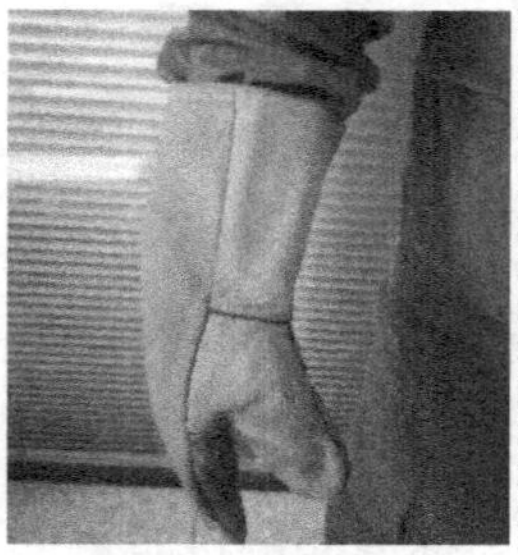

图 1－11　焊接手套穿戴

职业知识：焊接手套穿戴技术标准

焊接手套穿戴技术标准

01 电气焊作业时，________必须佩戴焊接手套。

02 摘取手套一定要注意正确的方法，防止将手套上沾染的____________接触到皮肤和衣服上，造成二次污染。

教学组织：教师检查纠错，学生改正错误。评价：☆☆☆☆☆

步骤 8　穿戴焊接脚盖

检查焊接脚盖是否存在安全隐患问题，如：______、______等，如果有请更换，如果没有请按照图 1－12 中的示例正确穿戴。脚盖要包裹住______、______及小腿部位，捆绑绳带要系好、系牢。

步骤 9　穿戴焊工耳塞

检查焊工耳塞是否存在安全隐患问题，如：______、______等，如果有请更换，如果没有请按照图 1－13 中的示例正确穿戴。耳塞在佩戴时，要先将耳廓_______提拉，使耳甲腔呈平直状态，然后手持耳塞柄，将耳塞帽体部分轻轻推向__________内，并尽可能地使耳塞体与耳甲腔相贴合。

步骤 10　穿戴焊接面罩

检查焊接面罩是否存在安全隐患问题，如：______、______等，如果有请更换，如果没有请按照图 1－14 中的示例正确穿戴。

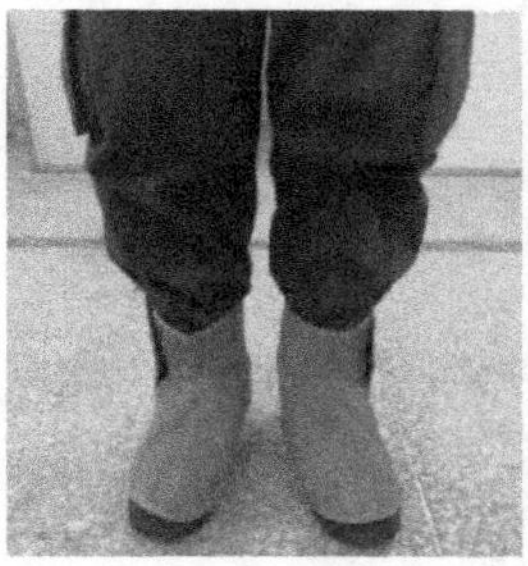

图 1－12　焊接脚盖穿戴

图 1－13　焊工耳塞穿戴

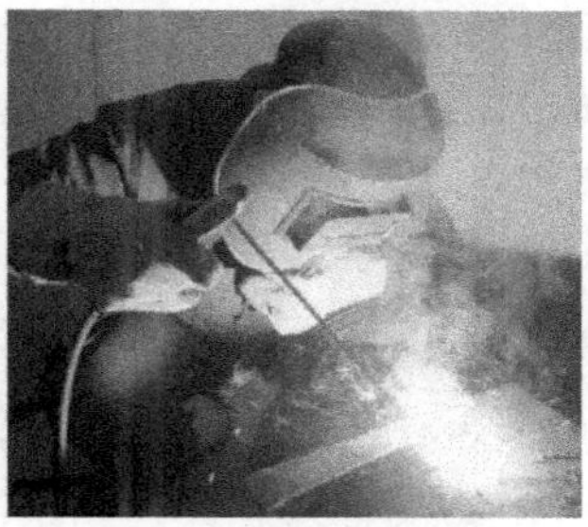

图 1－14　焊接面罩穿戴

职业知识：焊接面罩穿戴技术标准

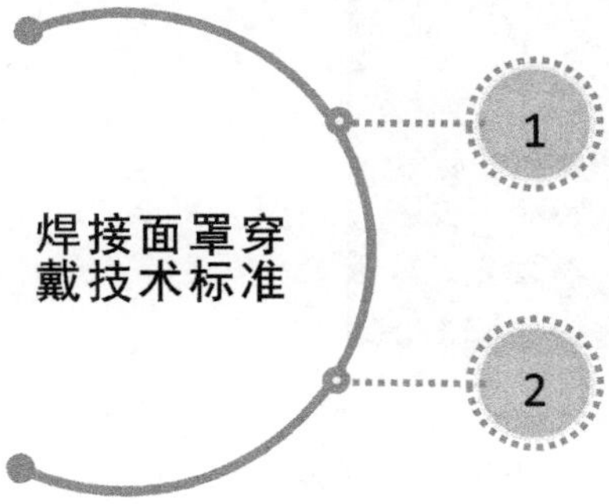

______握面罩手柄，准备阶段保持在左面脸侧区域。

在准备焊接的时候焊条对准待焊部位将面罩移到面部正前方，一定要将脸全部________，否则被弧光照射到的部位会被灼伤。

教学组织：教师检查纠错，学生改正错误。评价：☆☆☆☆☆

步骤 11　穿戴焊接围裙

检查焊接围裙是否存在安全隐患问题，如：______、______、______等，如果有请更换，如果没有请按照图 1－15 中的示例正确穿戴。

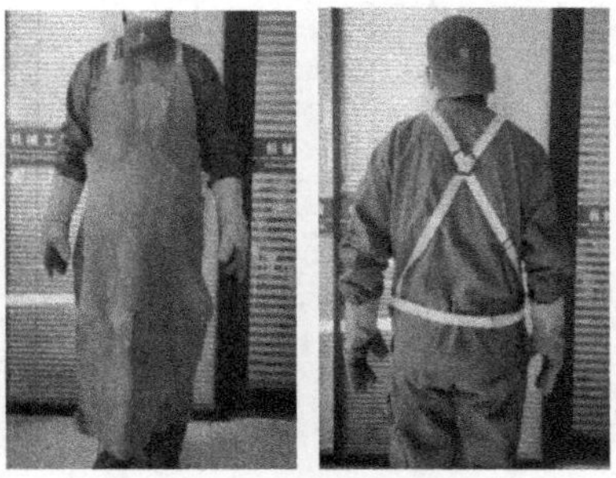

图 1－15　焊接围裙穿戴

职业知识：焊接围裙穿戴技术标准

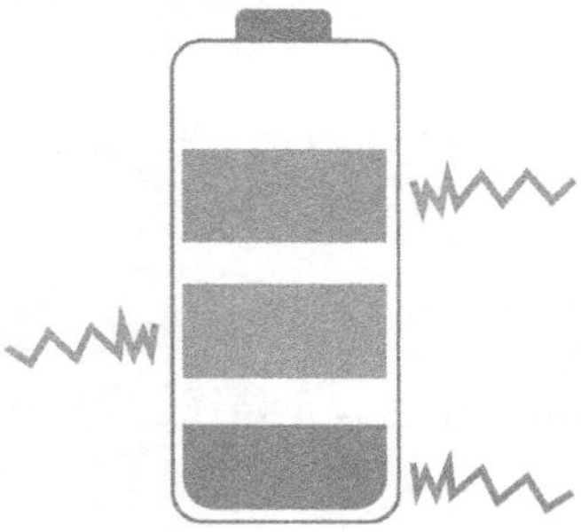

焊接围裙要穿戴______。

佩戴无不适感，松紧________，既不能太紧，影响操作，也不能太，松起不到防护作用。

调整颈部绑带和腰部绑带，使焊接围裙全面防护_____和_____。

教学组织：教师检查纠错，学生改正错误。评价：☆☆☆☆☆

步骤 12　穿戴安全带

检查安全带是否存在安全隐患问题，如：部件是否_______，有无_______，金属配件的各种环边缘是否_______等，如果有请更换，如果没有请按照图 1－16 中的示例正确穿戴。

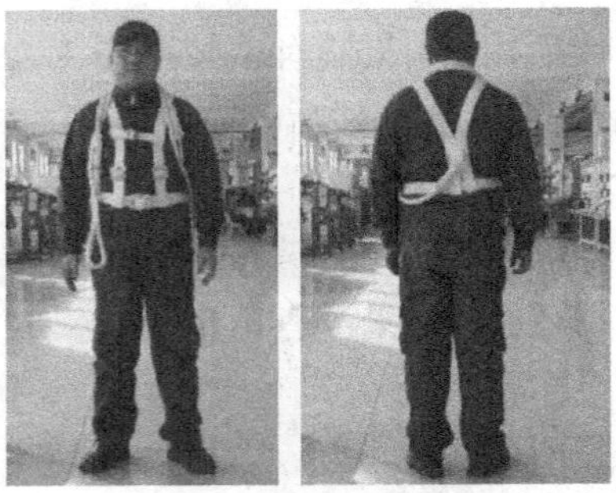

图 1－16　安全带穿戴

职业知识：安全带穿戴技术标准

坠落悬挂安全带的安全绳同主带的________应固定于佩戴者的后背、后腰或胸前，不应位于腋下、腰侧或腹部。

不应有任何部件________喉部、外生殖器。

主带扎紧扣应可靠，不能________开启。

教学组织：教师检查纠错，学生改正错误。评价：☆☆☆☆☆

步骤 13　穿戴安全帽

检查安全帽是否存在安全隐患问题，如：配件有无______，装配是否______，帽衬调节部分是否______，绳带是否______，如果有请更换，如果没有请按照图 1－17 中的示例正确穿戴。

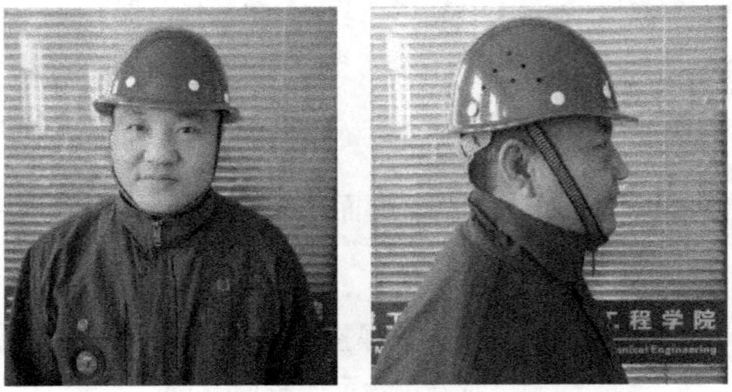

图 1－17　安全帽穿戴

职业知识：安全帽穿戴技术标准

佩戴安全帽前，调整好帽衬尺寸直到对头部稍有约束感，但不难受的程度，以不系下颏带低头时安全帽不会________为宜。

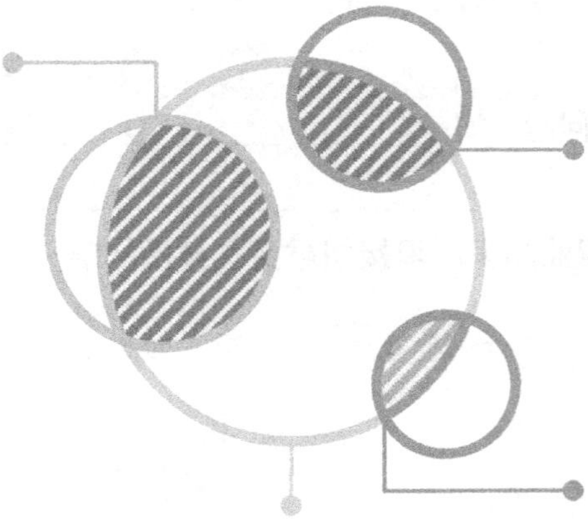

必须戴正安全帽，如果戴_______，一旦头部受到物体打击，就不能减轻对头部的伤害。

安全帽下颏带和后帽箍拴系牢固，以防帽子______和______。

教学组织：教师检查纠错，学生改正错误。评价：☆☆☆☆☆

二、问题简析

实施完“穿戴焊接防护用品”任务后，总结操作过程中存在的问题，将问题填写在表 1－2 中，并对产生原因进行简要分析。

表 1－2　“穿戴焊接防护用品”问题汇总简析表

序号	问题	简析
1		
2		
3		
4		

教学组织：教师检查纠错，学生改正错误。评价：☆☆☆☆☆

评价

知识评价

请结合实际案例对术语进行解读。每个术语 25 分，共计 100 分。

（1）防护用品

（2）焊工服

（3）焊接面罩

（4）护目镜

技能评价

对表 1－3 所列作业内容，操作规范即得分，操作错误或未操作即零分。其中，学生自评占 20%，学生互评占 20%，教师评价占 60%。

表 1－3　“穿戴焊接防护用品”技能评价表

序号	作业内容	配分	学生自评得分	学生互评得分	教师评价得分
1	穿戴焊工服	20			
2	穿戴焊工鞋	10			
3	穿戴防尘口罩	10			
4	穿戴护目镜	5			
5	穿戴焊工帽	5			
6	穿戴焊接手套	10			
7	穿戴焊接脚盖	10			
8	穿戴耳塞	5			
9	穿戴焊接面罩	5			
10	穿戴焊接围裙	10			
11	穿戴安全带	5			
12	穿戴安全帽	5			
总分		100			
综合评价		100			

素养评价

对表 1－4 所列素养点，做到即得分，未做到即零分。其中，学生自评占 20%，学生互评占 20%，教师评价占 60%。

表 1－4 “穿戴焊接防护用品”素养评价表

序号	素养点	配分	学生自评得分	学生互评得分	教师评价得分
1	按时出勤，无迟到早退	10			
2	准备充分，无手忙脚乱	10			
3	积极互动，无消极态度	10			
4	安全作业，无安全隐患	10			
5	保护环境，无乱扔乱倒	10			
6	规范标准，无野蛮操作	10			
7	团队协作，无不洽关系	10			
8	场地“5S”	10			
9	团队协作能力进一步提升	10			
10	职业活动能力进一步提升	10			
总分		100			
综合评价		100			

课后拓展

1. 多选题

（1）以下属于焊接中常见的危害因素有（　　　）。

A. 电弧辐射　B. 高频电磁场　C. 粉尘及有害气体　D. 噪声　E. 电离辐射

（2）关于焊工服穿戴描述正确的是（　　　）。

A. 焊工服穿戴要整齐，并扣好领口、衣襟、袖口及下摆纽扣　B. 领口不可竖起来或卷曲

C. 焊工服上身应遮住腰部，内衣下摆不能外露　D. 可以随意改制工作服装，比如改长袖为短袖

（3）以下关于防尘口罩穿戴要求描述正确的是（　　　）。

A. 在切割、焊接等生产作业场所必须按穿戴技术标准正确佩戴防尘口罩

B. 佩戴时必须检查口罩与脸部的密合性，使口罩与脸部完全贴合，方可进入工作区

C. 口罩用完后不能将口罩放到脏污环境中，以免受到污染

D. 感觉呼吸阻力显著增加时，可以更换防尘口罩

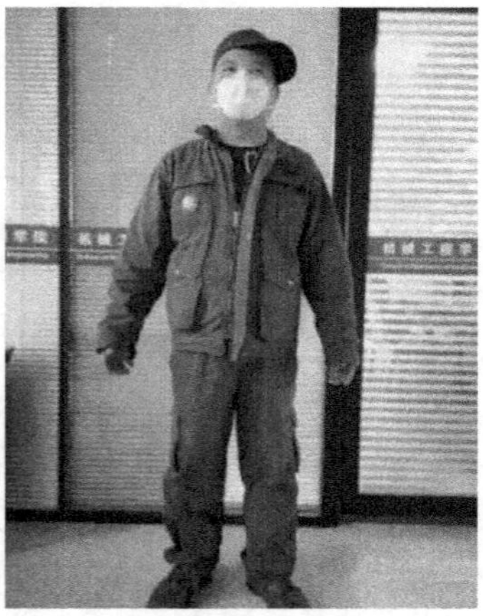

图 1－18　焊接防护用品穿戴错误示范

2. 判断题

（1）电焊工不允许穿有铁钉的鞋是为了防滑倒。　（　　）

（2）焊接对焊工没有毒害。　（　　）

3. 拓展训练

（1）指出图 1－18 中，焊接防护用品穿戴不合理的地方。

（2）你能说出身边由于焊接防护用品穿戴不正确危害到焊工或其他人员健康和安全的案例吗？

（3）请按照图 1－19 中思维导图的提示，按照职业活动工作流程，对“穿戴焊接防护用品”的学习收获进行总结。

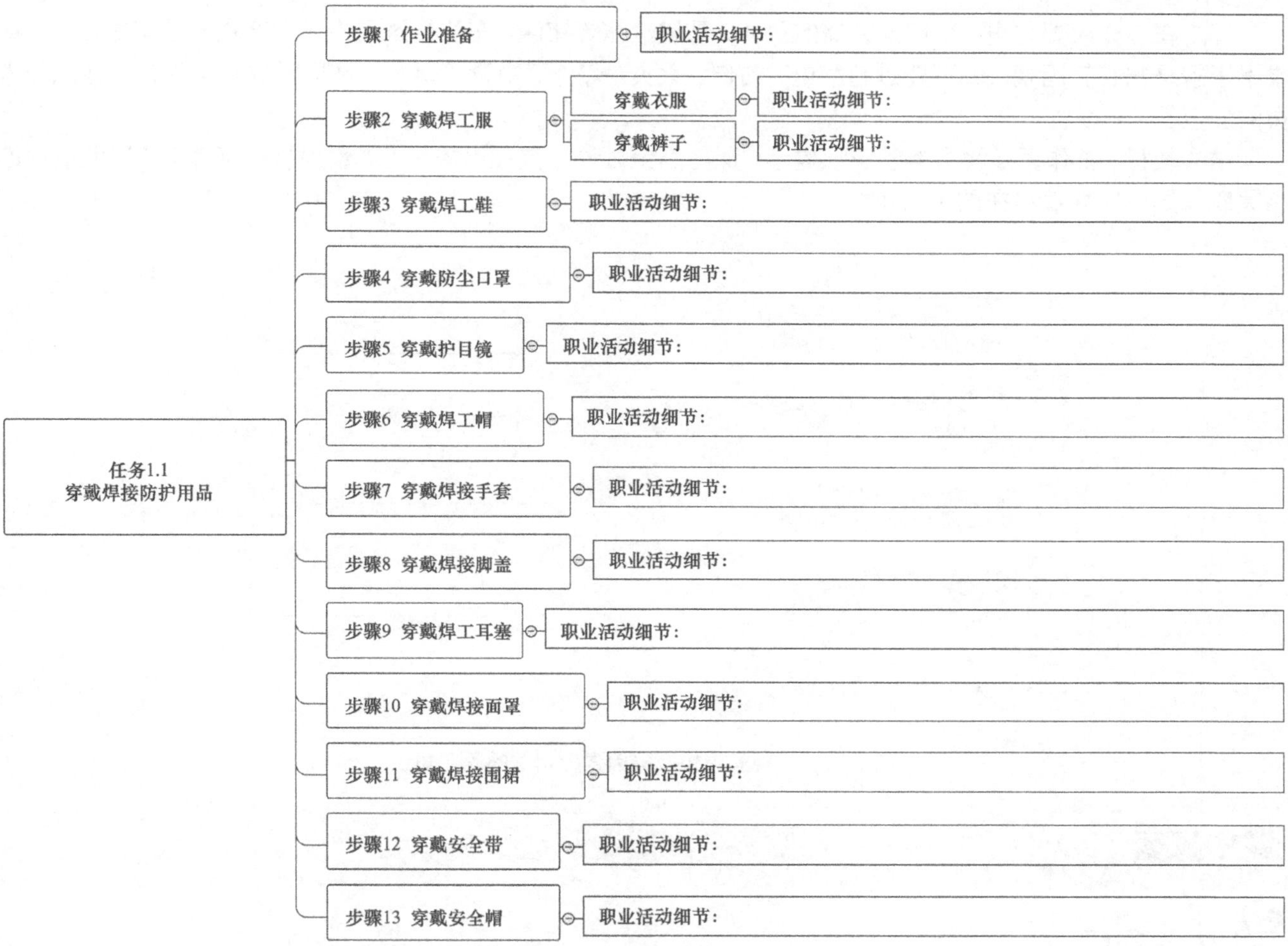

图 1－19　“穿戴焊接防护用品”学习收获总结

任务 1.2　观察焊接有害因素

工作页	上课地点		学生姓名		完成/未完成
	任课教师		上课时间		优/良/中/及格

课前导学

焊工在工作时要与电、可燃及易爆的气体、易燃液体等接触，在焊接过程中还会产生一些有害因素，如果不了解这些有害因素，就可能引起触电、灼伤、火灾、爆炸、中毒等事故，直接影响到自身和其他工作人员的安全。

结合教材、工作页及线上教学资源提示，课前小组讨论后整理出关于“观察焊接有害因素”职业活动的相关职业知识，并填写在图 1－20 中。

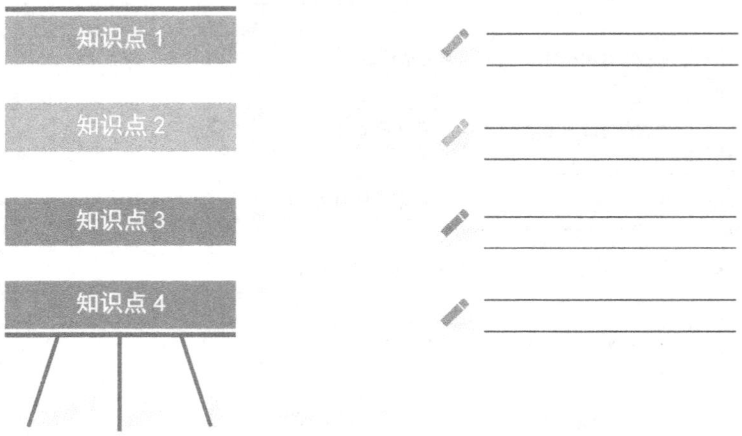

图 1－20　“观察焊接有害因素”相关的职业知识

课中探索

准备阶段

1. 视频导入

扫码观看视频资料，观看后请就以下两个问题进行回答，并总结凝练写在方格内。

任务 1.2 课前导入视频

（1）你在视频中看到和听到哪些关于焊接的有害因素？

（2）你还能说出其他焊接方法中产生的有害因素吗？

教学组织：教师检查纠错，学生改正错误。评价： ☆☆☆☆☆

2. 问题导入

你认为焊接生产中对焊工健康有危害的因素都有哪些？请写在图 1-21 中。那么大家现在想不想了解这些危害因素呢？

图 1-21 焊接中对焊工健康有危害的因素

教学组织：教师检查纠错，学生改正错误。评价：☆☆☆☆☆

演示阶段

请结合本小组收集到的重要信息，观察教师演示的职业活动，待演示结束后在图 1-22 中写出你认为对于本任务职业活动有用的信息。

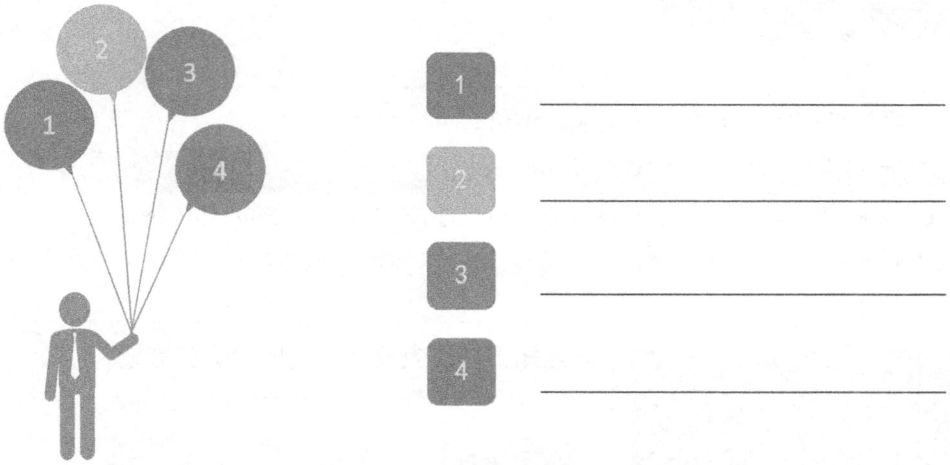

图 1-22 “观察焊接有害因素”有用的职业活动信息

教学组织：教师检查纠错，学生改正错误。评价：☆☆☆☆☆

实施与总结阶段

一、工作工序

步骤 1 作业准备

对照表 1-5“观察焊接有害因素”作业准备情况检查表，核准作业准备信息，如果已经准备好，请在“□”里面画上“ √”；若有遗漏，请补充后画上“ √”。

表 1－5 “观察焊接有害因素”作业准备情况检查表

□YC－400TX4 焊机	□焊条	□焊接面罩	□护目镜	□敲渣锤	□焊接操作台

教学组织：教师检查纠错，学生改正错误。评价：☆☆☆☆☆

步骤 2 观察电弧燃烧产生的电弧辐射

采用松下 YC－400TX4 焊机，使用直径为 3.2 mm 的 E5015 焊条在 Q235B 钢板上进行焊接，观察焊接时产生的弧光，如图 1－23 所示。此外，还可改为钨极氩弧焊进行施焊，观察焊接时产生的弧光。

图 1－23 焊接时产生的弧光

职业知识：电弧辐射的防护措施

- 01 焊工在焊接时必须使用____ ________
- 02 施焊时焊工应穿着________
- 03 注意眼睛的______休息

教学组织：教师检查纠错，学生改正错误。评价：☆☆☆☆☆

步骤 3 观察电弧燃烧产生的粉尘及有害气体

采用松下 YC－400TX4 焊机，使用直径为 3.2 mm 的 E5015 焊条在 Q235B 钢板上进行焊接，观察焊接时产生的金属气体和烟雾，如图 1－24 所示。此外，还可改为钨极氩弧焊进行施焊，观察焊接时产生的金属气体和烟雾。

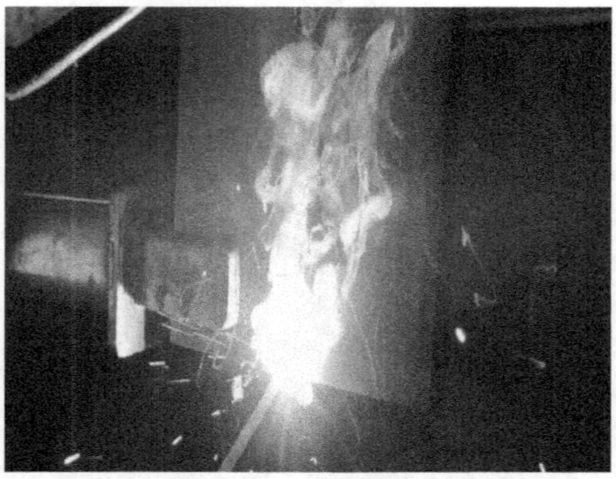

图 1－24 焊接时产生的金属气体和烟雾

职业知识：粉尘及有害气体的防护措施

- 01 可采用______或少烟尘的焊接工艺
- 02 开发和使用低尘_____的焊接材料
- 03 提高焊接机械化和______程度
- 04 采取有效的通风_____措施

教学组织：教师检查纠错，学生改正错误。评价：☆☆☆☆☆

步骤 4 辨听电弧焊敲渣和试件打磨产生的噪声

使用敲渣锤对焊后的试件进行敲渣，辨听在敲渣过程中产生的声音，如图 1－25 所示。此外，还可以使用角向打磨机对试件进行打磨，观察在打磨过程中产生的声音。

图 1－25 使用敲渣锤对焊后试件进行敲渣

职业知识：噪声的防护措施

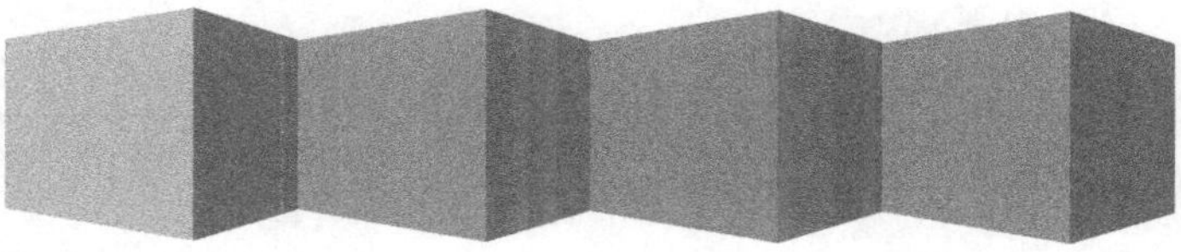

01 采用_____噪声工艺及设备

02 采取_____措施

03 采取吸声、_____措施

04 操作者应佩戴隔音_____

教学组织：教师检查纠错，学生改正错误。评价：☆☆☆☆☆

步骤 5 观察钨极氩弧焊引弧产生的高频电磁场

采用松下 YC－400TX4 焊机，使用钨极氩弧焊焊枪在 Q235B 钢板上进行反复引弧，观察在引弧过程中焊枪产生的放电现象，如图 1－26 所示。

图 1－26 钨极氩弧焊引弧

职业知识：高频电磁场的防护措施

01 减少高频电磁场的作用______

02 尽可能地______振荡器频率

03 保持工件良好的______

04 屏蔽______及软线

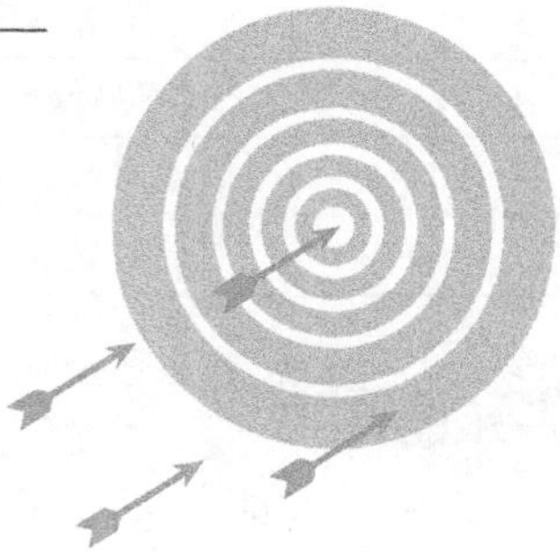

教学组织：教师检查纠错，学生改正错误。评价：☆☆☆☆☆

二、问题简析

实施完“观察焊接有害因素”任务后，总结操作过程中存在的问题，将问题填写在表 1－6 中，并对产生原因进行简要分析。

表 1－6 “观察焊接有害因素”问题汇总简析表

序号	问题	简析
1		
2		
3		
4		
5		

教学组织：教师检查纠错，学生改正错误。评价：☆☆☆☆☆

评价

知识评价

请结合实际案例对术语进行解读。每个术语 25 分，共计 100 分。

（1）电弧辐射

____

（2）粉尘

____

（3）噪声

____

（4）高频电磁场

____

技能评价

对表 1－7 所列作业内容，操作规范即得分，操作错误或未操作即零分。其中，学生自评占 20%，学生互评占 20%，教师评价占 60%。

表 1－7 “观察焊接有害因素”技能评价表

序号	作业内容	配分	学生自评得分	学生互评得分	教师评价得分
1	观察电弧辐射	25			
2	观察粉尘及有害气体	25			
3	辨听噪声	25			
4	观察高频电磁场	25			
总分		100			
综合评价		100			

素养评价

对表 1－8 所列素养点，做到即得分，未做到即零分。其中，学生自评占 20%，学生互评占 20%，教师评价占 60%。

表 1－8 “观察焊接有害因素”素养评价表

序号	素养点	配分	学生自评得分	学生互评得分	教师评价得分
1	按时出勤，无迟到早退	10			
2	准备充分，无手忙脚乱	10			
3	积极互动，无消极态度	10			
4	安全作业，无安全隐患	10			
5	保护环境，无乱扔乱倒	10			
6	规范标准，无野蛮操作	10			
7	团队协作，无不洽关系	10			
8	场地“5S”	10			
9	团队协作能力进一步提升	10			
10	职业活动能力进一步提升	10			
总分		100			
综合评价		100			

课后拓展

1. 多选题

（1）在焊接作业区（　　）直视电弧。

A. 可以　　B. 可偶尔　　C. 严禁　　D. 在没有焊接面罩时可

（2）电弧辐射主要产生（　　）、（　　）、（　　）三种射线。

A. 可见光　　B. X 射线　　C. 红外线　　D. 紫外线

2. 判断题

（1）人体长期处于高频电磁场的作用下，严重时会使血压不正常。（　　）

（2）电弧辐射中会产生对人体危害较大的 X 射线。（　　）

（3）焊接电弧的高温将使金属剧烈蒸发，它们在空气中冷凝并氧化成粉尘。（　　）

3. 拓展训练

（1）用手机查一查在焊接生产中还有哪些对人体有害的因素。

（2）你能从焊接方法、焊接设备、焊接材料、焊接生产安全管理等方面说出如何降低焊接有害因素对焊工的伤害吗？

（3）请按照图 1－27 中思维导图的提示，按照职业活动工作流程，对“观察焊接有害因素”的学习收获进行总结。

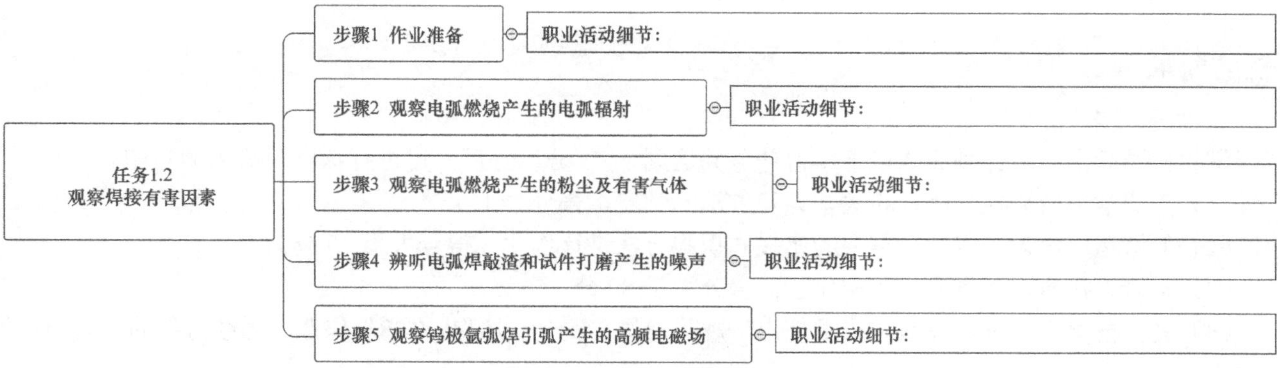

图 1－27 “观察焊接有害因素”学习收获总结

项目 1 学习成果检测

资讯

任务描述

根据所学，按照“1+X 特殊焊接技术职业技能中级”证书考核标准，请将图 1－28 中所示的各种焊接防护用品为小组中一名成员穿戴上。

图 1－28　需要穿戴的防护用品

任务要求

1. 学生要求

学生按照教学进度计划完成以下学习任务并达到了 75 分以上后，可进行该学习成果的实施。

（1）完成学习成果检测所需相关知识和方法的学习，得分大于 75 分。

（2）能够运用学习成果检测需要的相关知识和方法进行作业，得分大于 75 分。

（3）按时、按质、按量完成相应作业，得分大于 80 分。

（4）具有自觉遵守技术标准和要求规定、规范操作、安全、环保、“5S”作业、团结协作的好习惯，得分大于 80 分。

（5）能制定图 1－28 所示的各种焊接防护用品穿戴流程。

2. 教师要求

（1）在安排学生实施学习成果前，通过课堂问题研讨、作业、实训和考核及其他方式，确认学生已经具备了实施学习成果所需的知识、技能和素养，并确保学生在安全状态下独立进行。

（2）对协助教师进行测评的学生进行测评和监督方法的培训，确保测评结果的准确性和公平性。

（3）准备好测评记录。

计划

结合教材、工作页及线上教学资源提示，课前小组讨论后拟定“项目 1　学习成果检测”的工作任务计划，可参照图 1－29，随后以小组为单位分享小组作业计划。

图 1－29 “项目 1　学习成果检测”小组作业计划

决策

根据最新的资讯信息，请结合本小组作业计划中存在的问题，在图 1－30 中写出你认为对修改作业计划有用的信息，并对作业计划中的细节问题进行决策。

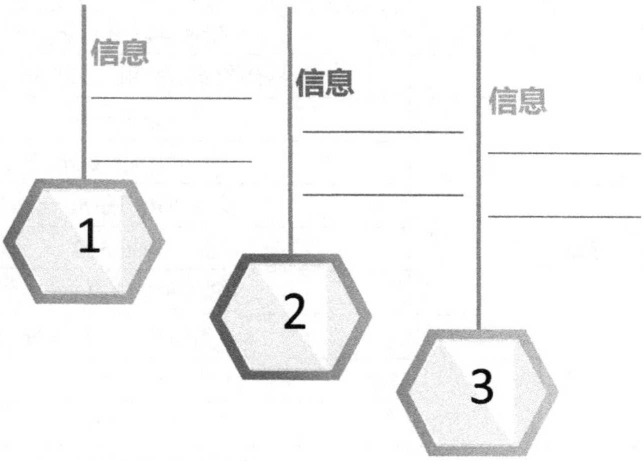

图 1－30 “项目 1　学习成果检测”修改作业计划有用的信息

实施与检查

任务实施

根据拟订好的作业计划，以小组为单位，独立实施工作任务，待工作任务完成后，将实施过程中出现的典型问题记录在表 1－9 中。

表 1－9 “项目 1 学习成果检测”问题汇总简析表

序号	问题	简析
1		
2		
3		

任务检查

在学生实施工作任务时，教师根据学生的表现对学生的职业活动进行检查和监督，将学生在职业活动中的表现记录在评价表格中，如表1－10所示。

评价

评价方法

（1）每位测评人员负责对2名学生进行定点、全过程的监控和测评。

（2）详细记录学生在实施学习成果检测任务过程中的相关信息、数据、结果、操作方法、完成时间，以及出现错误、事故等情况。

（3）学习成果的作业过程和数据记录等，要求在10 min内完成，时间不足，可在即将结束时，由学生口述剩余部分的作业方法。

评价标准

考核内容及标准见表1－10，合格分数为90分。

表1－10 “项目1学习成果检测”考核内容及标准

序号	作业项目	考核内容	考核标准	配分	得分
1	焊工衣服	穿戴规范	未检查防护用品扣5分	20	
			错一处扣5分		
			错两处以上0分		
2	焊工裤子	穿戴规范	未检查防护用品扣5分	20	
			错一处扣5分		
			错两处以上0分		
3	焊工鞋	穿戴规范	未检查防护用品扣5分	20	
			错一处扣5分		
			错两处以上0分		
4	防尘口罩	穿戴规范	未检查防护用品扣5分	10	
			错一处扣5分		
			错一处以上0分		
5	焊工帽	穿戴规范	未检查防护用品扣5分	10	
			错一处扣5分		
			错一处以上0分		
6	焊接手套	穿戴规范	未检查防护用品扣5分	10	
			错一处扣5分		
			错一处以上0分		
7	安全帽	穿戴规范	未检查防护用品扣5分	10	
			错一处扣5分		
			错一处以上0分		
总分				100	

创新之窗

专利案例：一种便于观察周围环境宽视野焊接面罩

本专利案例展示了一种便于观察周围环境宽视野焊接面罩，包括罩体，所述罩体的两侧均设置有挡板，两个所述挡板的一侧面均开设有通槽，所述通槽的内部固定安装有玻璃，所述罩体的前表面中间位置处设置有焊接窗，所述焊接窗的内部设置有护目镜，所述罩体的上方后表面水平对称连接有两个调节杆，如图1－31所示。本专利案例涉及焊接面罩技术领域，该便于观察周围环境宽视野焊接面罩，通过滑筒的一端嵌入滑动安装有滑杆，当对工件进行焊接时，工作人员不仅可以手持焊接面罩，而且还可以将焊接面罩戴在头上进行焊接，操作方便，当将焊接面罩戴在头上时，可以根据工作人员的需要来调整眼睛与焊接窗之间的距离，提高了该装置的实用性。

宽视野焊接面罩

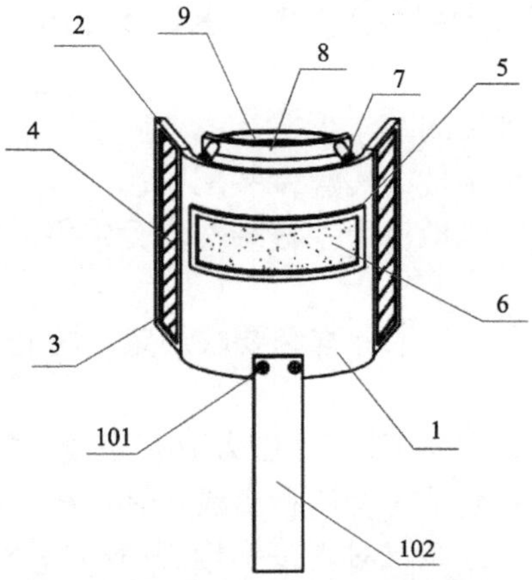

1—罩体；2—挡板；3—通槽；4—玻璃；5—焊接窗；6—护目镜；7—调节杆；8—弧形板；9—固定带；101—固定螺栓；102—握把

图1－31　一种便于观察周围环境宽视野焊接面罩

创新之门

专利名称：

结合焊接生产实际，请你设计出一款新型的焊接面罩，具体要求如下：

（1）画出所设计面罩简图；

（2）写出该焊接面罩较传统焊接面罩的优势。

项目2　认识十字柱结构焊接接头

项目描述	对十字柱结构焊接装配图进行识读并校核焊接接头静载强度。
项目要求	依据“1+X特殊焊接技术职业技能中级”证书考核标准，正确分析十字柱结构焊接装配图要求，整理焊接结构生产信息，完成以下作业任务： （1）识读十字柱结构焊接装配图； （2）校核十字柱结构接头静载强度。
学习目标	**1. 职业知识目标** （1）能够说出焊缝代号所代表的含义； （2）能够归纳十字柱结构焊接装配图的识读方法； （3）能够总结对接接头的强度校核方法； （4）能够总结T型（十字）接头的强度校核方法。 **2. 职业技能目标** （1）能够辨认焊接接头的基本形式； （2）能够独立识读十字柱结构焊接装配图； （3）能够规范地、熟练地对十字柱结构进行焊缝强度校核。 **3. 职业素养目标** （1）能够养成自觉遵守技术标准和要求规定、规范操作、安全、环保、“5S”作业、团结协作的好习惯。 （2）能够在“做事要有条理性”“做人要有底线”等方面有更加深刻的理解和认识。 （3）通过纸桥竞赛中纸桥的设计和实践，促使在对焊接结构理解的同时，充分锻炼和培养创新与实践的能力，充分激发对焊接结构制造的热情和探索精神。
项目载体	本项目的载体为十字柱结构焊接装配图，如图2-1所示。 焊接结构装配图是用来表达金属焊接构件的工程图样，它是指导焊接构件的加工、装配、施焊和焊后处理，并能清楚地表达焊接构件的结构形状、接头形式及尺寸、焊缝位置和焊接要求的技术文件。 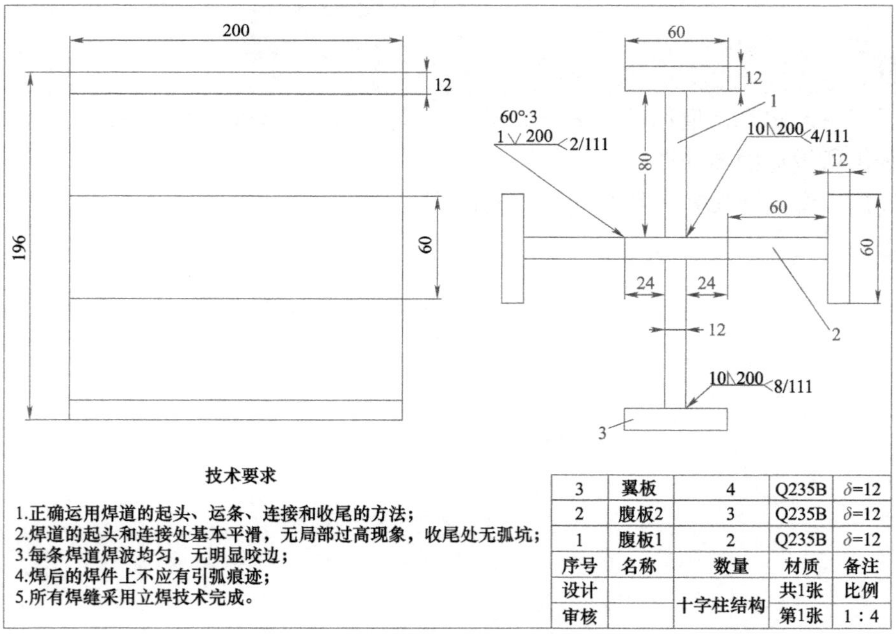 图2-1　十字柱结构焊接装配图
计划学时	

任务 2.1　识读十字柱结构焊接装配图

工作页	上课地点		学生姓名		完成/未完成
	任课教师		上课时间		优/良/中/及格

课前导学

焊接装配图能表达焊接时的基本技术要求、焊件的重要结构信息及各焊件间的连接情况，在焊接生产中，读懂焊接装配图、了解焊接装配图所表达的焊接工艺信息是实施焊接的重要前提之一。

结合教材、工作页及线上教学资源提示，课前小组讨论后整理出关于“识读十字柱结构焊接装配图”职业活动的相关职业知识，并填写在图 2－2 中。

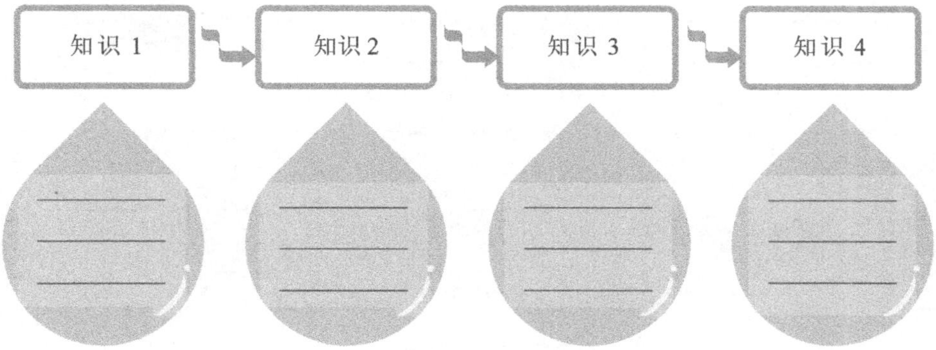

图 2－2　“识读十字柱结构焊接装配图”相关的职业知识

课中探索

准备阶段

1. 图片导入

观察图 2－3 中的信息，请就以下两个问题进行回答，并总结凝练写在方格内。

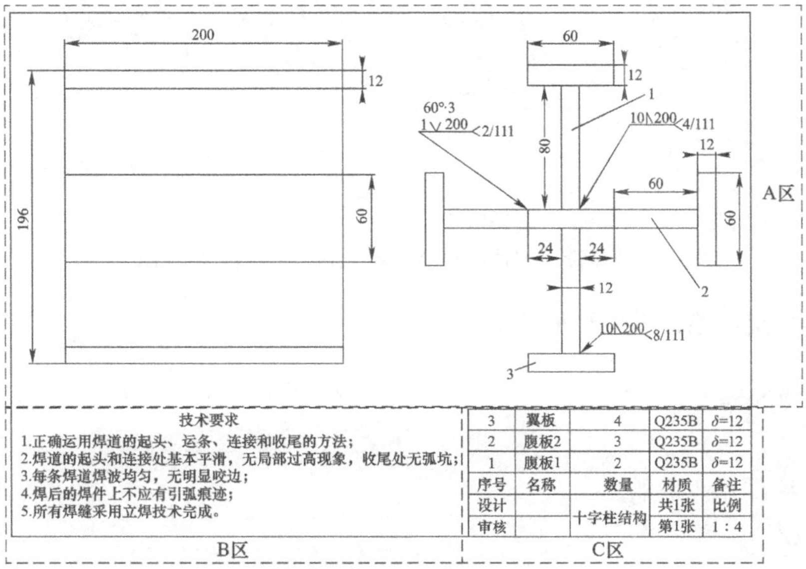

注：1. 在实际工作中，该十字柱结构受到 10 000 N 的剪切应力。

2. 如无特殊标注，本书中涉及到的尺寸单位均为 mm。

图 2－3　项目 2 任务 2.1 图片导入

（1）这是一张什么图片？

（2）这张图片里不同区域中的内容有什么作用？

教学组织：教师检查纠错，学生改正错误。评价：☆☆☆☆☆

2. 问题导入

依据你现在的知识，你能在图 2-3 中看出哪些重要的信息？请写在图 2-4 中。

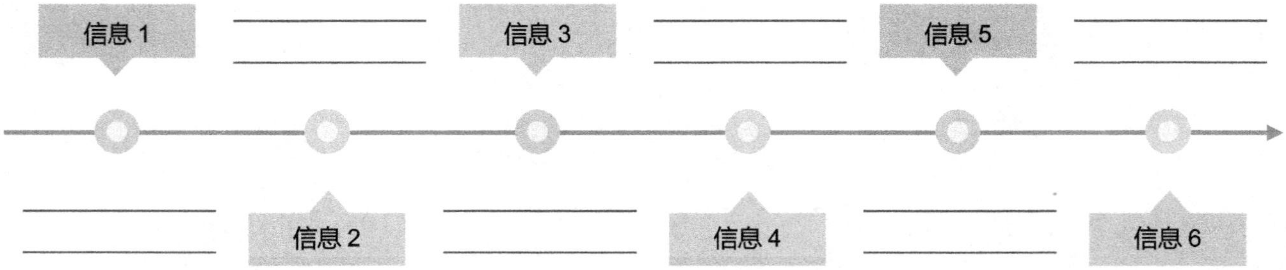

图 2-4　图 2-3 中的重要信息

教学组织：教师检查纠错，学生改正错误。评价：☆☆☆☆☆

演示阶段

请结合本小组收集到的重要信息，观察教师演示职业活动，演示结束后在图 2-5 中写出你认为对本任务职业活动有用的信息。

图 2-5　“识读十字柱结构焊接装配图”有用的职业活动信息

教学组织：教师检查纠错，学生改正错误。评价：☆☆☆☆☆

实施与总结阶段

步骤 1　作业准备

选择带有消防措施的作业场地。

步骤 2　获取概括信息

一、工作工序

1. 看标题栏

本图为十字柱结构装配图，共______张，比例为______，除此之外，还应有设计人员和审核人员名字，如图 2－6 所示。

<table>
<tr><td>设计</td><td></td><td rowspan="2">十字柱结构</td><td>共1张</td><td>比例</td></tr>
<tr><td>审核</td><td></td><td>第1张</td><td>1：4</td></tr>
</table>

图 2－6　标题栏

2. 看明细表

仔细观察明细表我们会发现，序号 1 代表腹板 1，共 2 块，材质为 Q235B，备注中显示板材厚度为 12 mm，同理我们可以读出其他序号材料的信息。

总体来看，该十字柱结构由____块腹板 1、____块腹板 2 及____块翼板，共____个基本件组焊而成，所有板材厚度为____mm，材料材质为_____，如图 2－7 所示。

3	翼板	4	Q235B	δ=12
2	腹板2	3	Q235B	δ=12
1	腹板1	2	Q235B	δ=12
序号	名称	数量	材质	备注

图 2－7　明细表

职业知识：装配图概括信息

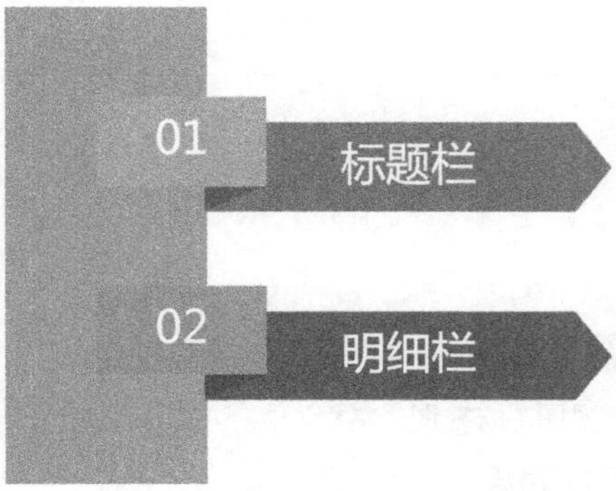

标题栏通常在图纸的________角，从中可了解该焊接结构或部件的名称、_______、重量、画图比例、设计单位及有关人员签名等内容，如图 2–8 所示。

在焊接装配图中必须对每种构件进行编号，并在标题栏上方绘制明细栏，从中了解各零（构）件的______及其在装配图上的大致______，对焊接结构有一个初步印象，如图 2–9 所示。

<table>
<tr><td colspan="4" rowspan="2"></td><td>比例</td><td>材料</td></tr>
<tr><td>1:2</td><td></td></tr>
<tr><td>制图</td><td></td><td></td><td rowspan="3">弯头</td><td>数量</td><td></td></tr>
<tr><td>设计</td><td></td><td></td><td>重量</td><td></td></tr>
<tr><td>审核</td><td></td><td></td><td></td><td></td></tr>
</table>

图 2－8　标题栏格式

4		圆筒	1	Q235A	
3		肋板 δ8	1	Q235A	
2		横板 8×42×100	1	Q235A	
1		立板 δ8	1	Q235A	
序号	代号	名称	数量	材料	备注

图 2－9　明细栏格式

教学组织：教师检查纠错，学生改正错误。评价：☆☆☆☆☆

二、问题简析

实施完“获取概括信息”任务后，总结操作过程中存在的问题，将问题填写在表 2－1 中，并对产生原因进行简要分析。

表 2－1　“获取概括信息”问题汇总简析表

序号	问题	简析
1		
2		
3		

教学组织：教师检查纠错，学生改正错误。评价：☆☆☆☆☆

步骤 3　分析焊件视图

一、工作工序

想象十字柱结构整体形状。图 2－10 表达的十字柱结构，采用了主视图和左视图两个视图表达了组成该结构件的结构形状和尺寸，各组成件的位置关系及位置尺寸。由主视图参照左视图可看出十字柱基本件位置关系，即：以 3 块______为基准，在左右 2 个腹板 2 的两端分别放置 1 个______，在中间的腹板 2 上下两侧分别放置 1 个______，同时在两个腹板 1 的外端分别放置 1 个______，如图 2－10 所示。

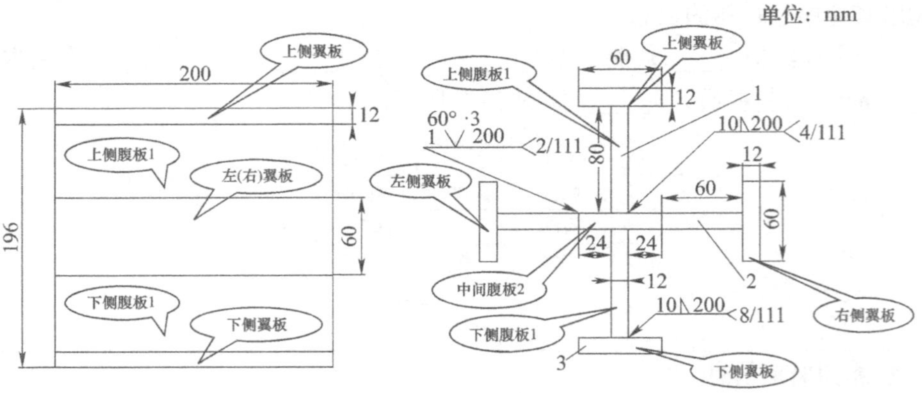

图 2－10　分析焊件视图

职业知识：视图分析方法

每个视图都采用了什么________，为进一步看图打好基础

分析其他几个视图（俯视图、左视图和局部视图），搞清________之间的关系。

找出________，分析焊接结构装配图的表达方案

★课程思政：做事要有条理性

分析视图时，应按先看主视图，后看其他视图的顺序分析，有助于我们快速准确分析焊件的整体形状。同学们在做事的时候也要做到有条理性，理清思路，计划好自己先做什么重要的事情，再做什么次要的事情，良好的条理性能够提高说话做事的效率。

二、问题简析

实施完“分析焊件视图”任务后，总结操作过程中存在的问题，将问题填写在表 2－2 中，并对产生原因进行简要分析。

表 2-2　“分析焊件视图”问题汇总简析表

序号	问题	简析
1		
2		
3		
4		

教学组织：教师检查纠错，学生改正错误。评价：☆☆☆☆☆

步骤 4　确定零件尺寸

一、工作工序

十字柱结构总体高度为_____mm，总长为_____mm，总宽度为_____mm，腹板 1 是规格为 200 mm×80 mm×12 mm 的矩形钢板，腹板 2 是规格为____ mm×____ mm×____mm 的矩形钢板，翼板是规格为 200 mm×60 mm×12 mm 的矩形钢板，如图 2-11 所示。

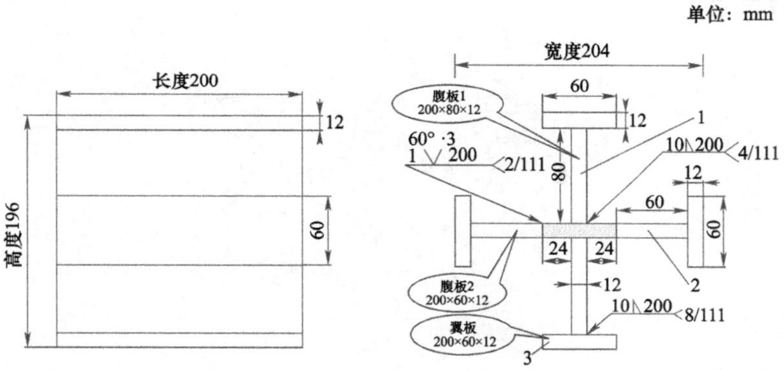

图 2-11　确定零件尺寸

职业知识：确定零件尺寸的目的

找出_________　　明确_________

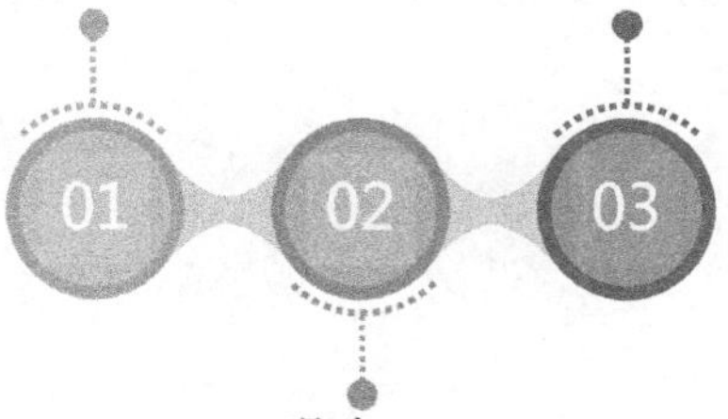

明确_________

教学组织：教师检查纠错，学生改正错误。评价：☆☆☆☆☆

二、问题简析

完成“确定零件尺寸”任务后，总结操作过程中存在的问题，将问题填写在表 2–3 中，并对产生原因进行简要分析。

表 2–3 “确定零件尺寸”问题汇总简析表

序号	问题	简析
1		
2		
3		

教学组织：教师检查纠错，学生改正错误。评价：☆☆☆☆☆

步骤 5 分析焊接接头的形式

一、工作工序

在分析十字柱结构装配图视图和零件尺寸时，不难注意到，板材与板材之间存在两种类型的接头，分别为________和________，如图 2-12 所示。按照板材尺寸和焊缝数量的不同，装配图中将相同焊缝进行了合并，并且选择了 3 个具有代表性的焊缝进行了焊缝尺寸标注，接下来结合指引线分析一下，对于十字柱结构中所有焊缝的具体要求。

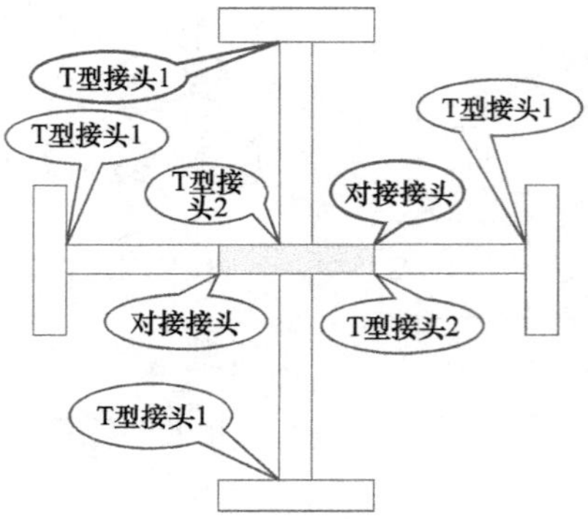

图 2–12 十字柱结构中不同的焊接接头

1. 腹板 2 与腹板 2 之间的对接接头分析

腹板 2 与腹板 2 之间的对接接头，其接头钝边为____mm，开____形坡口，坡口面角度为_____，根部间隙为_____mm，共_____条焊缝，每条焊缝长______mm，采用焊条电弧焊进行焊接，如图 2–13 所示。

约定左侧腹板 2 与中间腹板 2 之间的对接接头为焊接接头 1，右侧腹板 2 与中间腹板 2 之间的对接接头为焊接接头 2。

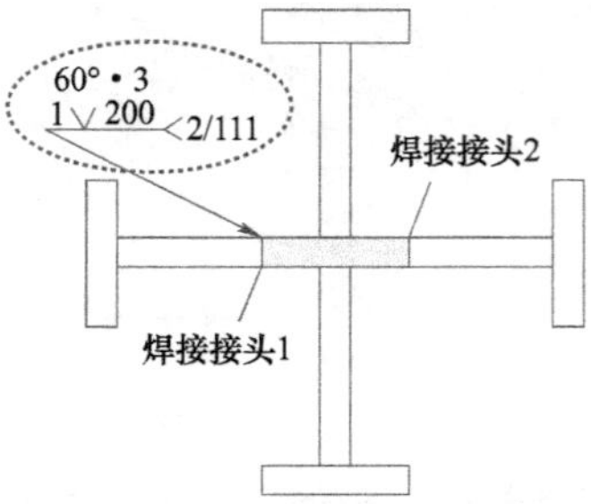

图 2–13 腹板 2 与腹板 2 的对接接头要求

2. 腹板 1、腹板 2 与翼板之间的 T 型接头分析

腹板 1、腹板 2 与翼板之间的角焊缝，焊角尺寸为_____mm，共_____条焊缝，每条焊缝长______mm，采用____________进行焊接，如图 2－14 所示。

约定左侧腹板 2 与翼板之间的 T 型接头为焊接接头 3，右侧腹板 2 与翼板之间的 T 型接头为焊接接头 4，上侧腹板 1 与翼板之间的 T 型接头为焊接接头 5，下侧腹板 1 与翼板之间的 T 型接头为焊接接头 6。

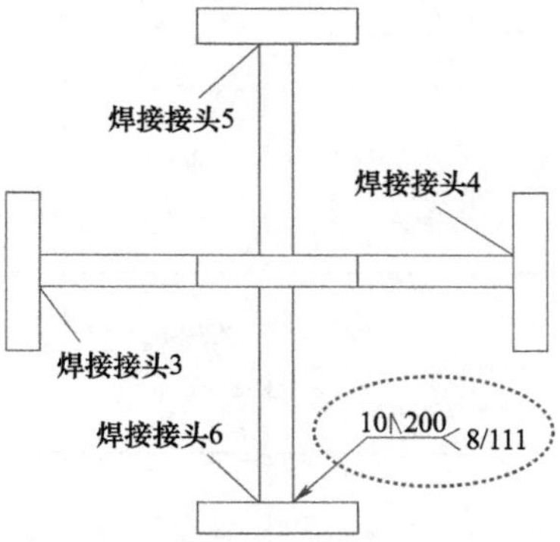

图 2－14　腹板 1、腹板 2 与翼板的 T 型接头

3. 腹板 1 与腹板 2 之间 T 型接头分析

腹板 1 与腹板 2 之间的角焊缝，焊角尺寸为_____mm，共_____条焊缝，每条焊缝长______mm，采用____________进行焊接，如图 2－15 所示。

约定上侧腹板 1 与腹板 2 之间的 T 型接头为焊接接头 7，下侧腹板 1 与腹板 2 之间的 T 型接头为焊接接头 8。

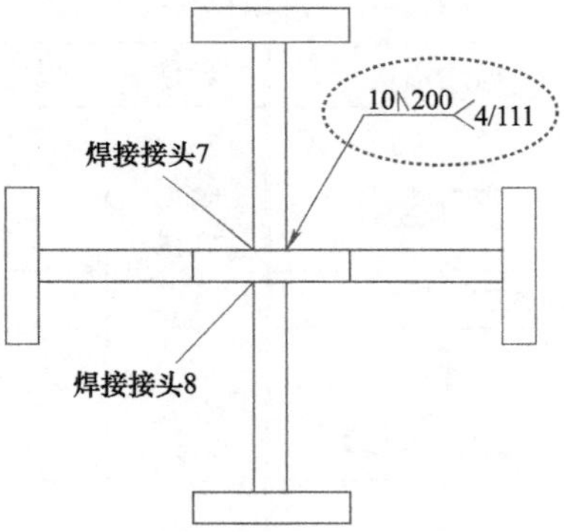

图 2－15　腹板 1 与腹板 2 的 T 型接头要求

职业知识：焊接接头的基本形式

写出下面四个焊接接头的接头名称。

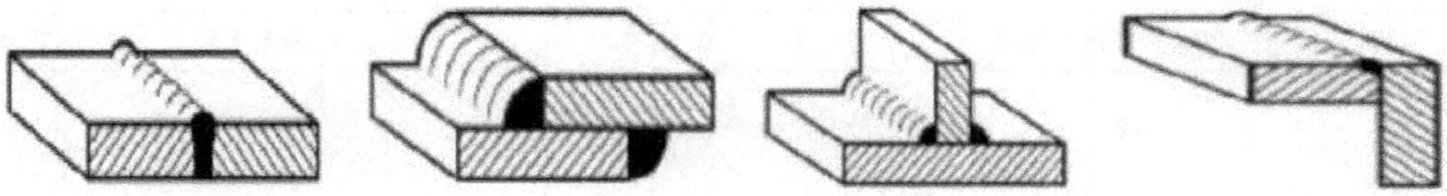

_______________　_______________　_______________　_______________

职业知识：焊接基本符号

请在表 2－4 中画出焊缝的基本符号。

表 2－4　焊接基本符号

名称	符号	示意图	标注示例	名称	符号	示意图	标注示例
I 形焊缝		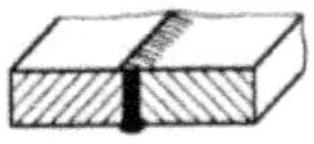	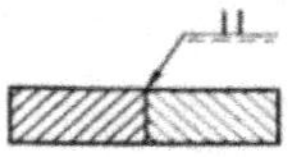	带钝边单边 V 形焊缝		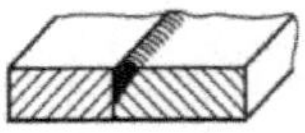	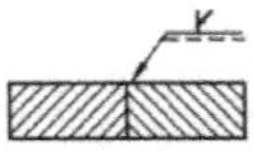
V 形焊缝		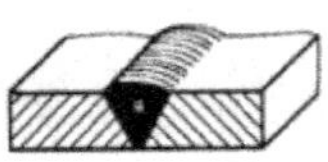	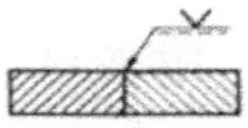	带钝边 U 形焊缝		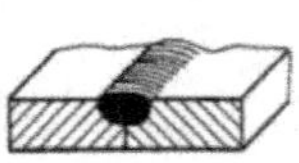	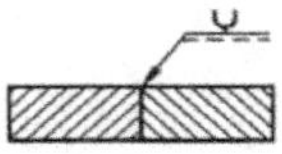
单边 V 形焊缝		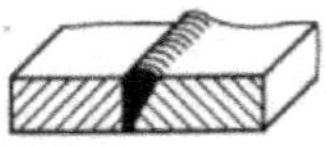	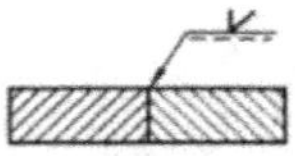	带钝边 J 形焊缝			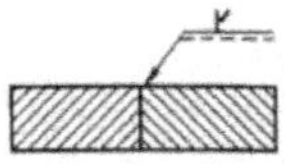
带钝边 V 形焊缝		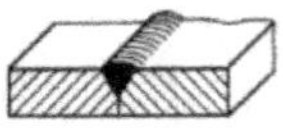	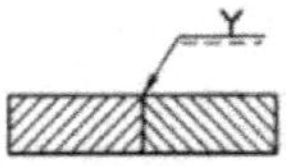	封底焊缝		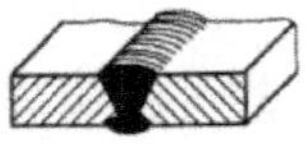	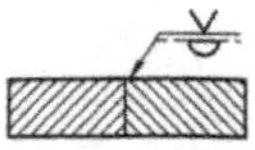
角焊缝		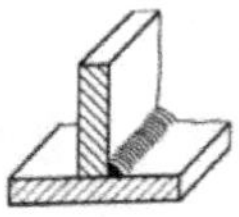	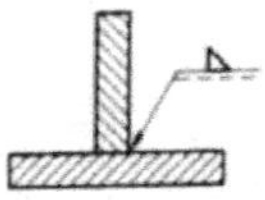	点焊缝		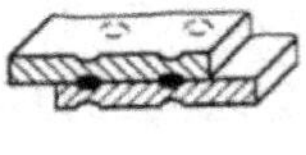	

职业知识：焊缝补充符号

请在表 2－5 中画出焊缝的补充符号。

表 2－5　焊缝补充符号

名称	符号	示意图	标注示例	名称	符号	示意图	标注示例
平面			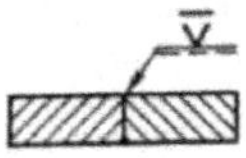	圆滑过渡		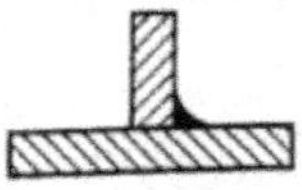	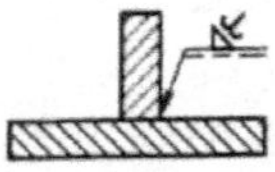
	平齐的 V 形焊缝，焊缝表面经过加工后平整				表面平滑过渡的角焊缝		
凹面		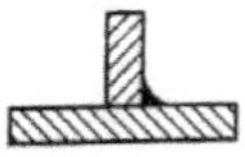	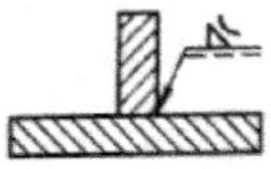	永久衬垫			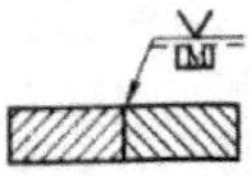
	角焊缝表面凹陷				V 形焊缝背面的衬垫永久保留		
凸面			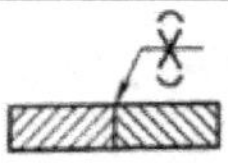	临时衬垫			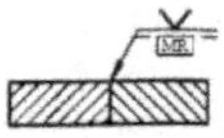
	双面 V 形焊缝，焊缝表面凸起				V 形焊缝背面的衬垫在焊接完成后拆除		
三面焊缝		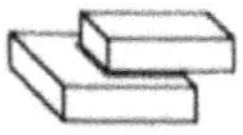	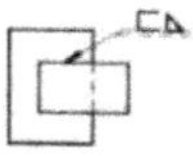	周围焊缝		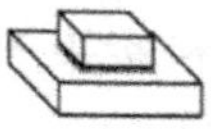	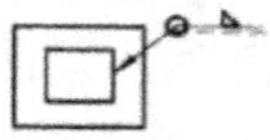
	三面带有（角）焊缝				沿着工件周围施焊的焊缝		
尾部		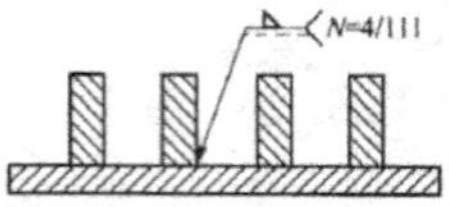		现场焊缝		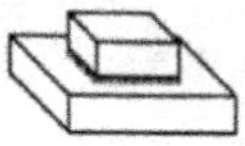	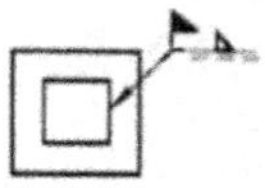
	有 4 条相同的角焊缝采用焊条电弧焊				在现场焊接的焊缝		

职业知识：尺寸符号的含义及标注的位置

请在表 2－6 中写出焊缝尺寸名称对应的符号。

表 2－6　尺寸符号的含义及标注的位置

名称	符号	名称	符号	标注位置
工件厚度		焊缝有效厚度		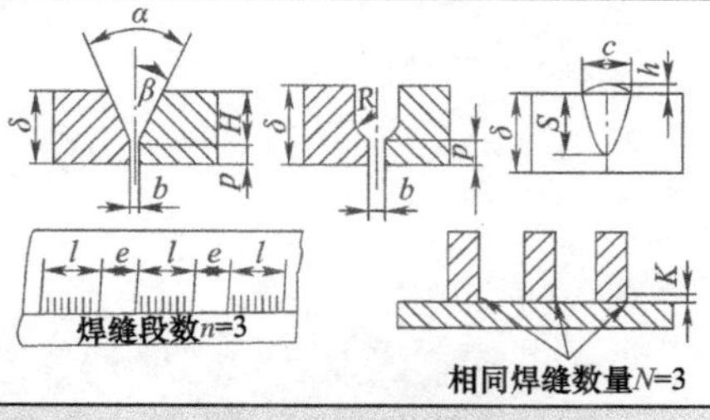
坡口角度		根部半径		
坡口面角度		点焊：熔核直径 塞焊：孔径		
根部间隙		焊缝长度		焊缝尺寸标注规则
钝边		焊缝间距		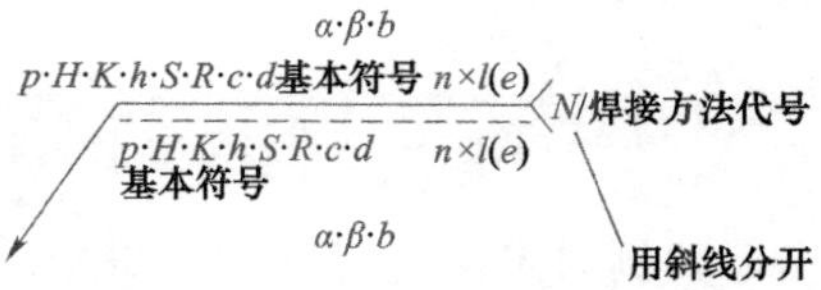
坡口深度		焊缝段数		
焊缝宽度		相同焊缝数量		
焊脚尺寸		焊缝余高		

教学组织：教师检查纠错，学生改正错误。评价：☆☆☆☆☆

二、问题简析

实施完“分析焊接接头的形式”任务后，总结操作过程中存在的问题，将问题填写在表 2－7 中，并对产生原因进行简要分析。

表 2－7　“分析焊接接头的形式”问题汇总简析表

序号	问题	简析
1		
2		
3		

教学组织：教师检查纠错，学生改正错误。评价：☆☆☆☆☆

步骤 6　了解技术要求

技术要求如图 2－16 所示，主要有：

（1）正确运用焊道的起头、运条、_______和收尾的方法；

（2）焊道的起头和连接处基本平滑，无局部过高现象，收尾处无_______；

（3）每条焊道焊波均匀，无明显______；

（4）焊后的焊件上不应有______痕迹；

（5）所有焊缝采用______技术完成。

技术要求

1.正确运用焊道的起头、运条、连接和收尾的方法；

2.焊道的起头和连接处基本平滑，无局部过高现象，收尾处无弧坑；

3.每条焊道焊波均匀，无明显咬边；

4.焊后的焊件上不应有引弧痕迹；

5.所有焊缝采用立焊技术完成。

图 2－16　焊缝其他质量要求

职业知识：技术要求包括内容

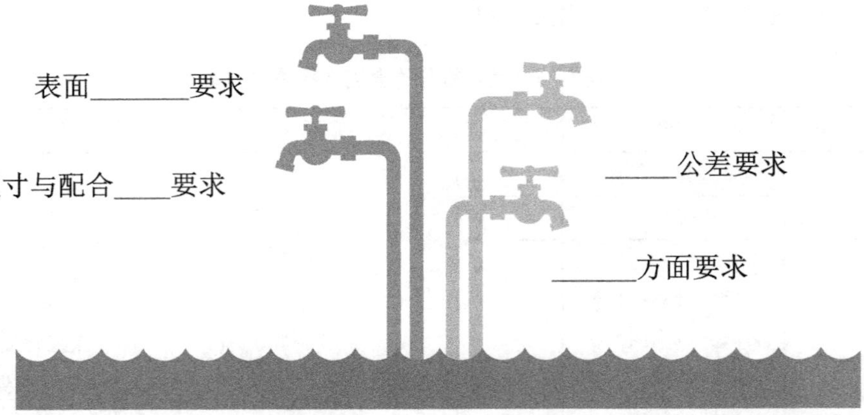

评价

知识评价

请结合实际案例对术语进行解读。每个术语 25 分，共计 100 分。

（1）焊接接头

____

（2）装配图

____

（3）焊接基本符号

____

（4）指引线

____

技能评价

对表 2-8 所列作业内容，操作规范即得分，操作错误或未操作即零分。其中，学生自评占 20%，学生互评占 20%，教师评价占 60%。

表 2-8 “识读十字柱结构焊接装配图”技能评价表

序号	作业内容	配分	学生自评得分	学生互评得分	教师评价得分
1	获取概括信息	20			
2	分析焊件视图	20			
3	确定零件尺寸	20			
4	分析焊接接头的形式	20			
5	了解技术要求	20			
总分		100			
综合评价		100			

素养评价

对表 2-9 所列素养点，做到即得分，未做到即零分。其中，学生自评占 20%，学生互评占 20%，教师评价占 60%。

表2-9 “识读十字柱结构焊接装配图”素养评价表

序号	素养点	配分	学生自评得分	学生互评得分	教师评价得分
1	按时出勤，无迟到早退	10			
2	准备充分，无手忙脚乱	10			
3	积极互动，无消极态度	10			
4	安全作业，无安全隐患	10			
5	保护环境，无乱扔乱倒	10			
6	规范标准，无野蛮操作	10			
7	团队协作，无不洽关系	10			
8	场地“5S”	10			
9	团队协作能力进一步提升	10			
10	职业活动能力进一步提升	10			
总分		100			
综合评价		100			

课后拓展

1. 单选题

（1）图2-17中所示某对接接头的坡口形式为（　　）。

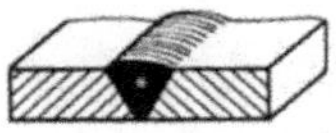

图2-17　某对接接头

A. X形　　B. V形　　C. U形　　D. 单边V形

（2）选出“工件厚度、坡口角度、钝边、焊缝宽度、焊角尺寸”的正确焊缝尺寸符号（　　）。

A. δ、α、β、b、p　　B. b、p、H、c、K

C. δ、α、p、c、K　　D. b、p、δ、l、K

2. 多选题

（1）关于识别焊缝代号的基本方法描述正确的有（　　）。

A. 根据箭头的指引方向了解焊缝在焊件上的位置

B. 看图样上焊件的结构形式（即组焊焊件的相对位置）识别出接头形式

C. 通过基本符号识别焊缝形式（即坡口形式），基本符号上标有坡口角度及对装间隙

D. 通过基准线的尾部标注可以了解所采用的焊接方法、对焊接的质量要求及无损检验要求

（2）下面对焊接方法及代号描述错误的是（　　）。

A. 电弧焊——1　　B. 焊条电弧焊——121

C. 埋弧焊——12　　D. 熔化极惰性气体保护焊——131

E. 钨极惰性气体保护焊——151

（3）焊接接头的基本形式有（　　）。

A. 对接　　B. 搭接　　C. 角接　　D. T型接头

E. Y型接头

3. 拓展训练

（1）图2-18所示为一个焊缝接头标注后的结果，试用焊缝代号写出图中包含的焊接生产信息。

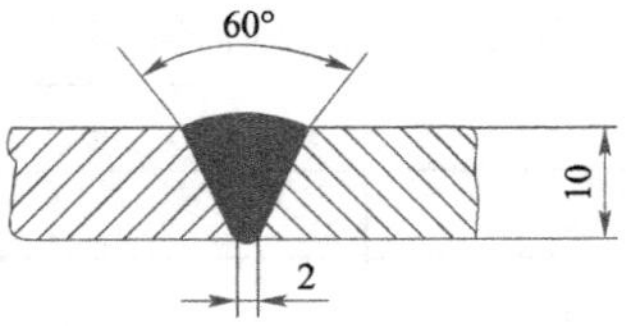

图 2－18　焊缝形式及尺寸

（2）有一个同学由于不认真识读焊接装配图，对焊接生产信息领会错误，导致生产工期延误。对于这个同学，你想对他说些什么？

（3）请按照图 2－19 中思维导图的提示，按照职业活动工作流程，对“识读十字柱结构焊接装配图”的学习收获进行总结。

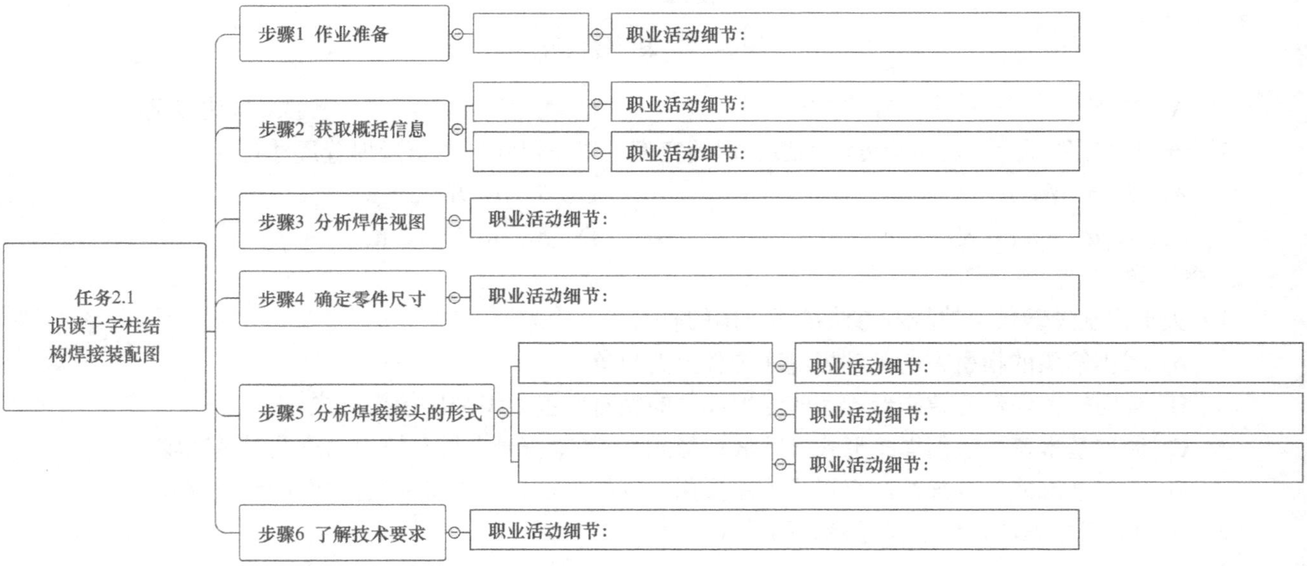

图 2－19　“识读十字柱结构焊接装配图”的学习收获总结

任务 2.2　校核十字柱结构接头静载强度

工作页	上课地点		学生姓名		完成/未完成
	任课教师		上课时间		优/良/中/及格

课前导学

结合教材、工作页及线上教学资源提示，课前小组讨论后整理出关于“校核十字柱结构接头静载强度”职业活动的相关职业知识，并填写在图 2－20 中。

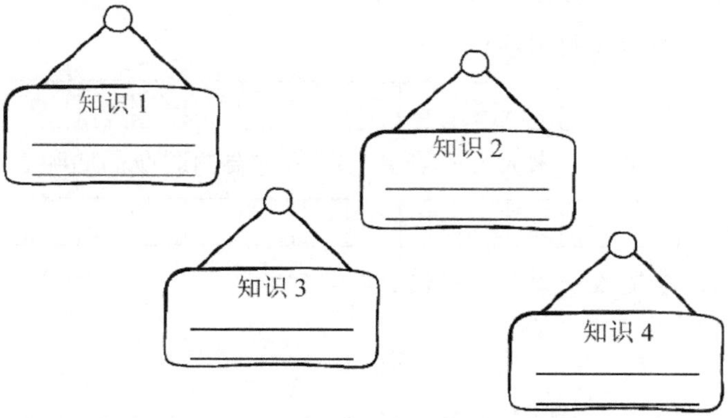

图 2－20　“校核十字柱结构接头静载强度”相关的职业知识

课中探索

准备阶段

1. 问题导入

观察图 2－21，你能用手机查出这座大桥的名字吗？

图 2－21 ______________________

2. 案例导入

1900 年，加拿大魁北克大桥开始修建，横贯圣劳伦斯河。桥梁设计总长 987 m，悬臂段长度达 177 m，中间段桁架长度 195 m 搁置在南北侧的悬臂端上。在桥梁的设计和建造过程中，年轻的工程师 Theodore Cooper 和 Peter L.Szlapka 未能履行应尽的职责。为了建造当时世界上最长的桥梁，工程师 Theodore Cooper 盲目自信，未经过严密计算就擅自增加了桥梁主跨度，没有准确计算桥梁的荷载，使得实际自重荷载大大超出了桥梁的设计承载能力。

在大桥即将竣工之际，悬臂段的主弦杆发生了明显的扭曲，这一现象没有引起工程师 Theodore Cooper 的重视。在 1907 年 8 月 29 日，魁北克大桥南侧的悬臂段发生了垮塌，大桥在 15 s 内掉进了圣劳伦斯河，同时带走了 75 个人的生命。1913 年，大桥重新设计建造，然而，悲剧再次重演。1916 年 9 月，由于施工起重装置的问题，中间段桁架在安装过程中掉落到河中，有 13 名工人在事故中丧生。1917 年大桥终于建成通车。这座大桥原本可以成为不朽的杰作，却成为了工程界的一种耻辱。

图 2-22　坍塌的魁北克大桥

为了铭记这次工程灾难，加拿大七所工程学院筹资买下了垮塌的大桥残骸，打造成一枚枚指环，每年分发给从工程系毕业的学生，取名“工程师铁戒（Iron Ring）”。这枚戒指代表着工程师的责任和谦逊，提醒我们不要忘记历史的教训。

（1）魁北克大桥第一次坍塌的主要原因是什么？

（2）从这个故事中你认为作为工程技术人员应当具备哪些重要的职业品质呢？

教学组织：教师检查纠错，学生改正错误。评价： ☆☆☆☆☆

演示阶段

请结合本小组收集到的重要信息，观察教师演示的职业活动，待演示结束后在图 2-23 中写出你认为对本任务职业活动有用的信息。

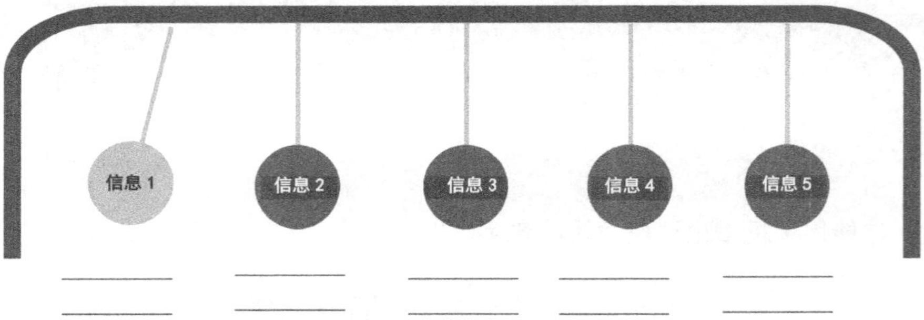

图 2-23　“校核十字柱结构接头静载强度”有用的职业活动信息

教学组织：教师检查纠错，学生改正错误。评价： ☆☆☆☆☆

实施与总结阶段

步骤 1　作业准备

1. 作业场地

选择带有消防设施的作业场地。

2. 设备设施

黑色签字笔、演算纸和计算器。

步骤 2　焊接接头 1（2）强度校核

一、工作工序

1. 获取对接接头受力信息

两板对接，尺寸相同，分别为板厚 12 mm、长 200 mm、宽 60 mm，对接接头采用 V 形坡口，坡口角度为 60°，其材质均为 Q235B 钢。在实际工作中，对接接头受到的剪切力 F_S 为 100 000 N，如图 2-24 所示。

2. 接头形式及受力分析

画出十字柱结构中对接接头形式及受力图，如图 2－25 所示。

图 2－24　十字柱结构中对接接头受力信息

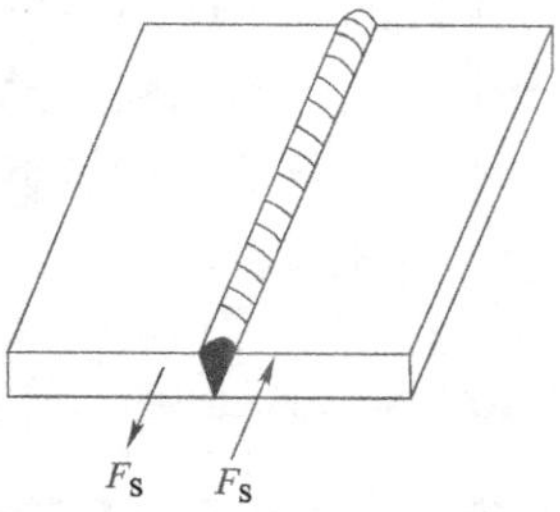

图 2－25　对接接头形式及受力分析

3. 强度计算及校核

母材材质为 Q235B，厚度为________mm，查表 2－10 和表 2－11 得：材料组别为第________组，许用应力$[\tau']$=________MPa。

表 2－10　钢材的分组尺寸　　单位：mm

组别	钢材的牌号			
	Q215 或 Q235			Q345（16Mn）
	棒钢的直径	型钢的厚度	钢板的厚度	钢材的直径或厚度
第一组	≤40	≤15	4～20	≤16
第二组	40～100	15～20	20～40	16～25
第三组	—	＞20	—	25～36

注：1. 棒钢包括圆钢、方钢、扁钢及六角钢。型钢包括角钢、工字钢和槽钢。
2. 工字钢和槽钢的厚度是指腹板的厚度。

表 2－11　钢结构焊缝许用应力

焊缝种类	应力种类		符号	自动焊、半自动和用 E43 型焊条的手工焊接				自动焊、半自动焊和用 E50 型焊条的手工焊		
				构件的钢号						
				Q215B		Q235B		Q345（16Mn）		
				第一组①	第二、三组①	第一组①	第二、三组①	第一组①	第二组①	第三组①
对接焊缝	抗压		$[\sigma_t]$	152	136	166.5	152	235	226	210
	抗拉	自动焊或用精确方法②检查质量的手工焊和半自动焊	$[\sigma_t']$	152	136	166.5	152	235	226	210
		用普通方法检查质量的手工焊和半自动焊	$[\sigma_t']$	127	117.5	142	127	201	191	181
	抗剪		$[\tau]$	93	83	98	93	142	136	127
角焊缝	抗拉、抗压、抗剪		$[\tau']$	107	107	117.5	117.5	166.5	166.5	166.5

① 钢材按其尺寸分组，分组尺寸见表 2－10。
② 检查焊缝的普通方法指外观检查、测量尺寸、钻孔检查等；精确方法是在普通方法的基础上，用射线或超声波进行补充检查。

受剪切力作用，F_S=100 000 N，由式____________，得

τ＝______________________________＜__________MPa

该对接接头受剪切应力时，强度__________要求。

★课程思政：做人要有底线

焊缝的许用应力是接头静载强度的底线，超过它结构就有破坏的危险。底线是一个人做人的原则，没有底线的人，就失去了做事的格局，也没有人敢跟他同行。所以，同学们在做事情的时候也要有自己的底线，只有这样方能更好地成就自己，提升格局。

职业知识：对接接头静载强度计算的假设

对接接头静载强度计算的假设

01 ________对接头强度没有影响

02 焊趾处和余高处的____对接头强度没有影响

03 接头的工作应力是____的，以平均应力计算

04 焊缝计算长度取实际长度，计算厚度取两板中_____者

05 忽略焊缝的_____和少量的熔深（不包括埋弧焊和 CO_2 焊）对对接接头强度的影响，以最小断面为计算断面

职业知识：受剪切对接接头的静载强度计算

$$\tau=\frac{F_S}{L\delta_1}\leqslant[\tau']$$

式中 F_S——接头所受的切力，N；

L——焊缝长度，mm；

δ_1——接头中较薄板的厚度，mm；

τ——接头焊缝中所承受的切应力，MPa；

$[\tau']$——焊缝许用切应力，MPa。

二、问题简析

实施完“焊接接头 1（2）强度校核”任务后，总结操作过程中存在的问题，将问题填写在表 2－12 中，并对产生原因进行简要分析。

表 2－12 “焊接接头 1（2）强度校核”问题汇总简析表

序号	问题	简析
1		
2		

教学组织：教师检查纠错，学生改正错误。评价：☆☆☆☆☆

步骤 3 焊接接头 3（4）强度校核

一、工作工序

1. 获取 T 型接头受力信息

两板角接，尺寸相同，分别为板厚 12 mm、长 200 mm、宽 60 mm，角接接头采用 I 形坡口（即不开坡口），其材质均为 Q235B 钢。在实际工作中，角接接头受到 100 000 N 的剪切力，如图 2－26 所示。

2. 接头形式及受力分析

画出腹板 2 与翼板组成的 T 型接头形式及受力图，如图 2－27 所示。

图 2－26　腹板 2 与翼板组成的 T 型接头受力情况

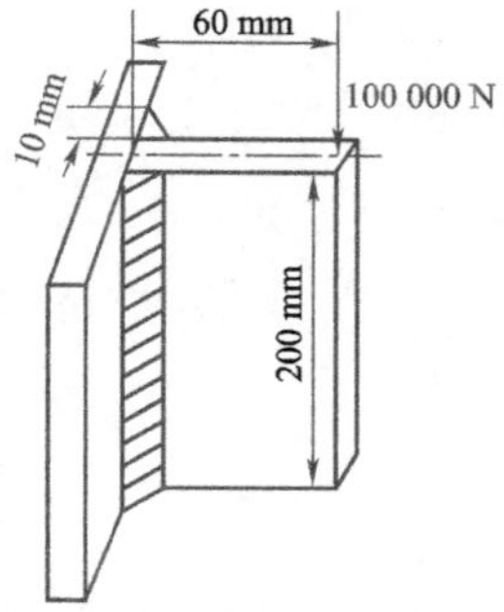

图 2－27　腹板 2 与翼板组成的 T 型接头形式及受力图

3. 强度计算及校核

母材材质为 Q235B，厚度为 12 mm，查表 2－10 和表 2－11 得：材料组别为第一组，许用应力$[\tau']$=____________MPa。

（1）计算τ_M

τ_M=____=________MPa

（2）计算τ_Q

τ_Q=____________________=____________________=________MPa

（3）计算$\tau_合$

$\tau_合$=____________________=____________________=________MPa

（4）强度校核

利用强度校核计算公式$\tau_合 \leqslant [\tau']$可得

____________MPa ___ ____________MPa

故 T 型接头焊缝强度______满足要求。

职业知识：T 型（十字）接头静载强度计算的假设

1. __________对接头强度没有影响
2. 焊趾处和余高处的__________对接头强度没有影响
3. 接头的工作应力是_____的，以平均应力计算
4. 正面角焊缝与侧面角焊缝的强度____差别
5. ___________的大小对角焊缝的强度没有影响
6. 角焊缝都是在______的作用下破坏的，一切按切应力计算其强度
7. 焊缝计算厚度取两板中_______者
8. 以焊缝中最小_______为计算面

职业知识：载荷平行于焊缝的 T 型（十字）接头形式静载强度的计算

如图 2－28 所示，首先将作用力 F 平移到焊缝根部平面，并同时附加力偶。产生最大应力的危险点是在焊缝的最上端，该点同时有两个切应力起作用：一个是由 $Q=F$ 引起的τ_Q；另一个是由 $M=FL$ 引起的τ_M。τ_Q和τ_M是互相垂直的。

$\tau_{合}$ = ________________

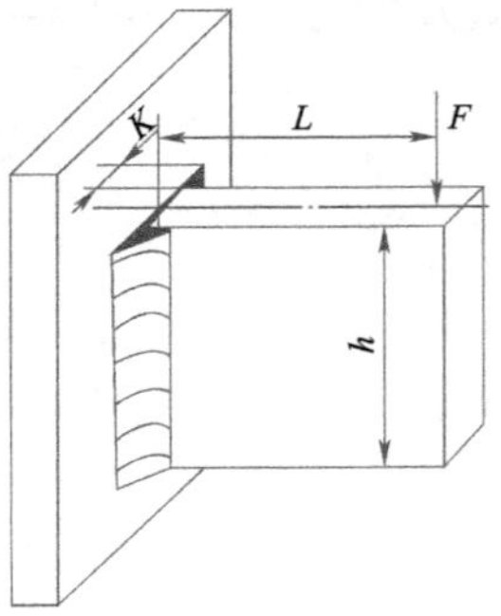

图 2－28　载荷平行于焊缝的 T 型接头

如果 T 型接头开坡口并焊透，强度按对接接头计算，焊缝金属截面积等于母材截面积（$A=\delta h$）；若不开坡口时，其强度计算公式为：

τ_M= ________________　　τ_Q= ________________

教学组织：教师检查纠错，学生改正错误。评价：☆☆☆☆☆

二、问题简析

实施完“焊接接头 3（4）强度校核”任务后，总结操作过程中存在的问题，将问题填写在表 2－13 中，并对产生原因进行简要分析。

表 2－13　“焊接接头 3（4）强度校核”问题汇总简析表

序号	问题	简析
1		
2		
3		

教学组织：教师检查纠错，学生改正错误。评价：☆☆☆☆☆

步骤 4　焊接接头 5（6、7、8）强度校核

一、工作工序

1. 获取 T 型接头受力信息

两板角接，腹板尺寸为板厚 12 mm、长 200 mm、宽 80 mm，翼板尺寸为板厚 12 mm、长 200 mm、宽 60 mm，角接接头采用 I 形坡口，其材质均为 Q235B 钢。在实际工作中，角接接头受到 100 000 N 的剪切力，如图 2－29 所示。

2. 接头形式及受力分析

画出腹板 1 与翼板组成的 T 型接头形式及受力图，如图 2－30 所示。

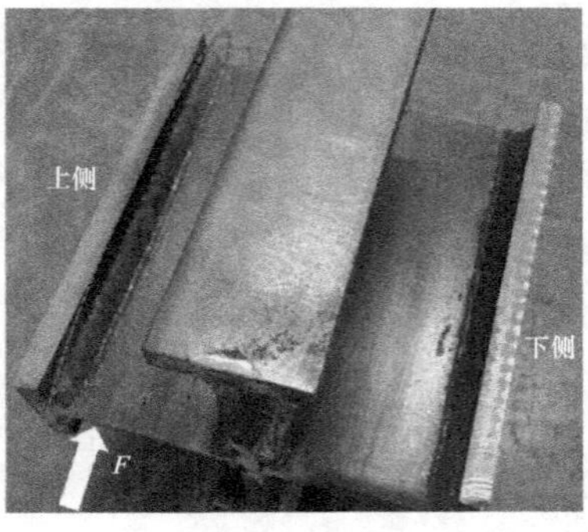

图 2－29　腹板 1 与翼板组成的 T 型接头受力情况

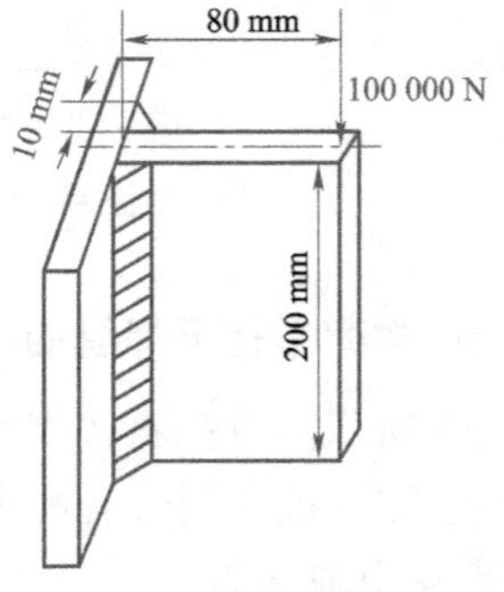

图 2－30　腹板 1 与翼板组成的 T 型接头形式及受力图

3. 强度计算及校核

母材材质为 Q235B，厚度为 12 mm，查表 2－10 和表 2－11 得：材料组别为第一组，许用应力$[\tau']$=__________MPa。

（1）计算 τ_M

τ_M=______________________________=________MPa

（2）计算 τ_Q

τ_Q=____________________=____________________=________MPa

（3）计算 $\tau_{合}$

$\tau_{合}$=____________________=____________________=________MPa

（4）强度校核

利用强度校核计算公式 $\tau \leqslant [\tau']$可得

__________MPa ___ __________MPa

故 T 型接头焊缝强度______满足要求。

二、问题简析

实施完“焊接接头 5（6、7、8）强度校核”任务后，总结操作过程中存在的问题，将问题填写在表 2－14 中，并对产生原因进行简要分析。

表 2－14　“焊接接头 5（6、7、8）强度校核”问题汇总简析表

序号	问题	简析
1		
2		
3		
4		
5		

教学组织：教师检查纠错，学生改正错误。评价：☆☆☆☆☆

评价

知识评价

请结合实际案例对术语进行解读。每个术语 25 分，共计 100 分。

（1）应力集中

____

（2）静载强度

____

（3）剪切力

____

（4）最小断面

____

技能评价

对表 2－15 所列作业内容，操作规范即得分，操作错误或未操作即零分。其中，学生自评占 20%，学生互评占 20%，教师评价占 60%。

表 2－15 "校核十字柱结构接头静载强度"技能评价表

序号	作业内容	配分	学生自评得分	学生互评得分	教师评价得分
1	焊接接头 1（2）强度校核	30			
2	焊接接头 3（4）强度校核	35			
3	焊接接头 5（6、7、8）强度校核	35			
总分		100			
综合评价		100			

素养评价

对表 2－16 所列素养点，做到即得分，未做到即零分。其中，学生自评占 20%，学生互评占 20%，教师评价占 60%。

表 2－16 "校核十字柱结构接头静载强度"素养评价表

序号	素养点	配分	学生自评得分	学生互评得分	教师评价得分
1	按时出勤，无迟到早退	10			
2	准备充分，无手忙脚乱	10			
3	积极互动，无消极态度	10			
4	安全作业，无安全隐患	10			
5	保护环境，无乱扔乱倒	10			
6	规范标准，无野蛮操作	10			
7	团队协作，无不洽关系	10			
8	场地"5S"	10			
9	团队协作能力进一步提升	10			
10	职业活动能力进一步提升	10			
总分		100			
综合评价		100			

课后拓展

1. 多选题

（1）关于对接接头静载强度计算的假设描述正确的是（　　　）。

A. 残余应力对接头强度有影响

B. 焊趾处和余高处的应力集中对接头强度没有影响

C. 接头的工作应力是均布的，以平均应力计算

D. 焊缝计算长度取实际长度，计算厚度取两板中较薄者

（2）全部熔透的对接接头的各种受力情况如图 2–31 所示，其中说法正确的是（　　　）。

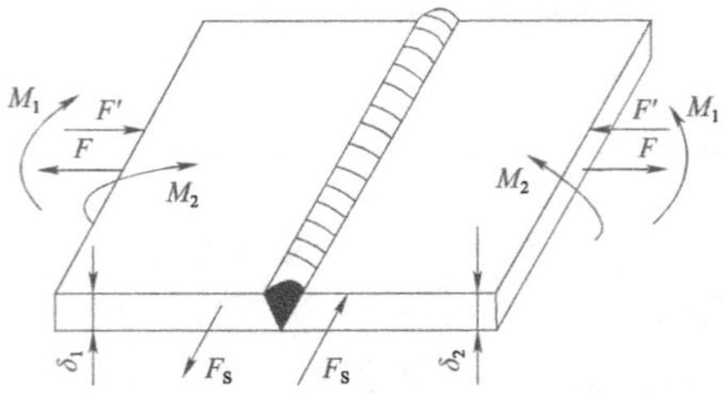

图 2–31　全部熔透的对接接头受力情况

A. F 为接头所受的拉（或压）力　　　　B. F_S 为剪切力

C. M_1 为垂直平面内的弯矩　　　　D. M_2 为板平面内的弯矩

（3）关于 T 型（十字）接头静载强度计算的假设描述正确的是（　　）。

A. 角焊缝都是在切应力的作用下破坏的，一切按应力计算其强度

B. 正面角焊缝与侧面角焊缝的强度没有差别

C. 焊角尺寸 K 的大小对角焊缝的强度没有影响

D. 焊缝计算长度取实际长度，计算厚度取两板中较薄者

2. 判断题

（1）静载强度的计算，目前仍采用许用应力法，而接头强度的计算实际上是计算焊缝的强度。因此，强度计算时的许用应力均为焊缝的许用应力。（　　）

（2）对于开坡口熔透的 T 型接头，实际是坡口焊缝与角焊缝组合的焊缝，在同样承载能力下，比未开坡口的角焊缝浪费大量填充金属采材料。（　　）

3. 拓展训练

（1）两块板厚为 5 mm、宽为 500 mm 的焊件对接在一起，两端受 284 000 N 的拉力，材料为 Q235A 钢，$[\sigma_t']=142$ MPa，校核其焊缝强度。

（2）一 T 型接头如图 2－32 所示，已知焊缝金属的许用应力$[\tau']=100$ MPa，设计角焊缝的焊脚尺寸 K。

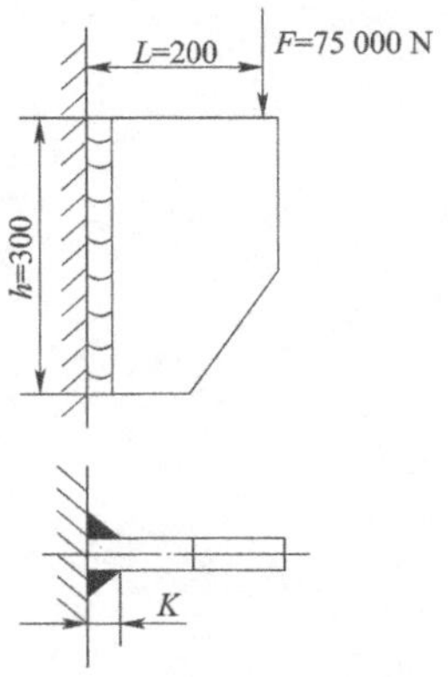

图 2－32　T 型接头的焊脚尺寸设计

（3）请按照图 2－33 中思维导图的提示，按照职业活动工作流程，对“校核十字柱结构接头静载强度”的学习收获进行总结。

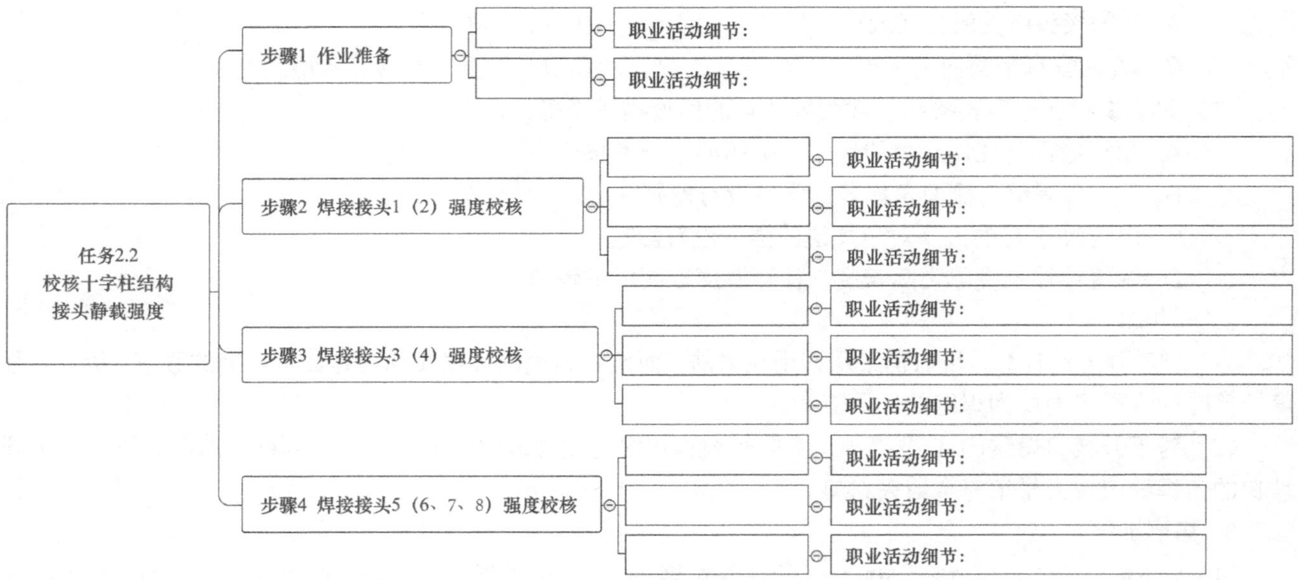

图 2－33 “校核十字柱结构接头静载强度”的学习收获总结

项目 2 学习成果检测

资讯

任务描述

根据所学，按照“1+X 特殊焊接技术职业技能中级”证书考核标准，请对如图 2－34 所示的钢板装配图进行识读并校核其焊缝强度（已知在实际工作中，该接头受到平面内弯矩作用，弯矩 M=260 N・m）。

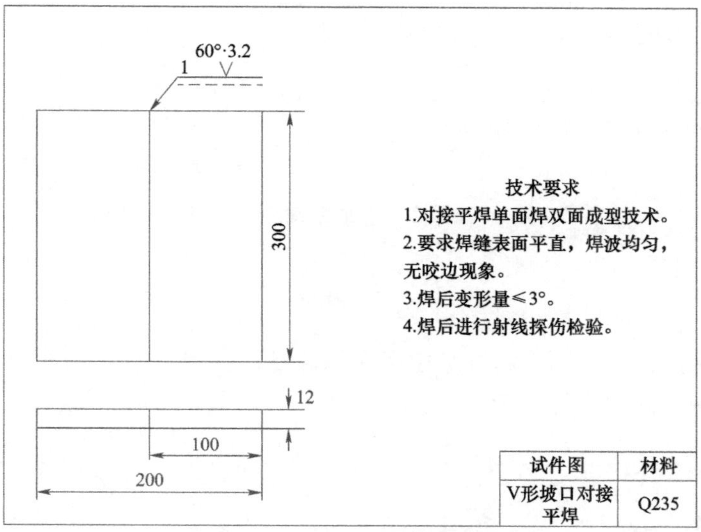

试件图	材料
V形坡口对接平焊	Q235

图 2－34　钢板结构图

任务要求

1. 学生要求

学生按照教学进度计划完成以下学习任务并达到了 75 分以上后，可进行该学习成果的实施。

（1）完成学习成果检测所需相关知识和方法的学习，得分大于 75 分。

（2）能够运用学习成果检测需要的相关知识和方法进行作业，得分大于 75 分。

（3）按时、按质、按量完成相应作业，得分大于 80 分。

（4）具有自觉遵守技术标准和要求规定、规范操作、安全、环保、“5S”作业、团结协作的好习惯，得分大于 80 分。

（5）能制定如图 2－32 所示的钢板结构识读和静载强度校核的工作步骤。

2. 教师要求

（1）在安排学生实施学习成果前，通过课堂问题研讨、作业、实训和考核及其他方式，确认学生已经具备了实施学习成果所需的知识、技能和素养，并确保学生在安全状态下独立进行。

（2）对协助教师进行测评的学生进行测评和监督方法的培训，确保测评结果的准确性和公平性。

（3）准备好测评记录。

计划

结合教材、工作页及线上教学资源提示，课前小组讨论后拟定“项目 2 学习成果检测”的工作任务计划，可参照图 2－35，随后以小组为单位分享小组作业计划。

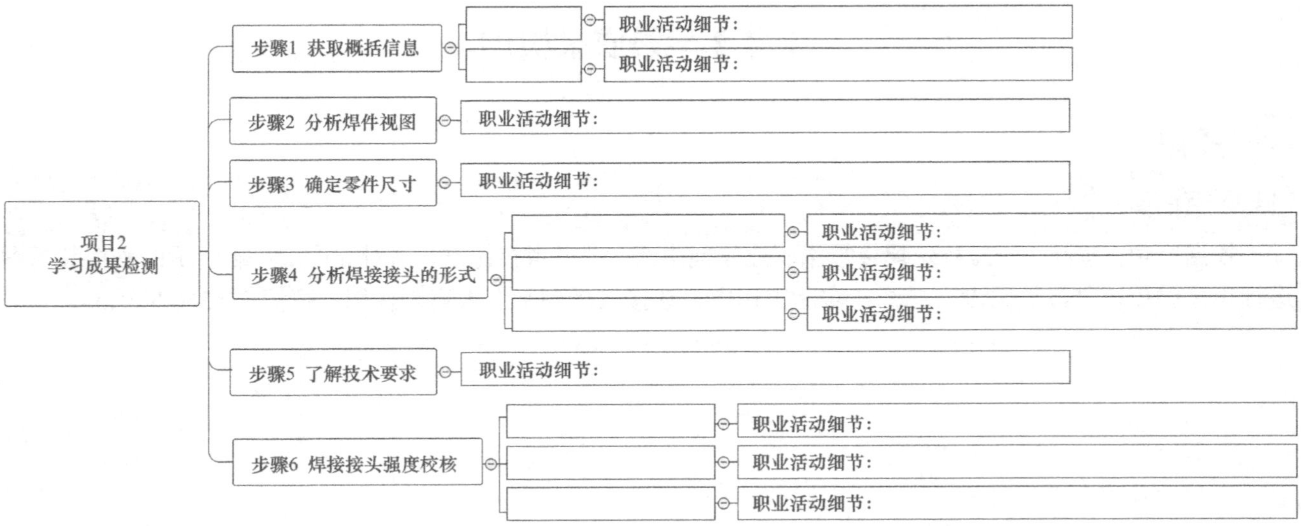

图 2－35 “项目 2 学习成果检测”小组作业计划

决策

根据最新的资讯信息，请结合本小组计划中存在的问题，在图 2－36 中写出你认为对于修改计划有用的信息，并对计划中的细节问题进行决策。

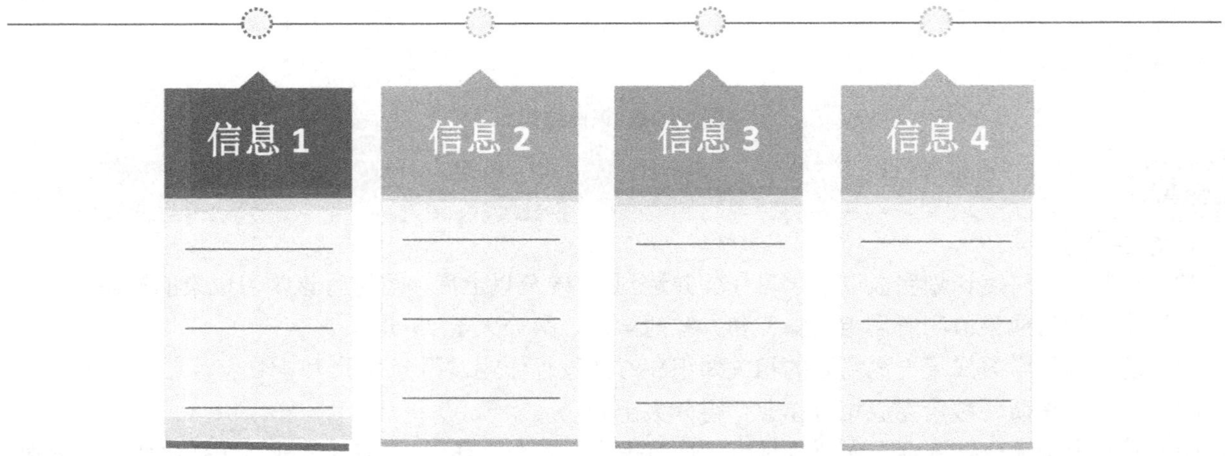

图 2－36 “项目 2 学习成果检测”修改计划有用的信息

实施与检查

实施

根据拟定好的小组计划，以小组为单位，独立实施工作任务，待工作任务完成后，将实施过程中出现的典型问题记录在表 2－17 中。

表 2－17 “项目 2 学习成果检测”问题汇总简析表

序号	问题	简析
1		
2		
3		
4		

检查

在学生实施工作任务时，教师根据学生的表现对学生的职业活动进行检查和监督，将学生在职业活动中的表现记录在评价表格中，如表 2－18 所示。

评价

验证方法

（1）每位测评人员负责对 2 名学生进行定点、全过程的监控和测评。

（2）详细记录学生在实施学习成果过程中的相关信息、数据、结果、操作方法、完成时间，以及出现错误、事故等情况。

（3）学习成果的作业过程和数据记录等，要求在 30 min 内完成，时间不足，可在即将结束时，由学生口述剩余部分的作业方法。

考核标准

考核内容及标准见表 2－18，及格分数为 60 分。

表 2－18 “项目 2 学习成果检测”考核内容及标准

序号	作业项目	考核内容	考核标准	配分	得分
1	识读装配图	获取概括信息	错一处扣 2 分	10	
			错三处以上 0 分		
		观察焊件视图	错一处扣 2 分	10	
			错三处以上 0 分		
		确定零件尺寸	错一处扣 2 分	10	
			错三处以上 0 分		
		分析焊缝要求	错一处扣 2 分	10	
			错三处以上 0 分		
		了解技术要求	错一处扣 2 分	10	
			错三处以上 0 分		
2	静载强度校核	获取接头受力信息	错一处扣 2 分	10	
			错三处以上 0 分		
		画接头受力分析图	错一处扣 2 分	10	
			错三处以上 0 分		
		强度计算及校核	错一处扣 6 分	30	
			错三处以上 0 分		
总分				100	

创新之窗

纸桥承重竞赛

1. 材质要求

（1）最多使用 20 张 A4 打印纸，可以通过裁剪、折叠制作成各种所需形状。

（2）仅限使用普通胶水（浆糊、固体胶）连接各个部分，不得使用透明胶带及其他材料。

2. 纸桥参数要求

（1）桥梁要求做工完整、稳定，符合实际工程建筑基本要求。

（2）纸桥平放时，桥面最低处距地面不得少于 5 cm，承重点和地面之间必须架空。

（3）两桥墩的最近距离不得少于 20 cm。

（4）桥面上能稳定放上一个直径 12 cm 的圆盘，圆盘要有一定的强度且重量要轻。

（5）纸桥全重不超过 100 g。

3. 评估标准

在作品符合纸桥材质和参数要求的前提下，评估规则如下：

（1）0 kg 起，逐量添加重物。

（2）添加重物后 5 s 纸桥未倒塌视为有效承重量。

（3）以倒塌时的承重量为最大承重量。

（4）因桥身平衡而倒塌的视为无效。

（5）承重最大值相同的作品以自重小者为获胜者。

创新之门

纸桥名称：

请同学们根据纸桥承重竞赛的材质要求、纸桥参数要求和评估标准，以小组为单位自主设计一款纸桥参加竞赛，并为其取好名字。

<table>
<tr><th colspan="2">项目 3　加工十字柱结构零件预备材料</th></tr>
<tr><td>项目描述</td><td>对十字柱结构所使用的焊接原材料进行备料加工。</td></tr>
<tr><td>项目要求</td><td>依据“1+X 特殊焊接技术职业技能中级”证书考核标准，结合十字柱结构焊接生产装配图要求，正确使用划线、下料和坡口加工设备，完成以下备料加工作业。
（1）划出十字柱结构零件加工界线；
（2）剪切十字柱结构零件钢板；
（3）切割十字柱结构零件钢板边缘。</td></tr>
<tr><td>学习目标</td><td>1. 职业知识目标
（1）能够说出焊接结构备料与加工的基础知识；
（2）能够概述划线的加工工艺方法；
（3）能够概述下料与边缘加工的加工工艺方法；
（4）能够归纳各种备料加工设备的工作原理；
2. 职业知识目标
（1）能够掌握剪板机、等离子切割机的使用方法；
（2）能够规范、熟练地对十字柱结构进行划线、下料以及边缘加工作业。
3. 职业素养目标
（1）能够养成自觉遵守技术标准和要求规定、规范操作、安全、环保、“5S”作业、团结协作的好习惯。
（2）能够在“成为一个会守规矩的人”“发挥自己的特长”等方面有更加深刻的理解和认识。
（3）通过对项目内容的学习，在“新型钢材除锈装置”案例启发的基础之上，完成预处理设备的设计，将所学的专业内容与创新教育结合，发挥专业优势、开拓思维眼界、提升创新能力。</td></tr>
<tr><td>项目载体</td><td>本项目的教学载体为十字柱结构制造所需的 9 块钢板，如图 3－1 所示，并对其进行备料加工。
本项目以典型焊接结构件的备料与加工为例，使学生在了解焊接结构备料与加工的基本知识，掌握备料与加工工艺，熟悉各种备料加工设备使用的基础上，能够根据给定的焊接结构件正确选择备料加工设备，并能正确使用设备进行加工操作。

图 3－1　十字柱结构备料钢板</td></tr>
<tr><td>计划学时</td><td></td></tr>
</table>

任务 3.1　划出十字柱结构零件加工界线

工作页	上课地点		学生姓名		完成/未完成
	任课教师		上课时间		优/良/中/及格

课前导学

通过前面内容的学习，我们识读了十字柱结构焊接装配图，分析了十字柱结构中的板材尺寸大小，那么如何在一块较大的钢板上剪下所需的钢板呢？

结合教材、工作页及线上教学资源提示，课前小组讨论后整理出关于“划出十字柱结构零件加工界线”职业活动的相关职业知识，并填写在图 3－2 中。

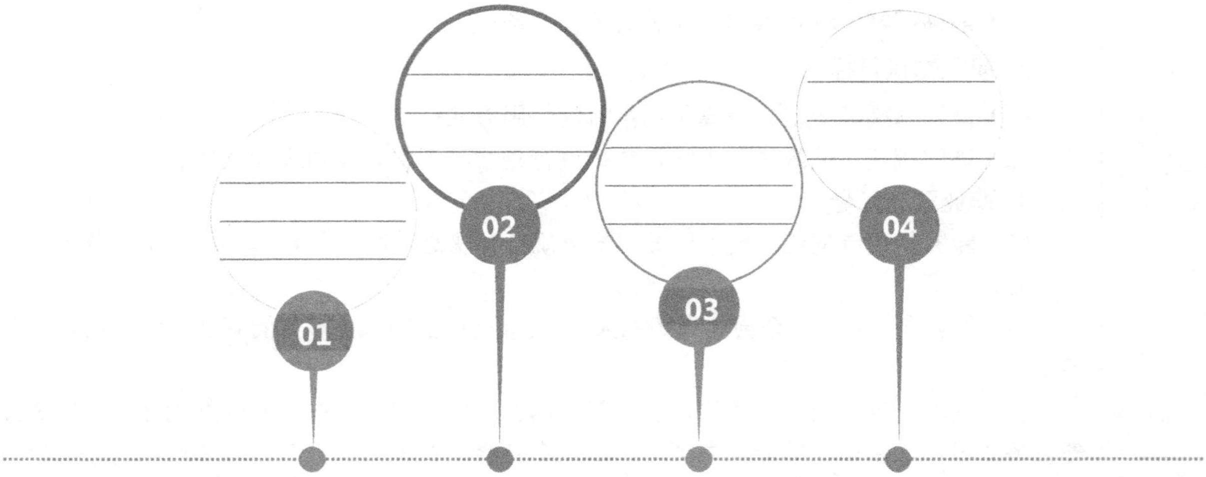

图 3－2　“划出十字柱结构零件加工界线”相关的职业知识

课中探索

准备阶段

1. 视频导入

扫码观看视频资料，观看后请就以下两个问题进行回答，并总结凝练写在方格内。

任务 3.1 导入视频

（1）剪纸时，为什么要在纸上划出一些线？

（2）想一想如果想要在钢板上剪下一块板料，我们应该怎么做呢？

教学组织：教师检查纠错，学生改正错误。评价：☆☆☆☆☆

2. 问题导入

根据前面所学，你还记得制作十字柱结构中所需要的板材尺寸和数量吗？请把这些重要的信息写在图 3－3 中。

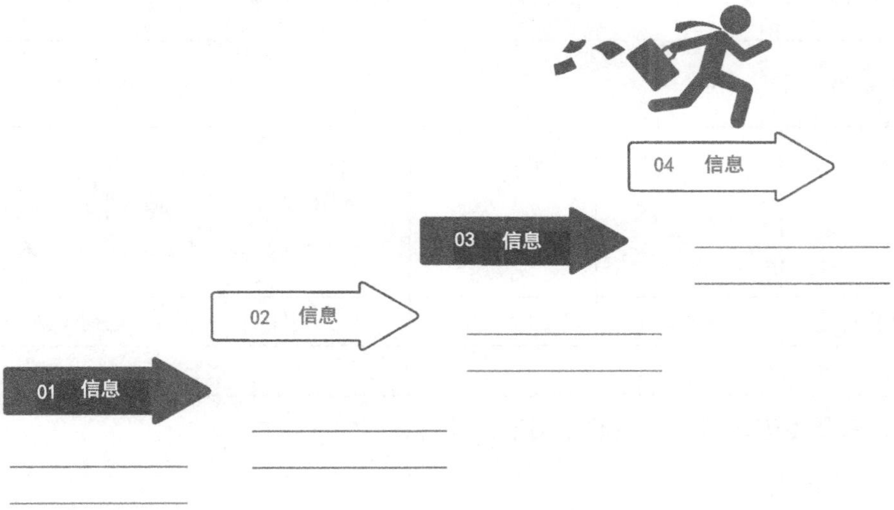

图 3－3　钢板尺寸和数量相关的重要信息

教学组织：教师检查纠错，学生改正错误。评价： ☆☆☆☆☆

演示阶段

请结合本小组收集到的重要信息，观察教师演示的职业活动，待演示结束后在图 3－4 中写出你认为对本任务职业活动有用的信息。

图 3－4　“划出十字柱结构零件加工界线”有用的职业活动信息

教学组织：教师检查纠错，学生改正错误。评价： ☆☆☆☆☆

实施与总结阶段

步骤 1　作业准备

对照表 3－1“划出十字柱结构零件加工界线”作业准备情况检查表，核准作业准备信息，如果已经准备好，请在“□”里面画上“√”；若有遗漏，请补充后画上“√”。

表 3-1 "划出十字柱结构零件加工界线"作业准备情况检查表

项目	准备内容					
作业场地	□选择周围 10 m 范围内没有易燃易爆物品且有消防措施的作业场地					
设备设施	□划线平台					
工量辅具						
	□丁字尺	□钢直尺	□直角尺	□划针	□钢丝刷	□石笔
耗材	□Q235B 钢板					

教学组织：教师检查纠错，学生改正错误。评价：☆☆☆☆☆

职业知识：划线的常用工具

请填写出常用划线工具的名称。

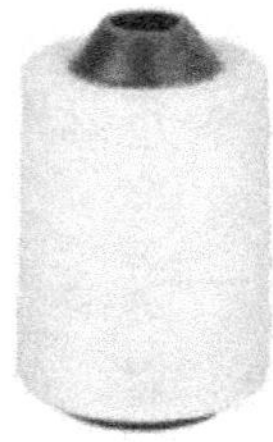

（1）__________ （2）__________ （3）__________ （4）__________

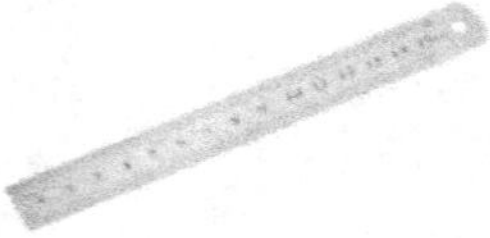

（5）__________ （6）__________ （7）__________ （8）__________

教学组织：教师检查纠错，学生改正错误。评价：☆☆☆☆☆

★课程思政：成为一个会守规矩的人

划线精度必须要在规定的误差范围内，这个是划线的规矩。同学们在学校也应当按照学校的规定进行生活，到了工作单位要遵守单位的规定。一个强大的人首先要学会的就是如何适应自己生活和工作环境中的规矩，所以同学们要努力成为一个会守规矩的人。

步骤 2 备料

准备一块长度和宽度足够，厚度为______mm 的 Q235B 钢板，如图 3-5 所示。

步骤 3　检查原材料

仔细检查材料的质量、牌号、________及__________，合格后方可投入使用。

步骤 4　清理原材料

用钢丝刷认真清理钢板______，并将材料垫平、放稳，如图 3－6 所示。

图 3－5　Q235 钢板图

图 3－6　钢丝刷清理钢板表面

步骤 5　开始划线

一、工作工序

腹板 1、腹板 2 和翼板的划线就是在钢板上划矩形。针对本次任务，由于零件形状简单，可以借助丁字尺来完成。划线时，注意各个零件在板材上的位置要___________分布，即要做到合理排样。具体划线步骤如下：

（1）将丁字尺卡在钢板边缘，量取______mm，做好标记，如图 3－7（a）所示；

（2）保持丁字尺卡在钢板边缘，同时移动丁字尺，在钢板上的其他位置量取_____mm，并做好标记，如图 3－7（b）所示；

（3）利用丁字尺将____个标记点连接成一条直线，从而确定板材长度直线，如图 3－7（c）所示；

（a）确定钢板长度第一个点

（b）确定钢板长度第二个点

（c）连接第一个点与第二个点

图 3－7　确定钢板长度

（4）在长度直线上依次标注出____个标记，间距为____mm，完成 3 个腹板 2 和 4 个翼板的划线任务，如图 3－8（a）所示。同时，在钢板上标记好板材宽度；

（5）同理，在钢板上划出 2 个腹板 1 的尺寸，间距为_____mm，如图 3－8（b）所示。同时，在钢板上标记好板材宽度。

（a）　　（b）

图 3－8　确定钢板宽度

职业知识：合理排样

请写出以下三种排料形式的名称。

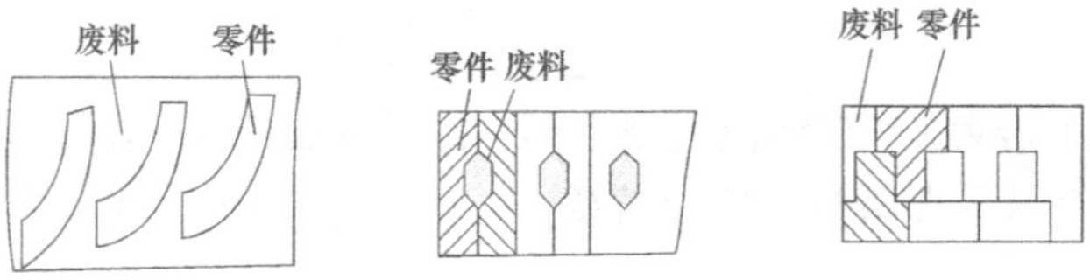

______________　______________　______________

职业知识：钢板上划直线

直线长不超过____m，用弹粉法划线

直线长不超过____m，可用直尺划线

直线超过______m，用拉钢丝的方法划线

职业知识：钢板上划矩形（几何作图法）

首先在钢板上用钢直尺和石笔划出______的边长，如图 3－9（a）所示，然后用作图法确定垂线，如图 3－9（b）所示，最后在两条垂线上分别确定____、____的边长，最后连接 DC，如图 3－9（c）所示。

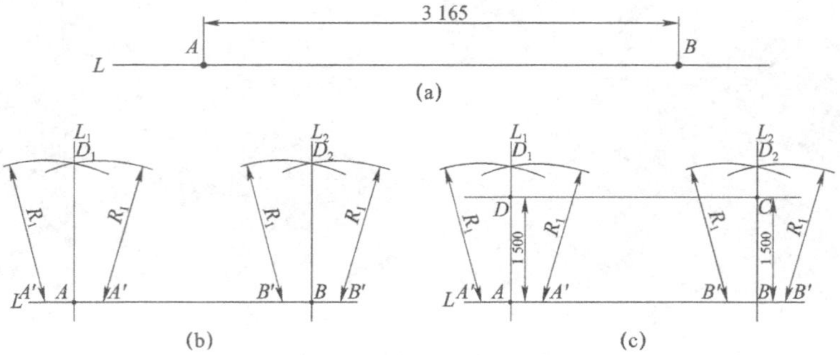

图 3－9　几何作图法划矩形

职业知识：钢板上划圆弧

（1）大圆弧的近似几何作图法

已知弦长 ab 和弦弧距 cd，先作一矩形______，如图 3－10（a）所示，连接___，并作 ag 垂直于 ac，如图 3－10（b）所示，以______份数（图上为 4 等分）等分线段 ad、af、cg，对应各点连线的交点用_____曲线连接，即为所划的圆弧，如图 3－10（c）所示。

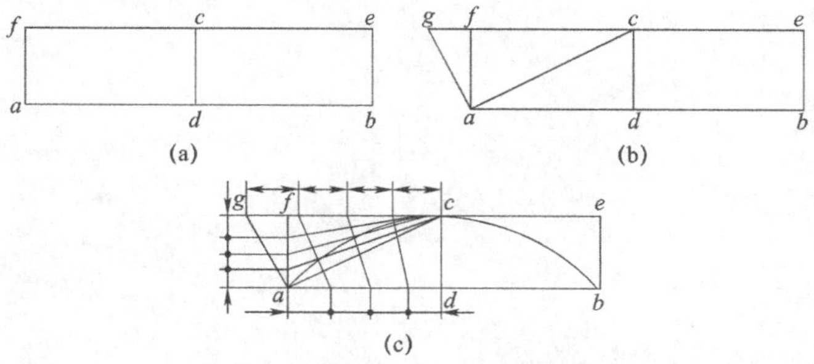

图 3－10　大圆弧的近似几何作图法

（2）大圆弧的计算法

例 3－1　如图 3－11 所示，已知大圆弧半径为 R，弦弧距为 ab，弦长为 cg，求弧高（d 为 ac 线上任意一点）。

计算区：

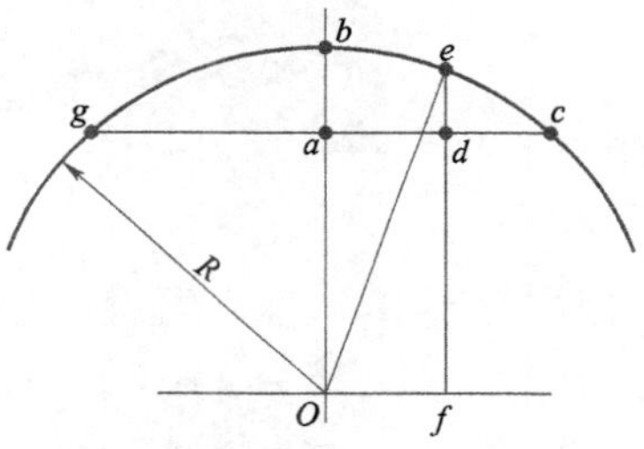

图 3－11　计算法作大圆弧

教学组织：教师检查纠错，学生改正错误。评价：☆☆☆☆☆

二、问题简析

实施完“开始划线”任务后，总结操作过程中存在的问题，将问题填写在表 3－2 中，并对产生原因进行简要分析。

表 3－2　“开始划线”问题汇总简析表

序号	问题	简析
1		
2		
3		
4		
5		

教学组织：教师检查纠错，学生改正错误。评价：☆☆☆☆☆

步骤 6 检验

划好的矩形要对其长、宽和对角线的尺寸进行检验。

（1）______检验，如图 3－12（a）所示。

（2）______检验，如图 3－12（b）所示。

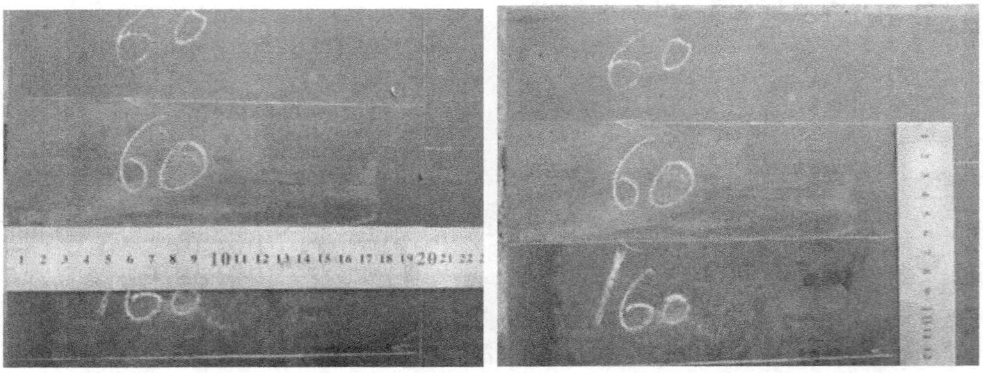

（a）　　　（b）

图 3－12　矩形长度、宽度检验

（3）_______长度检验，如图 3－13 所示。

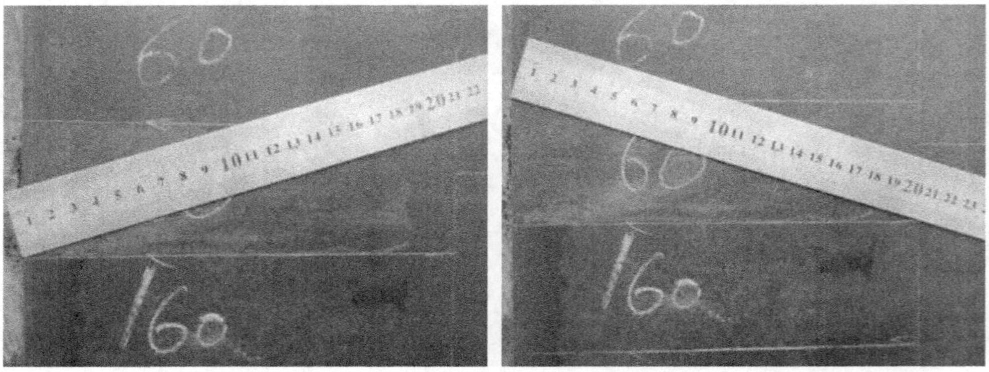

（a）　　　（b）

图 3－13　矩形对角线长度的检验

步骤 7 标注

在划好线的钢板上用石笔注明产品的______、_______和_______，以免混淆，如图 3－14 所示。

图 3－14　标注材料重要信息

职业知识：标注技术要求

1　划好线后，应将零件______（长度、宽度、厚度）进行标注

2　划线的毛坯上应注明产品的______、件号和______，以免混淆

3　划线时，除______、______外，如果还划出其他工序用线，应加上适当标记以免混淆

步骤 8　清理场地

（1）工作结束后，整理划线与检验工具、量具，清理干净后放回原处，清理工作场地。

（2）将划好线的钢板放到指定地点，不准______、堆放______等。

评价

知识评价

请结合实际案例对术语进行解读。每个术语 25 分，共计 100 分。

（1）划线

____

（2）备料

____

（3）合理排样

____

（4）平面划线

____

技能评价

对表 3－3 所列作业内容，操作规范即得分，操作错误或未操作即零分。其中，学生自评占 20%，学生互评占 20%，教师评价占 60%。

表 3－3　“划出十字柱结构零件加工界线”技能评价表

序号	作业内容	配分	学生自评得分	学生互评得分	教师评价得分
1	作业准备	10			
2	备料、检查原材料、清理原材料	20			
3	开始划线	30			
4	检验	10			
5	标注	20			
6	清理场地	10			
总分		100			
综合评价		100			

素养评价

对表 3－4 所列素养点，做到即得分，未做到即零分。其中，学生自评占 20%，学生互评占 20%，教师评价占 60%。

表 3－4 “划出十字柱结构零件加工界线”素养评价表

序号	素养点	配分	学生自评得分	学生互评得分	教师评价得分
1	按时出勤，无迟到早退	10			
2	准备充分，无手忙脚乱	10			
3	积极互动，无消极态度	10			
4	安全作业，无安全隐患	10			
5	保护环境，无乱扔乱倒	10			
6	规范标准，无野蛮操作	10			
7	团队协作，无不洽关系	10			
8	场地“5S”	10			
9	团队协作能力进一步提升	10			
10	职业活动能力进一步提升	10			
总分		100			
综合评价		100			

课后拓展

1. 单选题

（1）划线是根据设计图样上的图形和尺寸，准确地按（　　）的比例在待下料的钢材表面上划出加工界线的过程。

A. 任意　　B. 一定比例　　C. 2:1　　D. 1:1

（2）以下四种划线工具，名称分别为（　　）。

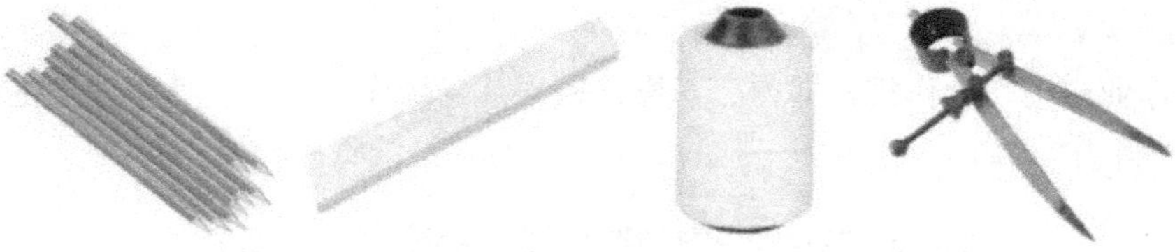

A. 划针、石笔、粉线、划规　　B. 划针、石笔、划规、粉线

C. 粉线、划针、石笔、划规　　D. 划规、石笔、粉线、划针

（3）以下三种排料方式，属于无废料排样方式的是（　　）。

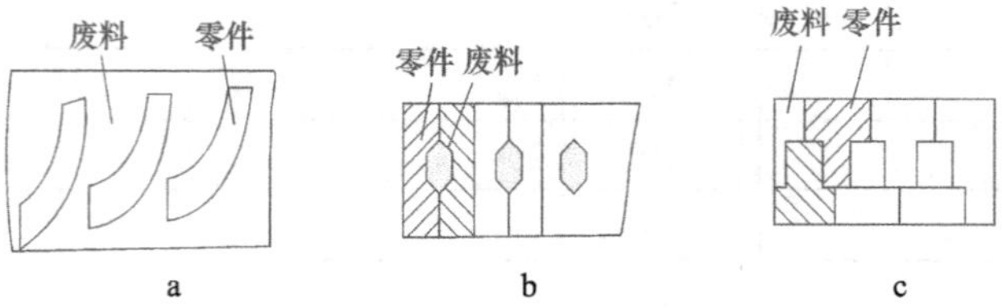

A. 图 a　　B. 图 b　　C. 图 c　　D. 都一样

2. 多选题

（1）有关于直线的划法描述正确的是（　　　）。

A. 直线长不超过 1 m，可用直尺划线

B. 直线长不超过 5 m，用弹粉法划线

C. 直线超过 5 m，用拉钢丝的方法划线，钢丝取$\phi 0.5 \sim \phi 1.5$ mm

D. 以上说的至少有一个不对

（2）以下对划线时的注意事项描述正确的是（　　　）。

A. 熟悉结构的图样和制造工艺，根据图样检验样板、样杆，核对选用的钢号、规格是否符合要求

B. 检查钢板表面是否有麻点、裂纹、夹层及厚度不均匀等缺陷

C. 划线前应将材料垫平、放稳，划线时要尽可能使线条细且清晰，笔尖与样板边缘间不要内倾和外倾

D. 划线时不应标注各道工序用线，以免混淆

3. 拓展训练

（1）图 3-15 所示为法兰结构图，采用整体下料方式制作法兰，请结合划线相关知识，对图示法兰进行划线。

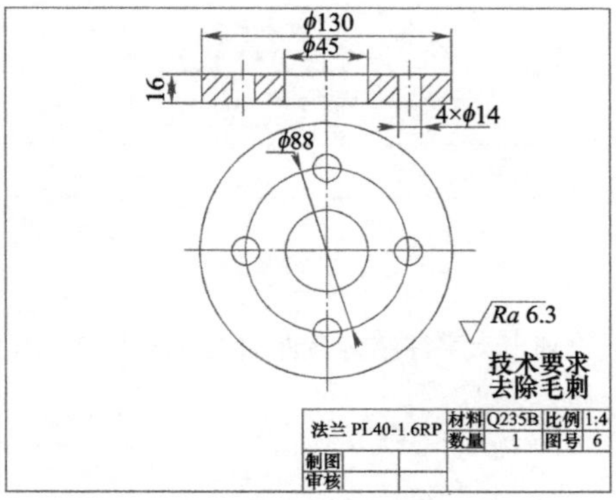

图 3-15　法兰结构图

（2）请列举出在十字柱结构的零件划线过程中易出现的问题，分析产生问题的原因并制定解决问题的措施。

（3）请按照图 3-16 中思维导图的提示，按照职业活动工作流程，对“划出十字柱结构零件加工界线”的学习收获进行总结。

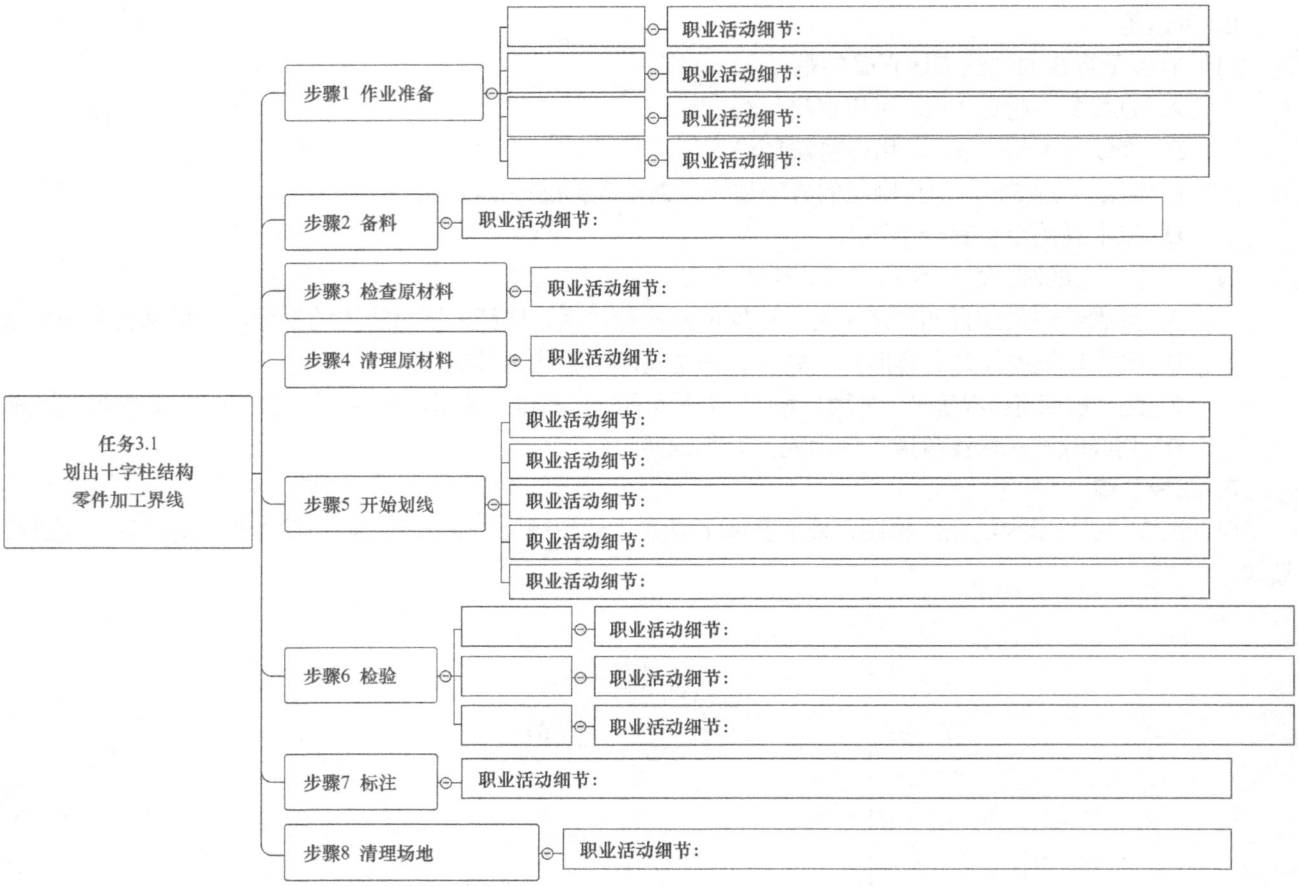

图 3-16 “划出十字柱结构零件加工界线”的学习收获总结

任务 3.2　剪切十字柱结构零件钢板

工作页	上课地点		学生姓名		完成/未完成
	任课教师		上课时间		优/良/中/及格

课前导学

在十字柱结构中有 3 个部件，部件中包含了 9 个零件，按照焊接工艺流程来说，我们已经完成了十字柱结构零件识图和划线任务，接下来大家要进行的任务是加工已经划好线的钢板。

结合教材、工作页及线上教学资源提示，课前小组讨论后整理出关于“剪切十字柱结构零件钢板”职业活动的相关职业知识，并填写在图 3－17 中。

图 3－17　“剪切十字柱结构零件钢板”相关的职业知识

教学组织：教师检查纠错，学生改正错误。评价：☆☆☆☆☆

课中探索

准备阶段

1. 问题导入

你认为在钢板划线中有哪些重要事项需要注意？将重要的内容写在图 3－18 中。

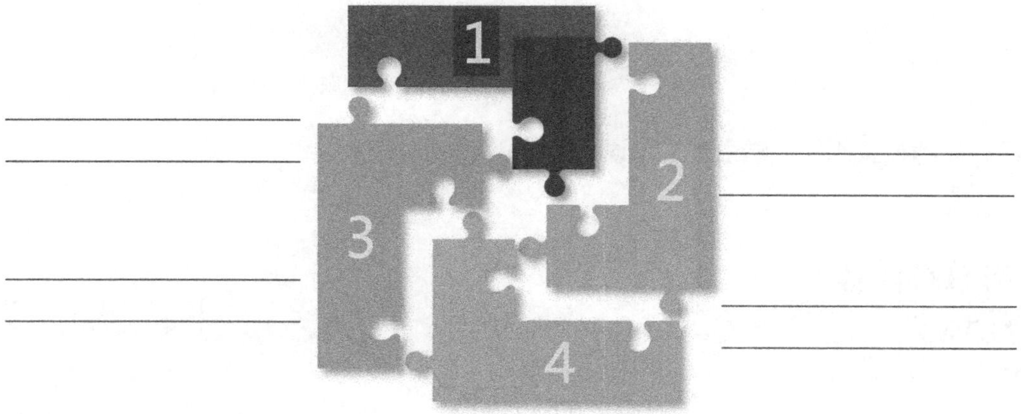

图 3－18　钢板划线中的重要注意事项

教学组织：教师检查纠错，学生改正错误。评价：☆☆☆☆☆

2. 视频导入

扫码观看视频资料，然后请就以下两个问题进行回答，并总结凝练写在方格内。

任务 3.2 导入视频

（1）这位工人在进行什么操作？

（2）根据你的经验，你认为还有哪些方法可以将所需要的零件从钢板上分离下来？

教学组织：教师检查纠错，学生改正错误。评价：☆☆☆☆☆

演示阶段

请结合本小组收集到的重要信息，观察教师演示的职业活动，待演示结束后在图 3－19 中写出你认为对本任务职业活动有用的信息。

图 3－19 “剪切十字柱结构零件钢板”有用的职业活动信息

教学组织：教师检查纠错，学生改正错误。评价：☆☆☆☆☆

实施与总结阶段

步骤 1　作业准备

一、安全防护

按照图 3－20 中所示穿戴好下料操作时的防护用品，同时进行自检和互检。请熟读本次职业活动防护用品穿戴要求，若已完成，请在方框内打“√”。

□使用前，使用人应对防护用品质量情况进行检查，保证防护用品的完好，符合要求。

□操作前要穿紧身防护服，袖口扣紧，上衣下摆不能敞开，如图 3–20 所示。

□不得在开动的机床旁穿、脱换衣服，或围布于身上，防止机器绞伤。

□必须戴好安全帽，长发应放入帽内。

□不得穿裙子、拖鞋。

□不允许在现场内随意摘掉或更换焊工服、焊工鞋。

图 3－20　剪板时防护用品穿戴

二、焊前准备

对照表 3－5“剪切十字柱结构零件钢板”作业准备情况检查表，核准作业准备信息，如果已经准备好，请在“□”里面画上“ √ ”；若有遗漏，请补充后画上“ √ ”。

表 3－5　“剪切十字柱结构零件钢板”作业准备情况检查表

项目	准备内容				
作业场地	□选择周围 10 m 范围内没有易燃易爆物品且有消防措施的作业场地				
设备设施	□龙门剪板机				
工量辅具					
	□钢直尺	□内六角扳手	□塞尺	□焊缝检验尺	□螺丝刀
耗材	□划好线的 Q235B 钢板				

教学组织：教师检查纠错，学生改正错误。评价：☆☆☆☆☆

步骤 2　下料前的准备

在钢板下料众多方法中，____________是应用最为广泛的下料方式。本任务选择龙门剪板机进行下料操作。

1. 防护用品穿戴情况检查

检查_________穿戴情况。

2. 作业场地检查

检查工作场地附近 10 m 范围内是否有易燃易爆物品及其他_________。

3. 剪板机检查

剪板机________前，应对整体结构和周围环境进行检查。

职业知识：机械剪切工艺及设备

写出下图中四个剪板机的名称和特点。

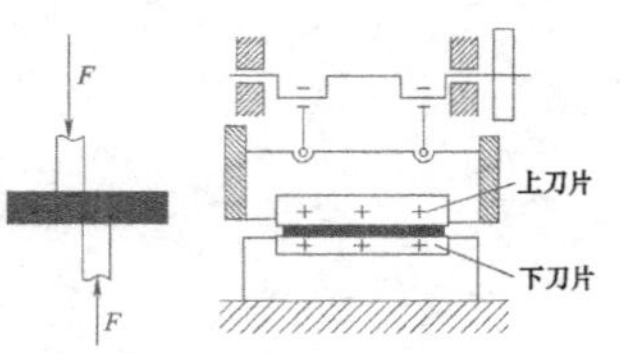

名称：__________ 特点：__________

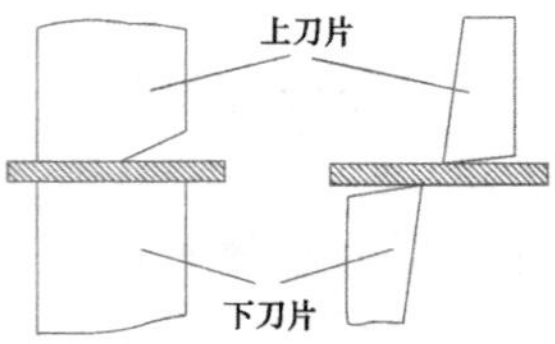

名称：__________ 特点：__________

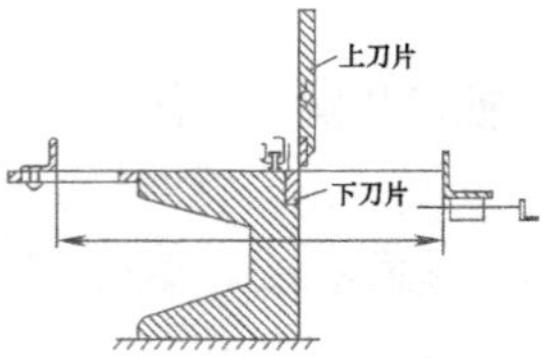

名称：__________ 特点：__________

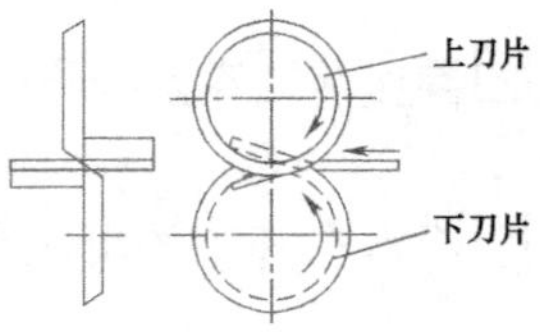

名称：__________ 特点：__________

教学组织：教师检查纠错，学生改正错误。评价：☆☆☆☆☆

★课程思政：发挥自己的优势

没有一个机械剪切设备是完美的，但它们都有各自的优点和所适合的工作条件。正所谓“金无足赤，人无完人”，我们每个人都有自己的优缺点，在工作中，我们要认清自己，寻找到自身的特长，扬长避短，利用你的特长带动事业上的步步攀升。

步骤 3　龙门剪板机下料

一、工作工序

（1）接通电源；

（2）逆时针旋转______开关，按下电机启动按钮后，等待几分钟，使电机完全进入运转状态；

（3）试运转________次，观察是否有异常；

（4）踩（或按）下_____侧脚踏开关，将上刀片落下；

（5）卸下压料块，利用塞尺检查刀片间隙，如图 3－21 所示。如果不是_______mm 则需要调节刀片调节螺丝，使刀片间隙达到 0.55mm，调节完毕装上压料块；

（6）再作 1～3 次______运转，检查是否有异常；

（7）将钢板上划好的________两端对准下刀口，如图 3－22 所示；

（8）控制剪板机的________，将钢板压牢，如图 3－23 所示；

（9）踩下右侧脚踏开关，听到钢板剪断声音后，_______脚踏开关；

（10）踩下_______脚踏开关，降上刀片复位；

（11）依次重复本任务步骤 3 中（8）、（9）、（10）、（11）的操作内容，直至全部零件剪切完毕；

（12）顺时针旋转急停开关，关闭电源，清理工作现场。

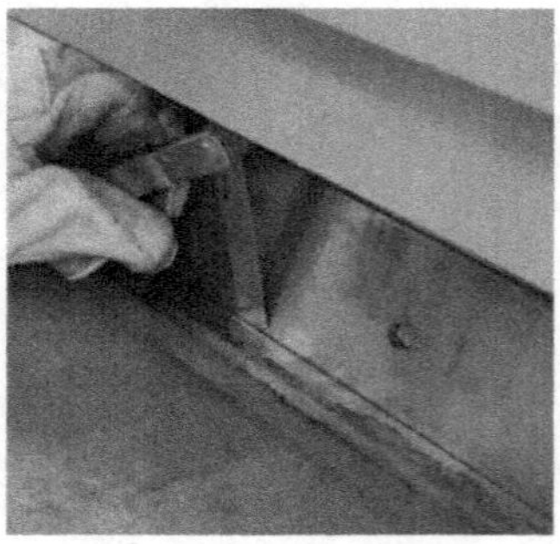

图 3－21　利用塞尺检查

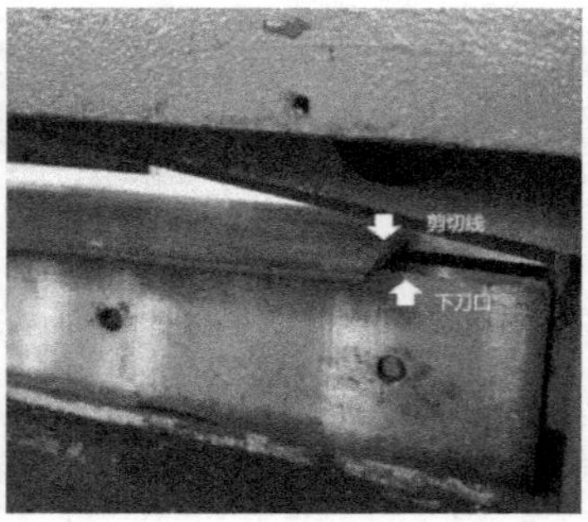

图 3－22　将剪切线对准下刀口

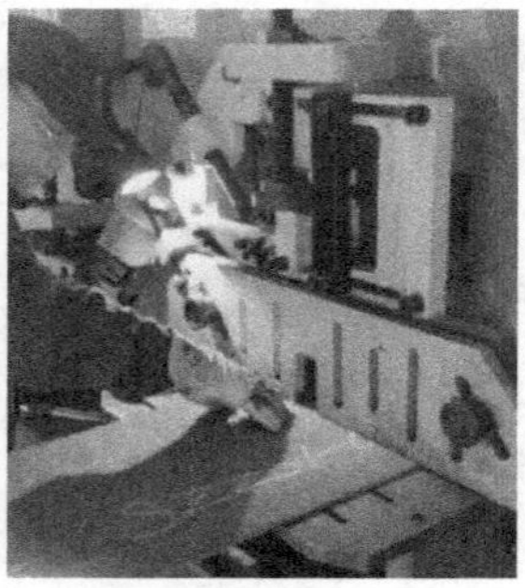

图 3－23　调整剪板机压紧机构

职业知识：刀片检查的内容

刀片锋利

观察刀片表面是否______、______和崩坏现象

紧固可靠

检查锁紧螺钉是否______

刀片间隙

利用塞尺测量刀片______

职业知识：下料实施环节注意事项

5　严格按________操作，穿戴好规定的防护用品

4　在操作过程中，精神应集中，送料时严禁将______伸进压板机内

3　启动机床前必须______机床上所有的工具、量具及其他物件

2　工作时，________由专人操作，不得随意乱放、随意操作

1　一台剪板机禁止______人同时剪切两种零件

二、问题简析

实施完“龙门剪板机下料”任务后，总结操作过程中存在的问题，将问题填写在表 3－6 中，并对产生原因进行简要分析。

表 3－6　“龙门剪板机下料”问题汇总简析表

序号	问题	简析
1		
2		
3		
4		
5		

教学组织：教师检查纠错，学生改正错误。评价：☆☆☆☆☆

步骤 4　剪切件的质量检查

利用________对剪切后的零件进行尺寸检查，同时采用______________对剪切后钢板的垂直度进行检验。

职业知识：剪切件质量要求

剪切件的质量检查

- 剪切后的板材不应有______变形，无弯曲现象
- 板材剪切的切口与板材表面垂直，斜度不大于________
- 毛刺不大于_____mm
- 当按挡铁剪切时，剪切的尺寸误差为±________mm
- 剪切尺寸误差与板材的宽度和________有关

教学组织：教师检查纠错，学生改正错误。评价：☆☆☆☆☆

评价

知识评价

请结合实际案例对术语进行解读。每个术语25分，共计100分。

（1）下料

____

（2）剪切

____

（3）冷切割

____

（4）热切割

____

技能评价

对表3-7所列作业内容，操作规范即得分，操作错误或未操作即零分。其中，学生自评占20%，学生互评占20%，教师评价占60%。

表3-7 “剪切十字柱结构零件钢板”技能评价表

序号	作业内容	配分	学生自评得分	学生互评得分	教师评价得分
1	作业准备	10			
2	下料前的准备	20			
3	龙门剪板机下料	60			
4	剪切件的质量检查	10			
总分		100			
综合评价		100			

素养评价

对表3-8所列素养点，做到即得分，未做到即零分。其中，学生自评占20%，学生互评占20%，教师

评价占60%。

表3－8 “剪切十字柱结构零件钢板”素养评价表

序号	素养点	配分	学生自评得分	学生互评得分	教师评价得分
1	按时出勤，无迟到早退	10			
2	准备充分，无手忙脚乱	10			
3	积极互动，无消极态度	10			
4	安全作业，无安全隐患	10			
5	保护环境，无乱扔乱倒	10			
6	规范标准，无野蛮操作	10			
7	团队协作，无不洽关系	10			
8	场地“5S”	10			
9	团队协作能力进一步提升	10			
10	职业活动能力进一步提升	10			
总分		100			
综合评价		100			

课后拓展

1. 单选题

（1）（　　）是指用各种方法将毛坯或工件从原材料上分离下来的工序。

A. 冲压　　B. 铸造

C. 下料　　D. 锻造

（2）根据零件在模具中的位置不同，冲裁分为落料和冲孔，当零件从模具的凹模中得到时称为（　　），而在凹模外面得到零件时称为（　　）。

A. 冲孔、落料　　B. 落料、冲孔

C. 冲裁、冲孔　　D. 冲裁、落料

（3）以下属于剪切件的质量检查内容的是（　　）。

A. 检查板材整体变形情况

B. 检查切口与板材表面的垂直度

C. 检查切口毛刺大小

D. 以上说法都对

2. 多选题

（1）手工下料主要包括（　　）。

A. 克切　　B. 锯割

C. 砂轮切割　　D. 机械剪切

（2）关于以下四种常见的机械剪切设备描述正确的是（　　）。

A. 平口剪板机：上、下刀片与被剪切的板料整个宽度方向同时接触，因此所需的剪切力较大

B. 斜口剪板机：斜口剪板机剪切力比平口剪板机小

C. 龙门剪板机：每分钟剪切次数多，并可进行精密剪切，应用最广

D. 圆盘剪板机：能剪切各种曲线轮廓，剪板厚度为1～6 mm

3. 拓展训练

（1）图 3－15 所示为法兰结构图，采用整体下料方式制作法兰，请结合下料相关知识，制定该结构的下料工艺方案。

（2）针对本次剪板任务，结合自身实操过程，从提高剪板质量、效率、操作方便等方面，试着提出 2～3 个龙门剪板机设备优化的方案。

（3）请按照图 3－24 中思维导图的提示，按照职业活动工作流程，对“剪切十字柱结构零件钢板”的学习收获进行总结。

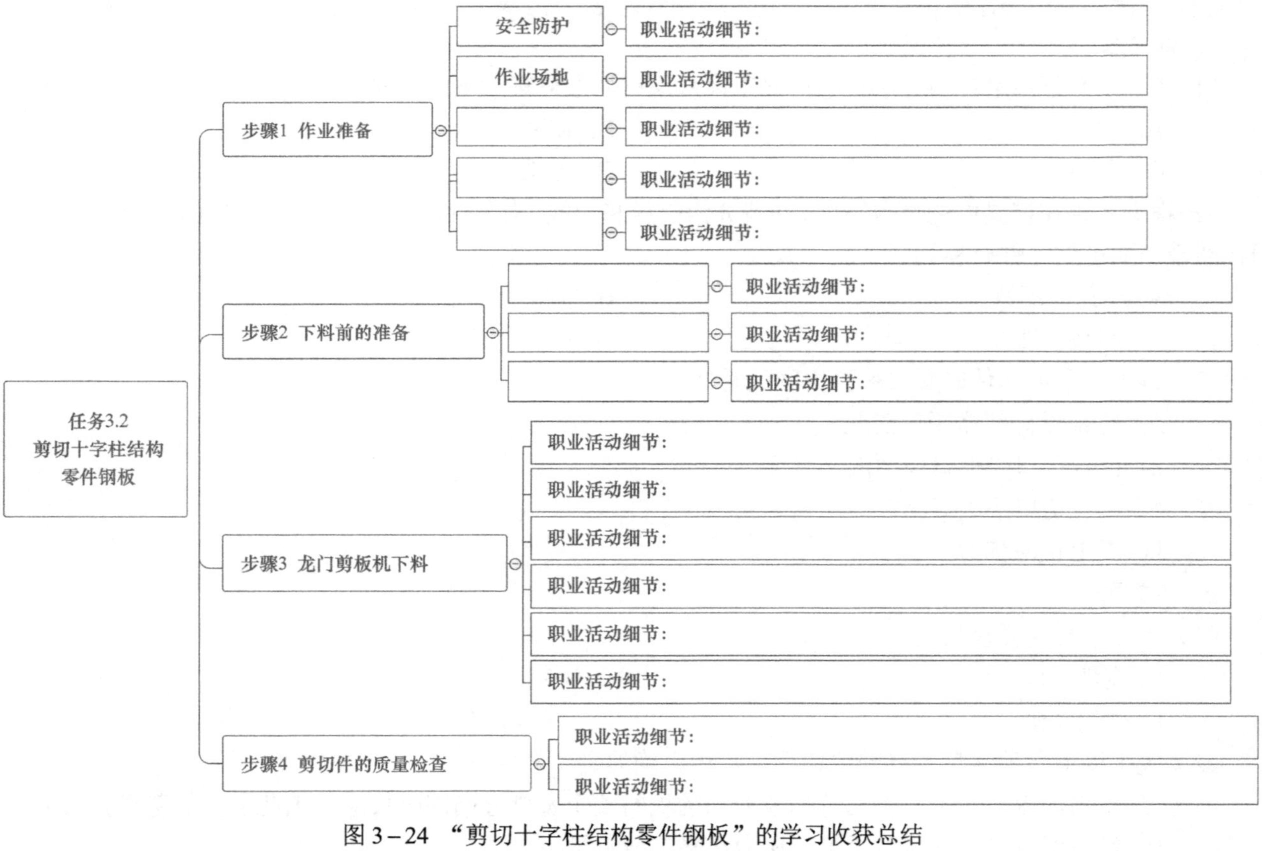

图 3－24 “剪切十字柱结构零件钢板”的学习收获总结

任务 3.3　切割十字柱结构零件钢板边缘

工作页	上课地点		学生姓名		完成/未完成
	任课教师		上课时间		优/良/中/及格

课前导学

在十字柱结构中有 3 个部件，部件中包含了 9 个零件，其中 H 型钢腹板中的 3 个零件采用板板对接形式完成焊接生产任务，通过装配图的识读我们知道这 3 块腹板需要开 30°坡口，经过“进行下料”任务后已经完成了腹板的下料任务，接下来大家要进行的任务是对已经剪切完的试件进行坡口加工。

结合教材、工作页及线上教学资源提示，课前小组讨论后整理出关于“切割十字柱结构零件钢板边缘”职业活动的相关职业知识，并填写在图 3－25 中。

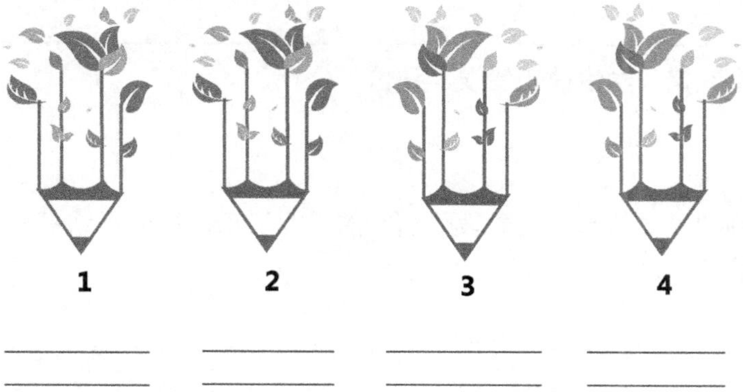

图 3－25　“切割十字柱结构零件钢板边缘”相关的职业知识

教学组织：教师检查纠错，学生改正错误。评价：☆☆☆☆☆

课中探索

准备阶段

1. 问题导入

你认为在钢板下料中有哪些的重要事项需要注意？将重要的内容写在图 3－26 中。

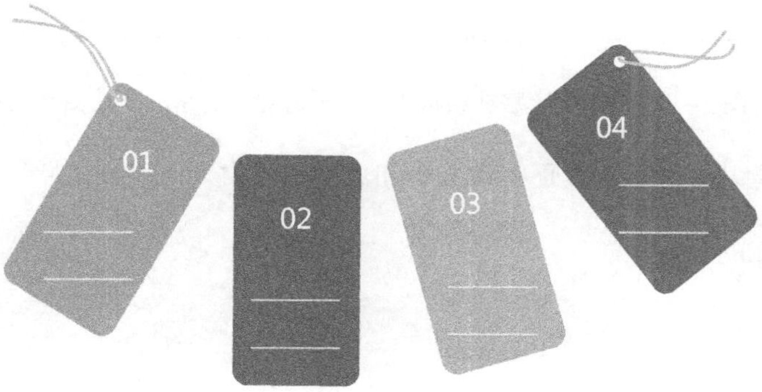

图 3－26　钢板下料中的重要注意事项

教学组织：教师检查纠错，学生改正错误。评价：☆☆☆☆☆

2. 视频导入

扫码观看视频资料，观看后请就以下两个问题进行回答，并总结凝练写在方格内。

任务 3.3 课前导入视频

（1）这位工人在进行什么操作？

（2）根据你的经验，如果不进行边缘加工而直接进行焊接会出现什么问题？

教学组织：教师检查纠错，学生改正错误。评价：☆☆☆☆☆

演示阶段

请结合本小组收集到的重要信息，观察教师演示的职业活动，待演示结束后在图 3－27 中写出你认为对本任务职业活动有用的信息。

信息 1　　信息 2　　信息 3　　信息 4

图 3－27 “切割十字柱结构零件钢板边缘”有用的职业活动信息

教学组织：教师检查纠错，学生改正错误。评价：☆☆☆☆☆

实施与总结阶段

步骤 1　作业准备

一、安全防护

按照图 3－28 中所示穿戴好边缘加工操作时的焊接防护用品，同时进行自检和互检。请熟读本次职业活动防护用品穿戴要求，若已完成，请在方框内打“√”。

□使用前，使用人应对防护用品质量情况进行检查，保证防护用品的完好，符合要求。

□操作人员进入现场应穿戴焊工服、焊工鞋、焊工帽等安全防护用品，如图 3-28 所示。

□袖口及衣角应系扣，裤脚应盖住脚面。

□不应穿易滑、脚身有裸露部位的鞋。

□作业时，应使用护目镜或焊接面罩，戴好焊接手套。

图 3-28　等离子切割时的焊接防护用品穿戴

二、焊前准备

对照表 3-9“进行边缘加工”作业准备情况检查表，核准作业准备信息，如果已经准备好，请在“□”里面画上“√”；若有遗漏，请补充后画上“√”。

表 3-9　“切割十字柱结构零件钢板边缘”作业准备情况检查表

项目	准备内容					
作业场地	□选择周围 10 m 范围内没有易燃易爆物品且有消防措施的作业场地					
设备设施	□等离子弧切割机					
工量辅具				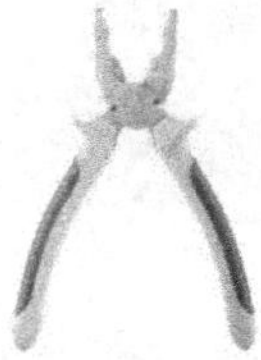		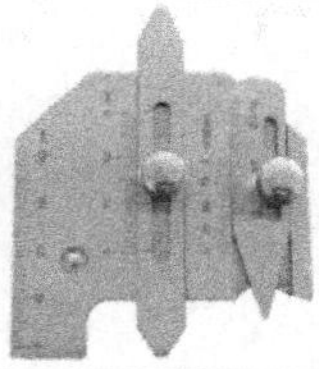
	□钢直尺	□划针	□扁锉	□焊工钳子	□台虎钳	□焊缝检验尺
耗材	□剪切后的 Q235B 钢板					

教学组织：教师检查纠错，学生改正错误。评价：☆☆☆☆☆

步骤 2　边缘加工前的准备

在钢板边缘加工的众多方法中，____________是应用最为广泛的下料方式。本任务选择等离子弧切割法对十字柱结构零件进行边缘加工。

1. 防护用品穿戴情况检查

检查防护用品穿戴情况。

2. 操作前的准备工作

等离子弧设备________前，应对整体结构和周围环境进行检查，如图 3-29 所示。

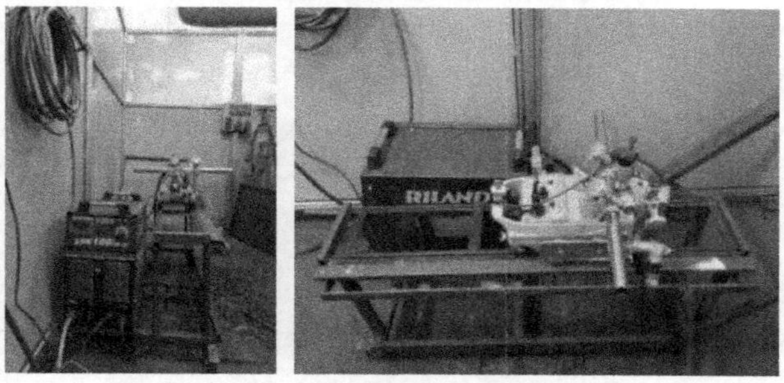

图 3-29　等离子弧切割机

职业知识：不同材料的边缘加工工艺方法

请写出以下五种边缘加工工艺方法的名称和特点。

名称：__________

特点：__________

名称：__________

特点：__________

名称：__________

特点：__________

名称：__________

特点：__________

名称：__________

特点：__________

教学组织：教师检查纠错，学生改正错误。评价：☆☆☆☆☆

步骤 3　划切割工序用线

（1）将钢板夹紧在台虎钳上，采用__________确定钢板左右两侧坡口角度，同时用划针划出轮廓线，如图 3－30（a）所示；

（2）将坡口角度轮廓线的______用直线进行连接，划出等离子切割线，如图 3－30（b）所示。

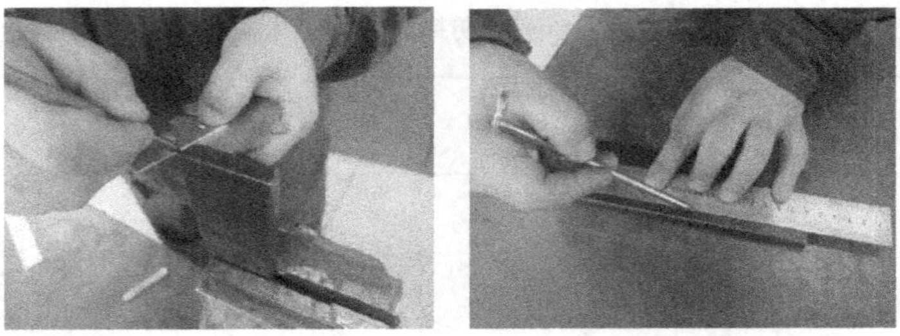

（a）　　（b）

图 3－30　划切割工序用线

职业知识：划切割工序用线注意事项

切割工序用线必须划出，不能凭借__________切割位置

切割工序用线可在________时就划出，并做好标记和防护

划出的切割工序用线一定要保持______，以免产生切割误差

划出的切割工序用线的线条一定_______且清晰

教学组织：教师检查纠错，学生改正错误。评价：☆☆☆☆☆

步骤 4　等离子弧切割法边缘加工操作

一、工作工序

（1）接好压缩空气及电源线。

（2）推上电源开关，电源指示灯亮后等待几分钟，使等离子切割机完全进入运转状态。

（3）调整焊接电流为_____A、电压为______V、切割速度 1 200 mm/min、喷嘴距离工件_____mm 和喷嘴角度为______°，检查气体压力不应低于 0.45 MPa、气体流量不应小于 300 L/min。

（4）在操作台上摆放好待边缘加工钢板，随后调整割炬位置，保证割炬沿着________进行切割，同时保持割炬与钢板高度约为 2 mm。

（5）关闭离合手柄，______一次，观察喷嘴是否沿着切割线移动且是否与工件保持规定高度，如果没有问题，手动将小车退回初始位置，打开离合手柄，等待下步操作。

（6）开启前进挡，当喷嘴与切割件之间距离为_____mm 左右时按下引弧开关，开始切割。

（7）切割完成后，先关闭_______开关，再关闭小车离合手柄，手动将小车退回初始位置，等待下步操作。

（8）重复本任务步骤 4 中（4）、（5）、（6）、（7）的操作内容，直至全部边缘加工作业完成。

（9）切割完成后，关闭电源、气源，清洁工具和现场，确认没有起火危险后，方可离开现场。

（10）待切割板材冷却后，用_______对工件进行清渣。

教学组织：教师检查纠错，学生改正错误。评价：☆☆☆☆☆

职业知识：切割实施环节注意事项

应谨防触电，注意不被_____和金属飞溅伤害

气瓶及胶管有漏气或老化等迹象应立即_________

切割完成后，要仔细检查切割现场周围，确认没有_____危险后，方可离开现场

严禁_______户外作业

操作现场发生意外事故伤害时，应紧急停止设备，关闭_____，立即向领导汇报

教学组织：教师检查纠错，学生改正错误。评价：☆☆☆☆☆

二、问题简析

实施完“等离子弧切割法边缘加工操作”任务后，总结操作过程中存在的问题，将问题填写在表 3－10 中，并对产生原因进行简要分析。

表 3－10　“等离子弧切割法边缘加工操作”问题汇总简析表

序号	问题	简析
1		
2		
3		
4		
5		

教学组织：教师检查纠错，学生改正错误。评价：☆☆☆☆☆

步骤 5　边缘加工件的质量检查

利用钢直尺和焊缝检验尺对边缘加工后的零件进行质量检查。

职业知识：剪切件质量要求

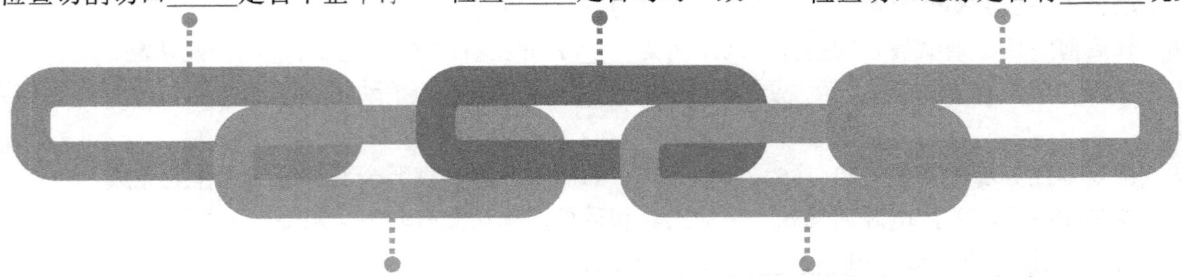

教学组织：教师检查纠错，学生改正错误。评价：☆☆☆☆☆

评价与总结

知识评价

请结合实际案例对术语进行解读。每个术语 25 分，共计 100 分。

（1）边缘加工

（2）等离子弧切割

（3）磨削加工

（4）碳弧气刨

技能评价

对表 3－11 所列作业内容，操作规范即得分，操作错误或未操作即零分。其中，学生自评占 20%，学生互评占 20%，教师评价占 60%。

表 3－11　“切割十字柱结构零件钢板边缘”技能评价表

序号	作业内容	配分	学生自评得分	学生互评得分	教师评价得分
1	作业准备	10			
2	边缘加工前的准备	10			
3	划切割工序用线	10			
4	等离子弧切割法边缘加工操作	60			
5	边缘加工件的质量检查	10			
总分		100			
综合评价		100			

素养评价

对表 3－12 所列素养点，做到即得分，未做到即零分。其中，学生自评占 20%，学生互评占 20%，教师评价占 60%。

表 3－12　“切割十字柱结构零件钢板边缘”素养评价表

序号	素养点	配分	学生自评得分	学生互评得分	教师评价得分
1	按时出勤，无迟到早退	10			
2	准备充分，无手忙脚乱	10			
3	积极互动，无消极态度	10			
4	安全作业，无安全隐患	10			
5	保护环境，无乱扔乱倒	10			
6	规范标准，无野蛮操作	10			
7	团队协作，无不洽关系	10			
8	场地“5S”	10			
9	团队协作能力进一步提升	10			
10	职业活动能力进一步提升	10			
总分		100			
综合评价		100			

课后拓展

1. 单选题

（1）对于下列坡口形式描述正确的是：

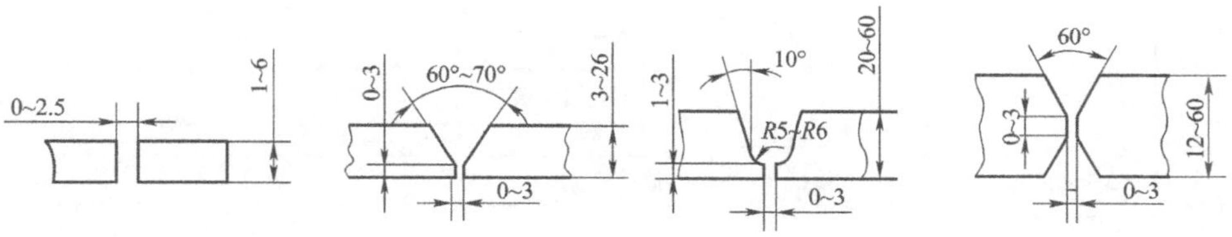

A. I 形坡口、U 形坡口、V 形坡口、X 形坡口　B. V 形坡口、X 形坡口、U 形坡口、I 形坡口

C. I 形坡口、V 形坡口、U 形坡口、X 形坡口　D. U 形坡口、V 形坡口、X 形坡口、I 形坡口

（2）加工坡口时，通常在焊件厚度方向留有直边，称为钝边，其作用是为了防止（　　）。

A. 裂纹　　B. 气孔　　C. 烧穿　　D. 夹渣

（3）为减小对接接头的焊接变形，应选用（　　）坡口。

A. Y 形　　B. U 形　　C. K 形　　D. X 形

2. 判断题

（1）中碳钢坡口制备时，为了减小熔合比，一般采用 U 形或 V 形坡口。（　　）

（2）坡口尺寸过小、焊接速度过慢容易使焊缝产生焊瘤。（　　）

3. 拓展训练

（1）写出下面几种钢板的坡口形式。

名称	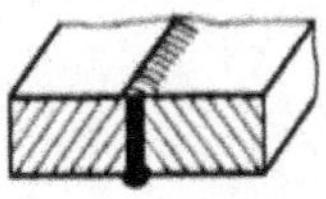	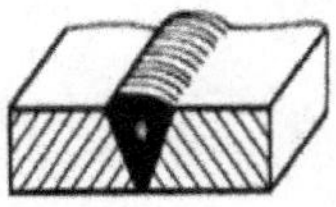	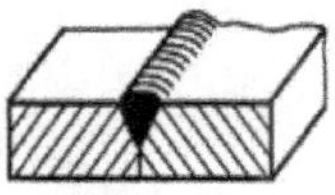	
坡口形式				

（2）能否对本次十字柱结构下料与边缘加工工艺方法进行优化，如果能，请说出你的优化方案。

（3）请按照图 3－31 中思维导图的提示，按照职业活动工作流程，对“切割十字柱结构零件钢板边缘”的学习收获进行总结。

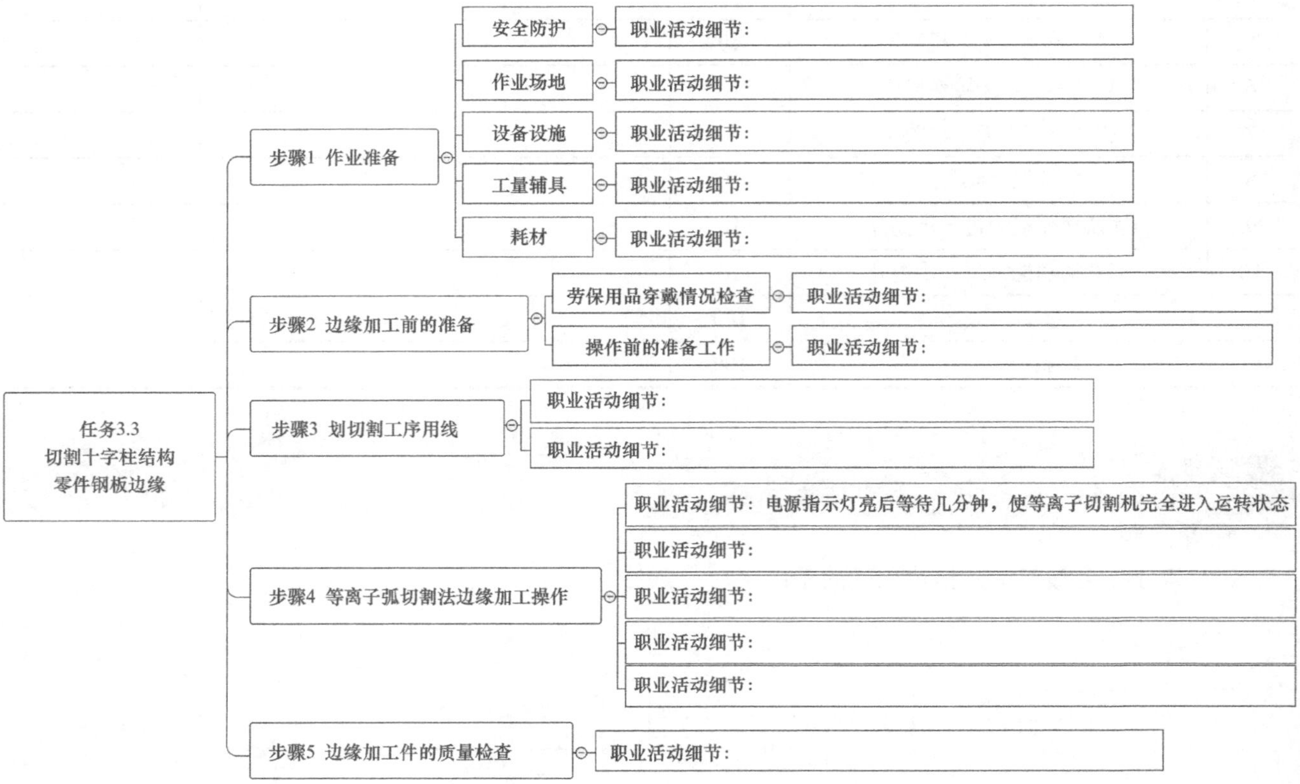

图 3－31 “切割十字柱结构零件钢板边缘”的学习收获总结

项目 3 学习成果检测

资讯

任务描述

根据所学，按照“1+X 特殊焊接技术职业技能中级”证书考核标准，请对图 3－32 所示的零件进行识读和备料加工。

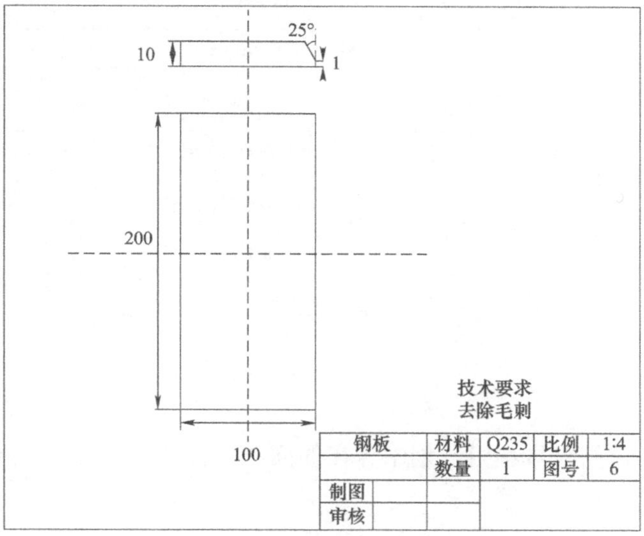

图 3－32　钢板结构图

任务要求

1. 学生要求

学生按照教学进度计划完成以下学习任务并达到了 75 分以上后，可进行该学习成果的实施。

（1）完成学习成果检测所需相关知识和方法的学习，得分大于 75 分。

（2）能够运用学习成果检测需要的相关知识和方法进行作业，得分大于 75 分。

（3）按时、按质、按量完成相应作业，得分大于 80 分。

（4）具有自觉遵守技术标准和要求规定、规范操作、安全、环保、“5S”作业、团结协作的好习惯，得分大于 80 分。

（5）能制定图 3－32 所示的钢板备料加工工艺流程。

2. 教师要求

（1）在安排学生实施学习成果前，通过课堂问题研讨、作业、实训和考核及其他方式，确认学生已经具备了实施学习成果所需的知识、技能和素养，并确保学生在安全状态下独立进行。

（2）对协助教师进行测评的学生进行测评和监督方法的培训，确保测评结果的准确性和公平性。

（3）准备好测评记录。

计划

结合教材、工作页及线上教学资源提示，课前小组讨论后拟定“项目 3 学习成果检测”的工作任务计划，可参照图 3－33，随后以小组为单位分享小组作业计划。

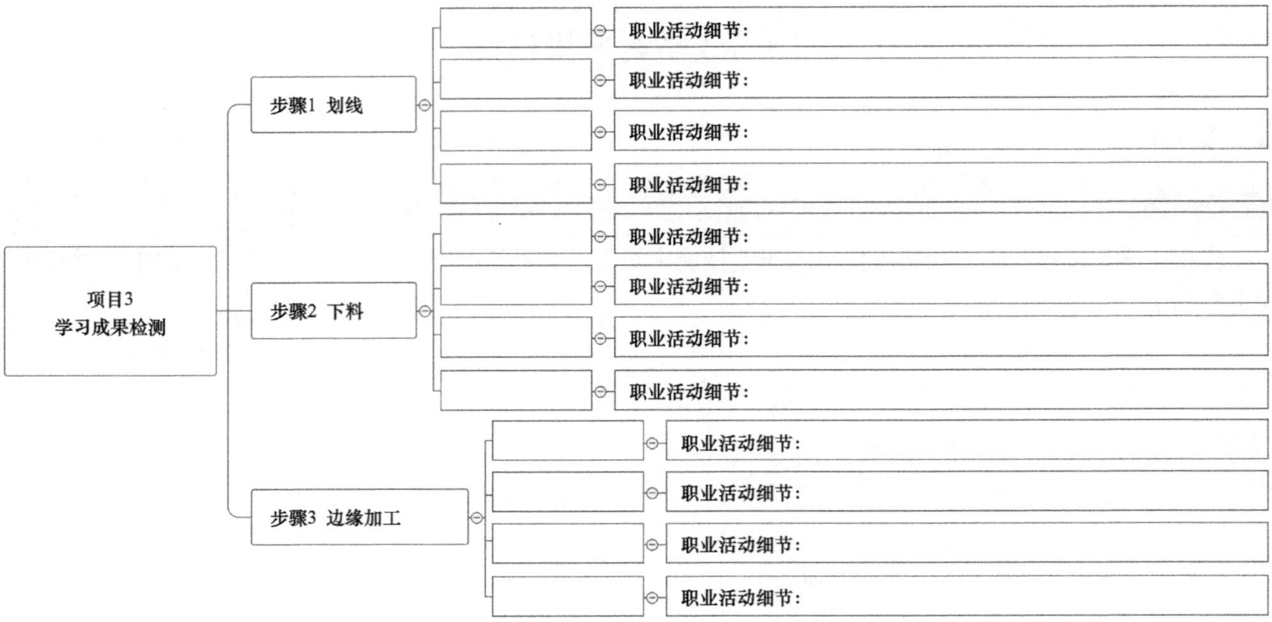

图 3－33 “项目 3 学习成果检测”小组作业计划

决策

根据最新的资讯信息，请结合本小组计划中存在的问题，在图 3－34 中写出你认为对修改计划有用的信息，并对计划中的细节问题进行决策。

图 3－34 “项目 3 学习成果检测”修改计划有用的信息

实施与检查

任务实施

根据拟定好的小组计划，以小组为单位，独立实施工作任务，待工作任务完成后，将实施过程中出现的典型问题记录在表 3－13 中。

表 3-13　“项目 3 学习成果检测”问题汇总简析表

序号	问题	简析
1		
2		
3		

任务检查

在学生实施工作任务时，教师根据学生的表现对学生的职业活动进行检查和监督，将学生在职业活动中的表现记录在评价表格中，如表 3-14 所示。

表 3-14　“项目 3 学习成果检测”考核内容及标准

序号	作业项目	考核内容	考核标准	配分	得分
1	识读图纸	零件信息识读	错一处扣 5 分	20	
			错一处以上 0 分		
2	备料前准备	检查备料工具	未检查工具或检查方法不正确扣 5 分	10	
		对板材进行预处理	未对板材进行预处理扣 5 分		
3	划线	工具使用方法正确	工具使用方法错误扣 5 分	20	
		划线步骤正确	划线步骤错误扣 5 分		
		划线数值准确	划线结果错误扣 5 分		
		操作熟练	操作不熟练扣 5 分		
4	下料	设备使用方法正确	设备使用方法错误扣 5 分	20	
		下料步骤正确	下料步骤错误扣 5 分		
		下料数值准确	下料结果错误扣 5 分		
		操作熟练	操作不熟练扣 5 分		
5	边缘加工	设备使用方法正确	设备使用方法错误扣 5 分	20	
		边缘加工步骤正确	边缘加工步骤错误扣 5 分		
		边缘加工数值准确	边缘加工结果错误扣 5 分		
		操作熟练	操作不熟练扣 5 分		
6	安全文明生产	遵守规程、安全生产	每违犯一项扣 1 分直至扣完	10	
		因违犯操作造成事故	因违规操作发生重大人身或设备事故，此项按 0 分计		
总分				100	

评价

评价方法

（1）每位测评人员负责对 2 名学生进行定点、全过程的监控和测评。

（2）详细记录学生在实施学习成果过程中的相关信息、数据、结果、操作方法、完成时间，以及出现错误、事故等情况。

（3）学习成果的作业过程和数据记录等，要求在 60 min 内完成，时间不足，可在即将结束时，由学生口述剩余部分的作业方法。

评价标准

考核内容及标准见表 3-14。

创新之窗

专利案例：一种新型钢材除锈装置

钢材除锈装置

本专利案例展示了一种新型钢材除锈装置，包括挡板，所述挡板的上端外表面设置有顶盖，所述挡板的下端外表面设置有除锈刷，所述除锈刷的一侧外表面设置有横轴，所述横轴的一端外表面设置有承重轮，所述挡板的一侧外表面设置有推把，所述推把的一侧外表面设置有控制盒，所述控制盒的上端外表面设置有启动按钮，所述控制盒的下端外表面设置有固定板，所述除锈刷的一端内表面设置有滚轮，所述滚轮的一侧外表面设置有支杆，如图 3－35 所示。本专利案例涉及的一种新型钢材除锈装置，不仅可以使用除锈刷进行除锈工作，还可以调整除锈角度，并且可以吸收震动，带来了较好的使用体验，便于日常使用，因此也带来了巨大的使用前景。

1—挡板；2—顶盖；3—除锈刷；4—横轴；5—承重轮；6—推把；7—控制盒；8—启动按钮；9—固定板

图 3－35　一种新型钢材除锈装置

创新之门

专利名称：

结合焊接生产实际，请你设计出一款新型的除锈工具，具体要求如下：

（1）画出所设计的除锈工具简图；

（2）写出该工具较传统除锈工具的优势。

项目 4　制作十字柱结构焊接技术文件

<table>
<tr><td>项目描述</td><td>对十字柱结构生产中关键的焊接工艺文件进行编制。</td></tr>
<tr><td>项目要求</td><td>依据“1+X 特殊焊接技术职业技能中级”证书考核标准，结合现有条件，正确运用焊接工艺文件编制的基本知识，完成以下焊接工艺文件相关的作业任务：
（1）编制十字柱结构加工工艺规程；
（2）评定十字柱结构预焊接工艺规程。</td></tr>
<tr><td>学习目标</td><td>1. 职业知识目标
（1）能够总结出焊接技术文件的基本知识；
（2）能够说出焊接技术文件的编写方法及原则；
（3）能够归纳出各种工艺文件中的主要内容；
（4）能够说出焊接工艺评定的程序。
2. 职业技能目标
（1）能够规范地、熟练地对十字柱结构编写出相应的焊接工艺文件；
（2）能够规范地、熟练地对十字柱结构焊接工艺规程进行焊接工艺评定。
3. 职业素养目标
（1）能够养成自觉遵守技术标准和要求规定、规范操作、安全、环保、“5S”作业、团结协作的好习惯；
（2）能够在“要有大局意识”“办事公道”“吾日三省吾身”“正确认识自己”等方面有更加深刻的理解和认识；
（3）通过对项目内容的学习，在“角焊缝检验装置”案例启发的基础之上，完成焊缝外观检测工具的设计，将所学的专业内容与创新教育结合，促使学生发挥专业优势、开拓思维眼界、提升创新能力。</td></tr>
<tr><td>项目载体</td><td>本项目的教学载体为焊接生产技术文件，如图 4－1 所示。
本项目以十字柱焊接结构为例，使学生了解焊接结构生产中焊接技术文件的基础知识，掌握焊接结构生产中技术文件的编写方法和原则，在熟悉各种焊接技术文件主要内容的基础上，能够独立完成典型结构相应焊接技术文件的编制和制定。
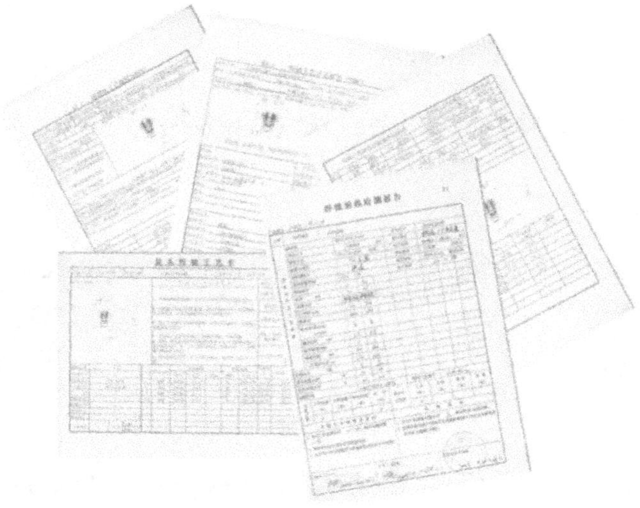
图 4－1　焊接生产技术文件</td></tr>
<tr><td>计划学时</td><td></td></tr>
</table>

任务 4.1 编制十字柱结构加工工艺规程

工作页	上课地点		学生姓名		完成/未完成
	任课教师		上课时间		优/良/中/及格

课前导学

通过前面内容的学习，完成了十字柱结构焊接生产的所有零件备料任务，接下来的任务是制作十字柱结构，但是为了提高产品制造质量、劳动生产率并且降低制造成本，在开始实施焊接生产任务之前，还需要我们确定产品加工方法和程序。

结合教材、工作页及线上教学资源提示，课前小组讨论后整理出关于"编制十字柱结构加工工艺规程"职业活动的相关职业知识，并填写在图 4－2 中。

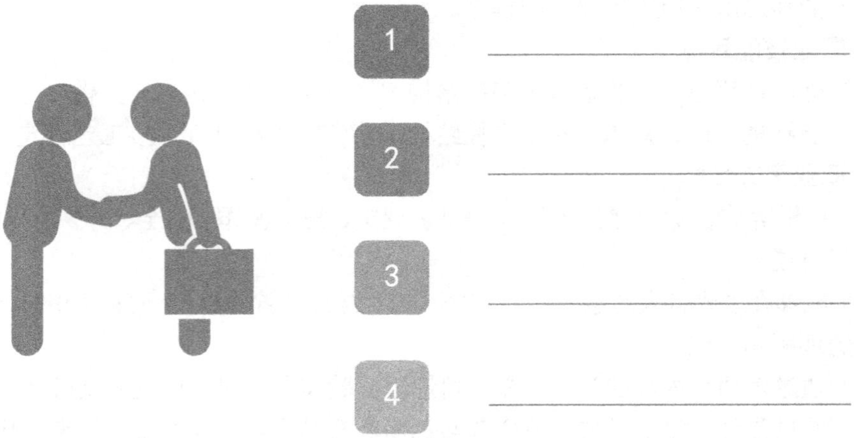

图 4－2 "编制十字柱结构加工工艺规程"相关的职业知识

教学组织：教师检查纠错，学生改正错误。评价：☆☆☆☆☆

课中探索

准备阶段

1. 问题导入

你认为在使用等离子切割机对钢板进行开坡口时有哪四个关键操作？请写在图 4－3 中。

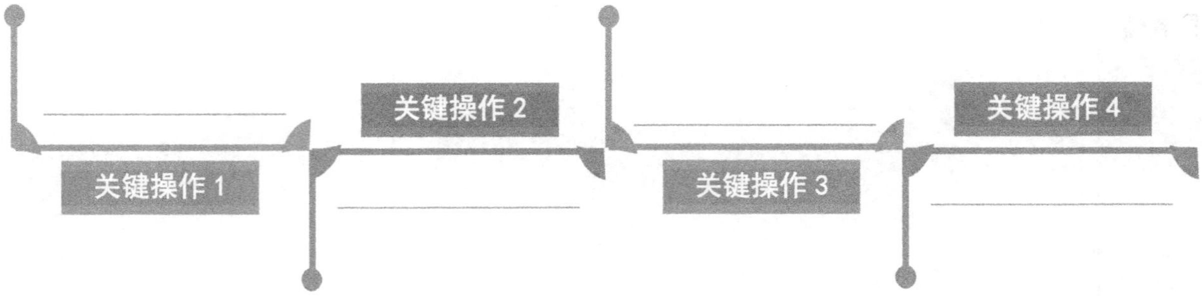

图 4－3 采用等离子切割法对钢板进行边缘加工的关键操作

教学组织：教师检查纠错，学生改正错误。评价：☆☆☆☆☆

2. 案例导入

观察图 4－4 中呈现的信息，之后请就以下两个问题进行回答，并总结凝练写在方格内。

焊 接 工 艺 卡			编号	13P-01
建设单位		工程名称	工艺评定编号	G10-TS-03

母材	20#、Φ273*6.5	结点图	焊接顺序图	序号	施 焊 要 求	备注
焊接材料	焊条：J427(Φ3.2) 焊丝：H08MnSiA（Φ2.5） 焊剂：/	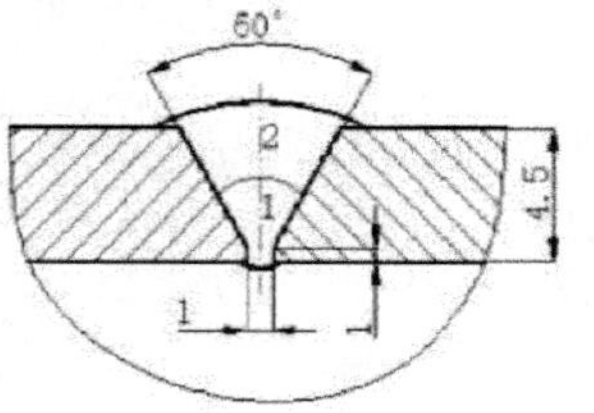	见左图	1	施焊前认真按工艺要求检查焊口尺寸，并仔细清理管道焊口及附近20mm内的油、锈、氧化皮等杂质。	
焊条烘烤温度	350℃～400℃			2	每层焊道之间要进行清渣、打磨，若有明显缺陷应清除再施焊下一层。	
焊条烘烤时间	2h			3	盖面完成后，要清除焊缝表面飞溅、毛刺，并按规定打上焊工钢印代号。	
清根手段						
预热温度						
预热保温方法			焊缝尺寸标准：GB 50236—2011			
层间温度						
焊后热处理						

工艺说明	焊接规范参数	焊接方法	层数	电流/A	电压/V	速度(mm/s)	焊条直径/mm	焊丝直径/mm	喷嘴直径/mm	钨极直径/mm	氩气流量(L/min)	电源种类	极性
本工艺根据工程技术要求，制定适用于工程上钢管与钢管间的焊缝焊接。		氩弧焊	打底	80～90	14～16			Φ2.5	Φ10	Φ2.5	8～12	直流	正极
		手弧焊	2	80～90	20～23		Φ3.2					直流	反极
编 制													
审 核													

图 4－4　某工程中使用的焊接工艺卡片

（1）你能从这张卡片中获得哪些信息？

（2）结合焊接生产工艺流程，你认为还有哪些工序需要类似的卡片？

教学组织：教师检查纠错，学生改正错误。评价：☆☆☆☆☆

演示阶段

请结合本小组收集到的重要信息，观察教师演示的职业活动，待演示结束后在图 4－5 中写出你认为对于本任务职业活动有用的信息。

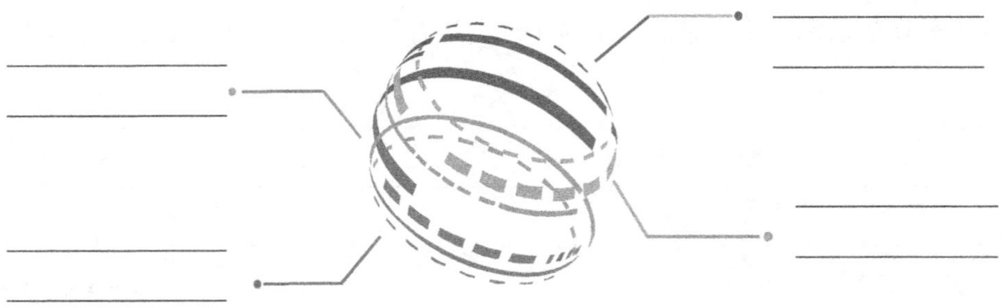

图 4－5 “编制十字柱结构加工工艺规程”有用的职业活动信息

教学组织：教师检查纠错，学生改正错误。评价：☆☆☆☆☆

实施与总结阶段

步骤 1 作业准备

选择带有消防措施的作业场地即可。

步骤 2 制定十字柱结构装配－焊接顺序

一、工作工序

1. 划分十字柱结构部件

根据部件装焊－总装焊的装配焊接顺序，十字柱结构的部件可划分为____个 H 型钢［见图 4－6（a）］和____个 T 型钢［见图 4－6（b）］。

约定十字柱结构中 H 型钢为部件 1，上侧 T 型钢为部件 2，下侧 T 型钢为部件 3。

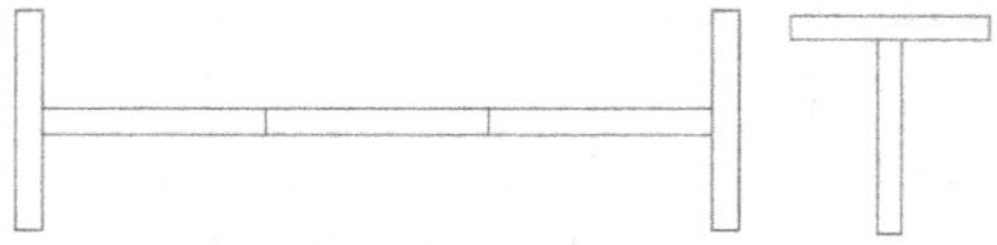

（a） （b）

图 4－6 十字柱结构部件划分方案

2. 制定十字柱结构工艺流程

根据部件装焊－总装焊的装配顺序，制定出十字柱结构制造的工艺流程，如图 4－7 所示。

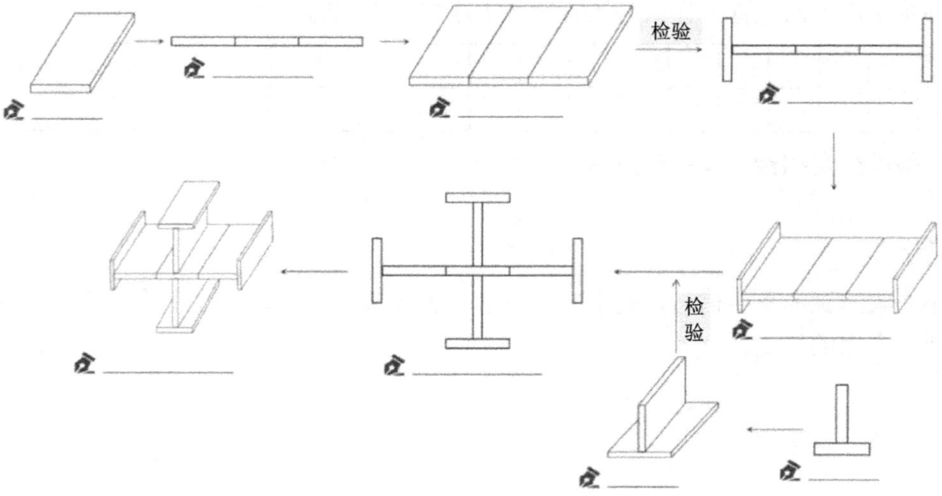

图 4－7 十字柱结构制造工艺流程

职业知识：装配焊接顺序的选择

整装–整焊

将______零件按图样要求装配起来，然后转入焊接工序，将全部焊缝焊完。

随装–随焊

先将______个零件组装起来随之焊接相应的焊缝，然后再装配若干个零件，再进行焊接，直至全部零件装完并焊完。

部件装焊–总装焊

将结构件分解成若干个____，先由____装配成部件，然后再由部件装焊成______，最后再把装配好的结构件总装焊成整个产品。

注：

在实际生产中，装配与焊接往往是交替进行的，在制定装配工艺的过程中，要全面分析，使所拟定的装配工艺过程有利于后续工序的顺利进行。

★课程思政：要有大局意识

拟定装配工艺过程如果不考虑到后续的焊接工作，往往会使焊接工作难以进行，甚至还会导致后续工作无法进行。就像我们在做事情，不能只盯着眼前，要把眼光放的长远，不断增强大局意识，识大体、顾大局，这样才能有大的作为。

二、问题简析

实施完“制定十字柱结构装配–焊接顺序”任务后，总结操作过程中存在的问题，将问题填写在表 4–1 中，并对产生原因进行简要分析。

表 4–1　“制定十字柱结构装配–焊接顺序”问题汇总简析表

序号	问题	简析
1		
2		

教学组织：教师检查纠错，学生改正错误。评价：☆☆☆☆☆

步骤 3　编制十字柱结构装配工艺卡

一、工作工序

1. 编制十字柱结构装配过程卡

根据制造工艺流程，编制出十字柱结构装配工艺过程卡，确定零件装配工艺路线及所使用的设备及工艺装备，如表 4–2 所示。

表 4-2 十字柱结构装配工艺过程卡

装配工艺过程卡		产品型号			零件图号			共 1 页
		产品名称	十字柱结构		零件名称			第 1 页
序号	工序名称	工序内容			完成部门		设备及工艺装备	工时定额
	铆焊				装配		焊条电弧焊焊机	10 min
	铆焊				装配		焊条电弧焊焊机	10 min
	铆焊				装配		焊条电弧焊焊机	10 min
	铆焊				装配		焊条电弧焊焊机	15 min
	铆焊				装配		直角尺	5 min
					设计（日期）	审核（日期）	标准化（日期）	会签（日期）
标记	处数	更改文件号	签字	日期				

教学组织：教师检查纠错，学生改正错误。评价：☆☆☆☆☆

2. 编制十字柱结构总装工序卡

根据十字柱结构装配工艺过程卡，编制出十字柱结构所有的装配工序卡，确定每个工序工序内容、工艺装配等信息。这里，仅展示十字柱结构总装装配工序卡，如表 4-3 所示。

表 4-3　十字柱结构总装装配工序卡

装配工序卡		产品型号				零件图号		共 1 页
		产品名称	十字柱结构			零件名称		第 1 页
工序号	40	工序名称	车间	工段	设备	焊条电弧焊焊机	工序工时	25 min
		总装十字柱结构	总装					

简图

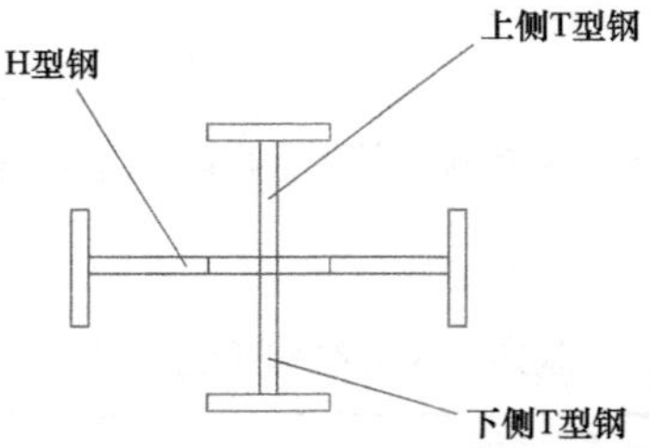

工步号	工步内容					工艺装配	辅助材料	工时定额
	清理，去毛刺					角向打磨机		5 min
	找正							5 min
						焊条电弧焊焊机	焊条	5 min
								5 min
						焊条电弧焊焊机	焊条	5 min
					设计（日期）	审核（日期）	标准化（日期）	会签（日期）
标记	处数	更改文件号	签字	日期				

教学组织：教师检查纠错，学生改正错误。评价：☆☆☆☆☆

职业知识：工艺过程

工序

由___个或一组工人，在___台设备或一个工作地点对一个或同时对几个焊件所连续完成的那一部分工艺过程

工位

在某一工序中，焊件在加工设备上所占的每个_____位置

工步

工件在某一加工工序中，所用的加工设备、工装夹具和各工艺规范均保持_____的那部分工作

职业知识：工艺规程的基本形式

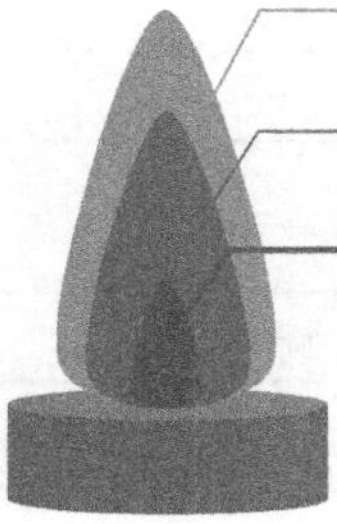

工艺过程卡 描述零件______加工工艺过程全貌的一种工艺文件

工艺卡 一般是按零件的工艺阶段分车间、分零件进行编写

工序卡 在工艺卡的基础上为某一道_____编制的更为详细的工艺文件

教学组织：教师检查纠错，学生改正错误。评价：☆☆☆☆☆

二、问题简析

实施完“编制十字柱结构装配工艺卡”任务后，总结操作过程中存在的问题，将问题填写在表 4-4 中，并对产生原因进行简要分析。

表 4-4 “编制十字柱结构装配工艺卡”问题汇总简析表

序号	问题	简析
1		
2		
3		
4		

教学组织：教师检查纠错，学生改正错误。评价：☆☆☆☆☆

步骤 4 编制十字柱结构工艺过程卡

一、工作工序

1. 编制十字柱结构 H 型钢工艺过程卡

根据十字柱结构的部件划分方案，简要说明 H 型钢的加工、装配过程等信息，形成 H 型钢加工工艺过程卡，如表 4-5 所示。

表 4－5　十字柱结构 H 型钢加工工艺过程卡

H 型钢加工工艺过程卡		产品型号		部件图号		共　页
		产品名称	H 型钢	部件名称		第　页
工序号	工序名称	工序内容		工艺装配及设备	辅助材料	工时定额
0		材料应符合国标质量认证书	检验			
10		号料、划线	划线			
20		按划线尺寸切割下料	下料	龙门剪板机		
30		按图样要求对 H 型钢腹板进行坡口加工	热切割	等离子切割机		
40		组对 H 型钢腹板之间全部试板，除去坡口及两侧的油漆	铆焊	焊条电弧焊焊机	焊条	
50		按焊接工艺焊接对接接头试板	焊接	焊条电弧焊焊机	焊条	
60		对接接头焊缝外观合格	检验	焊缝检验尺	—	
70		组对 H 型钢腹板与翼板试板，除去坡口及两侧的油漆	铆焊	焊条电弧焊焊机	焊条	
80		按焊接工艺焊接 T 型接头试板	焊接	焊条电弧焊焊机	焊条	
90		焊缝外观合格	检验	焊缝检验尺	—	

2. 编制十字柱结构 T 型钢加工工艺过程卡

根据十字柱结构的部件划分方案，简要说明 T 型钢的加工、装配过程等信息，形成 T 型钢加工工艺过程卡，如表 4－6 所示。

表 4－6　十字柱结构 T 型钢加工工艺过程卡

T 型钢加工工艺过程卡		产品型号		部件图号		共　页
		产品名称	T 型钢	部件名称		第　页
工序号	工序名称	工序内容		工艺装配及设备	辅助材料	工时定额
0	检验	材料应符合国家标准要求的质量认证书	检验			
10	划线	号料、划线	划线			
20	剪切下料		下料	龙门剪板机		
30	组焊		铆焊	焊条电弧焊焊机器	焊条	
40	焊接		焊接	焊条电弧焊焊机	焊条	
50	检验	T 型接头焊缝外观合格	检验	焊缝检验尺	—	
60	组焊	组对下侧腹板 1 与翼板 T 型接头，除去坡口及两侧的油漆	铆焊	焊条电弧焊焊机	焊条	
70	焊接	按焊接工艺焊接 T 型接头试板	焊接	焊条电弧焊焊机	焊条	
80	检验	T 型接头焊缝外观合格	检验	焊缝检验尺	—	

教学组织：教师检查纠错，学生改正错误。评价： ☆☆☆☆☆

二、问题简析

实施完“编制十字柱结构工艺过程卡”任务后，总结操作过程中存在的问题，将问题填写在表 4－7 中，并对产生原因进行简要分析。

表 4－7　“编制十字柱结构工艺过程卡”问题汇总简析表

序号	问题	简析
1		
2		
3		

教学组织：教师检查纠错，学生改正错误。评价：☆☆☆☆☆

步骤 5　编制十字柱结构焊接工艺卡片

一、工作工序

1. 制作十字柱结构对接接头焊接工艺卡

根据焊接结构装配图纸要求，制作十字柱结构对接接头焊接工艺卡片，如表 4－8 所示。

表 4－8　十字柱结构对接接头焊接工艺卡

<table>
<tr><td>工程名称</td><td colspan="5"></td><td>工艺卡编号</td><td colspan="3">P2020012</td></tr>
<tr><td>材质</td><td>Q235B</td><td>规格</td><td colspan="3">200 mm×60 mm×12 mm</td><td>焊接方法</td><td>SMAW</td><td>焊工资格</td><td>中级</td></tr>
<tr><td>焊评编号</td><td colspan="5">PQR2020012</td><td>无损检测</td><td>RT</td><td>合格等级</td><td>Ⅱ级</td></tr>
<tr><td>适用范围</td><td colspan="9">适用于立焊或仰焊且厚度为 12 mm 的板子与板子相连的对接焊缝</td></tr>
<tr><td rowspan="4">焊接参数</td><td>层数</td><td>焊接方法</td><td>焊材及规格</td><td>电源极性</td><td>焊接电流/A</td><td>焊接电压/V</td><td>焊接速度/（cm/min）</td><td colspan="2">气体流量/（L/min）</td></tr>
<tr><td></td><td></td><td></td><td></td><td></td><td></td><td></td><td colspan="2"></td></tr>
<tr><td></td><td></td><td></td><td></td><td></td><td></td><td></td><td colspan="2"></td></tr>
<tr><td></td><td></td><td></td><td></td><td></td><td></td><td></td><td colspan="2"></td></tr>
<tr><td>坡口尺寸及熔覆图</td><td colspan="4">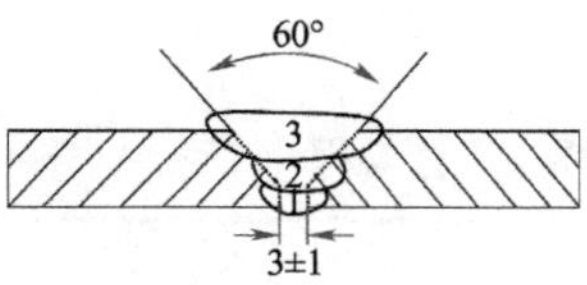
</td><td>焊接技术要求</td><td colspan="4">1. 焊前准备：①在坡口及坡口边缘各 20 mm 范围内，将油、污、锈、垢、氧化皮等清除干净，直至呈现金属光泽；②焊条使用前进行预热；③定位焊缝为两条，在试件两端 20 mm 范围内，定位焊缝的长度为 10～15 mm。
2. 焊接操作：①电弧焊按上面的焊接参数进行焊接，焊接时，焊条在坡口两侧稍作停留，并熔化两边缘各 1～2 mm；②焊接位置为立焊。</td></tr>
<tr><td>编制</td><td colspan="2"></td><td>审核</td><td colspan="2"></td><td>日期</td><td colspan="3">年　月　日</td></tr>
</table>

2. 制作十字柱结构 T 型接头焊接工艺卡

根据焊接结构装配图纸要求，制作十字柱结构 T 型接头焊接工艺卡片，如表 4－9 所示。

表 4－9　十字柱结构 T 型接头焊接工艺卡

<table>
<tr><td>工程名称</td><td colspan="4"></td><td>工艺卡编号</td><td colspan="3">P2020013</td></tr>
<tr><td>材质</td><td>Q235B</td><td>规格</td><td colspan="2">200 mm×80 mm×12 mm
200 mm×60 mm×12 mm</td><td>焊接方法</td><td>SMAW</td><td>焊工资格</td><td>中级</td></tr>
<tr><td>焊评编号</td><td colspan="4">PQR2020013</td><td>无损检测</td><td></td><td>合格等级</td><td></td></tr>
<tr><td>适用范围</td><td colspan="8">适用于平焊或立焊或仰焊且板厚为 12 mm 板子与板子相连的角接或 T 型焊缝</td></tr>
<tr><td rowspan="4">焊接参数</td><td>层数</td><td>焊接方法</td><td>焊材及规格</td><td>电源极性</td><td>焊接电流/A</td><td>焊接电压/V</td><td>焊接速度/（cm/min）</td><td>气体流量/（L/min）</td></tr>
<tr><td></td><td></td><td></td><td></td><td></td><td></td><td></td><td></td></tr>
<tr><td></td><td></td><td></td><td></td><td></td><td></td><td></td><td></td></tr>
<tr><td></td><td></td><td></td><td></td><td></td><td></td><td></td><td></td></tr>
<tr><td>坡口尺寸及熔覆图</td><td colspan="4">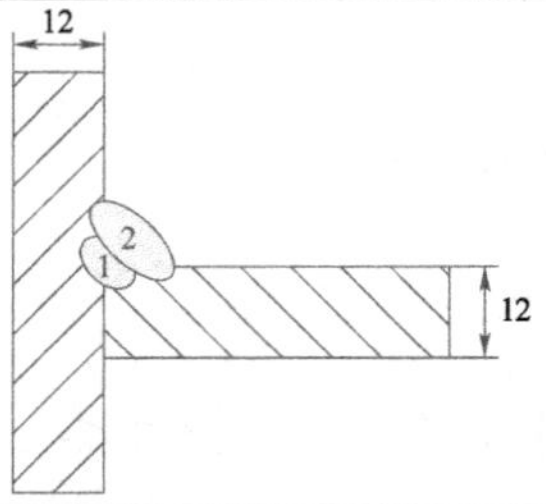</td><td>焊接技术要求</td><td colspan="3">1. 施焊前认真按工艺要求检查焊口尺寸，并仔细清理焊道及附近 20 mm 内的油、锈、氧化皮等杂质。
2. 焊条烘烤温度为 350～400 ℃，保温 2 h。
3. 每层焊道之间要进行清渣、打磨，若有明显缺陷应清除再施焊下一层。
4. 盖面完成后，要清除焊缝表面飞溅、毛刺，并按规定打上焊工钢印代号。</td></tr>
<tr><td>编制</td><td colspan="2"></td><td colspan="2">审核</td><td colspan="2"></td><td>日期</td><td>年　月　日</td></tr>
</table>

二、问题简析

实施完“编制十字柱结构焊接工艺卡片”任务后，总结操作过程中存在的问题，将问题填写在表 4－10 中，并对产生原因进行简要分析。

表 4－10　“编制十字柱结构焊接工艺卡片”问题汇总简析表

序号	问题	简析
1		
2		
3		

教学组织：教师检查纠错，学生改正错误。评价：☆☆☆☆☆

步骤 6　编制十字柱结构预焊接工艺规程

一、工作工序

1. 编制十字柱结构对接接头预焊接工艺规程

表 4－11　十字柱结构对接接头预焊接工艺规程

<table>
<tr><td>预焊接工艺规程编号：pWPS－2020012</td><td>日期：　2020 年 10 月 12 日</td><td>所依据的焊接工艺评定编号：/</td></tr>
<tr><td>焊接方法　SMAW</td><td colspan="2">机动化程度（手工、半自动、自动）　手动</td></tr>
<tr><td colspan="3">产品零部件名称　十字柱结构 H 型钢腹板</td></tr>
<tr><td colspan="3">接头坡口尺寸及形状
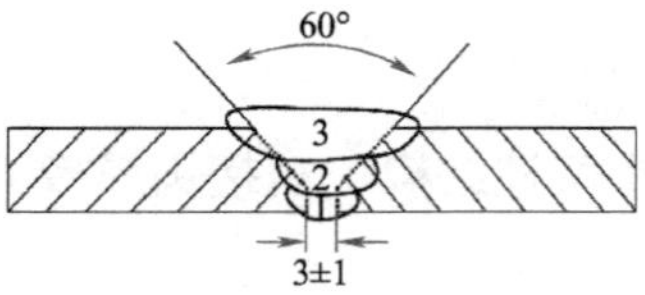</td></tr>
</table>

续表

<table>
<tr><td>适用范围</td><td colspan="5">1. 母材
类别号 Fe－Ⅰ 组号 Fe－Ⅰ－1 与类别号 Fe－Ⅰ 组号 Fe－Ⅰ－1 相焊
牌号________与牌号________相焊
2. 厚度范围
对接 10～12 mm 角接______堆焊______
3. 管子直径范围
对接______角接______</td></tr>
<tr><td>焊接材料</td><td colspan="5">1. 钨极牌号及规格　/　2. 焊条牌号及规格________
3. 焊丝牌号及规格　/　4. 保护气体　/　流量　/　L/min，背面成型气体　/　流量　/　L/min　5. 焊带牌号及规格　/　6. 其他焊接材料（衬垫材料）</td></tr>
<tr><td>焊前准备</td><td colspan="5">1.焊前应将坡口表面及两侧 20 mm 内的水、锈等有害杂质清除；2.焊条按规定进行烘烤</td></tr>
<tr><td>焊接温度参数</td><td colspan="2">最低预热温度　/　□
最高层间温度　/　□
后热温度及时间　/　□/h
消氢处理温度及时间　/　□/h</td><td>焊后热处理</td><td colspan="2">1.不进行热处理　2.消除应力热处理
3.正火+回火处理　4.调质处理
温度　/　保温时间　/
加热速度　/　冷却速度　/</td></tr>
<tr><td>焊接参数</td><td colspan="5">1.焊接参数
（1）电流种类及极性 直流　正接/反接（2）焊接电流________A（3）电弧电压________V
（4）焊接速度 6～9 cm/min；12～14 cm/min　（5）送丝速度　/
2.焊接顺序　/</td></tr>
<tr><td>操作水平</td><td colspan="5">1. 焊接位置________2. 锤击要求　/　3. 摆动参数　/
4. 清根方法　/　5. 其他________</td></tr>
<tr><td>焊后检查</td><td colspan="5">1.目视检查　2.射线探伤</td></tr>
<tr><td>备注</td><td colspan="5"></td></tr>
<tr><td>编制</td><td></td><td>审核</td><td></td><td>审定</td><td></td></tr>
<tr><td>日期</td><td></td><td>日期</td><td></td><td>日期</td><td></td></tr>
</table>

2. 编制十字柱结构 T 型接头预焊接工艺规程

表 4－12　十字柱结构 T 型接头预焊接工艺规程

<table>
<tr><td>预焊接工艺规程编号：pWPS－2020013</td><td>日期：　2020 年 10 月 12 日</td><td>所依据的焊接工艺评定编号：/</td></tr>
<tr><td>焊接方法 SMAW</td><td colspan="2">机动化程度（手工、半自动、自动）　手动</td></tr>
<tr><td colspan="3">产品零部件名称 十字柱结构 H 型钢翼板</td></tr>
<tr><td colspan="3">接头坡口尺寸及形状
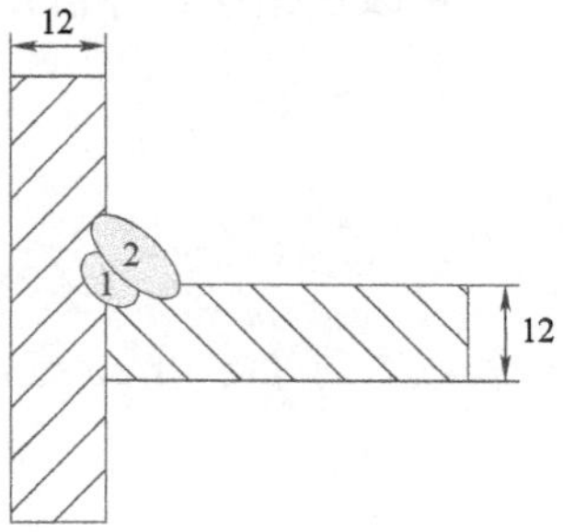</td></tr>
</table>

续表

<table>
<tr><td>适用范围</td><td colspan="5">1. 母材
类别号 Fe－Ⅰ 组号 Fe－Ⅰ－1 与类别号 Fe－Ⅰ 组号 Fe－Ⅰ－1 相焊
牌号________与牌号________相焊
2. 厚度范围
对接 10～12 mm 角接________堆焊________
3. 管子直径范围
对接________角接________</td></tr>
<tr><td>焊接材料</td><td colspan="5">1. 钨极牌号及规格____/____2. 焊条牌号及规格________
3. 焊丝牌号及规格____/____4. 保护气体__/__流量__/__ L/min，背面成型气体__/__流量__/__L/min 5. 焊带牌号及规格__/__6. 其他焊接材料（衬垫材料）</td></tr>
<tr><td>焊前准备</td><td colspan="5">1. 焊前应将坡口表面及两侧 20 mm 内的水、锈等有害杂质清除；2. 焊条按规定进行烘烤</td></tr>
<tr><td>焊接温度参数</td><td colspan="2">最低预热温度____/____□
最高层间温度____/____□
后热温度及时间____/____□/h
消氢处理温度及时间____/____□/h</td><td>焊后热处理</td><td colspan="2">1.不进行热处理 2.消除应力热处理
3.正火+回火处理 4.调质处理
温度____/____ 保温时间____/____
加热速度____/____ 冷却速度____/____</td></tr>
<tr><td>焊接参数</td><td colspan="5">1. 焊接参数
（1）电流种类及极性 直流 反接 （2）焊接电流________A（3）电弧电压________V
（4）焊接速度____/____（5）送丝速度____/____
2. 焊接顺序____/____</td></tr>
<tr><td>操作水平</td><td colspan="5">1. 焊接位置________2. 锤击要求____/____3. 摆动参数____/____
4. 清根方法____/____5. 其他________</td></tr>
<tr><td>焊后检查</td><td colspan="5">1. 外观检查 2. 宏观金相</td></tr>
<tr><td>备注</td><td colspan="5"></td></tr>
<tr><td>编制</td><td></td><td>审核</td><td></td><td>审定</td><td></td></tr>
<tr><td>日期</td><td></td><td>日期</td><td></td><td>日期</td><td></td></tr>
</table>

二、问题简析

实施完“编制十字柱结构预焊接工艺规程”任务后，总结操作过程中存在的问题，将问题填写在表 4－13 中，并对产生原因进行简要分析。

表 4－13 “编制十字柱结构预焊接工艺规程”问题汇总简析表

序号	问题	简析
1		
2		
3		

教学组织：教师检查纠错，学生改正错误。评价：☆☆☆☆☆

评价与总结

知识评价

请结合实际案例对术语进行解读。每个术语 25 分，共计 100 分。

（1）焊接工艺卡

（2）装配工序卡

（3）焊接工艺规程

（4）焊接工艺过程卡

技能评价

对表 4－14 所列作业内容，操作规范即得分，操作错误或未操作即零分。其中，学生自评占 20%，学生互评占 20%，教师评价占 60%。

表 4－14　“编制十字柱结构加工工艺规程”技能评价表

序号	作业内容	配分	学生自评得分	学生互评得分	教师评价得分
1	制定十字柱结构工艺流程	20			
2	编制十字柱结构装配工艺卡	20			
3	编制十字柱结构工艺过程卡	20			
4	编制焊接工艺卡片	20			
5	编制预焊接工艺规程	20			
总分		100			
综合评价		100			

素养评价

对表 4－15 所列素养点，做到即得分，未做到即零分。其中，学生自评占 20%，学生互评占 20%，教师评价占 60%。

表 4－15　“编制十字柱结构加工工艺规程”素养评价表

序号	素养点	配分	学生自评得分	学生互评得分	教师评价得分
1	按时出勤，无迟到早退	10			
2	准备充分，无手忙脚乱	10			
3	积极互动，无消极态度	10			
4	安全作业，无安全隐患	10			
5	保护环境，无乱扔乱倒	10			
6	规范标准，无野蛮操作	10			
7	团队协作，无不洽关系	10			
8	场地“5S”	10			
9	团队协作能力进一步提升	10			
10	职业活动能力进一步提升	10			
总分		100			
综合评价		100			

课后拓展

1. 多选题

（1）下列关于装配–焊接顺序描述正确的有（　　）。

A. 整装–整焊适用于结构简单、大批量生产的条件

B. 整装–整焊方法在单件小批量生产时也可采用

C. 随装–随焊适用于单件小批量生产和复杂结构的生产

D. 部件装焊–总装焊适合批量生产，适用于可分解成若干个部件的复杂结构

E. 以上都不对

（2）以下属于焊接工艺文件的有（　　）。

A. 工艺过程卡　　B. 钢材化学成分卡

C. 工序卡　　D. 工艺卡

（3）（　　）是工艺过程中最小的组成部分。

A. 工序　　B. 工位

C. 工步　　D. 装配

2. 判断题

（1）划线、下料、成型加工、装配焊接及热处理等属于辅助生产过程过程。（　　）

（2）焊接工艺规程是指导焊工正确施焊产品焊缝的重要工艺文件，对保证产品的焊接质量起着十分重要的作用。（　　）

3. 拓展训练

（1）对接接头，母材为Q235B，板厚为12 mm，根部间隙为2 mm，坡口角度为60°，采用焊条电弧焊进行焊接。试编制出本工作任务所使用的焊接工艺卡片。

（2）通过对本任务的学习，你认为焊接工艺文件都有哪些？分别适合于什么情况下使用？

（3）请根据图 4－8 中思维导图的提示，按照职业活动工作流程，对“编制十字柱结构加工工艺规程”的学习收获进行总结。

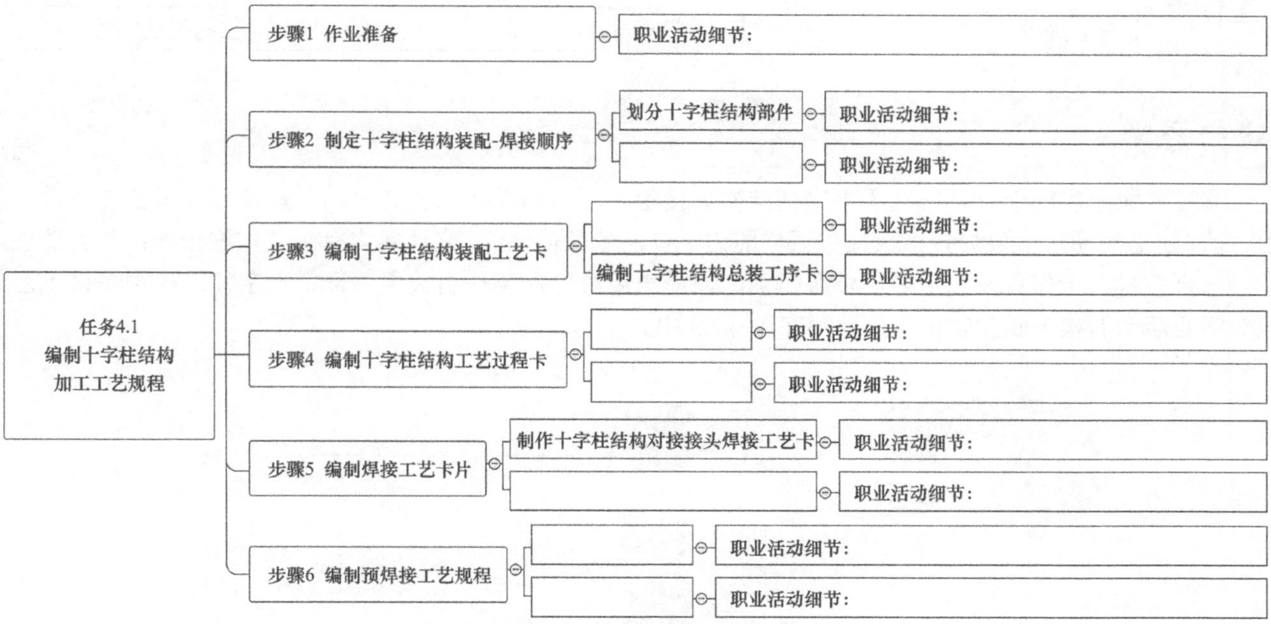

图 4－8 “编制十字柱结构加工工艺规程”的学习收获总结

任务 4.2 评定十字柱结构预焊接工艺规程

工作页	上课地点		学生姓名		完成/未完成
	任课教师		上课时间		优/良/中/及格

课前导学

通过前面内容的学习，编制了十字柱结构焊接生产所需的焊接工艺文件，但是在焊接工艺文件投入使用之前，还需要通过检验焊接试板接头试样的力学性能或其他性能，来证实焊接工艺规程正确性和合理性。

结合教材、工作页及线上教学资源提示，课前小组讨论后整理出关于“评定十字柱结构预焊接工艺规程”职业活动的相关职业知识，并填写在图 4－9 中。

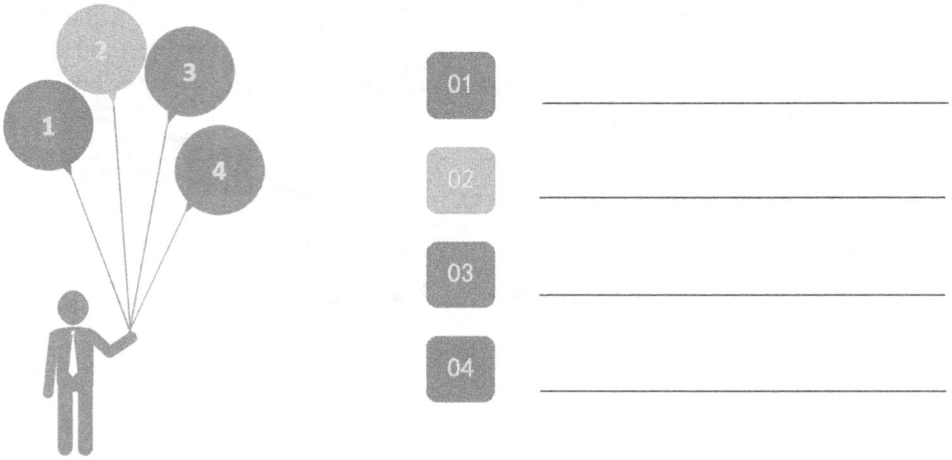

图 4－9 “评定十字柱结构预焊接工艺规程”相关的职业知识

教学组织：教师检查纠错，学生改正错误。评价：☆☆☆☆☆

课中探索

准备阶段

1．问题导入

在图 4－10 中写出四个常见的焊接工艺文件。

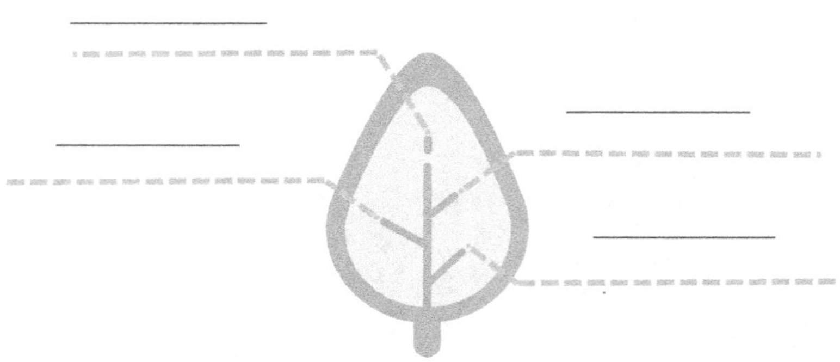

图 4－10 常见的焊接工艺文件

教学组织：教师检查纠错，学生改正错误。评价：☆☆☆☆☆

2. 案例导入

观察图 4－11 中呈现的信息，观看后请就以下两个问题进行回答，并总结凝练写在方格内。

工程名称：		评定报告编号	JSQDGP—01
		工艺指导书编号	JSQDGP—01
项目质量负责人	武某	依据标准	《建筑钢结构焊接技术规程》JGJ81—2002
试样焊接单位		施焊日期	2010-5-25

焊工		资格证书代号	TS6JTAI1800

母材钢号	Q235	母材轧制状态	热轧	生产厂	柳钢	

化学成分和力学性能

	C (%)	Mn (%)	Si (%)	S (%)	P (%)	σ_s (MPa)	σ_b (MPa)	δ_5 (%)	A_{kv} (J)
标准	0.14	0.52	024	0.020	0.026	256	410	26	35
合格证	0.12	0.55	0.20	0.019	0.019	310	425	32.5	36

焊接材料	生产厂	牌号	类型	直径 (mm)	烘干制度 (℃×h)	备注
焊条	某材集团有限公司	THJ422	E4303	ϕ3.2	200×1	—

焊接方法	SMAW	焊接位置	平焊、立焊	接头形式	角接、对接
焊接工艺参数	见焊接工艺评定指导书	清根工艺	层间清理		
焊接设备型号	BX5	极性	交流		

评定结论：本评定按《建筑钢结构焊接技术规程》（JGJ81—2002）规定，根据工程情况编制工艺评定指导书、焊接试件、制取并检验试样，测定性能，确定试验纪录正确，评定结果为：合格

评定人		日期		评定单位：（盖章）
审核人		日期		
技术负责人		日期		年　月　日

图 4－11　某工程中使用的焊接工艺评定报告

（1）你能从这张图中获得哪些信息？

（2）依据你的经验，你能说出焊接工艺评定报告与焊接工艺文件之间的关系吗？

教学组织：教师检查纠错，学生改正错误。评价：☆☆☆☆☆

演示阶段

请结合本小组收集到的重要信息，观察教师演示的职业活动，待演示结束后在图 4－12 中写出你认为对本任务职业活动有用的信息。

图 4－12 “评定十字柱结构预焊接工艺规程”有用的职业活动信息

教学组织：教师检查纠错，学生改正错误。评价： ☆☆☆☆☆

实施与总结阶段

步骤 1 作业准备

选择周围 10 m 范围内没有易燃易爆物品且有消防措施的作业场地。

步骤 2 编制十字柱结构焊接工艺评定任务书

一、工作工序

1. 编制十字柱结构对接接头焊接工艺评定任务书

按照施工图样和产品制造技术条件要求，编制十字柱结构对接接头焊接工艺评定任务书，见表 4－16。

表 4－16 十字柱结构对接接头焊接工艺评定任务书

<table>
<tr><td colspan="2">任务来源</td><td colspan="3">首次焊接该钢材</td><td colspan="3">任务书编号</td><td colspan="4">R2020012</td></tr>
<tr><td colspan="2">产品名称</td><td colspan="3">十字柱结构</td><td colspan="3">产品编号</td><td colspan="4"></td></tr>
<tr><td colspan="2">部（组）件名称</td><td colspan="3">十字柱结构 H 型钢</td><td colspan="3">部（组）件图号</td><td colspan="4"></td></tr>
<tr><td colspan="2">零件名称</td><td colspan="3">______</td><td colspan="3">焊接方法</td><td colspan="4">SMAW</td></tr>
<tr><td colspan="2" rowspan="3">被评接头</td><td colspan="2">母材牌号</td><td>母材类组别</td><td colspan="3">规格</td><td rowspan="3">接头
形式</td><td colspan="3" rowspan="3"></td></tr>
<tr><td colspan="2">Q235B</td><td>Fe－Ⅰ</td><td colspan="3">200 mm×60 mm×12 mm</td></tr>
<tr><td colspan="2">Q235B</td><td>Fe－Ⅰ</td><td colspan="3">200 mm×60 mm×12 mm</td></tr>
<tr><td colspan="12">母材力学性能（不做考核）</td></tr>
<tr><td colspan="12">评定标准</td></tr>
<tr><td colspan="12">试件无损检测项目　□外观　□MT　□PT　□RT　□UT</td></tr>
<tr><td colspan="12">试件理化性能检验项目（不做考核）</td></tr>
<tr><td rowspan="2">项目</td><td colspan="2">拉伸</td><td colspan="3">弯曲</td><td rowspan="2">冲击</td><td colspan="2">金相</td><td rowspan="2">硬度</td><td rowspan="2" colspan="2">化学分析</td></tr>
<tr><td>接头</td><td>全焊缝</td><td>面弯</td><td>背弯</td><td>侧弯</td><td>宏观</td><td>微观</td></tr>
<tr><td>试样数量</td><td></td><td></td><td></td><td></td><td></td><td></td><td></td><td></td><td></td><td colspan="2"></td></tr>
<tr><td colspan="12">补充试验项目（不做考核）</td></tr>
<tr><td colspan="12">性能试验合格标准（不做考核）</td></tr>
<tr><td colspan="12">要求完成日期：</td></tr>
<tr><td colspan="12">制定__________日期__________校对__________日期__________</td></tr>
</table>

2. 编制十字柱结构 T 型接头焊接工艺评定任务书

按照施工图样和产品制造技术条件要求，编制十字柱结构 T 型接头焊接工艺评定任务书，见表 4－17。

表 4－17　十字柱结构 T 型接头焊接工艺评定任务书

任务来源	首次焊接该钢材		任务书编号	R2020013	
产品名称	十字柱结构		产品编号		
部（组）件名称	H 型钢（上侧、下侧 T 型部件）		部（组）件图号		
零件名称	H 型钢腹板、翼板（T 型部件腹板、翼板）		焊接方法	SMAW	
被评接头	母材牌号	母材类组别	规格	接头形式	
	Q235B	Fe－Ⅰ	60 mm×200 mm×12 mm		
	Q235B	Fe－Ⅰ	60 mm×200 mm×12 mm		

母材力学性能（不做考核）

	钢号	试件规格	R_{eL}/MPa	R_m/MPa	KU_2/J	Z（%）	A（%）	冷弯角	标准
产品									
试件									

评定标准

试件无损检测项目　□外观　□MT　□PT　□RT　□UT

试件理化性能检验项目（不做考核）

项目	拉伸		弯曲			冲击	金相		硬度	化学分析
	接头	全焊缝	面弯	背弯	侧弯		宏观	微观		
试样数量							2			

补充试验项目（不做考核）

性能试验合格标准

焊接试件的破坏及宏观金相检验按《焊接接头弯曲试验方法》（GB/T 2653—2008）的规定进行。

要求完成日期：

制定________日期________校对________日期________

职业知识：焊接工艺评定原则

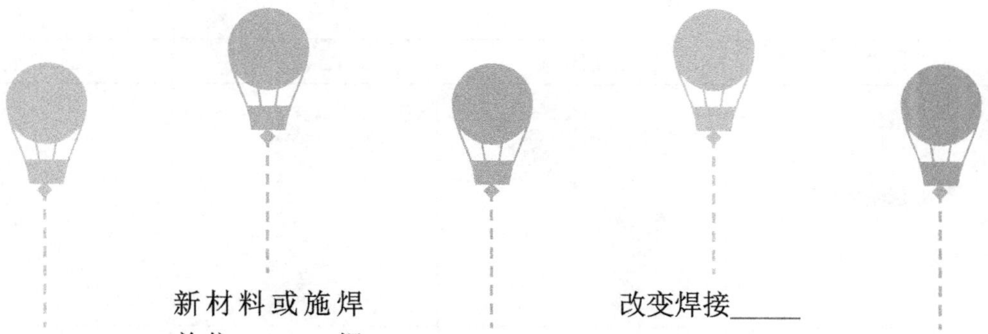

改变______方法

新材料或施焊单位______焊接的钢材

改变______材料

改变焊接______

改变______参数

二、问题简析

实施完“编制十字柱结构焊接工艺评定任务书”后，总结操作过程中存在的问题，将问题填写在表 4－18 中，并对产生原因进行简要分析。

表 4－18 “编制十字柱结构焊接工艺评定任务书”问题汇总简析表

序号	问题	简析
1		
2		
3		

教学组织：教师检查纠错，学生改正错误。评价：☆☆☆☆☆

步骤 3 焊接工艺评定前的准备

对照表 4－19“焊接工艺评定前的准备”情况检查表，核准作业准备信息，如果已经准备好，请在“□”里面画上“ √ ”；若有遗漏，请补充后画上“ √ ”。

表 4－19 “焊接工艺评定前的准备”情况检查表

<table>
<tr><th>项目</th><th colspan="4">准备内容</th></tr>
<tr><td>作业场地</td><td colspan="4">□选择周围 10 m 范围内没有易燃易爆物品且有消防措施的作业场地</td></tr>
<tr><td>焊接原材料</td><td colspan="4">□钢板 2 块，材质为 Q235B，尺寸为 200 mm×60 mm×12 mm，开 30°V 形坡口
□钢板 1 块，材质为 Q235B，尺寸为 200 mm×60 mm×12 mm
□钢板 1 块，材质为 Q235B，尺寸为 200 mm×80 mm×12 mm</td></tr>
<tr><td>焊接材料</td><td colspan="4">□选择 E5015 焊条，焊条直径为 3.2 mm 或 4.0 mm</td></tr>
<tr><td rowspan="2">设备设施</td><td colspan="2"></td><td colspan="2"></td></tr>
<tr><td colspan="2">□松下 YC－400TX4 焊机</td><td colspan="2">□焊接操作台</td></tr>
<tr><td rowspan="4">工艺装备</td><td></td><td></td><td></td><td></td></tr>
<tr><td>□直角尺</td><td>□钢丝刷</td><td>□扁铲</td><td>□角向打磨机</td></tr>
<tr><td></td><td></td><td></td><td></td></tr>
<tr><td>□护目镜</td><td>□敲渣锤</td><td>□保温桶</td><td>□手锤</td></tr>
<tr><td>焊工准备</td><td colspan="4">□熟练焊工</td></tr>
</table>

职业知识：技术熟练的焊工技能要求

掌握手工电弧焊的基本操作及______的操作和其要领

掌握______和切割的基础操作技术

掌握平角焊和______焊的操作技术

掌握火焰的调整方法和火焰的______范围

掌握______金属材料的焊接方法

掌握______的引弧、送丝技术、具体的操作

教学组织：教师检查纠错，学生改正错误。评价：☆☆☆☆☆

步骤 4　焊接工艺评定试件的焊接

根据拟定的预焊接工艺规程，由指定的焊工进行评定试件的焊接，同时递交检测______，指明每个试件所需要进行的检测项目及其要求等。

步骤 5　焊接工艺评定试件的性能试验

（1）将焊完的对接试件交给焊接质量检测部门进行外观质量检验和______检验。

（2）将焊完的 T 型试件交给焊接质量检测部门进行外观质量检验和______检验。

职业知识：常规性能检验项目

焊缝外观检验：表面______、裂纹、未熔合、弧坑、______、余高差、宽度、宽度差、咬边______、咬边长度等

力学性能检验：______试验、面弯、背弯或侧弯等弯曲试验和冲击韧性试验等

金相检验：焊缝______组织

断口检验：断裂______、断裂______、断裂______、断裂机制、断裂韧性、断裂过程的应力集中状态、裂纹扩展速度等

无损检验：包括______检验（RT）、______检测（UT）、磁粉检测（MT）以及液体______检测（PT）等

耐蚀性检验：主要包括______腐蚀、晶间腐蚀等

教学组织：教师检查纠错，学生改正错误。评价：☆☆☆☆☆

步骤 6　编制十字柱结构焊接工艺评定报告

一、工作工序

根据焊接工艺评定试件的质量检测结果，编制焊接工艺评定报告，见表 4－20 和表 4－21。

表 4－20　十字柱结构对接接头焊接工艺评定报告

报告编号	PQR2020012	日期	2020 年 10 月 15 日
相应预焊接工艺规程编号			pWPS2020012
焊接方法	SMAW	接头形式	对接

续表

工艺评定试件母材	钢板	材质		管子	材质	
		分类号			分类号	
		规格			规格	
焊条型号				焊条规格		
焊接位置				焊条烘干温度		
焊接规范	电弧电压/V	焊接电流/A	焊接速度/（cm·min⁻¹）	焊工姓名		
	见预焊接工艺规程			焊工钢印号		
结论	根据焊缝探伤检测结果，所测焊缝质量达到《焊缝无损检测 射线检测》（GB/T 3323.1—2019）二级焊缝质量的要求。评定结果为：______。					
审批			报告编制			

表 4－21　十字柱结构 T 型接头焊接工艺评定报告

报告编号	PQR2020013			日期	2020 年 10 月 15 日	
相应预焊接工艺规程编号					pWPS2020013	
焊接方法	SMAW			接头形式	T 型	
工艺评定试件母材	钢板	材质		管子	材质	
		分类号			分类号	
		规格			规格	
焊条型号				焊条规格		
焊接位置				焊条烘干温度		
焊接规范	电弧电压/V	焊接电流/A	焊接速度/（cm·min⁻¹）	焊工姓名		
	见预焊接工艺规程			焊工钢印号		
结论	根据焊缝宏观检测结果，所测焊缝质量达到《焊接接头弯曲试验方法》（GB/T 2653—2008）的质量要求。评定结果为：______。					
审批			报告编制			

教学组织：教师检查纠错，学生改正错误。评价：☆☆☆☆☆

职业知识：焊接工艺评定报告内容

焊接工艺评定报告内容

编写焊接工艺评定报告最重要的原则是______记录，无论是试验条件还是检验结果，都必须是实测记录数据，并有相应的记录卡和试验报告等原始凭据。

- 焊接工艺评定的试验条件，包括______、材料牌号、类别号、______、焊接位置、焊接材料、保护气体、______温度、焊接______和焊后热处理工艺参数等。
- 各项检验结果，包括______、弯曲、______、硬度、宏观______、着色检测及化学成分分析结果等。

教学组织：教师检查纠错，学生改正错误。评价：☆☆☆☆☆

★课程思政：办事公道

为保证焊接工艺评定报告的真实性，需要记录人员如实填写检测记录，这就要求同学们今后在工作中要做到办事公道，做到公平、公正，不谋私利，不徇私情，不以权损公，不以私害民，不假公济私，具备最起码的职业操守。

二、问题简析

实施完“编制十字柱结构焊接工艺评定报告”后，总结操作过程中存在的问题，将问题填写在表 4－22 中，并对产生原因进行简要分析。

表 4－22　“编制十字柱结构焊接工艺评定报告”问题汇总简析表

序号	问题	简析
1		
2		

教学组织：教师检查纠错，学生改正错误。评价：☆☆☆☆☆

评价与总结

知识评价

请结合实际案例对术语进行解读。每个术语 25 分，共计 100 分。

（1）焊接工艺评定

______

（2）性能试验

______

（3）焊接工艺评定报告

______

（4）焊接工艺评定任务书

______

技能评价

对表 4－23 所列作业内容，操作规范即得分，操作错误或未操作即零分。其中，学生自评占 20%，学生互评占 20%，教师评价占 60%。

表 4－23　“评定十字柱结构预焊接工艺规程”技能评价表

序号	作业内容	配分	学生自评得分	学生互评得分	教师评价得分
1	编制焊接工艺评定任务书	20			
2	焊接工艺评定试的准备	10			
3	焊接工艺评定试件的焊接	20			
4	焊接工艺评定试件的性能试验	20			
5	编制焊接工艺评定报告	30			
总分		100			
综合评价		100			

素养评价

对表 4－24 所列素养点，做到即得分，未做到即零分。其中，学生自评占 20%，学生互评占 20%，教师评价占 60%。

表 4－24 “评定十字柱结构预焊接工艺规程”素养评价表

序号	素养点	配分	学生自评得分	学生互评得分	教师评价得分
1	按时出勤，无迟到早退	10			
2	准备充分，无手忙脚乱	10			
3	积极互动，无消极态度	10			
4	安全作业，无安全隐患	10			
5	保护环境，无乱扔乱倒	10			
6	规范标准，无野蛮操作	10			
7	团队协作，无不洽关系	10			
8	场地“5S”	10			
9	团队协作能力进一步提升	10			
10	职业活动能力进一步提升	10			
总分		100			
综合评价		100			

课后拓展

1. 多选题

（1）焊接工艺评定的原则有（　　　）。

A. 改变焊接方法需要重新进行焊接工艺评定

B. 新材料或施焊单位首次焊接的钢材需要重新进行焊接工艺评定

C. 改变焊接工人需要重新进行焊接工艺评定

D. 改变焊接材料需要重新进行焊接工艺评定

（2）以下属于熟练焊工的标准有（　　　）。

A. 手工电弧焊（用 J507 碱性焊条）的基本操作（平焊、立焊、横焊）及仰焊的操作和其要领

B. 常用金属材料的焊接方法

C. 熟练掌握气焊和气割的基础操作技术

D. 掌握氩弧焊的引弧、送丝技术、具体的操作要点及参数调节

（3）常规性能检验项目有（　　　）。

A. 焊缝外观检验

B. 力学性能检验

C. 金相检验

D. 无损检验

2. 判断题

（1）焊接工艺评定是通过焊接试板接头试样的力学性能或其他性能的检验，证实接工艺规程正确性和合理性的一种程序。（　　）

（2）断口检验主要包括断裂的起因、断裂性质、断裂方式、断裂机制、断裂韧性、断裂过程的应力集中状态、裂纹扩展速度等。　　（　　）

3. 拓展训练

（1）结合所学知识自主设计一个焊接工艺评定任务书，并把任务书内容讲给小组中其他同学。

（2）通过对本任务的学习，你认为焊接工艺评定的功能有哪些？

（3）请按照图 4-13 中思维导图的提示，按照职业活动工作流程，对“评定十字柱结构预焊接工艺规程”的学习收获进行总结。

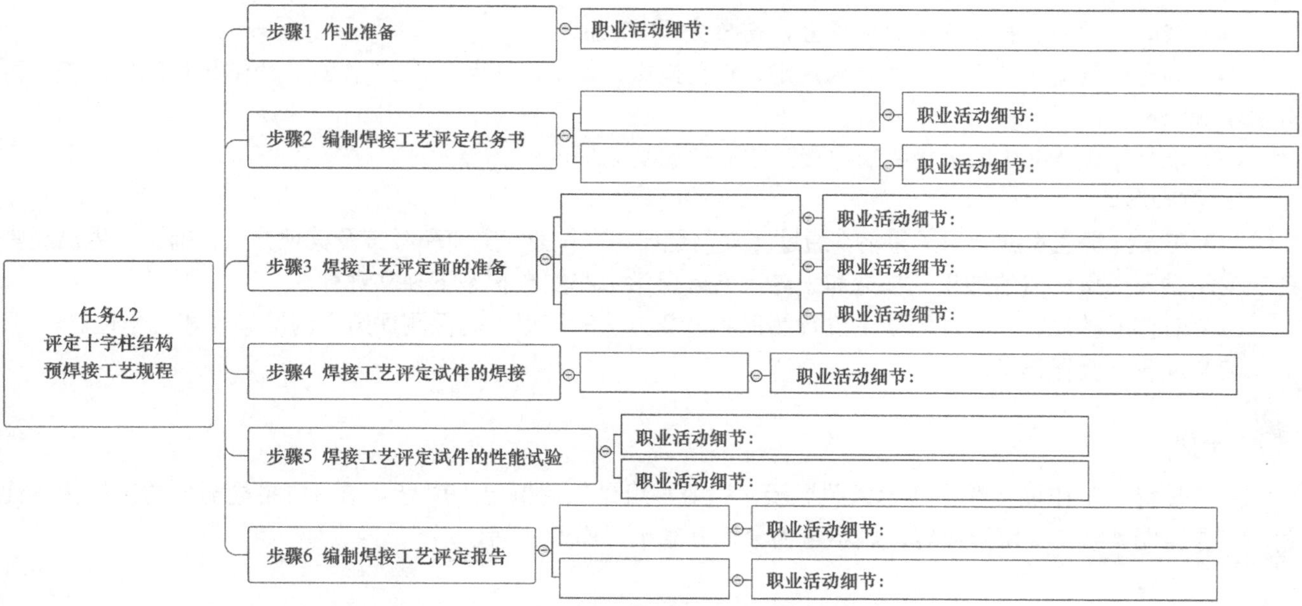

图 4-13 “评定十字柱结构预焊接工艺规程”的学习收获总结

项目 4 学习成果检测

资讯

任务描述

一个管对接接头，母材为 Q235，板厚为 10 mm，根部间隙为 2 mm，坡口角度为 60°，如图 4－14 所示。采用氩弧焊打底，焊条电弧焊填充和盖面的氩电联焊的方式进行焊接。请根据“1+X 特殊焊接技术职业技能中级”证书考核标准，试编制出该工作任务所使用的装配工艺过程卡、焊接工艺过程卡、焊接工艺卡片、焊接工艺规程、焊接工艺评定任务书等关键焊接工艺文件。

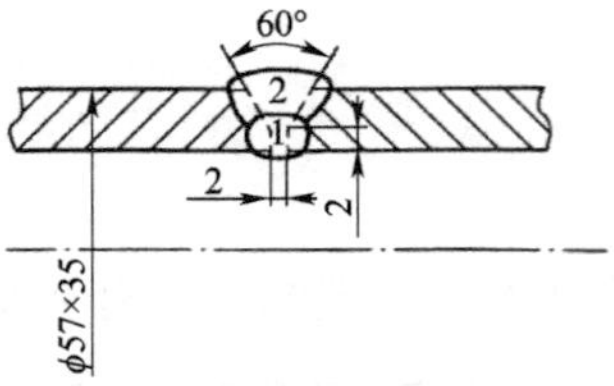

图 4－14 管对接接头

任务要求

1. 学生准备

学生按照教学进度计完成以下学习任务并达到了 75 分以上后，可进行该学习成果的实施。

（1）理解并完成学习成果检测所需要的相关知识和方法，得分大于 75 分。

（2）能够运用学习成果检测需要的相关知识和方法进行作业，得分大于 75 分。

（3）按时、按质、按量完成相应作业，得分大于 80 分。

（4）具有自觉遵守技术标准和要求规定、规范操作、安全、环保、“5S”作业、团结协作的好习惯，得分大于 80 分。

（5）能制定图 4－14 所示接头的焊接工艺文件编制流程。

2. 教师准备

（1）在安排学生实施学习成果前，通过课堂问题研讨、作业、实训和考核及其他方式，确认学生已经具备了实施学习成果所需的知识、技能和素养，并确保学生在安全状态下独立进行。

（2）对协助教师进行测评的学生进行测评和监督方法的培训，确保测评结果的准确性和公平性。

（3）准备好测评记录。

计划

结合教材、工作页及线上教学资源提示，课前小组讨论后拟定“项目 4 学习成果检测”的工作任务计划，可参照图 4－15 中所示内容，以小组为单位分享小组作业计划。

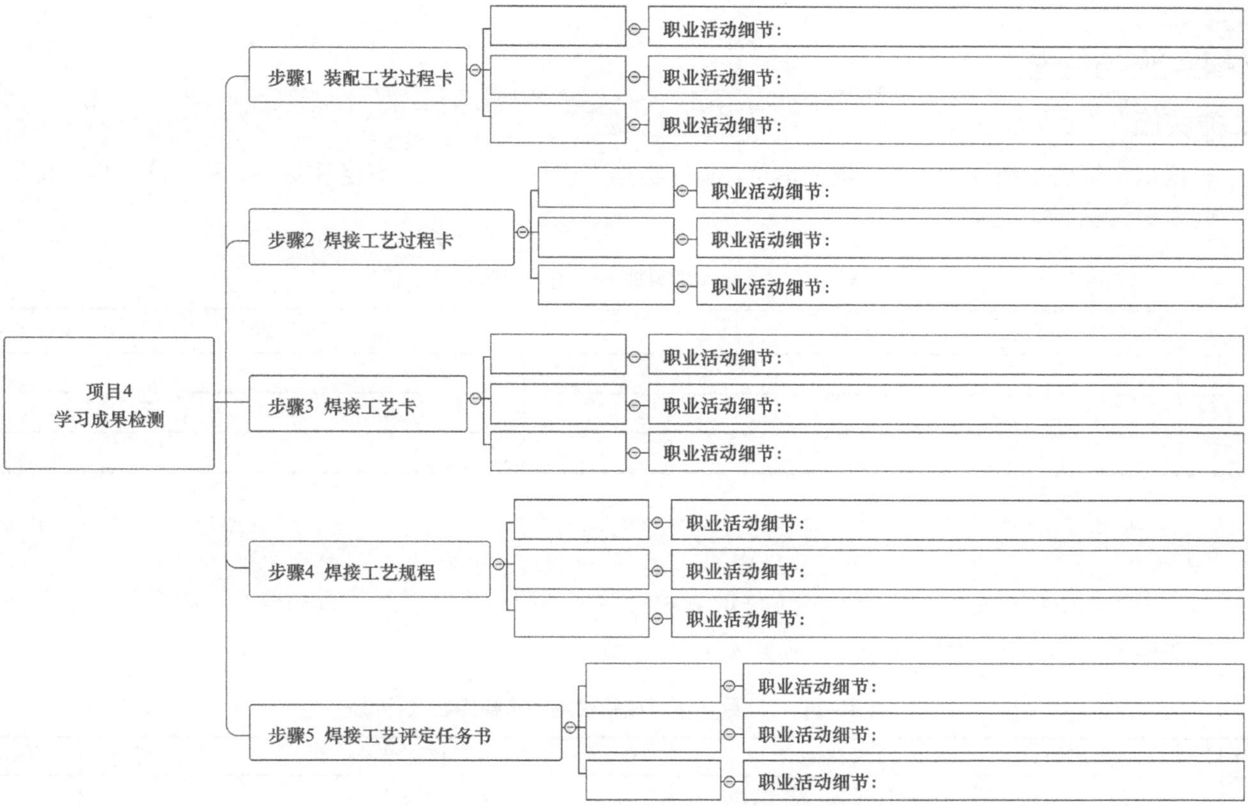

图 4－15 “项目 4 学习成果检测”小组作业计划

决策

根据最新的资讯信息，请结合本小组计划中存在的问题，在图 4－16 中写出你认为对修改计划有用的信息，并对计划中的细节问题进行决策。

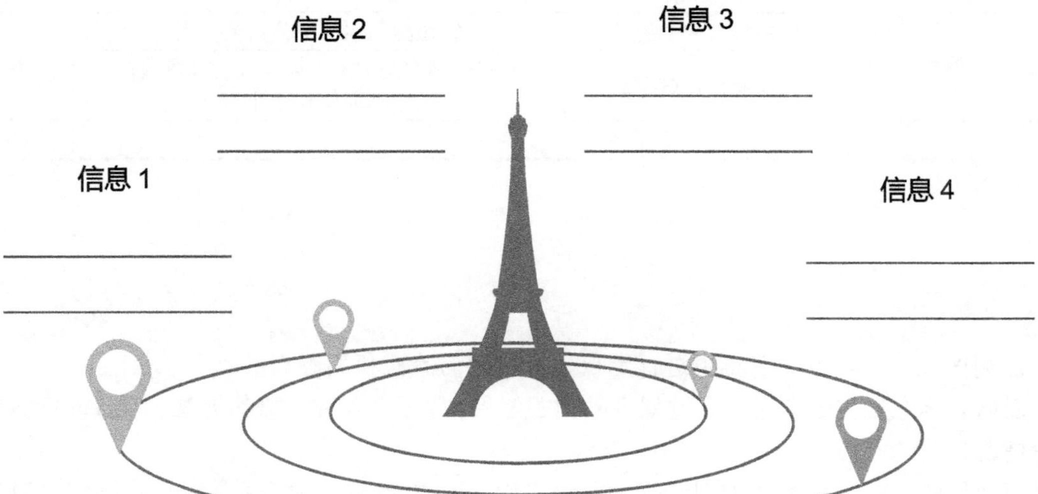

图 4－16　对“项目 4 学习成果检测”修改计划有用的信息

实施与检查

任务实施

根据拟定好的小组计划，以小组为单位，独立实施工作任务，待工作任务完成后，将实施过程中出现的典型问题记录在表 4－25 中。

表 4－25 “项目 4 学习成果检测”问题汇总简析表

序号	问题	简析
1		
2		
3		

任务检查

在学生实施工作任务时，教师根据学生的表现对学生的职业活动进行检查和监督，将学生在职业活动中的表现记录在评价表格中，如表 4－26 所示。

表 4－26 “项目 4 学习成果检测”考核内容及标准

序号	作业项目	考核内容	考核标准	配分	得分
1	装配工艺过程卡	焊件装配过程设计	错一处扣 2 分	20	
		操作熟练	操作不熟练扣 5 分		
2	焊接工艺过程卡	焊件工艺过程设计	错一处扣 2 分	20	
		操作熟练	操作不熟练扣 5 分		
3	焊接工艺卡	焊接工艺规范设计	错一处扣 2 分	20	
		操作熟练	操作不熟练扣 5 分		
4	焊接工艺规程	焊接工艺规程设计	错一处扣 2 分	10	
		操作熟练	操作不熟练扣 5 分		
5	焊接工艺评定任务书	焊接工艺评定内容设计	错一处扣 2 分	20	
		操作熟练	操作不熟练扣 5 分		
6	安全文明生产	遵守规程、安全生产	每违犯一项扣 1 分直至扣完	10	
		因违犯操作造成事故	因违规操作发生重大人身或设备事故，此项按 0 分计		
总分				100	

评价

评价方法

（1）每位测评人员负责对 2 名学生进行定点、全过程的监控和测评。

（2）详细记录学生在实施学习成果过程中的相关信息、数据、结果、操作方法、完成时间，以及出现错误、事故等情况。

（3）学习成果的作业过程和数据记录等，要求在 60 min 内完成，时间不足，可在即将结束时，由学生口述剩余部分的作业方法。

评价标准

考核内容及标准见表 4－26，及格分数为 60 分。

创新之窗

专利案例：一种角焊缝检验装置

本专利案例展示了一种角焊缝检验装置，如图 4－17 所示，其包括垂直设置的一焊脚尺和一钢条；所述焊脚尺上设有一矩形孔；所述钢条通过所述矩形孔与所述焊脚尺活动连接；所述活动连接为所述钢条在垂直于焊角尺方向上可调节式的连接；所述钢条的长度等于焊缝标准长度或所述钢条的长度大于焊缝标准长度，并且所述钢条上标有刻度。本专利案例涉及的角焊缝检验装置能够快速地同时检验焊缝长度和焊脚高度，降低检验成本，提高工作效率，并且提高了检验的精准性。

角焊缝检验装置

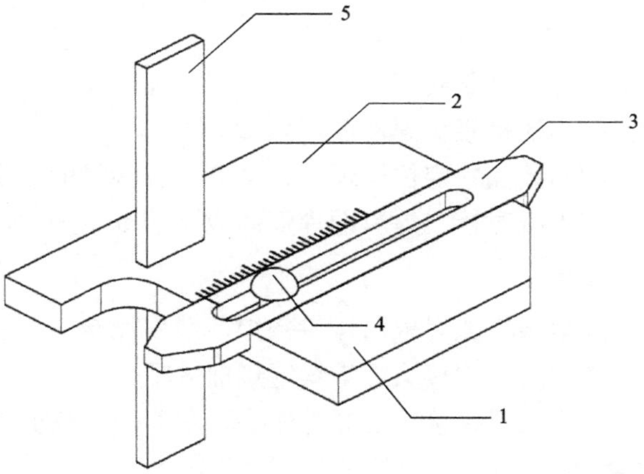

1—焊脚尺；2—主尺；3—高度尺；4—辅助移动球；5—钢条

图 4－17　一种角焊缝检验装置

创新之门

专利名称：

结合焊接生产实际，请你设计出一款新型的焊缝外观检验工具，具体要求如下：

（1）画出所设计焊缝检验工具简图；

（2）写出该工具较传统焊缝检验工具的优势。

<table>
<tr><td colspan="2">

项目 5　制作十字柱结构 H 型钢腹板

</td></tr>
<tr><td>项目描述</td><td>采用焊条电弧焊方法对十字柱结构中 H 型钢腹板的对接接头进行装配，并采用立焊单面焊双面成型技术完成焊接生产任务。</td></tr>
<tr><td>项目要求</td><td>依据“1+X 特殊焊接技术职业技能中级证书”中“低碳钢钢板对接立焊焊条电弧焊”项目技术要求与标准，正确使用焊接生产工具、焊条电弧焊电源等加工设备，完成以下装配、焊接生产作业。
（1）装配十字柱结构 H 型钢腹板；
（2）焊接十字柱结构 H 型钢腹板。</td></tr>
<tr><td>学习目标</td><td>1. 职业知识目标
（1）能够说出焊前准备内容；
（2）能够归纳出对接接头焊前清理质量要求；
（3）能够归纳出装配中定位原理、夹紧方法及测量的项目；
（4）能够总结出板对接立焊单面焊双面成型的基本知识。
2. 职业技能目标
（1）能够完成焊条电弧焊板对接接头焊前清理操作；
（2）能够独立完成对接接头立焊焊缝焊前装配；
（3）能够独立完成对接接头立焊打底层、填充层和盖面层的焊接。
3. 职业素养目标
（1）能够养成自觉遵守技术标准和要求规定、规范操作、安全、环保、“5S”作业、团结协作的好习惯；
（2）能够在“学会收起锋芒”“不要盲目跟从他人”等方面有更加深刻的理解；
（3）在“焊接飞溅物收集装置”案例启发的基础之上，完成创新项目设计，将所学的专业内容与创新教育结合，促使学生发挥专业优势、开拓思维眼界、提升创新能力。</td></tr>
<tr><td>项目载体</td><td>本次任务的载体为十字柱结构中 H 型钢腹板上的 2 个对接接头，如图 5－1 所示。
本项目以典型焊接结构件的装备与焊接为例，让学生在掌握板对接立焊单面焊双面成型技术的同时，了解焊接结构的装配、应力与变形的基础知识，掌握装配的基本方法、应力与变形的原因、控制应力与变形的措施以及消除应力与变形的方法，并且能够正确完成残余应力的控制与消除、焊接变形的预防与矫正等具体任务。
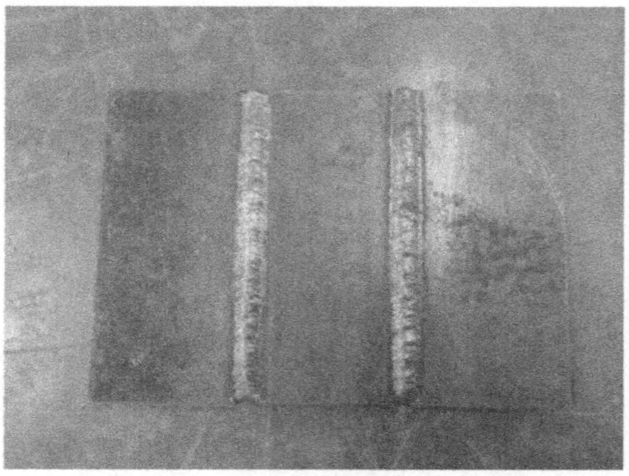
图 5－1　十字柱结构 H 型钢腹板</td></tr>
<tr><td>计划学时</td><td></td></tr>
</table>

任务 5.1　装配十字柱结构 H 型钢腹板

工作页	上课地点		学生姓名		完成/未完成
	任课教师		上课时间		优/良/中/及格

课前导学

通过前面内容的学习，识读了十字柱结构焊接装配图、拟定了十字柱结构制造工艺流程，完成了划线、下料、坡口加工等加工工作任务，接下来的任务是十字柱结构 H 型钢腹板的制作。十字柱结构 H 型钢腹板由三块钢板对接而成，共两条焊缝，要求采用立焊完成，按照焊接工艺流程来说，首先要完成的工作任务就是十字柱结构 H 型钢腹板的装配。

结合教材、工作页及线上教学资源提示，课前小组讨论后整理出关于“装配十字柱结构 H 型钢腹板”职业活动的相关职业知识，并填写在图 5-2 中。

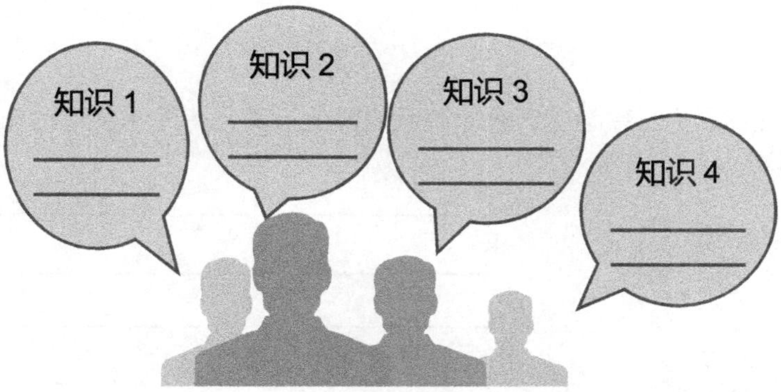

图 5-2 “装配十字柱结构 H 型钢腹板”相关的职业知识

教学组织：教师检查纠错，学生改正错误。评价：☆☆☆☆☆

课中探索

准备阶段

1. 问题导入

请在图 5-3 中写出焊接结构生产工艺流程都包括哪些内容？

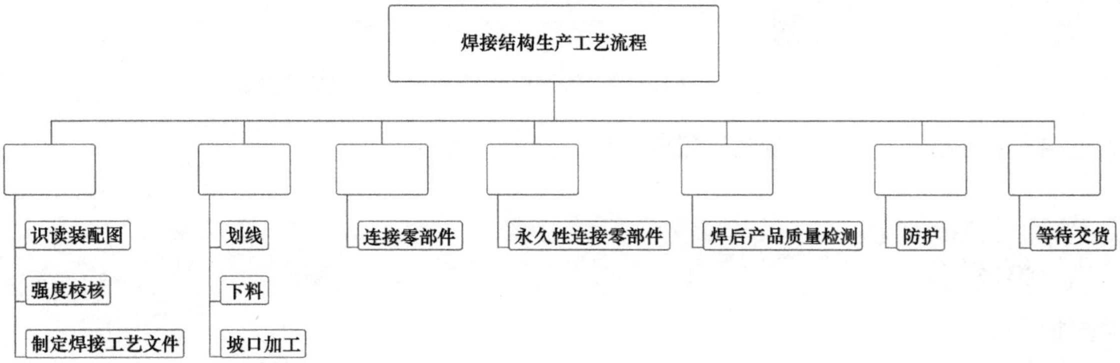

图 5-3　焊接结构生产工艺流程

教学组织：教师检查纠错，学生改正错误。评价：☆☆☆☆☆

2. 视频导入

扫码观看视频资料，观看后请就以下两个问题进行回答，并总结凝练写在方格内。

任务 5.1
导入视频

（1）这位工人在进行什么工作？

（2）为什么要进行这样的工作呢？

教学组织：教师检查纠错，学生改正错误。评价：☆☆☆☆☆

演示阶段

请结合本小组收集到的重要信息，观察教师演示的职业活动，待演示结束后在图 5－4 中写出你认为对本任务职业活动有用的信息。

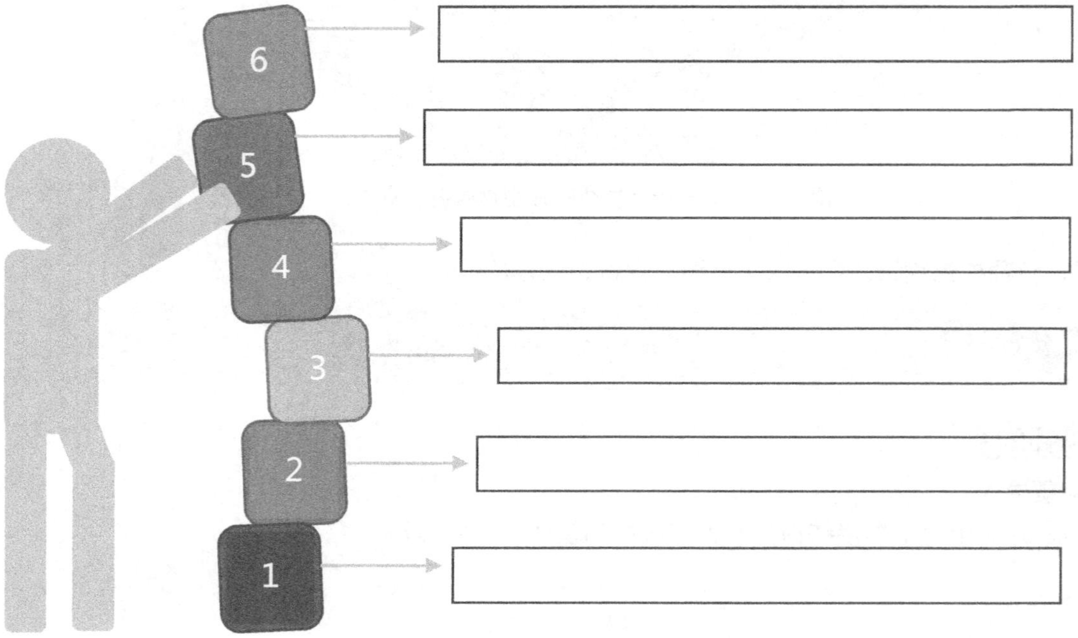

图 5－4 “装配十字柱结构 H 型钢腹板”有用的职业活动信息

教学组织：教师检查纠错，学生改正错误。评价：☆☆☆☆☆

实施与总结阶段

步骤 1 作业准备

一、安全防护

按照图 5－5 中所示穿戴好装配操作时的防护用品，同时进行自检和互检。请熟读本次职业活动防护用品穿戴要求，若已完成，请在方框内打“ √”。

□焊工应穿戴好焊工服，如图 5–5 所示。

□操作时，所有人员必须戴好护目镜或焊接面罩、焊接手套，穿焊工鞋。

□应扣紧衣领，扎紧袖口。

□不得穿裙子、拖鞋。

□必须戴好焊工帽，长发应放入帽内。

□不允许在现场内随意脱掉或更换焊工服、焊工鞋。

□工作中，违反规定穿戴者必须立即停止作业，纠正后方可恢复作业。

图 5–5　装配时防护用品穿戴

二、焊前准备

对照表 5–1“装配十字柱结构 H 型钢腹板”的作业准备情况检查表，核准作业准备信息，如果已经准备好，请在“□”里面画上“√”；若有遗漏，请补充后画上“√”。

表 5–1　“装配十字柱结构 H 型钢腹板”的作业准备情况检查表

项目	准备内容		
作业场地	□选择周围 10 m 范围内没有易燃易爆物品且有消防措施的作业场地		
焊接原材料	□板料 3 块，材质为 Q235B，尺寸为 200 mm×60 mm×12 mm，开 30°V 形坡口		
焊接材料	□选择 E5015 焊条，焊条直径为 3.2 mm 或 4.0 mm		
设备设施	□松下 YC–400TX4 焊机		
工量辅具			
	□角向打磨机	□焊缝检验尺	□焊条保温桶
			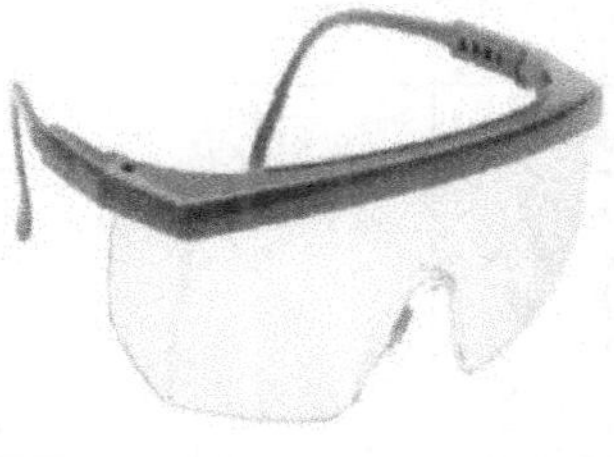
	□敲渣锤	□槽钢	□护目镜

职业知识：松下 YC－400TX4 焊机控制面板

请结合图 5－6 中的标注信息，写出焊机控制面板按钮名称。

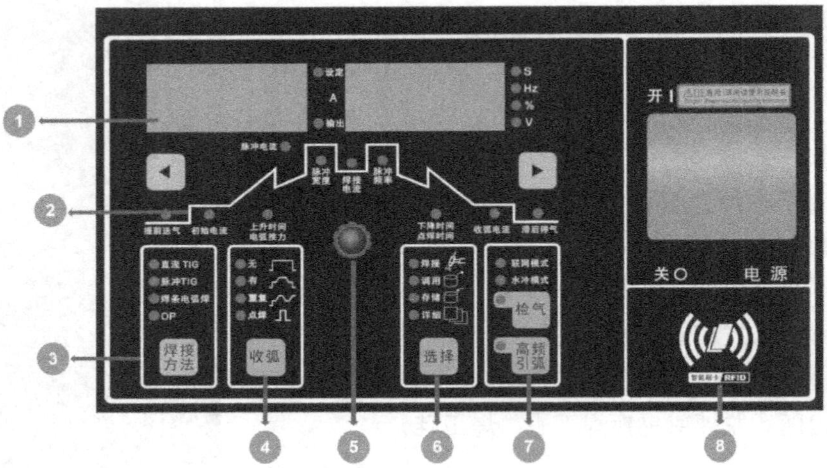

图 5－6　松下 YC－400TX4 焊机控制面板

（1）________ （2）________ （3）________ （4）________

（5）________ （6）________ （7）________ （8）________

教学组织：教师检查纠错，学生改正错误。评价：☆☆☆☆☆

步骤 2　制定焊接工艺卡片

根据焊接工艺要求，在表 5－2 中完成焊接工艺卡片的填写。

表 5－2　装配十字柱结构 H 型钢腹板的焊接工艺卡

实操项目：________

<table>
<tr><td colspan="2">焊接工艺卡</td><td colspan="5">编号：</td></tr>
<tr><td>材料牌号</td><td></td><td colspan="5" rowspan="8">接头简图</td></tr>
<tr><td>材料规格</td><td></td></tr>
<tr><td>接头种类</td><td></td></tr>
<tr><td>坡口形式</td><td></td></tr>
<tr><td>坡口角度</td><td></td></tr>
<tr><td>钝边</td><td></td></tr>
<tr><td>组对间隙</td><td></td></tr>
<tr><td>焊接方法</td><td></td></tr>
<tr><td>电源种类</td><td></td><td rowspan="3">焊后热处理</td><td>种类</td><td></td><td>保温时间</td><td></td></tr>
<tr><td>电源极性</td><td></td><td>加热方式</td><td></td><td>层间温度</td><td></td></tr>
<tr><td>焊接位置</td><td></td><td>温度范围</td><td></td><td>测量方法</td><td></td></tr>
</table>

<table>
<tr><td colspan="6">焊接参数</td></tr>
<tr><td>焊层</td><td>焊材型号</td><td>焊材直径/mm</td><td>焊接电流/A</td><td>焊接电压/V</td><td>焊接速度/（cm・min⁻¹）</td></tr>
<tr><td>装配</td><td rowspan="4"></td><td></td><td></td><td></td><td></td></tr>
<tr><td>第一道</td><td></td><td></td><td></td><td></td></tr>
<tr><td>第二道</td><td></td><td></td><td></td><td></td></tr>
<tr><td>第三道</td><td></td><td></td><td></td><td></td></tr>
</table>

教学组织：教师检查纠错，学生改正错误。评价：☆☆☆☆☆

步骤 3　焊前清理

一、工作工序

1. 核对和检查零件库中领取的焊件

主要核对零件的材质、变形程度、表面质量以及______、______、______等尺寸是否符合焊接工艺要求。

2. 表面清理

利用角向打磨机，对 3 块腹板 2 钢板的坡口及坡口两侧_______mm 范围内的油污、铁锈、水分及其他污染物进行清理，并清除毛刺，如图 5－7 所示。

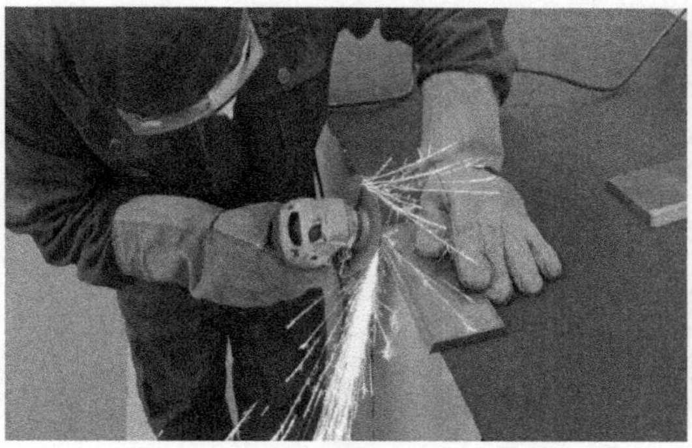
（a）打磨坡口

（b）打磨坡口两侧

图 5－7　腹板 2 钢板表面清理

职业知识：焊前打磨要求

请将焊前打磨中的重要信息填写在横线上。

（1）打磨范围要求焊缝两侧不小于_______mm。

（2）使用角向打磨机沿着焊缝方向打磨，打磨速度约_______m/s。

（3）角向打磨机打磨不到的位置采用__________丝刷打磨。

（4）对于较_______的工件表面，使用不锈钢轮或千叶片对焊接表面进行打磨。

（5）要打磨出_______光泽。

（6）打磨清理后要在_______h 内完成焊接，如超过_______h，需要重新清理打磨，对于已组装好的部件，超过_______h 仍需要打磨，但无需拆开。

（7）对于使用清洗剂清洗的焊件，在清洗剂擦拭干净后，待清洗剂_____干净后，才可以开始焊接。

（8）对于使用清洗剂清洗的焊件，焊接要在擦拭后_______h 内完成，未在_______h 内完成焊接的需要重新对区域进行擦拭。

教学组织：教师检查纠错，学生改正错误。评价：☆☆☆☆☆

3. 钝边处理

用角向打磨机修磨 3 块腹板 2 钢板坡口钝边为______～______mm，无毛刺，如图 5－8 所示。

图 5－8　腹板 2 钢板钝边打磨

职业知识：钝边

概念：焊件开坡口时，沿焊件______方向未开坡口的端面部分

作用：防止根部______，但钝边的尺寸要保证第一层焊缝能焊透

尺寸选择：钢结构焊接，全熔透要求坡口留______mm 以内的钝边，部分熔透坡口留______ t 钝边（t 为板厚）

教学组织：教师检查纠错，学生改正错误。评价：☆☆☆☆☆

二、问题简析

实施完“焊前清理”任务后，总结操作过程中存在的问题，将问题填写在表 5－3 中，并对产生原因进行简要分析。

表 5－3 “焊前清理”问题汇总简析表

序号	问题	简析
1		
2		
3		
4		

教学组织：教师检查纠错，学生改正错误。评价：☆☆☆☆☆

步骤 4　装配 H 型钢腹板焊接接头 1

一、工作工序

1. 定位

在槽钢上确定两个腹板 2 钢板的相对位置，利用其中一个腹板的边棱作为定位点，使对接接头的始端间隙为______mm，末端间隙为______mm，同时错边量要求小于______mm，如图 5－9 所示。

图 5－9　确定中间腹板 2 钢板与左侧腹板 2 钢板的空间位置

职业知识：装配中的定位

1. 定位原理

根据力学观点，任何刚性物体相对于三个相互垂直的平面有六个自由度，即沿 *OX*、*OY*、*OZ* 三个轴向的相对移动和绕这三个轴的相对转动，如图 5－10 所示。只有限制这______个自由度，才能保证焊件在夹具中具有准确和确定不变的位置。

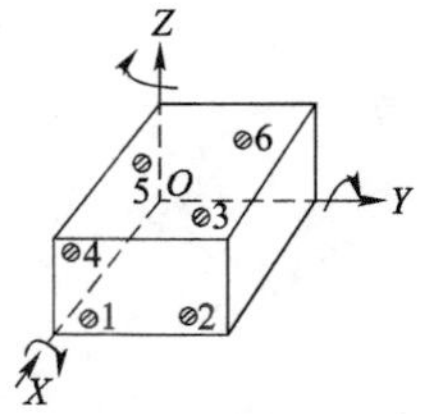

图 5－10　六方体焊件的定位

2. 定位点的选择

（1）可由定位销、定位块、______等定位元件作为定位点；

（2）利用装配平台或工件表面上的平面、______等作为定位点；

（3）采用设计胎架模板形成的______或曲面代替定位点；

（4）有时在装配平台或工件表面划出______，起定位点的作用。

2. 夹紧

确定好两个腹板的空间位置后，可用______［见图 5－11（a）］、______［见图 5－11（b）］或者______［见图 5－11（c）］三种常见的夹紧方式来夹紧工件。

（a）　（b）　（c）

图 5－11　工件压紧方式

职业知识：板对接夹紧注意事项

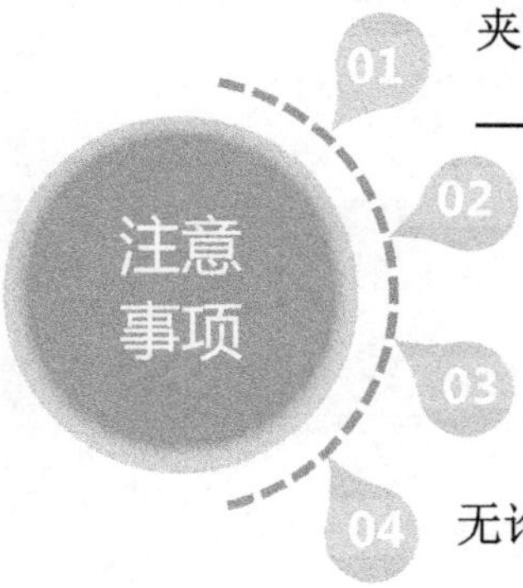

夹紧任务通常是由夹紧器或夹紧机构来完成的，如果试件结构形式简单可采用__________按压夹紧

采用手动按压时，不要遮挡定位焊________

采用手动按压时，考虑到板材焊后温度，为防止烫伤，要注意按压______

无论采用何种夹紧方式，都要确保装配过程中试件的空间______不发生变化

教学组织：教师检查纠错，学生改正错误。评价：☆☆☆☆☆

3. 测量

利用焊缝检验尺测量______间隙、______间隙以及______的具体数值，如图 5－12 所示。

（a）　（b）　（c）

图 5－12　焊缝检验尺测量装配参数

职业知识：装配中的测量项目

请写出以下图中所示的测量项目名称。

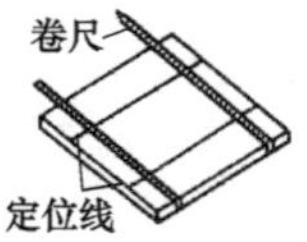

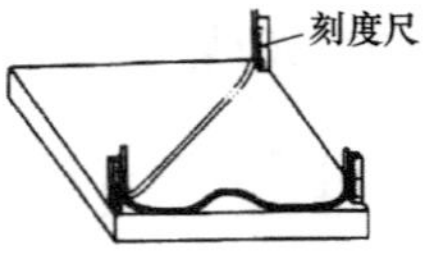

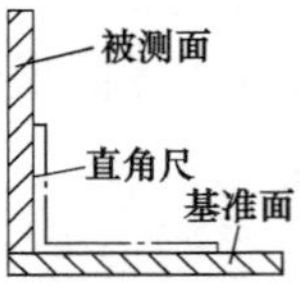

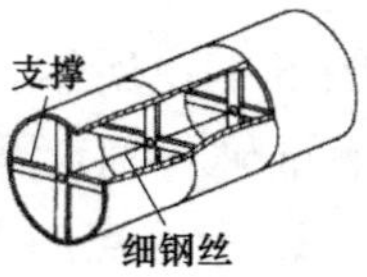

__________ __________ __________ __________ __________

教学组织：教师检查纠错，学生改正错误。评价：☆☆☆☆☆

4. 定位焊定位

启动电焊机，采用直流______法即板材接正极，焊枪接负极，如图 5－13 所示。焊接电流调为______A，电压为______V，如图 5－14 所示，随后采用断弧法进行定位焊。

图 5－13　直流正接正负极接法

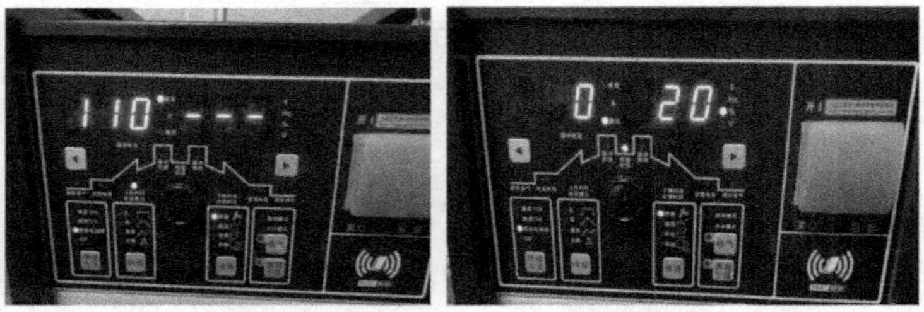

图 5－14　定位焊焊接参数

职业知识：定位焊要求

定位焊要求

- 定位焊焊条或焊丝应与正式焊缝所使用的焊条、焊丝牌号和质量______
- 定位焊应选用直径小于 4 mm 的焊条，焊接电流应比正式焊缝时大______
- 如果定位焊焊缝中有______时，应铲掉并重新焊接
- 定位焊焊缝长度一般根据板厚取______mm，间距为______mm
- 定位焊缝的引弧和熄弧处应______

教学组织：教师检查纠错，学生改正错误。评价：☆☆☆☆☆

★课程思政：学会收起锋芒

为了保证板材装配质量和后续焊接焊缝质量，要求引弧和熄弧要圆滑过渡，否则会影响后续的焊接质量，甚至是产生焊接缺陷。同学们在与他人相处的过程中，要试着学会收起锋芒，不要让我们身上的“刺”去扎伤身边的亲人和朋友。

5. 预留反变形

为了控制角变形，可用钢板边缘反复轻轻地撞击操作台，预留反变形，如图 5－15 所示。变形量控制在______°以内，如图 5－16 所示。

图 5－15　预留反变形方法

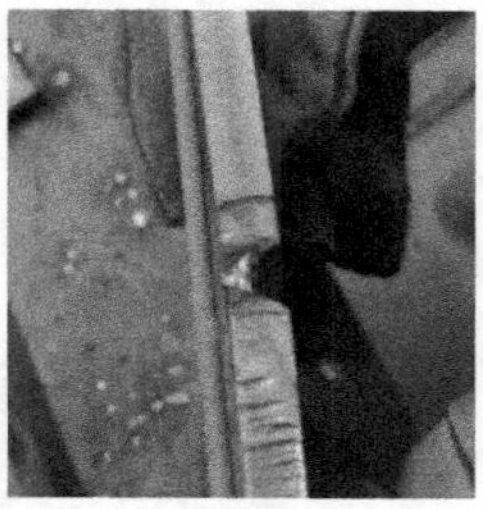
图 5－16　用焊条检查预留变形角度

职业知识：焊接变形的种类

请写出以下图中所示的焊接变形名称。

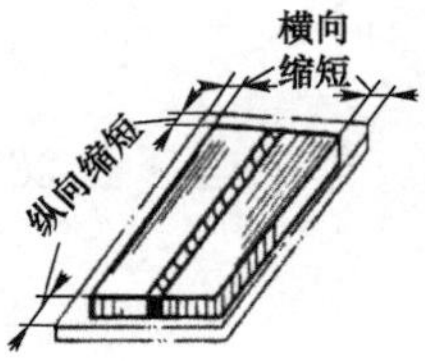

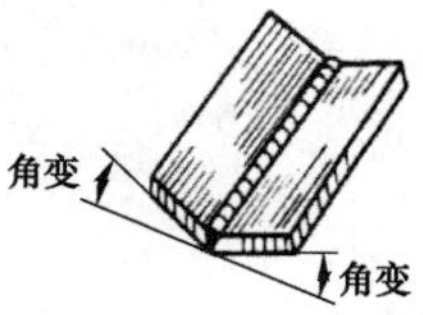

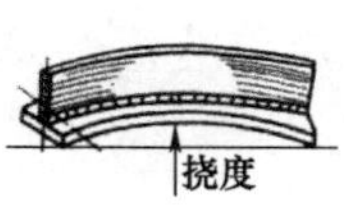

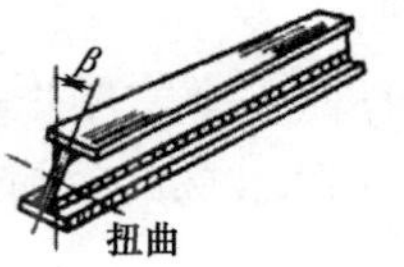

______________　______________　______________　______________　______________

职业知识：反变形法控制焊接变形

根据焊件的变形规律，焊前预先将焊件向着与焊接变形的______方向进行人为的变形（反变形量与焊接变形量相等），使之达到抵消焊接变形的目的，如图 5－17 所示。

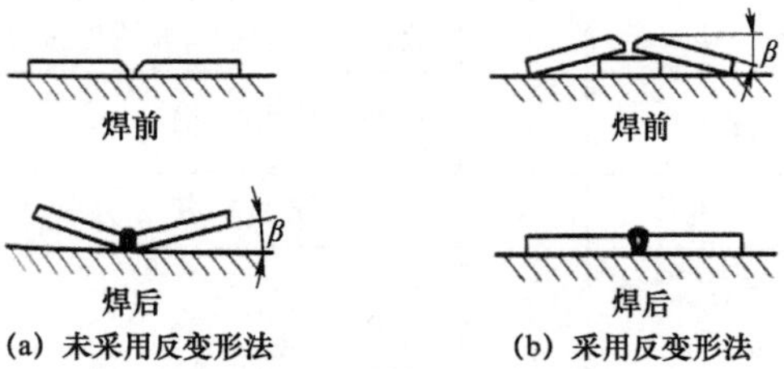

图 5－17　反变形法

教学组织：教师检查纠错，学生改正错误。评价：☆☆☆☆☆

二、问题简析

实施完“装配 H 型钢腹板焊接接头 1”任务后，总结操作过程中存在的问题，将问题填写在表 5－4 中，并对产生原因进行简要分析。

表 5－4　“装配 H 型钢腹板焊接接头 1”问题汇总简析表

序号	问题	简析
1		
2		
3		

教学组织：教师检查纠错，学生改正错误。评价：☆☆☆☆☆

评价与总结

知识评价

请结合实际案例对术语进行解读。每个术语 25 分，共计 100 分。

（1）焊接变形

____

（2）装配定位

____

（3）装配夹紧

____

（4）装配测量

____

技能评价

按照安全文明生产操作规程的要求，进行焊前准备，评分标准见表 5－5。其中，学生自评占 20%，学生互评占 20%，教师评价占 60%。

表 5－5 “装配十字柱结构 H 型钢腹板”的焊前准备及安全评分标准

实操项目：______________ 本项得分：__________

<table>
<tr><th colspan="2" rowspan="2">考核项目</th><th rowspan="2">考核要求</th><th rowspan="2">配分</th><th rowspan="2">评判标准</th><th colspan="3">评判结果</th><th colspan="3">实得分数</th></tr>
<tr><th>a</th><th>b</th><th>c</th><th>x</th><th>y</th><th>z</th></tr>
<tr><td colspan="2">焊接工艺</td><td>根据施焊材料及所用设备特点正确填写焊接工艺参数表</td><td>24</td><td>填写施焊材料 8 分，确定工艺参数 16 分。全部未达标要求扣 24 分</td><td></td><td></td><td></td><td></td><td></td><td></td></tr>
<tr><td rowspan="7">焊前准备</td><td rowspan="2">工具工装使用</td><td>常用工具的合理使用与保养</td><td>8</td><td>未达标扣 8 分</td><td rowspan="2"></td><td rowspan="2"></td><td rowspan="2"></td><td rowspan="2"></td><td rowspan="2"></td><td rowspan="2"></td></tr>
<tr><td>正确使用夹具，做好保养工作</td><td>4</td><td>一项未达标扣 2 分</td></tr>
<tr><td rowspan="2">设备使用与维护</td><td>正确使用和维护保养焊接设备及常见故障排除</td><td>8</td><td>未达标扣 8 分</td><td rowspan="2"></td><td rowspan="2"></td><td rowspan="2"></td><td rowspan="2"></td><td rowspan="2"></td><td rowspan="2"></td></tr>
<tr><td>正确使用和维护保养辅助设备及常见故障排除</td><td>4</td><td>一项未达标扣 2 分</td></tr>
<tr><td rowspan="3">试件焊前清理及组对装配</td><td>坡口内及正反两侧 20 mm 范围内无油污、锈水等污物，打磨至露出金属光泽</td><td>4</td><td>未达标扣 4 分</td><td rowspan="3"></td><td rowspan="3"></td><td rowspan="3"></td><td rowspan="3"></td><td rowspan="3"></td><td rowspan="3"></td></tr>
<tr><td>试件组对装配（装配间隙、钝边、定位焊长度）、焊接参数调整</td><td>4</td><td>未达标扣 4 分</td></tr>
<tr><td>试板反变形预处理</td><td>4</td><td>未做反变形预处理扣 4 分</td></tr>
<tr><td colspan="2" rowspan="2">安全文明生产</td><td>执行焊接安全技术操作规程</td><td>24</td><td>未达标扣 24 分</td><td rowspan="2"></td><td rowspan="2"></td><td rowspan="2"></td><td rowspan="2"></td><td rowspan="2"></td><td rowspan="2"></td></tr>
<tr><td>按企业有关文明生产规定，工作场地整洁，工具摆放整齐</td><td>16</td><td>一项未达标扣 8 分</td></tr>
<tr><td colspan="5">综合评价</td><td colspan="6"></td></tr>
</table>

注意：① 评判结果中 a、b、c 分别代表学生自评、学生互评、教师评价。

② 实得分数中 x、y、z 分别代表学生自评、学生互评、教师评价。

素养评价

对表 5－6 所列素养点，做到即得分，未做到即零分。其中，学生自评占 20%，学生互评占 20%，教师评价占 60%。

表 5－6 “装配十字柱结构 H 型钢腹板”的素养评价表

序号	素养点	配分	学生自评得分	学生互评得分	教师评价得分
1	按时出勤，无迟到早退	10			
2	准备充分，无手忙脚乱	10			
3	积极互动，无消极态度	10			
4	安全作业，无安全隐患	10			
5	保护环境，无乱扔乱倒	10			
6	规范标准，无野蛮操作	10			
7	团队协作，无不洽关系	10			
8	场地“5S”	10			
9	团队协作能力进一步提升	10			
10	职业活动能力进一步提升	10			
总分		100			
综合评价		100			

课后拓展

1. 单选题

（1）以下不属于装配基本条件的有（　　）。

A. 定位焊　　B. 定位　　C. 夹紧　　D. 测量

（2）下图中测量的是（　　）。

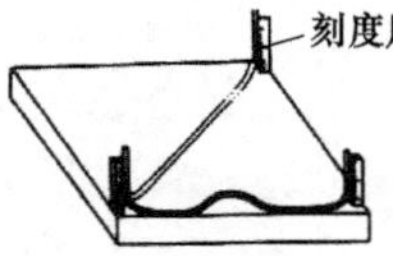

A. 垂直度　　B. 平行度

C. 水平度　　D. 角度

（3）按照下图的顺序选择出焊接变形的种类名称（　　）。

A. 弯曲变形、波浪变形、扭曲变形、收缩变形、角变形

B. 弯曲变形、扭曲变形、波浪变形、收缩变形、角变形

C. 波浪变形、弯曲变形、扭曲变形、收缩变形、角变形

D. 波浪变形、弯曲变形、角变形、扭曲变形、收缩变形

2. 多选题

（1）以下关于定位焊要求描述正确的是（　　　）。

A. 定位焊焊条或焊丝可以与正式焊缝所使用的焊条焊丝牌号和质量不相同

B. 定位焊应选用直径小于 4 mm 的焊条，焊接电流应比正式焊缝时大 10%～15%

C. 定位焊焊缝中有缺陷，应铲掉并重新焊接

D. 定位焊缝的引弧和熄弧处应圆滑过渡

（2）以下关于焊前打磨注意事项描述正确的是（　　　）。

A. 打磨要朝一个方向，禁止打磨工具前后来回打磨

B. 打磨深度不能超过 0.5 mm

C. 不能用手接触工件，特别是清理后的焊缝区域

D. 对于使用清洗剂清洗的焊件，打磨区域不能超过清洗剂清洗的区域

3. 拓展训练

某学生完成的板对接装配试件

（1）扫码观看现有的一装配好的对接接头，试指出其错误之处，并改正。

（2）装配的三个基本条件是什么？你认为它们之间有什么样的关系？

（3）请根据图 5－18 中思维导图的提示，按照职业活动工作流程，对“装配十字柱结构 H 型钢腹板”的学习收获进行总结。

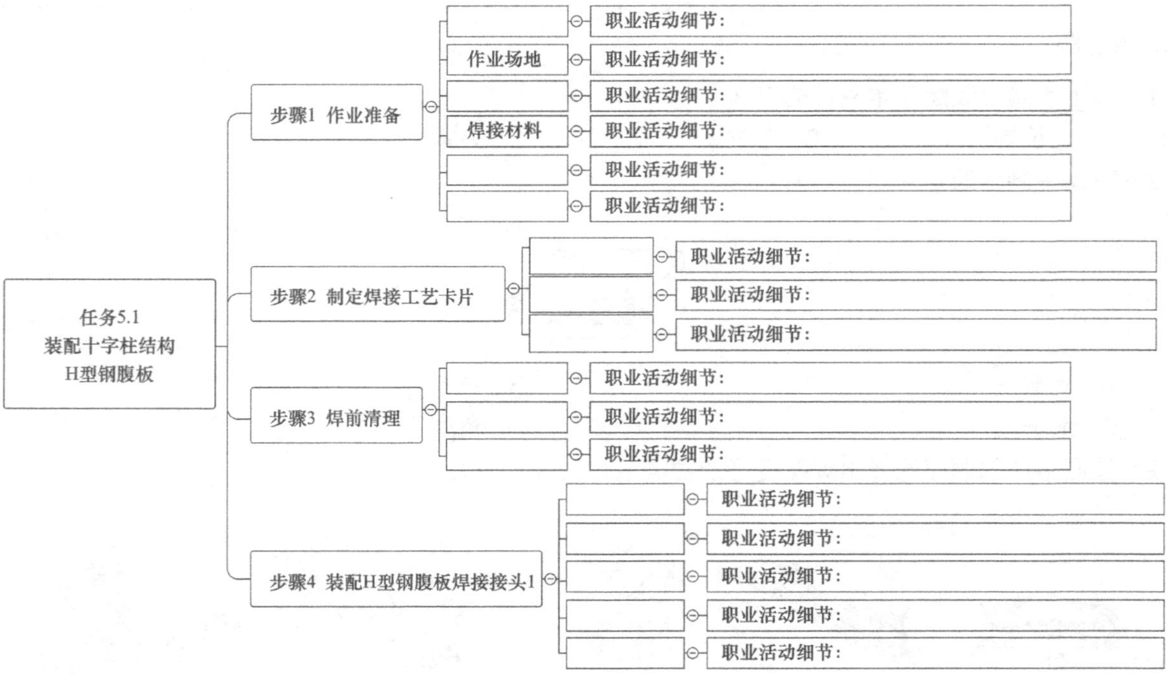

图 5－18 “装配十字柱结构 H 型钢腹板”学习收获总结

任务 5.2　焊接十字柱结构 H 型钢腹板

工作页	上课地点		学生姓名		完成/未完成
	任课教师		上课时间		优/良/中/及格

课前导学

十字柱结构 H 型钢腹板由三块钢板对接而成，共两条焊缝，要求采用立焊完成，按照焊接工艺流程来说，前面已经完成了十字柱结构 H 型钢腹板的装配任务，接下来要进行的任务是焊接已经装配好的 H 型钢腹板。

结合教材、工作页及线上教学资源提示，课前小组讨论后整理出关于“焊接十字柱结构 H 型钢腹板”职业活动的相关职业知识，并填写在图 5－19 中。

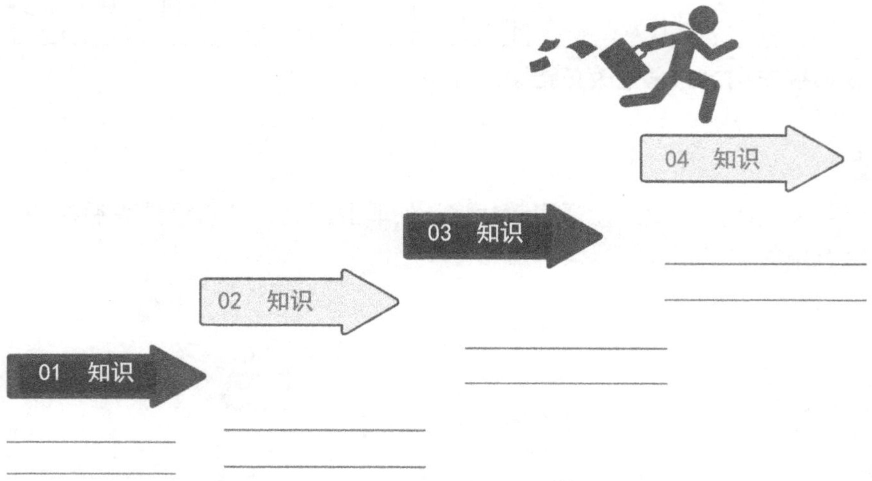

图 5－19　“焊接十字柱结构 H 型钢腹板”相关的职业知识

教学组织：教师检查纠错，学生改正错误。评价：☆☆☆☆☆

课中探索

准备阶段

1. 问题导入

装配的技术要点有哪些？将重要的内容写在图 5－20 中。

图 5－20　装配的技术要点

教学组织：教师检查纠错，学生改正错误。评价：☆☆☆☆☆

2. 视频导入

扫码观看视频资料，观看后请就以下两个问题进行回答，并总结凝练写在方格内。

任务 5.2 导入视频

（1）这位工人在进行什么操作？

（2）根据你的经验，你认为这个位置的焊接操作与平焊位置相比有什么特点呢？

教学组织：教师检查纠错，学生改正错误。评价： ☆☆☆☆☆

演示阶段

请结合本小组收集到的重要信息，观察教师演示的职业活动，待演示结束后在图 5－21 中写出你认为对本任务职业活动有用的信息。

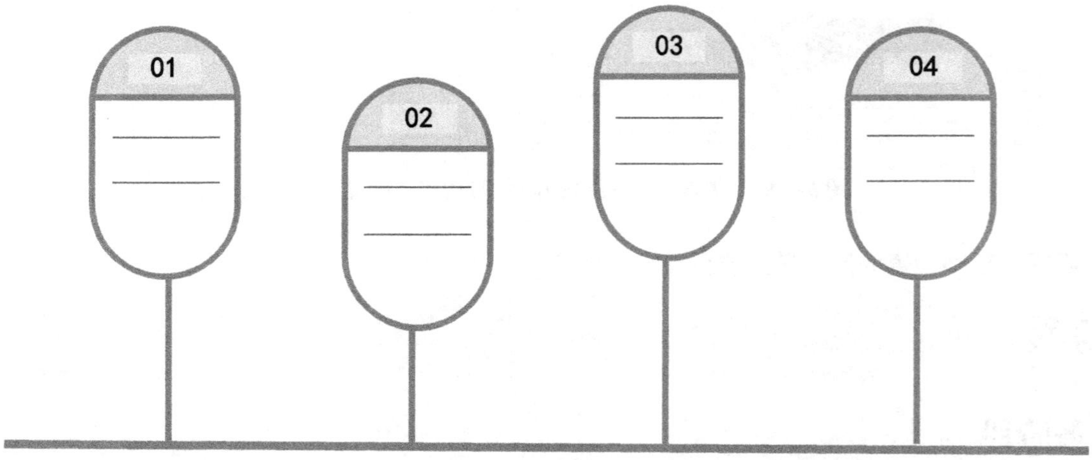

图 5－21 “焊接十字柱结构 H 型钢腹板”有用的职业活动信息

教学组织：教师检查纠错，学生改正错误。评价： ☆☆☆☆☆

实施与总结阶段

步骤 1 作业准备

一、安全防护

按照图 5－22 中所示穿戴好装配操作时的防护用品，同时进行自检和互检。请熟读本次职业活动防护用品穿戴要求，若已完成，请在方框内打“ √”。

□使用前，应对劳动防护用品质量情况进行检查，保证符合要求。

□焊工应穿戴好焊工服，如图 5－22 所示。

□操作时，所有人员必须戴好护目镜、焊接手套，穿焊工鞋。

□电焊、粉尘环境岗位的员工，在生产过程中必须佩戴防尘口罩。

□应扣紧衣领，扎紧袖口。

□不得穿裙子。

□任何人不得穿高跟鞋、网眼鞋、钉子鞋、凉鞋、拖鞋等进入车间。

□必须戴好焊工帽，长发应放入帽内。

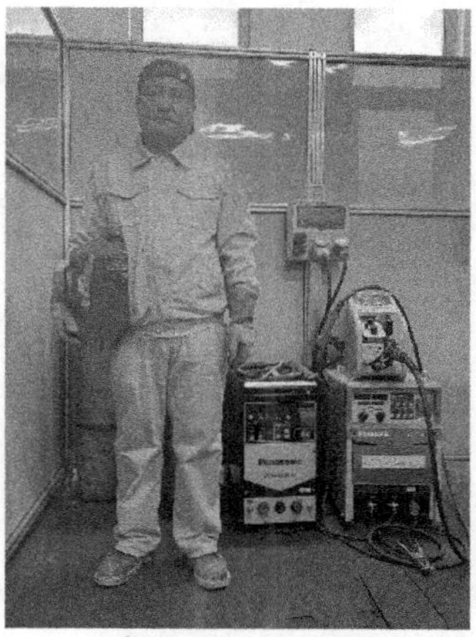

图 5－22　焊接时的防护用品穿戴

二、焊前准备

对照表 5－7“焊接十字柱结构 H 型钢腹板”作业准备情况检查表，核准作业准备信息，如果已经准备好，请在□里面画上“ √”；若有遗漏，请补充后画上“ √”。

表 5－7　“焊接十字柱结构 H 型钢腹板”作业准备情况检查表

项目	准备内容
作业场地	□选择周围 10 m 范围内没有易燃易爆物品且有消防措施的作业场地
焊接原材料	□板料 3 块，材质为 Q235B，尺寸为 200 mm×60 mm×12 mm，开 30°V 形坡口
焊接材料	□选择 E5015 焊条，焊条直径为 3.2 mm 或 4.0 mm
设备设施	□松下 YC－400TX4 焊机
工量辅具	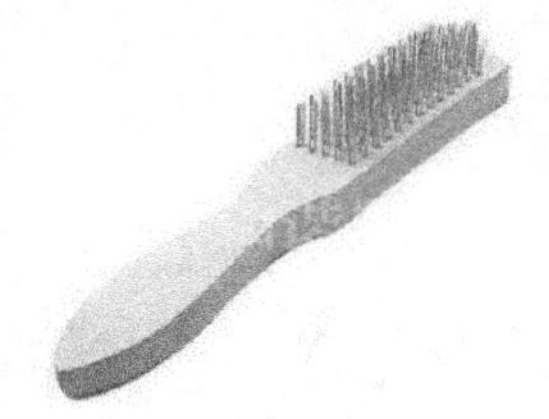 □钢丝刷  □敲渣锤  □扳子  □焊条保温桶

教学组织：教师检查纠错，学生改正错误。评价：☆☆☆☆☆

步骤 2　固定焊件

选择合适夹具，利用扳子固定好准备进行立焊的部件，根据自身的习惯操作姿势调整好零件的_______，如图 5－23 所示。

图 5－23　固定板对接立焊焊件

职业知识：立焊时焊工操作姿势

立焊时焊工操作姿势

立焊的操作姿势根据焊缝与焊工距离的不同，一般采用胳臂有依托和无依托两种姿势。

采用有依托的焊接姿势，比较______、______。

采用无依托的焊接姿势，胳臂活动范围______，操作难度也较______。

教学组织：教师检查纠错，学生改正错误。评价：☆☆☆☆☆

★课程思政：不要盲目跟从他人

焊接的操作姿势有很多种，由于操作水平、身高、体重等方面的因素，适合别人的姿势不一定适合自己，一定要选择适合自己的姿势去完成焊接操作。就像我们在做一件事情，如果一味地盲目地跟从他人，会让我们失去判断力。

步骤 3　焊接接头 1 打底层焊接

一、工作工序

1. 调节焊接参数

（1）连接电源线；

（2）直流______；

（3）向上推开电源开关；

（4）根据焊接工艺卡片，将焊接电流调整为______A，焊接电压调整为______V。

2. 打底焊

（1）调整焊条角度

选用直径为______mm 的焊条，焊条与焊件的下倾角为____°～____°，如图 5－24（a）所示，与焊缝左右两侧夹角为____°，如图 5－24（b）所示。

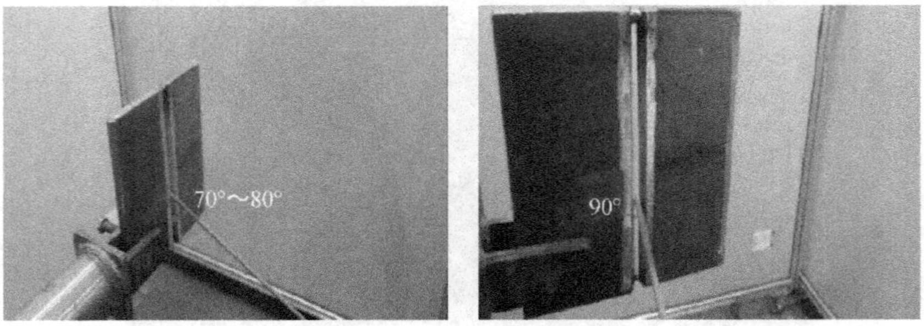

（a）　　　　（b）

图 5－24　板对接立焊焊条角度

（2）断弧法打底焊

断弧法打底主要有三个操作，分别是__________电弧［见图5－25（a）］、电弧燃烧__________试件［见图5－25（b）］、迅速抬起焊条__________电弧［见图5－25（c）］。

（a）　　（b）　　（c）

图5－25　板对接立焊断弧法打底

职业知识：板对接立焊断弧法打底操作规范

在始焊端的定位焊焊缝处引弧，并略抬高电弧稍加预热，焊至定位焊焊缝尾部时，将焊条向下_______，听到“噗噗”的声音后，稍作_______，随后立即斜向上提起焊条灭弧。

为使根部焊透，而背面又不致产生塌陷，这时熔孔直径应_______或稍_______焊条直径。

当熔池边缘变成_______色，熔池中间仍处于熔融状态时，立即在熔池中间引燃电弧，略向下轻微压下焊条，形成熔池，打开_______后立即灭弧，这样反复击穿直到焊完。

操作中运条间距要均匀准确，使电弧的_______压住熔池，_______作用在熔池前方，用来熔化和击穿坡口根部形成熔池。

教学组织：教师检查纠错，学生改正错误。评价：☆☆☆☆☆

（3）收弧

当焊条将要消耗至焊条__________时，要进行收弧，收弧后熔孔形式如图5－26所示。

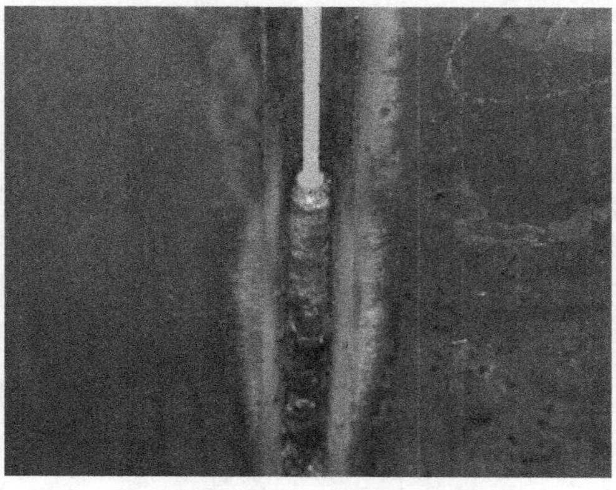

图5－26　收弧后熔孔的形式

（4）接头

接头采用热接法。值得注意的是，接头引弧后电弧一定要充分燃烧______～______s 才可进行后续的断弧打底，以保证冷却后的熔池能够充分熔化，防止背面产生较大凹陷。

职业知识：板对接立焊打底层接头方法

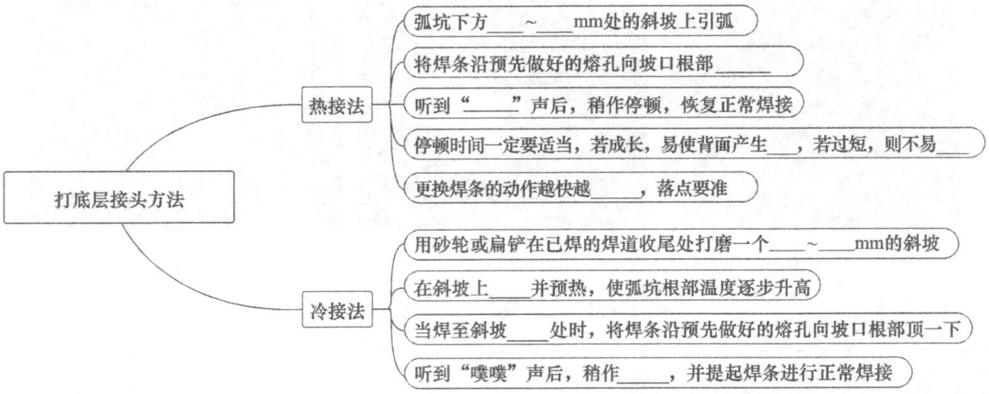

教学组织：教师检查纠错，学生改正错误。评价：☆☆☆☆☆

二、问题简析

实施完“焊接接头 1 打底层焊接”任务后，总结操作过程中存在的问题，将问题填写在表 5-8 中，并对产生原因进行简要分析。

表 5-8 “焊接接头 1 打底层焊接”问题汇总简析表

序号	问题	简析
1		
2		
3		

教学组织：教师检查纠错，学生改正错误。评价：☆☆☆☆☆

步骤 4 焊接接头 1 填充层焊接

一、工作工序

（1）敲渣

打底焊结束后，用__________进行敲渣，如图 5-27（a）所示。同时用__________仔细清理焊缝表面，去掉死角处未敲掉的细小焊渣，如图 5-27（b）所示。

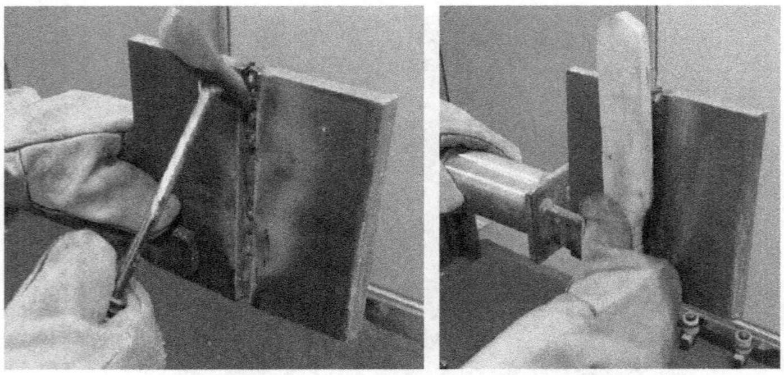

（a）（b）

图 5-27 敲渣

（2）调整焊接参数

焊接电流调整为__________A，焊接电压调整为__________V，采用直流反接，如图 5－28 所示。

图 5－28　直流反接正负极接法

（3）焊接填充层

填充层焊接采用锯齿形运条法，可根据个人习惯选择填充的层数，一般推荐选择_____层或_____层进行填充。

职业知识：板对接立焊填充层焊接方法

在距离焊缝始端_______mm 左右处引弧后，将电弧拉回到始端施焊。

采用横向锯齿形运条法，焊条摆动到坡口_______处要稍作停顿，以利于熔合及排渣，并防止焊缝两边产生死角。

焊条与焊件的下倾角为_____°～ _____°。

最后一层填充焊的厚度，应比母材表面低_____ ～ _____mm，且应呈凹形，不得熔化坡口棱边，以利于盖面层保持平直。

教学组织：教师检查纠错，学生改正错误。评价：☆☆☆☆☆

二、问题简析

实施完“焊接接头 1 填充层焊接”任务后，总结操作过程中存在的问题，将问题填写在表 5－9 中，并对产生原因进行简要分析。

表 5－9　“焊接接头 1 填充层焊接”问题汇总简析表

序号	问题	简析
1		
2		
3		

教学组织：教师检查纠错，学生改正错误。评价：☆☆☆☆☆

步骤 5　焊接接头 1 盖面层焊接

一、工作工序

（1）敲渣

填充层焊接完成后，用敲渣锤进行敲渣，然后用钢丝刷仔细清理，去掉_______处未敲掉的细小焊渣。

（2）调整焊接参数

焊接电流调整为_____A，焊接电压调整为____V。

（3）焊接盖面层

盖面层焊接采用__________运条法。

职业知识：板对接立焊盖面层焊接方法

（1）引弧与填充焊______。

（2）采用月牙形或锯齿形运条法时，焊条与焊件的下倾角为 70°～75°。

（3）焊条摆动到坡口边缘 *a*、*b* 两点时，要压低电弧并稍作停留，这样有利于熔滴过渡和防止_____，如图 5－29 所示。摆动到焊道中间的过程要快些，防止熔池外形凸起产生焊瘤。

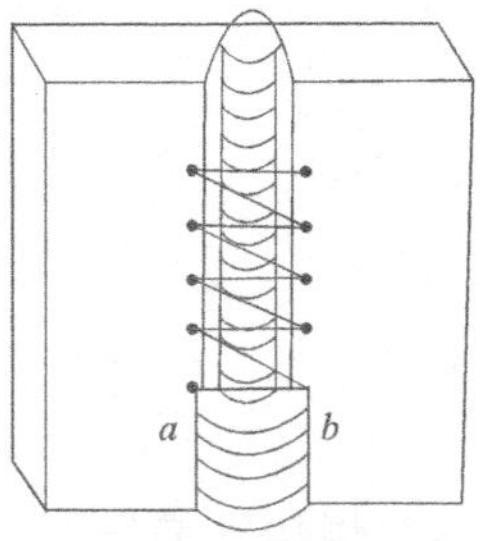

图 5－29　盖面层运条方法示意

（4）焊条摆动频率应比平焊稍快些，前进速度要均匀一致，使每个新熔池覆盖前一个熔池的______～______，以获得薄而细小的焊缝波纹。

（5）更换焊条前收弧时，应对熔池填满熔滴，迅速更换焊条后，再在弧坑上方 10 mm 左右处的填充层焊缝金属上引弧，并下拉至原弧坑处______弧坑后，继续施焊。

教学组织：教师检查纠错，学生改正错误。评价：☆☆☆☆☆

二、问题简析

实施完“焊接接头 1 盖面层焊接”后，总结操作过程中存在的问题，将问题填写在表 5－10 中，并对产生原因进行简要分析。

表 5－10　“焊接接头 1 盖面层焊接”问题汇总简析表

序号	问题	简析
1		
2		
3		

教学组织：教师检查纠错，学生改正错误。评价：☆☆☆☆☆

步骤 6　焊接接头 1 焊后清理

焊后应将焊件表面__________和__________清理干净，焊件表面不得用角磨机修整。

步骤 7　焊接接头 2 的焊接

重复任务 5.1 以及任务 5.2 的步骤 2、步骤 3、步骤 4、步骤 5、步骤 6，完成 H 型钢腹板焊接接头 2 的焊接。

步骤 8　H 型钢腹板焊接变形矫正

如果焊后 H 型钢腹板存在__________，可采用千斤顶进行矫正。

评价

知识评价

请结合实际案例对术语进行解读。每个术语 25 分，共计 100 分。

（1）立向上焊

____

（2）打底焊

____

（3）填充焊

____

（4）盖面焊

____

技能评价

焊接十字柱结构 H 型钢腹板任务技能评价成绩由焊缝外观质量（60 分）+焊缝内部质量（40 分）组成，合计 100 分。

1. 焊缝外观评分表

焊接十字柱结构 H 型钢腹板焊缝质量评分见表 5－11。其中，学生自评占 20%，学生互评占 20%，教师评价占 60%。

表 5－11　“焊接十字柱结构 H 型钢腹板”的焊缝外观评分标准

实操项目：板对接焊（焊条电弧焊）　δ=12 mm　　本项得分：________　　单位：mm

检查项目	评判标准及得分	评判等级				测评数据			实得分数		
		Ⅰ	Ⅱ	Ⅲ	Ⅳ	a	b	c	x	y	z
焊缝余高	尺寸标准	0～2	＞2～3	＞3～4	＜0，＞4						
	得分标准	6 分	3.6 分	1.8 分	0 分						
焊缝高度差	尺寸标准	≤1	＞1～2	＞2～3	＞3						
	得分标准	6 分	3 分	1.5 分	0 分						
焊缝宽度	尺寸标准	17～19	≥16，≤20	≥15，≤22	＜15，＞22						
	得分标准	6 分	3.6 分	1.2 分	0 分						
焊缝宽度差	尺寸标准	≤1.5	＞1.5～2	＞2～3	＞3						
	得分标准	6 分	3 分	1.5 分	0 分						
咬边	尺寸标准	无咬边	深度≤0.5		深度＞0.5						
	得分标准	12 分	每 5 mm 扣 2.4 分		0 分						
正面成型	标准	优	良	中	差						
	得分标准	6 分	3 分	1.5 分	0 分						
背面成型	标准	优	良	中	差						
	得分标准	6 分	3 分	1.5 分	0 分						
背面凹	尺寸标准	0～0.5	＞0.5～1	＞1～2	长度＞30						
	得分标准	3 分	1.2 分	0 分	0 分						
背面凸	尺寸标准	0～2	＞2～3	＞3							
	得分标准	3 分	1.2 分	0 分							
角变形	尺寸标准	0～1	＞1～3	＞3～5	＞5						
	得分标准	3 分	1.8 分	0.9 分	0 分						
错边量	尺寸标准	0～0.5	＞0.5～1	＞1							
	得分标准	3 分	1.2 分	0 分							

焊缝外观成型评判标准			
优	良	中	差
成型美观，焊缝均匀、细密，高低宽窄一致	成型较好，焊缝均匀、平整	成型尚可，焊缝平直	焊缝弯曲，高低、宽窄明显
综合评价			

续表

注：① 试件焊接未完成；表面修补及焊缝正反两面有裂纹、夹渣、气孔、未熔合缺陷；该件作 0 分处理。试板两端 20 mm 的缺陷不计。 ② 评判结果中 a、b、c 分别代表学生自评、学生互评、教师评价。 ③ 实得分数中 x、y、z 分别代表学生自评、学生互评、教师评价。

2. 焊缝内部质量评分表

焊接十字柱结构 H 型钢腹板焊缝内部质量评分见表 5－12。该部分成绩由教师完成。

表 5－12 “焊接十字柱结构 H 型钢腹板”试件 X 射线检测评分标准

实操项目：板对接焊（焊条电弧焊） δ=12 mm　　本项得分：______

项目	拍片数量	评定范围	得分	配分说明
板对接	1	焊缝两端各去除 20 mm		1. Ⅰ级片无缺陷得 40 分； 2. Ⅰ级片有缺陷得 36 分； 3. Ⅱ级片得 24 分； 4. Ⅲ、Ⅳ、Ⅴ级片得 0 分； 5. 同一试件有多张底片的，但必须每张底片都是Ⅰ级片或是Ⅱ级片，则每张底片均可以单独进行评分，最后得分为所有分值之和除以该试件的底片数； 6. 同一试件有多张底片时，但有一张底片出现Ⅲ、Ⅳ或Ⅴ级片时，则以最低的这张底片计算评分，即该试件得 0 分。
注：一般试件的 X 射线检测按 GB/T 3323.1—2019 标准评定。				

素养评价

对表 5－13 所列素养点，做到即得分，未做到即零分。其中，学生自评占 20%，学生互评占 20%，教师评价占 60%。

表 5－13 “焊接十字柱结构 H 型钢腹板”的素养评价表

序号	素养点	配分	学生自评得分	学生互评得分	教师评价得分
1	按时出勤，无迟到早退	10			
2	准备充分，无手忙脚乱	10			
3	积极互动，无消极态度	10			
4	安全作业，无安全隐患	10			
5	保护环境，无乱扔乱倒	10			
6	规范标准，无野蛮操作	10			
7	团队协作，无不洽关系	10			
8	场地“5S”	10			
9	团队协作能力进一步提升	10			
10	职业活动能力进一步提升	10			
总分		100			
综合评价		100			

课后拓展

1. 多选题

（1）板对接立焊打底层接头方法有（　　）。

A. 热接法　　B. 快接法

C. 冷接法　　D. 慢接法

（2）以下关于立焊描述正确的是（　　）。

A. 在垂直方向上进行焊接的一种操作方法

B. 分为向上立焊和向下立焊

C. 由于在重力的作用下，焊条熔化所形成的熔滴及熔池中的熔化金属要下淌，造成焊缝成型困难

D. 立焊时选用的焊条直径和焊接电流均应小于平角焊，并应采用短弧焊接

（3）以下关于板对接立焊盖面层焊接注意事项描述正确的是（　　）。

A. 在焊接过程中，要分清铁液和熔渣，避免产生夹渣

B. 严格控制熔池尺寸

C. 焊件上允许有引弧痕迹

D. 焊缝表面应均匀，接头处不应接偏或脱节

2. 判断题

（1）用有依托的焊接姿势，比较牢靠、省力。（　　）

（2）根据施焊时焊工所持焊条与焊件之间的相互位置的不同，焊缝可分为平焊、立焊、横焊和仰焊四种方位，其中平焊施焊的质量最易保证。（　　）

3. 拓展训练

（1）扫码观看某学生采用焊条电弧焊完成的板对接立焊焊缝，其中包含打底层背面焊缝、填充层焊缝、盖面层焊缝，试着指出这些焊缝存在的问题并说出改正的方法。

某学生完成的板对接立焊试件

（2）对接立焊时，焊条的摆动幅度、摆动频率、焊条上移的速度对焊缝成型有何影响？

（3）请按照图 5-30 中思维导图的提示，按照职业活动工作流程，对“焊接十字柱结构 H 型钢腹板”的学习收获进行总结。

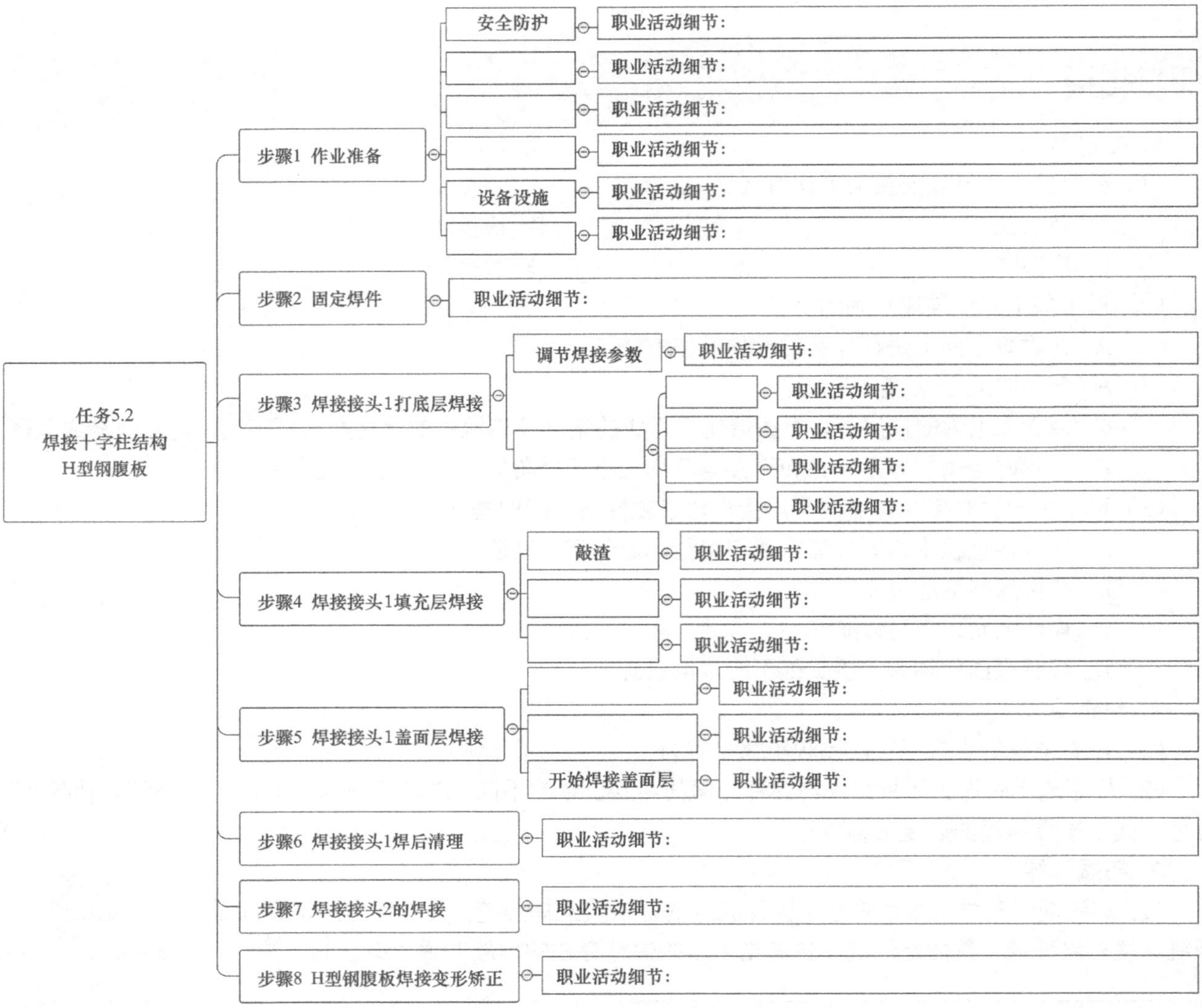

图 5－30 “焊接十字柱结构 H 型钢腹板”学习收获总结

项目 5 学习成果检测

资讯

任务描述

识读图 5-31 中的试件图样，按照焊接工艺要求对钢板进行焊前处理，采用焊条电弧焊方法完成板对接立焊位置焊接，并对试件焊缝外观质量进行自检。将焊接过程中采用的焊接工艺参数、接头形式简图等内容填入《焊接工艺卡》。在操作过程中，应严格遵守“1+X 特殊焊接技术职业技能中级证书”考核操作规程，并体现安全意识、文明生产等职业素养。

1. 试件图样

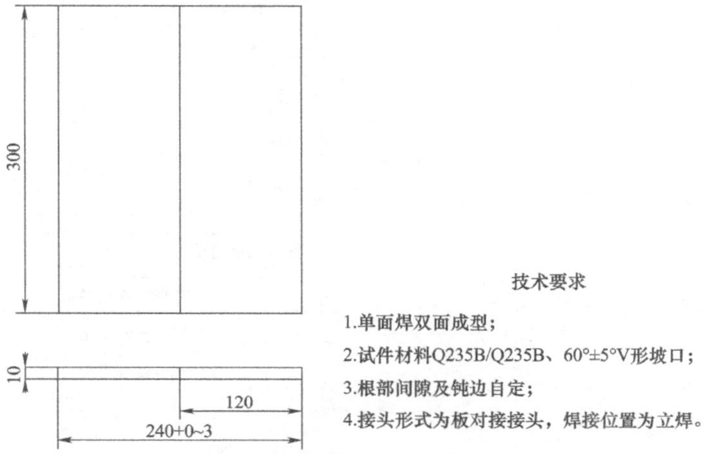

图 5-31　Q235B/Q235B 板对接立焊焊条电弧焊试件图

2. 技术要求

（1）按规定正确填写工艺卡；

（2）按照安全文明生产操作规程的要求，进行焊前准备及焊接操作；

（3）焊前将坡口及两侧 15～20 mm 范围内的铁锈、油污等清理干净，露出金属光泽；

（4）定位焊在试件两端 20 mm 范围内；

（5）根部要焊透，单面焊双面成型；

（6）试件一经固定开始焊接，不得任意移动试件；

（7）焊接完成后，焊缝表面须保持原始状态，不得再进行加工、修磨、补焊；

（8）焊缝表面无缺陷，焊缝波纹均匀，宽窄一致，高低平整，焊后无变形。

任务要求

1. 学生要求

学生按照教学进度计划完成以下学习任务并达到了 75 分以上后，可进行该学习成果的实施。

（1）完成学习成果检测所需相关知识和方法的学习，得分大于 75 分。

（2）能够运用学习成果检测需要的相关知识和方法进行作业，得分大于 75 分。

（3）按时、按质、按量完成相应作业，得分大于 80 分。

（4）具有自觉遵守技术标准和要求规定、规范操作、安全、环保、“5S”作业、团结协作的好习惯，得分大于 80 分。

（5）能制定图 5-31 所示的钢板装配与焊接加工工艺流程。

2. 教师要求

（1）在安排学生实施学习成果前，通过课堂问题研讨、作业、实训和考核及其他方式，确认学生已经具备了实施学习成果所需的知识、技能和素养，并确保学生在安全状态下独立进行。

（2）对协助教师进行测评的学生进行测评和监督方法的培训，确保测评结果的准确性和公平性。

（3）准备好测评记录。

计划

结合教材、工作页及线上教学资源提示，课前小组讨论后拟定“项目 5 学习成果检测”的工作任务计划，可参照图 5－32，随后以小组为单位分享小组作业计划。

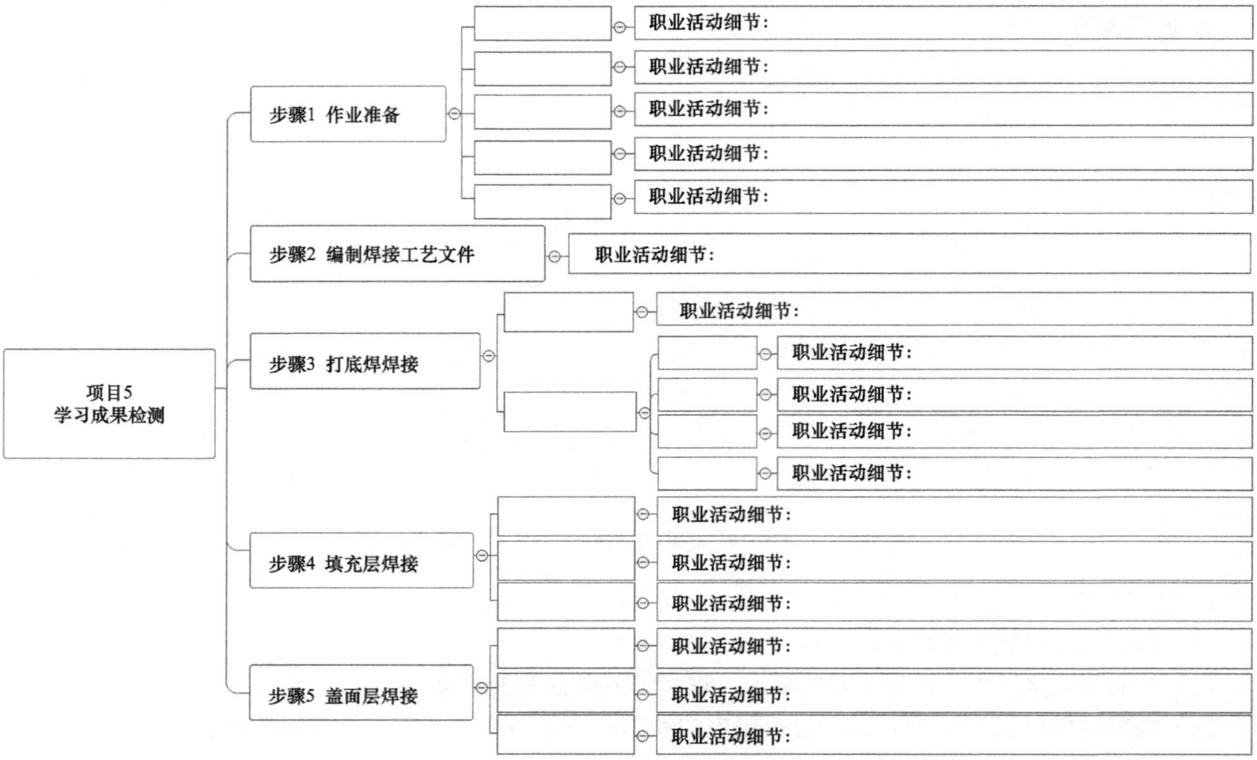

图 5－32 “项目 5 学习成果检测”小组作业计划

决策

根据最新的资讯信息，请结合本小组计划中存在的问题，在图 5－33 中写出你认为对于修改计划有用的信息，并对计划中的细节问题进行决策。

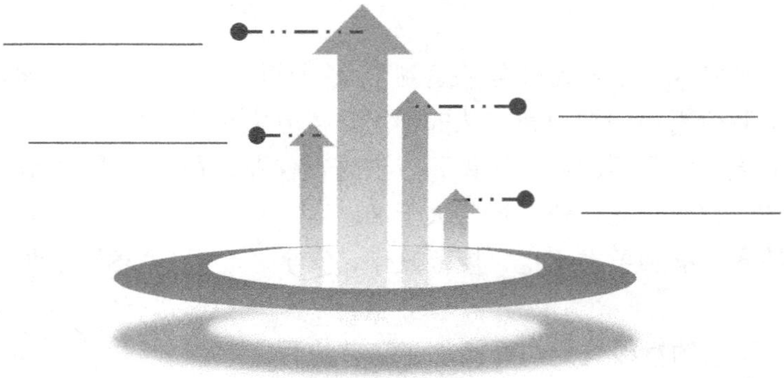

图 5－33 “项目 5 学习成果检测”修改计划有用的信息

实施与检查

实施

根据拟定好的小组计划，以小组为单位，独立实施工作任务，待工作任务完成后，将实施过程中出现的典型问题记录在表5－14中。

表5－14　“项目5学习成果检测”问题汇总简析表

序号	问题	简析
1		
2		
3		
4		
5		
6		
7		

检查

在学生实施工作任务时，教师根据学生的表现对学生的职业活动进行检查和监督，将学生在职业活动中的表现记录在评价表格中，如表5－15～表5－18所示。

评价

验证方法

（1）每位测评人员负责对2名学生进行定点、全过程的监控和测评。

（2）详细记录学生在实施学习成果过程中的相关信息、数据、结果、操作方法、完成时间，以及出现错误、事故等情况。

（3）学习成果的作业过程和数据记录等，要求在60 min内完成，时间不足，可在即将结束时，由学生口述剩余部分的作业方法。

评价标准

考核内容及标准见表5－15～表5－18，其中，表5－16占25分、表5－17占45分、表5－18占30分，合计100分。合格分数为70分及以上。

表 5－15 “项目 5 学习成果检测”焊接工艺卡

实操项目：__________　　　　本项得分：__________

<table>
<tr><td colspan="2">焊接工艺卡</td><td colspan="5">编号：</td></tr>
<tr><td>材料牌号</td><td></td><td colspan="5" rowspan="8">接头简图</td></tr>
<tr><td>材料规格</td><td></td></tr>
<tr><td>接头种类</td><td></td></tr>
<tr><td>坡口形式</td><td></td></tr>
<tr><td>坡口角度</td><td></td></tr>
<tr><td>钝边</td><td></td></tr>
<tr><td>组对间隙</td><td></td></tr>
<tr><td>焊接方法</td><td></td></tr>
<tr><td>电源种类</td><td></td><td rowspan="3">焊后热处理</td><td>种类</td><td></td><td>保温时间</td><td></td></tr>
<tr><td>电源极性</td><td></td><td>加热方式</td><td></td><td>层间温度</td><td></td></tr>
<tr><td>焊接位置</td><td></td><td>温度范围</td><td></td><td>测量方法</td><td></td></tr>
</table>

<table>
<tr><td colspan="6">焊接参数</td></tr>
<tr><td>焊层</td><td>焊材型号</td><td>焊材直径/mm</td><td>焊接电流/A</td><td>焊接电压/V</td><td>焊接速度/（cm·min^{-1}）</td></tr>
<tr><td>第一道</td><td></td><td></td><td></td><td></td><td></td></tr>
<tr><td>第二道</td><td></td><td></td><td></td><td></td><td></td></tr>
<tr><td>第三道</td><td></td><td></td><td></td><td></td><td></td></tr>
</table>

表 5－16 “项目 5 学习成果检测”焊前准备及安全评分标准

实操项目：__________　　　　本项得分：__________

<table>
<tr><td colspan="2">考核项目</td><td>考核要求</td><td>配分</td><td>评判标准</td><td>评判结果</td><td>实得分数</td></tr>
<tr><td colspan="2">焊接工艺</td><td>根据施焊材料及所用设备特点，正确填写焊接工艺参数表</td><td>6</td><td>填写施焊材料 2 分，确定工艺参数 4 分。全部未达标要求扣 6 分</td><td></td><td></td></tr>
<tr><td rowspan="7">焊前准备</td><td rowspan="2">工具工装使用</td><td>常用工具的合理使用与保养</td><td>2</td><td>未达标扣 2 分</td><td rowspan="2"></td><td rowspan="2"></td></tr>
<tr><td>正确使用夹具、 做好保养工作</td><td>1</td><td>一项未达标扣 0.5 分</td></tr>
<tr><td rowspan="2">设备使用与维护</td><td>正确使用、维护保养焊接设备及常见故障排除</td><td>2</td><td>未达标扣 2 分</td><td rowspan="2"></td><td rowspan="2"></td></tr>
<tr><td>正确使用、维护保养辅助设备及常见故障的排除</td><td>1</td><td>一项未达标扣 0.5 分</td></tr>
<tr><td rowspan="3">试件焊前清理及组对装配</td><td>坡口内及正反两侧 20 mm 范围内无油污、锈水等污物，打磨至露出金属光泽</td><td>1</td><td>未达标扣 1 分</td><td rowspan="3"></td><td rowspan="3"></td></tr>
<tr><td>试件组对装配（装配间隙、钝边、定位焊长度）、焊接参数调整</td><td>1</td><td>未达标扣 1 分</td></tr>
<tr><td>试件反变形预处理</td><td>1</td><td>未做反变形预处理扣 1 分</td></tr>
<tr><td colspan="2" rowspan="2">安全文明生产</td><td>执行焊接安全技术操作规程</td><td>6</td><td>未达标扣 6 分</td><td rowspan="2"></td><td rowspan="2"></td></tr>
<tr><td>按企业有关文明生产规定，工作场地整洁，工具摆放整齐</td><td>4</td><td>一项未达标扣 2 分</td></tr>
</table>

表 5－17　“项目 5 学习成果检测”焊缝外观评分标准

项目：板对接焊（焊条电弧焊）　　δ=10 mm　　　本项得分：＿＿＿＿＿＿　　　　单位：mm

检查项目	评判标准及得分	评判等级				测评数据	实得分数	备注
		Ⅰ	Ⅱ	Ⅲ	Ⅳ			
焊缝余高	尺寸标准	0～2	＞2～3	＞3～4	＜0，＞4			
	得分标准	3 分	1.8 分	0.9 分	0 分			
焊缝高度差	尺寸标准	≤1	＞1～2	＞2～3	＞3			
	得分标准	6 分	3 分	1.5 分	0 分			
焊缝宽度	尺寸标准	15～17	≥14，≤18	≥13，≤20	＜13，＞20			
	得分标准	3 分	1.8 分	0.9 分	0 分			
焊缝宽度差	尺寸标准	≤1.5	＞1.5～2	＞2～3	＞3			
	得分标准	6 分	3 分	1.5 分	0 分			
咬边	尺寸标准	无咬边	深度≤0.5		深度＞0.5			
	得分标准	9 分	每 5 mm 扣 1.5 分		0 分			
正面成型	标准	优	良	中	差			
	得分标准	6 分	3 分	1.5 分	0 分			
背面成型	标准	优	良	中	差			
	得分标准	4.5 分	3 分	1.5 分	0 分			
背面凹	尺寸标准	0～0.5	＞0.5～1	＞1～2	长度＞30			
	得分标准	1.5 分	0.6 分	0 分	0 分			
背面凸	尺寸标准	0～2	＞2～3	＞3				
	得分标准	1.5 分	0.6 分	0 分				
角变形	尺寸标准	0～1	＞1～3	＞3～5	＞5			
	得分标准	3 分	1.8 分	0.9 分	0 分			
错边量	尺寸标准	0～0.5	＞0.5～1	＞1				
	得分标准	1.5 分	0.6 分	0 分				

焊缝外观成型评判标准			
优	良	中	差
成型美观，焊缝均匀、细密，高低宽窄一致	成型较好，焊缝均匀、平整	成型尚可，焊缝平直	焊缝弯曲，高低、宽窄明显

注：试件焊接未完成，表面修补及焊缝正反两面有裂纹、夹渣、气孔、未熔合缺陷，该件作 0 分处理。试板两端 20 mm 的缺陷不计。

表 5－18　“项目 5 学习成果检测”试件 X 射线检测评分标准

实操项目：板对接焊（焊条电弧焊）　　δ=10 mm　　　本项得分：＿＿＿＿＿＿

项目	拍片数量	评定范围	得分	配分说明
板对接	1	焊缝两端各去除 20 mm		1. Ⅰ级片无缺陷得 30 分； 2. Ⅰ级片有缺陷得 27 分； 3. Ⅱ级片得 18 分； 4. Ⅲ、Ⅳ、Ⅴ级片得 0 分； 5. 同一试件有多张底片的，但必须每张底片都是Ⅰ级片或是Ⅱ级片，则每张底片均可以单独进行评分，最后得分为所有分值之和除以该试件的底片数； 同一试件有多张底片时，但有一张底片出现Ⅲ、Ⅳ或Ⅴ级片时，则以最低的这张底片计算评分，即该试件得 0 分。
管对接	根据管径确定	焊缝全长		

注：一般试件的 X 射线检测按 GB/T 3323.1—2019 标准评定。

创新之窗

专利案例：一种焊接飞溅物的收集装置

本专利案例展示了一种焊接飞溅物的收集装置。所述的焊接飞溅物收集装置，是由防火布和固定在防火布周边的金属定型软管（鹅颈管）组成的，可以随心所欲地变化成各种需要的形状。所述的焊接飞溅物收集装置，可以单独铺设或连接组合成帐篷状，遮挡并收集焊接飞溅物，如图 5－34 所示。本专利案例实现了焊接飞溅物的收集，避免了焊接飞溅物对周边材质的损伤，简单实用，可反复利用，不受环境、空间限制。

焊接飞溅物收集装置

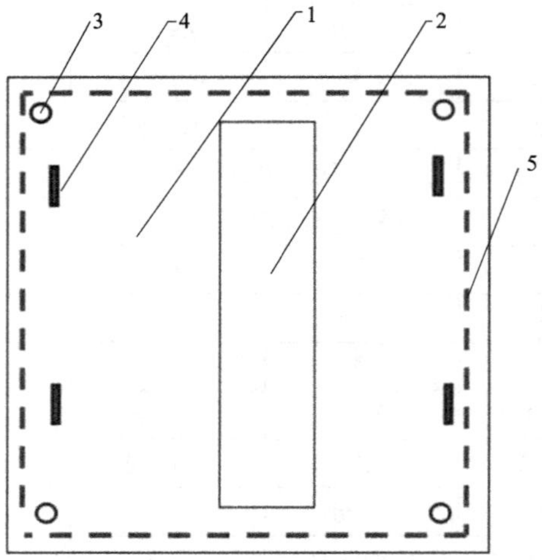

1—防火布；2—开口；3—金属环；4—磁石片；5—金属定型软管

图 5－34　一种焊接飞溅物的收集装置

创新之门

专利名称：

结合焊接生产实际，请你设计出一款新型的防飞溅装置，具体要求如下：

（1）画出所设计装置简图；

（2）写出该装置的优点。

项目 6　制作十字柱结构部件 T 型接头

<table>
<tr><td>项目描述</td><td>对十字柱结构中部件 1、部件 2 和部件 3 的 T 型接头进行装配和焊接。</td></tr>
<tr><td>项目要求</td><td>依据“1+X 特殊焊接技术职业技能中级标准”中“低碳钢钢板 T 型接头立焊焊条电弧焊”项目技术要求与标准，正确使用焊接生产工具、焊条电弧焊电源等加工设备，完成以下装配、焊接生产作业：
（1）装配十字柱结构部件 T 型接头；
（2）焊接十字柱结构部件 T 型接头。</td></tr>
<tr><td>学习目标</td><td>1. 职业知识目标
（1）能够说出 T 型接头焊前清理质量要求；
（2）能够解释定位基准和测量基准的含义；
（3）能够总结出 T 型接头装焊的基本知识；
（4）能够掌握焊接工装的结构特点和使用方法。
2. 职业技能目标
（1）能够完成 T 型接头焊前清理任务；
（2）能够准确地找到零件的定位基准和测量基准；
（3）能够规范地、熟练地完成 T 型接头立焊的装配任务；
（4）能够规范地、熟练地完成 T 型接头立焊的打底焊和盖面焊任务；
（5）能够规范地、熟练地测量 T 型接头立焊的焊缝外观质量。
3. 职业素养目标
（1）能够养成自觉遵守技术标准和要求规定、规范操作、安全、环保、“5S”作业、团结协作的好习惯；
（2）能够在“精益求精的工匠精神”“做事不要心急”等方面有更加深刻的理解和认识；
（3）在“用于电焊的敲渣锤”案例启发的基础之上，完成焊接敲渣锤的设计，将所学的专业内容与创新教育结合，促使学生发挥专业优势、开拓思维眼界、提升创新能力。</td></tr>
<tr><td>项目载体</td><td>本次任务的载体为十字柱结构中部件 1、部件 2 和部件 3 的 T 型接头，如图 6－1 所示。
本项目以典型焊接结构件的装备与焊接的为例，让学生在掌握 T 型接头立焊成型技术的同时，了解焊接结构的装配、焊接工装的基础知识，掌握定位的基本方法、常用焊接工装的结构特点和使用方法，能够对给定的构件选择合理的焊接工装，正确进行装配与焊接操作。

图 6－1　十字柱结构中部件 1、部件 2 和部件 3</td></tr>
<tr><td>计划学时</td><td></td></tr>
</table>

任务 6.1 装配十字柱结构部件 T 型接头

工作页	上课地点		学生姓名		完成/未完成
	任课教师		上课时间		优/良/中/及格

课前导学

通过前面内容的学习，已经完成了十字柱结构所有对接接头的装配和焊接任务，接下来的任务是制作十字柱结构部件的 T 型接头。在十字柱结构中带有 T 型接头的部件有 3 个，共有 6 条焊缝，要求采用立焊完成，按照焊接工艺流程来说，首先我们要完成的工作任务就是十字柱结构部件 T 型接头的装配任务。

结合教材、工作页及线上教学资源提示，课前小组讨论后整理出关于“装配十字柱结构部件 T 型接头”职业活动的相关职业知识，并填写在图 6-2 中。

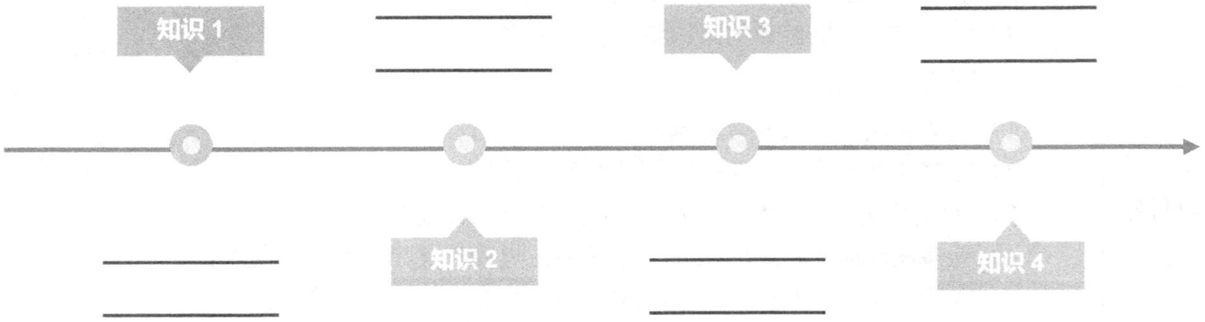

图 6-2 “装配十字柱结构部件 T 型接头”相关的职业知识

教学组织：教师检查纠错，学生改正错误。评价：☆☆☆☆☆

课中探索

准备阶段

1. 问题导入

十字柱结构中都有哪些接头？在图 6-3 中画出已经完成生产任务的焊接接头。

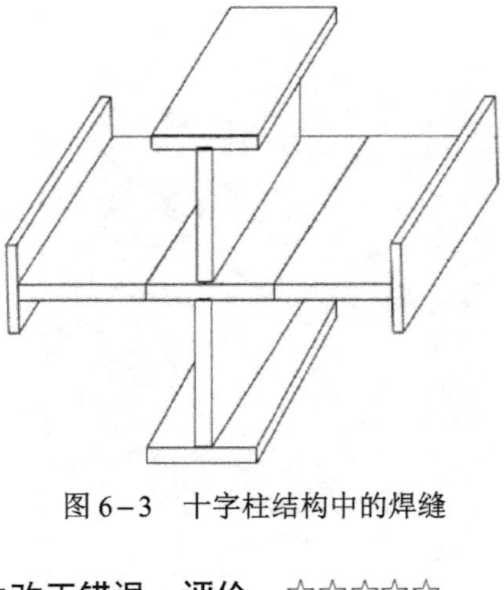

图 6-3 十字柱结构中的焊缝

教学组织：教师检查纠错，学生改正错误。评价：☆☆☆☆☆

2. 视频导入

扫码观看视频资料，观看后请就以下两个问题进行回答，并总结凝练写在方格内。

任务 6.1 导入视频

（1）这位工人在进行什么操作？

（2）根据你的经验，你觉得 T 型接头定位焊与板对接定位焊有什么区别？

教学组织：教师检查纠错，学生改正错误。评价：☆☆☆☆☆

演示阶段

请结合本小组收集到的重要信息，观察教师演示的职业活动，待演示结束后在图 6－4 中写出你认为对本任务职业活动有用的信息。

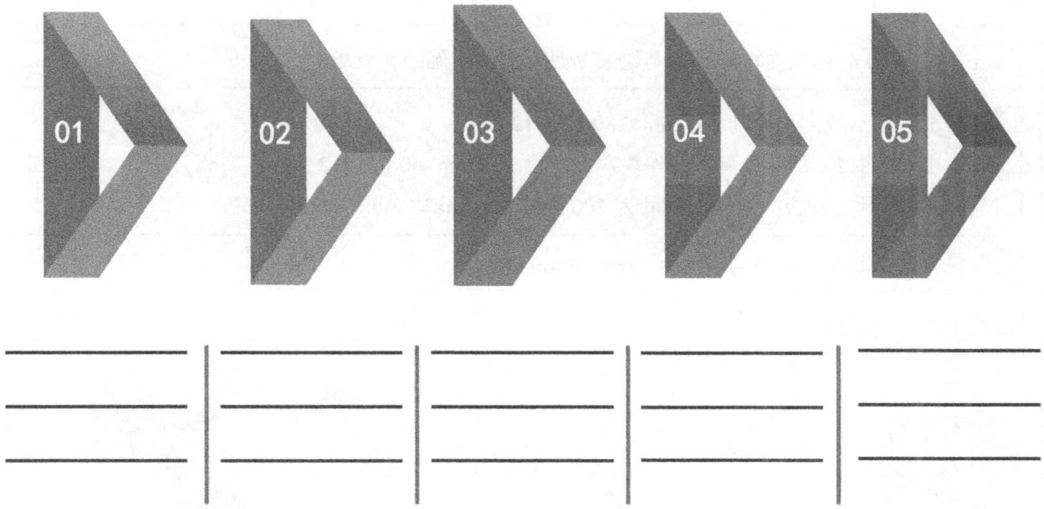

图 6－4　“装配十字柱结构部件 T 型接头”有用的职业活动信息

教学组织：教师检查纠错，学生改正错误。评价：☆☆☆☆☆

实施与总结阶段

步骤 1　作业准备

一、安全防护

按照图 6－5 中所示穿戴好装配操作时的防护用品，同时进行自检和互检。请熟读本次职业活动防护用品穿戴要求，若已完成，请在方框内打“ √”。

图 6－5　装配时的防护用品穿戴

☐焊工应穿戴好焊工服，如图 6–5 所示。

☐操作时，所有人员必须戴好护目镜或焊接面罩、焊接手套，穿焊工鞋。

☐应扣紧衣领，扎紧袖口。

☐不得穿裙子、拖鞋。

☐必须戴好焊工帽，长发应放入帽内。

☐不允许在现场内随意脱掉或更换焊工服、焊工鞋。

二、焊前准备

（1）对照表 6－1“装配十字柱结构部件 T 型接头”作业准备情况检查表，核准作业准备信息，如果已经准备好，请在“☐”里面画上“ √”；若有遗漏，请补充后画上“ √”。

表 6－1　“装配十字柱结构部件 T 型接头”作业准备情况检查表

项目	准备内容
作业场地	☐选择周围 10 m 范围内没有易燃易爆物品且有消防措施的作业场地
焊接原材料	☐部件 1 腹板 1 块，尺寸为 200 mm×180 mm×12 mm ☐部件 1、部件 2、部件 3 翼板共 4 块，尺寸为 200 mm×60 mm×12 mm ☐部件 2、部件 3 腹板共 2 块，尺寸为 200 mm×80 mm×12 mm
焊接材料	☐选择 E5015 焊条，焊条直径为 3.2 mm 或 4.0 mm
设备设施	☐松下 YC－400TX4 焊机
工量辅具	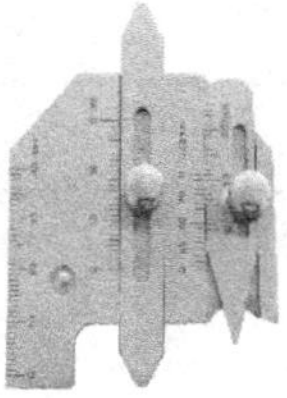 ☐焊接检验尺　 ☐直角尺　 ☐钢直尺　 ☐手锤　 ☐角向打磨机　 ☐钢丝刷  ☐护目镜　 ☐石笔　 ☐敲渣锤　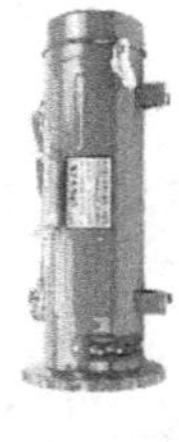 ☐焊条保温桶　 ☐扁铲　 ☐焊接操作台

教学组织：教师检查纠错，学生改正错误。评价：☆☆☆☆☆

（2）根据焊接工艺要求，在表 6－2 中完成焊接工艺卡片的填写。

表 6－2　“装配十字柱结构部件 T 型接头”焊接工艺卡

实操项目：__________________

<table>
<tr><td colspan="2">焊接工艺卡</td><td colspan="5">编号：</td></tr>
<tr><td>材料牌号</td><td></td><td colspan="5" rowspan="8">接头简图</td></tr>
<tr><td>材料规格</td><td></td></tr>
<tr><td>接头种类</td><td></td></tr>
<tr><td>坡口形式</td><td></td></tr>
<tr><td>坡口角度</td><td></td></tr>
<tr><td>钝边</td><td></td></tr>
<tr><td>组对间隙</td><td></td></tr>
<tr><td>焊接方法</td><td></td></tr>
<tr><td>电源种类</td><td></td><td rowspan="3">焊后热处理</td><td>种类</td><td></td><td>保温时间</td><td></td></tr>
<tr><td>电源极性</td><td></td><td>加热方式</td><td></td><td>层间温度</td><td></td></tr>
<tr><td>焊接位置</td><td></td><td>温度范围</td><td></td><td>测量方法</td><td></td></tr>
</table>

<table>
<tr><td colspan="6">焊接参数</td></tr>
<tr><td>焊层</td><td>焊材型号</td><td>焊材直径/mm</td><td>焊接电流/A</td><td>焊接电压/V</td><td>焊接速度/（cm·min⁻¹）</td></tr>
<tr><td>装配</td><td rowspan="4"></td><td></td><td></td><td></td><td></td></tr>
<tr><td>第一道</td><td></td><td></td><td></td><td></td></tr>
<tr><td>第二道</td><td></td><td></td><td></td><td></td></tr>
<tr><td>第三道</td><td></td><td></td><td></td><td></td></tr>
</table>

教学组织：教师检查纠错，学生改正错误。评价：☆☆☆☆☆

步骤 2　焊前清理

一、工作工序

1. 核对和检查零件库中领取的焊件

（1）利用钢直尺测量部件 1、部件 2 和部件 3 中所有翼板和腹板板材________、________和________，如图 6－6 所示。

（2）利用焊缝检验尺测量部件 1、部件 2 和部件 3 所有翼板和腹板板材坡口_______，如图 6－7 所示。

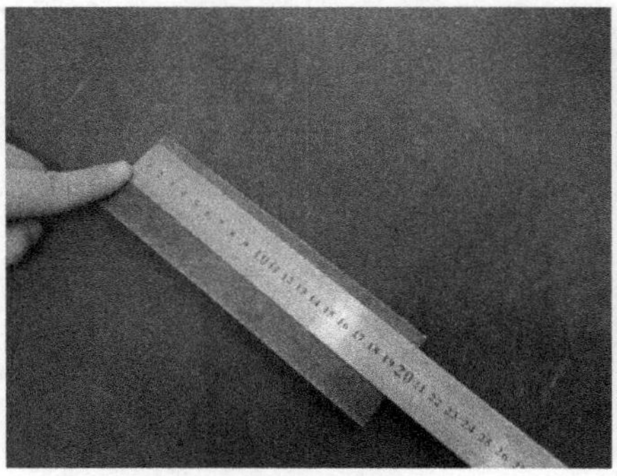

图 6－6　检验长度

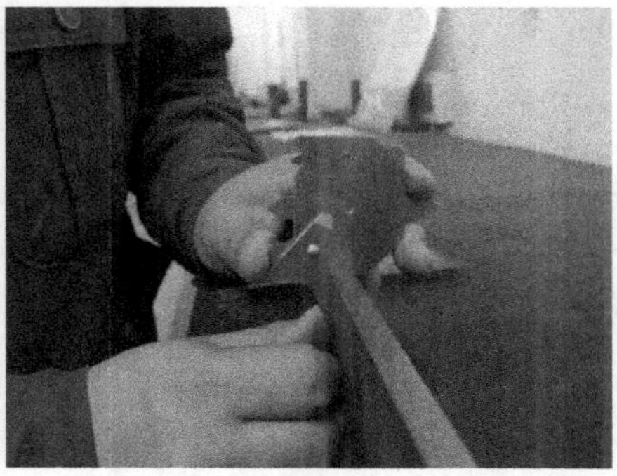

图 6－7　检验坡口角度

2. 表面清理

（1）利用角向打磨机，将部件 1、部件 2 和部件 3 中腹板的坡口及两侧_______mm 范围内的油、锈、水分及其他污染物打磨干净，并清除毛刺，如图 6－8 所示。

（2）利用角向打磨机，将部件 1、部件 2 和部件 3 中翼板及部件 1 腹板的中心区域_______内的油、锈、水分及其他污物打磨干净，直至露出金属光泽为止，如图 6－9 所示。

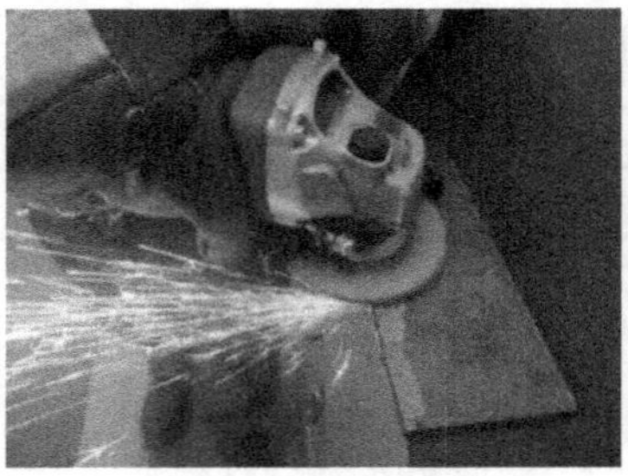

图 6－8　腹板打磨

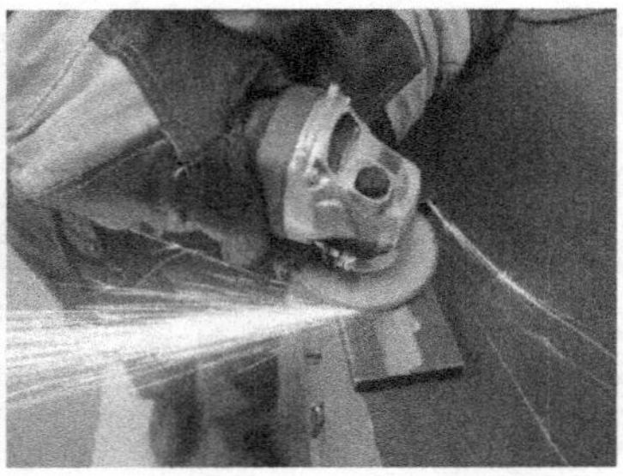

图 6－9　翼板打磨

职业知识：焊前打磨注意事项

请将焊前打磨注意事项中的重要信息填写在横线上。

不能用_____接触工件，特别是清理后的焊缝区域

打磨后的区域若发生______，需要重新清理

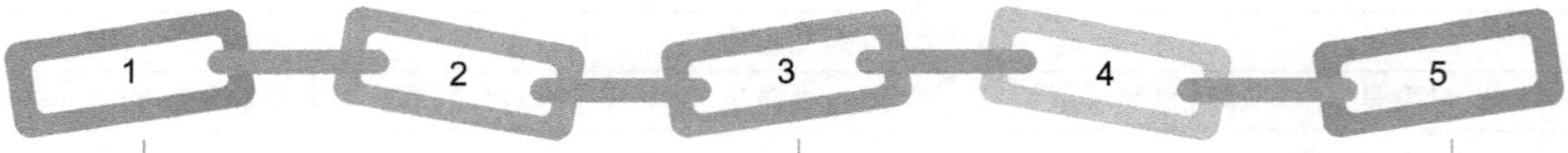

打磨深度不能超过_____mm

部件吊运后要对吊运部位检查，对污染区域______进行清理

对于使用清洗剂清洗的焊件，打磨区域不能_____清洗剂清洗的区域

教学组织：教师检查纠错，学生改正错误。评价：☆☆☆☆☆

二、问题简析

实施完“焊前清理”任务后，总结操作过程中存在的问题，将问题填写在表 6－3 中，并对产生原因进行简要分析。

表 6－3　“焊前清理”问题汇总简析表

序号	问题	简析
1		
2		
3		

教学组织：教师检查纠错，学生改正错误。评价：☆☆☆☆☆

步骤 3　装配焊接接头 5

一、工作工序

1. 定位

（1）确定翼板位置

将打磨好的翼板放在焊接操作台上。

（2）选择定位基准

利用划线定位法，在翼板上用石笔和钢直尺划出一条纵向直线，如图 6－10 所示，使直线距翼板两个边缘的距离分别为____mm 和_____mm，并将此直线作为定位基准，如图 6－11 所示。

图6-10　划翼板中心线

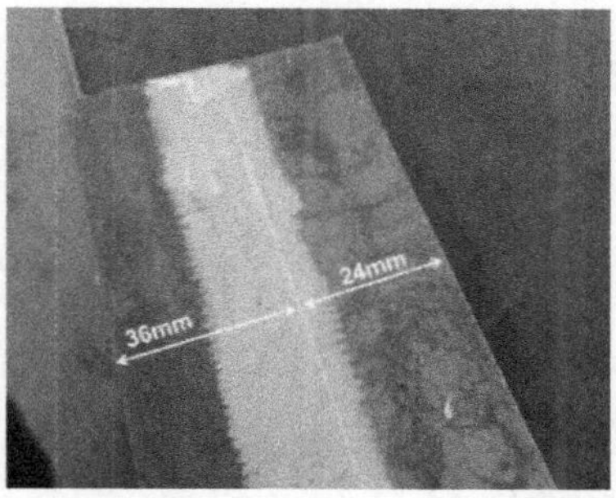

图6-11　定位基准线距试件两边缘的距离

★课程思政：精益求精的工匠精神

在装配过程中，如果划线定位不认真，不仅会导致装配精度差，甚至还会因返工而浪费人力、物力和财力。作为祖国未来的工匠，同学们都要有追求精益求精的工匠精神，努力使自己在工作中做到仔细、认真，只有态度端正，产品质量才会更上一个台阶。

（3）确定部件2腹板位置

将部件2腹板一端垂直利于定位基准线上，使腹板至翼板两边缘的距离相等，均为_____mm，且不留间隙。

职业知识：定位的基本方法

请写出下面四个图中所展示的定位方法名称。

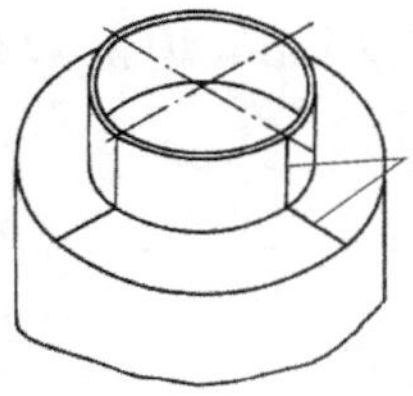

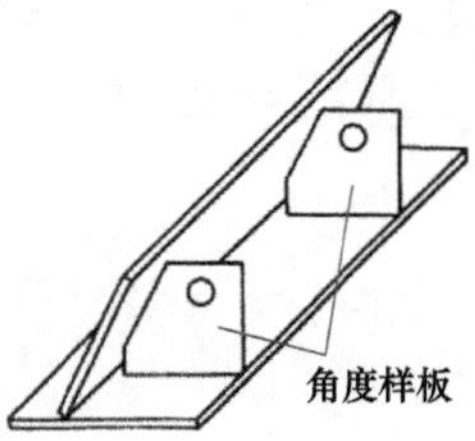

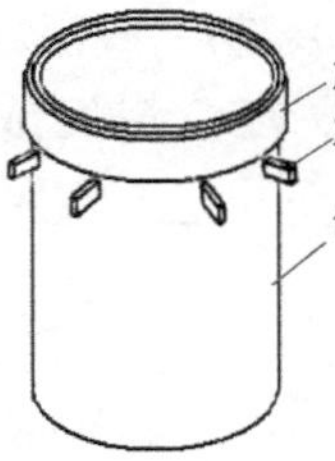

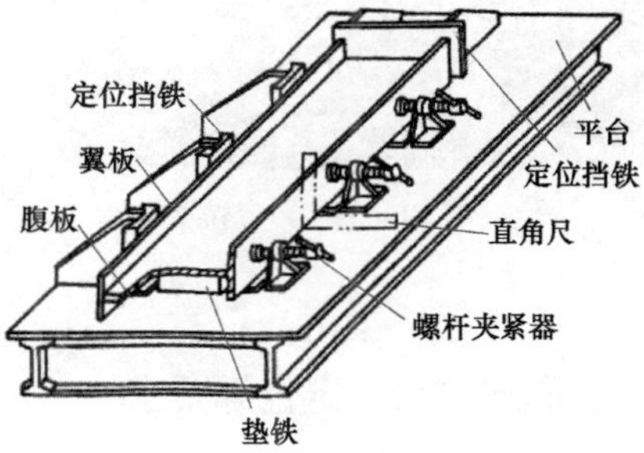

__________________　__________________　__________________　__________________

2. 夹紧

利用手工装配法将零件对准和固定，通常使用______按住T型接头的腹板和翼板，保证二者的空间位置，如图6-12所示。

3. 测量

以定位基准为测量基准，用_____拿住直角尺末端测量腹板与翼板的垂直度和错边量等装配信息，如图6-13所示。

图6-12　手动压紧腹板与翼板件

图6-13　T型接头垂直度测量

职业知识：测量基准及其选择原则

测量中，为衡量被测____、____、____的尺寸和位置精度而选作依据的点、线、面。

01

一般情况下，多以______基准为测量基准。

02

当以定位基准为测量基准不利于保证测量精度或不便于测量操作时，就应本着能使测量______、操作______的原则，重新选择合适的点、线、面作为测量基准。

教学组织：教师检查纠错，学生改正错误。评价：☆☆☆☆☆

4. 定位焊

（1）连接电源，采用直流______接，焊接电流调为 110 A，焊接电压为 23 V。

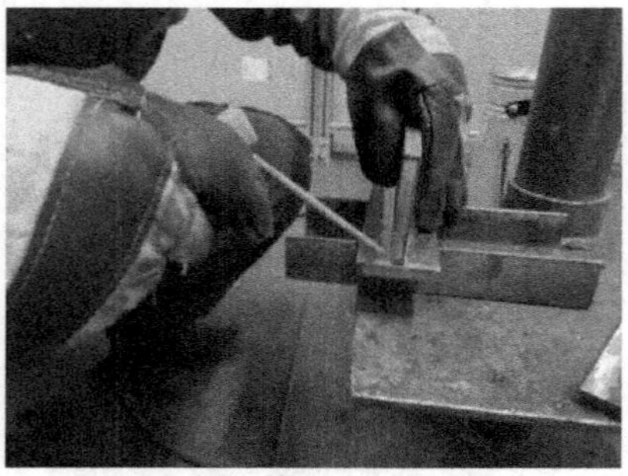

图 6-14　T 型接头定位焊

（2）可在试板上试焊，如果电流不合适，进一步调整焊接电流大小。

（3）采用与正式焊相同的焊条进行定位焊，如图 6－14 所示。要求定位焊焊点有三处，其中两处分别位于腹板_______的两个端部，两条定位焊缝长度不得大于 15 mm，另一处位于腹板的_______中间 50 mm 范围内，采用单道连续焊接，定位焊缝长度不得大于 25 mm。

（4）完成第一个正面定位焊焊点后，用直角尺检验腹板______，如果有偏差，可用手锤手工矫正焊件。

（5）随后，依次完成另一个正面定位焊点和背面定位焊点的焊接。

（6）定位焊完成后认真清理定位焊接口周围 20 mm 内的焊渣________和_______。

职业知识：定位焊要求

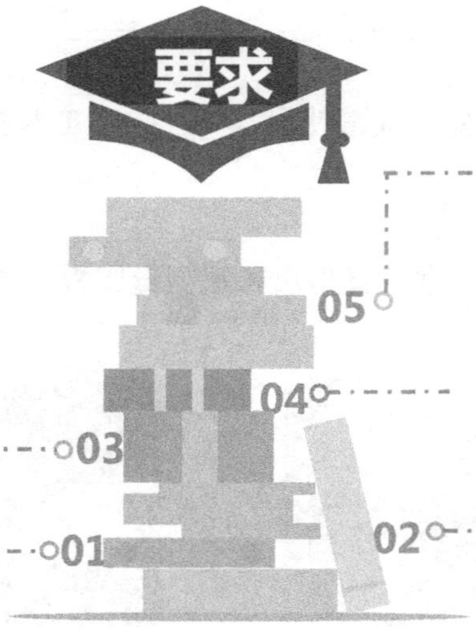

01 当母材厚度≤20 mm 时，定位焊缝长度为 10～15 mm，焊脚高度为_________mm，间距为 250～400 mm。

02 应从两端对称进行定位焊接，同时应尽量避免在焊缝_________进行定位焊接。

03 当为坡口全熔透焊接时，如采用背面清根，其定位焊接应在清根的________中实施。

04 焊接电流应比正常焊接时提高_______%～_______%。

05 采用与实际焊接时_____的焊接材料。

教学组织：教师检查纠错，学生改正错误。评价：☆☆☆☆☆

二、问题简析

实施完“装配焊接接头 5”任务后，总结操作过程中存在的问题，将问题填写在表 6-4 中，并对产生原因进行简要分析。

表 6-4　“装配焊接接头 5”问题汇总简析表

序号	问题	简析
1		
2		
3		
4		
5		

教学组织：教师检查纠错，学生改正错误。评价：☆☆☆☆☆

步骤 4　装配焊接接头 6

重复本任务步骤 3 的内容，完成部件 3 焊接接头 6 的装配定位任务。

步骤 5　装配焊接接头 3

重复本任务步骤 3 的内容，完成部件 1 焊接接头 3 的装配定位任务。

步骤 6　装配焊接接头 4

重复本任务步骤 3 的内容，完成部件 1 焊接接头 4 的装配定位任务。

评价

知识评价

请结合实际案例对术语进行解读。每个术语 25 分，共计 100 分。

（1）定位基准

____

（2）测量基准

____

（3）划线定位

____

（4）样板定位

____

技能评价

按照安全文明生产操作规程的要求，进行焊前准备，评分标准见表 6-5。其中，学生自评占 20%，学生互评占 20%，教师评价占 60%。

表 6－5 "装配十字柱结构部件 T 型接头"的焊前准备及安全评分标准

实操项目：立角焊（焊条电弧焊）　　δ=12 mm　　　　本项得分：________

考核项目		考核要求	配分	评判标准	评判结果			实得分数		
					a	b	c	x	y	z
焊接工艺		根据施焊材料及所用设备特点，正确填写焊接工艺参数表	24	填写施焊材料 8 分，确定工艺参数 16 分。全部未达标要求扣 24 分						
焊前准备	工具工装使用	常用工具的合理使用与保养	8	未达标扣 8 分						
		正确使用夹具，做好保养工作	4	一项未达标扣 2 分						
	设备使用与维护	正确使用、维护保养焊接设备及常见故障的排除	8	未达标扣 8 分						
		正确使用、维护保养辅助设备及常见故障排除	4	一项未达标扣 2 分						
	试件焊前清理及组对装配	坡口内及正反两侧 20 mm 范围内无油污、锈水等污物，打磨至露出金属光泽	4	未达标扣 4 分						
		试件组对装配（装配间隙、钝边、定位焊长度）、焊接参数调整	4	未达标扣 4 分						
		试件反变形预处理	4	未做反变形预处理扣 4 分						
安全文明生产		执行焊接安全技术操作规程	24	未达标扣 24 分						
		按企业有关文明生产规定，工作场地整洁，工具摆放整齐	16	一项未达标扣 8 分						
综合评价										

注意：① 评判结果中 a、b、c 分别代表学生自评、学生互评、教师评价。

② 实得分数中 x、y、z 分别代表学生自评、学生互评、教师评价。

素养评价

对表 6－6 所列素养点，做到即得分，未做到即零分。其中，学生自评占 20%，学生互评占 20%，教师评价占 60%。

表 6－6 "装配十字柱结构部件 T 型接头"的素养评价表

序号	素养点	配分	学生自评得分	学生互评得分	教师评价得分
1	按时出勤，无迟到早退	10			
2	准备充分，无手忙脚乱	10			
3	积极互动，无消极态度	10			
4	安全作业，无安全隐患	10			
5	保护环境，无乱扔乱倒	10			
6	规范标准，无野蛮操作	10			
7	团队协作，无不洽关系	10			
8	场地"5S"	10			
9	团队协作能力进一步提升	10			
10	职业活动能力进一步提升	10			
总分		100			
综合评价		100			

课后拓展

1. 单选题

（1）以下图中从左到右依次表示的定位方法是（　　　）。

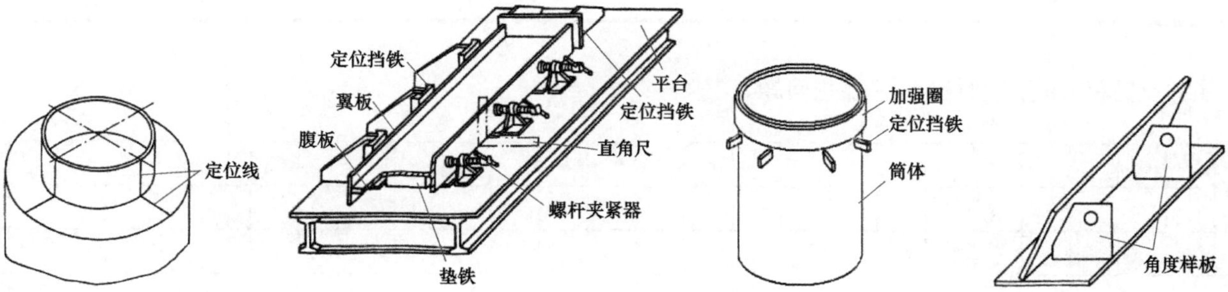

A. 划线定位、样板定位、定位元件定位、胎夹具定位

B. 划线定位、胎夹具定位、定位元件定位、样板定位

C. 定位元件定位、划线定位、样板定位、胎夹具定位

D. 划线定位、胎夹具定位、样板定位、定位元件定位

（2）在结构装配过程中，必须根据一些指定的点、线、面来确定零件或部件在结构中的位置，这些作为依据的点、线、面称为（　　　）。

A. 设计基准　　　　B. 定位基准

C. 测量基准　　　　D. 装配基准

2. 多选题

（1）以下关于定位基准的选择原则正确的是（　　　）。

A. 装配定位基准尽量与设计基准重合

B. 同一构件上与其他构件有连接或配合关系的零件应尽量采用同一定位基准

C. 应选择精度较高，又不易变形的零件表面或边棱作定位基准

D. 所选择的定位基准应便于装配中的零件定位与测量

（2）当以定位基准为测量基准不利于保证测量精度或不便于测量操作时，就应本着能使测量准确、操作方便的原则，重新选择合适的（　　　）、（　　　）、（　　　）作为测量基准。

A. 点　　　　B. 线

C. 面　　　　D. 圆

（3）关于 T 型接头定位焊焊接要求描述正确的是（　　　）。

A. 如果采用半自动气体保护焊进行组装定位焊接，焊接时应采用回焊引弧手法，熄弧应填满弧坑

B. 应从两端对称进行定位焊接，同时应尽量避免在焊缝端部外侧进行定位焊接

C. 当母材厚度≤20 mm 时，定位焊缝长度为 10～15 mm，焊脚高度为 4～6 mm，间距为 250～400 mm

D. 定位焊缝的位置应避免在产品的棱角、端部、角落等强度和工艺上容易出问题的部位

3. 拓展训练

（1）图 6－15 所示为一个对称的支撑座结构，试用划线定位法制定出该结构的装配工艺过程。

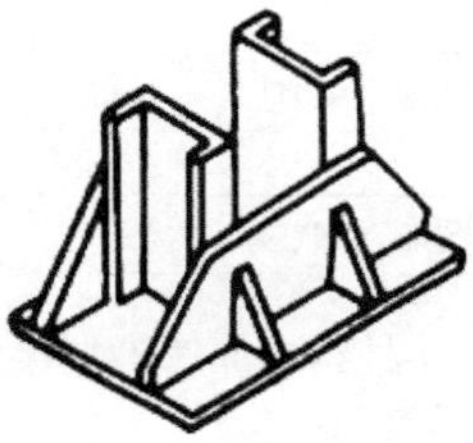

图 6－15　支撑座结构

（2）选择测量基准时应考虑哪些问题？

（3）请利用图 6－16 中思维导图的提示，按照职业活动工作流程，对“装配十字柱结构部件 T 型接头”的学习收获进行总结。

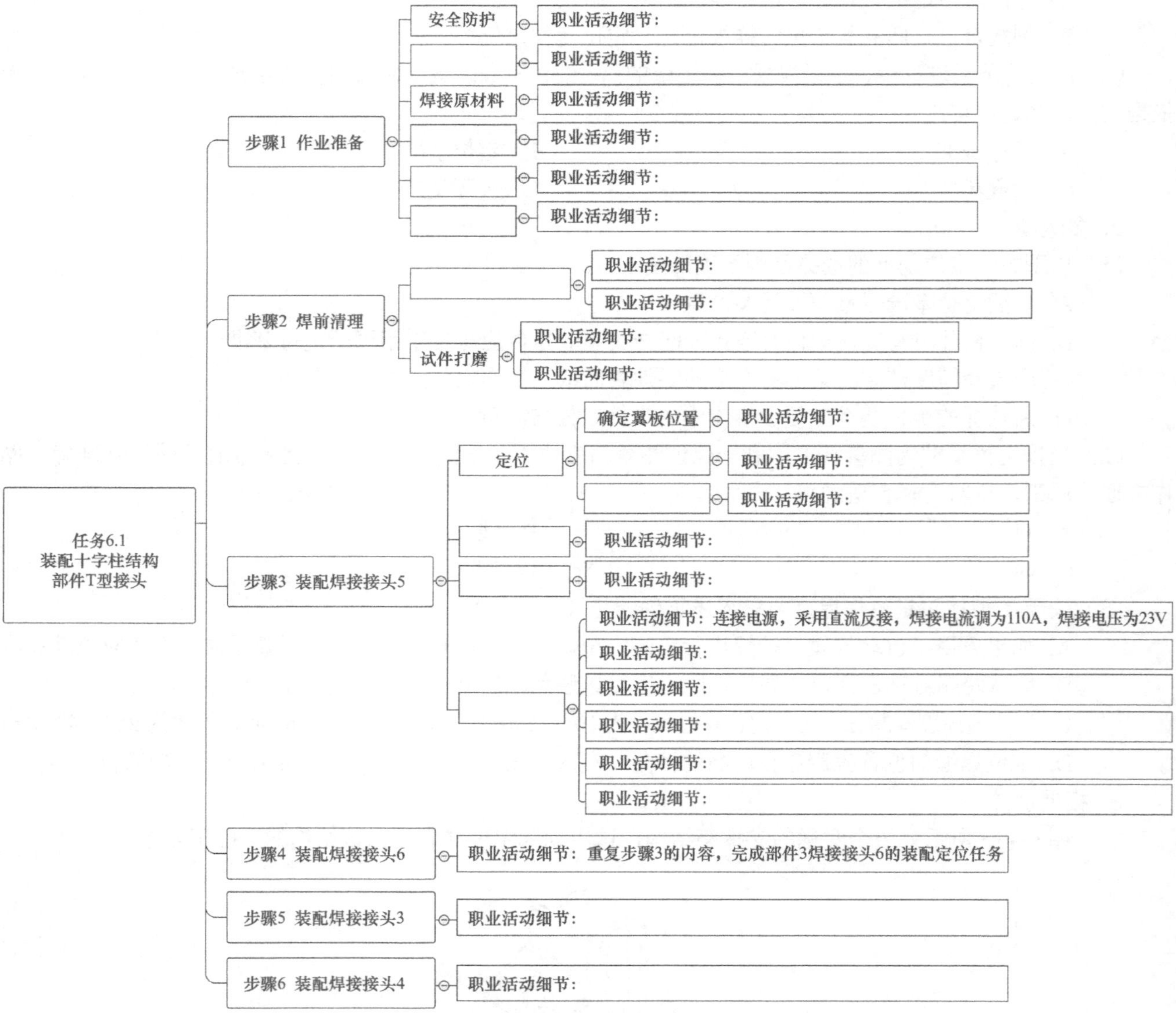

图 6－16 “装配十字柱结构部件 T 型接头”学习收获总结

任务 6.2　焊接十字柱结构部件 T 型接头

工作页	上课地点		学生姓名		完成/未完成
	任课教师		上课时间		优/良/中/及格

课前导学

在十字柱结构中有 3 个部件，部件中包含了 4 个 T 型接头，共 8 条角焊缝，要求采用立焊完成，按照焊接工艺流程来说，已经完成了十字柱结构 3 个部件 T 型接头的装配任务，接下来要进行的任务是焊接已经装配好的 T 型接头。

结合教材、工作页及线上教学资源提示，课前小组讨论后整理出关于“焊接十字柱结构部件 T 型接头”职业活动的相关职业知识，并填写在图 6－17 中。

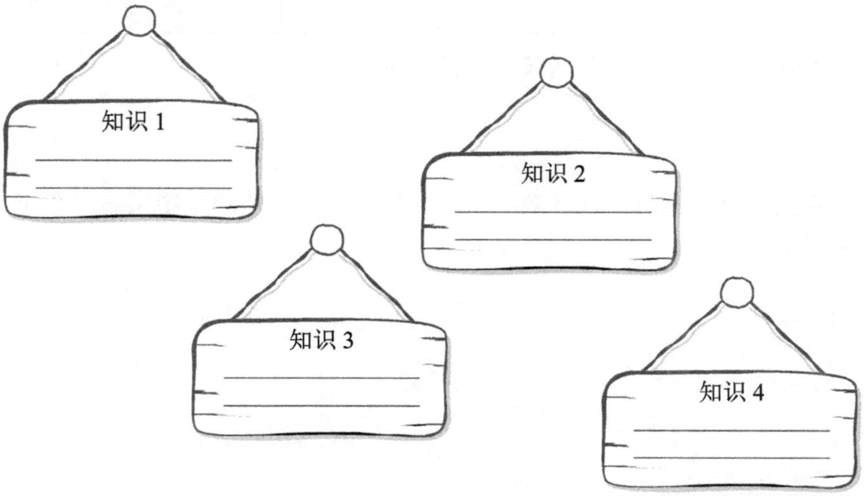

图 6－17　“焊接十字柱结构部件 T 型接头”相关的职业知识

教学组织：教师检查纠错，学生改正错误。评价：☆☆☆☆☆

课中探索

准备阶段

1. 问题导入

T 型接头装配都有哪些技术要点呢？将重要的内容写在图 6－18 中。

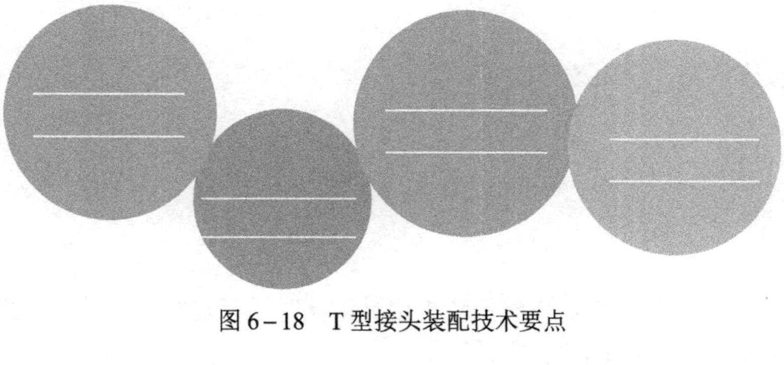

图 6－18　T 型接头装配技术要点

教学组织：教师检查纠错，学生改正错误。评价：☆☆☆☆☆

2. 视频导入

扫码观看视频资料，观看后请就以下两个问题进行回答，并总结凝练写在方格内。

任务 6.2 导入视频

（1）这位工人在进行什么操作？

（2）根据你的经验，你认为钢板角接立焊与钢板对接立焊相比有什么不同之处呢？

教学组织：教师检查纠错，学生改正错误。评价： ☆☆☆☆☆

演示阶段

请结合本小组收集到的重要信息，观察教师演示的职业活动，待演示结束后在图 6－19 中写出你认为对本任务职业活动有用的信息。

图 6－19 “焊接十字柱结构部件 T 型接头”有用的职业活动信息

教学组织：教师检查纠错，学生改正错误。评价： ☆☆☆☆☆

实施与总结阶段

步骤 1　作业准备

一、安全防护

按照图 6－20 中所示穿戴好焊接操作时的防护用品，同时进行自检和互检。请熟读本次职业活动防护用品穿戴要求，若已完成，请在方框内打“√”。

□使用前，应对劳动防护用品质量情况进行检查，保证符合要求。

□焊工应穿戴好焊工服，如图 5－22 所示。

□操作时，所有人员必须戴好护目镜、焊接手套，穿焊工鞋。

□电焊、粉尘环境岗位的员工，在生产过程中必须佩戴防尘口罩。

□应扣紧衣领，扎紧袖口。

□不得穿裙子。

□任何人不得穿高跟鞋、网眼鞋、钉子鞋、凉鞋、拖鞋等进入车间。

□必须戴好焊工帽，长发应放入帽内。

□不允许在现场内随意脱掉或更换焊工服、焊工鞋。

图 6－20　焊接时的防护用品穿戴

二、焊前准备

对照表 6－7“焊接十字柱结构部件 T 型接头”的作业准备情况检查表，核准作业准备信息，如果已经准备好，请在“□”里面画上“√”；若有遗漏，请补充后画上“√”。

表 6－7　“焊接十字柱结构部件 T 型接头”的作业准备情况检查表

项目	准备内容					
作业场地	□选择周围 10 m 范围内没有易燃易爆物品且有消防措施的作业场地					
焊接原材料	□部件 1 装配好的 T 型接头 2 个；□部件 2 装配好的 T 型接头 1 个；□部件 3 装配好的 T 型接头 1 个					
焊接材料	□选择 E5015 焊条，焊条直径为 3.2 mm 或 4.0 mm					
设备设施	□松下 YC－400TX4 焊机					
工量辅具						
	□焊接检验尺	□直角尺	□钢直尺	□手锤	□敲渣锤	□钢丝刷

	□焊接操作架	□扁铲	□焊条保温桶	□护目镜	□焊工钳子	

教学组织：教师检查纠错，学生改正错误。评价：☆☆☆☆☆

步骤 2　固定焊件

选择合适夹具固定好准备进行立角焊的部件（或者可结合现场条件直接固定在焊接操作台上，注意不要损伤操作台），根据自身的身高和习惯调整好零件的________，如图 6－21 所示。

图 6－21　固定立角焊焊件

步骤 3　焊接十字柱结构中焊接接头 5

一、工作工序

1. 焊接打底层

（1）调节焊接参数

① 连接电源线；

② 直流________：电源负极接母材，电源正极接焊枪；

③ 向上推开电源开关；

④ 根据焊接工艺卡片，将焊接电流调整为______A，焊接电压调整为______V。

（2）打底层焊接

① 调整焊条角度

选用直径为______mm 的焊条，焊条与焊件的下倾角为____°～____°，与焊缝左右两侧夹角为_____°，如图 6－22 所示。

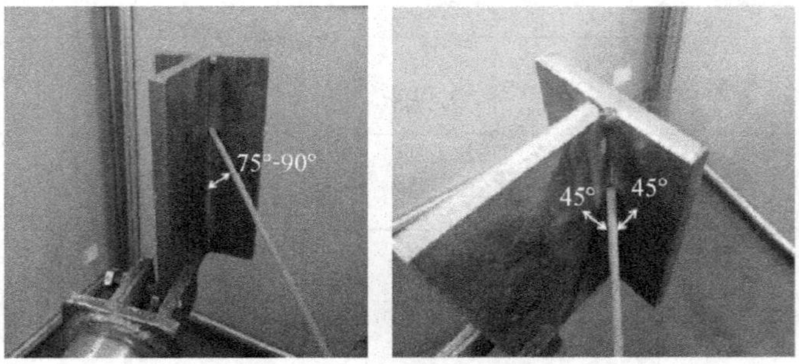

图 6－22　调整立角焊焊条角度

职业知识：立角焊焊条角度规范

为了使两焊件能够______受热，保证熔深和提高效率，应注意焊条的位置和倾斜角度。

焊条与焊件的____倾角为 75°～90°，与焊缝左右两侧夹角为 45°。

利用电弧吹力对熔池向上的_____作用，使熔滴顺利过渡并托住熔池。

教学组织：教师检查纠错，学生改正错误。评价：☆☆☆☆☆

② 开始打底层焊接

引燃电弧后，打底层的焊接方式建议选择________法打底（如图 6－23 所示）或______法打底焊（如图 6－24 所示）。

图 6－23　断弧法打底焊

图 6－24　连弧法打底焊

职业知识：T 型接头立焊断弧法打底

1

形成第一个熔池后，焊条由___向___做直线摆动，摆动至右侧焊件时，稍作停留保证熔池温度，随后立即将电弧沿焊接方向抬起，熄灭电弧。

2

待熔池由亮变暗时，在右侧熔池前端 2/3 处重新起弧，焊条由____向_____做直线摆动，摆动至左侧焊件时，稍作停留保证熔池温度，随后立即将电弧沿焊接反向抬起，熄灭电弧。

3

应注意的是，如果前一个熔池尚未冷却到一定程度，就过急地引燃下一个电弧，会造成熔滴之间_______，影响焊缝美观和焊接质量。

★课程思政：做事不要心急

立角焊断弧法打底时，要等待前一个熔池冷却到一定程度才能进行下一个熔池的焊接，过快的焊接频率会导致焊缝熔合不良。正所谓“心急吃不了热豆腐”，当我们在做一件事情时，过于着急反而会使得过程变得慌乱，容易忽略掉一些重要的细节，适得其反。

职业知识：T 型接头立焊连弧法打底

01

形成第一个熔池后，焊条带动电弧由左向右直线摆动，待右侧焊件熔池形成后，焊条带动电弧由右侧_______上摆动。

02

摆动至左侧试件熔池前端______处时，稍作停留，待熔池充分形成后，重复上述操作，完成打底层的焊接。

教学组织：教师检查纠错，学生改正错误。评价：☆☆☆☆☆

2. 焊接盖面层

（1）清理第一层熔渣

用敲渣锤敲掉第一层的熔渣，随后用钢丝刷认真去除掉焊缝表面的______熔渣，如图 6－25 所示。

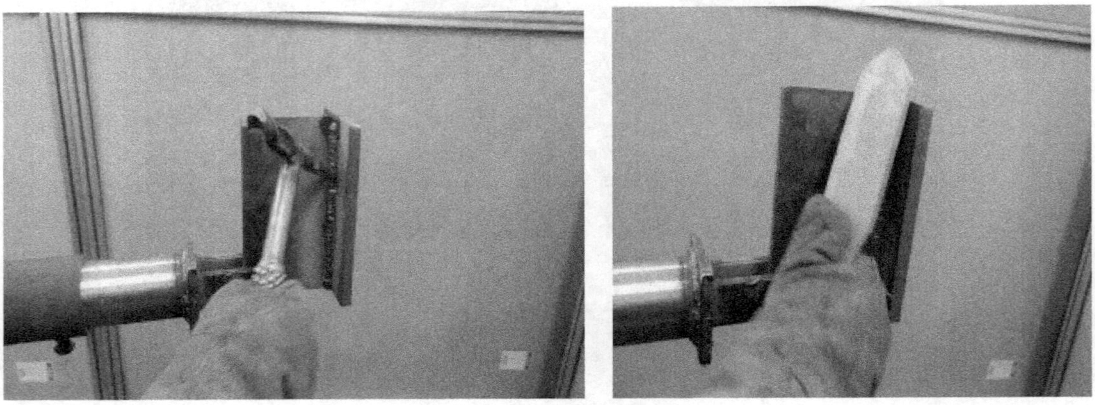

图 6－25　清理第一层熔渣

（2）调整焊接参数

电源极性依然采用直流反接，焊接电压保持不变，将焊接电流调整为______A，以保证获得足够的熔深和细腻的焊接波纹。

（3）开始盖面层焊接

盖面层焊接采用锯齿形运条方法，以获得平整的焊缝表面。

职业知识：立角焊盖面层焊接方法

1. 选择直径为 3.2 mm 或 4.0 mm 的焊条，不宜选择________焊接电流
2. 采用锯齿形运条法进行焊接时，焊条在焊道中间时稍______些，两侧要适当稍作停顿，使熔敷金属填满焊道两侧
3. 焊条摆动的宽度要________所要求的焊脚尺寸，待焊缝成型后可达到焊脚尺寸的要求
4. 在接头上方_____mm 处引弧，拉长电弧下拉至接头部位，压低电弧熔焊片刻，转入正常的焊接

教学组织：教师检查纠错，学生改正错误。评价：☆☆☆☆☆

二、问题简析

实施完“焊接十字柱结构中焊接接头 5”的焊接任务后，总结操作过程中存在的问题，将问题填写在表 6－8 中，并对产生原因进行简要分析。

表 6-8　“焊接十字柱结构中焊接接头 5”问题汇总简析表

序号	问题	简析
1		
2		
3		

教学组织：教师检查纠错，学生改正错误。评价：☆☆☆☆☆

步骤 4　焊后清理

再次利用________和________对焊缝表面的焊渣和飞溅物进行清理。

步骤 5　焊缝外观自查

检查焊缝外观成型质量，同时用 HJC40 型焊接检验尺对角焊缝外观尺寸进行自检，主要检查角焊缝的________［见图 6-26（a）］和焊角________［见图 6-26（b）］。

（a）　　（b）

图 6-26　检查立角焊焊后焊缝厚度和焊角尺寸

步骤 6　焊接十字柱结构中焊接接头 6

重复本任务步骤 2 的内容，完成十字柱结构中焊接接头 6 的焊接任务。

步骤 7　焊接十字柱结构中焊接接头 3

重复本任务步骤 2 的内容，完成十字柱结构中焊接接头 3 的焊接任务，如图 6-27（a）所示。

步骤 8　焊接十字柱结构中焊接接头 4

重复本任务步骤 2 的内容，完成十字柱结构中焊接接头 4 的焊接任务，如图 6-27（b）所示。

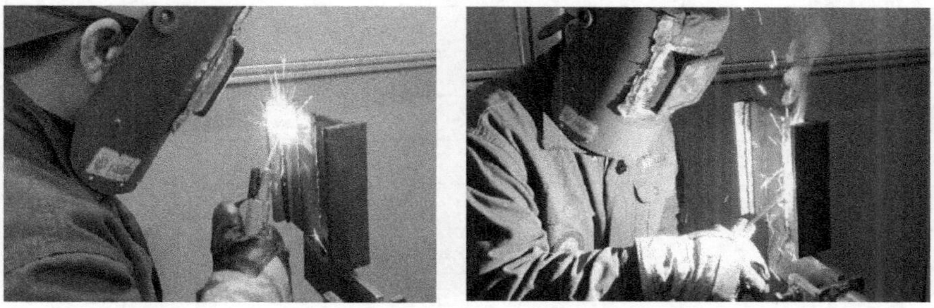

（a）　　（b）

图 6-27　焊接接头 3、焊接接头 4 的焊接

教学组织：教师检查纠错，学生改正错误。评价：☆☆☆☆☆

评价

知识评价

请结合实际案例对术语进行解读。每个术语 25 分，共计 100 分。

（1）立角焊

（2）断弧法

（3）连弧法

（4）焊脚尺寸

技能评价

教师在十字柱结构中随机选择一个部件的角焊缝，作为所有同学成绩评定的检测焊缝。焊接十字柱结构部件 T 型接头任务成绩由焊缝外观质量 60 分+焊缝内部质量 40 分组成，合计 100 分，如表 6－9 所示。

1. 焊缝外观评分表

焊接十字柱结构部件 T 型接头焊缝质量外观评分见表 6－9。其中，学生自评占 20%，学生互评占 20%，教师评价占 60%。

表 6－9 “焊接十字柱结构部件 T 型接头”的焊缝外观评分标准

实操项目：立角焊（焊条电弧焊） δ=12 mm　　本项得分：________　　单位：mm

检查项目	评判标准及得分	评判等级				测评数据			实得分数		
		Ⅰ	Ⅱ	Ⅲ	Ⅳ	a	b	c	x	y	z
焊角尺寸	尺寸标准	10	＞10，≤11	＞11，≤12	＜10，＞12						
	得分标准	9.6 分	7.2 分	4.8 分	0 分						
焊角尺寸差	尺寸标准	≤1	＞1，≤2	＞2，≤3	＞3						
	得分标准	9.6 分	7.2 分	4.8 分	0 分						
焊缝凸度	尺寸标准	≤1	＞1，≤2	＞2，≤3	＞3						
	得分标准	9.6 分	7.2 分	4.8 分	0 分						
咬边	尺寸标准	无咬边	深度≤0.5		深度＞0.5						
	得分标准	12 分	每 5 mm 扣 2.4 分		0 分						
电弧擦伤	标准	无	有								
	得分标准	3.6 分	0 分								
焊道层数	标准	2 层 2 道	其他								
	得分标准	3.6 分	0 分								
垂直度	尺寸标准	0	＜1	＞1，＜2	＞2						
	得分标准	6 分	4.8 分	3.6 分	0 分						
焊缝成型	标准	优	良	中	差						
	得分标准	6 分	4.8 分	3.6 分	0 分						
焊缝外观成型评判标准											
优		良		中	差						
成型美观，焊缝均匀、细密，高低宽窄一致		成型较好，焊缝均匀，平直		成型尚可，焊缝平直	焊缝弯曲，高低、宽窄明显						
注：① 试件焊接未完成或表面修补及焊缝正反两面有裂纹、夹渣、气孔、未熔合缺陷，该件作 0 分处理。 ② 评判结果中 a、b、c 分别代表学生自评、学生互评、教师评价。 ③ 实得分数中 x、y、z 分别代表学生自评、学生互评、教师评价。											

2. 焊缝内部质量评分表

焊接十字柱结构部件 T 型接头焊缝质量内部评分见表 6－10。焊缝内部质量用破坏试验进行评价，该部分成绩由教师完成。

表 6－10　“焊接十字柱结构部件 T 型接头”破坏试验评分标准

实操项目：立角焊（焊条电弧焊）　　δ=12 mm　　本项得分：________

检查项目		评判标准及得分	评判等级				测评数据	实得分数
			Ⅰ	Ⅱ	Ⅲ	Ⅳ		
折断试验	根部熔深	尺寸标准	＞1	＞0.5，＜1	＞0，＜0.5	未熔		
		得分标准	16 分	8 分	4 分	0 分		
	条状缺陷	尺寸标准	无	＜1	＜1.5	＞1.5		
		得分标准	12 分	8 分	4 分	0 分		
	点状缺陷	标准	无	＜ϕ1 数目：1 个	＜ϕ1 数目：2 个	＞ϕ1 或 数目＞1 个		
		得分标准	12 分	8 分	4 分	0 分		
注：试件焊接未完成或表面修补及焊缝正反两面有裂纹、夹渣、气孔、未熔合缺陷，该件作 0 分处理。								

素养评价

对表 6－11 所列素养点，做到即得分，未做到即零分。其中，学生自评占 20%，学生互评占 20%，教师评价占 60%。

表 6－11　“焊接十字柱结构部件 T 型接头”的养评价表

序号	素养点	配分	学生自评得分	学生互评得分	教师评价得分
1	按时出勤，无迟到早退	10			
2	准备充分，无手忙脚乱	10			
3	积极互动，无消极态度	10			
4	安全作业，无安全隐患	10			
5	保护环境，无乱扔乱倒	10			
6	规范标准，无野蛮操作	10			
7	团队协作，无不洽关系	10			
8	场地“5S”	10			
9	团队协作能力进一步提升	10			
10	职业活动能力进一步提升	10			
总分		100			
综合评价		100			

课后拓展

1. 单选题

（1）立角焊在重力作用下熔池中液体金属容易下淌，甚至会产生焊瘤以及在焊缝两侧形成（　　）。

A. 裂纹　　　　　　　　　　　　B. 气孔

C. 咬边　　　　　　　　　　　　D. 夹渣

（2）立角焊时，焊条与焊件的下倾角为（　　　），与焊缝左右两侧夹角为 45°。利用电弧吹力对熔池向上的推力作用，使熔滴顺利过渡并托住熔池。

A. 25°～45°

B. 55°～70°

C. 65°～80°

D. 75°～90°

（3）立角焊接头应尽量采用热接法，尽可能保持熔池的温度，更换焊条要迅速。在接头上方（　　　）处引弧，拉长电弧下拉至接头部位，压低电弧熔焊片刻，转入正常的焊接。

A. 5 mm

B. 10 mm

C. 15 mm

D. 20 mm

2. 多选题

（1）以下关于立角焊焊接电流选择原则描述正确的是（　　　）。

A. 焊接电流大小通常应首先考虑所使用的焊条直径

B. 焊条直径越大，焊接电流也应随之减小

C. 立角焊的焊接电流应小于平焊

D. 由于立角焊的熔池金属的热量向三个方向传递，焊接电流可以稍大一点

（2）立角焊盖面层运条方法主要有（　　　）。

A. 三角形运条法

B. 月牙形运条方法

C. 锯齿形运条方法

D. 进二退一运条法

3. 拓展训练

（1）扫码观看某同学采用焊条电弧焊完成的立角焊焊缝，试着指出这些焊缝存在的问题，并说出改正的方法。

某学生完成的立角焊焊件

（2）立角焊操作的困难有哪些？

（3）立角焊时常产生的焊接缺陷有哪些？如何防止？

（4）请按照图 6－28 中思维导图的提示，按照职业活动工作流程，对“焊接十字柱结构部件 T 型接头”的学习收获进行总结。

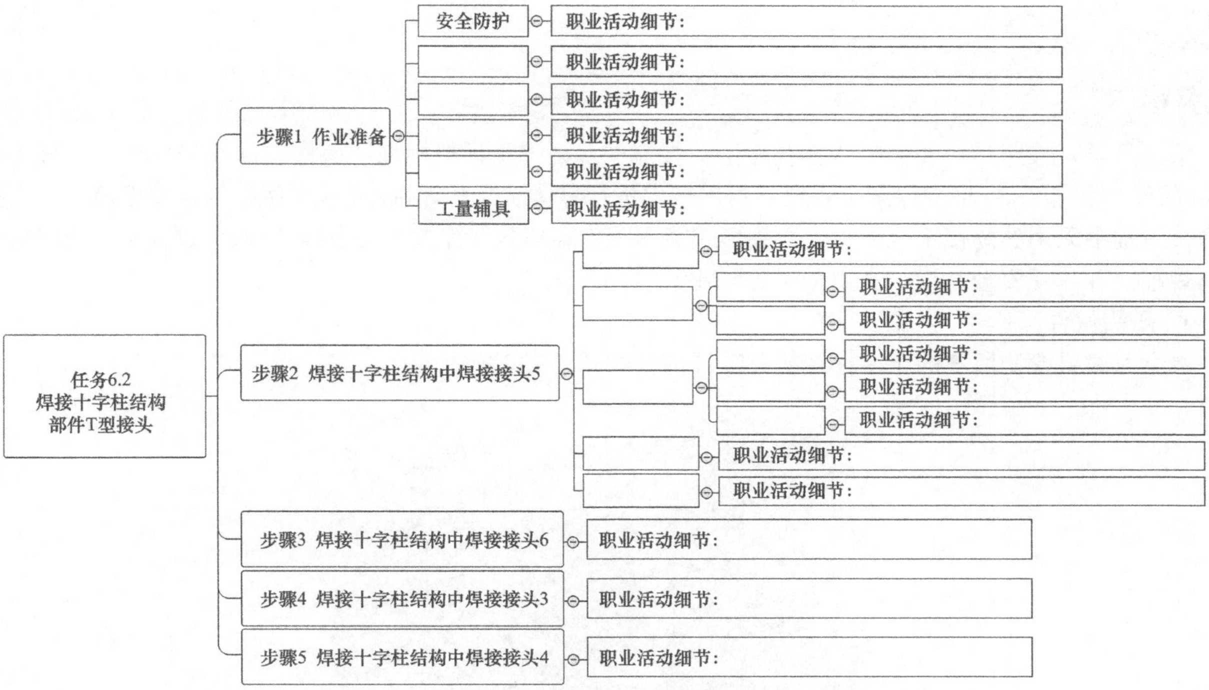

图 6－28 “焊接十字柱结构部件 T 型接头”的学习收获总结

项目 6 学习成果检测

资讯

任务描述

根据所学，按照“1+X 特殊焊接技术职业技能中级证书”考核标准，请将项目 6 完成的十字柱结构部件 1、部件 2 和部件 3，采用焊条电弧焊立角焊技术进行总体装配和焊接，完成十字柱结构的整体制作任务。将焊接过程中采用的焊接工艺参数、接头形式简图等内容填入《焊接工艺卡》。在操作过程中，应严格遵守操作规程，并体现安全意识、文明生产等职业素养。

1. 所需试件

本学习成果检测所需的十字柱结构总装焊部件如图 6－29 所示。

图 6－29　十字柱结构总装焊所需的部件

2. 技术要求

（1）按规定正确填写工艺卡。

（2）按照安全文明生产操作规程的要求，进行焊前准备及焊接操作。

（3）焊前将熔合线 25 mm 范围内的铁锈、油污等清理干净，露出金属光泽。

（4）角焊缝的定位焊允许有三处，其中一处位于组件的焊缝的背面中间 50 mm 范围内，采用单道连续焊接，定位焊缝长度不得大于 25 mm；另外两处分别位于组件两个端面，每条定位焊缝长度不得大于 15 mm。

（5）立角焊要求两层二道焊接。

（6）角焊缝焊接时根部不允许留间隙。

（7）焊接完成后，焊缝表面须保持原始状态，不得再进行加工、修磨、补焊。

（8）焊缝表面无缺陷，焊缝波纹均匀，两焊角尺寸一致，焊后无角变形。

任务要求

1. 学生要求

学生按照教学进度计划完成以下学习任务并达到了 75 分以上后，可进行该学习成果的实施。

（1）完成学习成果检测所需相关知识和方法的学习，得分大于 75 分。

（2）能够运用学习成果检测需要的相关知识和方法进行作业，得分大于 60 分。

（3）按时、按质、按量完成相应作业，得分大于 80 分。

（4）具有自觉遵守技术标准和要求规定、规范操作、安全、环保、“5S”作业、团结协作的好习惯，得分大于 80 分。

（5）能制定出十字柱结构总装焊加工工艺过程。

2. 教师要求

（1）在安排学生实施学习成果前，通过课堂问题研讨、作业、实训和考核及其他方式，确认学生已经具备了实施学习成果所需的知识、技能和素养，并确保学生在安全状态下独立进行。

（2）对协助教师进行测评的学生进行测评和监督方法的培训，确保测评结果的准确性和公平性。

（3）准备好测评记录。

计划

结合教材、工作页及线上教学资源提示，课前小组讨论后拟定“项目 6 学习成果检测”的工作任务计划，可参照图 6－30，以小组为单位分享小组作业计划。

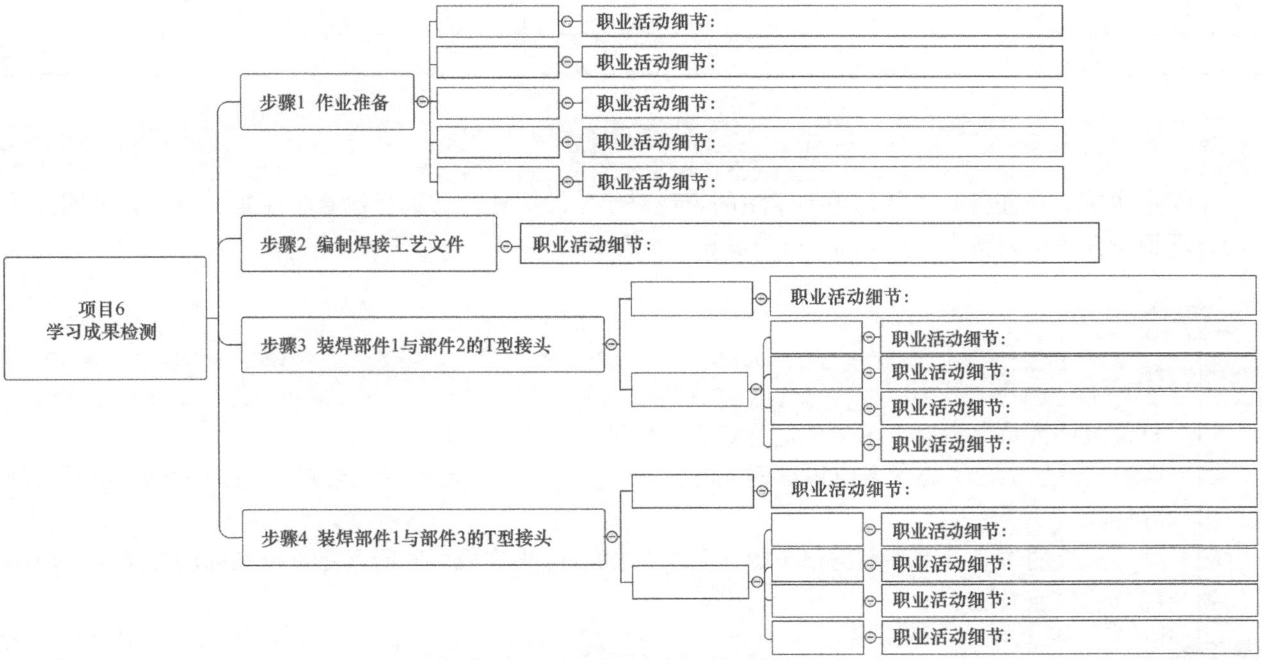

图 6－30 “项目 6 学习成果检测”小组作业计划

决策

根据最新的资讯信息，请结合本小组计划中存在的问题，在图 6－31 中写出你认为对修改计划有用的信息，并对计划中的细节问题进行决策。

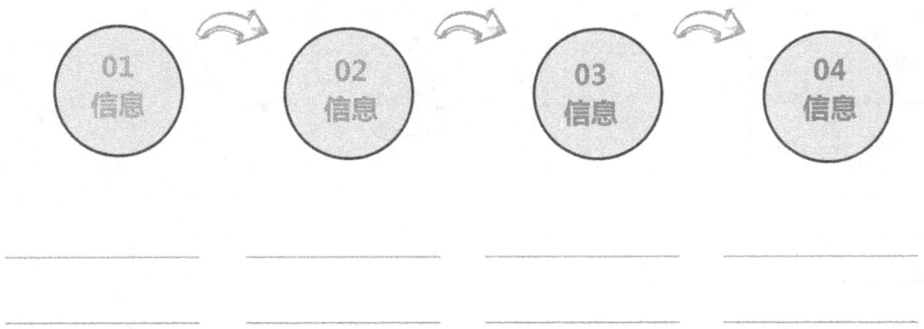

图 6－31 “项目 6 学习成果检测”修改计划有用的信息

实施与检查

实施

根据拟定好的小组计划，以小组为单位，独立实施工作任务，待工作任务完成后，将实施过程中出现的典型问题记录在表6－12中。

表6－12 “项目6学习成果检测”问题汇总简析表

序号	问题	简析
1		
2		
3		

检查

在学生实施工作任务时，教师根据学生的表现对学生的职业活动进行检查和监督，将学生在职业活动中的表现记录在评价表格中，如表6－13～表6－15所示。

评价

评价方法

（1）每位测评人员负责对2名学生进行定点、全过程的监控和测评。

（2）详细记录学生在实施学习成果过程中的相关信息、数据、结果、操作方法、完成时间，以及出现错误、事故等情况。

（3）学习成果的作业过程和数据记录等，要求在60 min内完成，时间不足，可在即将结束时，由学生口述剩余部分的作业方法。

评价标准

考核内容及标准见表6－13～表6－15，其中，表6－14占25分（包含表6－13）、表6－15占75分，合计100分。合格分数为70分及以上。

表6－13 “项目6学习成果检测”的焊接工艺卡

实操项目：立角焊（焊条电弧焊） δ=12 mm 本项得分：________

<table>
<tr><td colspan="2">焊接工艺卡</td><td colspan="5">编号：</td></tr>
<tr><td>材料牌号</td><td></td><td colspan="5" rowspan="8">接头简图</td></tr>
<tr><td>材料规格</td><td></td></tr>
<tr><td>接头种类</td><td></td></tr>
<tr><td>坡口形式</td><td></td></tr>
<tr><td>坡口角度</td><td></td></tr>
<tr><td>钝边</td><td></td></tr>
<tr><td>组对间隙</td><td></td></tr>
<tr><td>焊接方法</td><td></td></tr>
<tr><td>电源种类</td><td></td><td rowspan="3">焊后热处理</td><td>种类</td><td></td><td>保温时间</td><td></td></tr>
<tr><td>电源极性</td><td></td><td>加热方式</td><td></td><td>层间温度</td><td></td></tr>
<tr><td>焊接位置</td><td></td><td>温度范围</td><td></td><td>测量方法</td><td></td></tr>
</table>

续表

焊接参数					
焊层	焊材型号	焊材直径/mm	焊接电流/A	焊接电压/V	焊接速度/（cm·min^{-1}）
第一道					
第二道					
第三道					

表 6－14 “项目 6 学习成果检测”的焊前准备及安全评分标准

实操项目：立角焊（焊条电弧焊）　　δ=12 mm　　　　本项得分：＿＿＿＿＿

考核项目		考核要求	配分	评判标准	评判结果	实得分数
焊接工艺		根据施焊材料及所用设备特点，正确填写焊接工艺参数表	6	填写施焊材料 2 分，确定工艺参数 4 分。全部未达标要求扣 6 分		
焊前准备	工具工装使用	常用工具的合理使用与保养	2	未达标扣 2 分		
		正确使用夹具、做好保养工作	1	一项未达标扣 0.5 分		
	设备使用与维护	正确使用和维护保养焊接设备及常见故障排除	2	未达标扣 2 分		
		正确使用和维护保养辅助设备及常见故障排除	1	一项未达标扣 0.5 分		
	试件焊前清理及组对装配	坡口内及正反两侧 20 mm 范围内无油污、锈水等污物，打磨至露出金属光泽	1	未达标扣 1 分		
		试件组对装配（装配间隙、钝边、定位焊长度）、焊接参数调整	1	未达标扣 1 分		
		试件反变形预处理	1	未做反变形预处理扣 1 分		
安全文明生产		执行焊接安全技术操作规程	6	未达标扣 6 分		
		按企业有关文明生产规定，工作场地整洁，工具摆放整齐	4	一项未达标扣 2 分		

表 6－15 “项目 6 学习成果检测”的角焊缝试件外观检查项目与破坏试验评分标准

实操项目：立角焊（焊条电弧焊） δ=12 mm　　本项得分：＿＿＿＿＿＿　　单位：mm

<table>
<tr><td colspan="2" rowspan="2">检查项目</td><td rowspan="2">评判标准及得分</td><td colspan="4">评判等级</td><td rowspan="2">测评数据</td><td rowspan="2">实得分数</td></tr>
<tr><td>Ⅰ</td><td>Ⅱ</td><td>Ⅲ</td><td>Ⅳ</td></tr>
<tr><td colspan="2" rowspan="2">焊角尺寸</td><td>尺寸标准</td><td>10</td><td>＞10，≤11</td><td>＞11，≤12</td><td>< 10，＞12</td><td rowspan="2"></td><td rowspan="2"></td></tr>
<tr><td>得分标准</td><td>6 分</td><td>4.5 分</td><td>3 分</td><td>0 分</td></tr>
<tr><td colspan="2" rowspan="2">焊角尺寸差</td><td>尺寸标准</td><td>≤1</td><td>＞1，≤2</td><td>＞2，≤3</td><td>＞3</td><td rowspan="2"></td><td rowspan="2"></td></tr>
<tr><td>得分标准</td><td>6 分</td><td>4.5 分</td><td>3 分</td><td>0 分</td></tr>
<tr><td colspan="2" rowspan="2">焊缝凸度</td><td>尺寸标准</td><td>≤1</td><td>＞1，≤2</td><td>＞2，≤3</td><td>＞3</td><td rowspan="2"></td><td rowspan="2"></td></tr>
<tr><td>得分标准</td><td>6 分</td><td>4.5 分</td><td>3 分</td><td>0 分</td></tr>
<tr><td colspan="2" rowspan="2">咬边</td><td>尺寸标准</td><td>无咬边</td><td colspan="2">深度≤0.5</td><td>深度＞0.5</td><td rowspan="2"></td><td rowspan="2"></td></tr>
<tr><td>得分标准</td><td>9 分</td><td colspan="2">每 5 mm 扣 1.5 分</td><td>0 分</td></tr>
<tr><td colspan="2" rowspan="2">电弧擦伤</td><td>标准</td><td>无</td><td>有</td><td></td><td></td><td rowspan="2"></td><td rowspan="2"></td></tr>
<tr><td>得分标准</td><td>3 分</td><td>0 分</td><td></td><td></td></tr>
<tr><td colspan="2" rowspan="2">焊道层数</td><td>标准</td><td>2 层 2 道</td><td>其他</td><td></td><td></td><td rowspan="2"></td><td rowspan="2"></td></tr>
<tr><td>得分标准</td><td>3 分</td><td>0 分</td><td></td><td></td></tr>
<tr><td colspan="2" rowspan="2">垂直度</td><td>尺寸标准</td><td>0</td><td>＜1</td><td>＞1，＜2</td><td>＞2</td><td rowspan="2"></td><td rowspan="2"></td></tr>
<tr><td>得分标准</td><td>6 分</td><td>4.5 分</td><td>3 分</td><td>0 分</td></tr>
<tr><td colspan="2" rowspan="2">焊缝成型</td><td>标准</td><td>优</td><td>良</td><td>中</td><td>差</td><td rowspan="2"></td><td rowspan="2"></td></tr>
<tr><td>得分标准</td><td>6 分</td><td>4.5 分</td><td>3 分</td><td>0 分</td></tr>
<tr><td rowspan="6">折断试验</td><td rowspan="2">根部熔深</td><td>尺寸标准</td><td>＞1</td><td>＞0.5，＜1</td><td>＞0，＜0.5</td><td>未熔</td><td></td><td></td></tr>
<tr><td>得分标准</td><td>12 分</td><td>6 分</td><td>3 分</td><td>0 分</td><td></td><td></td></tr>
<tr><td rowspan="2">条状缺陷</td><td>尺寸标准</td><td>无</td><td>＜1</td><td>＜1.5</td><td>＞1.5</td><td></td><td></td></tr>
<tr><td>得分标准</td><td>9 分</td><td>6 分</td><td>3 分</td><td>0 分</td><td></td><td></td></tr>
<tr><td rowspan="2">点状缺陷</td><td>标准</td><td>无</td><td>＜ϕ1
数目：1 个</td><td>＜ϕ1
数目：2 个</td><td>＞ϕ1 或
数目＞1 个</td><td></td><td></td></tr>
<tr><td>得分标准</td><td>9 分</td><td>6 分</td><td>3 分</td><td>0 分</td><td></td><td></td></tr>
<tr><td colspan="9">焊缝外观成型评判标准</td></tr>
<tr><td colspan="3">优</td><td colspan="2">良</td><td colspan="2">中</td><td colspan="2">差</td></tr>
<tr><td colspan="3">成型美观，焊缝均匀、细密，高低宽窄一致</td><td colspan="2">成型较好，焊缝均匀，平直</td><td colspan="2">成型尚可，焊缝平直</td><td colspan="2">焊缝弯曲，高低、宽窄明显</td></tr>
<tr><td colspan="9">注：试件焊接未完成或表面修补及焊缝正反两面有裂纹、夹渣、气孔、未熔合缺陷，该件作 0 分处理。</td></tr>
</table>

ISBN 978-7-5121-4901-4

定价：**79.00** 元

高水平专业群教材建设专项项目
新时代新理念职业教育教材
新型活页式融媒体教材

焊接结构生产

王　剑　编著

北京交通大学出版社
·北京·

内容简介

本书为贯彻国务院印发《国家职业教育改革实施方案》文件精神，落实“新型活页式、工作手册式”职业教育教材的要求而编写。本书基于“能力本位”理念，由校企双元共同开发，充分考虑了“1+X”证书要求，将专业教育、创新教育、思政教育融于一体。本书是一本以“行动导向”教学法为特征的活页式职业院校教材，同时兼备教材和工作手册的优点。

本书共六个项目和三个附录（二维码资源），包括掌握焊接安全防护要领、认识十字柱结构的焊接接头、备料加工十字柱结构零件、制作十字柱结构焊接技术文件、制作十字柱结构H型钢腹板、制作十字柱结构部件T型接头、附录A桥式起重机桥架的制造工艺、附录B压力容器的生产工艺、附录C船舶双层底分段的制造工艺。

为便于“教”与“学”的使用，书中配有视频、音频、文档等电子资源二维码，并配套开发了教学工作页和助教课件等教学资源。

本书注重教学内容的实用性和焊接结构生产岗位核心能力要求，贴近焊接生产实际，以典型的十字柱焊接结构为学习载体，以达到让学生掌握岗位核心能力的目的。全书通俗易懂、实用性强、便于组织教学，可作为高等职业院校智能焊接技术专业教材，也可作为有关技术员、管理人员的岗位培训教材。

图书在版编目（CIP）数据

焊接结构生产 / 王剑编著. —北京：北京交通大学出版社，2025.1

新时代新理念职业教育教材　高水平专业群教材建设专项项目

ISBN 978-7-5121-4901-4

Ⅰ. ①焊…　Ⅱ. ①王…　Ⅲ. ①焊接结构－焊接工艺－高等职业教育－教材　Ⅳ. ①TG404

中国版本图书馆CIP数据核字（2023）第039318号

焊接结构生产
HANJIE JIEGOU SHENGCHAN

项目总策划：陈　颖
责任编辑：谭文芳
出版发行：北京交通大学出版社　　电话：010-51686414　　http://www.bjtup.com.cn
地　　址：北京市海淀区高梁桥斜街44号　　邮编：100044
印 刷 者：北京虎彩文化传播有限公司
经　　销：全国新华书店
开　　本：285 mm×210 mm　　印张：11.5　　字数：691千字　　插页：11印张
版 印 次：2025年1月第1版　　2025年1月第1次印刷
定　　价：79.00元

本书如有质量问题，请向北京交通大学出版社质监组反映。对您的意见和批评，我们表示欢迎和感谢。
投诉电话：010-51686043，51686008；传真：010-62225406；E-mail：press@bjtu.edu.cn。

前　言

2019 年，国务院印发了《国家职业教育改革实施方案》，第一次对职业教育教材内容、形式作出了明确要求，建议校企双元合作开发教材，倡导使用“新型活页式、工作手册式教材”并配套开发信息化资源。这一重大举措为职业院校教材改革指明了方向，编写和使用活页式、工作手册式教材正在成为职业教育的趋势之一。

本书由校企双元共同开发，基于“能力本位”理念进行编写，是一本以“行动导向”教学法为特征的活页式职业院校教学用书，同时兼备工作手册和教材的优点。本书不仅重视呈现形式，更注重内容的编排和整理，将专业教育、创新教育、思政教育及“1+X”证书考核要求融为一体，形成典型的生产项目、工作任务或案例，并在工作过程中加入与项目任务或案例相关且具备指导性功能的信息。本书遵循能力本位、学生中心、成果导向等职业教育基本规律，实现了由“教材”向“学材”的转变。

为了更好地实现活页式、工作手册式教材的功能，本书采用横版排版方式，将每一页内容按左右两栏进行编排。具体地，左侧的分栏为职业活动的工作内容和工作步骤，右侧的分栏为与职业活动相关的知识，左右两侧的内容一一对应，并且右侧职业知识的编写采用表格形式，体现出工作手册式教材方便查找的功能，学生使用起来非常方便。

本书共六个项目，包括掌握焊接安全防护要领、认识十字柱结构的焊接接头、备料加工十字柱结构零件、制作十字柱结构焊接技术文件、制作十字柱结构 H 型钢腹板、制作十字柱结构部件 T 型接头。书中配有视频、音频、文本等电子资源二维码，并配套开发了教学工作页和助教课件等教学资源。

本书共六个项目，每一个项目从内容上来说可分为四个部分：第一部分是项目教学相关信息，主要包括项目描述、项目要求、学习目标和学习载体；第二部分是项目任务，包括项目任务的职业活动、职业知识及任务测评；第三部分是学习成果检测，包括任务描述、实施准备、验证方法与标准、创新教育；第四部分是视野扩展，主要包括案例与知识拓展。

本书由吉林铁道职业技术学院王剑、李猛、王贺龙、李万君、武永志和吉林电子信息职业技术学院张宇峰编写，吉林电子信息职业技术学院邹玉清教授担任主审。具体分工为：项目 1 由吉林铁道职业技术学院李猛高级技师编写，项目 2 由吉林铁道职业技术学院王贺龙教授编写，项目 3 由中车长春轨道客车股份有限公司李万君教授编写，项目 4 由中油吉林化建工程股份有限公司武永志高级技师编写，项目 5 和项目 6 由王剑、李猛、张宇峰编写。

本书编写紧紧围绕新型活页式、工作手册式教材本质特征，具备以下特点。

一、发挥出职业教育的特色

1. 坚持能力本位导向，发挥职教“做中学”特色

本书将普通教育中命题类、概念类的知识本位内容进行重构，转化为职业教育职业类、工作类的能力本位内容，同时在教材中以二维码的形式

加入与教学内容相关的企业生产现场资料、技术操作视频、微课视频、文本资料等教学资源。教材基于 OBE 成果导向教育思想，坚持工学结合、学做合一原则，以真实的工作过程、职业活动为逻辑主线，以能力、任务、项目、活动为基本构成单位进行编写，突出学生主体中心地位，为学生的学习服务，成为学生自主学习、个性化学习的重要参照。

2. 坚持立德树人根本任务，发挥职业教育思政育人特色

本书在编写过程中，努力挖掘专业课程中蕴含的思政元素，如工匠精神、劳动精神、做人做事的道理等，一并编写在教材中，形成集技能、知识、思政为一体的新型职业教育特色教材，发挥出职教思政育人功能。

3. 坚持创新思维教育，发挥职教创新育人特色

本书结合《国家职业教育改革实施方案》中“培养服务区域发展的高素质技术技能人才，重点服务企业特别是中小微企业的技术研发和产品升级”指导思想，在教材中融入与专业内容、课程内容相关的创新教育元素，开阔学生眼界，激发学生的创新精神与创新能力，形成集技能、知识、创新为一体的新型职业教育特色教材，发挥出职教创新育人功能。

二、发挥出活页式、工作手册式教材的特色

1. 坚持个性化原则，发挥教材装订“活”的特色

本书充分考虑到师生个性化的使用需求，充分利用活页式、工作手册式教材活页装订的优势。对于学生而言，有助于学生灵活增添活页，便于记录个性化的经验、体会、收获、总结等；对于教师来说，既可以根据自身教学的需要对教学模块进行个性化编排，又可以适当增加、减少、修改教学内容。

2. 坚持动态更新原则，发挥教材内容“活”的特色

本书内容“活”主要体现在以下三个方面：一是纳入新技术、新工艺、新规范，在教材中融入 1+X 证书内容规定的职业考核内容和考核标准；二是纳入信息化资源，在教材中融入视频类、音频类、文本类等多种形式的素材；三是纳入经验性资源，在教材信息化资源建设中融入学生在学习过程中留下的文字、图片、图表、音像、作品等丰富信息，作为更有效的经验性教学资源呈现给学生。

3. 坚持方便使用原则，发挥教材手册式的特色

本书在兼顾教材和工作手册的双重优点的同时，更倾向工作手册形式，充分发挥出工作手册形式教材的特色。书中不仅有与职业活动有关的工作内容和工作步骤，更重要的是配套了与之相关的指导性职业知识，方便学生查找和使用，实现了由“教材”向“学材”的转变，便于学生学习。

PPT

在编写过程中，本书参阅了有关教材、专业书籍和网络资料，并得到兄弟院校和企业的大力支持，在此一并致以诚挚的感谢。由于编者水平有限，书中难免存在缺点和不足之处，敬请广大读者批评指正。

编　者

目　录

附录 A　附录 B　附录 C

项目 1　掌握焊接安全防护要领

一、项目描述

穿戴焊接防护用品，并观察焊接生产过程中产生的有害因素。

二、项目要求

依据“1+X 特殊焊接技术职业技能中级”证书考核标准，完成以下作业：

（1）穿戴焊接防护用品；

（2）观察焊接有害因素。

三、学习目标

1. 职业知识目标

（1）能够总结出常见焊接方法的主要焊接危害；

（2）能够说出常见的焊接有害因素；

（3）能够归纳出常见的焊接有害因素的预防措施；

（4）能够说明各种焊接防护用品的功能。

2. 职业技能目标

（1）能够针对不同生产环境对各种焊接防护用品进行选择；

（2）能够规范、熟练地对焊接防护用品进行穿戴；

（3）能够规范、熟练地对焊接防护用品质量情况进行检查。

3. 职业素养目标

（1）能够养成自觉遵守技术标准和要求规定，规范操作，安全、环保、“5S”作业、团结协作的好习惯；

（2）能够在“珍爱生命”方面有着更加深刻的理解和认识；

（3）通过对项目内容的学习，在“一种便于观察周围环境宽视野焊接面罩”创新案例启发的基础之上，让学生完成新型焊接面罩的设计，将学生所学的专业内容与创新教育结合，促使学生发挥专业优势，开拓思维眼界，提升创新能力。

学习载体

本项目的载体为焊接生产中焊接工人经常穿戴的焊接防护用品，如图 1–1 所示。

本项目以常见的焊接防护用品穿戴为例，让学生了解焊接中常见的焊接有害因素，能够根据不同生产环境正确选择焊接防护用品，同时还能够正确地完成焊工服、焊接围裙、焊接手套、安全带、焊接面罩、焊工帽、安全帽、防尘口罩、焊工鞋、耳塞、护目镜等焊接防护用品的穿戴和质量检查。

让学生感受到企业氛围和文化，强化学生的职业道德和职业素养，培养学生自主学习、与人合作、与人交流的能力。

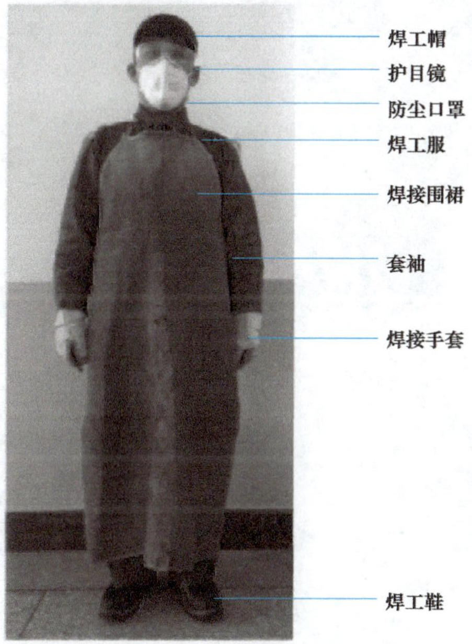

图 1–1　焊接防护用品

任务 1.1　穿戴焊接防护用品

职业活动

步骤 1　作业准备

1. 作业场地

选择周围 10 m 范围内没有易燃易爆物品且有消防措施的作业场地。

2. 工量辅具

本任务中涉及的辅助用品主要是焊接防护用品，如图 1–2 所示。

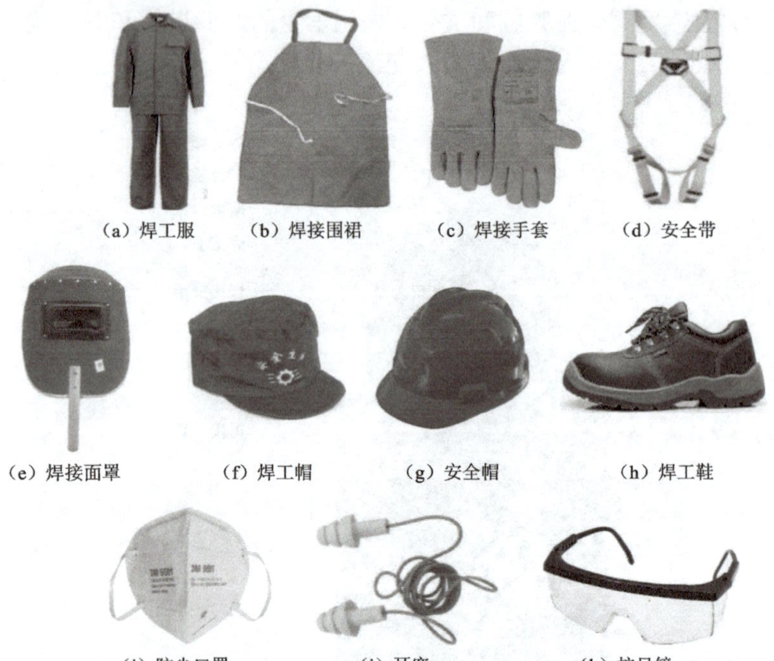

(a) 焊工服　(b) 焊接围裙　(c) 焊接手套　(d) 安全带　(e) 焊接面罩　(f) 焊工帽　(g) 安全帽　(h) 焊工鞋　(i) 防尘口罩　(j) 耳塞　(k) 护目镜

图 1–2　需要准备的焊接防护用品

职业知识

知识点 1–1　各种焊接防护用品的用途

防护用品名称	用途
焊工服	1. 帆布防护服能使人体免受高温的烘烤，并有耐燃烧特点，主要用于冶炼、浇注和焊接等工种； 2. 劳动布防护服对人体起一般屏蔽保护作用，主要用于非高温、重体力作业的工种，如检修、起重和电气等工种； 3. 涤卡布防护服能对人体起一般屏蔽防护作用，主要用于后勤和职能人员等岗位。
焊接手套	1. 厚帆布手套多用于高温、重体力劳动，如炼钢、铸造等工种； 2. 薄帆布、分指手套主要用于检修工、起重机司机和配电工等工种； 3. 翻毛皮革长手套主要用于焊接工种； 4. 橡胶或涂橡胶手套主要用于电气、铸造等工种。
焊工鞋	1. 橡胶鞋有绝缘保护作用，主要用于电力、水力清砂、露天作业等岗位； 2. 球鞋有绝缘、防滑保护作用，主要用于检修、起重机司机、电气等工种； 3. 钢包头皮鞋用于焊接、铸造、炼钢等工种。
安全帽	安全帽是对人头部受坠落物及其他特定因素引起的伤害起防护作用的帽子，安全帽由帽壳、帽衬、下颏带及附件等组成。
面罩和护目镜	1. 防辐射面罩主要用于焊接作业，防止在焊接中产生的强光、紫外线和金属飞屑损伤面部，防毒面具要注意滤毒材料的性能； 2. 防打击的护目镜能防止金属、砂屑、钢液等飞溅物对眼部的伤害，多用于机床操作、铸造捣冒口等工种。
呼吸防护器	1. 呼吸防护器主要用来防止有毒气体及粉尘的吸入； 2. 隔离型呼吸防护器用在缺氧、尘毒污染严重、情况不明或有生命危险的工作场合。

步骤 2　穿戴焊工服

1. 穿戴衣服

检查焊工服的衣服是否存在安全隐患问题，如：潮湿、较大的破损、孔洞和缝隙等，如果有请更换，如果没有请按照图 1–3 中的示例正确穿戴。

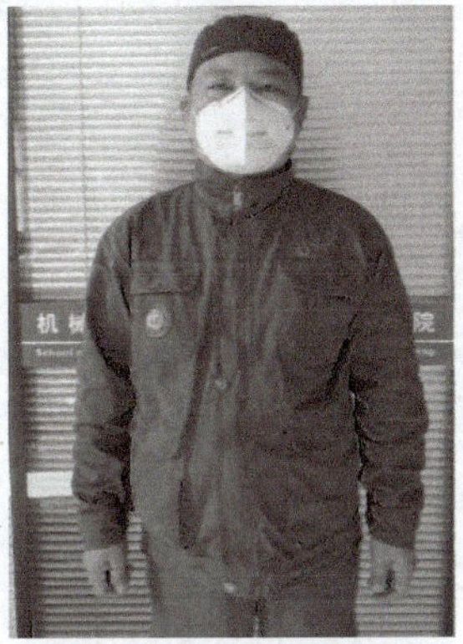

图 1–3　焊工衣服穿戴

2. 穿戴裤子

检查焊工服的裤子是否存在安全隐患问题，如：破损、孔洞和缝隙等，如果有请更换，如果没有请按照图 1–4 中的示例正确穿戴。

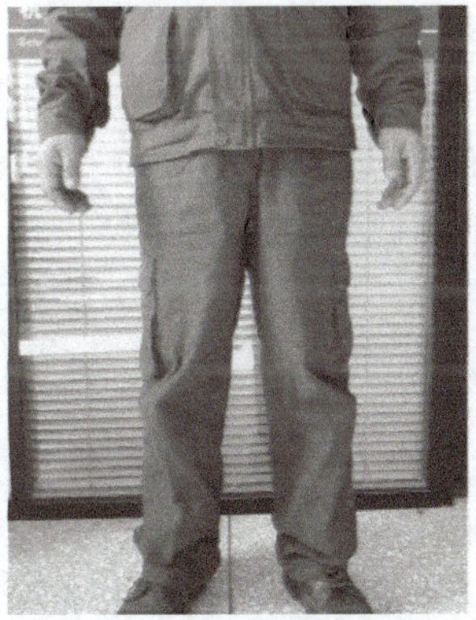

图 1–4　焊工裤子穿戴

续表

防护用品名称	用途
护耳器	保护人的听觉免受强烈噪声损伤的个人防护用品，主要有耳塞、耳罩、防噪声头盔。如果降低噪声在技术上或经济上有困难，使用护耳器是最经济和有效的办法。
安全带	防止高处作业人员发生坠落或发生坠落后将作业人员安全悬挂的个体防护装备。按照使用条件的不同，可以分为围杆作业安全带、区域限制安全带、坠落悬挂安全带。
注	焊接过程中，产生的有害因素如果不加以防护会严重危害焊工及其他人员的健康与生命安全，甚至会给国家财产带来损失★。在实际施焊操作时，必须进行有效的防护。 珍爱生命，爱护身体

知识点 1–2　焊工服穿戴技术标准与使用要求

防护用品品种	穿戴技术标准	穿戴使用要求
焊工服	1. 焊工服穿戴要整齐，并扣好领口、衣襟、袖口及下摆纽扣； 2. 领口不可竖起来或卷曲； 3. 焊工服上身应遮住腰部，内衣下摆不能外露； 4. 裤子要系皮带，裤门扣子要扣好，裤脚至平踝关节下 2 cm，不能太长，产生拖地的情况，同时也不能太短，致使腿部皮肤裸露。	1. 选择的焊工服要大小适中，适合自己的身材，既不能太大，也不能太小； 2. 焊接作业时必须按标准正确穿戴焊工服； 3. 焊工服不应潮湿，不应有大的破损、孔洞和缝隙； 4. 高温下工作应该穿工作服，且应当穿比较厚的长袖衣服和长裤； 5. 注意保养，尽量避免尖锐、棱角、刀具划破或割破衣服； 6. 不能随意对工作服装进行改制，特别是不能改长袖为短袖； 7. 所使用的笔必须卡在左侧口袋固定位置。

留白促思

★课程思政：珍爱生命，爱护身体

焊接安全关乎到每一个同学的生命安全，焊接工人每天要与电、烟尘、电磁场、辐射、噪声等环境接触，长时间无防护的接触会导致身心疾病，同学们要学会珍爱生命，爱护自己的身体，在焊接生产中采取有效的保护措施来保护好自己。

步骤 3　穿戴焊工鞋

检查焊工鞋是否存在安全隐患问题，如：断底、开胶、鞋底严重磨损、帮底腐蚀、破损等，如果有请更换，如果没有请按照图 1–5 中的示例正确穿戴。

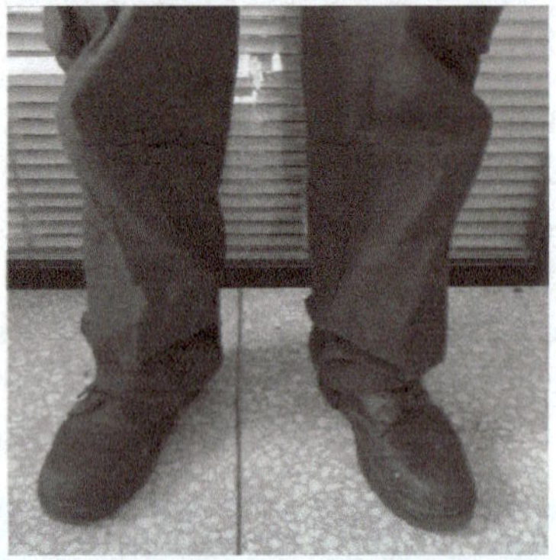

图 1–5　焊工鞋穿戴

步骤 4　穿戴防尘口罩

检查防尘口罩是否存在安全隐患问题，如：严重的憋气感、带子损坏、滤芯损坏或明显脏污等，如果有请更换，如果没有请按照图 1–6 中的示例正确穿戴。

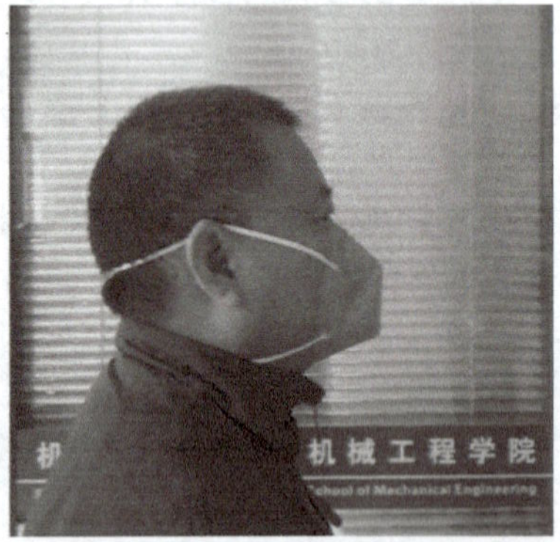

图 1–6　防尘口罩穿戴

防尘口罩的正确穿戴

知识点 1–3　焊工鞋穿戴技术标准与使用要求

防护用品品种	穿戴技术标准	穿戴使用要求
焊工鞋	1. 鞋带必须系紧，防止因脱落造成意外伤害，鞋带不能留太长或拖地； 2. 穿戴合适尺码的焊工鞋； 3. 不能拖穿； 4. 定期清理焊工鞋，鞋底也必须经常清扫。	1. 为了防止焊接灼烫和触电伤害，在切割、焊接操作时必须穿戴焊工鞋； 2. 出现断底、开胶、鞋底严重磨损、帮底腐蚀、破损等情况时应立即报废。

知识点 1–4　防尘口罩穿戴技术标准与使用要求

防护用品品种	穿戴技术标准	穿戴使用要求
防尘口罩	1. 面向口罩无鼻夹的一面，使鼻夹位于口罩上方； 2. 将口罩抵住下巴，双手将下方头带拉过头顶，置于颈后耳朵下方； 3. 将上方头带拉过头顶，置于颈后耳朵上方，使口罩与脸部紧密贴合； 4. 将双手手指置于金属鼻夹中部，从中部向两侧按照鼻梁形状向内按压，直至将其完全按压成鼻梁形状为止。	1. 在切割、焊接等生产作业场所必须按穿戴技术标准正确佩戴防尘口罩； 2. 佩戴时必须检查口罩与脸部的密合性，使口罩与脸部完全贴合，方可进入工作区； 3. 口罩用完后不能放到脏污环境中，以免受到污染； 4. 出现下列情形之一必须更换： （1）感觉呼吸阻力显著增加，有严重的憋气感； （2）带子损坏、滤芯损坏或明显脏污； （3）变形、破裂，导致密封不够，影响使用效果。

注：检查口罩与脸部的密合性方法：

（1）用双手罩住口罩，避免影响口罩在脸上的位置；

（2）大力呼气，如空气从鼻夹处溢出，应按穿戴技术标准 4 重新调整鼻夹，如空气从口罩边缘溢出，应重新调整头带或耳带，如不能取得良好的密合，应按技术标准 1～4 重复穿戴。

步骤 5　穿戴护目镜

检查护目镜是否存在安全隐患问题，如：镜面磨损粗糙、镜架损坏等，如果有请更换，如果没有请按照图 1–7 中的示例正确穿戴。

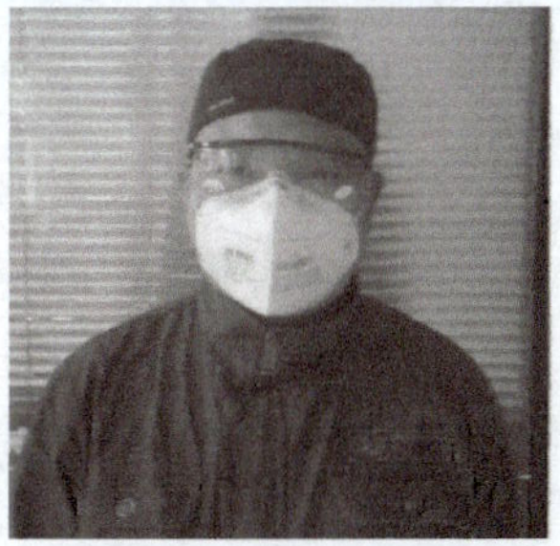

图 1–7　护目镜穿戴

步骤 6　穿戴焊工帽

检查焊工帽是否存在安全隐患问题，如：穿戴后易滑落、较大孔洞和缝隙等，如果有请更换，如果没有请按照图 1–8 中的示例正确穿戴。

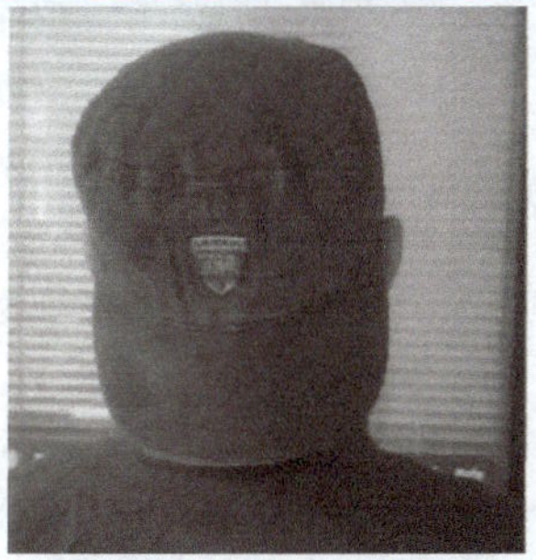

图 1–8　焊工帽穿戴

步骤 7　穿戴焊接手套

检查焊接手套是否存在安全隐患问题，如：开线、破裂等，如果有请更换，如果没有请按照图 1–9 中的示例正确穿戴。

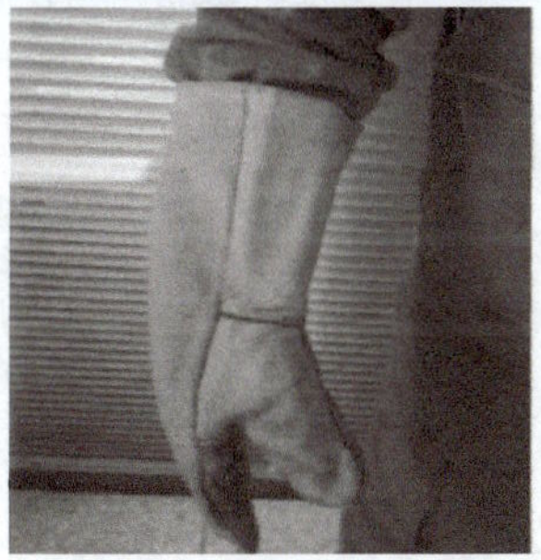

图 1–9　焊接手套穿戴

知识点 1–5　护目镜穿戴技术标准与使用要求

防护用品品种	穿戴技术标准	穿戴使用要求
护目镜	1. 佩戴护目镜时应双手摘戴； 2. 护目镜必须能够完全遮住眼睛； 3. 可在两镜架腿末端系一根合适长度的细绳，护目镜暂时不用时，可通过支腿系绳挂在胸前，摘戴方便。	1. 在进行气割、等离子切割时可佩戴深色护目镜，打磨工、砂轮机工、除漆渣工等工种操作时应佩戴白眼镜或防护眼镜； 2. 实行焊接操作时，使用焊接面罩时可不佩戴，其他时间均需佩戴； 3. 防护眼镜要专人使用，防止传染眼病； 4. 镜面磨损粗糙、镜架损坏会影响操作人员的视力，应及时调换； 5. 防止重摔、重压和坚硬的物体摩擦镜面。

知识点 1–6　焊工帽穿戴技术标准与使用要求

防护用品品种	穿戴技术标准	穿戴使用要求
焊工帽	1. 焊工帽佩戴端正，帽檐须在正后方； 2. 根据头围大小调整好帽箍，使操作时不易滑落； 3. 长发必须盘在帽内。	1. 焊接操作时必须正确佩戴焊工帽，以达到防尘、防烫等防护作用。 2. 如果穿戴后容易滑落、有较大孔洞或破损，要及时更换。

知识点 1–7　焊接手套穿戴技术标准与使用要求

防护用品品种	穿戴技术标准	穿戴使用要求
焊接手套	1. 电气焊作业时，双手必须佩戴焊接手套； 2. 摘取手套一定要注意正确的方法，防止将手套上沾染的有害物质接触到皮肤和衣服上，造成二次污染。	1. 在手工金属焊接、气割和类似作业中必须戴好焊接手套，防止对手部和腕部造成烧、烫等伤害； 2. 使用中要注意安全，不要将手套随意丢放，暂时不用的手套，要放到安全的地方； 3. 手套开线、破裂即应报废。

步骤 8　穿戴焊接脚盖

检查焊接脚盖是否存在安全隐患问题，如：捆绑绳松动、较大破损等，如果有请更换，如果没有请按照图 1–10 中的示例正确穿戴。

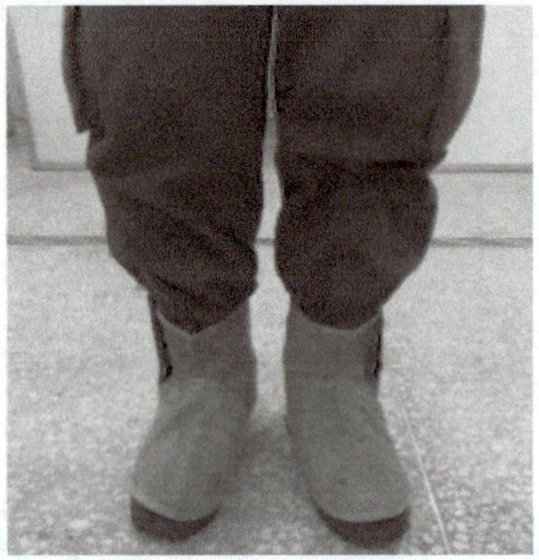

图 1–10　焊接脚盖穿戴

脚盖的正确穿戴

步骤 9　穿戴耳塞

检查焊工耳塞是否存在安全隐患问题，如：被污染、热变形等，如果有请更换，如果没有请按照图 1–11 中的示例正确穿戴。

步骤 10　穿戴焊接面罩

检查焊接面罩是否存在安全隐患问题，如：镜片模糊、损坏等，如果有请更换，如果没有请按照图 1–12 中的示例正确穿戴。

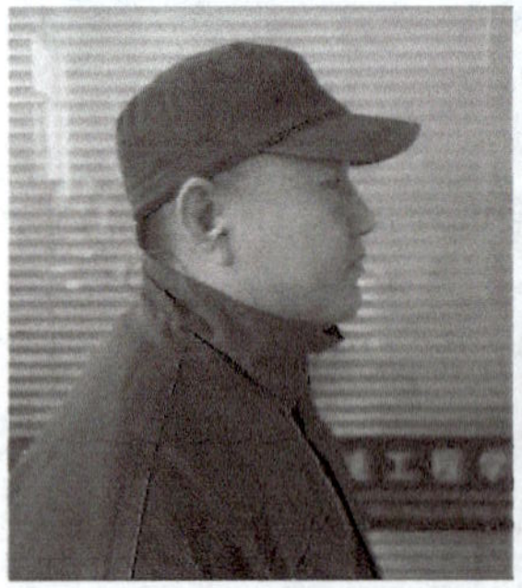

图 1–11　焊工耳塞穿戴

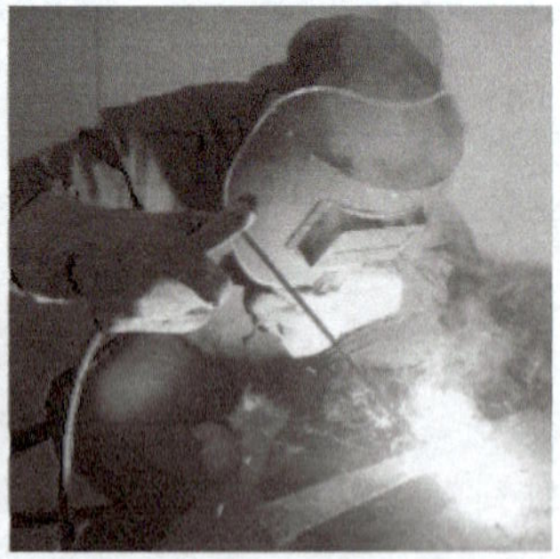

图 1–12　焊接面罩穿戴

焊接面罩的正确穿戴

知识点 1–8　焊接脚盖穿戴技术标准与使用要求

防护用品品种	穿戴技术标准	穿戴使用要求
脚盖	脚盖要包裹住焊工鞋、脚踝及小腿部位，捆绑绳带要系好、系牢。	1. 电焊工上岗前必须穿戴好脚盖，系好捆绑绳； 2. 当有较大破损、捆绑绳断裂影响防护功能时，应及时更换。

知识点 1–9　耳塞穿戴技术标准与使用要求

防护用品品种	穿戴技术标准	穿戴使用要求
耳塞	在佩戴耳塞时，要先将耳廓向上提拉，使耳甲腔呈平直状态，然后手持耳塞柄，将耳塞帽体部分轻轻推向外耳道内，并尽可能地使耳塞体与耳甲腔相贴合。	1. 要在进入有噪声车间前戴好耳塞，中途不得随意摘下； 2. 用后需用肥皂、清水清洗干净，晾干后收藏备用； 3. 橡胶制品应防热变形，同时撒上滑石粉贮存； 4. 如果耳塞被污染、热变形严重，要及时更换。

知识点 1–10　焊接面罩穿戴技术标准与使用要求

防护用品品种	穿戴技术标准	穿戴使用要求
焊接面罩	1. 左手握面罩手柄，准备焊接阶段保持在左面脸侧区域； 2. 在准备焊接时，焊条对准待焊部位将面罩移到面部正前方，一定要将脸全部遮挡，否则被弧光照射到的部位会被灼伤。	1. 电焊作业时必须正确使用焊接面罩； 2. 焊接面罩镜片模糊、损坏时应及时更换。

留白促思

步骤 11　穿戴焊接围裙

检查焊接围裙是否存在安全隐患问题，如：绑带松动，存在孔洞、缝隙等，如果有请更换，如果没有请按照图 1–13 中的示例正确穿戴。

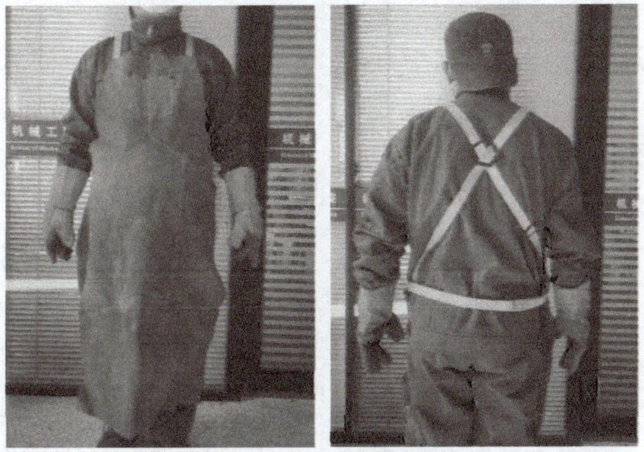

图 1–13　焊接围裙穿戴

步骤 12　穿戴安全带

检查安全带是否存在安全隐患问题，如：部件是否完整，有无损伤，金属配件的各种环边缘是否光滑等，如果有请更换，如果没有请按照图 1–14 中的示例正确穿戴。

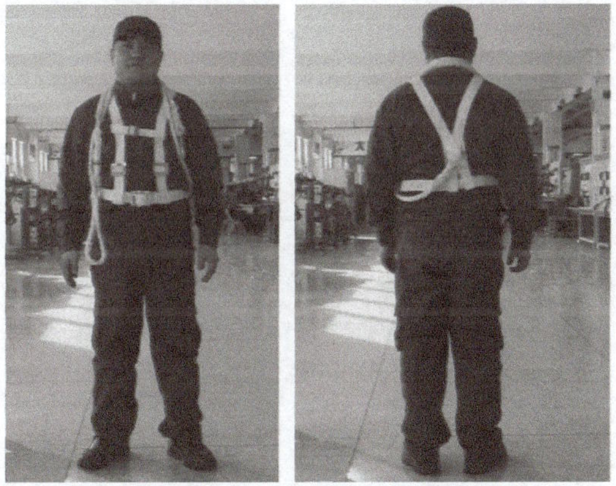

图 1–14　安全带穿戴

安全带的正确穿戴

知识点 1–11　焊接围裙穿戴技术标准与使用要求

防护用品品种	穿戴技术标准	穿戴使用要求
焊接围裙	1. 焊接围裙要穿戴端正； 2. 调整颈部绑带和腰部绑带，使焊接围裙全面防护胸部和腿部； 3. 佩戴无不适感，松紧适中，既不能太紧影响操作，也不能太松起不到防护作用。	1. 在仰焊、切割时，为了防止火星、熔渣从高处溅落到头部和肩上，焊工应在颈部围毛巾，穿着用防燃材料制成的护肩、长袖套、围裙和鞋盖等； 2. 如出现绑带松动、孔洞、缝隙等要及时更换。

知识点 1–12　安全带穿戴技术标准与使用要求

防护用品品种	穿戴技术标准	穿戴使用要求
安全带	1. 穿戴安全带时，腋下、大腿内侧不应有绳、带以外的物品，不应有任何部件压迫喉部、外生殖器； 2. 坠落悬挂安全带的安全绳同主带的连接点应固定于佩戴者的后背、后腰或胸前，不应位于腋下、腰侧或腹部； 3. 主带扎紧扣应可靠，不能意外开启。	1. 在离基准面 2 m 以上作业时必须系安全带； 2. 在使用安全带时，应检查安全带的部件是否完整，有无损伤，金属配件的各种环边缘是否光滑； 3. 禁止将安全绳用作悬吊绳，悬吊绳与安全绳禁止共用连接器； 4. 所有绳在构造上和使用过程中不应打结； 5. 使用围杆安全带时，围杆上有保护套，不允许在地面上托着绳走，以免损伤绳套，影响主绳； 6. 悬挂安全带不得低挂高用，因为低挂高用在坠落时受到冲击力大，对人体伤害也大。

留白促思

步骤 13　穿戴安全帽

检查安全帽是否存在安全隐患问题，如：配件有无损坏，装配是否牢固，帽衬调节部分是否能卡紧，绳带是否能系紧，如果有请更换，如果没有请按照图 1-15 中的示例正确穿戴安全帽。

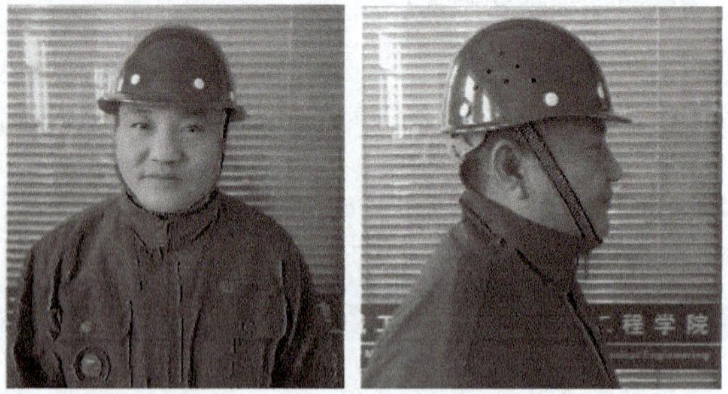

图 1-15　安全帽穿戴

知识点 1-13　安全帽穿戴技术标准与使用要求

防护用品品种	穿戴技术标准	穿戴使用要求
安全帽	1. 佩戴安全帽前，调整好帽衬尺寸直到对头部稍有约束感、但不难受的程度，以不系下颏带低头时安全帽不会脱落为宜； 2. 必须戴正安全帽，如果戴歪了，一旦头部受到物体打击，就不能减轻对头部的伤害； 3. 安全帽下颏带和后帽箍拴系牢固，以防帽子滑落和碰掉。	1. 起重、机械、建筑施工等冲击强度高的作业场所必须正确佩戴安全帽； 2. 佩戴前，应检查各配件有无损坏，装配是否牢固，帽衬调节部分是否卡紧，绳带是否系紧等，确信各部件完好后方可使用； 3. 如果发现帽壳与帽衬有异常损伤、裂痕等现象，或水平垂直间距达不到标准要求（20～50 mm）就不能再使用，而应当更换新的安全帽。

任务 1.1 测评

一、知识评价

请结合实际案例对术语进行解读。每个术语 25 分，共计 100 分。

（1）防护用品　（2）焊工服　（3）焊接面罩　（4）护目镜

二、技能评价

对表 1–1 所列作业内容，操作规范即得分，操作错误或未操作即零分。其中，学生自评占 20%，学生互评占 20%，教师评价占 60%。

表 1–1　“穿戴焊接防护用品”技能评价表

序号	作业内容	配分	学生自评得分	学生互评得分	教师评价得分
1	穿戴焊工服	20			
2	穿戴焊工鞋	10			
3	穿戴防尘口罩	10			
4	穿戴护目镜	5			
5	穿戴焊工帽	5			
6	穿戴焊接手套	10			
7	穿戴焊接脚盖	10			
8	穿戴耳塞	5			
9	穿戴焊接面罩	5			
10	穿戴焊接围裙	10			
11	穿戴安全带	5			
12	穿戴安全帽	5			
总分		100			
综合评价		100			

三、素养评价

对表 1–2 所列素养点，做到即得分，未做到即零分。其中，学生自评占 20%，学生互评占 20%，教师评价占 60%。

表 1–2　“穿戴焊接防护用品”素养评价表

序号	素养点	配分	学生自评得分	学生互评得分	教师评价得分
1	按时出勤，无迟到早退	10			
2	准备充分，无手忙脚乱	10			
3	积极互动，无消极态度	10			
4	安全作业，无安全隐患	10			
5	保护环境，无乱扔乱倒	10			
6	规范标准，无野蛮操作	10			
7	团队协作，无不洽关系	10			
8	场地“5S”	10			
9	团队协作能力进一步提升	10			
10	职业行动能力进一步提升	10			
总分		100			
综合评价		100			

四、拓展训练

（1）指出图 1–16 中，焊接防护用品穿戴不合理的地方。

图 1–16　焊接防护用品穿戴错误示范

（2）你能说出身边由于焊接防护用品穿戴不正确危害到焊工或其他人员健康和安全的案例吗？

（3）请利用思维导图，按照学习目标三要素，对“穿戴焊接防护用品”的学习收获进行总结。

任务 1.2　观察焊接有害因素

职业活动

步骤 1　作业准备

1. 作业场地

选择周围 10 m 范围内没有易燃易爆物品且有消防措施的作业场地。

2. 焊接原材料

钢板 1 块，材质为 Q235B，尺寸为 200 mm×60 mm×12 mm。

3. 焊接材料

E5015 焊条，焊条直径为 3.2 mm 或 4.0 mm。H08Mn2SiA 焊丝，焊丝直径为 1.2 mm。

4. 设备设施

松下 YC–400TX4 焊机、焊接操作平台。

5. 工量辅具

本任务中涉及的工量辅具见图 1–17。

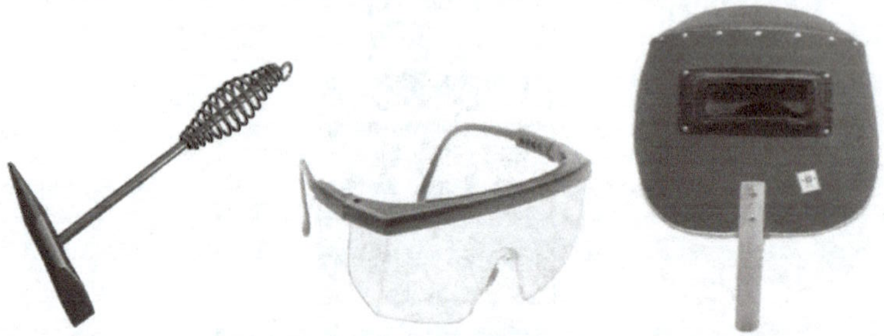

（a）敲渣锤　（b）护目镜　（c）焊接面罩

图 1–17　观察焊接有害因素工量辅具

6. 穿戴防护用品

按照焊接安全规范，检查防护用品并正确穿戴。

职业知识

知识点 1–14　常见的焊接方法及产生的有害因素

焊接方法名称	工作特点	产生的有害因素
手工电弧焊	利用电弧热，使焊条和母材金属熔化，形成焊接接头，使两金属焊体连接在一起。	电焊尘、氮氧化合物、一氧化碳、紫外线。
埋弧焊	分为自动埋弧焊和半自动埋弧焊两种，它是一种电弧在颗粒状焊剂层下燃烧的焊接方法。	氮氧化合物、一氧化碳。
气体保护焊	保护气体通过喷嘴沿焊丝周围喷射出来，在电弧周围造成局部气体保护层，使熔滴或熔池与空气隔离开来，从而保证焊接过程稳定持续进行。	电焊尘、锰尘、臭氧、氮氧化合物、一氧化碳、紫外线。
氩弧焊	氩气从焊枪或焊炬的喷嘴喷出，在焊接区形成连续封闭的氩气层，对电极和焊接熔池起到保护作用。	电焊尘、臭氧、氮氧化物、一氧化碳、二氧化碳、紫外线、噪声。
电渣焊	利用电流通过液态溶液所产生的电阻热作为热源，使电极焊丝或电极和焊体熔化而形成焊缝。	氮氧化合物、一氧化碳、紫外线。
碳弧气刨	利用碳棒作电极，利用电弧把焊件金属加热到熔化状态，在液体金属凝固前，用压缩空气流把液体金属吹走，在焊件表面留下沟槽，从而达到加工工件的目的。	电焊尘、锰尘、紫外线。
气割	利用气体火焰将被切割部分的金属预热到燃烧点，再向该点喷射高压氧气流，使金属剧烈氧化形成氧化物，以达到切割金属的目的。	臭氧、氮氧化合物、一氧化碳、乙炔、紫外线。
气焊	利用气焊火焰来熔化焊件和焊丝进行焊接，同时火焰的气流又是融化金属的保护介质。	电焊尘、氮氧化合物、一氧化碳、乙炔。
等离子弧焊	在气体保护状态下，利用压缩的等离子弧进行焊接。	射频辐射。

步骤 2　观察电弧燃烧产生的电弧辐射

（1）采用松下 YC–400TX4 焊机，使用直径为 3.2 mm 的 E5015 焊条在 Q235B 钢板上进行焊接，观察电弧燃烧时产生的弧光，如图 1–18（a）所示。

（2）采用松下 YC–400TX4 焊机，使用直径为 1.2 mm 的 H08Mn2SiA 焊丝在 Q235B 钢板上进行焊接，观察电弧燃烧时产生的弧光，如图 1–18（b）所示。

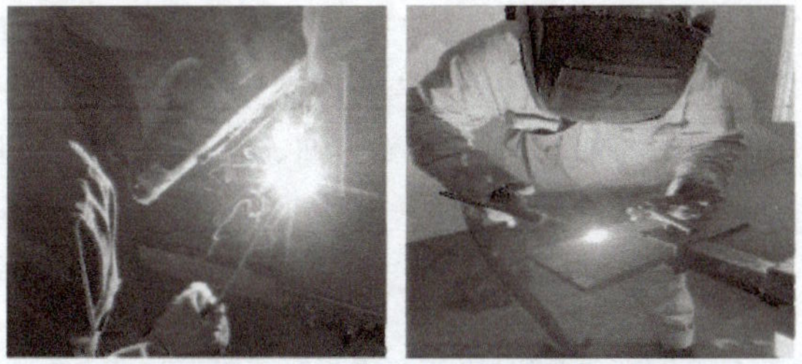

（a）焊条电弧焊　　（b）钨极氩弧焊

图 1–18　焊接时产生的电弧辐射

步骤 3　观察电弧燃烧产生的粉尘及有害气体

（1）采用松下 YC–400TX4 焊机，使用直径为 3.2 mm 的 E5015 焊条在 Q235B 钢板上进行焊接，观察电弧燃烧时产生的金属气体和烟雾，如图 1–19（a）所示。

（2）采用松下 YC–400TX4 焊机，使用直径为 1.2 mm 的 H08Mn2SiA 焊丝在 Q235B 钢板上进行焊接，观察电弧燃烧时产生的金属气体和烟雾，如图 1–19（b）所示。

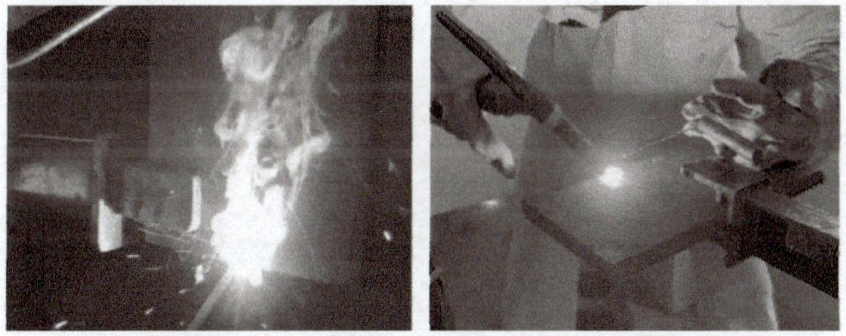

（a）焊条电弧焊　　（b）钨极氩弧焊

图 1–19　焊接时产生的气体和烟雾

知识点 1–15　电弧辐射的危害及防护措施

有害因素种类	说明	危害	防护措施
电弧辐射	电弧辐射主要产生可见光、红外线和紫外线三种射线，而不会产生对人体危害较大的 X 射线。其中，波长为 180～320 mm 的紫外线具有强烈的生物学作用，可以被皮肤深部真皮组织吸收，可能造成严重灼伤。	1. 强烈的可见光将对视网膜产生烧灼，造成眩辉性视网膜炎； 2. 眼睛晶状体长期吸收红外线使视力减退，严重者还将使晶状体混浊，损害视力； 3. 紫外线可造成皮肤严重灼伤以及产生电光性眼炎。	1. 在焊接作业区严禁直视电弧，焊工在焊接时必须使用焊接面罩； 2. 施焊时焊工应穿着焊工防护服，施焊场地应用围屏或挡板，必须有较强的照明； 3. 注意眼睛的适当休息。

知识点 1–16　粉尘及有害气体的危害及防护措施

有害因素种类	说明	危害	防护措施
粉尘及有害气体	焊接电弧的高温将使金属剧烈蒸发，焊条和母材在焊接时也会产生各种金属气体和烟雾，它们在空气中冷凝并氧化成粉尘；电弧产生的辐射作用会使空气中的氧和氮产生臭氧和氮的氧化物等有害气体。	1. 短期影响表现为呼吸道的刺激、咳嗽、胸闷、金属蒸气所致的低热及急性流感症状等； 2. 长期的影响是肺部的铁质沉积病症及良性肿瘤，易患尘肺病、焊工金属热等职业病。	1. 可采用无烟或少烟尘的焊接工艺； 2. 开发和使用低尘、低毒的焊接材料； 3. 提高焊接机械化和自动化程度； 4. 采取有效的通风排烟措施； 5. 应用烟尘离子荷电就地抑制技术； 6. 加强个人防护，佩戴防尘面具、口罩等。

步骤 4　辨听电弧焊敲渣和试件打磨产生的噪声

（1）使用敲渣锤对焊后的试件进行敲渣，观察在敲渣过程中产生的声音，如图 1–20（a）所示。

（2）使用角向打磨机对试件进行打磨，辨听在打磨过程中产生的噪声，如图 1–20（b）所示。

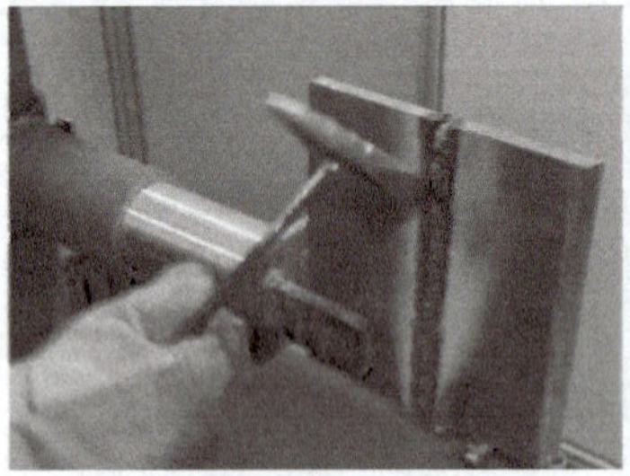

（a）使用敲渣锤敲渣

（b）使用角向打磨机打磨试件

图 1–20　焊接生产中产生的噪声

步骤 5　观察钨极氩弧焊引弧产生的高频电磁场

采用松下 YC–400TX4 焊机，使用钨极氩弧焊焊枪在 Q235B 钢板上进行反复引弧，观察在引弧过程中焊枪产生的放电现象，如图 1–21 所示。

图 1–21　钨极氩弧焊引弧

知识点 1–17　噪声的危害及防护措施

有害因素种类	说明	危害	防护措施
噪声	在焊接生产现场会出现不同的噪声源，如对坡口的打磨、装配时锤击焊缝、等离子切割等。在生产现场，操作人员在 90 dB 的噪声中工作 8 h 就会对听觉和神经系统造成伤害。	1. 对听觉器官产生影响，强烈的噪声还可以引起视觉障碍、噪声性外伤、耳聋等症状； 2. 噪声容易引起血压升高、心跳过速等症状，还会使人感到厌倦、烦躁等。	1. 采用低噪声工艺及设备； 2. 采取隔声措施； 3. 采取吸声、降噪措施，降低室内混响声； 4. 操作者应佩戴隔音耳罩或隔音耳塞等个人防护用品。

知识点 1–18　高频电磁场的危害及防护措施

有害因素种类	说明	危害	防护措施
高频电磁场	非熔化极氩弧焊和等离子引弧时，为了迅速引燃电弧，需由高频振荡器来激发引弧，故存在高频电磁场。	人体长期处于高频电磁场的作用下，会引起神经衰弱及植物神经功能紊乱，严重时血压不正常。	1. 减少高频电磁场的作用时间； 2. 尽可能地降低振荡器频率； 3. 保持工件良好的接地； 4. 屏蔽把线及软线。

任务 1.2 测评

一、知识评价

请结合实际案例对术语进行解读。每个术语 25 分，共计 100 分。

（1）电离辐射　（2）粉尘　（3）噪声　（4）高频电磁场

二、技能评价

对表 1–3 所列作业内容，操作规范即得分，操作错误或未操作即零分。其中，学生自评占 20%，学生互评占 20%，教师评价占 60%。

表 1–3　“观察焊接有害因素”技能评价表

序号	作业内容	配分	学生自评得分	学生互评得分	教师评价得分
1	观察电弧辐射	25			
2	观察粉尘及有害气体	25			
3	辨听噪声	25			
4	观察高频电磁场	25			
总分		100			
综合评价		100			

三、素养评价

对表 1–4 所列素养点，做到即得分，未做到即零分。其中，学生自评占 20%，学生互评占 20%，教师评价占 60%。

表 1–4　“观察焊接有害因素”素养评价表

序号	素养点	配分	学生自评得分	学生互评得分	教师评价得分
1	按时出勤，无迟到早退	10			
2	准备充分，无手忙脚乱	10			
3	积极互动，无消极态度	10			
4	安全作业，无安全隐患	10			
5	保护环境，无乱扔乱倒	10			
6	规范标准，无野蛮操作	10			
7	团队协作，无不洽关系	10			
8	场地“5S”	10			
9	团队协作能力进一步提升	10			
10	职业行动能力进一步提升	10			
总分		100			
综合评价		100			

四、拓展训练

（1）用手机查一查在焊接生产中还有哪些对人体有害的因素。

（2）你能从焊接方法、焊接设备、焊接材料、焊接生产安全管理等方面说出如何降低焊接有害因素对焊工的伤害吗？

（3）请利用思维导图，按照学习目标三要素，对“观察焊接有害因素”的学习收获进行总结。

项目 1 学习成果检测

一、任务描述

根据所学，按照“1+X 特殊焊接技术职业技能中级”证书考核标准，请将图 1–22 中所示的各种焊接防护用品为小组中一名成员穿戴上。

图 1–22　需要穿戴的防护用品

二、实施准备

1. 学生准备

学生按照教学进度计划完成以下学习任务并达到了 75 分以上后，可进行该学习成果的实施。

（1）完成学习成果检测所需的本项目相关知识和方法，得分大于 75 分；

（2）能够运用学习成果检测需要的相关知识和方法进行作业，得分大于 75 分；

（3）按时、按质、按量完成相应作业，得分大于 80 分；

（4）具有自觉遵守技术标准和要求规定、规范操作、安全、环保、“5S”作业、团结协作的好习惯，得分大于 80 分；

（5）能制定图 1–22 所示的各种焊接防护用品穿戴流程。

2. 教师准备

（1）在安排学生实施学习成果前，通过课堂问题研讨、作业、实训和考核及其他方式，确认学生已经具备了实施学习成果所需的知识、技能和素养，并确保学生在安全状态下独立进行；

（2）对协助教师进行测评的学生进行测评和监督方法的培训，确保测评结果的准确性和公平性；

（3）准备好测评记录。

三、验证方法与标准

（1）每位测评人员负责对 2 名学生进行定点、全过程的监控和测评；

（2）详细记录学生在实施学习成果过程中的相关信息、数据、结果、操作方法、完成时间，以及出现错误、事故等情况；

（3）学习成果的作业过程和数据记录等，要求在 10 min 内完成，时间不足，可在即将结束时，由学生口述剩余部分的作业方法；

（4）考核内容及标准见表 1–5。

表 1–5　“项目 1 学习成果检测”考核内容及标准

序号	作业项目	考核内容	考核标准	配分	得分
1	焊工衣服	穿戴规范	未检查防护用品扣 5 分	20	
			错一处扣 5 分		
			错两处以上 0 分		
2	焊工裤子	穿戴规范	未检查防护用品扣 5 分	20	
			错一处扣 5 分		
			错两处以上 0 分		
3	焊工鞋	穿戴规范	未检查防护用品扣 5 分	20	
			错一处扣 5 分		
			错两处以上 0 分		
4	防尘口罩	穿戴规范	未检查防护用品扣 5 分	10	
			错一处扣 5 分		
			错一处以上 0 分		
5	焊工帽	穿戴规范	未检查防护用品扣 5 分	10	
			错一处扣 5 分		
			错一处以上 0 分		
6	焊接手套	穿戴规范	未检查防护用品扣 5 分	10	
			错一处扣 5 分		
			错一处以上 0 分		
7	安全帽	穿戴规范	未检查防护用品扣 5 分	10	
			错一处扣 5 分		
			错一处以上 0 分		
总分				100	

创新之窗

专利案例：一种便于观察周围环境宽视野焊接面罩

本专利案例展示了一种便于观察周围环境宽视野焊接面罩，包括罩体，所述罩体的两侧均设置有挡板，两个所述挡板的一侧面均开设有通槽，所述通槽的内部固定安装有玻璃，所述罩体的前表面中间位置处设置有焊接窗，所述焊接窗的内部设置有护目镜，所述罩体的上方后表面水平对称连接有两个调节杆，如图 1–23 所示。本专利案例涉及焊接面罩技术领域，该便于观察周围环境宽视野焊接面罩，通过滑筒的一端嵌入滑动安装有滑杆，当对工件进行焊接时，工作人员不仅可以手持焊接面罩，而且还可以将焊接面罩戴在头上进行焊接，操作方便，当将焊接面罩戴在头上时，可以根据工作人员的需要来调整眼睛与焊接窗之间的距离，提高了该装置的实用性。

一种便于观察周围环境宽视野焊接面罩

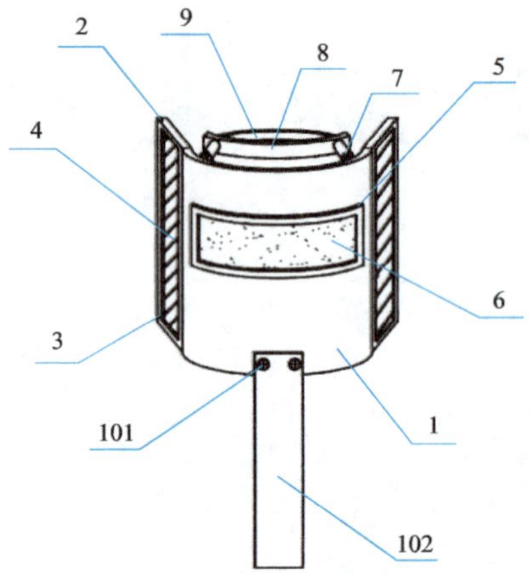

1—罩体；2—挡板；3—通槽；4—玻璃；5—焊接窗；6—护目镜；7—调节杆；8—弧形板；9—固定带；101—固定螺栓；102—握把

图 1–23　一种便于观察周围环境宽视野焊接面罩

创新之门

专利名称：

结合焊接生产实际，请你设计出一款新型的焊接面罩，具体要求如下：

（1）画出所设计面罩简图；

（2）写出该焊接面罩较传统焊接面罩的优势。

项目 2　认识十字柱结构的焊接接头

一、项目描述

对十字柱结构焊接装配图进行识读并校核焊接接头静载强度。

二、项目要求

依据“1+X 特殊焊接技术职业技能中级”证书考核标准，正确分析十字柱结构焊接装配图要求，整理焊接结构生产信息，完成以下作业任务：

（1）识读十字柱结构装配图；

（2）校核十字柱结构接头静载强度。

三、学习目标

1. 职业知识目标

（1）能够说出焊缝代号所代表的含义；

（2）能够归纳十字柱结构焊接装配图的识读方法；

（3）能够总结对接接头的强度校核方法；

（4）能够总结 T 型（十字）接头的强度校核方法。

2. 职业技能目标

（1）能够辨认焊接接头的基本形式；

（2）能够独立识读十字柱结构焊接装配图；

（3）能够规范地、熟练地对十字柱结构进行焊缝强度校核。

3. 职业素养目标

（1）能够养成自觉遵守技术标准和要求规定、规范操作、安全、环保、“5S”作业、团结协作的好习惯；

（2）能够在“做事要有条理性”“做人要有底线”“努力学习，造福祖国”等方面有更加深刻的理解和认识；

（3）通过纸桥竞赛中纸桥的设计和实践，促使学生在对焊接结构理解的同时，充分锻炼和培养创新与实践的能力，充分激发对焊接结构制造的热情和探索精神。

学习载体

本项目的载体为十字柱结构焊接装配图，如图 2–1 所示。

焊接装配图是用来表达金属焊接构件的工程图样，它是指导焊接构件的加工、装配、施焊和焊后处理，并能清楚地表达焊接构件的结构形状、接头形式及尺寸、焊缝位置和焊接要求的技术文件。

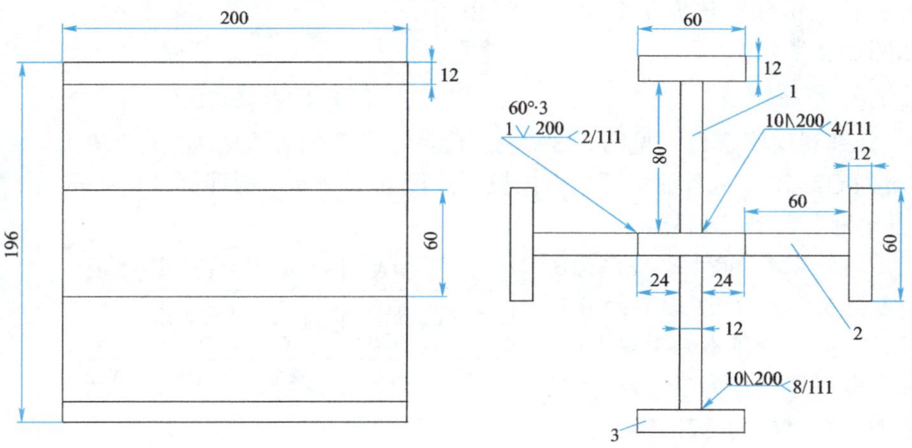

技术要求

1.正确运用焊道的起头、运条、连接和收尾的方法；
2.焊道的起头和连接处基本平滑，无局部过高现象，收尾处无弧坑；
3.每条焊道焊波均匀，无明显咬边；
4.焊后的焊件上不应有引弧痕迹；
5.所有焊缝采用立焊技术完成。

3	翼板	4	Q235B	δ=12
2	腹板2	3	Q235B	δ=12
1	腹板1	2	Q235B	δ=12
序号	名称	数量	材质	备注
设计		十字柱结构	共1张	比例
审核			第1张	1：4

注：1. 在实际工作中，该十字柱结构受到 10 000 N 的剪切应力。

2. 如无特殊标注，本书中涉及到的尺寸单位均为 mm。

图 2–1　十字柱结构焊接装配图

任务 2.1　识读十字柱结构焊接装配图

职业活动

步骤 1　作业准备

选择带有消防措施的作业场地。

步骤 2　获取概括信息

1. 看标题栏

本图为十字柱结构装配图，共 1 张，比例为 1∶4，除此之外，还有设计人员和审核人员名字，如图 2–2 所示。

设计		十字柱结构	共1张	比例
审核			第1张	1∶4

图 2–2　标题栏

2. 看明细表

仔细观察明细表（见图 2–3）会发现，序号 1 代表腹板 1，共 2 块，材质为 Q235B，从备注中可以看出板材厚度为 12 mm，同理可以一一读出其他序号材料的信息。

总体来看，该十字柱结构由 2 块腹板 1、3 块腹板 2 及 4 块翼板，共 9 个基本件组焊而成，所有板材厚度均为 12 mm，所使用的材料材质为 Q235B。

3	翼板	4	Q235B	δ=12
2	腹板2	3	Q235B	δ=12
1	腹板1	2	Q235B	δ=12
序号	名称	数量	材质	备注

图 2–3　明细表

步骤 3　分析焊件视图

想象十字柱结构整体形状。图 2–1 中表达的十字柱结构，采用了主视图和左视图两个视图表达了组成该结构件的结构形状和尺寸，各组成件的位置关系及位置尺寸★。由主视图参照左视图可看出十字柱基本件位置关系，即：以 3 个腹板 2 为基准，在左右 2 个腹板 2 的两端分别放置一个翼板，在中间的腹板 2 上下两侧分别放置 1 个腹板 1，同时在 2 个腹板 1 的外端分别放置 1 个翼板，如图 2–4 所示。

十字柱结构外观

如何做事有条理性

职业知识

知识点 2–1　标题栏及其格式

说明：标题栏通常在图纸的右下角，从中可了解该焊接结构或部件的名称、数量、重量、画图比例、设计单位及有关人员签名等内容。

格式：《技术制图 标题栏》（GB/T 10609.1—2008）对标题栏的内容、格式和尺寸都做了统一规定，典型的焊接装配图标题栏格式如图 2–11 所示。

			比例	材料
			1:2	
制图		弯头		数量
设计				重量
审核				

图 2–11　标题栏格式

知识点 2–2　明细栏及其格式

说明：在焊接装配图中必须对每种构件进行编号，并在标题栏上方绘制明细栏，从中了解各零（构）件的名称及其在装配图上的大致位置，对焊接结构有一个初步印象。

格式：典型的焊接装配图明细栏格式如图 2–12 所示。

4		圆筒	1	Q235A	
3		肋板 δ8	1	Q235A	
2		横板 8×42×100	1	Q235A	
1		立板 δ8	1	Q235A	
序号	代号	名称	数量	材料	备注

图 2–12　明细栏格式

知识点 2–3　视图及其分析方法

说明：视图完整、清晰地表达出焊接构件的结构特征，全部构件的结构形状、构件之间的装配与连接关系。

分析方法：

1. 找出主视图，分析焊接结构装配图的表达方案。

2. 分析其他几个视图（俯视图、左视图和局部视图），搞清各视图之间的关系。

3. 了解每个视图都采用了什么表达方法，为进一步看图打好基础。

★课程思政：做事要有条理性

分析视图时，应按先看主视图，后看其他视图的顺序分析，有助于我们快速准确分析焊件的整体形状。同学们在做事的时候也要做到有条理性，理清思路，计划好自己先做什么重要的事情，再做什么次要的事情。良好的条理性能够提高说话做事的效率。

单位：mm

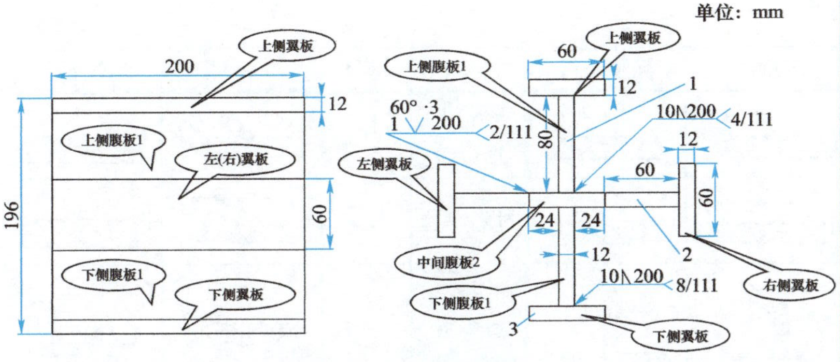

图 2–4　分析焊件视图

步骤 4　确定零件尺寸

十字柱结构总体高度为 196 mm，总长为 200 mm，总宽度为 204 mm，腹板 1 是规格为 200 mm×80 mm×12 mm 的矩形钢板，腹板 2 是规格为 200 mm×60 mm×12 mm 的矩形钢板，翼板是规格为 200 mm×60 mm×12 mm 的矩形钢板，如图 2–5 所示。

单位：mm

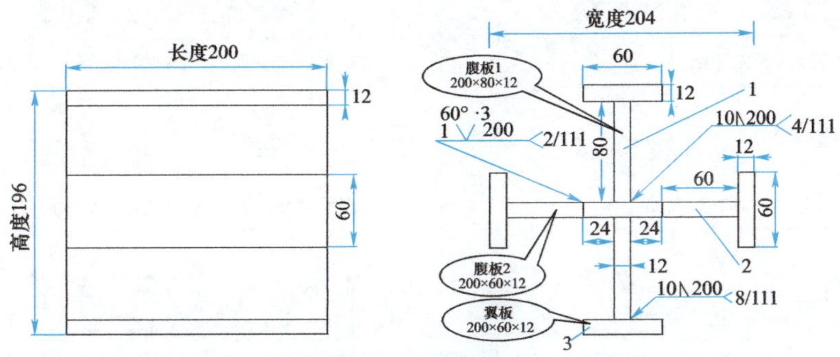

图 2–5　确定零件尺寸

步骤 5　分析焊接接头的形式

在分析十字柱结构装配图视图和零件尺寸时，不难发现，板材与板材之间存在两种类型的接头，分别为对接接头和 T 型接头，如图 2–6 所示。按照板材尺寸和焊缝数量的不同，装配图

知识点 2–4　确定零件尺寸的目的及其基准的选择

说明	装配图中需要注明焊接构件的外形、连接关系、装配、检验、安装时所必须的尺寸，以及确定焊接构件各部分结构形状和相对位置的尺寸。焊接图上的尺寸是制造、检验焊接结构的重要依据。
目的	分析尺寸的主要目的是根据构件的结构特点、设计和制造工艺要求，找出尺寸基准，明确尺寸种类和标注形式。
尺寸基准的选择	对于焊接结构件，通常选取主要的装配面、支撑面、对称面、主要加工或回转体的轴线，作为尺寸基准。

知识点 2–5　焊接接头的基本形式

接头名称	接头形式	说明
对接接头		两板件端面成 135°～180° 夹角的接头形式。
搭接接头	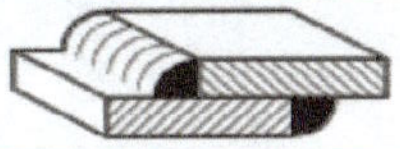	将板件部分重叠起来进行焊接所形成的接头形式。
T 型接头		将一个焊件的端面与另一焊件的表面构成直角或近似直角，用角焊缝连接起来的接头形式。
角接接头	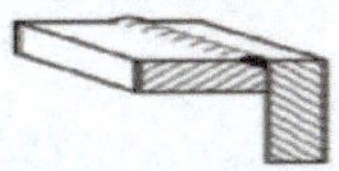	将两板件端面构成 30°～135° 夹角的接头形式。

焊缝接头形式

知识点 2–6　焊接基本符号

名称	符号	示意图	标注示例	名称	符号	示意图	标注示例
I 形焊缝	‖		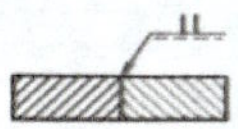	带钝边单边 V 形焊缝	⊬		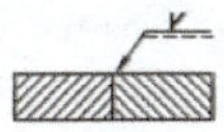
V 形焊缝	V			带钝边 U 形焊缝	Y		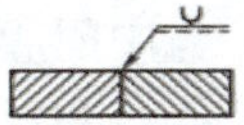

中将相同焊缝进行了合并，并且选择了3个具有代表性的焊缝进行了焊缝尺寸标注，接下来结合指引线分析一下，对于十字柱结构中所有焊缝的具体要求。

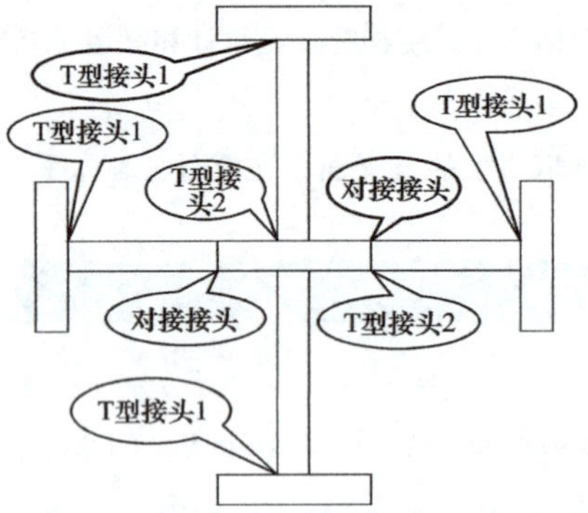

图 2–6　十字柱结构中焊缝的接头类型

1. 腹板 2 与腹板 2 之间的对接接头分析

腹板2与腹板2之间的对接接头，其接头钝边为1 mm，开V形坡口，坡口面角度为60°，根部间隙为3 mm，共2条焊缝，每条焊缝长200 mm，采用焊条电弧焊进行焊接，如图2–7所示。

约定左侧腹板 2 与中间腹板 2 之间的对接接头为焊接接头 1，右侧腹板 2 与中间腹板 2 之间的对接接头为焊接接头 2。

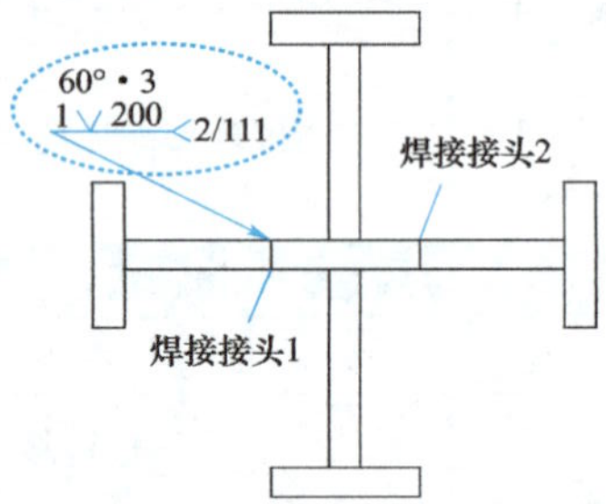

图 2–7　腹板 2 与腹板 2 的对接接头要求

续表

名称	符号	示意图	标注示例	名称	符号	示意图	标注示例
单边V形焊缝	V			带钝边J形焊缝	(带钝边J形符号)		
带钝边V形焊缝	Y			封底焊缝	◡		
角焊缝	◺			点焊缝	○		

知识点 2–7　补充符号（摘自 GB/T 324—2008）

名称	符号	示意图	标注示例	名称	符号	示意图	标注示例
平面	—			圆滑过渡	人		
	平齐的V形焊缝，焊缝表面经过加工后平整				表面平滑过渡的角焊缝		
凹面	◡			永久衬垫	M		
	角焊缝表面凹陷				V形焊缝背面的衬垫永久保留		
凸面	⌒			临时衬垫	MR		
	双面V形焊缝，焊缝表面凸起				V形焊缝背面的衬垫在焊接完成后拆除		
三面焊缝	⊏			周围焊缝	○		
	三面带有（角）焊缝				沿着工件周围施焊的焊缝		
尾部	<			现场焊缝	▶		
	有4条相同的角焊缝采用焊条电弧焊				在现场焊接的焊缝		

2. 腹板 1、腹板 2 与翼板之间的 T 型接头分析

腹板 1、腹板 2 与翼板之间的角焊缝，焊角尺寸为 10 mm，共 8 条焊缝，每条焊缝长 200 mm，采用焊条电弧焊进行焊接，如图 2–8 所示。

约定左侧腹板 2 与翼板之间的 T 型接头为焊接接头 3，右侧腹板 2 与翼板之间的 T 型接头为焊接接头 4，上侧腹板 1 与翼板之间的 T 型接头为焊接接头 5，下侧腹板 1 与翼板之间的 T 型接头为焊接接头 6。

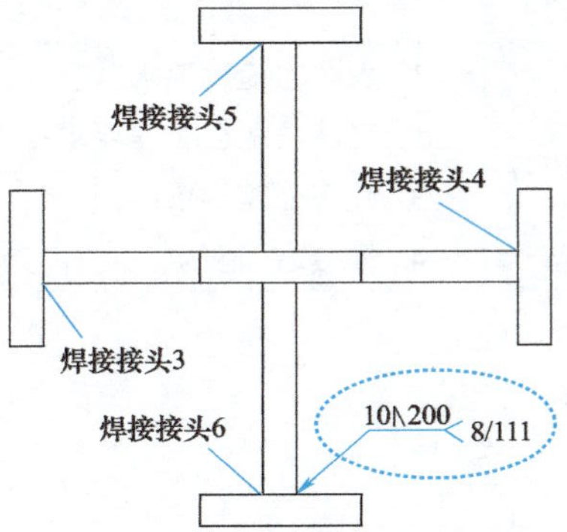

图 2–8　腹板 1、腹板 2 与翼板之间相连的 T 型接头

3. 腹板 1 与腹板 2 之间 T 型接头分析

腹板 1 与腹板 2 之间的角焊缝，焊角尺寸为 10 mm，共 4 条焊缝，每条焊缝长 200 mm，采用焊条电弧焊进行焊接，如图 2–9 所示。

约定上侧腹板 1 与腹板 2 之间的 T 型接头为焊接接头 7，下侧腹板 1 与腹板 2 之间的 T 型接头为焊接接头 8。

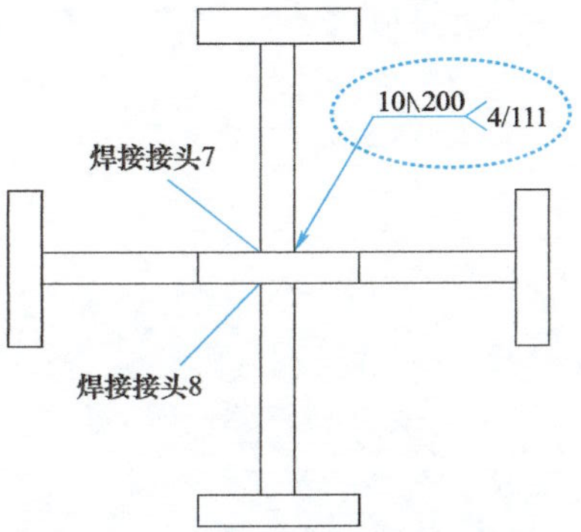

图 2–9　腹板 1 与腹板 2 相连的 T 型接头要求

知识点 2–8　指引线

说　明	指示线的画法
指引线一般由带箭头的指引线（简称箭头线）和两条基准线（一条为细实线，另一条为细虚线）两部分组成。基准线一般与标题栏平行，指引线有箭头的一端指向有关焊缝，细虚线表示焊缝在接头的非箭头侧。在需要表示焊接方法等说明时，可在基准线末端加一尾部符号。	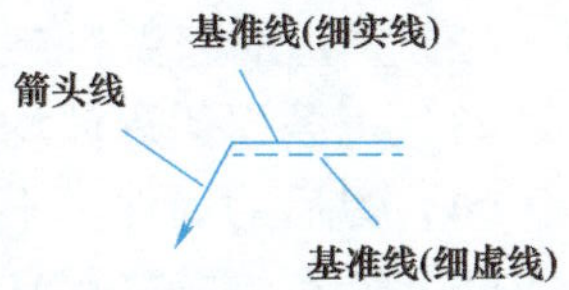

知识点 2–9　尺寸符号的含义及标注的位置（摘自 GB/T 324—2008）

名称	符号	名称	符号	标注位置
工件厚度	δ	焊缝有效厚度	S	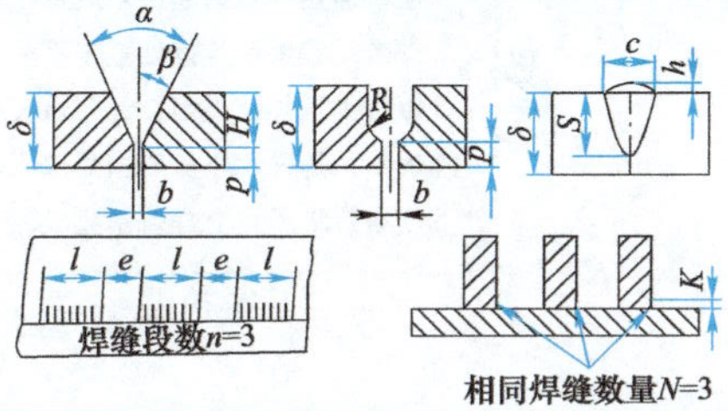
坡口角度	α	根部半径	R	
坡口面角度	β	点焊：熔核直径 塞焊：孔径	d	
根部间隙	b	焊缝长度	l	焊缝尺寸标注规则
钝边	p	焊缝间距	e	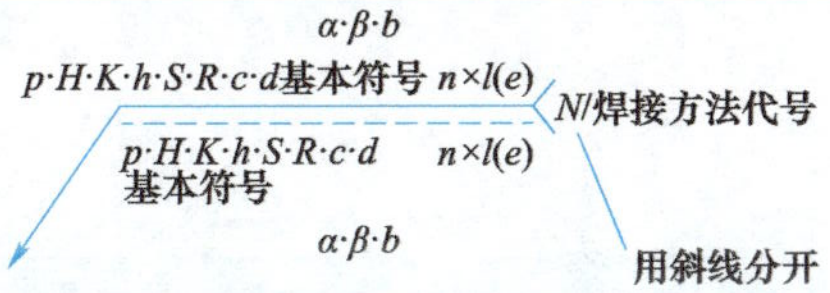
坡口深度	H	焊缝段数	n	
焊缝宽度	c	相同焊缝数量	N	
焊脚尺寸	K	焊缝余高	h	

知识点 2–10　焊接方法代号

焊接方法	代号	焊接方法	代号	焊接方法	代号
电弧焊	1	超声波焊	41	闪光焊	24
焊条电弧焊	111	摩擦焊	42	气焊	3
埋弧焊	12	扩散焊	45	氧乙炔焊	311
熔化极惰性气体保护焊	131	电阻焊	2	氧丙烷焊	312
钨极惰性气体保护焊	141	点焊	21	其他焊接方法	7
压力焊	4	缝焊	22	激光焊	52

步骤 6 了解技术要求

技术要求如图 2–10 所示，主要有：

（1）正确运用焊道的起头、运条、连接和收尾的方法；

（2）焊道的起头和连接处基本平滑，无局部过高现象，收尾处无弧坑；

（3）每条焊道焊波均匀，无明显咬边；

（4）焊后的焊件上不应有引弧痕迹；

（5）所有焊缝采用立焊技术完成。

技术要求

1.正确运用焊道的起头、运条、连接和收尾的方法；

2.焊道的起头和连接处基本平滑，无局部过高现象，收尾处无弧坑；

3.每条焊道焊波均匀，无明显咬边；

4.焊后的焊件上不应有引弧痕迹；

5.所有焊缝采用立焊技术完成。

图 2–10 焊缝其他质量要求

知识点 2–11 技术要求表达方式及包括内容

说明	焊接图上的技术要求是焊接构件制造的质量指标。
表达方式	焊接结构装配图的技术要求可用文字说明，也可用符号（代号）标注。
包括内容	1. 表面粗糙度要求； 2. 尺寸与配合公差要求； 3. 几何公差要求； 4. 焊接方面要求。

任务 2.1 测评

一、知识评价

请结合实际案例对术语进行解读。每个术语 25 分，共计 100 分。

（1）焊接接头　（2）装配图　（3）焊接基本符号　（4）指引线

二、技能评价

对表 2–1 所列作业内容，操作规范即得分，操作错误或未操作即零分。其中，学生自评占 20%，学生互评占 20%，教师评价占 60%。

表 2–1　“识读十字柱结构焊接装配图”技能评价表

序号	作业内容	配分	学生自评得分	学生互评得分	教师评价得分
1	获取概括信息	20			
2	分析焊件视图	20			
3	确定零件尺寸	20			
4	分析焊接接头形式	20			
5	了解技术要求	20			
总分		100			
综合评价		100			

三、素养评价

对表 2–2 所列素养点，做到即得分，未做到即零分。其中，学生自评占 20%，学生互评占 20%，教师评价占 60%。

表 2–2　“识读十字柱结构焊接装配图”素养评价表

序号	素养点	配分	学生自评得分	学生互评得分	教师评价得分
1	按时出勤，无迟到早退	10			
2	准备充分，无手忙脚乱	10			
3	积极互动，无消极态度	10			
4	安全作业，无安全隐患	10			
5	保护环境，无乱扔乱倒	10			

续表

序号	素养点	配分	学生自评得分	学生互评得分	教师评价得分
6	规范标准，无野蛮操作	10			
7	团队协作，无不洽关系	10			
8	场地“5S”	10			
9	团队协作能力进一步提升	10			
10	职业行动能力进一步提升	10			
总分		100			
综合评价		100			

四、拓展训练

（1）图 2–13 所示为一个焊缝接头标注后的结果，试用焊缝代号写出图中包含的焊接生产信息。

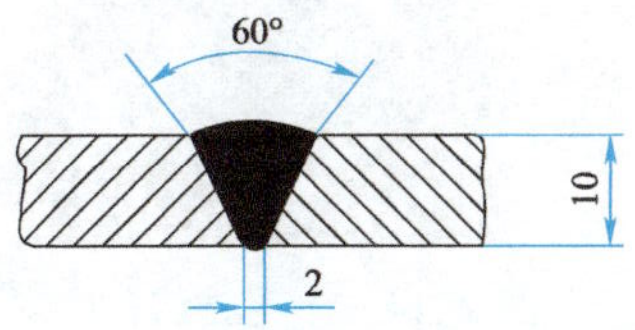

图 2–13　焊缝形式及尺寸

（2）有一个同学由于不认真识读焊接装配图纸，对焊接生产信息领会错误，导致生产工期延误。对于这个同学，你想对他说些什么？

（3）请利用思维导图，按照学习目标三要素，对“识读十字柱结构焊接装配图”的学习收获进行总结。

任务 2.2　校核十字柱结构接头静载强度

职业活动

步骤 1　作业准备

1. 作业场地

选择带有消防设施的作业场地。

2. 设备设施

黑色签字笔、演算纸和计算器。

步骤 2　焊接接头 1（2）强度校核

1. 获取对接接头受力信息

焊接接头 1（2）是十字柱结构中 H 型钢腹板上的两个对接接头，这两个接头涉及的钢板尺寸和受力信息相同。具体地，钢板尺寸均为 200 mm×60 mm×12 mm，钢板开 V 形坡口，坡口角度为 60°，其材质均为 Q235B。在实际工作中，对接接头受到的剪切力 F_S 为 100 000 N，如图 2–14 所示。

图 2–14　十字柱结构中对接接头受力信息

2. 接头形式及受力分析

画出十字柱结构中对接接头形式及受力图，如图 2–15 所示。

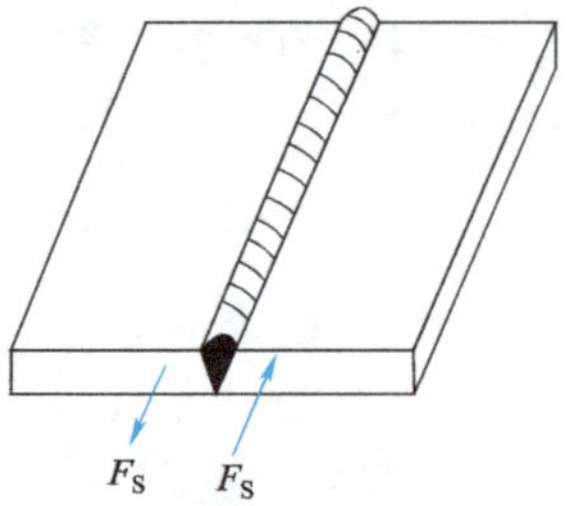

图 2–15　对接接头形式及受力分析

职业知识

知识点 2–12　对接接头静载强度计算的假设

1	残余应力对接头强度没有影响；
2	焊趾处和余高处的应力集中对接头强度没有影响；
3	接头的工作应力是均布的，以平均应力计算；
4	焊缝计算长度取实际长度，计算厚度取两板中较薄者；
5	忽略焊缝的余高和少量的熔深（不包括埋弧焊和 CO_2 焊）对对接接头强度的影响，以最小断面为计算断面。各种对接接头的焊缝计算断面如图 2–20 所示。

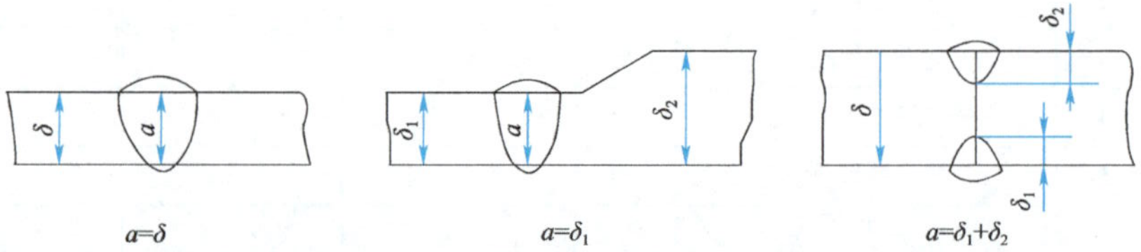

图 2–20　对接接头各种焊缝的计算断面（a 为计算厚度）

知识点 2–13　全部熔透的对接接头的各种受力情况

受力情况

全部熔透的对接接头的受力情况如图 2–21 所示。

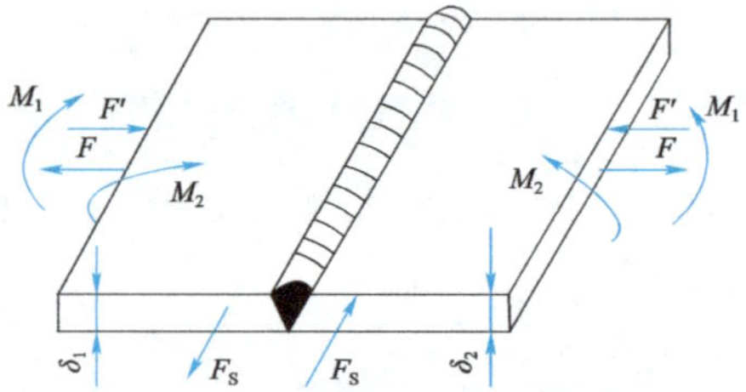

图 2–21　对接接头的受力情况

图 2–21 中 F 为接头所受的拉（或压）力，F_S 为剪切力，M_1 为板平面内的弯矩，M_2 为垂直平面内的弯矩。

3. 强度计算及校核

母材材质为 Q235B，厚度为 12 mm，查表 2–3 和表 2–4 得：材料组别为第一组，许用应力$[\tau']$=98 MPa。

表 2–3　钢材的分组尺寸　　单位：mm

组别	钢材的牌号 Q215 或 Q235 棒钢的直径	Q215 或 Q235 型钢的厚度	Q215 或 Q235 钢板的厚度	Q345（16Mn）钢材的直径或厚度
第一组	≤40	≤15	4～20	≤16
第二组	40～100	15～20	20～40	16～25
第三组	—	>20	—	25～36

注：1. 棒钢包括圆钢、方钢、扁钢及六角钢。型钢包括角钢、工字钢和槽钢。
2. 工字钢和槽钢的厚度是指腹板的厚度。

表 2–4　钢结构焊缝许用应力

焊缝种类	应力种类	符号	自动焊、半自动焊和用 E43 型焊条的手工焊接 构件的钢号 Q215 第一组①	Q215 第二、三组①	Q235 第一组①	Q235 第二、三组①	自动焊、半自动焊和用 E50 型焊条的手工焊 Q345（16Mn）第一组①	Q345（16Mn）第二组①	Q345（16Mn）第三组①
对接焊缝	抗压	$[\sigma_t]$	152	136	166.5	152	235	226	210
对接焊缝	抗拉 自动焊或用精确方法②检查质量的手工焊和半自动焊	$[\sigma'_t]$	152	136	166.5	152	235	226	210
对接焊缝	抗拉 用普通方法检查质量的手工焊和半自动焊	$[\sigma'_t]$	127	117.5	142	127	201	191	181
对接焊缝	抗剪	$[\tau]$	93	83	98	93	142	136	127
角焊缝	抗拉、抗压、抗剪	$[\tau']$	107	107	117.5	117.5	166.5	166.5	166.5

① 钢材按其尺寸分组，分组尺寸见表 2–3。
② 检查焊缝的普通方法指外观检查、测量尺寸、钻孔检查等；精确方法是在普通方法的基础上，用射线或超声波进行补充检查。

知识点 2–14　许用应力法计算对接接头静载强度计算★

说明	静载强度的计算，目前仍采用许用应力法，而接头强度的计算实际上是计算焊缝的强度。因此，强度计算时的许用应力均为焊缝的许用应力。
表达式	对接接头静载强度一般表达式为： $\sigma \leqslant [\sigma']$ 或 $\tau \leqslant [\tau']$ 式中，σ、τ——平均工作应力； $[\sigma']$、$[\tau']$——焊缝的许用应力。

知识点 2–15　受拉或受压对接接头的静载强度计算

受拉	$\sigma_t = \dfrac{F}{L\delta_1} \leqslant [\sigma'_t]$
受压	$\sigma_p = \dfrac{F}{L\delta_1} \leqslant [\sigma'_p]$
说明	式中，F——接头所受的拉力或压力，N； L——焊缝长度，mm； δ_1——接头中较薄板的厚度，mm； σ_t、σ_p——接头受拉或受压时焊缝中所承受的工作应力，MPa； $[\sigma'_t]$——焊缝受拉或受弯时的许用应力，MPa； $[\sigma'_p]$——焊缝受压时的许用应力，MPa。

知识点 2–16　受剪切对接接头的静载强度计算

受剪切	$\tau = \dfrac{F_S}{L\delta_1} \leqslant [\tau']$
说明	式中，F_S——接头所受的切力，N； L——焊缝长度，mm； δ_1——接头中较薄板的厚度，mm； τ——接头焊缝中所承受的切应力，MPa； $[\tau']$——焊缝许用切应力，MPa。

做人要有底线

留白促思

★课程思政：做人要有底线

焊缝的许用应力是接头静载强度的底线，超过它结构就有破坏的危险。底线是一个人做人的原则，没有底线的人，就失去了做事的格局，也没有人敢跟他同行。所以，同学们在做事情的时候也要有自己的底线，只有这样方能更好地成就自己，提升格局。

受剪切力作用，F_S=100 000 N，由式$\tau=\frac{F_S}{L\delta}$，得

$$\tau=\frac{100\,000\ \text{N}}{200\ \text{mm}\times 12\ \text{mm}}=41.67\ \text{MPa}<98\ \text{MPa}$$

该对接接头受剪切应力时，强度符合要求。

步骤 3　焊接接头 3（4）强度校核

1. 获取 T 型接头受力信息

两板角接，尺寸相同，分别为板厚 12 mm、长 200 mm、宽 60 mm，角接接头采用 I 形坡口（即不开坡口），其材质均为 Q235B 钢。在实际工作中，角接接头受到 100 000 N 的剪切力，如图 2–16 所示。

图 2–16　腹板 2 与翼板组成的 T 型接头受力情况

2. 接头形式及受力分析

画出腹板 2 与翼板组成的 T 型接头形式及受力图，如图 2–17 所示。

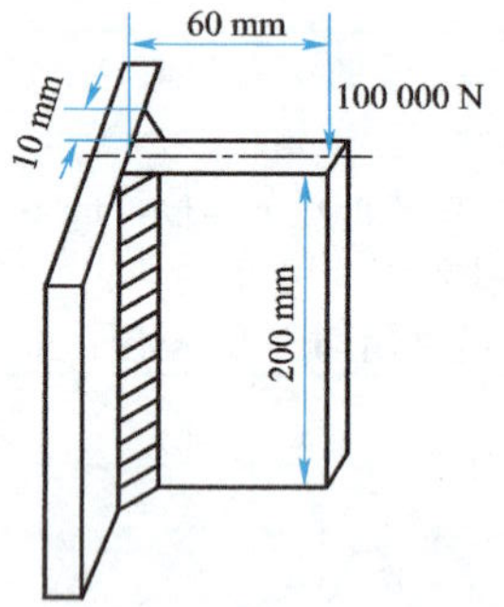

图 2–17　腹板 2 与翼板组成的 T 型接头形式及受力图

知识点 2–17　受弯矩对接接头的静载强度计算

受板平面内弯矩 M_1	$\sigma=\frac{6M_1}{\delta_1 L^2}\leqslant[\sigma_t']$
受垂直板面弯矩 M_2	$\sigma=\frac{6M_2}{\delta_1^2 L}\leqslant[\sigma_t']$
说明	式中，M_1——板平面内弯矩，N·mm； M_2——垂直板面弯矩，N·mm； L——焊缝长度，mm； δ_1——接头中较薄板的厚度，mm； σ——接头受弯矩作用时焊缝中所承受的工作应力，MPa； $[\sigma_t']$——焊缝受拉或受弯时的许用应力，MPa。

知识点 2–18　T 型（十字）接头静载强度计算的假设

1	残余应力对接头强度没有影响。
2	焊趾处和余高处的应力集中对接头强度没有影响。
3	接头的工作应力是均布的，以平均应力计算。
4	正面角焊缝与侧面角焊缝的强度没有差别。
5	焊角尺寸 K 的大小对角焊缝的强度没有影响。
6	角焊缝都是在切应力的作用下破坏的，一切按切应力计算其强度。
7	焊缝计算长度取试件长度，计算厚度取两板中较薄者。
8	以焊缝中最小断面为计算面，如图 2–22 所示。 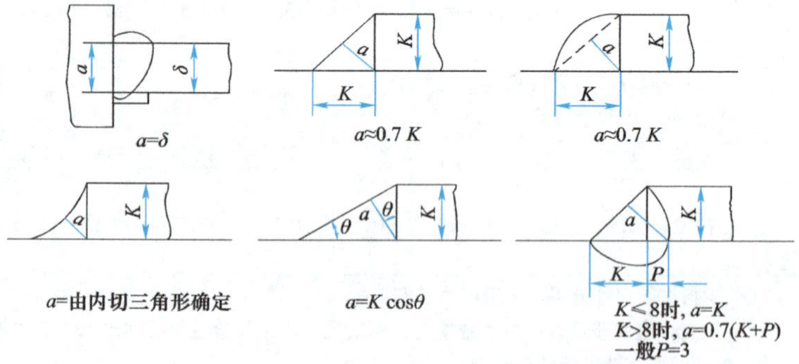 图 2–22　T 型接头各种焊缝的计算面

3. 强度计算及校核

母材材质为 Q235B，厚度为 12 mm，查表 2–3 和表 2–4 得：材料组别为第一组，需用应力[τ]=117.5 MPa。

（1）计算 τ_M

$$\tau_M=\frac{3FL}{0.7Kh^2}=\frac{3\times100\,000\times60}{0.7\times10\times200^2}=64.29\ (\text{MPa})$$

（2）计算 τ_Q

$$\tau_Q=\frac{F}{1.4Kh}=\frac{100\,000}{1.4\times10\times200}=35.71\ (\text{MPa})$$

（3）计算 $\tau_合$

$$\tau_合=\sqrt{\tau_M^2+\tau_Q^2}=\sqrt{64.29^2+35.71^2}=73.54\ (\text{MPa})$$

（4）强度校核

利用强度校核计算公式 $\tau_合\leqslant[\tau]$可得

73.54 MPa＜117.5 MPa

故 T 型接头焊缝强度能满足要求。

步骤 4　焊接接头 5（6、7、8）强度校核

1. 获取 T 型接头受力信息

两板角接，腹板尺寸为板厚 12 mm、长 200 mm、宽 80 mm，翼板尺寸为板厚 12 mm、长 200 mm、宽 60 mm，角接接头采用 I 形坡口，其材质均为 Q235B 钢。在实际工作中，角接接头受到 100 000 N 的剪切力，如图 2–18 所示。

图 2–18　腹板 1 与翼板组成的 T 型接头受力情况

2. 接头形式及受力分析

画出腹板 1 与翼板组成的 T 型

知识点 2–19　T 型（十字）接头的各种受力情况	
说明	T 型（十字）接头分为开坡口和不开坡口。对于开坡口熔透的 T 型接头，如图 2–23 所示，实际是坡口焊缝与角焊缝组合的焊缝，在同样承载能力下，比未开坡口的角焊缝节省大量填充金属材料。
受力情况	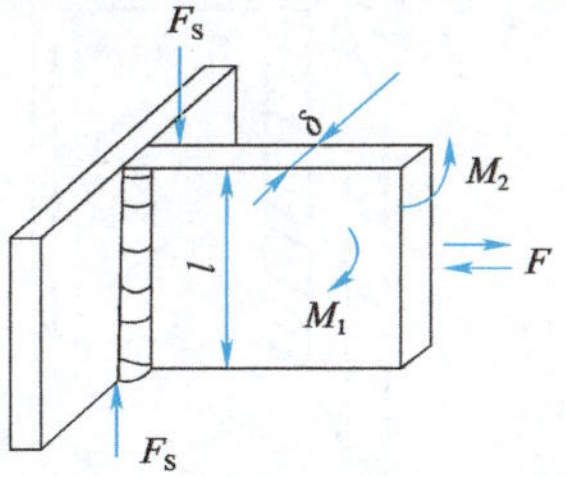 图 2–23　T 型接头的受力情况

知识点 2–20　T 型（十字）接头的静载强度计算	
说明	根据 T 型（十字）接头受到载荷作用的方式不同，接头静载强度有以下两种计算方法。
载荷平行于焊缝的 T 型（十字）接头形式	如图 2–24 所示，首先将作用力 F 平移到焊缝根部平面，并同时附加力偶。产生最大应力的危险点是在焊缝的最上端，该点同时有两个切应力起作用：一个是由 $Q=F$ 引起的 τ_Q；另一个是由 $M=FL$ 引起的 τ_M。τ_Q 和 τ_M 是互相垂直的。 合成切应力 $\tau_合=\sqrt{\tau_M^2+\tau_Q^2}$ 如果 T 型接头开坡口并焊透，强度按对接接头计算，焊缝金属截面积等于母材截面积（$A=\delta h$）；当不开坡口时（I 形坡口），其强度计算公式为： $\tau_M=\frac{3FL}{0.7Kh^2}$ $\tau_Q=\frac{F}{1.4Kh}$ 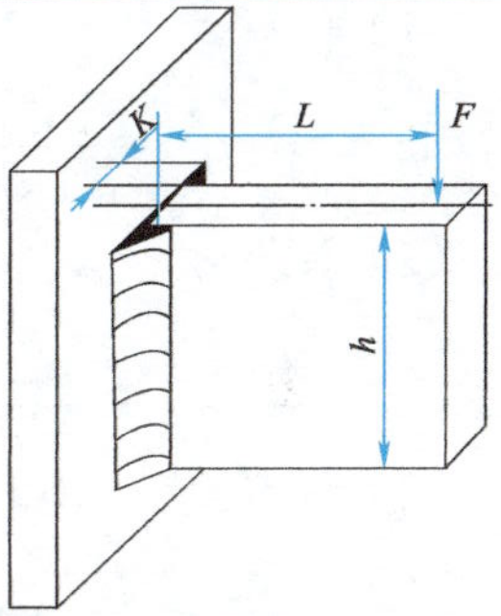 图 2–24　载荷平行于焊缝的 T 型接头

接头形式及受力图，如图 2–19 所示。

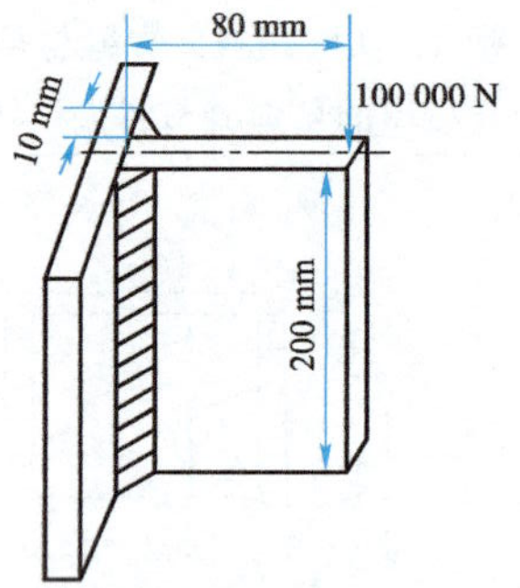

图 2–19　腹板 1 与翼板组成的 T 型接头形式及受力分析

3. 强度计算及校核

母材材质为 Q235B，厚度为 12 mm，查表 2–3 和表 2–4 得：材料组别为第一组，需用应力$[\tau']$=117.5 MPa。

（1）计算 τ_M

$$\tau_M=\frac{3FL}{0.7Kh^2}=\frac{3\times100\,000\times80}{0.7\times10\times200^2}=85.71\ (\text{MPa})$$

（2）计算 τ_Q

$$\tau_Q=\frac{F}{1.4Kh}=\frac{100\,000}{1.4\times10\times200}=35.71\ (\text{MPa})$$

（3）计算 $\tau_{合}$

$$\tau_{合}=\sqrt{\tau_M^2+\tau_Q^2}=\sqrt{85.71^2+35.71^2}=92.85\ (\text{MPa})$$

（4）强度校核

利用强度校核计算公式 $\tau\leqslant[\tau']$可得

$$92.85\ \text{MPa}<117.5\ \text{MPa}$$

续表

弯矩与板面垂直的 T 型（十字）接头的形式及应力分布	如开坡口并焊透，其强度按对接接头计算。当接头没开坡口（I 形坡口）采用角焊缝连接时，如图 2–25 所示，强度计算公式如下： $\tau=\frac{M}{W}\leqslant[\tau']$ $W=\frac{L[(\delta+1.4K)^2-\delta^2]}{6(\delta+1.4K)}$ 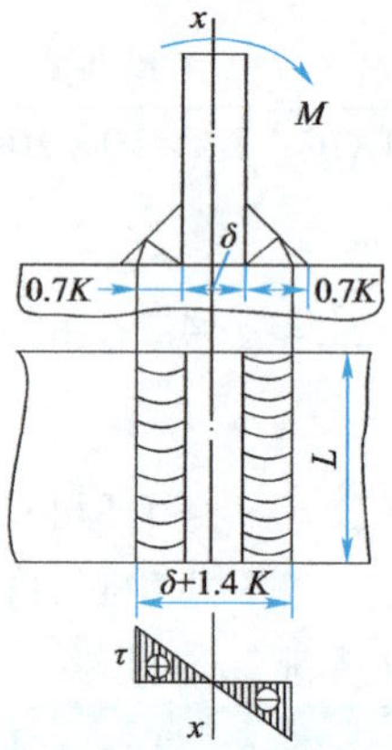 图 2–25　弯矩垂直于板面

任务 2.2 测评

一、知识评价

请结合实际案例对术语进行解读。每个术语 25 分，共计 100 分。

（1）应力集中　（2）静载强度　（3）剪切力　（4）最小断面

二、技能评价

对表 2–5 所列作业内容，操作规范即得分，操作错误或未操作即零分。其中，学生自评占 20%，学生互评占 20%，教师评价占 60%。

表 2–5 “校核十字柱结构接头静载强度”技能评价表

序号	作业内容	配分	学生自评得分	学生互评得分	教师评价得分
1	焊接接头 1（2）强度校核	30			
2	焊接接头 3（4）强度校核	35			
3	焊接接头 5（6、7、8）强度校核	35			
总分		100			
综合评价		100			

三、素养评价

对表 2–6 所列素养点，做到即得分，未做到即零分。其中，学生自评占 20%，学生互评占 20%，教师评价占 60%。

表 2–6 “校核十字柱结构接头静载强度”素养评价表

序号	素养点	配分	学生自评得分	学生互评得分	教师评价得分
1	按时出勤，无迟到早退	10			
2	准备充分，无手忙脚乱	10			
3	积极互动，无消极态度	10			
4	安全作业，无安全隐患	10			
5	保护环境，无乱扔乱倒	10			
6	规范标准，无野蛮操作	10			
7	团队协作，无不洽关系	10			
8	场地“5S”	10			
9	团队协作能力进一步提升	10			
10	职业行动能力进一步提升	10			
总分		100			
综合评价		100			

四、拓展训练

（1）两块板厚为 5 mm、宽为 500 mm 的焊件对接在一起，两端受 284 000 N 的拉力，材料为 Q235A 钢，$[\sigma_t']$=142 MPa，校核其焊缝强度。

（2）一 T 型接头如图 2–26 所示，已知焊缝金属的许用应力$[\tau']$=100 MPa，设计角焊缝的焊脚尺寸 K。

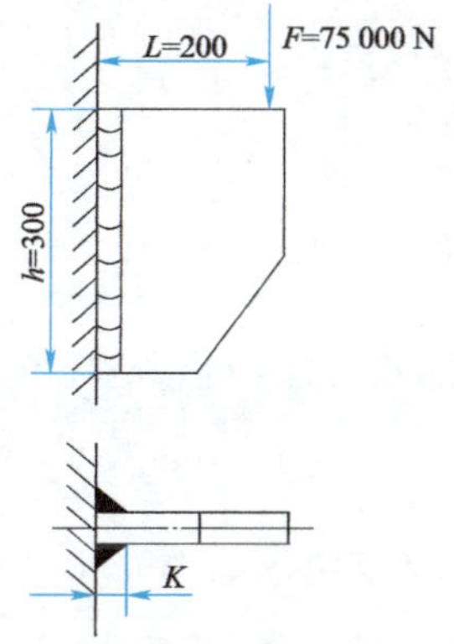

图 2–26　T 型接头的焊脚尺寸设计

（3）请利用思维导图，按照学习目标三要素，对“校核十字柱结构接头静载强度”的学习收获进行总结。

项目 2 学习成果检测

一、任务描述

根据所学，按照“1+X 特殊焊接技术职业技能中级”证书考核标准，请对如图 2–27 所示的装配图进行识读并校核其焊缝强度（已知在实际工作中，该接头受到平面内弯矩作用，弯矩 M=260 N·m）。

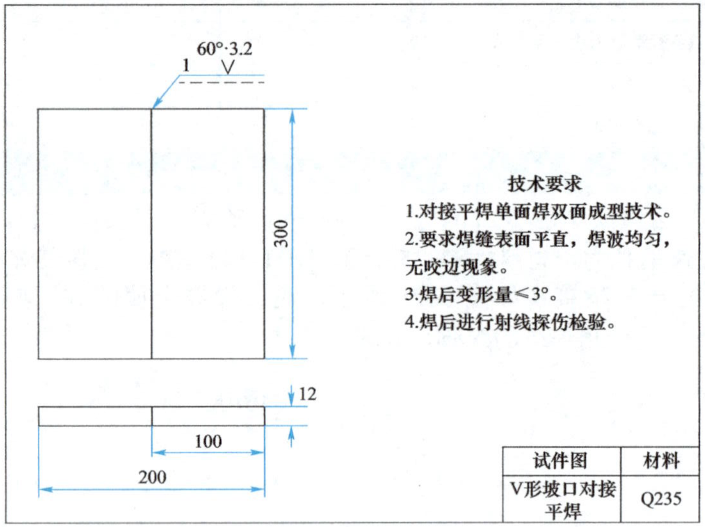

图 2–27　钢板结构图

二、实施准备

1. 学生准备

学生按照教学进度计划完成以下学习任务并达到了 75 分以上后，可进行该学习成果的实施。

（1）完成学习成果检验所需要的相关知识和方法的学习，得分大于 75 分；

（2）能够运用学习成果检测需要的相关知识和方法进行作业，得分大于 75 分；

（3）按时、按质、按量完成相应作业，得分大于 80 分；

（4）具有自觉遵守技术标准和要求规定、规范操作、安全、环保、“5S”作业、团结协作的好习惯，得分大于 80 分；

（5）能制定如图 2–27 所示的钢板结构识读和静载强度校核的工作步骤。

2. 教师准备

（1）在安排学生实施学习成果前，通过课堂问题研讨、作业、实训和考核及其他方式，确认学生已经具备了实施学习成果所需的知识、技能和素养，并确保学生在安全状态下独立进行；

（2）对协助教师进行测评的学生进行测评和监督方法的培训，确保测评结果的准确性和公平性；

（3）准备好测评记录。

三、验证方法与标准

（1）每位测评人员负责对 2 名学生进行定点、全过程的监控和测评；

（2）详细记录学生在实施学习成果过程中的相关信息、数据、结果、操作方法、完成时间，以及出现错误、事故等情况；

（3）学习成果的作业过程和数据记录等，要求在 60 min 内完成，时间不足，可在即将结束时，由学生口述剩余部分的作业方法；

（4）考核内容及标准见表 2–7。

表 2–7　“项目 2　学习成果检测”考核内容及标准

序号	作业项目	考核内容	考核标准	配分	得分
1	识读装配图	获取概括信息	错一处扣 2 分	10	
			错三处以上 0 分		
		观察焊件视图	错一处扣 2 分	10	
			错三处以上 0 分		
		确定零件尺寸	错一处扣 2 分	10	
			错三处以上 0 分		
		分析焊缝要求	错一处扣 2 分	10	
			错三处以上 0 分		
		了解技术要求	错一处扣 2 分	10	
			错三处以上 0 分		
2	静载强度校核	获取接头受力信息	错一处扣 2 分	10	
			错三处以上 0 分		
		画接头受力分析图	错一处扣 2 分	10	
			错三处以上 0 分		
		强度计算及校核	错一处扣 6 分	30	
			错三处以上 0 分		
总分				100	

创新之窗

纸桥承重竞赛

1. 材质要求

（1）最多使用 20 张 A4 打印纸，可以通过裁剪、折叠制作成各种所需形状；

（2）仅限使用普通胶水（浆糊、固体胶）连接各个部分，不得使用透明胶带及其他材料。

2. 纸桥参数要求

（1）桥梁要求做工完整、稳定，符合实际工程建筑基本要求；

（2）纸桥平放时，桥面最低处距地面不得少于 5 cm，承重点和地面之间必须架空；

（3）两桥墩的最近距离不得少于 20 cm；

（4）桥面上能稳定放上一个直径 12 cm 的圆盘，圆盘要有一定的强度且重量要轻；

（5）纸桥全重不超过 100 g。

3. 评估标准

在作品符合纸桥材质和参数要求的前提下，评估规则如下：

（1）0 g 起，逐量添加重物；

（2）添加重物后 5 s 纸桥未倒塌视为有效承重量；

（3）以倒塌时的承重量为最大承重量；

（4）因桥身平衡而倒塌的视为无效；

（5）承重最大值相同的作品以自重小者为获胜者。

创新之门

纸桥名称：

请同学们根据纸桥承重竞赛的材质要求、纸桥参数要求和评估标准，以小组为单位自主设计一款纸桥参加竞赛，并为其取好名字。

案例视野拓展——焊接结构分类及特点

案例 2-1　上海卢浦大桥

图 2-28　上海卢浦大桥

2002 年 10 月 7 日，卢浦大桥在上午十点合龙，黄浦江上 100 m 高度出现划时代的一幕，第一个横跨黄浦江两岸的固定钢结构将改写了世界桥梁建筑史，图 2-28 所示为上海卢浦大桥建成后的结构形式。这是一次前无古人的探险，这是一座无人闯入的高峰，横跨 550 m 过江，在世界拱桥建造史上绝无仅有。主桥 3.5 万 t 钢结构全部现场焊接，构筑完美的流线造型。

2002 年，卢浦大桥建成后是世界上跨度最大的拱桥，比当时世界上跨度第一的美国西弗吉尼亚钢结构拱桥还长 32 m。

案例 2-2　苏通大桥

图 2-29　苏通大桥

2008 年 4 月 28 日，全长 32.4 km、主跨 1 088 m 的苏通大桥在通车的那一刻成为世界最大跨径斜拉桥，如图 2-29 所示，创造了最深桥梁桩基础、最高索塔、最大跨径、最长斜拉索等 4 项斜拉桥世界纪录，它是中国由“桥梁建设大国”向“桥梁建设强国”转变的标志性建筑。

苏通大桥主桥钢箱梁多种形式的焊缝总长达到了 1 000 km，这个长度，接近于苏州到北京的距离。

知识视野拓展——焊接结构分类及特点

知识点 2-21　焊接结构的分类

说明	焊接结构形式各异，繁简程度不一，类型很多，但焊接结构都是由一个或若干个不同的基本构件组成的，如梁、柱、桁架、箱体、容器等。分类的方法有几种，按半成品的制造方法可分为板焊结构、铸焊结构、锻焊结构、冲焊结构等；按结构的用途则可分为车辆结构、船体结构、飞行结构、容器结构等；按材料厚度可分为薄壁结构、厚壁结构；按材料种类可分为钢制结构、铝制结构、钛制结构等；现在国内通用的分类方法是根据焊接结构的工作特性来分类。主要分为以下几种类型。
梁及梁系结构	梁是在一个或两个主平面内承受弯矩的构件。这类结构的工作特点是结构件受横向弯曲，当多根梁通过焊接组成梁系结构时，各梁的受力情况变得比较复杂，如大型水压机的横梁、桥式起重机的主梁（见图 2-33）等。  图 2-33　桥式起重机主梁
柱类结构	轴心受压和偏心受压（带有纵向弯曲）的构件。柱和梁一起组成厂房、高层房屋和工作平台的钢骨架。这类结构的特点是，承受压力或在受压的同时又承受纵向弯曲。与梁类结构一样，柱类结构的断面形状大多为 I 形、箱形或管式圆形断面。图 2-34 为焊接柱结构，主要由柱头、柱身和柱脚三部分组成。 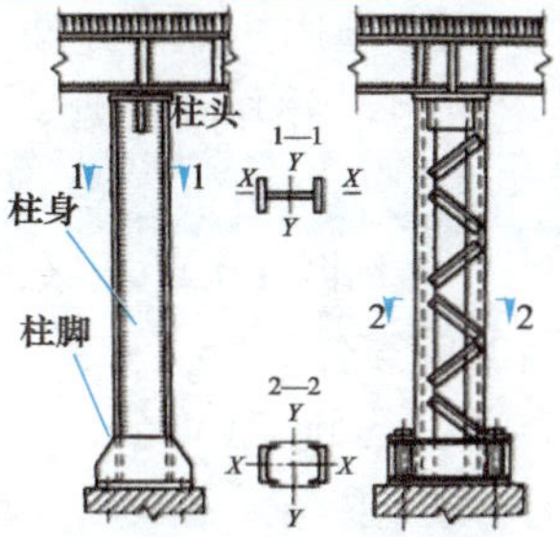 图 2-34　焊接柱结构
桁架结构	常用于大跨度的厂房、展览馆、体育馆和桥梁等公共建筑中。这里的桁架指的是桁架梁，是格构化的一种梁式结构。 其主要结构特点在于各杆件受力均以单向拉、压为主，通过对上下弦杆和腹杆的合理布置，可适应结构内部的弯矩和剪力分布。桁架结构布置灵活，应用非常广泛，如用于大中型工业和民用的建筑、门式起重机等。

案例 2–3　福清核电 5 号机组反应堆压力容器

核电设备中要求最高的是核反应堆压力容器。核反应堆压力容器一般由高强度低合金钢锻件焊接而成，锻件厚度通常在 200 mm 以上，压力容器长期在高温高压下工作，并承受中子和 γ 射线辐照。

“华龙一号”首堆福清核电 5 号机组反应堆压力容器（见图 2–30）净重 316 t，毛重 347.63 t。作为压水堆核电站中的关键设备之一，具有制造技术标准高、难度大和周期长等特点，而且是不可更换的设备，须保证其在核电站寿命期内绝对安全可靠。

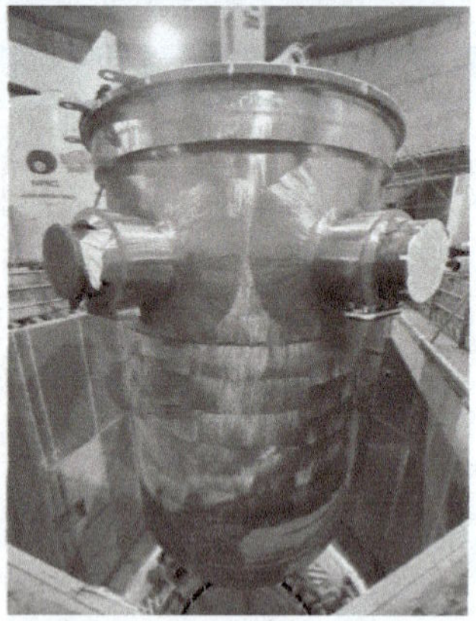

图 2–30　吊装中的福清核电 5 号机组反应堆压力容器

“华龙一号”是我国自主研发的第三代核电技术，其安全性相比目前普遍使用的二代和二代改进型核电机组有大幅提高，特别是在极端事故条件下，可 72 h 无需人工干预保证核反应堆安全。而它的经济性也优于当前主流三代核电技术。除在国内投入建造外，我国已在巴基斯坦开工建设两台“华龙一号”核电机组，并与阿根廷、英国等多个国家达成了建造合作意向。

案例 2–4　国家体育场

位于北京市朝阳区北辰西路奥林匹克公园的国家体育场（鸟巢）是 2008 年奥运会主会场，占地 21.4 公顷，总建筑面积约 25.8 万 m^2。由钢结构与混凝土结构组成（见图 2–31）。空间钢结构由 24 榀门式桁架围绕着体育场内部碗状看台区旋转而成，结构组件相互支撑，形成网状格架，组成体育场整体的“鸟巢”造型。桁架杆件截面均为箱形断面，整体构件为复杂的扭曲构件。

图 2–31　国家体育场外观

续表

板壳结构	这类结构大多用钢板成型加工后拼焊而成，并且承受较大的内压或外压载荷，因此要求焊接接头具有良好的气密性，一旦焊缝失效，将造成重大损失，因此对这类结构的设计和制造应按国家有关标准进行。板壳结构是充分发挥焊接结构水密、气密特点，运用最广、用钢量最大的结构。它包括各种焊接容器、立式和卧式储罐（圆筒形）、球形容器（包括水珠状容器），各种工业锅炉、废热锅炉、电站锅炉的汽包，各种压力容器，以及冶金设备（高炉炉壳、热风炉、除尘器、洗涤塔等）、水泥窑护壳、水轮发电机的蜗壳等。图 2–35 为圆柱形压力容器。  图 2–35　圆柱形压力容器 压力容器结构认识
杆系结构	由若干杆件按照一定的规律组成几何不变结构，其特征是每根杆件的长度远大于宽度和厚度，即截面尺寸较小。常见的塔式起重机的臂架和塔身是杆系结构，高压输电线路塔架、变电构架、广播电视发射塔架也是杆系结构。
骨架结构	大多数用于起重运输机械，通常受动载荷作用，故要求它具有较轻的重量和较大的刚度。如北京奥运会主体育场“鸟巢”★、船体钢筋、客车棚架、列车和汽车箱体等，均属于此类结构，图 2–36 所示为典型的船体结构。 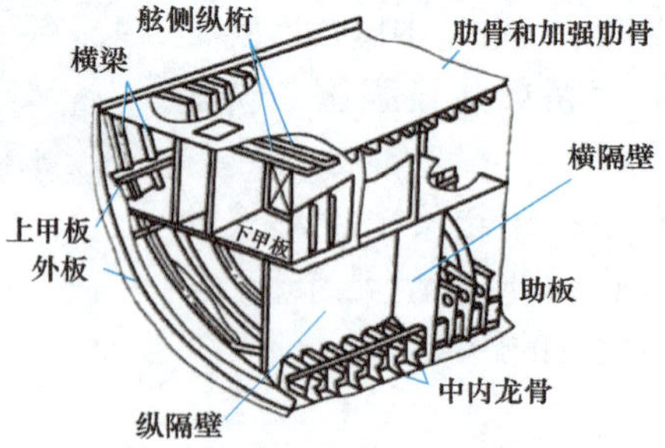 图 2–36　船体结构 钱学森报效祖国的决心

★课程思政：努力学习，造福祖国

2008 年，400 吨自主创新、具有知识产权的国产 Q460 钢材撑起了“鸟巢”的铁骨钢筋。国产 Q460 的出现是我国制造业不断强大的体现，作为焊接专业的学生，我们每一个人都要努力学习专业知识，将来为祖国制造业的飞速发展贡献自己的一份力量。

案例 2–5　三峡右岸水轮机转轮

2006 年 10 月 10 日，由东方电机股份有限公司制造的、具有中国完全自主知识产权的首台国产三峡右岸水轮机转轮由四川德阳发往三峡建设工地，如图 2–32 所示。这台三峡右岸水轮机转轮由上冠、下环和 13 块叶片组焊而成，其外径 10 m，高 5.23 m，全部为不锈钢材料，净重 473 t，比三峡左岸转轮增加重量 50 t。

图 2–32　首台国产三峡右岸水轮机转轮出厂

这台水轮机转轮的成功研制从根本上改变了中国巨型水轮发电机组研发技术依靠国外进口的状况，表明中国已经进入世界巨型水力发电设备研发制造先进国家行列。

案例 2–6　焊接工艺减轻产品重量

120 000 kN 水压机改用焊接方式焊接结构后，主机重量减轻 20%～26%，上梁、活动横梁减轻 20%～40%，下梁减轻 50%。

案例 2–7　焊接工艺增加制造灵活性

热壁加氢反应器，内壁要有抗氢腐蚀能力，如全用抗氢钢卷制，贵而不划算，尿素合成塔则要耐包括尿素在内多种化工产品的腐蚀，故这类厚壁筒内壁采用堆焊不锈钢（或镍基合金）来制造。

采用不同材料制造，不仅满足了结构使用性能，而且降低了制造成本。

案例 2–8　焊接工艺减少生产成本

某大型颚式破碎机改用焊接结构后，节约生产费用 30 多万元，成本降低了 20%～25%。

案例 2–9　焊接工艺减少制造工时

在现代造船厂里，一个自重 20 万 t 的油轮，采用焊接结构，可在不到 3 个月的时间里下水，同样的油轮如用铆接制造，需要一年多的时间才能下水。

续表

机器结构	这类结构主要包括机床大件（机身、立柱、横梁等）、压力机机身、减速器箱体及大型机器零件等。这类结构通常在交变载荷或重复性载荷下工作，必须具有精确的尺寸，才能保证主要部件或仪表零件的加工质量，图 2–37 为卧式车床焊接机身。	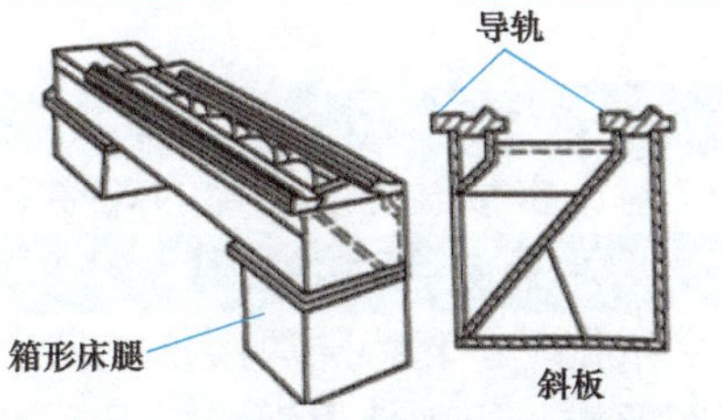 (a) 机身简图　(b) 机身断面结构形式 图 2–37　卧式车床焊接机身

知识点 2–22　焊接结构的优点

1	焊接接头的强度高。由于铆接接头需要在母材上钻孔，因而削弱了接头的工作截面，使其接头强度低于母材。
2	焊接结构设计的灵活性大。通过焊接，可以方便地实现多种形状和不同厚度的材料的连接，甚至可以将不同种类的材料连接起来。
3	焊接接头的密封性好。焊缝处的气密性能和水密性能是其他连接方法所无法比拟的。特别是在高温、高压容器结构上，只有焊接才是最理想的连接形式。
4	焊接结构适用于大型或重型、单件小批量生产的简单产品结构制造，如船体、桁架和球形容器等。
5	焊前准备工作简单。
6	结构的变更与改型快，而且容易。

知识点 2–23　焊接结构的缺点

1	在焊接时难免产生各类焊接缺陷，如果修复不当或缺陷漏检，则会产生过大的应力集中，从而降低整个焊接结构的承载能力。
2	由于焊接结构多是整体的大刚度结构，裂纹一旦扩展，就难以被制止，因此焊接结构对于脆性断裂、疲劳、应力腐蚀和蠕变破坏都比较敏感。
3	焊接结构中存在残余应力和变形。这不仅影响焊接结构的外形尺寸和外观质量，同时也给焊后的继续加工带来麻烦，甚至直接影响焊接结构的强度。
4	焊接会改变材料的部分性能，使焊接接头附近变成一个不均匀体，即具有几何的不均匀性、力学的不均匀性、化学成分的不均匀性和金属组织的不均匀性。
5	对于一些高强度的材料，因其焊接性能较差，更容易产生焊接裂纹等缺陷。

项目 3　加工十字柱结构零件预备材料

一、项目描述

对十字柱结构所使用的焊接原材料进行备料加工。

二、项目要求

依据“1+X 特殊焊接技术职业技能中级”证书考核标准，结合十字柱结构焊接生产装配图要求，正确使用划线、下料和坡口加工设备，完成以下加工作业：

（1）划出十字柱结构零件加工界线；

（2）剪切十字柱结构零件钢板；

（3）切割十字柱结构零件钢板边缘。

三、学习目标

1. 职业知识目标

（1）能够说出焊接结构备料与加工的基础知识；

（2）能够概述划线的加工工艺方法；

（3）能够概述下料与边缘加工的加工工艺方法；

（4）能够归纳各种备料加工设备的工作原理。

2. 职业知识目标

（1）能够掌握剪板机、等离子切割机的使用方法；

（2）能够规范、熟练地对十字柱结构进行划线、下料以及边缘加工作业。

3. 职业素养目标

（1）能够养成自觉遵守技术标准和要求规定、规范操作、安全、环保、“5S”作业、团结协作的好习惯；

（2）能够在“成为一个会守规矩的人”“发挥自己的特长”“不受外界影响，做好自己”“努力成为他人榜样”等方面有更加深刻的理解和认识；

（3）通过对项目内容的学习，在“新型钢材除锈装置”案例启发的基础之上，完成预处理设备的设计，将所学的专业内容与创新教育结合，发挥专业优势、开拓思维眼界、提升创新能力。

学习载体

本项目的教学载体为十字柱结构制造所需的 9 块钢板，如图 3–1 所示，并对其进行备料加工。

本项目以典型焊接结构件的备料与加工为例，使学生在了解焊接结构备料与加工的基本知识，掌握备料与加工工艺，熟悉各种备料加工设备使用的基础上，能够根据给定的焊接结构件正确选择备料加工设备，并能正确使用设备进行加工操作。

图 3–1　十字柱结构备料钢板

任务 3.1　划出十字柱结构零件加工界线

职业活动

步骤 1　作业准备

1. 作业场地

选择周围 10 m 范围内没有易燃易爆物品且有消防措施的作业场地。

2. 设备设施

划线平台。

3. 工量辅具

本任务所使用到的工量辅具见图 3–2。

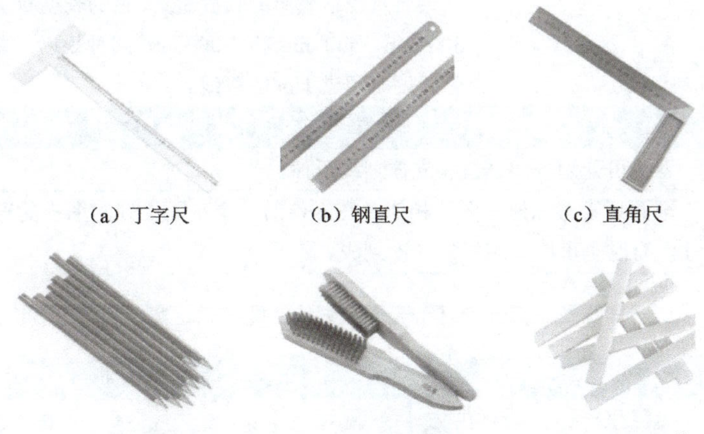

（a）丁字尺　（b）钢直尺　（c）直角尺

（d）划针　（e）钢丝刷　（f）石笔

图 3–2　划线工量辅具

4. 耗材

Q235B 钢板。

5. 穿戴防护用品

按照焊接安全规范，检查防护用品并正确穿戴。

职业知识

知识点 3–1　划线的定义及作用

定义	根据设计图样上的图形和尺寸，准确地按 1:1 的比例在待下料的钢材表面划出加工界线的过程。
作用	确定零件各加工表面的余量和孔的位置。
	使零件加工时有明确的标志。
	可以检查毛坯是否正确。
	可以挽救不合格毛坯。

知识点 3–2　划线的常用工具

划针	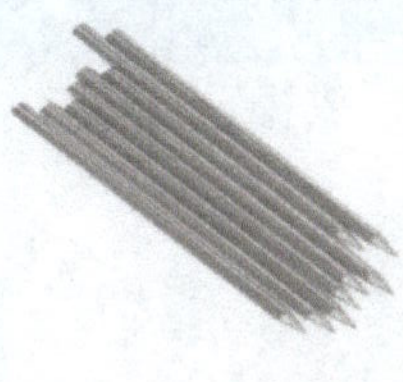	划针是在工件表面划线条的工具，尖端成 15°～20°，不易磨损和变钝。划线时，划针的尖端必须紧靠钢板尺或样板，划针应朝向划线方向倾斜 50°～70°，同时向外倾斜 10°～20°，以保证划线的精度在 0.25～0.5 mm 之间★。 成为一个守规矩的人
石笔		石笔用于要求较低或较大构件的划线，石笔在使用前应将头部磨成斜楔形，以保证划出的线尽可能准确。
粉线	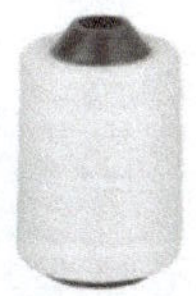	粉线用于划较长的直线，平时粉线绕于粉线盘上。使用时将粉线拉出，并通过粉袋被涂敷上白粉，然后对准线段的两端，再绷紧弹出所需要的直线。
划规		划规是划圆或划弧线，等分线段、角度及量取尺寸等操作所使用的工具。其用法与制图中的圆规类同。

★课程思政：成为一个守规矩的人

划线精度必须要在规定的误差范围内，这个是划线的规矩。同学们在学校也应当按照学校的规定进行生活，工作后要遵守工作单位的规定。一个强大的人首先要学会的就是如何适应自己生活和工作环境中的规矩，所以同学们要努力成为一个会守规矩的人。

步骤 2　备料

准备一块长度和宽度足够，厚度为 12 mm 的 Q235B 钢板，如图 3–3 所示。

图 3–3　Q235 钢板

步骤 3　检查原材料

仔细检查材料的质量、牌号、规格及表面质量，合格后方可投入使用。

步骤 4　清理原材料

用钢丝刷认真清理钢板表面，并将材料垫平、放稳，如图 3–4 所示。

图 3–4　钢丝刷清理钢板表面

步骤 5　开始划线

腹板 1、腹板 2 和翼板的划线就是在钢板上划矩形。针对本次任务，由于零件形状简单，可以借助丁字尺来完成。划线时注意各个零件在板材上的位置要合理分布，减少搭边和边距，即要做到合理排样。具体划线步骤如下。

续表

地规	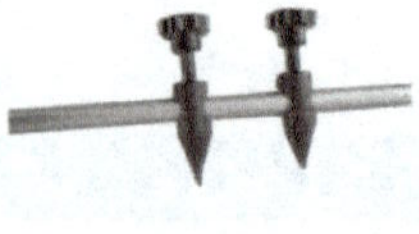	地规用于划大圆或大圆弧。其长杆采用长方形的木质杆或圆形钢管等制成，划规脚套在长杆上可往返移动，当其位置确定以后，用紧固螺钉锁定。 地规划线
直角尺		直角尺有扁平直角尺和带肋直角尺两种，扁平直角尺主要用于划直线或检验工件的垂直度；带肋直角尺，其一边是一条凸出的肋板，使用时将肋板紧靠型钢，既可划垂线又可划特殊角度的直线。
样冲		样冲用于在工件上打出样冲眼或在钻孔中心处冲出钻眼，防止钻头滑移。
钢直尺	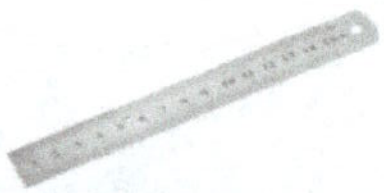	钢直尺是最简单的长度量具，它的长度有 150 mm、300 mm、500 mm 和 1 000 mm 四种规格，主要用于划长度不超过 1 m 的直线。

知识点 3–3　划线的分类

说明	划线可分为平面划线和立体划线两种。
平面划线	平面划线与几何作图法相似，在工件的一个平面上划出图样的形状和尺寸，有时也可以采用样板一次划成。
立体划线	立体划线是在工件的几个表面上划线，即在长、宽、高三个方向上划线。

知识点 3–4　合理排样

说明	实际生产中，排样的方法可分为有废料排样、少废料排样和无废料排样三种，如图 3–10 所示。	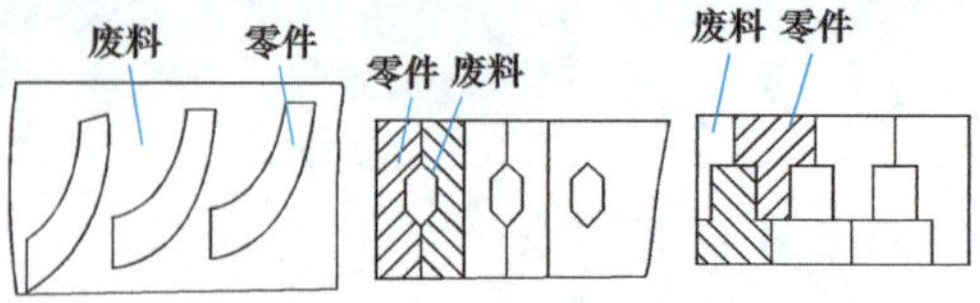(a) 有废料排样　(b) 少废料排样　(c) 无废料排样 图 3–10　合理排样
搭边	排样时，工件与工件之间或孔与孔间的距离称为搭边。	
边距	工件或孔与坯料侧边之间的余量称为边距。	

（1）将丁字尺卡在钢板边缘，量取 200 mm，做好标记，如图 3–5（a）所示。

（2）保持丁字尺卡在钢板边缘，同时移动丁字尺，在钢板上的其他位置量取 200 mm，并做好标记，如图 3–5（b）所示。

（3）利用丁字尺将两个标记点连接成一条直线，从而确定板材长度直线，如图 3–5（c）所示。

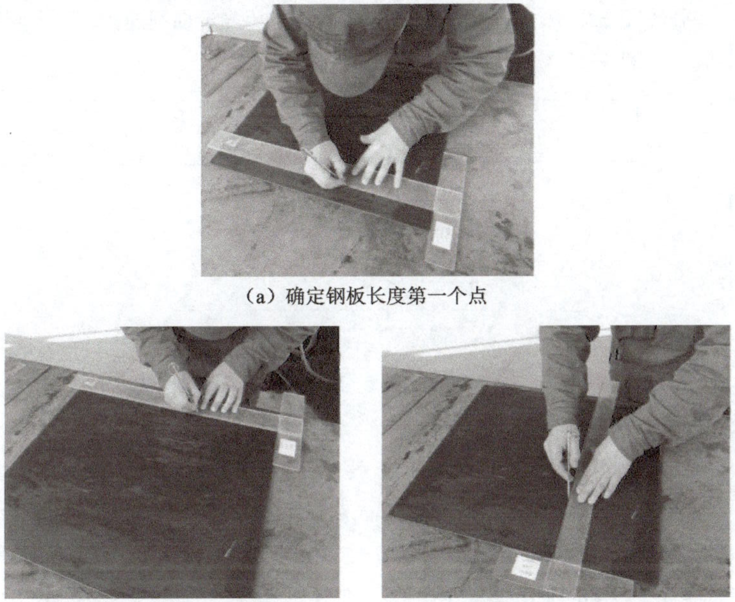

（a）确定钢板长度第一个点　（b）确定钢板长度第二个点　（c）连接第一个点与第二个点

图 3–5　确定钢板长度

（4）在长度直线上依次标注出 7 个标记，间距为 60 mm，完成 3 个腹板 2 和 4 个翼板的划线任务，如图 3–6（a）所示。同时，在钢板上标记好板材宽度。

（5）同理，在钢板上划出 2 个腹板 1 的尺寸，间距为 80 mm，如图 3–6（b）所示。同时，在钢板上标记好板材宽度。

知识点 3–5　划线的基本原则	
1	划垂线必须用作图法。
2	用划针或石笔划线时，应紧贴直尺或样板的边沿。
3	圆规在钢板上划圆、圆弧或分量尺寸时，先打上样冲眼，以防圆规尖滑动。
4	平面划线应遵循先划基准线，后按由外向内、从下到上、从左到右的顺序。

知识点 3–6　钢板的划线

直线

根据直线长度的不同可以选择不同的划线工具进行划线，具体如下：

（1）直线长不超过 1 m 时可用直尺划线；

（2）直线长不超过 5 m 时用弹粉法划线；

（3）直线超过 5 m 时用拉钢丝的方法划线。

弹粉法划线

矩形

矩形的划线可以采用几何作图法或辅助工具法完成。

1. 几何作图法

首先在钢板上用钢直尺和石笔划出 AB 的边长，如图 3–11（a）所示，然后用作图法确定垂线，如图 3–11（b）所示，最后在两条垂线上分别确定 AD、BC 的边长，最后连接 DC，如图 3–11（c）所示。

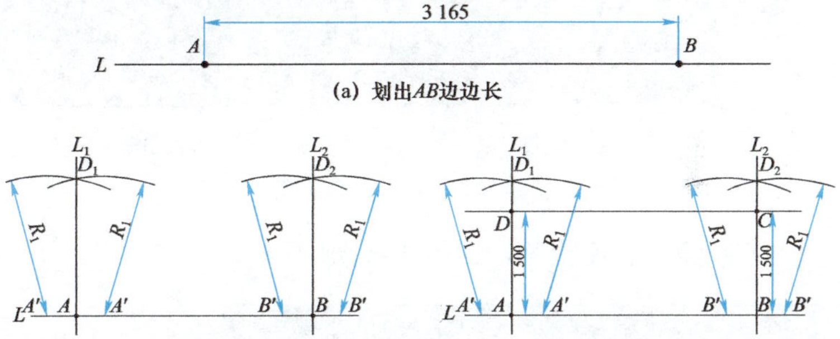

（a）划出 AB 边长　（b）确定垂线　（c）确定 AD、BC 边长

图 3–11　几何作图法划矩形

2. 辅助工具法

借助辅助工具或量具完成矩形划线任务，例如利用丁字尺、直角尺、钢直尺等工具，完成矩形各边边长的划线。

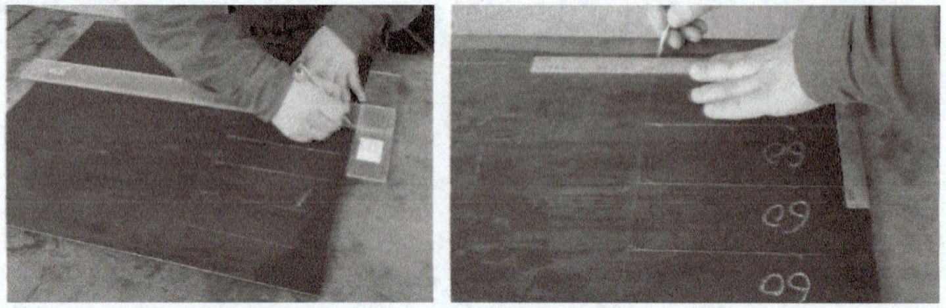

（a）　　（b）

图 3–6　确定钢板宽度

步骤 6　检验

划好的矩形要对其长、宽和对角线的尺寸进行检验。

（1）长度检验，如图 3–7（a）所示。

（2）宽度检验，如图 3–7（b）所示。

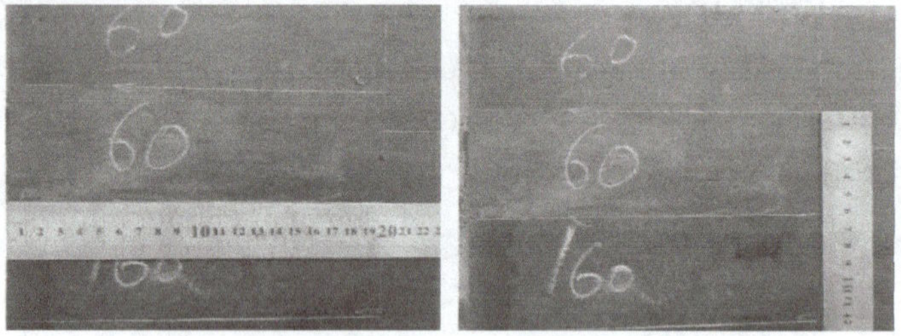

（a）长度检验　　（b）宽度检验

图 3–7　矩形长度、宽度检验

（3）对角线长度检验，如图 3–8 所示。

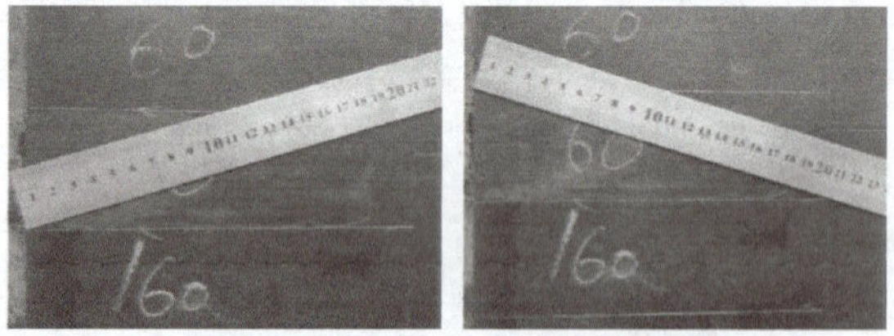

图 3–8　矩形对角线长度的检验

矩形划线后检查尺寸

续表

划圆弧

小直径圆弧使用划规进行划线，中直径圆弧使用地规进行划线，圆弧直径为十几米甚至几十米的大圆弧，只能采用近似几何作图或计算法作图。

（1）大圆弧的近似几何作图法

已知弦长 ab 和弦弧距 cd，先作一矩形 $abef$，如图 3–12（a）所示，连接 ac，并作 ag 垂直于 ac，如图 3–12（b）所示，以相同份数（图上为 4 等分）等分线段 ad、af、cg，对应各点连线的交点用光滑曲线连接，即为所划的圆弧，如图 3–12（c）所示。

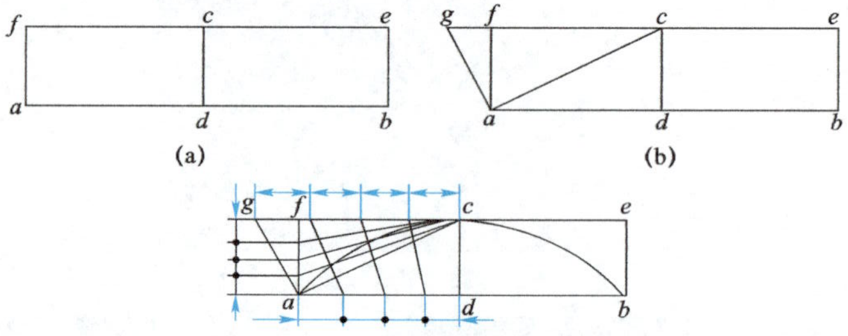

图 3–12　大圆弧的近似几何作图法

（2）大圆弧的计算法

计算法比作图法要准确得多，一般采用计算法求出准确尺寸后再划大圆弧。

例 3–1　如图 3–13 所示，已知大圆弧半径为 R，弦弧距为 ab，弦长为 cg，求弧高（d 为 ac 线上任意一点）。

解：作 ed 的延长线与过 O 的 cg 的平行线相较于点 f。

在△ Oef 中，$Oe=R$，$Of=ad$，所以

$$ef=\sqrt{R^2-ad^2}$$

又 $df=aO=R-ab$，$de=ef-df$，所以

$$de=\sqrt{R^2-ad^2}-R+ab$$

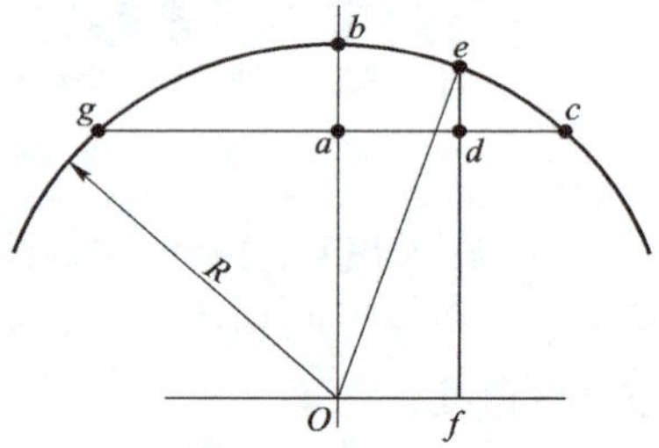

图 3–13　计算法作大圆弧

式中，R、ab 为已知，d 为 ac 线上的任意一点，所以只要设一个 ad 长，即可代入式中求出弧高 de，e 点求出后，即可划出大圆弧 $\overset{\frown}{gec}$。

步骤 7　标注

在划好线的钢板上用石笔注明产品的图号、件号和钢号，以免混淆，如图 3–9 所示。

图 3–9　标注材料重要信息

十字柱结构钢板的划线

步骤 8　清理场地

（1）工作结束后，整理划线与检验工具、量具，清理干净后放回原处，清理工作场地。

（2）将划好线的钢板放到指定地点，不准踩踏、堆放杂物等。

知识点 3–7　标注技术要求

1	划好线后，应将零件尺寸（长度、宽度、厚度）进行标注。
2	划线的毛坯上应注明产品的图号、件号和钢号，以免混淆。
3	划线时，除剪切、切割线外，如果还划出其他工序用线，应加上适当标记以免混淆。

知识点 3–8　划线号料工序中的安全操作注意事项

1	吊料前必须检查钢丝绳、卡钩是否完整与牢固。
2	挂钩时必须找好重心，钢板必须挂稳、挂平，不准用手扶被吊件。
3	放置钢板时，应事先选好位置，放好垫板，禁止边落料边放置或调整垫块。
4	不得在被吊件下方工作，翻转大型工件时，人要离开工件翻转的范围。
5	工作场地要经常保持整洁，样板、零件及边角料应堆放整齐，严禁乱丢乱扔。
6	打样冲时，应戴防护眼镜，拿锤子的手不要戴手套。
7	在对型钢划线打样冲时，必须将型钢放稳，以防翻转伤人。

桥式起重机吊装

任务 3.1 测评

一、知识评价

请结合实际案例对术语进行解读。每个术语 25 分，共计 100 分。

（1）划线　（2）备料　（3）合理排样　（4）平面划线

二、技能评价

对表 3–1 所列作业内容，操作规范即得分，操作错误或未操作即零分。其中，学生自评占 20%，学生互评占 20%，教师评价占 60%。

表 3–1　“划出十字柱结构零件加工界线”技能评价表

序号	作业内容	配分	学生自评得分	学生互评得分	教师评价得分
1	作业准备	10			
2	备料、检查原材料、清理原材料	20			
3	开始划线	30			
4	检验	10			
5	标注	20			
6	清理场地	10			
总分		100			
综合评价		100			

三、素养评价

对表 3–2 所列素养点，做到即得分，未做到即零分。其中，学生自评占 20%，学生互评占 20%，教师评价占 60%。

表 3–2　“划出十字柱结构零件加工界线”素养评价表

序号	素养点	配分	学生自评得分	学生互评得分	教师评价得分
1	按时出勤，无迟到早退	10			
2	准备充分，无手忙脚乱	10			
3	积极互动，无消极态度	10			
4	安全作业，无安全隐患	10			
5	保护环境，无乱扔乱倒	10			

续表

序号	素养点	配分	学生自评得分	学生互评得分	教师评价得分
6	规范标准，无野蛮操作	10			
7	团队协作，无不洽关系	10			
8	场地“5S”	10			
9	团队协作能力进一步提升	10			
10	职业行动能力进一步提升	10			
总分		100			
综合评价		100			

四、拓展训练

（1）图 3–14 所示为法兰结构图，采用整体下料方式制作法兰，请结合划线相关知识，对图示法兰进行划线。

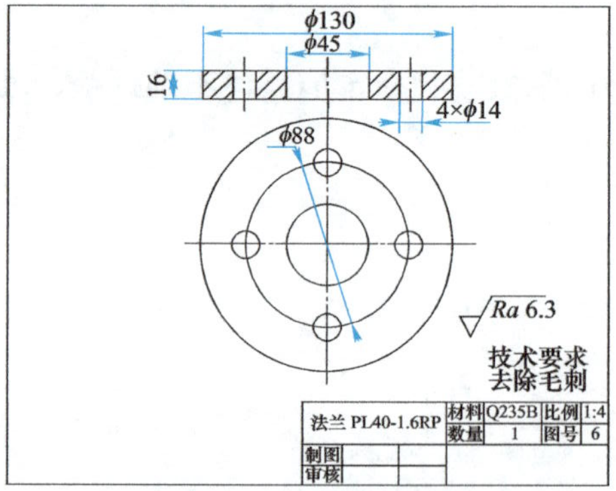

图 3–14　法兰结构图

（2）请列举出在十字柱结构的零件划线过程中易出现的问题，分析产生问题的原因，并制定解决问题的措施。

（3）请利用思维导图，按照学习目标三要素，对“划出十字柱结构零件加工界线”的学习收获进行总结。

任务 3.2　剪切十字柱结构零件钢板

职业活动

步骤 1　作业准备

1. 作业场地

选择周围 10 m 范围内没有易燃易爆物品且有消防措施的作业场地。

2. 设备设施

龙门剪板机。

3. 工量辅具

剪板机下料使用的工量辅具见图 3–15。

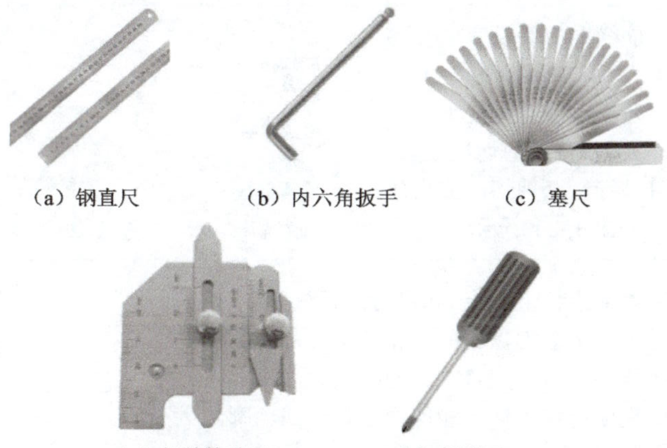

（a）钢直尺　（b）内六角扳手　（c）塞尺　（d）焊缝检验尺　（e）螺丝刀

图 3–15　下料使用工量辅具

4. 耗材

划好线的 Q235B 钢板。

5. 穿戴防护用品

按照焊接安全规范，检查防护用品并正确穿戴。

职业知识

知识点 3–9　剪板操作对防护用品穿戴要求

1	使用前，使用人应对防护用品质量情况进行检查，保证防护用品的完好，符合要求。
2	操作前要穿紧身防护服，袖口扣紧，上衣下摆不能敞开，如图 3–20 所示。
3	不得在开动的机床旁穿、脱换衣服，或围布于身上，防止机器绞伤。
4	必须戴好安全帽，长发应放入帽内。
5	不得穿裙子、拖鞋。
6	不允许在现场内随意摘掉或更换焊工服、焊工鞋。

图 3–20　剪板时防护用品穿戴

知识点 3–10　下料基础知识

1	准备制作零部件的原材料，经划线和放样后即转入下料工序。下料就是用各种方法将毛坯或工件从原材料上分离下来的工序。金属材料的下料可以采用冷切割和热切割完成。对于厚板，还须做边缘的坡口加工。
2	冷切割是在常温下利用机械方法使材料分离，如剪切、冲裁等，也包括近年来发展的水射流切割。
3	热切割是利用热能使材料分离，最常见的有气体火焰切割、等离子弧切割和激光切割等。对于冷作硬化倾向或淬硬倾向较大的钢材，在机械剪切或热切割后，应对待焊边缘做进一步的机械加工。

知识点 3–11　机械剪切工艺

原理	利用上、下切削刃的相对运动切断材料的加工方法。
说明	它是冷作产品制作过程中的主要下料方法之一。剪切时，被剪切的板料放置在工作台上，置于上、下刀片之间，滑块在曲柄连杆机构的带动下，上剪刀片做上下运动，从而将板料切断分离。

步骤 2　下料前的准备

在钢板下料众多方法中，机械剪切是应用最为广泛的下料方式。本任务选择龙门剪板机进行下料操作。

1. 防护用品穿戴情况检查

检查防护用品穿戴情况。

2. 作业场地检查

检查工作场地附近 10 m 范围内是否有易燃易爆物品及其他安全隐患。

3. 剪板机检查

剪板机开机前，应对整体结构和周围环境进行检查，如图 3–16 所示。

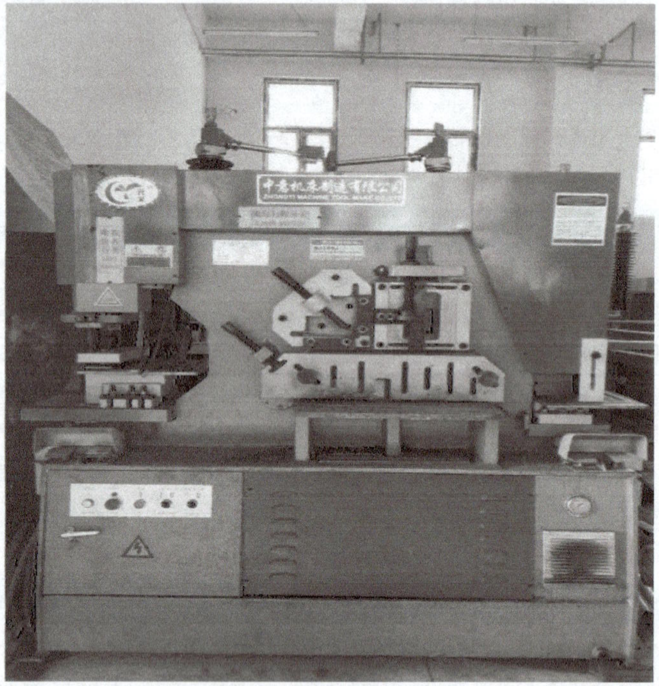

图 3–16　龙门式剪板机

知识点 3–12　机械剪切工艺及设备★

平口剪板机	平口剪板机有上下两个刀片，下刀片固定在剪板机的工作台的前沿，上刀片固定在剪板机的滑块上。因上下刀片互相平行，故称为平口剪板机，如图 3–21 所示。上、下刀片与被剪切的板料整个宽度方向同时接触，因此所需的剪切力较大。	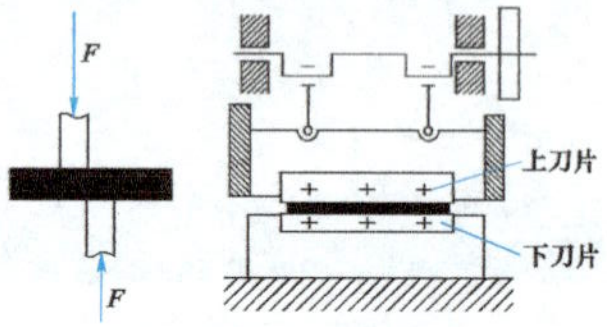 图 3–21　平口剪板机
斜口剪板机	斜口剪板机的剪切部分是上下两剪刀片，刀片长度一般为 300～600 mm，其倾斜角一般为 1°～6°，下刀片固定在剪板机的工作台部分，靠上刀片的上、下运动完成材料的剪切过程，如图 3–22 所示。斜口剪板机的剪切力比平口剪板机的小。	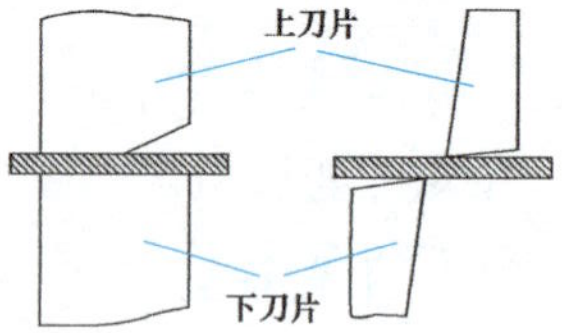 图 3–22　斜口剪板机
龙门剪板机	只能横向剪切长度（宽度）小于刀片长度的板材，刀片倾斜角小，床身刚性大、压板力大，每分钟剪切次数多，并可进行精密剪切，应用最广，如图 3–23 所示。 如何发挥优势	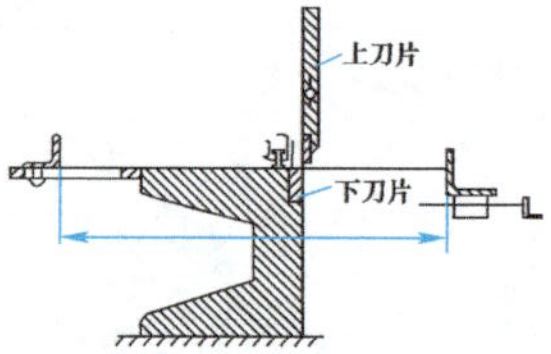 图 3–23　龙门剪板机
圆盘剪板机	圆盘剪板机上的上下剪刀皆为圆盘状。剪切时上下圆盘刀以相同的速度旋转，被剪切的板料靠本身与刀片之间的摩擦力而进入刀片中完成剪切工作，能剪切各种曲线轮廓，剪板厚度为 1～6 mm，如图 3–24 所示。	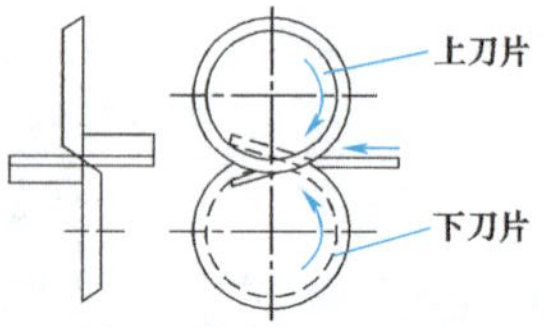 图 3–24　圆盘剪板机

知识点 3–13　剪板机检查项目

1	检查开关是否完好，控制柜、操作台各按钮是否完好，各元件是否松动。
2	检查刀片是否锋利、平行，紧固是否可靠。
3	检查各动作机构有无松动、损伤、异常。
4	检查机器周围及内部有无妨碍机器运行的物品。

★课程思政：发挥自己的优势

没有一个机械剪切设备是完美的，但它们都有各自的优点和所适合的工作条件。正所谓“金无足赤，人无完人”，我们每个人都有自己的优缺点，在工作中，我们要认清自己，寻找到自身的特长，扬长避短，利用你的特长带动事业上的步步攀升。

步骤 3　龙门剪板机下料

（1）检查刀片是否有异常现象；

（2）接通电源；

（3）逆时针旋转急停开关，按下电机启动按钮后，等待几分钟，使电机完全进入运转状态；

（4）试运转 1～3 次，观察是否有异常；

（5）踩（或按）下右侧脚踏开关，将上刀片落下；

（6）卸下压料块，利用塞尺检查刀片间隙，如图 3–17 所示，如果不是 0.55 mm（见知识点 3–15）则需要调节刀片调节螺丝，使刀片间隙达到 0.55mm，调节完毕装上压料块；

图 3–17　利用塞尺检查

（7）再作 1～3 次空车运转，检查是否有异常；

（8）将钢板上划好的剪切线两端对准下刀口，如图 3–18 所示；

图 3–18　将剪切线对准下刀口

知识点 3–14　刀片检查的内容

刀片锋利	关闭电源，观察刀片表面是否有损耗、变钝和崩坏现象。
紧固可靠	检查锁紧螺钉是否拧紧。
刀片间隙	利用塞尺测量刀片间隙。

知识点 3–15　刀片缝隙的选择标准

钢板厚度	0.5～1	2	3	4	5	6	7	8
刀片间隙	0.05	0.10	0.15	0.15	0.20	0.25	0.30	0.35
钢板厚度	9	10	11	12	13	14	15	16
刀片间隙	0.40	0.45	0.50	0.55	0.60	0.65	0.70	0.75

知识点 3–16　下料实施环节注意事项

1	严格按操作规程操作，穿戴好规定的防护用品。
2	在操作过程中，精神应集中，送料时严禁将手伸进压板机内。
3	剪切所用的后挡料板和纵挡板必须经机械加工使外形平直。
4	安装更换、调整刀片时必须切断电源，先用木板或其他垫板垫好刀片，以防发生事故。
5	启动机床前必须拿掉机床上所有的工具、量具及其他物件。
6	使用前应空车运转 1～3 次检查机床是否正常，发现异常声音应及时检修，运转过程中要及时加注润滑油保持机床性能良好。
7	工作时，脚踏开关由专人操作，不得随意乱放、随意操作。
8	操作中严禁辅助工脚踏压板，操作者离开机床必须停车。
9	剪好的原材料应标注图号和规格。
10	非金属材料在剪裁时，应保持材料干净，以免污染被加工的材料。
11	一台剪板机禁止两人同时剪切两种零件。
12	无法压紧的窄条钢板，不准在剪板机上剪切。
13	停机后剪板机的离合器应放在空挡位置。

（9）控制剪板机的压料块，将钢板压牢，如图 3–19 所示；

图 3–19　调整剪板机压紧机构

剪板机操作流程

（10）踩下右侧脚踏开关，听到钢板剪断声音后，松开脚踏开关；

（11）踩下左侧脚踏开关，将上刀片复位；

（12）依次重复步骤本任务步骤 3 中（8）、（9）、（10）、（11）的操作内容，直至全部零件剪切完毕；

（13）顺时针旋转急停开关，关闭电源，清理工作现场。

步骤 4　剪切件的质量检查

利用钢直尺对剪切后的零件进行尺寸检查，同时采用焊缝检验尺对剪切后钢板的垂直度进行检验。

HJC40 型焊焊缝检验尺的使用

知识点 3–17　剪切件质量要求

1	剪切后的板材不应有塑性变形，无弯曲现象。
2	板材剪切的切口与板材表面垂直，斜度不大于 1:10。
3	毛刺不大于 0.5 mm。
4	当按挡铁剪切时，剪切的尺寸误差为±（1.5～2.5）mm。
5	当按剪切线剪切时，剪切尺寸误差与板材的宽度和厚度有关，应符合知识点 3–18 的规定。

知识点 3–18　不同厚度板材剪切尺寸误差（单位为 mm）

板材宽度	板厚 6～8	板厚 9～12	板厚 13～16
0～100	1.0	1.5	1.5
＞100～250	1.5	1.5	2.0
＞250～650	1.5	2.0	2.5
＞650～1 000	2.0	2.0	2.5
＞1 000～1 600	2.0	2.5	3.0
＞1 600～2 500	2.5	2.5	3.5

知识点 3–19　剪切件的质量检查内容

外观检查	检查板材整体变形情况。
	检查切口与板材表面的垂直度。
	检查切口毛刺大小。
尺寸检查	检查钢板长度、宽度、厚度。

任务 3.2 测评

一、知识评价

请结合实际案例对术语进行解读。每个术语 25 分，共计 100 分。

（1）下料　（2）剪切　（3）冷切割　（4）热切割

二、技能评价

对表 3-3 所列作业内容，操作规范即得分，操作错误或未操作即零分。其中，学生自评占 20%，学生互评占 20%，教师评价占 60%。

表 3–3 “剪切十字柱结构零件钢板”技能评价表

序号	作业内容	配分	学生自评得分	学生互评得分	教师评价得分
1	作业准备	10			
2	下料前的准备	20			
3	龙门剪板机下料	60			
4	剪切件的质量检查	10			
总分		100			
综合评价		100			

三、技能评价

对表 3–4 所列素养点，做到即得分，未做到即零分。其中，学生自评占 20%，学生互评占 20%，教师评价占 60%。

表 3–4 “剪切十字柱结构零件钢板”素养评价表

序号	素养点	配分	学生自评得分	学生互评得分	教师评价得分
1	按时出勤，无迟到早退	10			
2	准备充分，无手忙脚乱	10			
3	积极互动，无消极态度	10			
4	安全作业，无安全隐患	10			
5	保护环境，无乱扔乱倒	10			
6	规范标准，无野蛮操作	10			

续表

序号	素养点	配分	学生自评得分	学生互评得分	教师评价得分
7	团队协作，无不洽关系	10			
8	场地“5S”	10			
9	团队协作能力进一步提升	10			
10	职业行动能力进一步提升	10			
总分		100			
综合评价		100			

四、拓展训练

（1）图 3–14 所示为法兰结构图，采用整体下料方式制作法兰，请结合下料相关知识，制定该结构的下料工艺方案。

（2）针对本次剪板任务，结合自身实操过程，从提高剪板质量、效率、操作方便等方面，试着提出 2～3 个龙门剪板机设备优化的方案。

（3）请利用思维导图，按照学习目标三要素，对“剪切十字柱结构零件钢板”的学习收获进行总结。

任务 3.3　切割十字柱结构零件钢板边缘

职业活动

步骤 1　作业准备

1. 作业场地

选择周围 10 m 范围内没有易燃易爆物品且有消防措施的作业场地。

2. 设备设施

等离子弧切割机、切割操作平台。

3. 工量辅具

本任务中采用等离子切割机进行边缘加工所涉及的工量辅具见图 3–25。

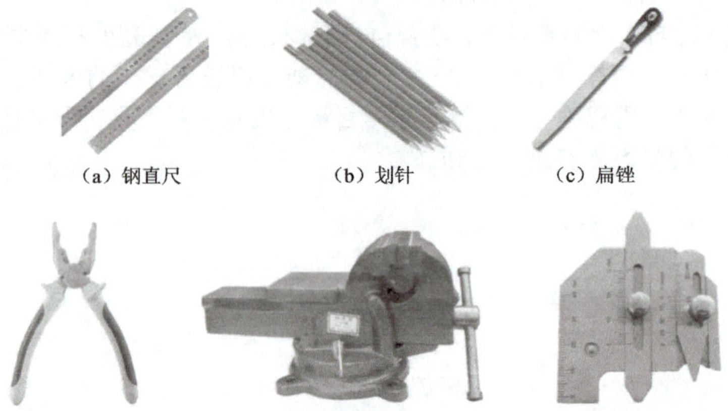

（a）钢直尺　（b）划针　（c）扁锉
（d）焊工钳子　（e）台虎钳　（f）焊缝检验尺

图 3–25　边缘加工作业工量辅具

4. 耗材

剪切后的 Q235B 钢板。

5. 穿戴防护用品

按照焊接安全规范，检查防护用品并正确穿戴。

职业知识

知识点 3–20　等离子切割对防护用品穿戴要求

1	使用前，使用人应对防护用品质量情况进行检查，保证防护用品的完好，符合要求。
2	操作人员进入现场应穿戴焊工服、焊工鞋、焊工帽等安全防护用品，如图 3–28 所示。
3	袖口及衣角应系扣，裤脚应盖住脚面。
4	不应穿易滑、脚身有裸露部位的鞋。
5	作业时，应使用护目镜或焊接面罩，戴好焊接手套。

图 3–28　等离子切割防护用品穿戴

知识点 3–21　不同材料的边缘加工方法

钢板	机械加工方法	机械加工主要有刨削、铣削（见图 3–29）等切削加工方法，可实现如 I、V、U、X 及双 U 形等各种形式坡口的加工。
	热切割方法	常使用自动或半自动切割设备，同时使用 1～3 把割炬，一次可切割出 I、V 和 X 形坡口。图 3–30 所示为等离子切割机。

图 3–29　铣边机

铣边机开坡口

图 3–30　等离子切割机

步骤 2　边缘加工前的准备

在钢板边缘加工的众多方法中，等离子弧切割是应用最为广泛的下料方式。本任务选择等离子弧切割法对十字柱结构零件进行边缘加工。

1. 防护用品穿戴情况检查

检查防护用品穿戴情况。

2. 操作前的准备工作

等离子弧设备开机前，应对整体结构和周围环境进行检查，如图 3–26 所示。

图 3–26　等离子弧切割机

步骤 3　划切割工序用线

（1）将钢板夹紧在台虎钳上，采用焊缝检验尺确定钢板左右两侧坡口角度，同时用划针划出轮廓线，如图 3–27（a）所示；

（2）将坡口角度轮廓线的端点用直线进行连接，划出等离子切割线，如图 3–27（b）所示。

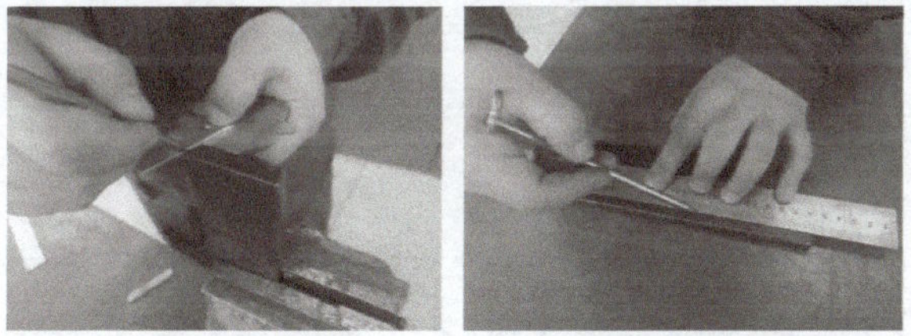

（a）划出轮廓线　（b）划出等离子切割线

图 3–27　划切割工序用线

划切割用线

续表

管材	车削加工方法	边缘加工主要采用车削加工，如图 3–31 所示。	 图 3–31　车削加工	管材车削加工坡口
大型或重大结构件	磨削加工方法	因工件尺寸大大超过常规机床的加工范围，采用电动砂轮磨头进行磨削加工是一种经济而实用的方法。图 3–32 所示为角磨机打磨。	 图 3–32　角磨机打磨	角磨机打磨
大直径薄壁容器的环缝	碳弧气刨方法	可采用碳弧气刨进行背面的清根和坡口的制备，如图 3–33 所示。	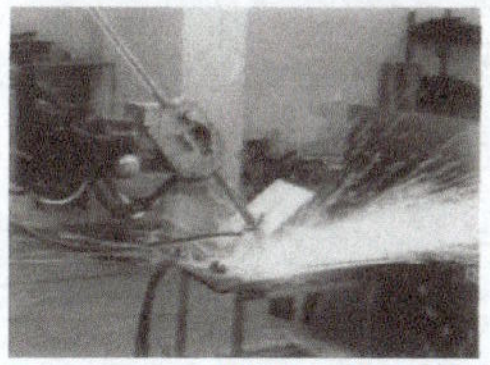 图 3–33　碳弧气刨清根	碳弧气刨清根

知识点 3–22	等离子切割操作前的准备工作
1	作业现场做好防火设施，如灭火器、装满水的水桶。
2	检查切割机的电源线是否完好，保护接地线是否牢固。
3	压缩空气气源是否正常，导电嘴是否畅通。
4	保持作业现场通风良好。

知识点 3–23	划切割工序用线注意事项
1	切割工序用线必须划出，不能凭借经验估计切割位置。
2	切割工序用线可在划线时就划出，并做好标记和防护。
3	划出的切割工序用线一定要保持平直，以免产生切割误差。
4	划出的切割工序用线的线条一定细小且清晰。

步骤 4　等离子弧切割法边缘加工操作

（1）接好压缩空气及电源线。

（2）推上电源开关，电源指示灯亮后等待几分钟，使等离子切割机完全进入运转状态。

（3）调整焊接电流为 100 A、电压为 120 V、切割速度 1 200 mm/min、喷嘴距离工件 2 mm 和喷嘴角度为 30°，检查气体压力不应低于 0.45 MPa、气体流量不应小于 300 L/min。

（4）在操作台上摆放好待边缘加工钢板，随后调整割炬位置，保证割炬沿着切割线进行切割，同时保持割炬与钢板高度约为 2 mm。

（5）关闭离合手柄，空走一次，观察喷嘴是否沿着切割线移动且是否与工件保持规定高度，如果没有问题，手动将小车退回初始位置，打开离合手柄，等待下步操作。

（6）开启前进挡，当喷嘴与切割件之间距离为 5 mm 左右时按下引弧开关，开始切割。

等离子切割坡口

（7）切割完成后，先关闭引弧开关，再关闭小车离合手柄，手动将小车退回初始位置，等待下步操作。

（8）重复本任务步骤 4 中（4）、（5）、（6）、（7）的操作内容，直至全部边缘加工作业完成。

（9）切割完成后，关闭电源、气源，清洁工具和现场，确认没有起火危险后，方可离开现场。

（10）待切割板材冷却后，用扁铲对工件进行清渣。

步骤 5　边缘加工件的质量检查

（1）采用目视方法对加工后的坡口表面、割纹、切口边缘进行外观检查。

（2）利用钢直尺和焊缝检验尺对边缘加工后的零件长度、宽度、坡口角度等尺寸进行质量检查。

知识点 3-24　低碳钢等离子弧切割参数推荐

板厚/mm	2	4	8	12
电流/A	60	70	90	100
电压/V	100	110	115	120
焊接速度/（mm/min）	5 000	3 400	1 800	1 200

知识点 3-25　切割实施环节注意事项

1	严禁在切割过程中拔插任何使用中的电缆线或插头。
2	高空作业时，工作人员应遵守高空作业的有关规定。
3	工作人员在工作过程中，应谨防触电，注意不被弧光和金属飞溅伤害。
4	切割机电源线及切割软线绝缘良好，若有破损或烧伤应立即修好或更换。
5	若气瓶及胶管有漏气或老化等迹象应立即更换。
6	切割完成后，要仔细检查切割现场周围，确认没有起火危险后，方可离开现场。
7	严禁雨天户外作业。
8	操作现场发生意外事故伤害时，应紧急停止设备，关闭电源，立即向领导汇报。

知识点 3-26　边缘加工件的质量检查内容

外观检查	检查切割切口表面是否平整干净。
	检查割纹是否均匀一致。
	检查切口边缘是否有熔化现象。
	检查切割线是否平直。
尺寸检查	钢板长度、宽度、厚度及坡口角度。

任务 3.3 测评

一、知识评价

请结合实际案例对术语进行解读。每个术语 25 分，共计 100 分。

（1）边缘加工　（2）等离子切割　（3）磨削加工　（4）碳弧气刨

二、技能评价

对表 3–5 所列作业内容，操作规范即得分，操作错误或未操作即零分。其中，学生自评占 20%，学生互评占 20%，教师评价占 60%。

表 3–5　“切割十字柱结构零件钢板边缘”技能评价表

序号	作业内容	配分	学生自评得分	学生互评得分	教师评价得分
1	作业准备	10			
2	边缘加工前的准备	10			
3	划切割工序用线	10			
4	等离子弧切割法边缘加工操作	60			
5	边缘加工件的质量检查	10			
总分		100			
综合评价		100			

三、素养评价

对表 3–6 所列素养点，做到即得分，未做到即零分。其中，学生自评占 20%，学生互评占 20%，教师评价占 60%。

表 3–6　“切割十字柱结构零件钢板边缘”素养评价表

续表

序号	素养点	配分	学生自评得分	学生互评得分	教师评价得分
1	按时出勤，无迟到早退	10			
2	准备充分，无手忙脚乱	10			
3	积极互动，无消极态度	10			
4	安全作业，无安全隐患	10			
5	保护环境，无乱扔乱倒	10			
6	规范标准，无野蛮操作	10			
7	团队协作，无不洽关系	10			
8	场地“5S”	10			
9	团队协作能力进一步提升	10			
10	职业行动能力进一步提升	10			
总分		100			
综合评价		100			

四、拓展训练

（1）写出下面几种钢板的坡口形式。

名称		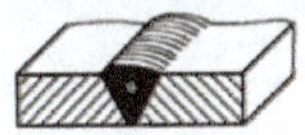	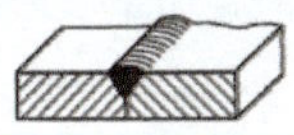	
坡口形式				

（2）能否对本次十字柱结构下料与边缘加工工艺方法进行优化，如果能，请说出你的优化方案。

（3）请利用思维导图，按照学习目标三要素，对“切割十字柱结构零件钢板边缘”的学习收获进行总结。

项目 3 学习成果检测

一、任务描述

根据所学，按照“1+X 特殊焊接技术职业技能中级”证书考核标准，请对图 3–34 所示的零件进行识读和备料加工。

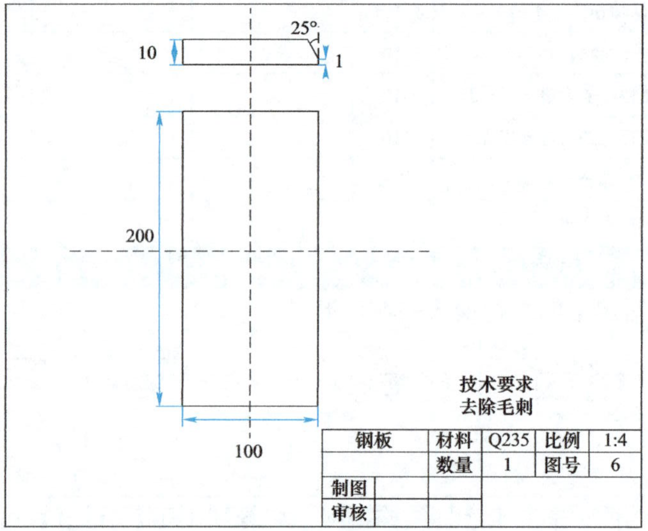

图 3–34　钢板结构图

二、实施准备

1. 学生准备

学生按照教学进度计划完成以下学习任务并达到了 75 分以上后，可进行该学习成果的实施。

（1）完成学习成果检测需要的相关知识和方法的学习，得分大于 75 分；

（2）能够运用学习成果检测需要的相关知识和方法进行作业，得分大于 75 分；

（3）按时、按质、按量完成相应作业，得分大于 80 分；

（4）具有自觉遵守技术标准和要求规定、规范操作、安全、环保、“5S”作业、团结协作的好习惯，得分大于 80 分；

（5）能制定图 3–34 所示的钢板备料加工工艺流程。

2. 教师准备

（1）在安排学生实施学习成果前，通过课堂问题研讨、作业、实训和考核及其他方式，确认学生已经具备了实施学习成果所需的知识、技能和素养，并确保学生在安全状态下独立进行；

（2）对协助教师进行测评的学生进行测评和监督方法的培训，确保测评结果的准确性和公平性；

（3）准备好测评记录。

三、验证方法与标准

（1）每位测评人员负责对 2 名学生进行定点、全过程的监控和测评；

（2）详细记录学生在实施学习成果过程中的相关信息、数据、结果、操作方法、完成时间，以及出现错误、事故等情况；

（3）学习成果的作业过程和数据记录等，要求在 60 min 内完成，时间不足，可在即将结束时，由学生口述剩余部分的作业方法；

（4）考核内容及标准见表 3–7。

表 3–7　“项目 3　学习成果检测”考核内容及标准

序号	作业项目	考核内容	考核标准	配分	得分
1	识读图纸	零件信息识读	错一处扣 5 分	20	
			错一处以上 0 分		
2	备料前准备	检查备料工具	未检查工具或检查方法不正确扣 5 分	10	
		对板材进行预处理	未对板材进行预处理扣 5 分		
3	划线	工具使用方法正确	工具使用方法错误扣 5 分	20	
		划线步骤正确	划线步骤错误扣 5 分		
		划线数值准确	划线结果错误扣 5 分		
		操作熟练	操作不熟练扣 5 分		
4	下料	设备使用方法正确	设备使用方法错误扣 5 分	20	
		下料步骤正确	下料步骤错误扣 5 分		
		下料数值准确	下料结果错误扣 5 分		
		操作熟练	操作不熟练扣 5 分		
5	边缘加工	设备使用方法正确	设备使用方法错误扣 5 分	20	
		边缘加工步骤正确	边缘加工步骤错误扣 5 分		
		边缘加工数值准确	边缘加工结果错误扣 5 分		
		操作熟练	操作不熟练扣 5 分		
6	安全文明生产	遵守规程、安全生产	每违犯一项扣 1 分直至扣完	10	
		因违犯操作造成事故	因违规操作发生重大人身或设备事故，此项按 0 分计		
总分				100	

创新之窗

专利案例：一种新型钢材除锈装置

本专利案例展示了一种新型钢材除锈装置，包括挡板，所述挡板的上端外表面设置有顶盖，所述挡板的下端外表面设置有除锈刷，所述除锈刷的一侧外表面设置有横轴，所述横轴的一端外表面设置有承重轮，所述挡板的一侧外表面设置有推把，所述推把的一侧外表面设置有控制盒，所述控制盒的上端外表面设置有启动按钮，所述控制盒的下端外表面设置有固定板，所述除锈刷的一端内表面设置有滚轮，所述滚轮的一侧外表面设置有支杆，如图3–35所示。本专利案例涉及的新型钢材除锈装置，不仅可以使用除锈刷进行除锈工作，还可以调整除锈角度，并且可以吸收震动，带来了较好的使用体验，便于日常使用，因此也带来了巨大的使用前景。

一种新型钢材除锈装置

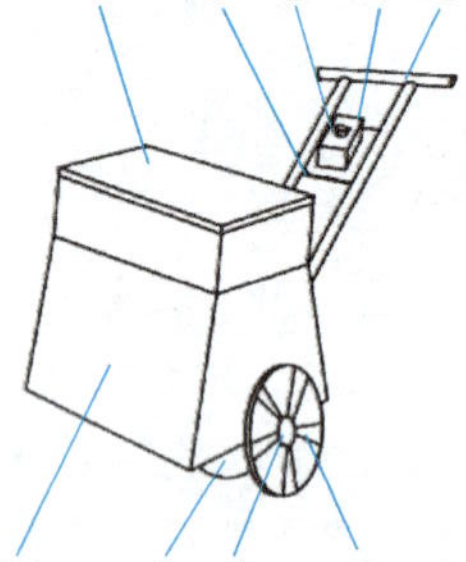

1—挡板；2—顶盖；3—除锈刷；4—横轴；5—承重轮；6—推把；
7—控制盒；8—启动按钮；9—固定板

图 3–35　一种新型钢材除锈装置

创新之门

专利名称：

结合焊接生产实际，请你设计出一款新型的除锈工具，具体要求如下：

（1）画出所设计的除锈工具简图；

（2）写出该工具较传统除锈工具的优势。

案例视野拓展——放样

案例 3-1　冶金炉炉壳主体部件放样

图 3-36 所示为一个冶金炉炉壳主体部件图样，该部件的放样过程如下。

1. 识读、分析构件图样

在识读、分析构件图样的过程中，主要解决以下问题。

（1）弄清构件的用途及一般技术要求。该构件为冶金炉炉壳主体，主要应保证有足够的强度，尺寸精度要求并不高，因炉壳内还要砌筑耐火砖，所以连接部位允许按工艺要求作必要的变动。

（2）了解构件的外部尺寸、质量、材质、加工数量等概况，并考虑本厂加工能力，确定产品制造工艺。通过分析可知，该产品外形尺寸较大，质量较大，需要较大的工作场地和起重能力。加工过程中，尤其装配、焊接时，不宜多翻转。该产品加工数量少，故装配、焊接都不宜制作专门胎具。

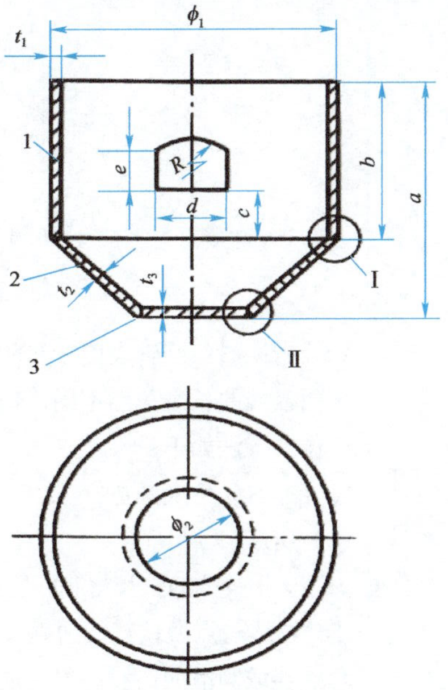

图 3-36　炉壳主体部件图

（3）理清投影关系和尺寸要求，确定可变动与不可变动的部位及尺寸。

2. 线型放样

线型放样如图 3-37 所示。

（1）确定放样划线基准

从图样看出：主视图应以中心线和炉上口轮廓线为放样划线基准，两俯视图应以两中心线为放样划线基准。主、俯视图的放样划线基准确定后，应准确地画出各个视图中的基准线。

知识视野拓展——放样

知识点 3-27　放样及放样程序

放样	根据产品图样，依照产品的结构特点，制造工艺要求等，按一定比例（通常取 1:1），在放样平台上准确绘制结构的全部或部分投影图，并进行结构的工艺性处理和必要的计算及展开，最后获得产品制造所需要的数据、样杆、样板和草图等的工艺过程。
放样程序	1. 结构处理 根据图样进行工艺处理的过程，一般包括各连接部位的接头形式、图样计算或量取胚料实际尺寸、制作样板与样杆等。如果产品批量较大，可考虑制作样板。 2. 划基本线型 在结构处理的基础上，确定放样基准和划出工件的结构轮廓。 3. 展开 不能直接划线的立体零件可利用展开放样工艺方法进行展开处理，将零件摊开在平面上。

知识点 3-28　放样的方法

说明	放样方法主要有实尺放样、展开放样、光学放样、计算机放样。
实尺放样	根据图样的形状和尺寸，用基本的作图方法，以产品的实际大小划到放样台上的工作。
展开放样	把各种立体的零件表面摊平的几何作图过程。 具有可展表面的零件可采用展开放样。立体的表面如能全部平整地摊平在一个平面上，而不发生撕裂或皱褶，这种表面称为可展开表面，诸如柱面和锥面就是典型的可展开表面。 如果立体的表面不能自然平整地展开摊平在一个平面上，即称为不可展表面，如圆球和螺旋面等。 1. 平行线展开法 将立体的表面看做由无数条相互平行的素线组成，取两相邻素线及两端点所围成的微小面积作为平面，只要将每一小平面的真实大小，依次顺序地划在平面上。只要立体表面的素线或棱线是互相平行的几何形体，如各种棱柱体、圆柱体等，就可用平行线法展开。 例 3-2　已知斜口圆管的两面视图［见图 3-45（a）（b）］，求作其展开图。

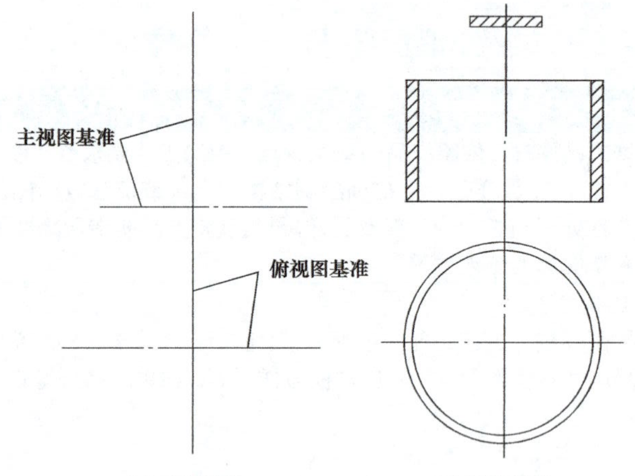

(a) 画基准线　　(b) 画放样线

图 3–37　炉壳线型放样

（2）划出构件基本线型

这里件 1 的尺寸必须符合设计要求，可先划出。件 3 位置也已由设计给定，不得改动，亦应先划出。而件 2 的尺寸要待处理好连接部位后才能确定，不宜先划出。至于件 1 上的孔，则先划后划均可。

为便于展开放样，这里将构件按其使用位置倒置划出。

3. 结构放样

（1）连接部位Ⅰ、Ⅱ的处理

部位Ⅰ可以有三种连接形式，如图 3–38 所示。从定位方面考虑，图 3–38（a）（b）所示的连接形式不利，图（c）所示的连接形式最好。从焊接工艺性方面考虑，图（b）所示的连接方式不佳，因为内外两环缝的焊接均处于不利位置，装配后焊接外环缝时处于横焊和仰焊之间；而翻转后再焊内环缝时，不但需要仰焊，而且受构件尺寸限制，操作不方便。图（c）所示的连接方式更为有利，其外环缝焊接时接近平角焊，翻转后内环缝也处于平角焊位置，均有利于焊接操作。综合以上两方面因素，部位Ⅰ采取图（c）所示的连接方式。部位Ⅱ由于体积小，重量轻，易于装配焊接，故采用图 3–36 中的连接形式。

续表

展开放样	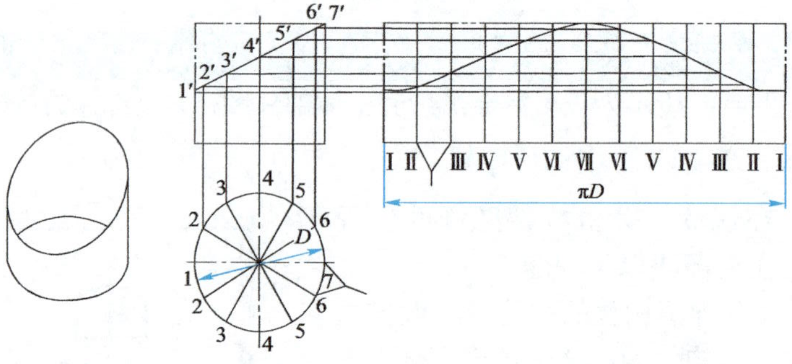 (a) 轴测图　(b) 视图　(c) 展开图 图 3–45　斜口圆管的展开 分析：斜口圆管表面素线相互平行且垂直于水平面，其水平投影为一圆；表面素线的长短虽然不同，但其正面投影均反映素线的实长。 作图方法如下： （1）首先将底圆进行 12 等分，即在圆管表面确定 12 条素线，如图 3–45（b）所示。 （2）用等分的弦长将底圆展成直线 πD，确定各等分点所在的位置Ⅰ～Ⅶ～Ⅰ；过这些点做该直线的垂线，在各垂线上截取各素线的实长，将各素线的端点连成圆滑的曲线即得其展开图，如图 3–45（c）所示。 2. 放射线展开法 将锥体表面用放射线分割成共顶的若干三角形小平面，求出其实际大小后，仍用放射线形式依次将它们划在同一平面上，就得所求锥体表面的展开图。适用于立体表面的素线相交于上一点的锥体。 例 3–3　求作正锥体的展开图（见图 3–46）。 分析：由于圆锥轴线垂直于底面且平行于正面，因此圆锥表面所有素线的实长相等，其中最左和最右两条素线平行于正面，其正投影反映素线实长。 作图方法如下： （1）划展开图时，先将底圆进行等分（本例为 12 等分），即在圆锥表面上确定出 12 条素线。

部位Ⅰ、Ⅱ连接方式确定后，划图 3–36 中的件 2，如图 3–39 所示。以圆筒内表面 1 点为圆心，圆锥台侧板 1/2 板厚为半径划圆。过炉底板下沿 2 点引已划出圆的切线，则此切线即为圆锥台侧板内表面线。分别过 1、2 两点引内表面线垂线，使之长度等于板厚，得 3、4、5 点。连接 4、5 点，得圆锥台侧板外表面线。同时划出板厚中心线 16，供展开放样用。

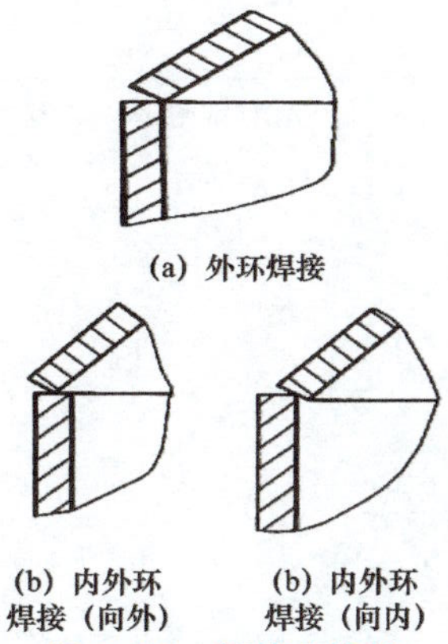

图 3–38　部件Ⅰ连接形式的比较

（2）焊缝位置确定

因构件尺寸（a、b、ϕ_1、ϕ_2）较大，且件 2 锥度太大，不能采取滚弯形成，需分几块压制成型或手工煨制，然后组对。组对接缝的部位，应按不削弱构件强度和尽量减少变形的原则确定，焊缝应交错排列，且不能选在孔眼位置，如图 3–40 所示。

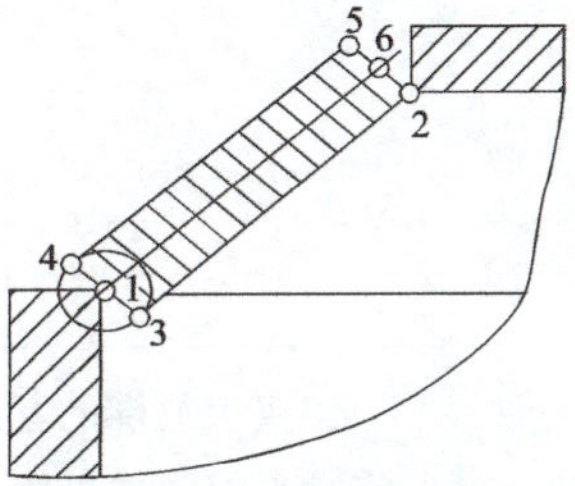

图 3–39　圆锥台侧板划法

（3）计算料长、绘制草图和量取必要的数据

因为圆筒展开后为一个矩形，所以计算圆筒的料长时可不必制作号料样板，只需记录长、宽尺寸即可；做出炉底板的号料样板（或绘制出号料草图），这是一个直径为 ϕ_2 的整图（如图 3–41 所示）。

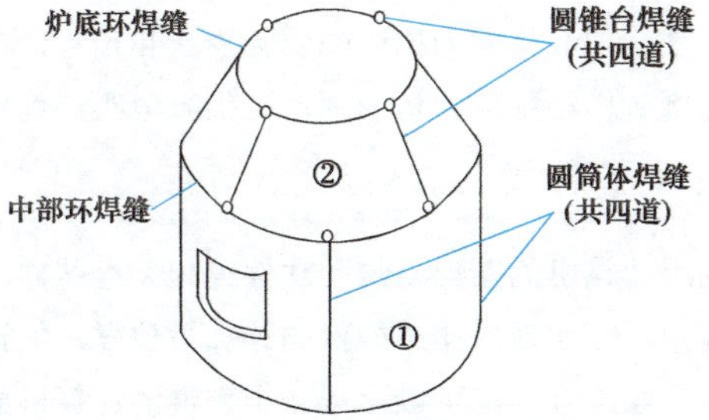

图 3–40　焊缝位置

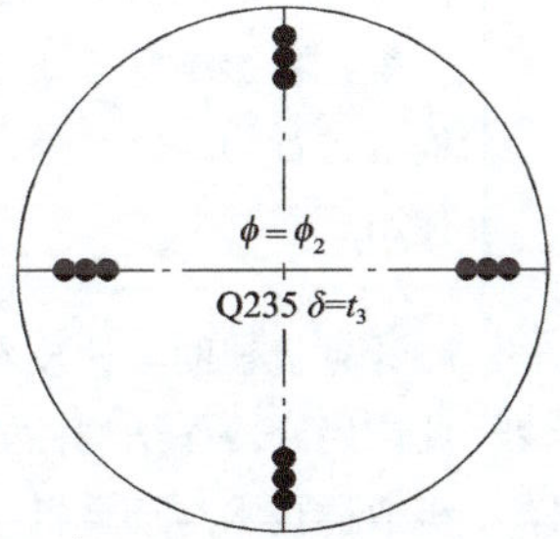

图 3–41　炉底板号料样板

续表

展开放样	（2）以素线的实长（$s'7'$）为半径划圆弧，以弦长代替弧长在圆弧上量取全部等分点，依次连接各等分点，即得到圆锥的扇形展开图。 3. 三角形展开法 将立体表面分割成一定数量的三角形平面，然后求出各三角形每边的实长，并把它的实形依次划在平面上，从而得到整个立体表面的展开图。适用于在三视图中均表现为多边形的立体的表面（包括平面或曲面）。 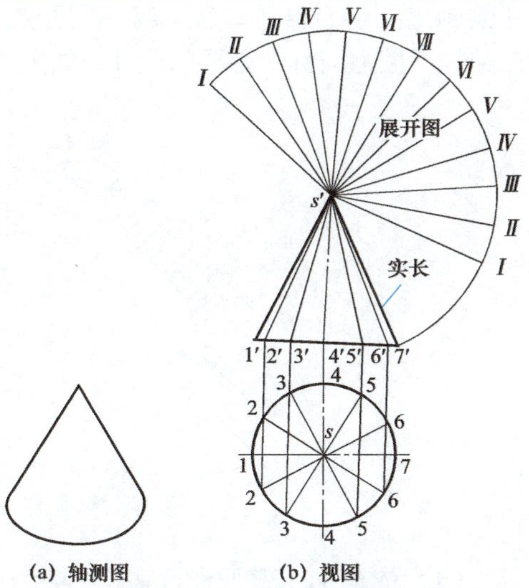 图 3–46　正圆锥的展开

例 3–4　已知方圆变形接头（也称天圆地方）的两面视图和轴测图［见图 3–47（a）（b）］，求其展开图。

分析：方圆变形接头的表面由四个全等的等腰三角形和四个相同的局部锥面组成。接头的上口在水平投影中反映实形，接头的下口在水平投影中反映四条边的实长；三角形的另外两条边（IA、IB）和锥面上的所有素线（IIA）均为一般位置直线，只有求出其实长，才能划出展开图。

作图方法如下：

（1）将水平投影中的圆周进行等分，将等分点和相近的角点相连接（其意义在于将部分锥表面分割成若干个小三角形）；采用直角三角形法求出素线（IA、IIA）的实长，如图 3–47（b）所示。

（2）划出直线 AB（$AB=ab$），分别以 A、B 为圆心线段，线段 IA 为半径画弧，交于点 I，得△ABI；再以 A 和 I 为圆心，分别以线段 IIA 和线段 $\overline{12}$ 为半径划弧，交于点 II，得△$AI\,II$，采用同样的方法可依次作出其他各三角形；

由于锥台的结构尺寸发生变动，需要根据放样图上改动后的圆锥台尺寸绘制出圆锥台结构草图，以备展开放样和装配时使用，如图 3–42 所示，在结构草图上应标注必要的尺寸，如大端最外轮廓圆直径 ϕ'、总高度 h_1 等。

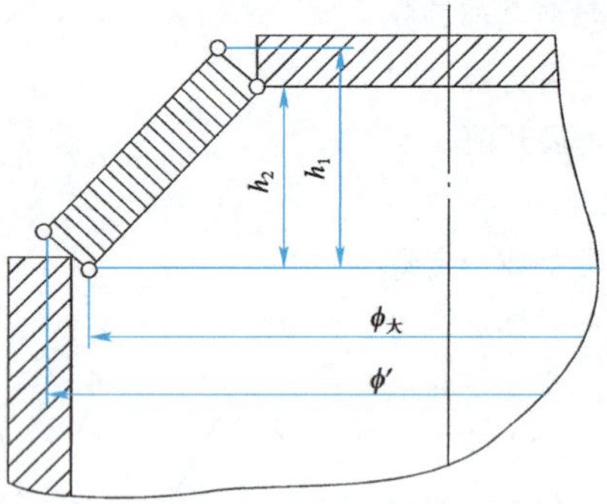

图 3–42　圆锥台结构草图

（4）依据加工需要制作各类样板

圆筒卷制需要卡形样板 1 个[如图 3–43（a）所示]，其直径 $\phi=\phi_1-2t_1$；圆锥台弯曲加工需要卡形样板 2 个［如图 3–43（b）（c）所示］。制作圆筒上开孔的定位样板或样杆，也可以采取实测定位或以号料样板代替。

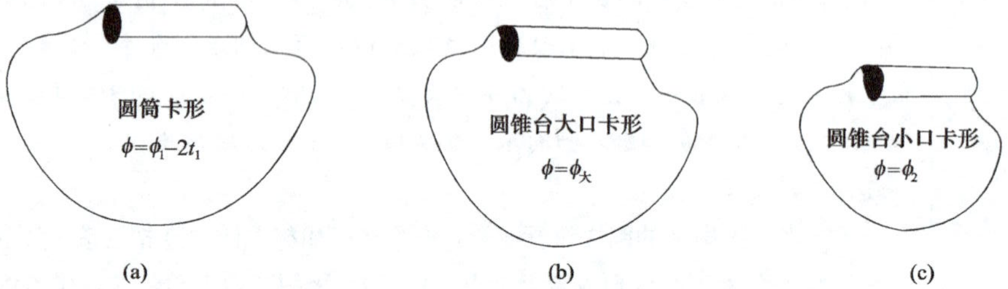

图 3–43　炉壳制作卡形样板

4. 展开放样

（1）做出圆锥台表面的展开图，并做出号料样板。

（2）做出筒体开孔孔型的展开图，并做出号料样板。

续表

展开放样	光滑地连接 I、II、II、I 各点，即得到方圆变形接头的展开图，如图 3–47（c）所示。 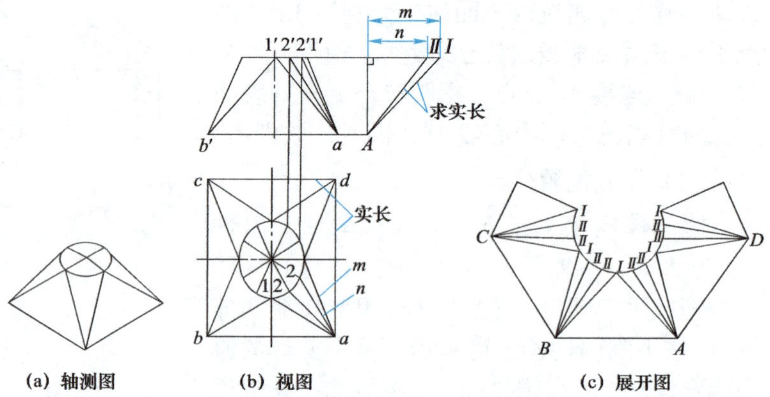 图 3–47　方圆变形接头的展开
光学放样	在实尺放样的基础上发展起来的一种新工艺，用光学手段（比如摄影）将缩小的图样投影在钢板上，然后依据投影线进行划线。 它是比例放样和光学划线的总称。比例放样是将构件按 1:5 或 1:10 的比例，采用与实尺放样相同的方法，在一种特制的变形较小的放样台上进行放样，然后再以相同比例将构件展开并绘制成样板图。光学划线就是将比例放样所绘制的样板图再缩小 1/10～1/5 进行摄影，然后通过投影机的光学系统，将摄制好的底片放大 25～100 倍成为构件的实际形状和尺寸，在钢板上进行划线。另外，由比例放样绘制成的仿形图，可供光电跟踪切割机使用。
计算机放样	计算机辅助设计技术是利用计算机的图形系统和软件绘制工程图样，将此应用到冷作结构件的放样中，可实现冷作结构件的计算机放样，如计算机放样技术与计算机排样技术相结合，就可以组成一个完整的计算机放样系统。

案例 3–2　板材展开长度计算

图 3–44 所示为圆角 U 形板料的展开长度，已知 r=60 mm，δ=20 mm，l_1=200 mm，l_2=300 mm，α=120°，求展开长度 L。

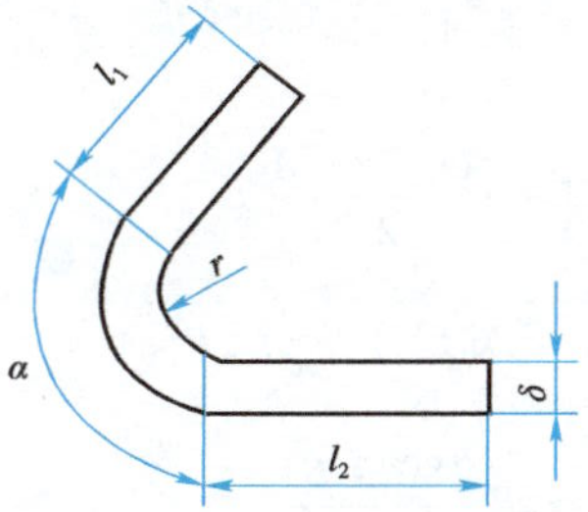

图 3–44　U 形板展开计算

解：

因为$\frac{r}{\delta}=\frac{60}{20}=3$，查知识点 3–30 得 K=0.47。

$$L=l_1+l_2+\frac{\pi\alpha(\alpha+K\delta)}{180°}$$

$$=\left[200+300+\frac{120°\pi(60+0.47\times20)}{180°}\right]\approx645\,(\text{mm})$$

留白促思

知识点 3–29　板材、型材的展开长度计算

说明

在零件进行弯曲成型之前，需要进行零件展开长度的计算。当弯曲件的板厚较小时，可直接按标注的直径或半径计算展开长度，但当板厚大于 1.5 mm 时，弯曲内、外径相差较大，就必须考虑板厚对展开长度、高度以及相关构件接口尺寸的影响。

示例

现将一厚板卷弯成圆筒，如图 3–48（a）所示。从图中可以看出，纤维沿厚度方向的变形是不同的，弯曲后内缘的纤维受压而缩短，而外缘的纤维受拉而伸长。在内缘与外缘之间必然存在弯曲时既不伸长也不缩短的一层纤维，该层称为中性层，中性层的长度在弯曲过程中保持不变，因此可以作为展开尺寸的依据，如图 3–48（b）所示★。

中性层半径可由经验公式求得：

$$R=r+K\delta$$

式中　R——中性层的曲率半径；

r——弯板内弧的曲率半径；

δ——钢板的厚度；

K——中性层系数，其值查知识点 3–30。

不受外界干扰做好自己

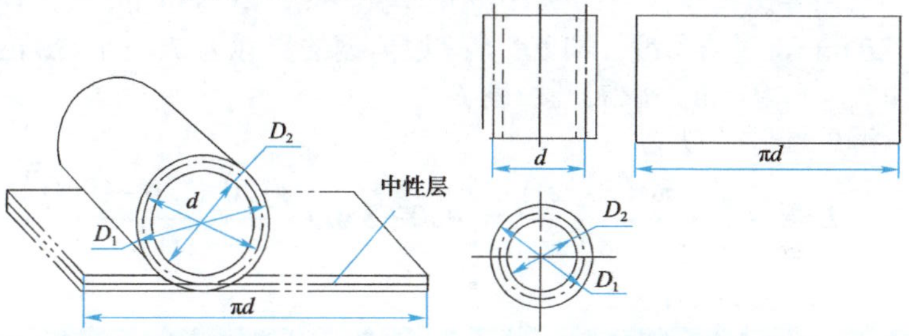

（a）圆筒中性层　　（b）圆筒采用中性层展开

图 3–48　圆筒卷弯的中性层

知识点 3–30　中性层位置系数 K

r/δ	≤0.1	0.2	0.25	0.3	0.4	0.5	0.8
K	0.30	0.33	0.35			0.36	0.38
r/δ	1.0	1.5	2.0	3.0	4.0	5.0	＞5
K	0.40	0.42	0.44	0.47	0.475	0.48	0.5

★课程思政：不受外界干扰做好自己

材料在受压和受拉时，有的纤维被压短，有的被拉长，而有一些保持自己真实的样子，没有变化。当我们在生活和工作中遇到艰难困苦，不要因外界的压力改变自己的初心，内心应该时刻坚持自己的秉性，坚定的内心，会使我们成为更好的自己。

案例 3–3　直角形圆钢的展开计算

已知 A=400 mm，B=300 mm，d=20 mm，R=100 mm，求圆钢的展开长度。

解：展开长度为

$$L=A+B-2R+\frac{\pi(R+d/2)}{2}$$

$$L=400+300-2\times100+\frac{\pi(100+10)}{2}$$

$$\approx400+300-200+172.79=672.79\ (\text{mm})$$

案例 3–4　圆弧形圆钢的展开计算

已知 R_2=400 mm，d=40 mm，β=60°，求圆钢的展开长度。

解：展开长度为

$$L=\pi\left(R_2-\frac{d}{2}\right)\frac{(180^\circ-\beta)}{180^\circ}=\left[\pi(400-20)(180^\circ-60^\circ)\times\frac{1}{180^\circ}\right]$$

$$\approx795.87\ (\text{mm})$$

案例 3–5　等边角钢内弯的展开计算

已知等边角钢内弯，两直边 l_1= 450 mm，l_2= 350 mm，角钢外弧半径 R=120 mm，弯曲角度 a=120°，等边角钢的尺寸为 70 mm×70 mm×7 mm，已知 z_0 =19.9 mm，求展开长度 L。

解：展开长度为

$$L=l_1+l_2+\frac{\pi\alpha(R-z_0)}{180^\circ}=\left[450+350+\frac{\pi120^\circ(120-19.9)}{180^\circ}\right]$$

$$=1\,009.5\ (\text{mm})$$

案例 3–6　等边角钢外弯的展开计算

已知等边角钢外弯，两直边 l_1 =550 mm，l_2=450 mm，角钢内弧半径 R=80 mm，弯曲角 α=150°，等边角钢的尺时为 63 mm×63 mm×6 mm，已知 z_0 =17.8 mm，求展开长度 L。

解：展开长度为

$$L=l_1+l_2+\frac{\alpha\pi(R+z_0)}{180^\circ}=\left[550+450+\frac{\pi150^\circ(180+17.8)}{180^\circ}\right]$$

$$=1\,255.9\ (\text{mm})$$

知识点 3–31　圆钢料长的计算

说明	圆钢弯曲的中性层一般与中心线重合，所以圆钢的料长可按中心线计算。
直角形圆钢	如图 3–49 所示，已知尺寸 A、B、d、R，则展开长度应是直段长度和圆弧长度之和，即 $L=A+B-2R+\frac{\pi(R+d/2)}{2}$ 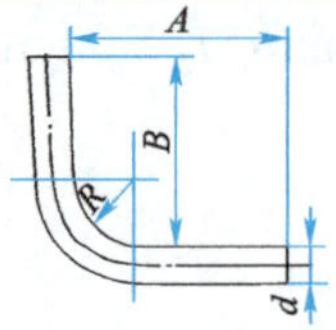 图 3–49　直角形圆钢弯曲计算
圆弧形圆钢	如图 3–50 所示，已知尺寸 R（或 R_1、R_2）、d、β，则展开长度为：$L=\pi R\frac{\alpha}{180^\circ}=\pi R\frac{(180^\circ-\beta)}{180^\circ}$ 或 $L=\pi\left(R_1+\frac{d}{2}\right)\frac{\alpha}{180^\circ}$ $=\pi\left(R_2-\frac{d}{2}\right)(180^\circ-\beta)\frac{1}{180^\circ}$ 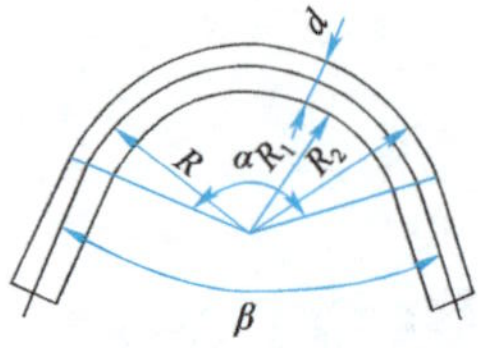 图 3–50　圆弧形圆钢弯曲计算
注	L——展开长度；R——内圆角半径；d——圆钢直径；β——弯曲角度。

知识点 3–32　等边角钢展开长度计算

说明	角钢的断面是不对称的，所以中性层的位置不在断面的中心，而是位于角钢根部的重心处，即中性层与重心重合。设中性层离角钢根部的距离为 z_0，z_0 的值与角钢断面尺寸有关。
内弯	内弯等边角钢弯曲料长计算示意图如图 3–51 所示，公式如下：$L=l_1+l_2+\frac{\pi\alpha(R-z_0)}{180^\circ}$ 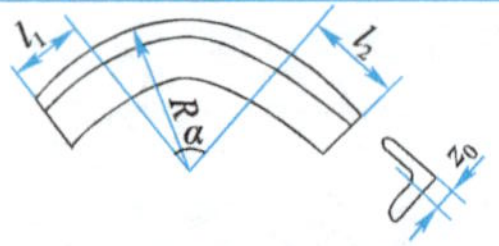 图 3–51　内弯等边角钢弯曲料长计算
外弯	外弯等边角钢弯曲料长计算示意图如图 3–52 所示，公式如下：$L=l_1+l_2+\frac{\pi\alpha(R+z_0)}{180^\circ}$ 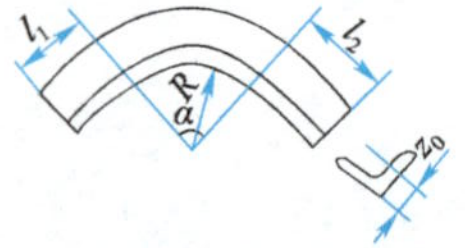 图 3–52　外弯等边角钢弯曲料长计算
注	l_1、l_2——角钢直边长度，mm；R——角钢外（内）弧半径，mm；α——弯曲角度；z_0——角钢重心距，mm。

案例视野拓展——焊接结构件的成型工艺及设备

案例 3-7　板材的机械压弯成型

现有一批厚度为 4 mm 的 Q235 板材需要进行弯曲操作，选择合适的加工设备，对板材进行弯曲加工。

1. 弯曲设备的选择

由于待加工的板材属于薄板，因此本任务选择折弯机进行板材的弯曲加工。

折弯机包括支架、工作台和夹紧板，工作台置于支架上，工作台由底座和压板构成，底座通过铰链与夹紧板相连，底座由座壳、线圈和盖板组成，线圈置于座壳的凹陷内，凹陷顶部覆有盖板。使用时，由导线对线圈通电，通电后对压板产生引力，从而实现对压板和底座之间薄板的夹持。

2. 弯曲操作过程

严格遵守机床工安全操作规程，按规定穿戴好焊工防护用品。

（1）首先接通电源，在控制面板上打开钥匙开关，再按液压泵启动开关。

启动前需认真检查电动机、开关、线路和接地线是否正常和牢固，检查设备各操纵部位、按钮是否在正确位置；检查上下模的重合度和坚固性；检查各定位装置是否符合被加工的要求；在上滑板和各定位轴均未在原点的状态时，运行回原点程序。

（2）设备启动后空运转 1～2 min，上滑板满行程运动 2～3 次，如发现有不正常声音或有故障时应立即停车，将故障排除，一切正常后方可工作。

（3）行程调节。使用折弯机必须注意调节行程，在折弯前一定要试车。折弯机上模下行至最底部时必须保证有一个板厚的间隙，否则会对模具和机器造成损坏。行程的调节有电动快速调整和手动微调。

（4）折弯槽口的选择。一般要选择板厚 8 倍宽度的槽口，如折弯 4 mm 的板料，需选择 32 mm 左右的槽口。

（5）后挡料板调整一般都有电动快速调整和手动微调，方法同剪板机。

（6）踩下脚踏开关开始折弯。折弯机与剪板机不同，可以随时松开，松开脚踏开关折弯机便停下，再踩继续下行。工作时应由一人统一指挥，使操作人员与送料压制人员密切配合，确保配合人员均在安全位置方能准确发出折弯信号。

知识视野拓展——焊接结构件的成型工艺及设备

知识点 3-33　压弯材料的弯曲变形过程

初始阶段	当坯料上作用有外弯曲力矩时，将发生弯曲变形。在坯料弯曲过程的初始阶段，外弯矩的数值不大，坯料内应力的数值小于材料的屈服强度，仅使坯料发生弹性变形。
塑性变形阶段	当外弯矩的数值继续增大时， 坯料的曲率半径随之缩小，材料内应力的数值开始超过其屈服强度，坯料变形区的内表面和外表面首先由弹性变形状态过渡到塑性变形状态，以后塑性变形由内、外表面逐步向中心扩展。
断裂阶段	坯料发生塑性变形后，若继续增大外弯矩，待坯料的弯曲半径小到一定程度时，将因变形超过材料自身变形能力的限度，而在坯料受拉伸的外层表面，首先出现裂纹，并向内伸展，致使坯料发生断裂破坏。
注	弯曲过程中，无论宽板、窄板，在变形区内材料的厚度均有变薄现象。

知识点 3-34　压弯材料的变形方式

自由弯曲	材料弯曲时，板料仅与凸凹模三条线接触，弯曲圆角半径 r_1 是自然形成的，如图 3-59（a）所示。
接触弯曲	板料弯曲到直边与凹模表面平行，而且在长度 ab 上互相靠近时停止弯曲，弯曲件的角度等于模具的角度，而弯曲圆角半径 r_2 仍是自然形成的，如图 3-59（b）所示。
矫正弯曲	将板料弯曲到与凸凹模完全紧靠，弯曲圆角半径 r_3 等于模具圆角半径 $r_凸$，如图 3-59（c）所示★。

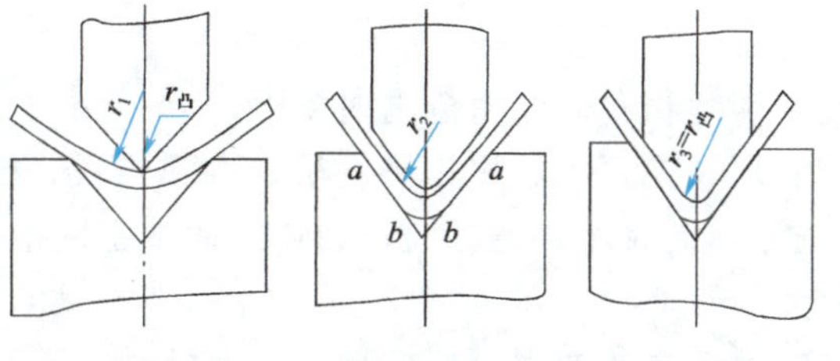

（a）自由弯曲变形　（b）矫正弯曲变形　（c）接触弯曲变形

图 3-59　压弯材料的变形方式

努力成为他人的榜样

★课程思政：努力成为他人的榜样

材料弯曲成形是靠凸模和凹模形成的，模具的形状能够影响到材料的最终形状。同学们要想成为一个有影响力的人，就要努力使自己像模具一样成为他人的榜样，用自己的品质、行动、思想去影响身边的人，帮助他人变的更加优秀，得到身边同学和老师的认可。

（7）弯曲结束后，将板料卸下。关机前，要在两侧液压缸下方的下模上放置木块，将上滑板下降到木块上，先退出控制系统程序，后切断电源。

案例 3–8　工业锅炉卷筒工艺守则

1. 主题内容与适用范围

本守则规定了工业锅炉锅壳（筒）、炉胆等单节筒体卷制的技术要求和操作方法。

本守则适用于工业锅炉锅壳（筒）、炉胆等单节筒体的卷制。

其他类型锅炉锅壳（筒）、炉胆等单节筒体的卷制也可参照本守则执行。

2. 引用标准

《锅壳锅炉　第 4 部分：制造、检验与验收》（GB/T 16508.4—2022）。

《锅炉用材料入厂验收规则》（NB/T 10939—2022）。

3. 技术要求

（1）总则

① 本守则与产品图样、标准、有关工艺文件及设备安全操作规程同时使用。

② 本守则适用的材料为碳素钢和普通低合金钢钢板，钢板必须经检查部门按 NB/T 10939—2022 中的规定进行检验，未经检验或检验不合格者，不准投入使用。

③ 本守则适用于设备为三辊卷板机的冷卷工艺。

本守则要求设备操作者必须熟悉设备性能、设备结构、维护保养知识，必须经过有关部门培训考核合格，取得操作合格证，方可上机操作。

（2）设备及工装

① 卷板机应在设备精度和卷板能力范围内使用。

② 工量夹具有钢卷尺、钢直尺、手提砂轮机、圆弧样板、校正用夹具及专用纵缝对接装置等。钢卷尺、钢直尺、圆弧样板须定期检定。

（3）卷制前准备

① 卷制前操作者应熟悉有关图样、标准和工艺文件。

② 卷制前操作者应了解《下料工艺守则》中的有关要求，并对钢板坯料进行检查，材质标记应放在外侧。

知识点 3–35　压弯的最小弯曲半径及其影响因素

说明	最小弯曲半径是材料在不发生破坏的情况下所能弯曲的最小的曲率半径。一般情况下，弯曲半径应大于最小弯曲半径。若由于结构要求等原因，弯曲半径必须小于或等于最小弯曲半径时，则应该分两次或多次弯曲，也可采用热弯或预先退火的方法，以提高材料的塑性。
影响因素	（1）材料的塑性。材料的塑性越好，其允许变形程度越大，则最小弯曲半径可以越小。 （2）弯曲角 α。在相对弯曲半径 r/δ 相同的条件下，弯曲角 α 越小，材料外层受拉伸的程度越小，而越不易弯裂，最小弯曲半径可以取较小值。 （3）材料的纤维方向。经轧制的钢材会形成各向异性的纤维组织，钢材平行于纤维方向的塑性指标大于垂直于纤维方向的塑性指标。因此，当弯曲线与纤维方向平行时，材料不易断裂，弯曲半径可以小一些。 （4）材料的表面质量和剪断面质量。当材料的剪断面质量和表面质量较差时，材料边缘存在飞边，引起应力集中，弯曲时易使材料过早破坏，这种情况下应采用较大的弯曲半径。 （5）其他因素。材料的厚度和宽度等因素也对最小弯曲半径有影响。如薄板可以取较小的弯曲半径，窄板料也可取较小的弯曲半径。

知识点 3–36　压弯的弯曲回弹

说明	弯曲后的零件，其弹性变形部分在卸载时要恢复原态，使弯曲件的曲率和角度发生变化的现象。回弹现象的存在，直接影响弯曲件的几何精度，必须加以控制，如图 3–60 所示。
影响因素	（1）材料的屈服强度越高，弹性模量越小，加工硬化越剧烈，弯曲变形的回弹越大； （2）材料的相对弯曲半径 r/δ 越大，材料变形程度就越小，则回弹越大；

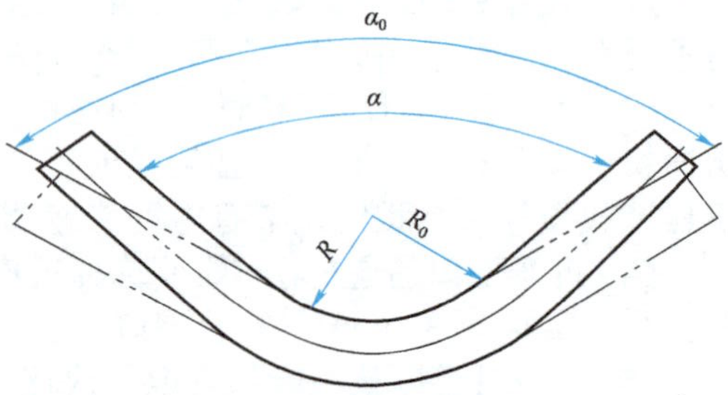

图 3–60　弯曲件的回弹

筒体钢板的下料长度尺可按下列公式确定，即

$$L=\pi D_P+\delta_1+\delta_2+\delta_3-\delta_4$$

式中 L——筒体钢板下料长度尺寸，mm；

D_p——筒体的平均直径，mm；

δ_1——气割加工余量，mm；

δ_2——机械加工余量，mm；

δ_3——预弯直段余量，mm；

δ_4——冷卷伸长量，mm，一般 2～5 mm。

注：有预弯直段要求时才考虑 δ_1、δ_2 及 δ_3。一般当钢板厚度 $\delta \geqslant 20$ mm 时，如在卷板机上预弯，每端预弯直段余量不小于 2δ；当 $\delta<20$ mm 时，可不考虑预弯直段余量。

筒体的下料长度尺寸一般应和与之相配的管板或封头冲压成型后的尺寸相适应，以保证筒体和管板或封头环缝对接的质量。

板料需要拼接时，拼接焊缝单面加强高度：当拼接焊缝与卷板机的辊轴平行时，应不大于 2 mm；当拼接焊缝与辊轴垂直时，应不大于 1 mm，且要求焊缝与钢板圆滑过渡。

钢板卷制前，应保证钢板的长、宽尺寸偏差和对角线长度之差，且符合图样或《下料工艺守则》中的有关规定，检验合格后方可转入冷卷工序。

被卷钢板以气割作为板料最终加工手段时，必须清除气割毛刺及金属飞溅物，钢板表面及边缘必须光洁、平整，对接口（或坡口）端面及两侧不小于 20 mm 范围内必须清除油污、铁锈、氧化皮等。需要再次进行机械加工时，修磨清理应在机械加工后进行。

钢板卷制前开动卷板机进行空车运转检查。各转动部分运转正常，可进行卷制。

（4）卷制过程

① 在三辊卷板机上卷制时，钢板两端一般应预弯。预弯如在压力机上进行，应采用专用的预弯模具压制，预弯长度应大于三辊卷板机两个下辊中心距尺寸的 1/2。在预弯长度内，预弯圆弧与检查样板（检查样板曲率半径的公称尺寸宜比图样名义尺寸小 0.5～1 mm）间隙 $h \leqslant 1.0$ mm，如图 3–53 所示。

续表

影响因素	（3）在弯曲半径定时，弯曲角 α 越大，则变形区长度越大，回弹也越大； （4）其他因素，例如零件的形状、模具的构造、弯曲方式及弯曲力的大小等，对弯曲件的回弹也有一定的影响。
减少回弹的主要措施	（1）将凸模角度减去一个回弹角，使钢板弯曲程度加大，板料回弹后恰好等于所需的角度； （2）采取校正弯曲，在弯曲结束时进行校正，即减小凸模的接触面积或加大弯曲部件的压力； （3）减小凸模与凹模的间隙； （4）采用拉弯工艺； （5）在必要时，如果条件允许可采用加热弯曲。

知识点 3–37　滚弯成型工艺及工艺步骤

说明	将板材或型材通过成型机械的辊轴转动，并施加一定的压力使其弯曲成型的工艺方法。板材的滚弯，在工程上习惯称为卷板。常用的卷板设备是三辊卷板机，其外观形式如图 3–61 所示。  图 3–61　三辊卷板机外观 卷板机结构认识
预弯	卷弯时，只有钢板与上辊轴接触的部分才能得到弯曲，所以钢板的两端各有一段长度不能发生弯曲，这段长度称为剩余直边。 不同设备引起的剩余直边大小不同，为了消除剩余直边，必须先对板材进行预弯，使剩余直边弯曲到所需要的曲率半径后再卷弯。预弯的方法主要有以下几种。 （1）通用模压弯。在压力机上用通用模具进行多次压弯成型，如图 3–62（a）所示。这种方法适用于各种厚度的板预弯。 （2）模板滚弯。在三辊卷板机上用模板预弯，如图 3–62（b）所示。这种方法适用于 $\delta \leqslant \delta_0/2$ 且 $\delta \leqslant 24$ mm，并不超过设备能力的 60%的场合。 （3）垫板、垫块滚弯。指在三辊卷板机上用垫板、垫块预弯，如图 3–62（c）所示。这种方法适用于 $\delta \leqslant \delta_0/2$ 且 $\delta \leqslant 24$ mm，并不超过设备能力的 60%的场合。

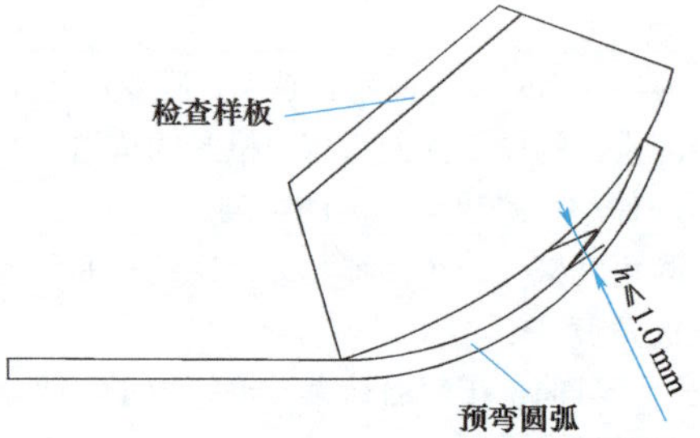

图 3–53　预弯圆弧与检查样板间距离

② 预弯时应随时用样板检查预弯圆弧，局部有凸起或凹进的地方，可用钢板条作为衬垫来校正，用卷板机预弯时，可分两次完成：第一次卷弯时，可使圆弧曲率半径约大于要求值的 10%；第二次卷弯时应达到要求值。

③ 对于有预弯直段余量的钢板，应在钢板两端预弯后将余量切除。焊接端面及两侧不小于 20 mm 范图围内清除油污、铁锈及氧化皮。

④ 被卷钢板应放在辊轴长度方向的中间位置，并对钢板位置进行校正，使钢板对接口边缘与辊轴中心线平行，如图 3–54 所示。

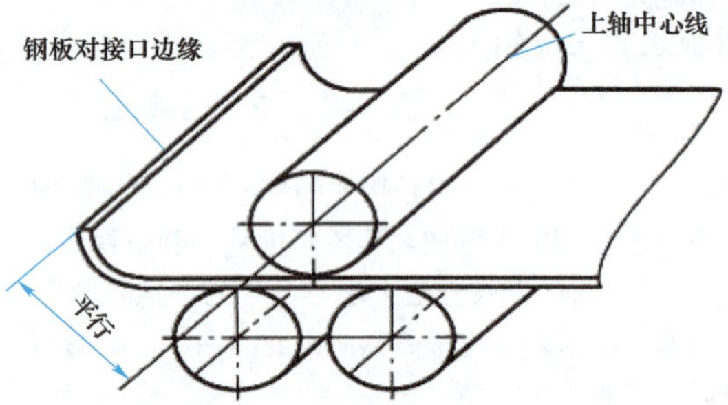

图 3–54　对钢板位置进行矫正

⑤ 卷制时，应使钢板起始卷制段逐渐弯曲卷制至适宜的曲率半径，之后再连续卷制成筒状。

用三辊卷板机卷制时，应多次调整上辊向下移动，使钢板弯曲，卷制成筒体。上辊每下降一次需开动卷板机，使工件在卷板上往返卷一、二次。对不同直径的工件，卷板机上辊轴总下降量见表 3–8。

续表

预弯	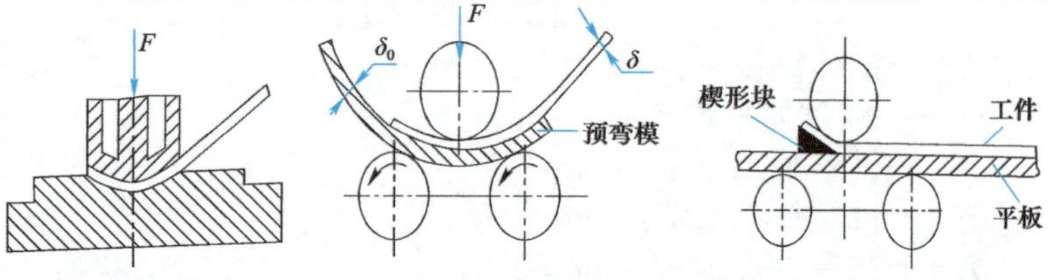(a) 通用模压弯　(b) 模板滚弯　(c) 垫板、垫块滚弯 图 3–62　常用预弯方法 解决板材卷弯剩余直边的另一种方法是卷弯前两端预留余量。切割下料时，在板材两端预留稍大于剩余直边长度的余量，待卷弯后再切割去除，但切割下的余量若不能使用，则会造成材料的浪费。因此也可采用少留余量而用废料拼接成具有足够支撑能力的直边长度，待辅助卷弯后再切除的工艺方法，如图 3–63 所示。 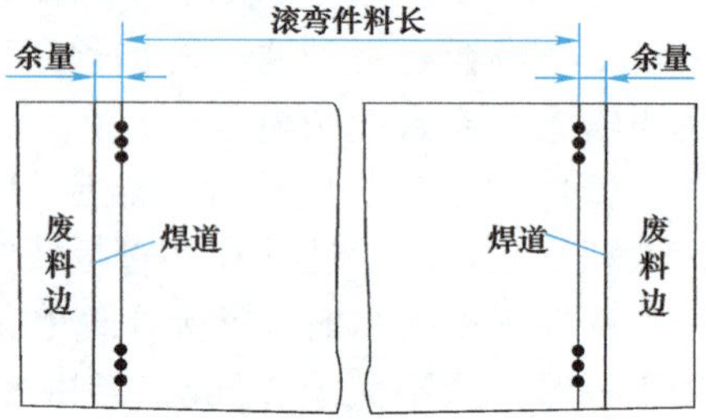图 3–63　利用废料边进行卷弯的方法
对中	对中的目的是使工件的素线与辊轴轴线平行，防止产生扭斜，保证滚弯后工件几何形状准确。对中的方法几种方法如图 3–64 中所示。 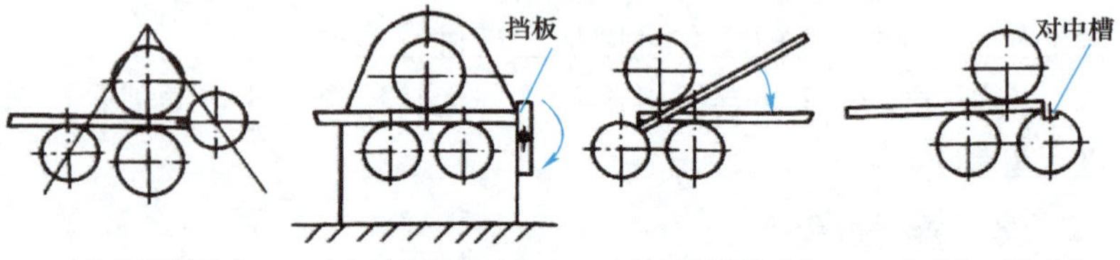(a) 用侧混对中　(b) 专用挡板对中　(c) 倾斜进料对中　(d) 侧辊开槽对中 图 3–64　几种对中方法
卷弯	一般情况下，卷弯时不需要加热钢板，而是采用冷卷的方式。在卷弯过程中，只要保持上辊轴上下不动，三根辊轴相互平行，工件的曲率半径经过几次由大到小的试卷，最后即可达到要求。但是，在卷弯过程中常出现

表 3–8　卷板机上辊轴总下降量

设备能力	筒体内径						
	800	900	1 000	1 200	1 400	1 600	1 800
19×2 000	31	28	26	22	19	17	15
30×3 000	78	72	66	57	49	44	41

⑥ 在每一次调整三辊卷板机上轴辊下移或四辊卷板机两侧轴辊倾斜上移后卷弯时，都需用样板检查钢板圆曲率的大小，直至完全符合样板为止。

⑦ 在卷制过程中，应使钢板两侧边缘与轴辊中心线垂直，应经常进行检查，以防跑偏造成端面错口。

⑧ 在卷制过程中，应调整卷板机的轴辊使其保持平行，以免卷制出的筒体出现锥形。

⑨ 在卷制过程中，钢板必须随卷板机轴辊同时滚动，不应有滑动现象，如出现滑动应立即排除。

⑩ 筒体卷制成型后，用专用纵缝对接装置将纵缝对接口对平、两端面对齐，对接口间隙应符合图样和工艺文件的要求。

⑪ 定位焊接完成后，必须由检验人员检验，对筒体对接边缘偏差和端面纵向错口进行重点检查，合格后方可转入焊接工序。

⑫ 应用气割切除引、收弧板及焊接试板（不允许用锤击方法除去），气割部位必须用砂轮修磨平整。

⑬ 冷卷筒体内外表面的凹陷和疤痕，如果深度为 0.5～1 mm 时，应修磨成圆滑过渡，超过 1 mm 时应补焊并修磨。

⑭ 校圆应在卷板机上进行。校圆时应随时用样板检查，要求圆弧曲率尽量均匀，使圆度（$D_{max}-D_{min}$）和棱角度 ΔC 达到有关标准规定。

续表

卷弯	过弯现象，特别是较厚的钢板，一旦曲率半径过小就很难矫正。因此，卷弯前应制出符合工件曲率半径的卡样板，在卷弯过程中经常使用卡样板检查是否符合曲率半径，以此控制上轴辊的压下量（每次压下量一般为 5～10 mm）。在钢板厚度较大、卷弯直径较小时，冷卷易产生较严重的加工硬化和较大的内应力，甚至产生裂纹。因此，当碳素钢钢板的厚度大于或等于圆筒内径的 1/40 时应进行热卷。各种卷板机的滚弯过程如图 3–65 所示。 筒节卷弯成型 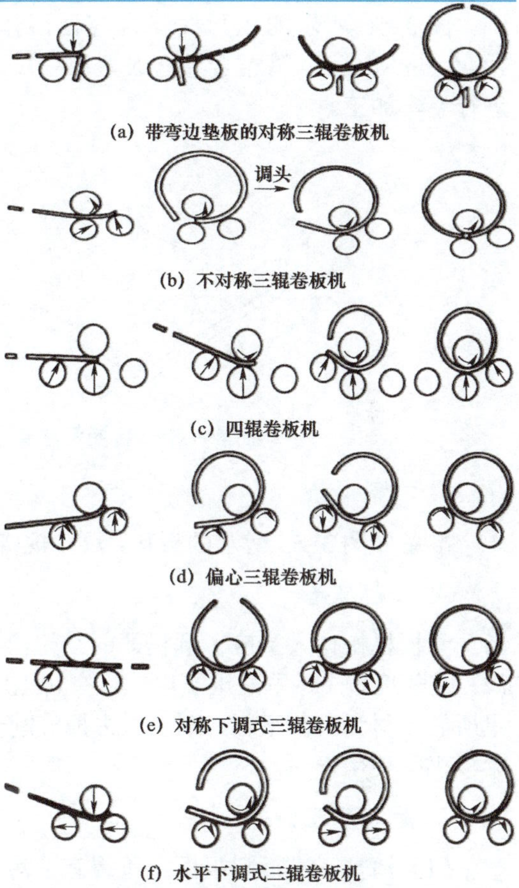 **图 3–65　各种卷板机的滚弯过程**
矫正	若板材两端在预弯时的曲率半径不符合要求，或卷弯时曲率不均匀，卷板后则会在接口处出现外凹或内凹的缺陷。要消除这些缺陷，可以在定位焊或焊接后进行局部压制卷弯，具体方法如图 3–66 所示。

案例 3–9　容器筒体的卷弯成型

图 3–55 所示的矩形板料为容器筒体展开结构，尺寸为 3 165 mm×1 500 mm×8 mm。请结合卷弯成型相关知识，使用三辊卷板机对所给结构进行卷弯加工。

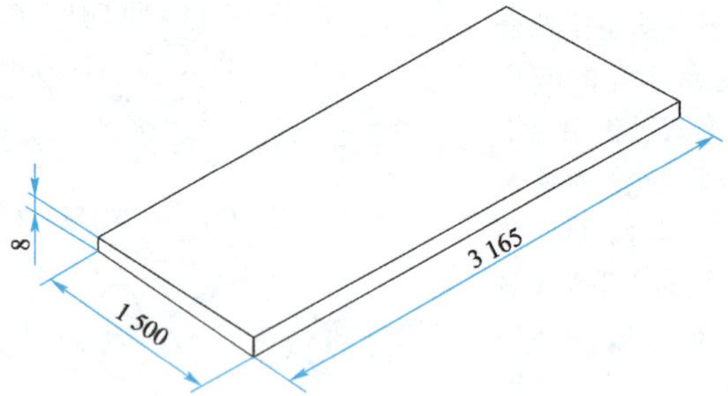

图 3–55　容器筒体卷弯板料尺寸

1. 材料准备

准备如图 3–55 所示的板料，尺寸规格为 3 165 mm×1 500 mm×8 mm。

2. 设备准备

卷板机操作人员应了解机器的结构，并具备电气基本常识，接通主电源，空载运转（冬季液压泵电动机空转 10～20 min 后方可正常工作）。如果所卷板材为气割下料，则应先去掉气割金属渣、焊点及附属物，以保证卷板机的使用寿命。

3. 起动前任务

（1）清理干净板料板面，不得有油污，防止出现打滑现象；

（2）检查各润滑口是否通畅，检查齿轮齿槽内有无异物；

（3）检查各部位有无异常，电动机、减速器螺栓连接是否牢固，制动器应正常可靠；

（4）严格按板材厚度调整轴辊间距离，不得超负荷作业。不能卷压超出力学性能规定范围的工件；

（5）必须在工件放平稳，位置正确后才能开始运转操作，由专人指挥并应明确信号。

续表

矫正	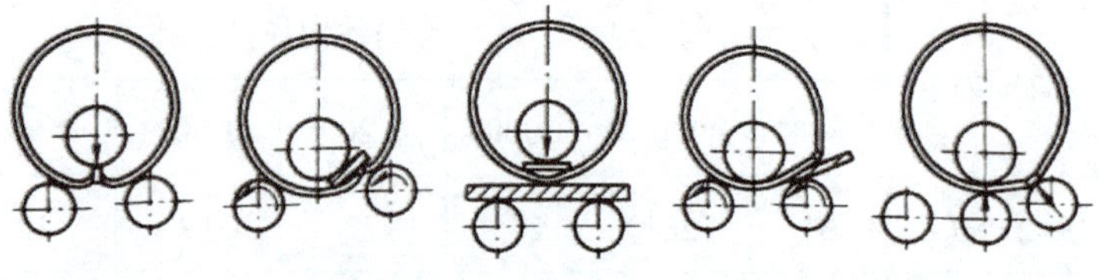 图 3–66　矫正棱角的几种方法

知识点 3–38　拉深成型工艺

说明	拉深也称拉延、压延或引伸，它是利用模具使平板坯料成型为开口空心零件的一种冲压工艺方法，应用相当广泛。利用拉深工艺，可以制成各种直壁类或曲面类的零件，其工序如图 3–67 所示。 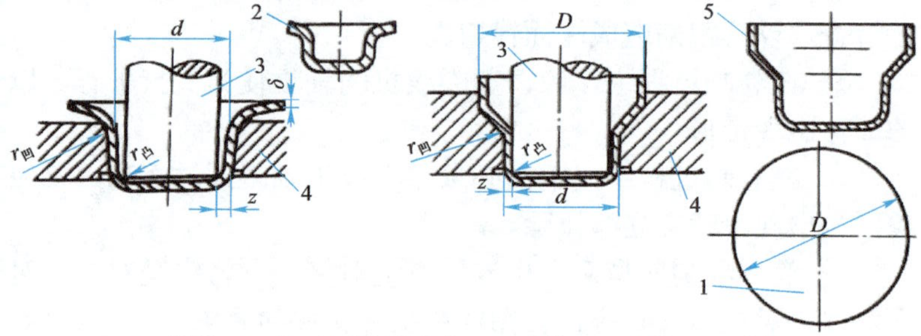 1—坯料；2—第一次拉深的产品；3—凸模；4—凹模；5—成品 图 3–67　拉深工序图
工艺要点	拉深是利用凸模把板料压入凹模，为了防止坯料被拉裂，凸模和凹模边缘均做成圆角，其半径 $r_{凸} \leq r_{凹}=(5\sim15)\delta$；凸模和凹模之间的间隙 $z=(1.1\sim1.2)\delta$；拉深件直径 d 与坯料直径 D 的比值 m（拉深系数）一般为 0.5～0.8。拉深系数 m 越小，则坯料被拉入凹模越困难，从底部到边缘过渡部分的应力也越大。 如果拉应力超过材料的抗拉强度，拉深件底部就会被拉裂［见图 3–68（a）］。对于塑性好的金属材料，m 可取较小值。如果拉深系数过小，不能一次拉制成高度和直径合乎成品要求时，则可进行多次拉深。这种多次拉深操作往往需要进行中间退火处理，以消除前几次拉深变形中所产生的

4. 操作中任务

（1）选择适当的加工方法进行板料的预弯；

（2）将板料送入上、下轴辊之间；

（3）将板材进行对中，使板边与下轴平行，误差以 1～2 mm 为宜，防止出现筒节歪扭曲和错边的现象；

（4）板料应放在轴辊中间卷弯；

（5）工件进入轴辊后，手不得放在被卷压的板材上，不准用样板进行检查，停机后方可用样板检查圆度。

（6）起动主电动机。操作控制器上有六个控制，绿色表示起动，红色表示停止，“上”字表示上轴辊向上移动，“下”字表示上轴辊向下移动，“左转”表示平行的两个轴辊向左转动，“右转”表示平行的两个轴辊向右转动。按操作按钮开始卷制，工作时卷板机两侧不得有人，以防卷制工件窜出发生意外。经过多次加压反、正转，完成卷制工作。图 3–56 所示为筒体的卷制成型。

图 3–56　筒体的卷制

续表

<table>
<tr><td>工艺
要点</td><td>加工硬化现象，使以后的拉深能顺利进行。在进行多次拉深时，其拉深系数 m 应一次比一次略大。
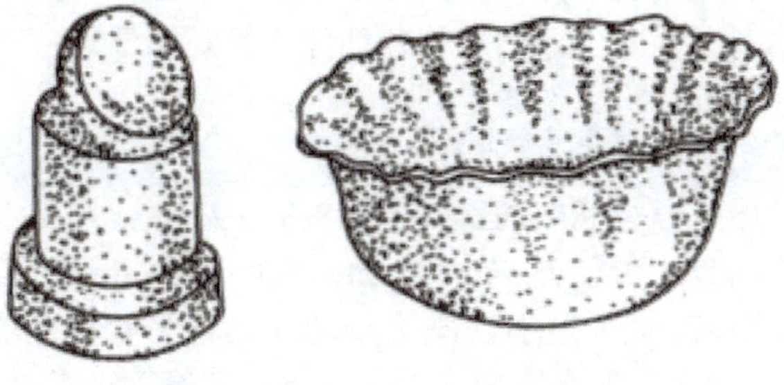
（a）拉穿　（b）褶皱
图 3–68　拉深废品
在拉深过程中，由于坯料边缘在切线方向受到压缩，因而可能产生波浪形，最后形成褶皱［见图 3–68（b）］。拉深所用坯料的厚度越小，拉深的深度越大，越容易产生褶皱。为了预防褶皱的产生，可以用压料板把坯料压紧，如图 3–69所示。为了减小由于摩擦使拉深件壁部的拉应力增大并减少模具的磨损，拉深时通常加润滑剂。
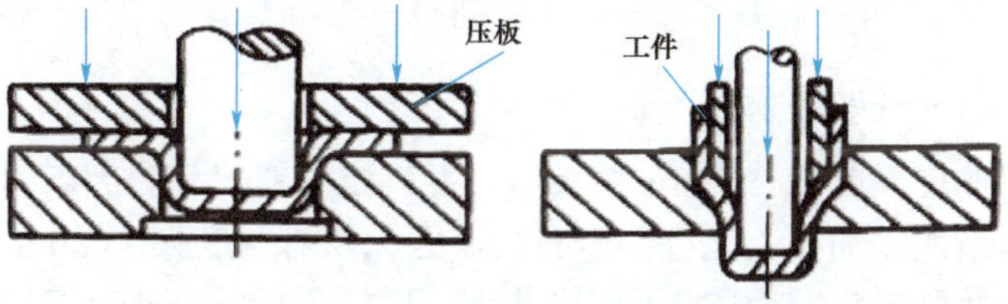

图 3–69　有压板拉深</td></tr>
<tr><td colspan="2">知识点 3–39　对拉深件的基本要求</td></tr>
<tr><td>1</td><td>拉深件外形应简单、对称，且不要太高，以便使拉深次数尽量少。</td></tr>
<tr><td>2</td><td>拉深件的圆角半径在不增加工艺程序的情况下，最小许可半径如图 3–70 所示。否则将增加拉深次数及整形工作。</td></tr>
</table>

5. 完成卷制任务

（1）如发现机床运转有异常声响，应立即停机检查，调整、修理；

（2）停止主电动机，使上轴辊升至取出位置，取出销子，将活支架拉倒，将卷制工件取出，然后将各部件恢复到原位置；

（3）停机后将工件放置到指定地点。

案例 3–10　封头的旋压成型

现需加工一个低碳钢封头，封头的主要参数及技术要求如下。

主要参数：内径 D_i=4 200 mm；板厚 δ=55 mm；直边高 h=50 mm。

技术要求：最大最小直径差 e<0.5%D_i；形状偏差最大间隙=1.25%D_i；直径公差 3 mm；最小厚度 δ_{min}=48 mm；总高度公差 0～0.5%D_i。

请使用旋压成型加工方式确定该封头的加工工艺并加工封头。

1. 工艺分析

封头的旋压成型，可分为冷旋压（常温）、温旋压和热旋压三种。冷旋压成型大多只适用于板厚 30 mm 以下的大直径封头，超过 30 mm 厚的封头需采用温旋压和热旋压成型工艺。本任务中需加工的封头板厚为 55 mm，因此选择热旋压成型工艺。

2. 旋压前准备工作

（1）选取板材并下料

选用厚度为 55 mm 的板料，并确定下料尺寸。因下料直径与板厚、变形减薄、加工工艺等因素有关，因此，对厚度大于 30 mm 的封头不宜按照薄壁封头常用的等面积法计算，现按照经验公式计算得到下料直径为 5 100 mm。

（2）预压件制作

将备好的圆形坯料进行(625±25)℃×2 h 的退火处理后进行圆片预压，在 20 MN 压鼓机上压鼓。压鼓时选用合适的压鼓胎模，选择合适的压力点位置和顺序，并调节压力的大小。将圆片压成如图 3–57 所示的碗形压鼓件，将封头底部压成所需的形状（用样板检查）。

续表

3	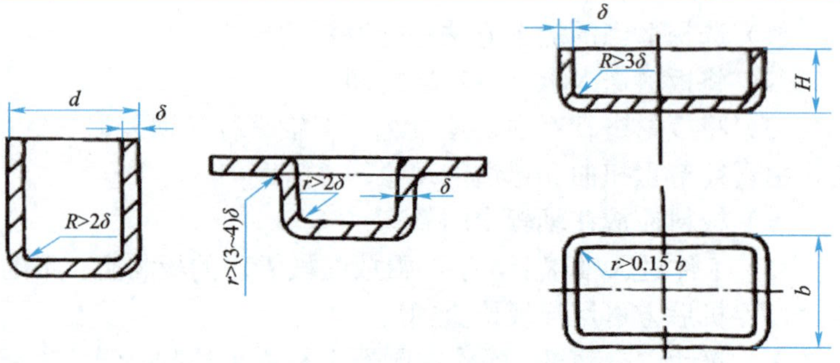 图 3–70　拉深件的最小许可半径

知识点 3–40　旋压成型工艺

原理	旋压是在专用的旋压机上进行的。图 3–71 所示为旋压设备组成。毛坯 3 通过尾顶尖 4 上的压块 5 紧紧地压在模胎 2 上，当主轴 1 旋转时，毛坯和模胎一起旋转，操作旋棒 6 对毛坯施加压力。同时，旋棒又作纵向运动，开始旋棒与毛坯是一点接触，由于主轴旋转和旋棒向前运动，毛坯在旋棒的压力作用下产生由点到线及由线到面的变形，逐渐被赶向模胎，直到最后与模胎贴合为止，完成旋压成型。 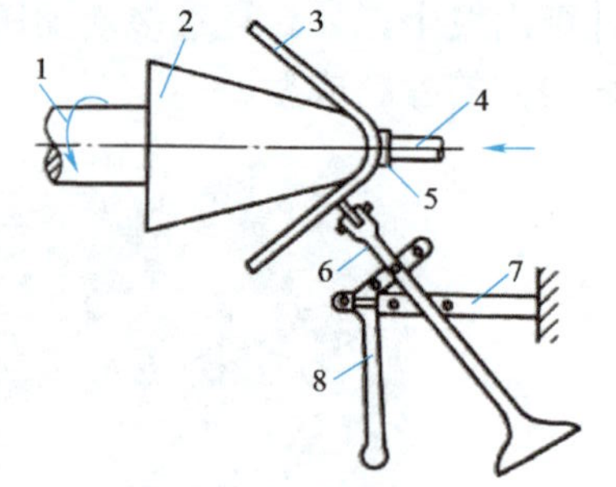 1—主轴；2—模胎；3—毛坯；4—尾顶针；5—压块；6—旋棒；7—支架；8—助力臂 图 3–71　旋压工作简图
特点	（1）旋压是一种连续局部塑形加工过程； （2）旋压成型可以加工形状复杂的零件或强度高难以变形的材料； （3）旋压件尺寸公差等级可达 IT8 左右，表面粗糙度值 Ra<3.2 μm，工件的强度和硬度均有明显的提高； （4）旋压加工的材料利用率高，模具费用较低。

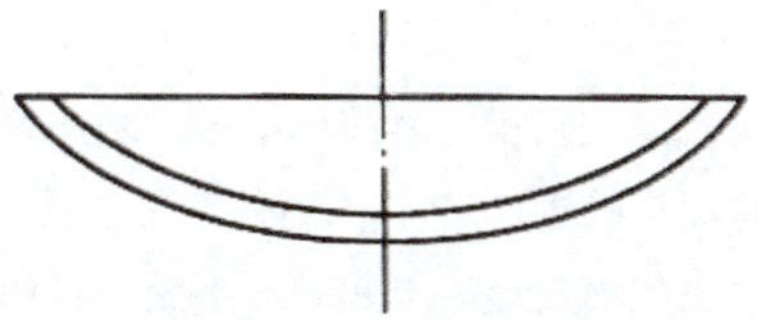

图 3–57　碗形压鼓件

3. 封头热旋压加工

（1）封头定位夹紧

将预压件按图 3–58 所示位置倒扣在下夹紧轴上，如图 3–58 所示，调整封头中心，使之与上夹紧轴上的定位针对准后，上夹紧轴下移，将封头夹紧。

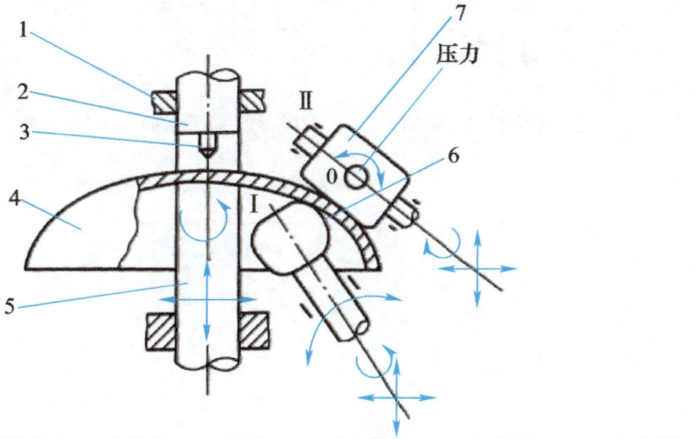

1—机架；2—上夹紧轴；3—定位针；4—封头；5—下夹紧轴；6—内成型轮；7—外成型轮

图 3–58　热旋压机结构及成型原理简图

（2）调整封头高度

利用上、下夹紧轴的上下移动，将封头调整到合适的高度。

（3）封头加热

点燃加热器，利用喷射的火焰将旋转中的封头加热到旋压温度。对于碳钢和低合金钢的封头，加热温度控制在 825～900 ℃进行旋压。

（4）旋压成型

起动设备进行旋压成型。按封头的不同部位，调整内外轮的相对位置

续表

适用工件形状	可旋压的工件形状局限于各种旋转体，主要有筒形、锥形、半球形、曲母线和组合形，如图 3–72 所示。	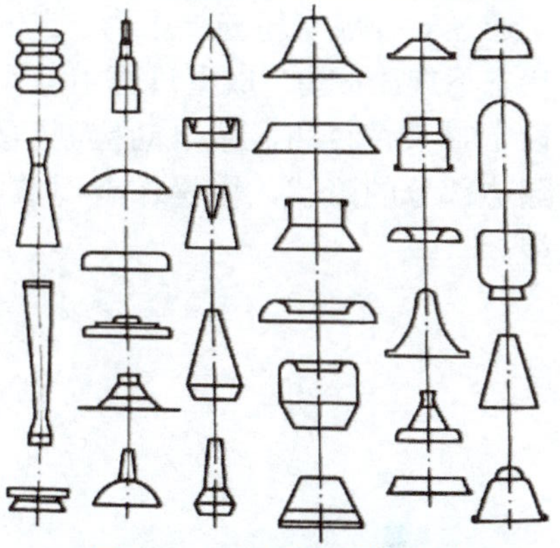 图 3–72　旋压件形状示例
适用材料	低碳钢、低合金钢、不锈钢、耐热合金、有色金属、难熔金属和稀有金属。	

知识点 3–41　旋压成型的种类

不变薄旋压	不变薄旋压又称普通旋压法。不变薄旋压时，坯料厚度基本保持不变，主要是通过改变坯料的直径而形成空心旋转体工件。按旋压加工的自动化程度分为手工旋压、半自动旋压和自动旋压。手工旋压适用于小批量生产及薄、软材料的加工。半自动旋压或自动旋压则应用于大、中批量生产及厚、硬材料的加工。不变薄旋压又可分为拉深旋压、缩口旋压和扩口旋压，如图 3–73 所示。 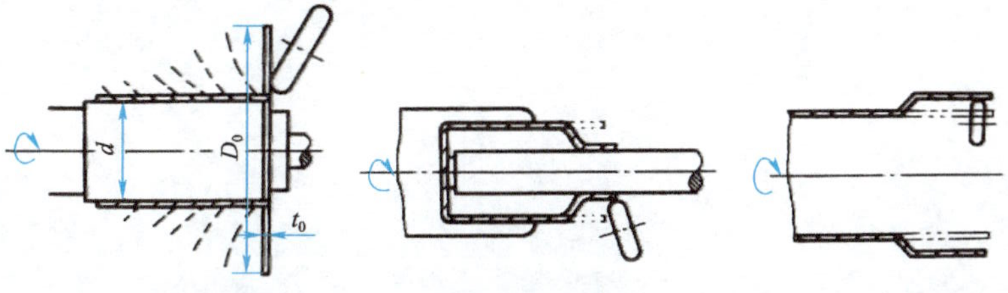 (a) 拉深旋压　(b) 缩口旋压　(c) 扩口旋压 图 3–73　各种不变薄旋压工艺方法
变薄旋压	变薄旋压法又称强力旋压法。与其他加工工艺相比，变薄旋压具有自身的特点：首先，因其是局部连续的塑性变形，变形区很小，所需的成型力仅为整体冲压成型力的几十分之一，甚至是百分之一；其次，旋压

和角度。

通过对外成型轮施加压力，产生使封头变形的弯矩，从而使封头在加热状态下旋压成型。成型过程由操作者通过操作台进行控制。在操作台上可设定封头直径和显示自动检测结果，以控制封头的外圆直径。封头旋压翻边部分的形状，由操作者调节内外成型轮的角度和位置，逐步旋压成型。

续表

变薄旋压	的工装模具与拉深工艺相比要简单很多，制造薄壁筒形件的工具、模具的费用仅为拉深模的 1/10 左右；另外，与普通旋压相比，变薄旋压时，坯料凸缘不产生收缩变形，不起皱；不受坯料相对厚度的限制，既可以一次旋压出相对深度较大、形状复杂和封头类大型工件，又可旋压用冲压法很难成型的零件。变薄旋压通常要求使用功率大的旋压机床。变薄旋压有图 3–74 所示的三种形式。

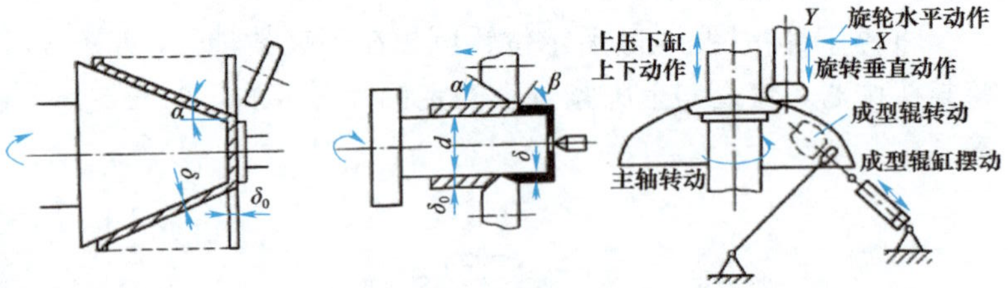

(a) 锥形件变薄旋压　(b) 筒形件变薄旋压　(c) 封头变薄旋压

图 3–74　变薄旋压工艺形式

项目 4　制作十字柱结构焊接技术文件

一、项目描述

对十字柱结构生产中关键的焊接工艺文件进行编制。

二、项目要求

依据“1+X 特殊焊接技术职业技能中级”证书考核标准，结合现有条件，正确运用焊接工艺文件编制的基本知识，完成以下焊接工艺文件相关的作业任务：

（1）编制十字柱结构加工工艺规程；

（2）评定十字柱结构预焊接工艺规程。

三、学习目标

1. 职业知识目标

（1）能够总结出焊接技术文件的基本知识；

（2）能够说出焊接技术文件的编写方法及原则；

（3）能够归纳出各种工艺文件中的主要内容；

（4）能够说出焊接工艺评定的程序。

2. 职业技能目标

（1）能够规范地、熟练地对十字柱结构编写出相应的焊接工艺文件；

（2）能够规范地、熟练地对十字柱结构焊接工艺规程进行焊接工艺评定。

3. 职业素养目标

（1）能够养成自觉遵守技术标准和要求规定、规范操作、安全、环保、“5S”作业、团结协作的好习惯；

（2）能够在“要有大局意识”“办事公道”“吾日三省吾身”“正确认识自己”等方面有更加深刻的理解和认识；

（3）通过对项目内容的学习，在“角焊缝检验装置”案例启发的基础之上，完成焊缝外观检测工具的设计，将所学的专业内容与创新教育结合，发挥专业优势、开拓思维眼界、提升创新能力。

学习载体

本项目的教学载体为焊接技术文件，如图 4–1 所示。

焊接技术文件的编制质量将直接影响产品制造质量、劳动生产率和制造成本，焊接技术文件也是组织与管理生产、设计焊接工装和焊接车间的主要依据。本项目以十字柱焊接结构为例，使学生了解焊接结构生产中焊接技术文件的基础知识，掌握焊接结构生产中技术文件的编写方法和原则，在熟悉各种焊接技术文件主要内容的基础上，能够独立完成典型结构相应焊接技术文件的编制和制定。

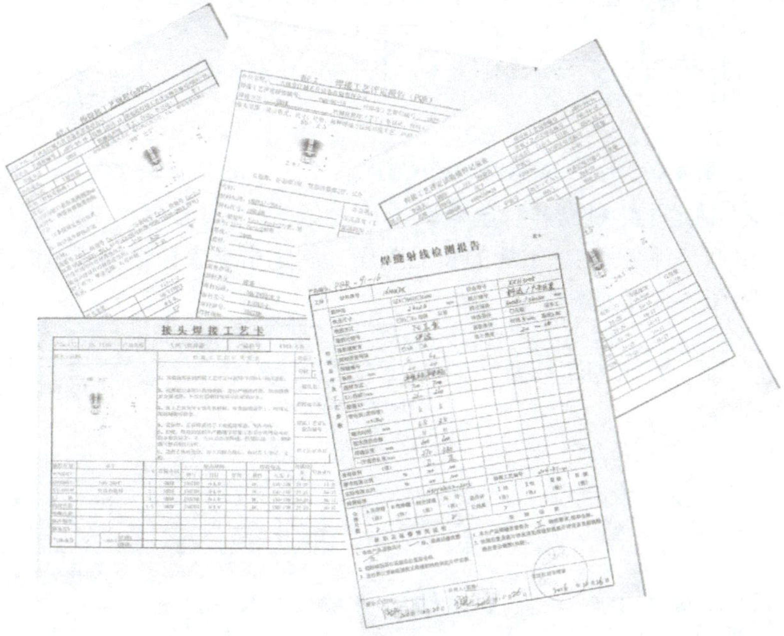

图 4–1　焊接技术文件

任务 4.1　编制十字柱结构加工工艺规程

职业活动

步骤 1　作业准备

选择带有消防措施的作业场地即可。

步骤 2　制定十字柱结构装配–焊接顺序

1. 划分十字柱结构部件

根据部件装焊–总装焊的装配焊接顺序，十字柱结构的部件可划分为 1 个 H 型钢和 2 个 T 型钢，如图 4–2 所示。约定十字柱结构中 H 型钢为部件 1，上侧 T 型钢为部件 2，下侧 T 型钢为部件 3。

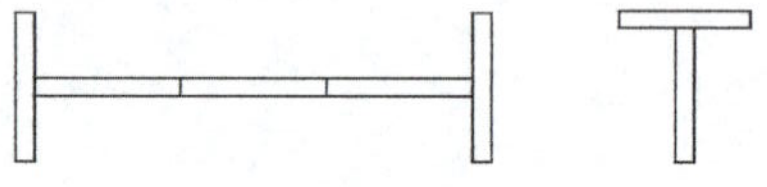

图 4–2　十字柱结构部件划分方案

十字柱结构加工工艺流程

2. 制定十字柱结构工艺流程

根据部件装焊–总装焊的装配顺序，制定出十字柱结构制造的工艺流程，如图 4–3 所示。

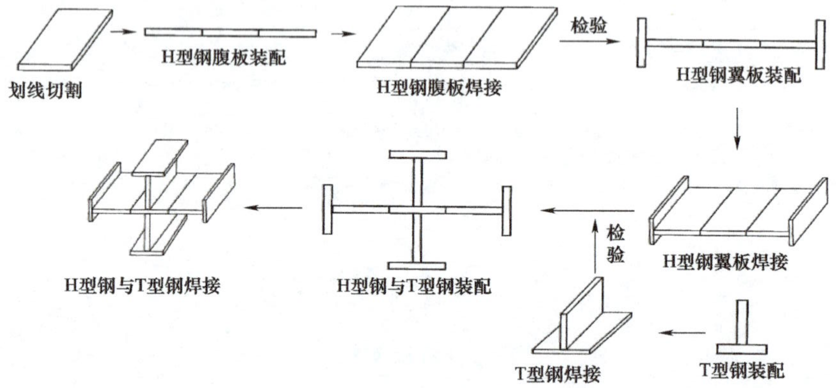

图 4–3　十字柱结构制造工艺流程

职业知识

知识点 4–1　焊接生产类型

单件生产	具有产品的种类繁多，数量较少，重复制造较少的生产性质。
大量生产	具有产品的种类单一，数量很多，工件的尺寸和形状变化不大的生产性质。
成批生产	具有周期性重复加工的特点，机械化程度介于单件生产和大量生产之间。

知识点 4–2　装配焊接顺序的选择

名称	整装–整焊	随装–随焊	部件装焊–总装焊
特点	将全部零件按图样要求装配起来，然后转入焊接工序，将全部焊缝焊完。	先将若干个零件组装起来随之焊接相应的焊缝，然后再装配若干个零件，再进行焊接，直至全部零件装完并焊完。	将结构件分解成若干个部件，先由零件装配成部件，然后再由部件装焊成结构件，最后再把装配好的结构件总装焊成整个产品。
应用	适用于结构简单、大批量生产的条件。单件小批量生产也可采用。	适用于单件小批量生产和复杂结构的生产。	这种方法适合批量生产，适用于可分解成若干个部件的复杂结构。
说明	在实际生产中，装配与焊接往往是交替进行的，在制定装配工艺的过程中，要全面分析，使所拟定的装配工艺过程有利于后续工序的顺利进行★。		

怎样树立大局意识

知识点 4–3　部件的合理划分原则

1	尽可能使各部件本身是一个完整的构件，以便于各部件间最后的总装。
2	各部件间的结合处应避开结构上应力最大的地方，避免结构强度受到影响。
3	能最大限度地发挥部件生产的优点，使装配和焊接工作更方便。
4	在工艺上易于达到技术条件的要求，如对焊接变形的控制。
5	应考虑现场生产能力和条件对部件在重量、体积上的限制，如退火炉容积问题。
6	在大量生产的情况下，应考虑生产均衡性的要求。

★课程思政：要有大局意识

拟定装配工艺过程如果不考虑到后续的焊接工作，往往会使焊接工作难以进行，甚至还会导致后续工作无法进行。就像我们在做事时，不能只盯着眼前，要把眼光放的长远，不断增强大局意识，识大体、顾大局，这样才能有大的作为。

步骤 3　编制十字柱结构装配工艺卡

1. 编制十字柱结构装配过程卡

根据制造工艺流程，编制出十字柱结构装配工艺过程卡，确定零件装配工艺路线和所使用的设备及工艺装备，如表 4–1 所示。

表 4–1　十字柱结构装配工艺过程卡

装配工艺过程卡		产品型号		零件图号		共 1 页
		产品名称	十字柱结构	零件名称		第 1 页
序号	工序名称	工序内容		完成部门	设备及工艺装备	工时定额
10	铆焊	装配 H 型钢腹板		装配	焊条电弧焊焊机	10 min
20	铆焊	装配 H 型钢翼板		装配	焊条电弧焊焊机	10 min
30	铆焊	装配全部 T 型钢		装配	焊条电弧焊焊机	10 min
40	铆焊	总装		装配	焊条电弧焊焊机	15 min
50	铆焊	检验		装配	直角尺	5 min
				设计（日期）	审核（日期）	标准化（日期）	会签（日期）
标记	处数	更改文件号	签字	日期			

十字柱结构装配工艺过程卡

知识点 4–4　工艺过程

工序	由一个或一组工人，在一台设备或一个工作地点对一个或同时对几个焊件所连续完成的那一部分工艺过程。焊接工序有放样、划线、下料、成型加工、边缘加工、装配、焊接、矫正、检验、喷漆等。
工位	在某一工序中，焊件在加工设备上所占的每个工作位置。
工步	工件在某一加工工序中，所用的加工设备、工装夹具和各工艺规范均保持不变的那部分工作。工步是工艺过程中最小的组成部分。

工位

知识点 4–5　工艺规程的基本形式

工艺过程卡	描述零件整个加工工艺过程全貌的一种工艺文件。
工艺卡	一般是按零件的工艺阶段分车间、分零件进行编写，包括工艺过程卡的全部内容，它更详细地说明了零件的加工步骤。
工序卡	在工艺卡的基础上为某一道工序编制的更为详细的工艺文件。

知识点 4–6　装配工艺过程卡（示例）

装配工艺过程卡		产品型号		零件图号		共　页
		产品名称		零件名称		第　页
序号	工序名称	工序内容		完成部门	设备及工艺装备	工时定额
				设计（日期）	审核（日期）	标准化（日期）	会签（日期）
标记	处数	更改文件号	签字	日期			

2. 编制十字柱结构总装工序卡

根据十字柱结构装配工艺过程卡，编制出十字柱结构所有的装配工序卡，确定每个工序的工序内容、工艺装配等信息。这里仅展示十字柱结构总装装配工序卡，如表 4–2 所示。

表 4–2 十字柱结构总装装配工序卡

装配工序卡		产品型号				零件图号		共 1 页
		产品名称	十字柱结构			零件名称		第 1 页
工序号	40	工序名称	车间	工段	设备	焊条电弧焊焊机	工序工时	25 min
		总装十字柱结构	总装					

简图

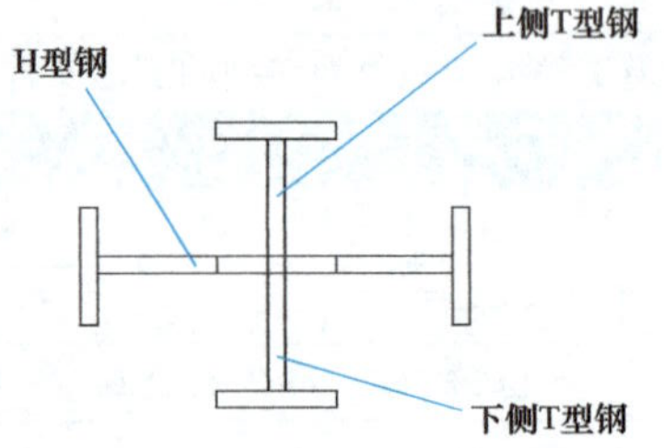

十字柱结构总装装配工序卡

工步号	工步内容	工艺装配	辅助材料	工时定额
41	清理，去毛刺	角向打磨机		5 min
42	找正			5 min
43	将上侧 T 型钢与 H 型钢进行拼接（保证 T 型钢腹板与 H 型钢腹板垂直）	焊条电弧焊焊机	焊条	5 min
44	翻转 180°装配好的部件，固定			5 min
45	将下侧 T 型钢与 H 型钢进行拼接（保证 T 型钢腹板与 H 型钢腹板垂直）	焊条电弧焊焊机	焊条	5 min

					设计（日期）	审核（日期）	标准化（日期）	会签（日期）
标记	处数	更改文件号	签字	日期				

知识点 4–7 装配工序卡（示例）

	装配工序卡		产品型号		零件图号		共 页
			产品名称		零件名称		第 页
	工序号	（1）	工序名称（2）	车间（3） 工段（4）	设备	（5）	工序工时 （6）
	简图（7）						
	工步号	工步内容			工艺装配	辅助材料	工时定额
	（8）	（9）			（10）	（11）	（12）
描图							
描校							
底图号							
装订号							
					设计（日期）	审核（日期）	标准化（日期） 会签（日期）
	标记	处数	更改文件号	签字	日期		

注：表中，（1）填写工序号；（2）填写本工序的名称；（3）填写执行本工序的车间名称或代号；（4）填写执行本工序的工段名称或代号；（5）填写本工序所使用的设备型号名称；（6）填写本工序工时定额；（7）填写绘制装配简图或装配系统图；（8）填写工步号；（9）填写各工步名称、操作内容和主要技术要求；（10）填写各工步所需工艺装备的型号、名称或编号；（11）填写各工步所需的辅助材料；（12）填写各工步的工时定额。

步骤 4　编制十字柱结构工艺过程卡

1. 编制十字柱结构 H 型钢工艺过程卡

根据十字柱结构的部件划分方案，简要说明 H 型钢的加工、装配过程等信息，形成 H 型钢加工工艺过程卡，如表 4–3 所示。

表 4–3　十字柱结构 H 型钢加工工艺过程卡

H 型钢加工工艺过程卡		产品型号		部件图号		共　页
		产品名称	H 型钢	部件名称		第　页
工序号	工序名称	工序内容		工艺装配及设备	辅助材料	工时定额
0	检验	材料应符合国标质量认证书	检验			
10	划线	号料、划线	划线			
20	剪切下料	按划线尺寸切割下料	下料	龙门剪板机		
30	边缘加工	按图样要求对 H 型钢腹板进行坡口加工	热切割	等离子切割机		
40	组焊	组对 H 型钢腹板之间全部试板，除去坡口及两侧的油漆	铆焊	焊条电弧焊焊机	焊条	
50	焊接	按焊接工艺焊接对接接头试板	焊接	焊条电弧焊焊机	焊条	
60	检验	对接接头焊缝外观合格	检验	焊缝检验尺	—	
70	组焊	组对 H 型钢腹板与翼板试板，除去坡口及两侧的油漆	铆焊	焊条电弧焊焊机	焊条	
80	焊接	按焊接工艺焊接 T 型接头试板	焊接	焊条电弧焊焊机	焊条	
90	检验	焊缝外观合格	检验	焊缝检验尺	—	

H 型钢加工工艺过程卡

知识点 4–8　冷却器筒体加工工艺过程分析

说明		以图 4–4 所示的冷却器筒体加工工艺过程的制定为例，介绍工艺过程卡的形式。 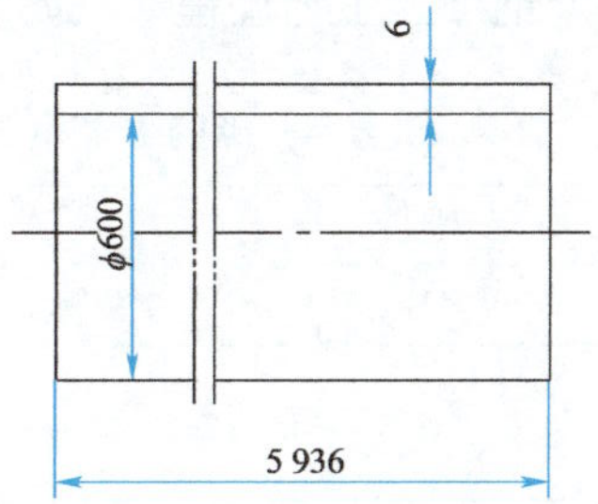 图 4–4　冷却器筒体
主要技术参数	筒节数量	4（整个筒体由 4 段筒节组成）
	材料	Ni–Cr 不锈钢
	尺寸要求	（1）椭圆度 e（D_{max}–D_{min}）：≤6 mm； （2）内径偏差：$\phi\ 600^{+3}_{-2}$ mm； （3）组对筒体：长度公差为 5.9 mm，两端平行度公差为 2 mm。
	检验	试板做晶间腐蚀试验；焊缝外观合格后，进行 100%射线探伤。
筒体制造的工艺过程		该筒体为圆筒形，结构比较简单。筒体总长为 5 936 mm，直径为 ϕ600 mm，分为 4 段筒节制造。由于筒体直径小于 800 mm，因此可用单张钢板制作，筒节只有一条纵焊缝。各筒节开坡口、卷制成型，纵缝焊完后按焊接工艺组对环焊，并进行射线探伤。 具体内容填入筒体加工工艺过程卡，见知识点 4–9。

留白促思

2. 编制十字柱结构 T 型钢加工工艺过程卡

根据十字柱结构的部件划分方案，简要说明 T 型钢的加工、装配过程等信息，形成 T 型钢加工工艺过程卡，如表 4–4 所示。

表 4–4　十字柱结构 T 型钢加工工艺过程卡

T 型钢加工工艺过程卡		产品型号		部件图号		共　页
		产品名称	T 型钢	部件名称		第　页
工序号	工序名称	工序内容		工艺装配及设备	辅助材料	工时定额
0	检验	材料应符合国家标准要求的质量认证书	检验			
10	划线	号料、划线	划线			
20	剪切下料	按划线尺寸切割下料	下料	龙门剪板机		
30	组焊	组对上侧腹板 1 与翼板 T 型接头，除去坡口及两侧的油漆	铆焊	焊条电弧焊焊机器	焊条	
40	焊接	按焊接工艺焊接 T 型接头试板	焊接	焊条电弧焊焊机	焊条	
50	检验	T 型接头焊缝外观合格	检验	焊缝检验尺	—	
60	组焊	组对下侧腹板 1 与翼板 T 型接头，除去坡口及两侧的油漆	铆焊	焊条电弧焊焊机	焊条	
70	焊接	按焊接工艺焊接 T 型接头试板	焊接	焊条电弧焊焊机	焊条	
80	检验	T 型接头焊缝外观合格	检验	焊缝检验尺	—	

知识点 4–9　筒体加工工艺过程卡（示例）

筒体加工工艺过程卡		产品型号		部件图号		共 页
		产品名称	筒体	部件名称		第 页
工序号	工序名称	工序内容		工艺装配及设备	辅助材料	工时定额
0	检验	材料应符合国家标准要求的质量认证书	检验			
10	划线	号料、划线	划线			
20	切割下料	按划线尺寸切割下料	下料	等离子切割机		
30	刨边	按图样要求刨各筒节坡口	机加	刨边机		
40	成型	卷制成型	成型	卷板机		
50	焊接	组对焊缝和试板，除去坡口及两侧的油漆；按焊接工艺组焊纵缝试板	焊接	自动焊机	焊丝、焊剂	
60	检验	1. 纵焊缝外观合格，按 GB/T 3323—2005 进行 100%射线探伤 2. 试板按“规程”要求合格 3. 按 GB/T 4334—2008 进行晶间腐蚀试验	检验	射线探伤设备	—	
70	校形	校圆：$e \leqslant 6$ mm	成型			
80	组焊	按焊接工艺组对环焊	铆焊	自动焊机	焊丝、焊剂	
90	检验	环焊缝外观合格后，按 GB/T 3323—2005 进行 100%射线探伤	检验	射线探伤设备	—	
100	焊接	在筒体的右端组焊衬环，要求衬环与筒体紧贴	铆焊	—	—	

步骤 5　编制十字柱结构焊接工艺卡片

1. 制作十字柱结构对接接头焊接工艺卡

对接接头焊接工艺卡

根据焊接结构装配图纸要求，制作十字柱结构对接接头焊接工艺卡片，如表 4–5 所示。

表 4–5　十字柱结构对接接头焊接工艺卡

工程名称				工艺卡编号		P2020012		
材质	Q235B	规格	200 mm×60 mm×12 mm	焊接方法		SMAW	焊工资格	中级
焊评编号	PQR2020012			无损检测		RT	合格等级	Ⅱ级
适用范围	适用于立焊或仰焊且厚度为 12 mm 的板子与板子相连的对接焊缝							
焊接参数	层数	焊接方法	焊材及规格	电源极性	焊接电流/A	焊接电压/V	焊接速度/（cm·min⁻¹）	气体流量/（L/min）
	1	SMAW	E5015 ϕ3.2 mm	直流正接	100～120	20～22	6～9	
	2	SMAW	E5015 ϕ3.2 mm	直流反接	100～120	5～10	12～14	
	3	SMAW	E5015 ϕ3.2 mm	直流反接	100～120	5～10	12～14	
坡口尺寸及熔覆图	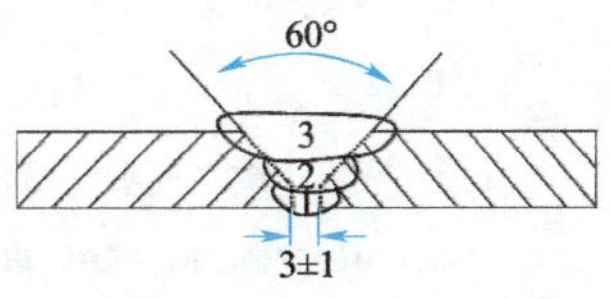			焊接技术要求	1. 焊前准备：①在坡口及坡口边缘各 20 mm 范围内，将油、污、锈、垢、氧化皮等清除干净，直至呈现金属光泽；②焊条使用前进行预热；③定位焊缝为两条，在试件两端 20 mm 范围内，定位焊缝的长度为 10～15 mm。 2. 焊接操作：①电弧焊按上面的焊接参数进行焊接，焊接时，焊条在坡口两侧稍作停留，并熔化两边缘各 1～2 mm；②焊接位置为立焊。			
编制		审核			日期		年　月　日	

知识点 4–10　焊接工艺卡（对接接头示例）

工程名称				工艺卡编号				
材质	20	规格	ϕ57 mm×3.5 mm	焊接方法	GTAW+SMAW	焊工资格		
焊评编号				无损检测	RT	合格等级	Ⅲ	
适用范围	适用于水平转动和固定的同外径且管子壁厚小于 4 mm 的管子与管子相连的对接焊缝（不考虑管子外径）							
焊接参数	层数	焊接方法	焊材及规格	电源极性	焊接电流/A	焊接电压/V	焊接速度/（cm·min⁻¹）	气体流量/（L/min）
	1	GTAW	ER49–1 ϕ2.0 mm	直流正接	65～90	9～12	6～9	10～13
	2	SMAW	E4303 ϕ3.2 mm	交流	100～120	20～22	12～14	
坡口尺寸及熔覆图	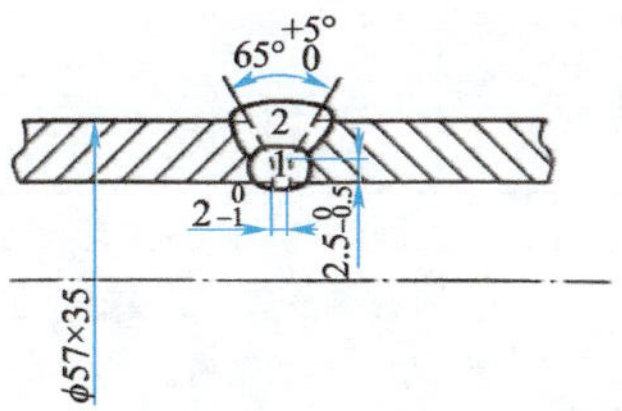			焊接技术要求	1. 焊前准备：①在坡口及坡口边缘各 20 mm 范围内，将油、污、锈、垢、氧化皮等清除干净，直至呈现金属光泽，焊丝也要进行同样的清理；②定位焊缝为两条，两条定位焊缝的间距为 120°，且与起始焊位置各距 120°，定位焊缝的长度为 5～8 mm，厚度为 3～4 mm。 2. 焊接操作：①氩弧焊按上面的焊接参数进行焊接焊接时，焊丝终端应始终处于氩气保护范围内；钨极端部严禁与焊丝、焊件相接触，防止造成夹钨缺陷；停焊后重新引弧时，焊缝应与原焊缝重叠 5～10 mm；②电弧焊按上面的焊接参数进行焊接，焊接时，焊条在坡口两侧稍作停留，并熔化两边缘各 1～2 mm，换焊条或断弧后在引弧。			
编制		审核			日期		年　月　日	

2. 制作十字柱结构 T 型接头焊接工艺卡

根据焊接结构装配图纸要求，制作十字柱结构 T 型接头焊接工艺卡片，如表 4–6 所示。

表 4–6　十字柱结构 T 型接头焊接工艺卡

<table>
<tr><td>工程名称</td><td colspan="4"></td><td>工艺卡编号</td><td colspan="3">P2020013</td></tr>
<tr><td>材质</td><td>Q235B</td><td>规格</td><td colspan="2">200 mm×80 mm×12 mm
200 mm×60 mm×12 mm</td><td>焊接方法</td><td>SMAW</td><td>焊工资格</td><td>中级</td></tr>
<tr><td>焊评编号</td><td colspan="4">PQR2020013</td><td>无损检测</td><td></td><td>合格等级</td><td></td></tr>
<tr><td>适用范围</td><td colspan="8">适用于平焊或立焊或仰焊且板厚为 12 mm 板子与板子相连的角接或 T 型焊缝</td></tr>
<tr><td rowspan="4">焊接参数</td><td>层数</td><td>焊接方法</td><td>焊材及规格</td><td>电源极性</td><td>焊接电流/A</td><td>焊接电压/V</td><td>焊接速度/（cm • min⁻¹）</td><td>气体流量/（L/min）</td></tr>
<tr><td>1</td><td>SMAW</td><td>E5015
ϕ3.2 mm</td><td>直流反接</td><td>100～120</td><td>5～10</td><td></td><td></td></tr>
<tr><td>2</td><td>SMAW</td><td>E5015
ϕ3.2 mm</td><td>直流反接</td><td>100～120</td><td>5～10</td><td></td><td></td></tr>
<tr><td></td><td></td><td></td><td></td><td></td><td></td><td></td><td></td></tr>
<tr><td>坡口尺寸及熔覆图</td><td colspan="3">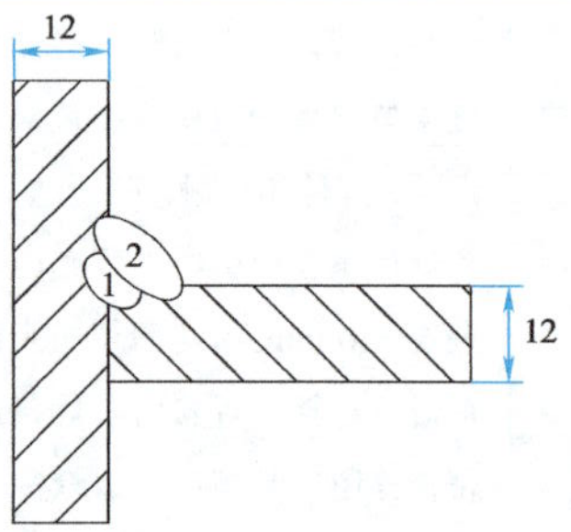</td><td>焊接技术要求</td><td colspan="4">1. 施焊前认真按工艺要求检查焊口尺寸，并仔细清理焊道及附近 20 mm 内的油、锈、氧化皮等杂质。
2. 焊条烘烤温度为 350～400 ℃，保温 2 h。
3. 每层焊道之间要进行清渣、打磨，若有明显缺陷，应清除后再施焊下一层。
4. 盖面完成后，要清除焊缝表面飞溅、毛刺，并按规定打上焊工钢印代号。</td></tr>
<tr><td>编制</td><td colspan="2"></td><td>审核</td><td></td><td>日期</td><td colspan="3">年　月　日</td></tr>
</table>

知识点 4–11　焊接工艺卡（T 型接头示例）

<table>
<tr><td>工程名称</td><td colspan="4">某有限公司石化仓储工程</td><td>工艺卡编号</td><td colspan="3">14P–06</td></tr>
<tr><td>材质</td><td>20#+20 II</td><td>规格</td><td colspan="2"></td><td>焊接方法</td><td>SMAW</td><td>焊工资格</td><td></td></tr>
<tr><td>焊评编号</td><td colspan="4">06P–29</td><td>无损检测</td><td>RT</td><td>合格等级</td><td>III</td></tr>
<tr><td>适用范围</td><td colspan="8">适用于壁厚为 3.0～4.5 mm 的管子与厚度为 16～22 mm 的平板法兰管子相连的角接焊缝</td></tr>
<tr><td rowspan="5">焊接参数</td><td>层数</td><td>焊接方法</td><td>焊材</td><td>规格</td><td>电源极性</td><td>焊接电流/A</td><td>焊接电压/V</td><td>焊接速度/（cm • min⁻¹）</td><td>气体流量/（L/min）</td></tr>
<tr><td>1</td><td>SMAW</td><td>A022</td><td>ϕ2.0 mm</td><td>直流正接</td><td>95～115</td><td>11～13</td><td></td><td></td></tr>
<tr><td>2</td><td>SMAW</td><td>A022</td><td>ϕ3.2 mm</td><td>直流正接</td><td>95～115</td><td>11～13</td><td></td><td></td></tr>
<tr><td></td><td></td><td></td><td></td><td></td><td></td><td></td><td></td><td></td></tr>
<tr><td></td><td></td><td></td><td></td><td></td><td></td><td></td><td></td><td></td></tr>
<tr><td>坡口尺寸及熔覆图</td><td colspan="5">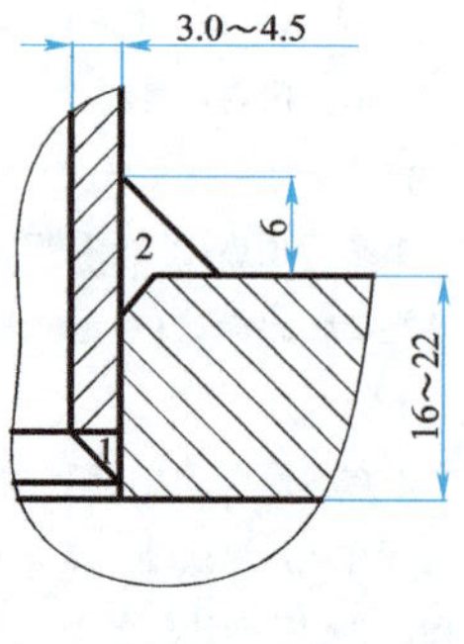</td><td>焊接技术要求</td><td colspan="3">1. 施焊前认真按工艺要求检查焊口尺寸，并仔细清理钢道及附近 20 mm 内的油、锈、氧化皮等杂质。
2. 焊条烘烤温度为 350～400 ℃，保温 2 h。
3. 每层焊道之间要进行清渣、打磨，若有明显缺陷，应清除后再施焊下一层。
4. 盖面完成后，要清除焊缝表面飞溅、毛刺，并按规定打上焊工钢印代号。</td></tr>
<tr><td>编制</td><td colspan="2"></td><td>审核</td><td colspan="2"></td><td>日期</td><td colspan="3">年　月　日</td></tr>
</table>

步骤 6 编制预焊接工艺规程

1. 编制十字柱结构对接接头预焊接工艺规程

编制十字柱结构对接接头焊接工艺规程，如表 4–7 所示。

表 4–7 十字柱结构对接接头预焊接工艺规程

预焊接工艺规程编号：pWPS–2020012	日期：2020 年 10 月 12 日　所依据的焊接工艺评定编号：/
焊接方法　SMAW	机动化程度（手工、半自动、自动）　手动
产品零部件名称　十字柱结构 H 型钢腹板	
接头坡口尺寸及形状	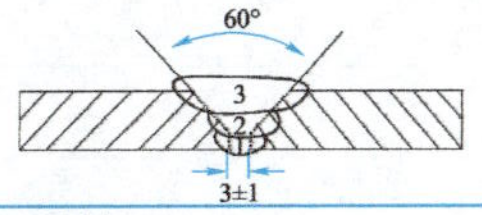 对接接头预焊接工艺规程
适用范围	1. 母材 类别号 Fe–Ⅰ 组号 Fe–Ⅰ–1 与类别号 Fe–Ⅰ 组号 Fe–Ⅰ–1 相焊 牌号 Q235B 与牌号 Q235B 相焊 2. 厚度范围 对接 10～12 mm 角接＿＿ 堆焊＿＿ 3. 管子直径范围 对接＿＿ 角接＿＿
焊接材料	1. 钨极牌号及规格 / 2. 焊条牌号及规格 J507 ϕ3.2 mm 3. 焊丝牌号及规格 / 4. 保护气体 / 流量 / L/min，背面成型气体 / 流量 / L/min 5. 焊带牌号及规格 / 6. 其他焊接材料（衬垫材料）
焊前准备	1. 焊前应将坡口表面及两侧 20 mm 内的水、锈等有害杂质清除；2. 焊条按规定进行烘烤
焊接温度参数	最低预热温度 / ℃ 最高层间温度 / ℃ 后热温度及时间 / ℃/h 消氢处理温度及时间 / ℃/h 焊后热处理：1. 不进行热处理 2. 消除应力热处理 3. 正火+回火处理 4. 调质处理 温度 / 保温时间 / 加热速度 / 冷却速度 /
焊接参数	1. 焊接参数 1）电流种类及极性 直流 正接/反接 2）焊接电流 100～120 A 3）电弧电压 20～25/5～10 V 4）焊接速度 6～9/12～14 cm/min 5）送丝速度 / 2. 焊接顺序 /
操作水平	1. 焊接位置 立焊 2. 锤击要求 / 3. 摆动参数 / 4. 清根方法 / 5. 其他＿＿
焊后检查	1. 目视检查 2. 射线探伤
备注	
编制　　审核　　审定	
日期　　日期　　日期	

知识点 4–12 焊接工艺规程及其作用

说明	焊接工艺规程是指导焊工正确施焊产品焊缝的重要工艺文件，对保证产品的焊接质量起着十分重要的作用。各类焊接结构制造规程、法规和相关标准都明确规定必须严格按焊接工艺规程焊制产品焊缝。 生产企业应先自行编制预焊接工艺规程（pWPS），通过焊接工艺评定证实其正确性和合理性后，最终形成正式的焊接工艺规程（WPS）。
作用	除了指导焊工正确选用焊接材料、焊接参数和操作技术外，也是制定焊接材料消耗定额，编制部件综合工艺规程，以及制定焊接接头质量检查规程的依据。

知识点 4–13 焊接工艺规程的编写原则

名词术语	应统一采用《焊接术语》（GB/T 3375—1994）和其他相关标准中规定的名词术语。英文技术名词和缩写，应符合美国 AWS 有关标准的规定。
规范用词	用词应简洁、明了、易懂，切忌用词模糊不清、含义不确切。
插图	焊接工艺规程中插图的描绘应符合国家制图标准的规定。尺寸和公差应标注清晰、正确。焊接顺序和焊缝层次可用数字标注，焊接方向用箭头表示。
物理量名称及符号	焊接工艺规程中所用的物理量名称及符号应符合 GB 3102.4–8—1993 中的规定。计量单位应采用法定计量单位制。

知识点 4–14 焊接工艺规程的编写依据

1	《焊接工艺规程及评定的一般原则》（GB/T 19866—2005）。
2	《压力容器焊接规程》（NB/T 47015—2011）。
3	《焊接程序和性能确定规范》（ANSI/AWS B2 1/B2.1M ADD 1：2012）。
4	《锅炉和压力容器规范 第 9 节：焊接和钎焊评定》（ANSI/ASME BPVC Section 9：2007）。
5	本企业的基础工艺标准。
6	本企业产品焊接技术条件。
7	相关焊接新材料、新工艺试验研究报告。
8	相对应的焊接工艺评定报告。
9	相对应的焊件施工图样。

2. 编制十字柱结构 T 型接头预焊接工艺规程

编制十字柱结构 T 型接头预焊接工艺规程，如表 4–8 所示。

表 4–8　十字柱结构 T 型接头预焊接工艺规程

预焊接工艺规程编号：pWPS–2020013	日期：2020 年 10 月 12 日	所依据的焊接工艺评定编号：/	
焊接方法 SMAW	机动化程度（手工、半自动、自动）手动		
产品零部件名称 十字柱结构 H 型钢翼板			
接头坡口尺寸及形状 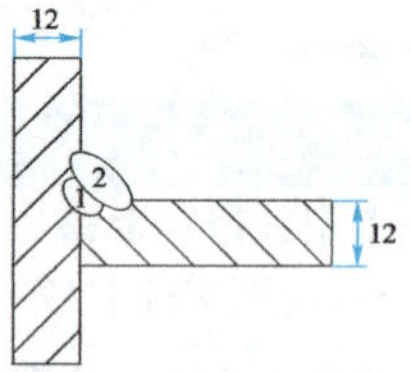			
适用范围	1. 母材 类别号 Fe–Ⅰ 组号 Fe–Ⅰ–1 与类别号 Fe–Ⅰ 组号 Fe–Ⅰ–1 相焊 牌号 Q235B 与牌号 Q235B 相焊 2. 厚度范围 对接 10～12 mm 角接____ 堆焊____ 3. 管子直径范围 对接____ 角接____		
焊接材料	1. 钨极牌号及规格 / 2. 焊条牌号及规格 J507 ϕ3.2 mm 3. 焊丝牌号及规格 / 4. 保护气体 / 流量 / L/min，背面成型气体 / 流量 / L/min 5. 焊带牌号及规格 / 6. 其他焊接材料（衬垫材料）		
焊前准备	1. 焊前应将坡口表面及两侧 20 mm 内的水、锈等有害杂质清除；2. 焊条按规定进行烘烤		
焊接温度参数	最低预热温度 / ℃ 最高层间温度 / ℃ 后热温度及时间 / ℃/h 消氢处理温度及时间 / ℃/h	焊后热处理	1. 不进行热处理 2. 消除应力热处理 3. 正火+回火处理 4. 调质处理 温度 / 保温时间 / 加热速度 / 冷却速度 /
焊接参数	1. 焊接参数 1）电流种类及极性 直流 反接 2）焊接电流 100～120 A 3）电弧电压 5～10 V 4）焊接速度 / 5）送丝速度 / 2. 焊接顺序 /		
操作水平	1. 焊接位置 立焊 2. 锤击要求 / 3. 摆动参数 / 4. 清根方法 / 5. 其他____		
焊后检查	1. 外观检查 2. 宏观金相		
备注			
编制	审核	审定	
日期	日期	日期	

知识点 4–15　预焊接工艺规程（示例）

编号 No:____ 焊接工艺评定报告编号____						
焊接方法____ 产品零部件名称____						
接头坡口尺寸及形状						
适用范围	1. 母材 类别号____组号____与类别号____组号相焊 牌号____与牌号____相焊 2. 厚度范围 对接____角接____堆焊____ 3. 管子直径范围 对接____角接____					
焊接材料	1. 钨极牌号及规格____ 2. 焊条牌号及规格____ 3. 焊丝牌号及规格____ 4. 保护气体____流量____L/min；背面成型气体____流量____L/min 5. 焊带牌号及规格____ 6. 其他焊接材料（衬垫材料）					
焊前准备	1. 焊前清理要求 2. 焊接材料预处理要求 3. 焊接设备调整要求					
焊接温度参数	最低预热温度____℃ 最高层间温度____℃ 后热温度及时间____℃/h 消氢处理温度及时间____℃/h	焊后热处理	1. 不进行热处理 2. 消除应力热处理 3. 正火+回火处理 4. 调质处理 温度____ 保温时间____ 加热速度____ 冷却速度____			
焊接参数	1. 焊接参数 1）电流种类及极性____2）焊接电流____3）电弧电压____ 4）焊接速度____5）送丝速度____ 2. 焊接顺序					
操作水平	1. 焊接位置 平焊____立焊____横焊____仰焊____全位置焊____ 2. 锤击要求____ 3. 摆动焊 摆动宽度____两侧停留时间____中间停留时间____摆速_ 4. 清根方法____ 5. 其他					
焊后检查	1. 目视检查 2. 密封性检查 3. 探伤方法及检测范围 4. 焊接试板检查					
备注						
编制		审核		审定		日期
会签						

任务 4.1 测评

一、知识评价

请结合实际案例对术语进行解读。每个术语 25 分，共计 100 分。

（1）焊接工艺卡　（2）装配工序卡

（3）焊接工艺规程　（4）焊接工艺过程卡

二、技能评价

对表 4–9 所列作业内容，操作规范即得分，操作错误或未操作即零分。其中，学生自评占 20%，学生互评占 20%，教师评价占 60%。

表 4–9　“编制十字柱结构加工工艺规程”技能评价表

序号	作业内容	配分	学生自评得分	学生互评得分	教师评价得分
1	制定十字柱结构工艺流程	20			
2	编制十字柱结构装配工艺卡	20			
3	编制十字柱结构工艺过程卡	20			
4	编制焊接工艺卡片	20			
5	编制预焊接工艺规程	20			
总分		100			
综合评价		100			

三、素养评价

对表 4–10 所列素养点，做到即得分，未做到即零分。其中，学生自评占 20%，学生互评占 20%，教师评价占 60%。

表 4–10　“编制十字柱结构加工工艺规程”素养评价表

序号	素养点	配分	学生自评得分	学生互评得分	教师评价得分
1	按时出勤，无迟到早退	10			
2	准备充分，无手忙脚乱	10			
3	积极互动，无消极态度	10			
4	安全作业，无安全隐患	10			
5	保护环境，无乱扔乱倒	10			
6	规范标准，无野蛮操作	10			
7	团队协作，无不洽关系	10			
8	场地“5S”	10			
9	团队协作能力进一步提升	10			
10	职业行动能力进一步提升	10			
总分		100			
综合评价		100			

四、拓展训练

（1）一对接接头，母材为 Q235B，板厚为 12 mm，根部间隙为 2 mm，坡口角度为 60°，采用焊条电弧焊进行焊接。试编制出本工作任务所使用的焊接工艺卡片。

（2）通过对本任务的学习，你认为焊接工艺文件都有哪些？分别适合什么情况下使用？

（3）请利用思维导图，按照学习目标三要素，对“编制十字柱结构加工工艺规程”的学习收获进行总结。

任务 4.2　评定十字柱结构预焊接工艺规程

职业活动

步骤 1　作业准备

选择周围 10 m 范围内没有易燃易爆物品且有消防措施的作业场地。

步骤 2　编制十字柱结构焊接工艺评定任务书

1. 编制十字柱结构对接接头焊接工艺评定任务书

按照施工图样和产品制造技术条件要求，编制十字柱结构对接接头焊接工艺评定任务书，见表 4–11。

表 4–11　十字柱结构对接接头焊接工艺评定任务书

<table>
<tr><td>任务来源</td><td colspan="2">首次焊接该钢材</td><td colspan="2">任务书编号</td><td colspan="6">R2020012</td></tr>
<tr><td>产品名称</td><td colspan="2">十字柱结构</td><td colspan="2">产品编号</td><td colspan="6"></td></tr>
<tr><td>部（组）件名称</td><td colspan="2">十字柱结构 H 型钢</td><td colspan="2">部（组）件图号</td><td colspan="6"></td></tr>
<tr><td>零件名称</td><td colspan="2">腹板 2</td><td colspan="2">焊接方法</td><td colspan="6">SMAW</td></tr>
<tr><td rowspan="3">被评接头</td><td>母材牌号</td><td>母材类组别</td><td colspan="2">规格</td><td rowspan="3">接头形式</td><td colspan="5" rowspan="3">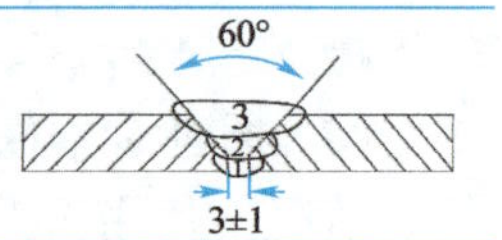
</td></tr>
<tr><td>Q235B</td><td>Fe– Ⅰ</td><td colspan="2">200 mm×60 mm×12 mm</td></tr>
<tr><td>Q235B</td><td>Fe– Ⅰ</td><td colspan="2">200 mm×60 mm×12 mm</td></tr>
<tr><td colspan="11">母材力学性能（不做考核）</td></tr>
<tr><td colspan="11">评定标准</td></tr>
<tr><td colspan="11">试件无损检测项目　□外观　□MT　□PT　☑RT　□UT　（GB/T 3323.1—2019）</td></tr>
<tr><td colspan="11">试件理化性能检验项目（不做考核）</td></tr>
<tr><td rowspan="2">项目</td><td colspan="2">拉伸</td><td colspan="3">弯曲</td><td rowspan="2">冲击</td><td colspan="2">金相</td><td rowspan="2">硬度</td><td rowspan="2">化学分析</td></tr>
<tr><td>接头</td><td>全焊缝</td><td>面弯</td><td>背弯</td><td>侧弯</td><td>宏观</td><td>微观</td></tr>
<tr><td>试样数量</td><td></td><td></td><td></td><td></td><td></td><td></td><td></td><td></td><td></td><td></td></tr>
<tr><td colspan="6">补充试验项目（不做考核）</td><td colspan="5" rowspan="4">对接接头焊接工艺评定任务书</td></tr>
<tr><td colspan="6">性能试验合格标准（不做考核）</td></tr>
<tr><td colspan="6">要求完成日期：</td></tr>
<tr><td colspan="6">制定________日期_______校对_________日期_____</td></tr>
</table>

职业知识

知识点 4–16　焊接工艺评定

概念	焊接工艺评定是通过检验焊接试板接头试样的力学性能或其他性能，证实焊接工艺规程正确性和合理性的一种程序。 经过焊接工艺评定合格后，提出焊接工艺评定报告，作为编制焊接工艺规程的主要依据之一。焊接工艺评定可以作为施焊单位技术储备的标志之一。
目的	焊接工艺评定的目的是验证焊接工艺指导书的正确性，焊接工艺正确与否的标志在于焊接接头的使用性能是否符合要求。
功能	（1）验证施焊单位拟定的焊接工艺的正确性； （2）评定施焊单位焊接接头的使用性能是否符合设计要求。

知识点 4–17　焊接工艺评定的条件与规则

焊接工艺评定的条件	被焊材料已经经过（或有可靠的依据）严格的焊接性试验，检验合格。
	设备、仪表与辅助机械处于正常工作状态。
	焊接人员具备熟练的技能，能够进行焊接和热处理工作。
焊接工艺评定的原则	改变焊接方法需要重新进行焊接工艺评定。
	新材料或施焊单位首次焊接的钢材需要重新进行焊接工艺评定。
	改变焊接材料需要重新进行焊接工艺评定。
	改变焊接参数需要重新进行焊接工艺评定。
	改变热规范参数需要重新进行焊接工艺评定。

留白促思

焊接工艺评定的依据

2. 编制十字柱结构 T 型接头焊接工艺评定任务书

按照施工图样和产品制造技术条件要求，编制十字柱结构 T 型接头焊接工艺评定任务书，见表 4–12。

表 4–12 十字柱结构 T 型接头焊接工艺评定任务书

任务来源	首次焊接该钢材		任务书编号	R2020013
产品名称	十字柱结构		产品编号	
部（组）件名称	H 型钢（上侧、下侧 T 型部件）		部（组）件图号	
零件名称	H 型钢腹板、翼板（T 型部件腹板、翼板）		焊接方法	SMAW
被评接头	母材牌号	母材类组别	规格	接头形式
	Q235B	Fe–Ⅰ	200 mm×60 mm ×12 mm	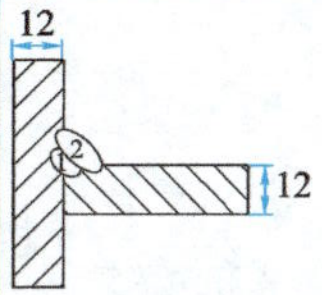
	Q235B	Fe–Ⅰ	200 mm×60 mm ×12 mm	

母材力学性能（不做考核）

	钢号	试件规格	R_{eL}/MPa	R_m/MPa	KU_2/J	Z(%)	A（%）	冷弯角	标准
产品									
试件									

评定标准

试件无损检测项目 ☑外观 □MT □PT □RT □UT

试件理化性能检验项目（不做考核）

项目	拉伸		弯曲			冲击	金相		硬度	化学分析
	接头	全焊缝	面弯	背弯	侧弯		宏观	微观		
试样数量							2			

补充试验项目（不做考核）

性能试验合格标准

焊接试件的破坏及宏观金相检验按《焊接接头弯曲试验方法》（GB/T 2653—2008）的规定进行。

要求完成日期：

制定________日期________校对________日期________

知识点 4–18 焊接工艺评定任务书（示例）

任务来源			任务书编号		
产品名称			产品编号		
部（组）件名称			部（组）件图号		
零件名称			焊接方法		
被评接头	母材牌号	母材类组别	规格	接头形式	

母材力学性能

	钢号	试件规格	R_{eL}/MPa	R_m/MPa	KU_2/J	Z(%)	A（%）	冷弯角	标准
产品									
试件									

评定标准

试件无损检测项目 □外观 □MT □PT □RT □UT

试件理化性能检验项目

项目	拉伸		弯曲			冲击	金相		硬度	化学分析
	接头	全焊缝	面弯	背弯	侧弯		宏观	微观		
数量										

补充试验项目

性能试验合格标准（按试件母材）

要求完成日期：

制定________日期________校对________日期________

步骤 3　焊接工艺评定前的准备

1. 焊接试件的准备

对接接头试件的准备：2 块 200 mm×60 mm×12 mm，坡口角度为 30° 的 Q235B 钢板。

T 型接头试件的准备：1 块 200 mm×60 mm×12 mm 的 Q235B 钢板，1 块 200 mm×80 mm×12 mm 的 Q235B 钢板。

2. 焊接设备及工艺装备的准备

焊接工艺评定所使用的设备和装配主要有松下 YC–400TX4 焊机、焊接操作平台及焊接辅助工具等，如图 4–5 所示。在准备过程中要确保设备和装备的性能稳定。

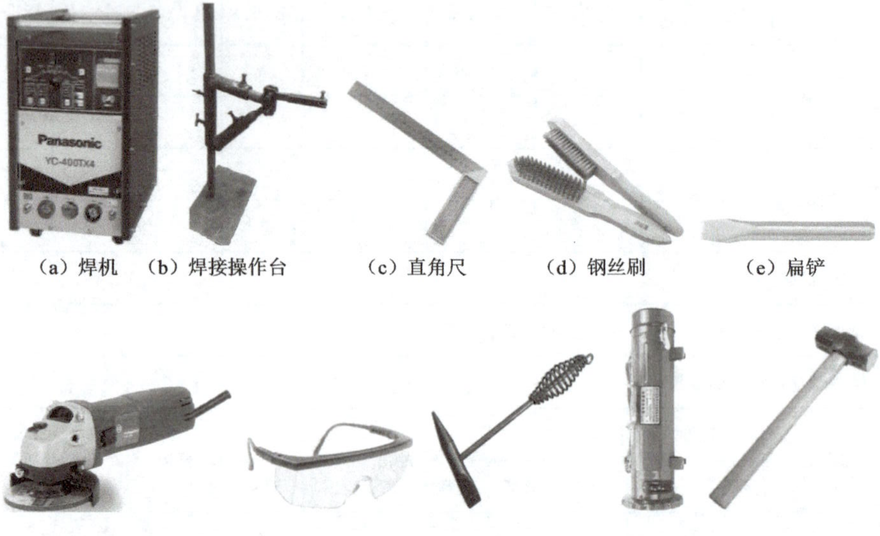

（a）焊机　（b）焊接操作台　（c）直角尺　（d）钢丝刷　（e）扁铲

（f）角向打磨机　（g）护目镜　（h）敲渣锤　（i）保温桶　（j）手锤

图 4–5　焊接工艺评定需要准备的设备及工艺装备

3. 焊工准备

技术熟练的焊工。

知识点 4–19　焊接工艺评定前的准备及要求

焊接试件的准备	试件的材质必须与实际结构相同，并根据所统计焊接结构的类型来确定选取哪些试件及其数量，试件类型如图 4–9 所示。 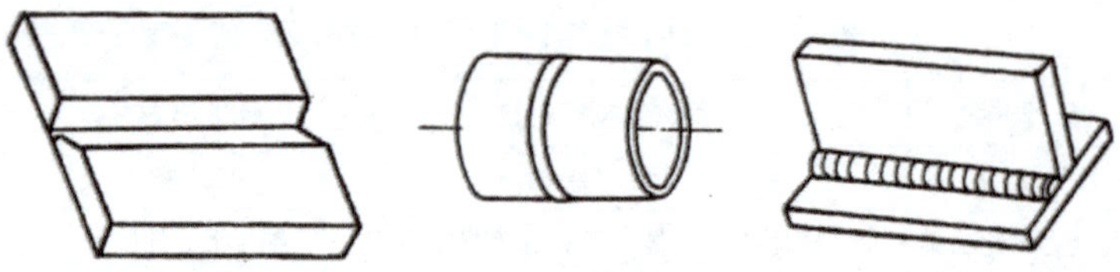 （a）板状试件　（b）管状试件　（c）T 型接头试件 图 4–9　焊接工艺评定试件形式
焊接设备及工艺装备的准备	焊接工艺评定所用的焊接设备应与结构施焊时所用设备相同，要求焊机的性能稳定，调节灵活。
焊工准备	由技术熟练的焊工施焊，且应按所编制的预焊接工艺规程施焊。

知识点 4–20　焊接职责与技能要求

焊工职责要求	对主管每日安排的产品进行焊接作业。
	每日班前班后对机台进行维护及保养，现场 5S 整理。
	负责夹具和工装的清洁及润滑，保证每日都能正确存放。
	遵循焊接工艺标准进行操作。
	对输入件进行质量检验，并完成产品缺陷的报告。
	向工段长报告设备、工具故障。
技术熟练的焊工技能要求	掌握手工电弧焊（用 J507 碱性焊条）的基本操作（平焊、立焊、横焊）及仰焊的操作及其要领。
	掌握平角焊和立角焊的操作技术。
	掌握常用金属材料的焊接方法。
	掌握气焊和气割的基础操作技术。

步骤 4　焊接工艺评定试件的焊接

根据拟定的预焊接工艺规程，由指定的焊工进行评定试件的焊接，如图 4–6 所示。同时递交检测任务书，指明每个试件所需要进行的检测项目及其要求等。

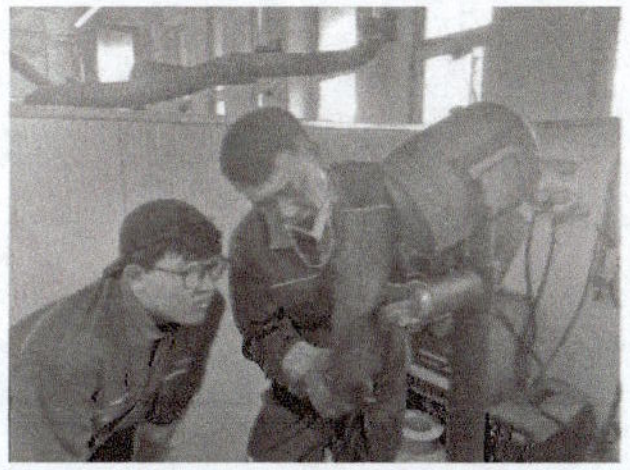

图 4–6　由指定焊工完成焊件的焊接

步骤 5　焊接工艺评定试件的性能试验

（1）将焊完的对接试件交给焊接质量检测部门进行外观质量检验和射线探伤检验，如图 4–7 所示。

图 4–7　对对接试件进行外观质量检查

（2）将焊完的 T 型试件交给焊接质量检测部门进行外观质量检验和宏观金相检验，如图 4–8 所示。

图 4–8　对 T 型试件进行折断试验

续表

技术熟练的焊工技能要求	掌握火焰的调整方法和火焰的应用范围（碳化焰、中性焰、氧化焰）。 掌握氩弧焊的引弧、送丝技术、具体的操作要点及参数调节、氩弧焊的应用范围。
知识点 4–21　焊接工艺评定试件的焊接要求	
1	焊工认真操作。
2	专人做好记录，记录内容主要有试件名称、编号、接头形式、焊接位置、焊接电流、电弧电压、焊接速度、焊缝的长度与焊接时间等。
知识点 4–22　常规性能检验项目	
焊缝外观检验	主要包括表面气孔、裂纹、未熔合、弧坑、余高、余高差、宽度、宽度差、咬边深度、咬边长度、焊角尺寸、焊角的高度、电弧擦伤等。
力学性能检验	主要包括拉伸试验、面弯、背弯或侧弯等弯曲试验和冲击韧性试验等。
金相检验	焊缝显微组织。
断口检验	主要包括断裂的起因、断裂性质、断裂方式、断裂机制、断裂韧性、断裂过程的应力集中状态、裂纹扩展速度等。
无损检验	主要包括射线检验（RT）、超声检测（UT）、磁粉检测（MT）以及液体渗透检测（PT）等。
耐蚀性检验	主要包括表面腐蚀、晶间腐蚀等。

留白促思

步骤 6　编制十字柱结构焊接工艺评定报告

根据焊接工艺评定试件的质量检测结果，编制工艺评定报告，见表 4–13 和表 4–14。

对接接头焊接工艺评定报告

表 4–13　十字柱结构对接接头焊接工艺评定报告

报告编号	PQR2020012			日期		2020 年 10 月 15 日
相应预焊接工艺规程编号						pWPS2020012
焊接方法	SMAW			接头形式		对接
工艺评定试件母材	钢板	材质	Q235B	管子	材质	
		分类号	Fe– I		分类号	
		规格	200 mm×60 mm×12 mm		规格	
焊条型号			E5015	焊条规格		ϕ3.2
焊接位置			立焊	焊条烘干温度		350 ℃
焊接规范	电弧电压/V		焊接电流/A	焊接速度/（cm • min^{-1}）	焊工姓名	
	见预焊接工艺规程				焊工钢印号	
结论	根据焊缝探伤检测结果，所测焊缝质量达到《焊缝无损检测 射线检测》（GB/T 3323.1—2019）二级焊缝质量的要求。评定结果为：合格。					
审批				报告编制		

表 4–14　十字柱结构 T 型接头焊接工艺评定报告

报告编号	PQR2020013			日期		2020 年 10 月 15 日
相应预焊接工艺规程编号						pWPS2020013
焊接方法	SMAW			接头形式		T 型
工艺评定试件母材	钢板	材质	Q235B	管子	材质	
		分类号	Fe– I		分类号	
		规格	200 mm×60 mm×12 mm		规格	
焊条型号			E5015	焊条规格		ϕ3.2
焊接位置			立焊	焊条烘干温度		350 ℃
焊接规范	电弧电压/V		焊接电流/A	焊接速度/（cm • min^{-1}）	焊工姓名	
	见预焊接工艺规程				焊工钢印号	
结论	根据焊缝宏观检测结果，所测焊缝质量达到《焊接接头弯曲试验方法》（GB/T 2653—2008）的质量要求。评定结果为：合格。					
审批				报告编制		

知识点 4–23　焊接工艺评定报告内容

1	焊接工艺评定的试验条件，包括试件、材料牌号、类别号、接头形式、焊接位置、焊接材料、保护气体、预热温度、焊接参数和焊后热处理工艺参数等。
2	各项检验结果，包括拉伸、弯曲、冲击、硬度、宏观金相、着色检测及化学成分分析结果等。
注	编写焊接工艺评定报告最重要的原则是如实记录，无论是试验条件还是检验结果，都必须是实测记录数据，并有相应的记录卡和试验报告等原始凭据★。

办事公道

知识点 4–24　焊接工艺评定报告（示例）

报告编号				日期			年　月　日	
相应焊接工艺指导书编号								
焊接方法				接头形式				
工艺评定试件母材	钢板	材质		管子	材质			
		分类号			分类号			
		规格			规格			
质量证明书				复检报告编号				
焊条型号				焊条规格				
焊接位置				焊条烘干温度				
焊接规范	电弧电压/V		焊接电流/A	焊接速度/（cm • min^{-1}）			焊工姓名	
							焊工钢印号	
试验结果	外观检验	射线探伤	拉伸试验		弯曲试验		宏观金相试验	冲击韧性试验
			σ_s/MPa	σ_b/MPa	面弯	背弯		
焊接工艺评定结论								
审批				报告编制				

★课程思政：办事公道

为保证焊接工艺评定报告的真实性，需要记录人员如实填写检测记录，这就要求同学们今后在工作中要做到办事公道，做到公平、公正，不谋私利，不徇私情，不以权损公，不以私害民，不假公济私，具备最起码的职业操守。

任务 4.2 测评

一、知识评价

请结合实际案例对术语进行解读。每个术语 25 分，共计 100 分。

（1）焊接工艺评定　　（2）性能试验

（3）焊接工艺评定报告　　（4）焊接工艺评定任务书

二、技能评价

对表 4–15 所列作业内容，操作规范即得分，操作错误或未操作即零分。其中，学生自评占 20%，学生互评占 20%，教师评价占 60%。

表 4–15 “评定十字柱结构预焊接工艺规程”技能评价表

序号	作业内容	配分	学生自评得分	学生互评得分	教师评价得分
1	编制焊接工艺评定任务书	20			
2	焊接工艺评定前的准备	10			
3	焊接工艺评定试件的焊接	20			
4	焊接工艺评定试件的性能试验	20			
5	编制焊接工艺评定报告	30			
总分		100			
综合评价		100			

三、素养评价

对表 4–16 所列素养点，做到即得分，未做到即零分。其中，学生自评占 20%，学生互评占 20%，教师评价占 60%。

表 4–16 “评定十字柱结构预焊接工艺规程”素养评价表

序号	素养点	配分	学生自评得分	学生互评得分	教师评价得分
1	按时出勤，无迟到早退	10			
2	准备充分，无手忙脚乱	10			
3	积极互动，无消极态度	10			

续表

序号	素养点	配分	学生自评得分	学生互评得分	教师评价得分
4	安全作业，无安全隐患	10			
5	保护环境，无乱扔乱倒	10			
6	规范标准，无野蛮操作	10			
7	团队协作，无不洽关系	10			
8	场地“5S”	10			
9	团队协作能力进一步提升	10			
10	职业行动能力进一步提升	10			
总分		100			
综合评价		100			

四、拓展训练

（1）结合所学知识自主设计一个焊接工艺评定任务书，并把卡片内容讲给小组中其他同学。

（2）通过对本任务的学习，你认为焊接工艺评定的功能有哪些？

（3）请利用思维导图，按照学习目标三要素，对“评定十字柱结构预焊接工艺规程”的学习收获进行总结。

项目 4 学习成果检测

一、任务描述

一管对接接头，母材为 Q235，板厚为 10 mm，根部间隙为 2 mm，坡口角度为 60°，如图 4–10 所示。采用氩弧焊打底，焊条电弧焊填充和盖面的氩电联焊的方式进行焊接。请根据“1+X 特殊焊接技术职业技能中级”证书考核标准，试编制出该工作任务所使用的装配工艺过程卡、焊接工艺过程卡、焊接工艺卡片、焊接工艺规程、焊接工艺评定任务书等关键焊接工艺文件。

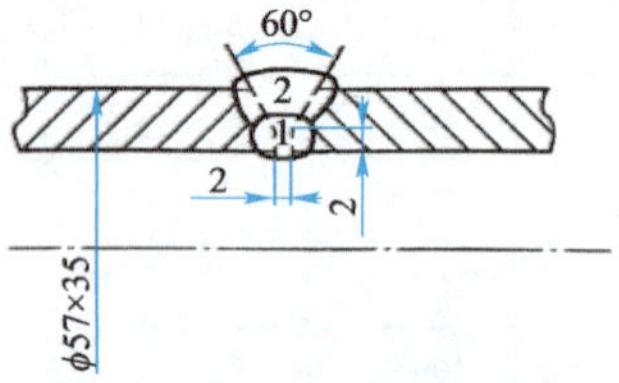

图 4–10　管对接接头

二、实施准备

1. 学生准备

学生按照教学进度计划完成以下学习任务并达到了 75 分以上后，可进行该学习成果的实施。

（1）理解并完成学习成果检测所需要的相关知识和方法，得分大于 75 分；

（2）能够运用学习成果检测需要的相关知识和方法进行作业，得分大于 75 分；

（3）按时、按质、按量完成相应作业，得分大于 80 分；

（4）具有自觉遵守技术标准和要求规定、规范操作、安全、环保、“5S”作业、团结协作的好习惯，得分大于 80 分；

（5）能制定图 4–10 所示接头的焊接工艺文件编制流程。

2. 教师准备

（1）在安排学生实施学习成果前，通过课堂问题研讨、作业、实训和考核及其他方式，确认学生已经具备了实施学习成果所需的知识、技能和素养，并确保学生在安全状态下独立进行；

（2）对协助教师进行测评的学生进行测评和监督方法的培训，确保测评结果的准确性和公平性；

（3）准备好测评记录。

三、验证方法与标准

（1）每位测评人员负责对 2 名学生进行定点、全过程的监控和测评；

（2）详细记录学生在实施学习成果过程中的相关信息、数据、结果、操作方法、完成时间，以及出现错误、事故等情况；

（3）学习成果的作业过程和数据记录等，要求在 60 min 内完成，时间不足，可在即将结束时，由学生口述剩余部分的作业方法；

（4）考核内容及标准见表 4–17。

表 4–17　“项目 4 学习成果检测”考核内容及标准

序号	作业项目	考核内容	考核标准	配分	得分
1	装配工艺过程卡	焊件装配过程设计	错一处扣 2 分	20	
		操作熟练	操作不熟练扣 5 分		
2	焊接工艺过程卡	焊件工艺过程设计	错一处扣 2 分	20	
		操作熟练	操作不熟练扣 5 分		
3	焊接工艺卡	焊接工艺规范设计	错一处扣 2 分	20	
		操作熟练	操作不熟练扣 5 分		
4	焊接工艺规程	焊接工艺规程设计	错一处扣 2 分	10	
		操作熟练	操作不熟练扣 5 分		
5	焊接工艺评定任务书	焊接工艺评定内容设计	错一处扣 2 分	20	
		操作熟练	操作不熟练扣 5 分		
6	安全文明生产	遵守规程、安全生产	每违犯一项扣 1 分直至扣完	10	
		因违犯操作造成事故	因违规操作发生重大人身或设备事故，此项按 0 分计		
总分				100	

创新之窗

专利案例：一种角焊缝检验装置

一种角焊缝检验装置

本专利案例展示了一种角焊缝检验装置，如图 4–11 所示，包括垂直设置的一焊脚尺和一钢条；所述焊脚尺上设有一矩形孔；所述钢条通过矩形孔与所述焊脚尺活动连接；所述活动连接为所述钢条在垂直于焊角尺方向上可调节式的连接；所述钢条的长度等于焊缝标准长度，或者所述钢条的长度大于焊缝标准长度，并且所述钢条上标有刻度。本专利案例涉及的角焊缝检验装置能够快速地同时检验焊缝长度和焊脚高度，降低检验成本，提高工作效率，并且提高了检验的精准性。

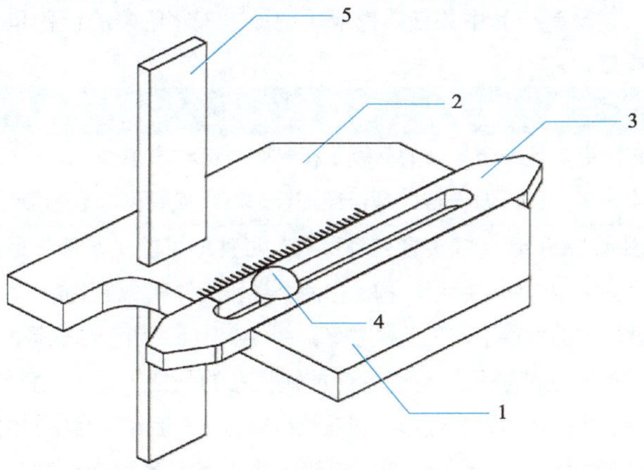

1—焊脚尺；2—主尺；3—高度尺；4—辅助移动；5—钢条

图 4–11　一种角焊缝检验装置

创新之门

专利名称：

结合焊接生产实际，请你设计出一款新型的焊缝外观检验工具，具体要求如下：

（1）画出所设计焊缝检验工具简图；

（2）写出该工具较传统焊缝检验工具的优势。

案例视野拓展——焊接结构的工艺性审查

案例 4–1　铆接改焊接工艺性审查

如果不加分析地把铆接结构的铆钉去掉，换成焊缝连接，将会产生许多严重问题。

例如，轻便型桁架的节点结构如图 4–12 所示，原来的铆接节点如图 4–12（b）所示，应力集中并不严重，也不存在高值的内应力。如果不加分析原封不动地把它改为焊接节点，则结构如图 4–12（a）所示，不仅焊缝密集、应力集中严重，而且焊接残余应力也很大，使用寿命会明显下降。由此可见，随意把铆接的铆钉去掉改成焊缝连接的做法是不合适的。

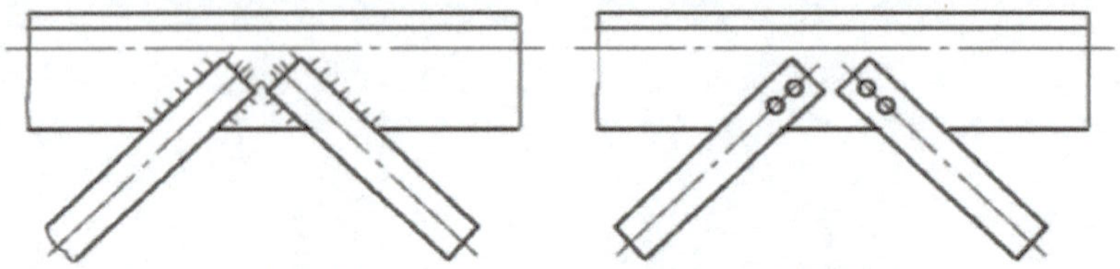

（a）焊接节点　（b）铆接节点

图 4–12　焊接节点和铆接节点

案例 4–2　支耳的布置形式工艺性审查

在集中载荷作用的地方，必须有足够的刚度为依托。例如，如图 4–13（a）所示，两个支耳直接焊接在工字梁的翼缘上，由于背面无任何依托，所以在载荷作用下支耳两端的焊缝及母材上的工作应力都很大，往往产生裂纹。若将两支耳改为一个，并焊在工字梁翼板中部，支耳背面有腹板支撑，如图 4–13（b）所示，其强度即可得到保证。

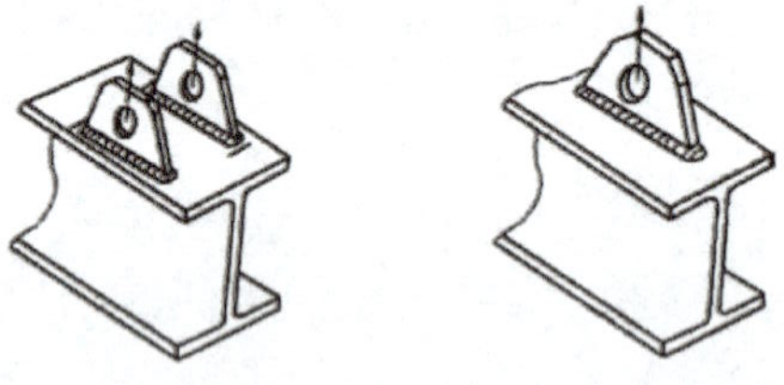

（a）两个支耳　（b）一个支耳

图 4–13　支耳的布置形式

知识视野拓展——焊接结构的工艺性审查

知识点 4–25　焊接结构工艺性审查

概念	审查设计的焊接结构在一定的生产条件下能否经济地制造出来，并能采取最佳工艺方法的可行性。
说明	为了提高设计产品结构的工艺性，工厂应对所有新设计的产品和改进设计的产品以及外来产品图样，在首次生产前进行结构工艺性审查。

知识点 4–26　焊接结构工艺性审查的目的★

1	保证结构设计的合理性、工艺的可行性、结构使用的可靠性和经济性。
2	及时调整和解决工艺性方面的问题，加快工艺规程编制的速度，缩短新产品生产准备周期，减少或避免在生产过程中发生重大技术问题。
3	提前发现新产品中关键零件或关键加工工序所需的设备和工装，以便提前安排订货。

知识点 4–27　焊接结构工艺性审查的原则

原则	工艺性审查是一个复杂的问题，在审查中应实事求是，多分析比较，以便确定最佳方案。分析焊接结构是否经济合理，不能脱离产品的数量和生产条件。
示例	如图 4–28 所示，弯头有三种形式，每种形式的工艺性都适应一定的生产条件。图 4–28（a）所示结构是由两个半压制件和法兰组成的，在大量生产且有大型压床的条件下，工艺性较好；图 4–28（b）所示结构是由两段钢管和法兰组成的，在流速低、单件生产或缺设备的条件下，工艺性较好；图 4–28（c）所示结构是由许多环形件和法兰组成的，在流速高且单件生产的条件下，工艺性较好。以上例子说明，焊接结构工艺质量，是相对某一具体条件而言的，只有用辩证的观点才能更有效地评价，从而才能进行正确的选择。

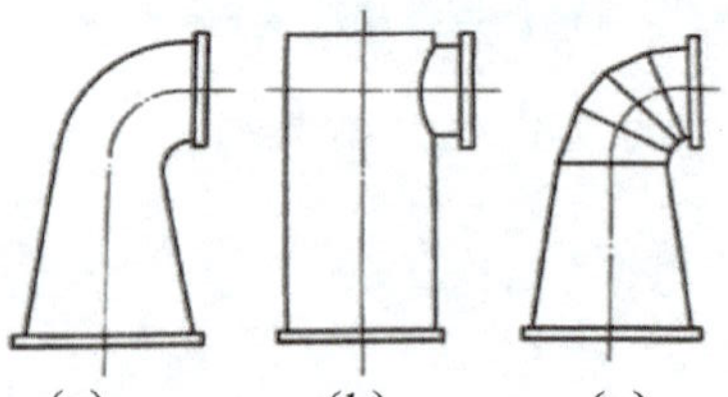

（a）　（b）　（c）

图 4–28　弯头形式

吾日三省吾身

★课程思政：吾日三省吾身

焊接结构在生产之前，要进行各项内容的审查，其目的是保证产品可加工性和焊接质量，审查不合格要重新进行设计或评定。那么同学们每天是不是也要学会审查自己呢？今天的我们是否碌碌无为？今天的我们是否犯了错误？今天的我们是否取得了进步？

案例 4-3　火车横梁的结构设计

焊接变形是焊接生产中经常遇到的问题。合理的焊接结构设计，可使焊后的变形较小。把复杂的结构分成几个部件制造，尽量减少最后总装配时的焊缝，对于防止结构的总体变形是有利的。例如火车底架的横梁与中梁装配，若按图 4-14（a）所示结构形式总装配，上翼板是一块通长的钢板，上翼板与板间的翼缘焊必在装配之后焊接，焊后横梁发生两端向上翘起的变形。如果把横梁分成两段，则横梁可分成两个部件制造，总装配时把上翼板用对接焊缝连接起来，如图 4-14（b）所示，这样既降低了总装时的焊接工作量，又减少了焊接残余变形，而横梁还可以在生产线上焊接，对于提高生产率和焊接质量都有利。

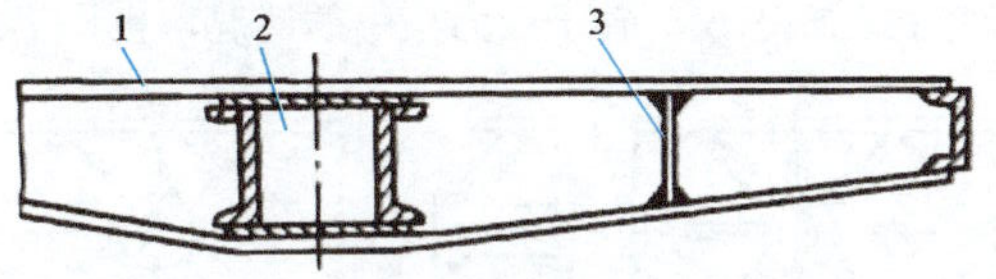

(a)　一块横梁

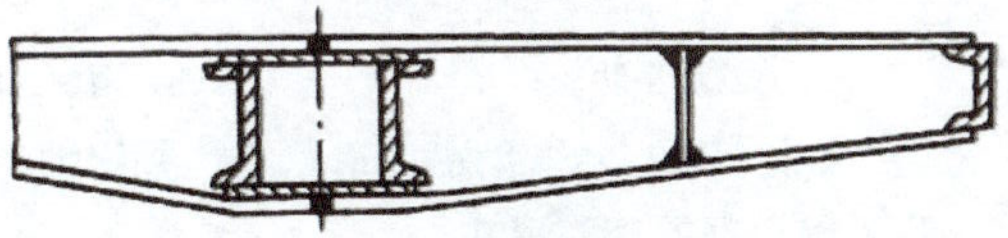

(b)　分段横梁

1—上翼板；2—中梁；3—腹板

图 4-14　火车横梁的连接形式

案例 4-4　箱形梁拼焊隔板的经济性

节省材料和制造工艺有时会发生矛盾，如果出现这种情况，必须全面考虑，综合权衡。

对于一些次要的板件，应尽量利用一些边料，例如桥式起重机主梁的内部隔板可以用边料拼焊而成，如图 4-15 所示。虽然这样增加了几条焊缝，却节省了整块钢板，使总的经济性提高了。

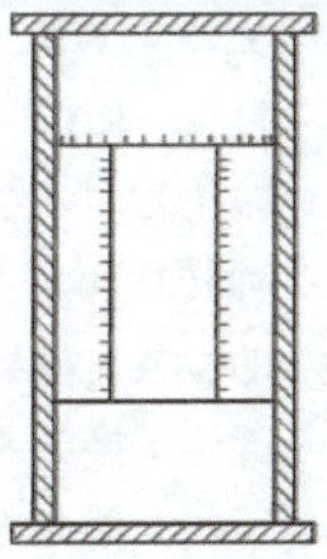

图 4-15　箱形梁的拼焊隔板

知识点 4-28　焊接结构工艺性审查的步骤

产品结构图样审查	说明	制造焊接结构的图样是工程的语言，它主要包括新产品设计图样、继承性设计图样和按照实物测绘的图样等。由于工艺性完善程度不同，因此工艺性审查的侧重点也有所区别。但是在生产前，无论哪种图样都必须按以下要求进行图样审查，合格后才能交付生产准备和生产使用。
	要求	（1）绘制的焊接结构图样，应符合机械制图国家标准中的有关规定。图样应当齐全，除焊接结构的装配图外，还应有必要的部件图和零件图。 （2）由于焊接结构一般都比较大，结构复杂，所以图样应选用适当的比例，也可在同一图中采用不同的比例绘出。 （3）当产品结构较简单时，可在装配图上直接把零件的尺寸标注出来。 （4）根据产品的使用性能和制作工艺需要，在图样上应有齐全、合理的技术要求，若在图样上不能用图形、符号表示时，应有文字说明。
产品结构技术要求审查	说明	焊接结构的技术要求主要包括使用要求和工艺要求。使用要求一般是指结构的强度、刚度、耐久性（抗劳性、耐蚀性、耐磨性和抗蠕变性等），以及在工作环境条件下焊接结构的几何尺寸、力学性能、物理性能等。工艺要求则是指组成产品结构的材料的焊接性及结构的合理性、生产的经济性和方便性。
	要求	（1）对焊接结构的技术要求以及所执行的技术标准进行熟悉、消化理解，并结合具体的生产条件来考虑整个生产工艺能否适应焊接结构的技术要求，这样可以及时发现问题，提出合理的修改方案，改进生产工艺，使产品全面达到规定的技术要求； （2）分析产品的结构，了解焊接结构的工作性质及工作环境。

留白促思

案例 4–5　焊缝布置

图 4–16（a）中的焊缝布置都有不同程度的应力集中，若改成图 4–16（b）所示的结构，则其应力集中和可焊到性都可得到改善。

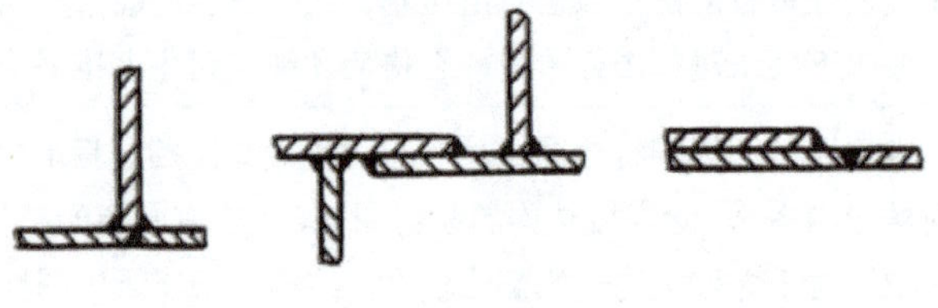

（a）不合理

（b）合理

图 4–16　焊缝布置与应力集中的关系

案例 4–6　支耳的布置形式

焊接接头的布置是否合理，对结构的强度大小也有较大影响。对于工作条件恶劣的结构，焊接接头应尽量避开断面突变的位置，避免产生严重的应力集中。例如小直径压力容器，采用的是大厚度的平面封头，如图 4–17 所示。如图 4–17（a）所示的连接形式应力集中严重，将降低承载能力。如果在封头上加工出一缓和槽，如图 4–17（b）所示，则能降低接头处的刚度，并减小应力集中，将会明显改善接头的承载能力。该压力容器最合理的结构形式是采用球面封头，以对接接头形式连接封头和筒体。

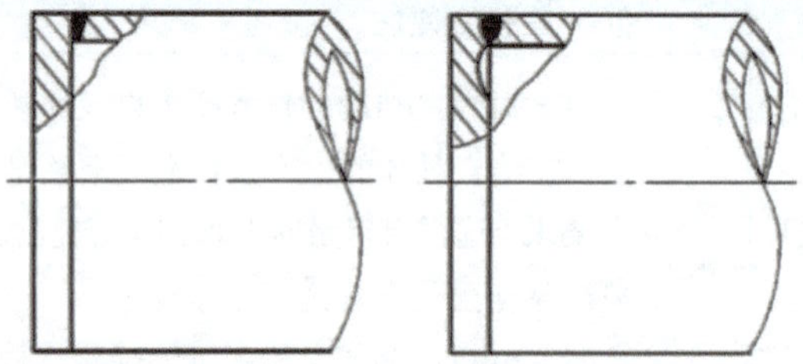

（a）平面封头　（b）平面封头加一缓和槽

图 4–17　平面封头的连接形式

知识点 4–29　焊接结构工艺性审查的内容

说明

在进行焊接结构工艺性审查前，除了要熟悉该结构的工艺特点和技术要求外，还必须了解被审查产品的用途、工作条件、受力情况及产量等有关方面的问题。

从降低应力集中的角度分析结构的合理性

应力集中不仅是降低疲劳强度的主要原因，也是降低材料塑性、引起结构脆断的主要原因，对结构强度有很坏的影响。为了减少应力集中，应尽量使结构表面平滑，截面改变的地方应平缓，并有合理的接头形式。一般考虑以下几个方面。

（1）尽量避免焊缝过于集中

图 4–29（a）所示为八块小肋板加强轴承套，焊缝过于集中，存在严重的应力集中，不适合承受动载荷。如果采用图 4–29（b）所示的两块大肋板形式，则不仅改善了应力集中的情况，也使工艺性得到了改善。

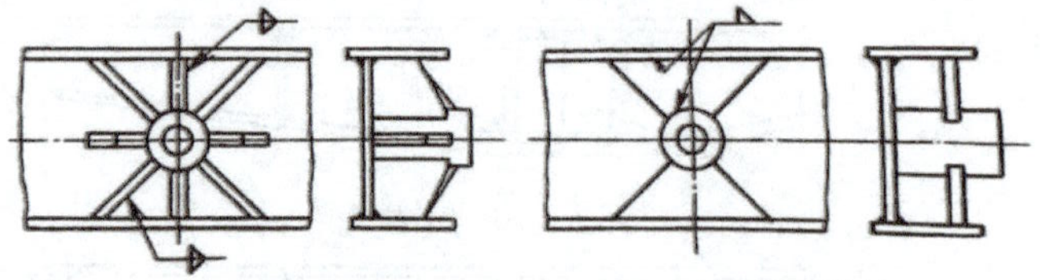

（a）八块小肋板　（b）两块大肋板

图 4–29　肋板的形状与位置比较

（2）尽量采用合理的接头形式

对于重要的焊接接头，应采用开坡口的焊缝，以防止因未焊透而产生应力集中。应设法将角接接头和 T 型接头转化为应力集中系数较小的对接接头，如将图 4–30（a）所示的接头转化为图 4–30（b）所示的形式。这种转化实质上是把焊缝从应力集中的位置转移到没有应力集中的地方，改善了接头的工艺性。

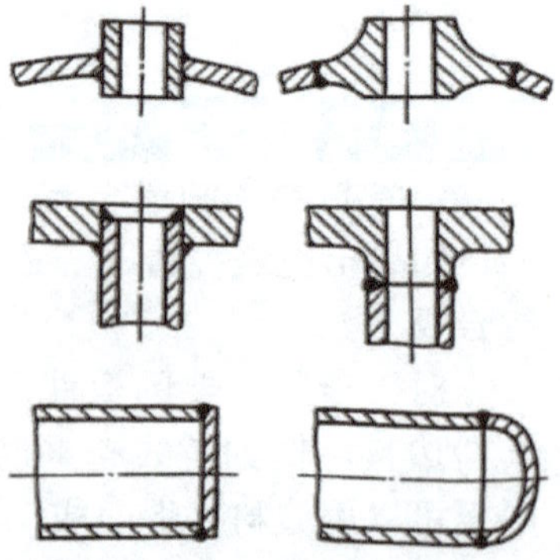

（a）不合理　（b）合理

图 4–30　接头转化的应用实例

（3）避免构件截面的突变

在截面变化的地方必须采用圆滑过渡或平缓过渡，不要形成尖角。例如图

案例 4–7　加盖板的对接接头

设计焊接结构时，接头形式很重要。在各种焊接接头中，以对接接头最为理想，优良的对接接头可以与母材等强度。用盖板“加强”对接接头［图 4–18（b）］是不合理的接头设计，尤其是单盖板接头［见图 4–18（a）］的动载性能更差。带角焊缝的其他接头由于应力分布不均匀，动载强度也比对接接头低。

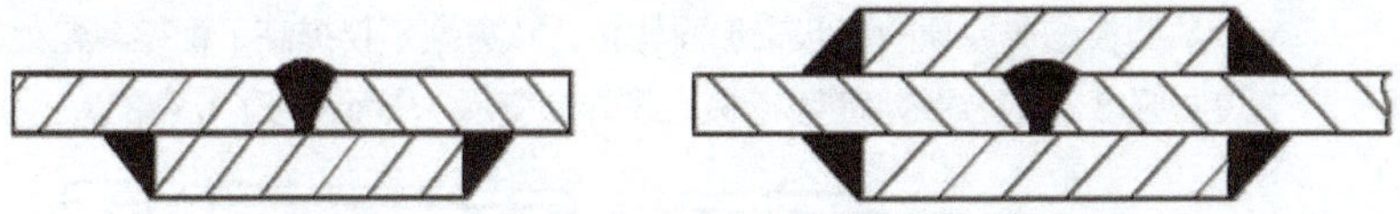

（a）单盖板　　（b）双盖板

图 4–18　加盖板的对接接头

案例 4–8　双孔叉连杆结构形式的选择

如图 4–19（a）所示的带双孔叉的连杆结构形式，其装配和焊接均不方便；图 4–19（b）所示的结构采用正面和侧面角焊缝连接，虽然装配和焊接方便，但因为是搭接接头，疲劳强度低，也不能满足使用性能的要求；图 4–19（c）所示的结构采用锻焊组合结构，对接焊缝形式，既保证了焊缝强度，又便于装配焊接，是合理的接头形式。

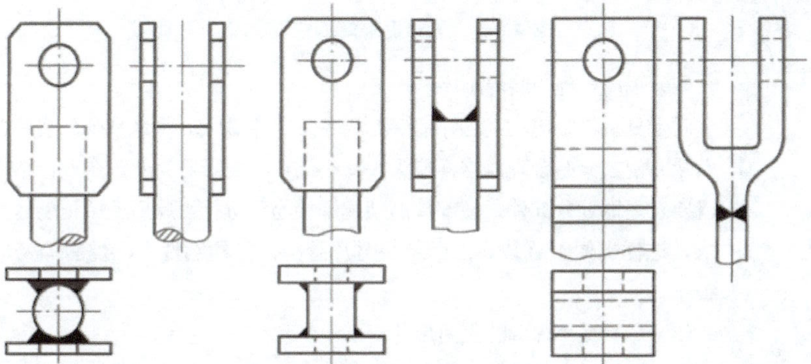

（a）连杆结构　　（b）正面和侧面角焊缝连接　　（c）锻焊组合结构

图 4–19　双孔叉连杆的结构形式

续表

从降低应力集中的角度分析结构的合理性	4–31 中，将图 4–31（a）所示的搭接板存在锐角的情况转化成图 4–31（b）所示的圆角或钝角。在厚板与薄板或宽板与窄板对接时，均应在接合处有一定的斜度，使之平滑过渡。 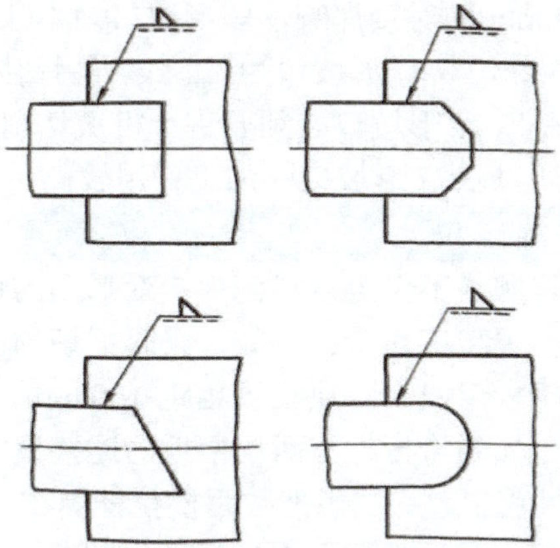 （a）不合理　　（b）合理 图 4–31　搭接接头中的接头形式 （4）应用复合结构 复合结构具有发挥各种工艺长处的特点，它可以采用铸造、锻造和压制工艺，将复杂的接头简化，把角焊缝改成对接焊缝。复合结构不仅降低了应力集中，而且还改善了工艺性。如图 4–32 所示，利用复合结构将角焊缝改为对接焊缝。 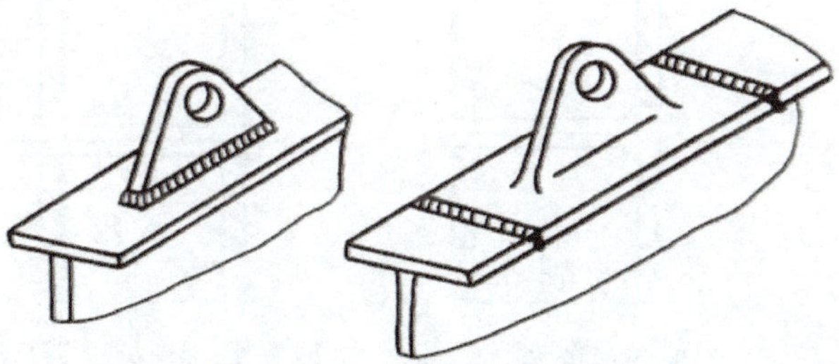 （a）原设计　　（b）改进后 图 4–32　采用复合结构的应用实例

案例 4–9　坡口形式对填充金属量和经济性的影响

焊接结构制造成本不仅取决于焊接工艺，而且在很大程度上与备料及装配工作有关。只从焊接工艺方面分析工艺性和经济性是不全面的。

以对接接头为例，对接焊缝每米长度上所填充金属量随坡口形式而异，厚度为 40 mm 的对接焊缝，V 形坡口为 14 kg，X 形坡口为 7.6 kg，U 形坡口为 8.3 kg，双 U 形坡口为 7.2 kg。从焊接工作量来看，双 U 形坡口最经济，但是双 U 形坡口必须要进行机械切削加工，而 X 形坡口可以用气割加工，所以双 U 形坡口的加工费用较高。

案例 4–10　正确的装配–焊接顺序

正确的装焊顺序不仅可以得到焊接变形小的优质结构，而且还能改善劳动条件，减少焊接工作量。例如，采暖锅炉的前脸，如图 4–20 所示，由两块平行的钢板组成，两块钢板相距 100 mm，板间用许多拉杆支承，内部承受压力。如果将拉杆与两块钢板的连接设计成如图 4–20（a）所示的形式，工艺性将很差。试想把数百根拉杆焊在一块钢板上，必然会引起严重的翘曲变形，焊后把数百根拉杆同时对准另一块钢板上的数百个孔，这显然是难以实现的。如果把拉杆和钢板的连接设计成如图 4–20（b）所示的形式，则装配–焊接方便，焊后变形也小。

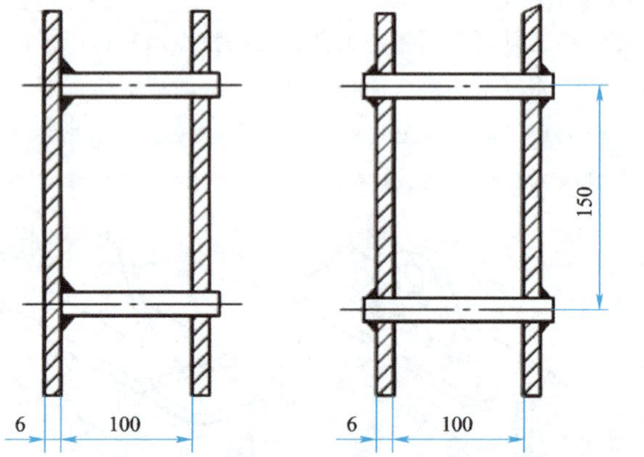

（a）焊后翘曲变形严重　（b）装配–焊接方便，焊后变形小

图 4–20　锅炉前脸拉杆的连接形式

续表

从减小焊接应力与变形的角度分析结构的合理性	（1）尽可能减少结构上的焊缝数量和焊缝的填充金属量 减少焊缝的填充金属量不仅对减小焊接应力与变形有利，而且对其他方面也有利，这是设计焊接结构时的一条最重要的原则。 图 4–33 所示的框架转角有两个设计方案，图 4–33（a）所示的设计是用许多小肋板构成放射形状来加固转角；图 4–33（b）所示的设计是用少数肋板构成屋顶的形状来加固转角，该方案不仅提高了框架转角处的刚度与强度，而且焊缝数量少，减少了焊后变形，从而避免了复杂的应力状态。 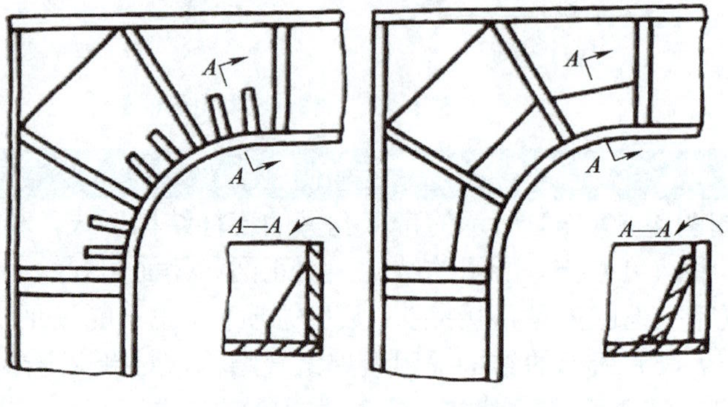 （a）不合理　（b）合理 图 4–33　框架转角处加强肋板布置的比较 （2）采用合理的装焊顺序 对于复杂的结构，应采用部件装焊–总装焊装配法，尽量减少总装焊缝的数量并使之分布合理，这样能大大减小结构的变形。为此，在设计结构时就要合理地划分部件，使部件的装配焊接易于进行，焊后经矫正能达到要求，这样也便于总装。由于总装时焊缝少，结构刚性大，焊后的变形就很小。 （3）尽量减小焊缝的截面尺寸 在不影响结构的强度与刚度的前提下，尽可能地减小焊缝截面尺寸，或者利用断续角焊缝替代连续角焊缝以减小塑性变形区的范围，从而减小焊接应力与变形。

案例 4–11　箱形梁的焊缝布置

梁、柱等焊接构件常因焊缝偏心布置而产生弯曲变形。合理的设计应尽量把焊缝安排在结构截面的中性轴上或靠近中性轴，力求在中性轴两侧的变形大小相等方向相反，起到相互抵消作用。如图 4–21 所示的箱形结构中，图（a）的焊缝集中于中性轴一侧，弯曲变形大，图（b）和图（c）的焊缝安排合理。

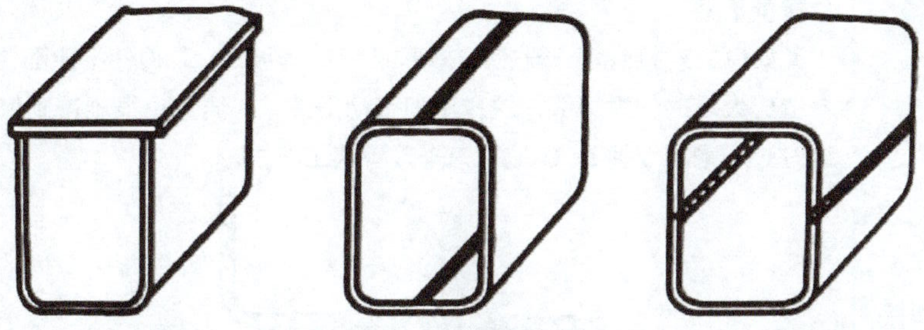

图 4–21　箱形梁的焊缝布置

案例 4–12　肋板的合理形式

在图 4–22 中，图（a）的肋板存在尖角，应将它改成图（b）的形式，以避免因三向焊缝交汇而产生严重的应力集中。

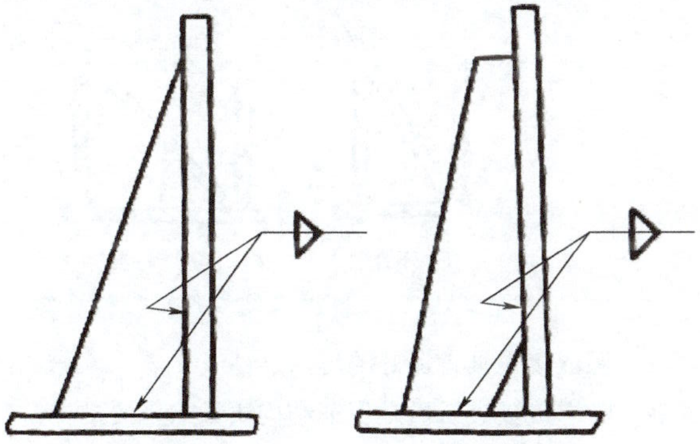

图 4–22　肋板的合理形式

续表

从减小焊接应力与变形的角度分析结构的合理性

（4）尽可能地选用对称的构件截面和焊缝位置

当焊缝位置对称于构件截面的中性轴或使焊缝接近中性轴时，在焊后能得到较小的弯曲变形。图 4–34 所示为各种截面的构件，图 4–34（a）所示构件的焊缝都在 x–x 轴一侧，焊后由于焊缝纵向收缩，很容易产生弯曲变形；图 4–34（b）所示构件的焊缝位置对称于 x–x 轴和 y–y 轴，焊后弯曲变形较小；图 4–34（c）所示构件由两根角钢组成，焊缝位置与截面重心并不对称，若把距重心近的焊缝设计成连续的，把距重心远的焊缝设计成断续的，就能减少构件的弯曲变形。

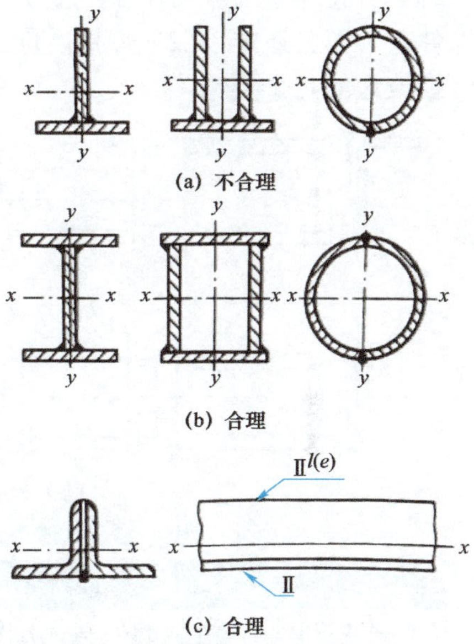

图 4–34　构件截面和焊缝位置与焊接变形的关系

（5）应避免各条焊缝交汇

如图 4–35 所示，三向焊缝在空间交汇。图 4–35（a）所示的形式在交点处会产生三向应力，使材料的塑性降低，同时可焊到性差，会造成严重的应力集中。若把它设计成图 4–35（b）所示的形式，就能克服以上缺点。

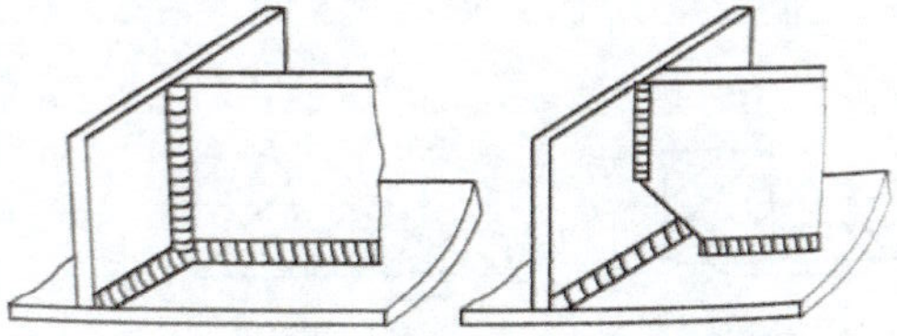

图 4–35　空间相交焊缝方案的比较

三向焊缝交汇的处理

案例 4–13　可焊到性

每条焊缝都应安排在能便于施焊的位置，否则不仅造成施焊劳动条件差，而且还难以保证焊接质量。图 4–23 所示是常见结构焊缝可焊到性改进的几个实例。

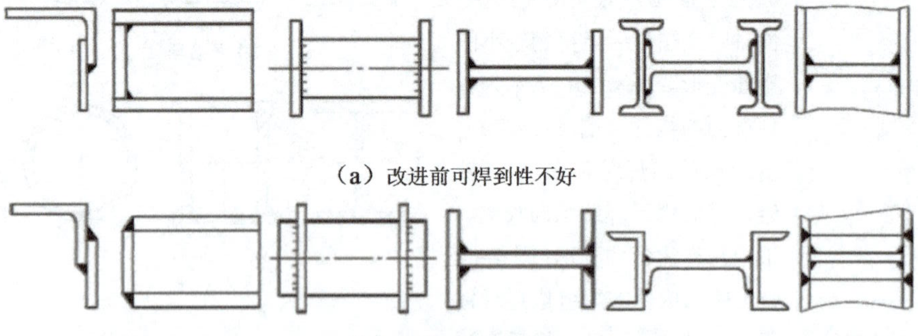

（a）改进前可焊到性不好

（b）改进后可焊到性好

图 4–23　改进焊缝可焊到性的应用举例

案例 4–14　可探到性

图 4–24（a）所示的接头无法进行射线探伤或探伤结果无效，应改为图 4–24（b）所示的接头形式。

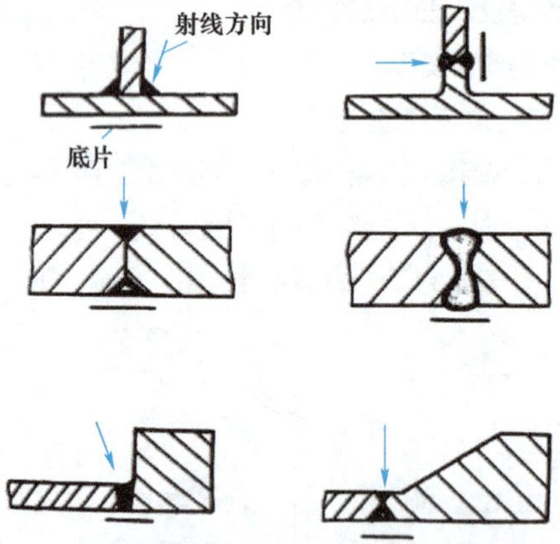

(a) 不合理　　(b) 合理

图 4–24　几种焊接结构可探到性比较

续表

从焊接生产工艺性分析结构的合理性

（1）尽量使结构具有良好的可焊到性

可焊到性是指对结构上每一条缝都能很方便地施焊。在工艺性审查时要注意结构的可焊到性，避免因不易施焊而造成焊接质量不好。图 4–36（a）所示的三个结构都没有足够的操作空间，很难施焊，如果改成图 4–36（b）所示的形式，就会具有良好的可焊到性，避免因不易施焊而造成焊接质量不好。

又如厚板对接时，一般应开 X 形或双 U 形坡口，若构件不能翻转，就会造成大量的仰焊焊缝，这样不但劳动条件差，质量也很难得到保证，这时必须采用 V 形或 U 形坡口来改善其工艺性。

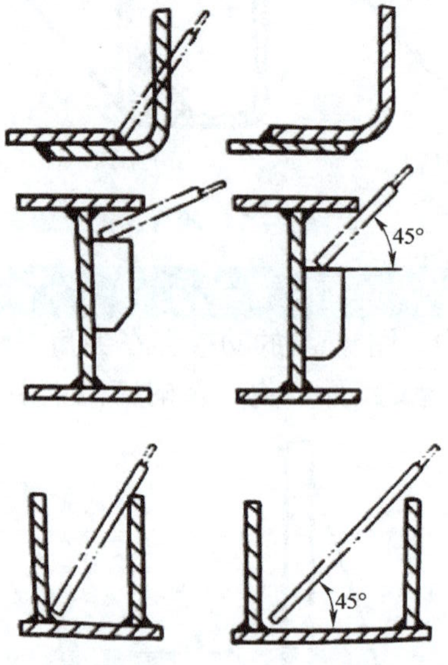

(a) 不合理　　(b) 合理

图 4–36　几种焊接结构可焊到性比较

（2）保证接头具有良好的可探到性

严格检验焊接接头质量是保证结构质量的重要措施，对于结构上需要检验的焊接接头，必须考虑其检验是否方便。对于高压容器，其焊缝往往要求作 100% 的射线探伤。

案例 4–15　汽车桥壳冲焊结构设计工艺性审查

图 4–25 所示为汽车桥壳冲焊结构设计示意图，结合焊接结构生产工艺性审查方面内容对此设计进行结构工艺性审查。

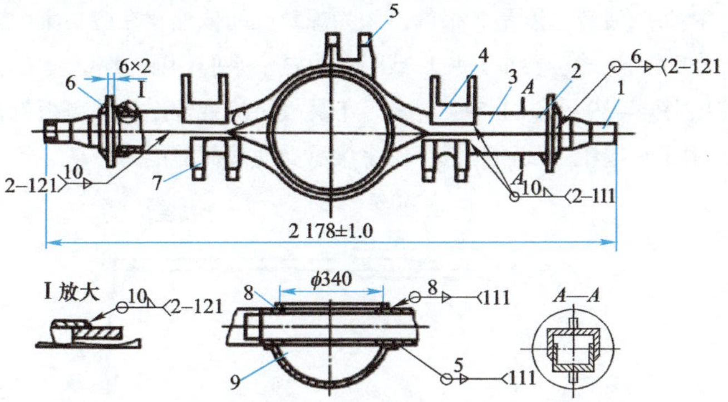

1—轮毂轴管；2—凸缘；3—半桥壳体；4—钢板弹簧座Ⅰ；5—钢板弹簧座Ⅱ；6—加强肋；7—钢板弹簧座Ⅲ；8—加强圈；9—后盖

图 4–25　汽车桥壳冲焊结构设计示意图

图 4–25 所示为汽车桥壳冲焊结构设计示意图。从图中可以看到桥壳由桥壳体、轮毂轴管、端部凸缘、加强圈、后盖和弹簧座等组成。下面从强度结构、焊接应力与变形、焊接生产工艺等方面审查桥壳结构的工艺性。

1. 从强度方面分析

（1）材料的选择

汽车桥壳主要承受汽车载重的静压力、行驶中的动载荷及车轮旋转产生的转矩，对其焊缝的要求较高。为减轻重量，应选用低合金钢。考虑各部分受力不同，应合理选配。如桥壳体由两个半桥壳体冲压而成，厚度为 14～15 mm，材料为 Q345；两半轮毂轴管和凸缘，因其工作时承受较大的动载荷，应选用 40 MnB，厚度为 12 mm；而钢板弹簧座、加强圈，因承载小可选用 30 钢或 35 钢，厚度为 8～12 mm；后盖受力小加上需冲压成半球形，可选用 08 钢，厚度为 5 mm。

（2）焊接接头形式

在图 4–25 所示的桥壳结构中，半桥壳的拼焊半轮毂管与桥壳体的连

续表

从焊接生产的经济性方面分析结构的合理性	合理节约材料和缩短焊接产品的加工时间，不仅可以降低成本，而且可以减轻产品重量，便于加工和运输等，所以在工艺性审查时应给予重视。 1. 提高材料的利用率 一般来说，零件的形状越简单，材料的利用率越高。图 4–37 所示为法兰盘备料的三种方案，图（a）、图（b）、图（c）材料的利用率依次提高，但生产的工时也依次增加，具体哪种方案合理还需要进行综合比较。当法兰直径小、生产批量大时，可选用图（a）所示的方案；当尺寸大、批量大时，选用图（b）所示的方案能节约材料，经济效果好；当直径大且窄、批量小时，可选用图（c）所示的方案★。 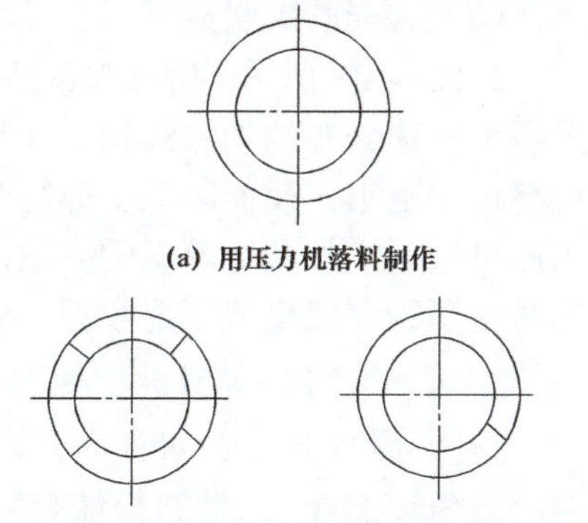 （a）用压力机落料制作　（b）用扇形片拼接　（c）用气割板条热弯而成 图 4–37　法兰盘备料方案比较 2. 尽量减少生产劳动量 （1）合理地确定焊缝尺寸 工作焊缝的尺寸通常用强度原则计算求得。但只靠强度计算有时是不够的，还必须考虑结构的特点及焊缝布局问题。如图 4–38 所示，焊角尺寸为 K、长度为 $2L$ 的角焊缝与焊脚尺寸为 $2K$、长度为 L 的角焊缝的强度相等，但是前者的焊条消耗量仅为后者的一半。 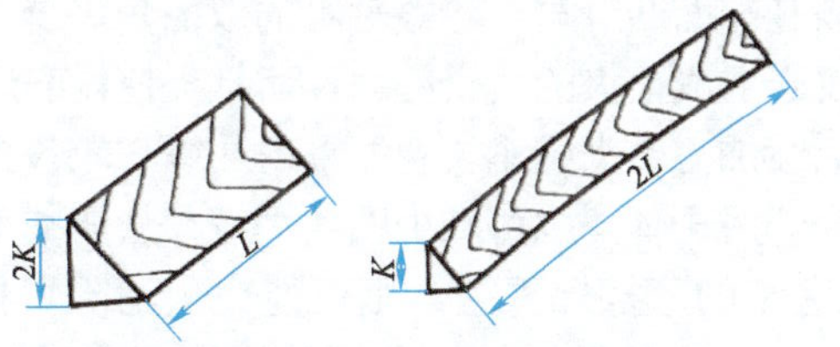 （a）不合理　（b）合理 图 4–38　等强度的长、短角焊缝 正确认识自己

★课程思政：正确认识自己

法兰盘的备料方案不是一成不变的，要结合法兰直径大小、宽窄、数量等情况进行分析，从而选择出正确的方案。这就犹如我们在面临人生的选择时，我们只有充分的认识自己，结合自身的实际情况选择出适合自己的“方案”，才会让自己快速的进步。

接均采用搭接接头，虽然焊件装配简单，但因桥壳体承受较大的弯矩作用，轴管与桥体还承受较大的振动载荷，故应改为对接接头，以保证焊缝强度，满足桥壳的使用要求。

（3）加强肋的设置

如图 4–25 所示，桥壳端部凸缘厚度为 6 mm，为提高其刚度，设计中采用了对称分布的加强结构。由于加强肋的设置将增加焊缝数量，使凸缘焊缝过于密集，反而降低了焊缝强度，再者，加强肋将增加装焊工作量，因此可采用增加凸缘厚度的方法，如增加到 12～15 mm，则可保证其刚度，同时使凸缘焊缝变成了连续焊，便于实现自动化，保证焊缝质量。

2. 从焊接应力与变形方面分析

在图 4–25 所示的设计中，为简化冲压模设计，在两半桥壳体中间用四块三角板连接。这种结构使半桥壳体纵缝与三角钢板和半桥壳体的短焊缝交于一点，且尖角过渡，焊后在该处必然存在较大的应力集中，甚至出现裂纹。同时，三角钢板也给装配和自动焊带来不便，故把半桥壳体连接改为只有一条纵焊缝是比较合理的，如图 4–26 所示。

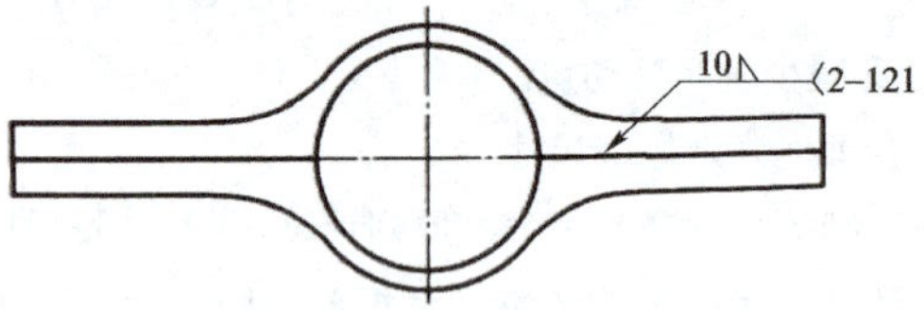

图 4–26　桥壳体结构

在图 4–25 所示的设计中，桥壳有六条环缝，两条为半轮毂管与桥壳体的对接焊缝，另外四条是端面凸缘与半轮毂轴管的双面角焊缝。因焊缝数量多、间距小，焊后不仅会造成很大的残余应力，而且会使桥壳焊后产生扭曲变形，给矫正工作和后续加工带来困难。若能采用凸缘与轮毂轴管锻压加工成一体，并将其与桥壳焊成一体，则可减少四条焊缝，从而减小应力集中和变形。若采用热影响区小的摩擦焊焊接，则可能完全消除焊接变形。

图 4–25 中，钢板弹簧座与桥壳体的角焊缝均为连续封闭焊缝，且不均匀分布在桥壳侧面，焊后容易产生侧弯。因弹簧座承受载荷小，故可改为断续焊，减小焊缝长度和热输入，使焊接变形减小。

续表

<table>
<tr><td>从焊接生产的经济性方面分析结构的合理性</td><td>（2）尽量取消多余的加工
对单面坡口、背面不进行清根焊接的对接焊缝，通过修整表面来提高接头的疲劳强度是多余的，因为焊缝反面依然存在应力集中。对结构中的联系焊缝若要求开坡口或焊透也是多余的，因为焊缝受力不大。例如，在图 4–39 所示工字梁的上、下翼板拼接处焊上加强盖板就是多余的，由于焊缝集中反而降低了工字梁承受动载荷的能力。
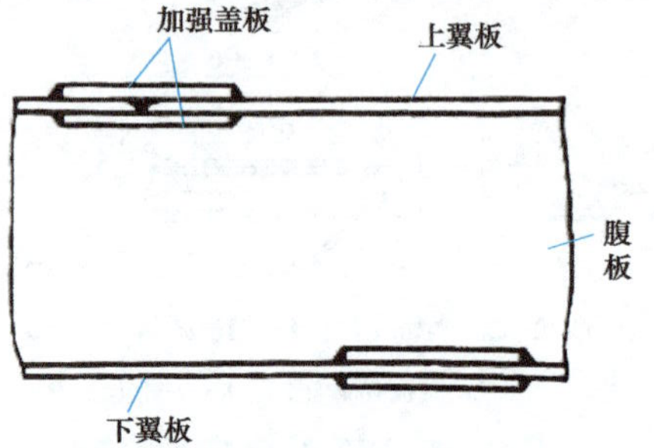

图 4–39　工字梁上多余加工示意图
（3）尽量减少辅助工时
焊接结构生产中的辅助工时一般占有较大的比例，而减少辅助工时对提高生产率有重要意义。结构中焊缝的所在位置应使焊接设备的调整次数最少，焊件翻转的次数也最少。图 4–40 所示为箱形截面构件，图 4–40（a）所示的设计为对接焊缝，焊接过程中翻转一次就能焊完四条焊缝；图 4–40（b）所示的设计为角焊缝，如果用“船形”位置焊接，则需要翻转焊件三次，若用平焊位置焊接则需多次调整机头。从焊前装配来看，图 4–40（a）所示的方案也比图 4–40（b）所示的方案容易些。
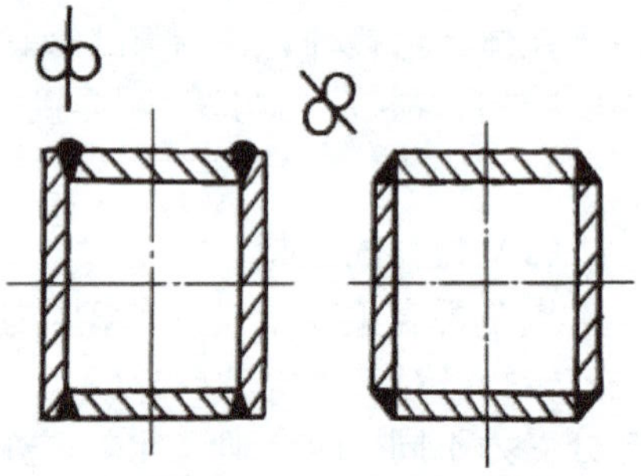
（a）对接焊缝　（b）角焊缝
图 4–40　箱形截面构件</td></tr>
</table>

3. 从生产工艺方面分析

（1）焊接方法的选择

在图 4–25 中，桥壳体及轴管的环焊缝如采用埋弧焊，因半轮毂轴管直径小，焊剂无法存放而不能焊接；若采用焊条电弧焊，则工人劳动强度大，且焊接质量难以保证。为提高生产率，保证焊接质量，应选用 CO_2 气体保护焊。对重要焊缝，如桥壳体纵缝、桥壳体与轴管环缝，最好先用氩弧焊打底。又如钢板弹簧座，焊缝短，焊脚较大，若采用焊条电弧焊，必须采用多层焊，且要不停地清渣，效率较低，所以也应采用 CO_2 气体保护焊来完成。

（2）减少劳动量，提高生产率

在图 4–25 中，加强圈及后盖与桥壳体的连接均采用双面角焊缝，不仅增加了焊接工作量，而且焊后应力较大。由于其承受载荷很小，故与桥壳体的连接为联系焊缝，只需单面角焊缝，保证焊缝焊透即可。汽车桥壳生产零件分散，要求精度高，故其装配工作量大，若采用手工作业，不但生产效率低，而且产品质量也难以保证。因此，在批量生产中，应设计桥壳体等的装焊工装，以减轻工人的劳动强度，降低生产成本，提高经济效益。

通过以上分析可知，如图 4–27 所示的桥壳结构既能满足设计要求，又能保证桥壳的使用性能，并且能较经济地生产出来。

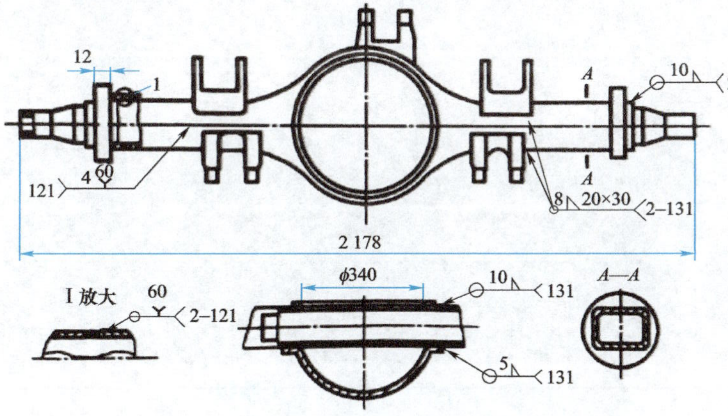

图 4–27　汽车桥壳结构工艺性审查后示意图

续表

从焊接生产的经济性方面分析结构的合理性	（4）采用先进的焊接方法 埋弧焊的熔深比焊条电弧焊大，有时不需开坡口，从而节省工时；采用 CO_2 气体保护焊，不仅成本低、变形小，且不需清渣。在设计结构时，应使接头易于使用上述较先进的焊接方法。图 4–41（a）所示的结构可用焊条电弧焊焊接，图 4–41（b）所示的结构可使用埋弧焊和 CO_2 气体保护焊焊接。 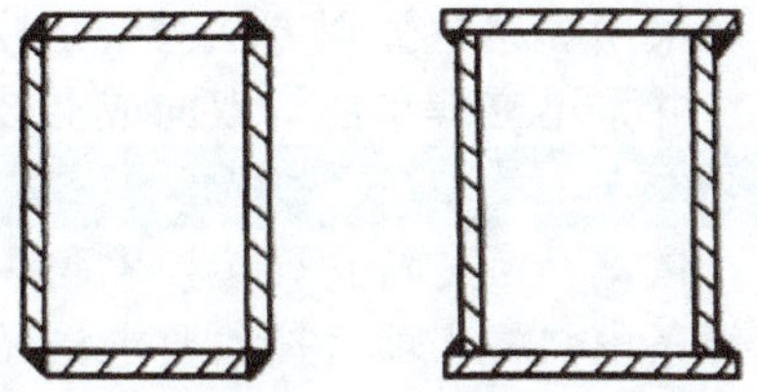 图 4–41　箱形结构 （5）尽量利用型钢和标准件 型钢具有各种形状，经过相互组合可以构成刚性更大的各种焊接结构，对同一种结构如果用型钢来制造，则其焊接工作量会比用钢板制造少得多。图 4–41 所示的箱形截面构件若用两个槽钢组成，则其焊接工作量可减少一半。图 4–42 所示为一根变截面工字梁结构，图 4–42（a）所示为用三块钢板组成，如果采用工字钢，可将工字钢用气割分开，见图 4–42（b），再组装焊接起来，见图 4–42（c），就能大大减少焊接工作量。 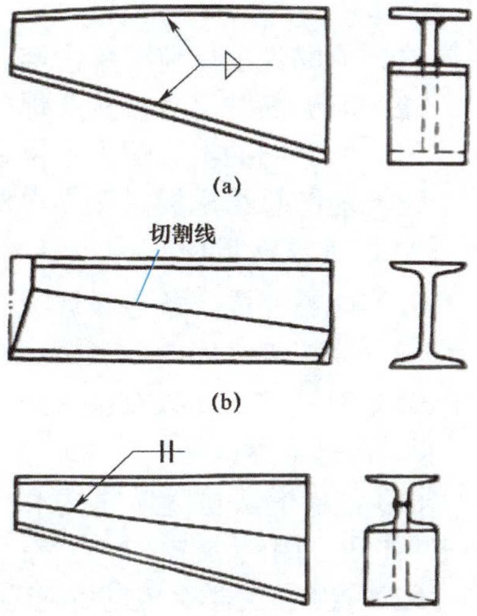 图 4–42　型钢组合工字梁

项目 5　制作十字柱结构 H 型钢腹板

一、项目描述

采用焊条电弧焊方法对十字柱结构中 H 型钢腹板的对接接头进行装配，并采用立焊单面焊双面成型技术完成焊接生产任务。

二、项目要求

依据“1+X 特殊焊接技术职业技能中级证书”中“低碳钢钢板对接立焊焊条电弧焊”项目技术要求与标准，正确使用焊接生产工具、焊条电弧焊电源等加工设备，完成以下装配、焊接生产作业：

（1）装配十字柱结构 H 型钢腹板；

（2）焊接十字柱结构 H 型钢腹板。

三、学习目标

1. 职业知识目标

（1）能够说出焊前准备内容；

（2）能够归纳出对接接头焊前清理质量要求；

（3）能够归纳出装配中定位原理、夹紧方法以及测量的项目；

（4）能够总结出板对接立焊单面焊双面成型的基本知识。

2. 职业技能目标

（1）能够完成焊条电弧焊板对接接头焊前清理操作；

（2）能够独立完成对接接头立焊焊缝焊前装配；

（3）能够独立完成对接接头立焊打底层、填充层和盖面层的焊接。

3. 职业素养目标

（1）能够养成自觉遵守技术标准和要求规定、规范操作、安全、环保、“5S”作业、团结协作的好习惯；

（2）能够在“学会收起锋芒”“不要盲目跟从他人”“学会释放压力”等方面有更加深刻的理解；

（3）在“焊接飞溅物收集装置”案例启发的基础之上，完成创新项目设计，将所学的专业内容与创新教育结合，发挥专业优势、开拓思维眼界、提升创新能力。

学习载体

本次任务的载体为十字柱结构中 H 型钢腹板上的 2 个对接接头，如图 5–1 所示。

本项目以典型焊接结构件的装备与焊接为例，让学生在掌握板对接立焊单面焊双面成型技术的同时，了解焊接结构的装配、应力与变形的基础知识，掌握装配的基本方法、应力与变形的原因、控制应力与变形的措施以及消除应力与变形的方法，并且能够正确完成残余应力的控制与消除、焊接变形的预防与矫正等具体任务。

图 5–1　十字柱结构 H 型钢腹板

任务 5.1　装配十字柱结构 H 型钢腹板

职业活动

步骤 1　作业准备

1. 作业场地

选择周围 10 m 范围内没有易燃易爆物品且有消防措施的作业场地。

2. 焊接原材料

板料 3 块，材质为 Q235B，尺寸为 200 mm×60 mm×12 mm，开 30° V 形坡口。

3. 焊接材料

选择 E5015 焊条，焊条直径为 3.2 mm 或 4.0 mm。

4. 设备设施

松下 YC–400TX4 焊机。

5. 工量辅具

工量辅具见图 5–2。

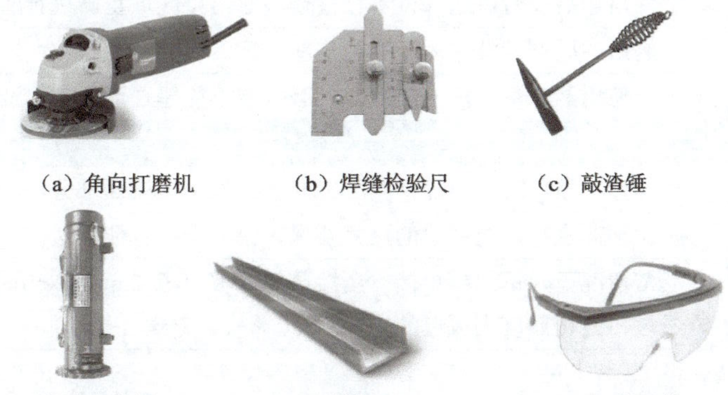

（a）角向打磨机　（b）焊缝检验尺　（c）敲渣锤

（d）焊条保温桶　（e）槽钢　（f）护目镜

图 5–2　装配 H 型钢腹板使用的工量辅具

6. 穿戴防护用品

按照焊接安全规范，检查防护用品并正确穿戴。

职业知识

知识点 5–1　装配操作对防护用品穿戴要求

1	焊工应穿戴好焊工服，如图 5–15 所示。
2	操作时，所有人员（包括清渣）必须戴好护目镜或焊接面罩、焊接手套，穿焊工鞋。
3	应扣紧衣领，扎紧袖口。
4	不得穿裙子、拖鞋。
5	必须戴好焊工帽，长发应放入帽内。
6	不允许在现场内随意脱掉或更换焊工服、焊工鞋。
7	工作中，违反规定穿戴者必须立即停止作业，纠正后方可恢复作业。

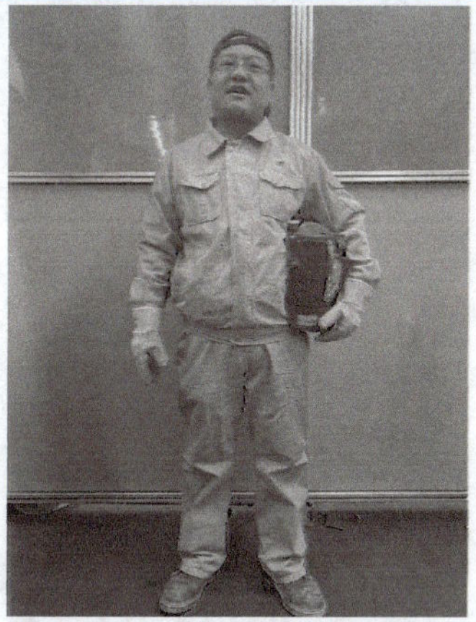

图 5–15　装配时防护用品穿戴

知识点 5–2　松下 YC–400TX4 焊机控制面板简介

说明	松下 YC–400TX4 焊机控制面板如图 5–16 所示。
1	多功能数显表
2	TIG 焊接模式控制
3	焊接方法选择
4	TIG 焊接模式切换
5	TIG 焊接时序切换
6	功能菜单设定
7	引弧设定
8	功能扩展

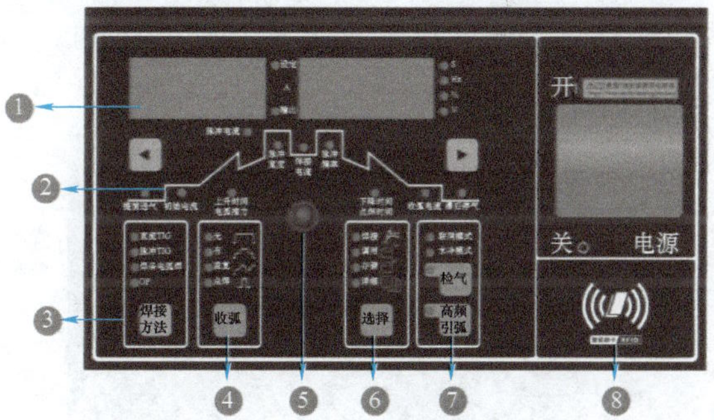

图 5–16　松下 YC–400TX4 焊机控制面板

步骤 2　制定焊接工艺卡片

根据焊接工艺要求，完成焊接工艺卡片的填写。

步骤 3　焊前清理

1. 核对和检查零件库中领取的焊件

主要核对零件的材质、变形程度、表面质量以及长、宽、厚等尺寸是否符合焊接工艺要求。

2. 表面清理

利用角向打磨机，对 3 块腹板 2 钢板的坡口及坡口两侧 20 mm 范围内的油污、铁锈、水分及其他污染物进行清理，并清除毛刺，如图 5–3 所示。

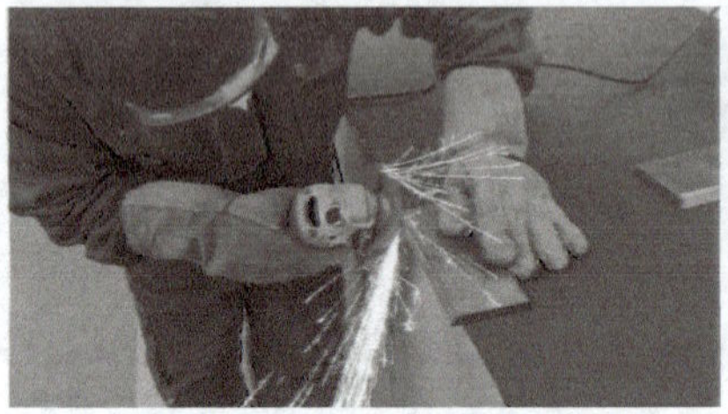
（a）打磨坡口

（b）打磨坡口两侧

图 5–3　腹板 2 钢板表面清理

3. 钝边处理

用角向打磨机修磨 3 块腹板 2 钢板坡口钝边为 0.5～1 mm，无毛刺，如图 5–4 所示。

图 5–4　腹板 2 钢板钝边打磨

H 型钢腹板焊前清理

知识点 5–3　焊前打磨要求	
1	打磨范围要求焊缝两侧不小于 20 mm。
2	使用角向打磨机沿着焊缝方向打磨，打磨速度约 12 m/s。
3	角向打磨机打磨不到的位置采用不锈钢丝刷打磨。
4	对于较大的工件表面，使用不锈钢轮或千叶片对焊接表面进行打磨。
5	要打磨出金属光泽。
6	打磨清理后要在 6 h 内完成焊接，如超过 6 h，需要重新清理打磨，对于已组装好的部件，超过 6 h 仍需要打磨，但无需拆开。
7	对于使用清洗剂清洗的焊件，在清洗剂擦拭干净后，待清洗剂挥发干净后，才可以开始焊接。
8	对于使用清洗剂清洗的焊件，焊接要在擦拭后 4 h 内完成，未在 4 h 内完成焊接的，需要重新对区域进行擦拭。

知识点 5–4　焊前打磨注意事项	
1	打磨要朝一个方向，禁止打磨工具前后来回打磨。
2	打磨深度不能超过 0.2 mm。
3	不能用手接触工件，特别是清理后的焊缝区域。
4	部件吊运后要对吊运部位进行检查，对污染区域重新进行清理。
5	打磨后的区域若发生污染需要重新清理。
6	对于使用清洗剂清洗的焊件，打磨区域不能超过清洗剂清洗的区域。

知识点 5–5　钝边	
概念	指焊件开坡口时，沿焊件厚度方向未开坡口的端面部分。
作用	防止根部烧穿，但钝边的尺寸要保证第一层焊缝能焊透。
尺寸选择	通常情况下，钢结构焊接，全熔透要求坡口留 2 mm 以内的钝边，部分熔透坡口钝边厚度为板厚的 1/3。

留白促思

步骤 4　装配 H 型钢腹板焊接接头 1

1. 定位

在槽钢上确定两个腹板 2 钢板的相对位置，利用其中一个腹板的边棱作为定位点，使对接接头的始端间隙为 3.2 mm，末端间隙为 4.0 mm，同时错边量要求小于 1.2 mm，如图 5–5 所示。

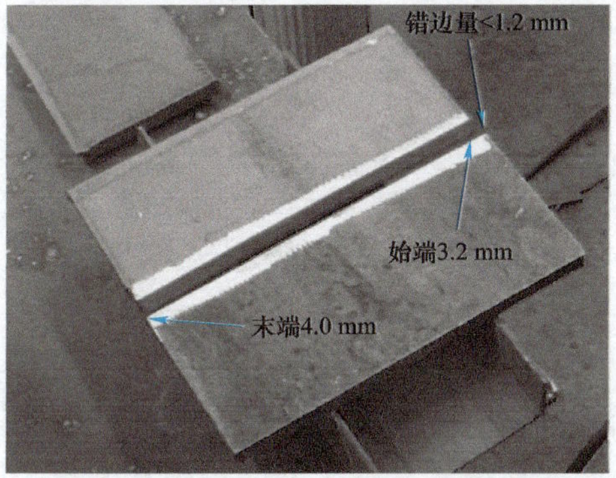

图 5–5　确定中间腹板 2 钢板与左侧腹板 2 钢板的空间位置

2. 夹紧

确定好两个腹板的空间位置后，可用手、大力钳或者夹具三种常见的夹紧方式来夹紧工件，图 5–6 所示为用手按压工件的夹紧方式。

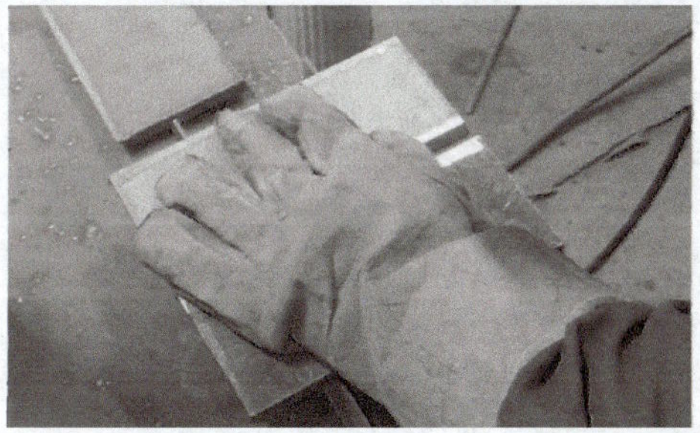

图 5–6　用手按压工件

图 5–7 和图 5–8 分别为使用大力钳和夹具夹紧的示例。

知识点 5–6　装配的基本条件

定位	确定零件在空间的位置或零件间的相对位置。
夹紧	夹紧就是借助通用或专用夹具的外力将已定位的零件加以固定的过程。
测量	在装配过程中，对零件间的相对位置和各部件尺寸进行一系列的技术测量，从而保证定位的正确性和夹紧力的效果。

知识点 5–7　装配中的定位

定位原理	根据力学观点，任何刚性物体相对于三个相互垂直的平面有六个自由度，即沿 *OX*、*OY*、*OZ* 三个轴向的相对移动和绕这三个轴的相对转动，如图 5–17 所示。只有限制这六个自由度，才能保证焊件在夹具中具有准确和确定不变的位置。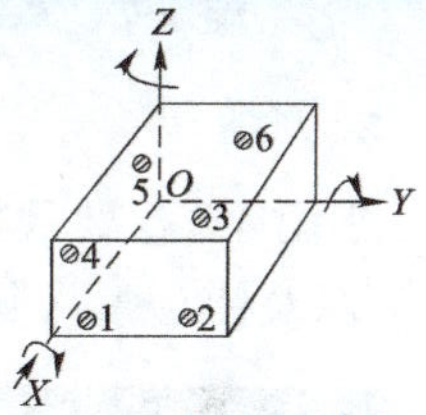 图 5–17　六方体焊件的定位
六点定位法则	每限制一个自由度，焊件就需要与夹具上的一个定位点相接触，以六点限制焊件的六个自由度的方法称为六点定位法则。
定位点的选择	可由定位销、定位块、挡铁等定位元件作为定位点。
	利用装配平台或工件表面上的平面、边棱等作为定位点。
	采用设计胎架模板形成的平面或曲面代替定位点。
	有时在装配平台或工件表面划出定位线，起定位点的作用。

知识点 5–8　板对接定位注意事项

1	定位时，一定要将试件垫稳、放平，防止出现高低错边。
2	定位时，确保试件两端平齐，防止出现水平错边。
3	定位时，考虑到焊缝的收缩作用，应保证焊缝末端的间隙要比焊缝始端间隙略大，具体情况可视焊缝长度而定，一般来说焊缝越长，两者之间的差值越大。

知识点 5–9　板对接夹紧注意事项

1	夹紧任务通常是由夹紧器或夹紧机构来完成的，有关此内容将在项目 6 中进行详细介绍。如果试件结构形式简单，可采用手动按压夹紧。
2	采用手动按压时，不要遮挡定位焊视野。
3	采用手动按压时，考虑到板材焊后温度，为防止烫伤，要注意按压位置。
4	无论采用何种夹紧方式，都要确保装配过程中试件的空间位置不发生变化。

图 5–7　大力钳夹紧

图 5–8　夹具夹紧

3. 测量

利用焊缝检验尺测量始端间隙［见图 5–9（a）］、末端间隙［见图 5–9（b）］以及错边量（见图 5–10）的具体数值。

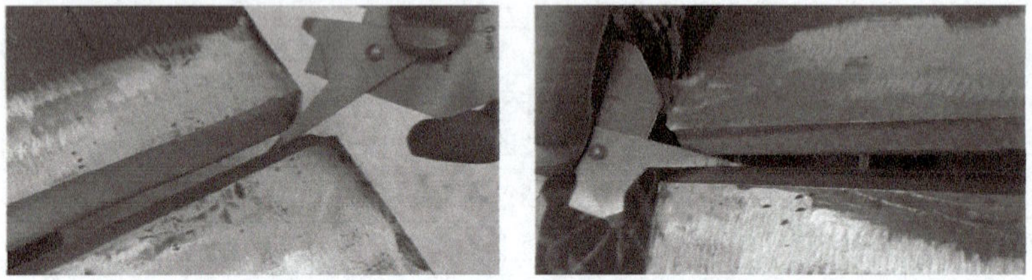

（a）测量始端间隙　（b）测量末端间隙

图 5–9　焊缝检验尺测量间隙

图 5–10　焊缝检验尺测量错边量

4. 定位焊定位

启动电焊机，采用直流正接法（即板材接正极，焊枪接负极），如图 5–11 所示。焊接电流调为 110 A，电压调为 20 V，如图 5–12 所示，随后采用断弧法进行定位焊。

知识点 5–10　装配中测量的项目

线性尺寸	工件上被测点、线、面与测量基准间的距离。线性尺寸测量是最基本的测量项目，其他项目的测量往往是通过线性测量来间接进行的。	
平行度	焊件上被测的线（或面）相对于测量基准线（或面）的平行度。图 5–18 所示为直接采用多点线性尺寸测量来测量在一个平板上装配两根角钢的平行度。	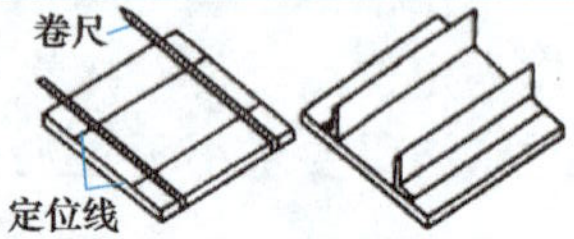 图 5–18　角钢间平行度的测量
水平度	衡量零件上被测的线（或面）是否处于水平位置，施工装配中常用水平尺、软管水平仪（见图 5–19）、水准仪、经纬仪等量具或仪器来测量零件的水平度。	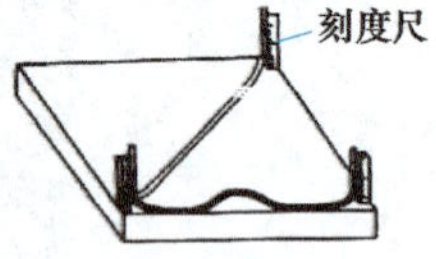 图 5–19　用软管水平仪测量水平度
垂直度	焊件上被测的线（或面）相对于测量基准线（或面）的垂直程度。对于尺寸较小的工件，可以使用直角尺直接测量垂直度，如图 5–20 所示。当一些桁架类结构上某些部位的垂直度难以测量时，可采用间接测量法进行测量。	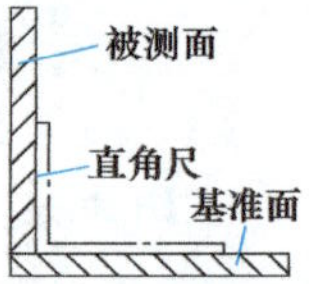 图 5–20　用直角尺测量垂直度
铅垂度	测定焊件上的线或面是否与水平面垂直。测量工具主要有吊线锤和经纬仪。采用吊线锤测量时，将线锤吊线拴在支杆上（临时点焊上的小钢板或利用其他零件），通过测量工件与吊线之间的距离来测量铅垂度，如图 5–21 所示。	 图 5–21　吊线锤测量铅垂度
同轴度	图 5–22 所示为由两节圆筒组成的筒体，测量其同轴度时，在各节圆筒的端面安上临时的十字支撑结构，在十字结构中心钻出小孔，然后由两外端面中心拉一细钢丝，使其从各孔中通过，如钢丝处于孔中间，则筒节处于同轴。	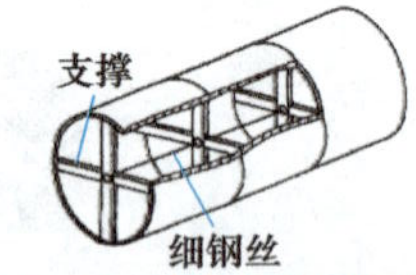 图 5–22　圆筒测量同轴度
角度	装配中通常利用各种角度样板测量零件间的角度。	

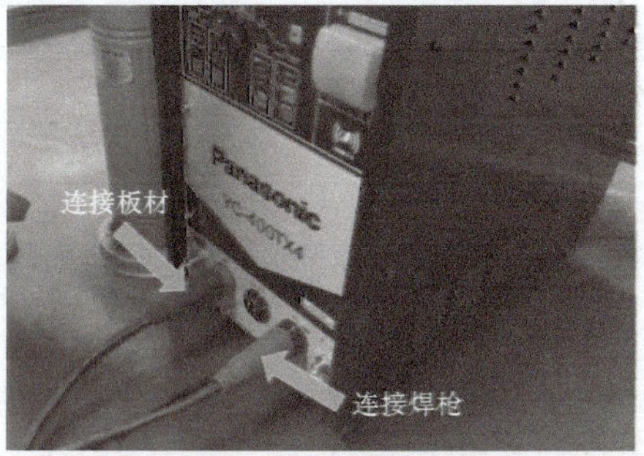

图 5-11　直流正接正负极接法

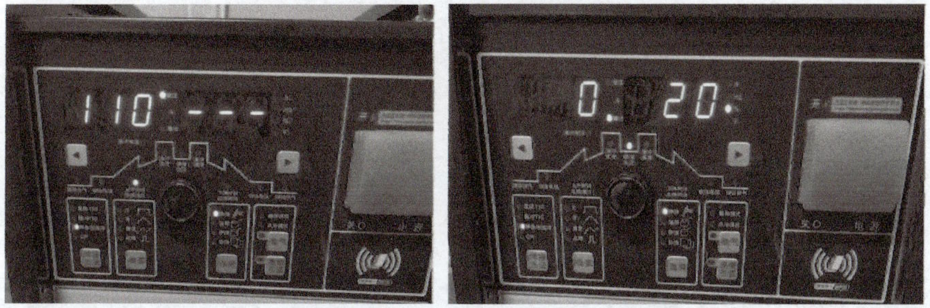

图 5-12　定位焊焊接参数

5. 预留反变形

为了控制角变形，可用钢板边缘反复轻轻地撞击操作台，预留反变形，如图 5-13 所示。变形量控制在 3° 以内，如图 5-14 所示。

图 5-13　预留反变形方法

知识点 5-11　定位焊及其要求

概念	定位焊是指为装配和固定焊件接头的位置而进行的焊接。
要求	定位焊焊条或焊丝应与正式焊缝所使用的焊条、焊丝牌号和质量相同。
	定位焊应选用直径小于 4 mm 的焊条，焊接电流应比正式焊缝时大 10%～15%。
	如果定位焊焊缝中有缺陷，应铲掉并重新焊接。
	定位焊焊缝长度一般根据板厚取 15～20 mm，间距为 50～300 mm，薄板取小值，厚板取大值。
	定位焊缝的引弧和熄弧处应圆滑过渡★。

学会收起锋芒

知识点 5-12　焊接变形的种类及说明

收缩变形	是指焊件尺寸比焊前缩短的现象，它分为纵向收缩变形和横向收缩变形，如图 5-23（a）所示。
角变形	焊接时，焊接区板材沿板厚方向产生不均匀的横向收缩而引起的回转变形。中厚板对接焊、堆焊、搭接焊及 T 型接头焊接时，都可能产生角变形，如图 5-23（b）所示。
弯曲变形	由于焊缝的中心线与结构截面的中性轴不重合或不对称，焊缝的收缩沿构件宽度方向分布不均匀而引起的，如图 5-23（c）所示。弯曲变形分两种：纵向收缩引起的弯曲变形和横向收缩引起的弯曲变形。
波浪变形	薄平板焊后在压应力区因压应力已超过其失稳临界应力而产生的失稳变形，称为波浪变形，又称压曲变形、失稳变形。波浪变形常发生于板厚小于 6 mm 的薄板焊接过程中，如图 5-23（d）所示。
扭曲变形	扭曲变形主要发生在细长的焊接构件中。这些构件一般都有较长的纵向角焊缝，由于组装不当或焊接顺序和方向不正确，焊缝的角变形沿长度方向不均匀引起像麻花一样的变形，如图 5-23（e）所示。

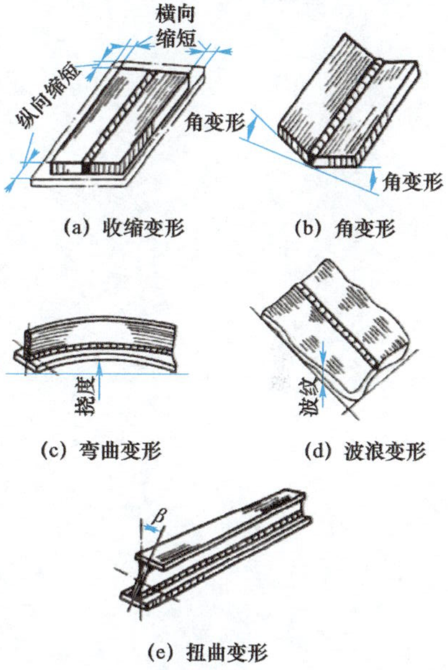

图 5-23　焊接变形的基本形式

★课程思政：学会收起锋芒

为了保证板材装配质量和后续焊接焊缝质量，要求引弧和熄弧要与母材圆滑过渡，否则会影响后续的焊接质量，甚至是产生焊接缺陷。同学们在与他人相处的过程中，要试着学会收起锋芒，学会做一个“圆滑”的人，不要让我们身上的刺去扎伤身边的亲人和朋友。

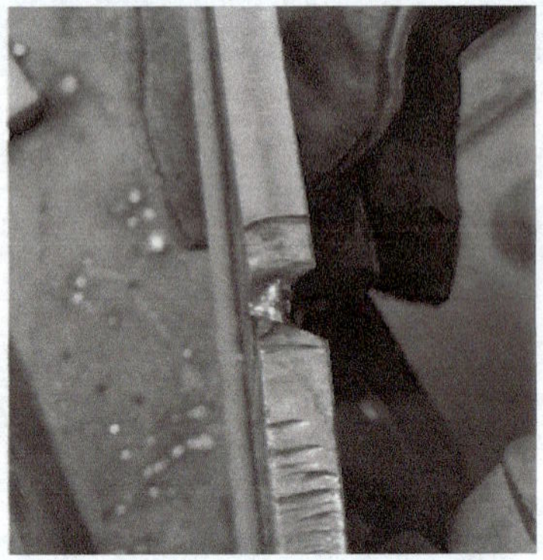
图 5–14　用焊条检查预留变形角度

装配 H 型钢腹板

知识点 5–13　焊接变形的危害

1	给装配带来困难，影响后续焊接质量。
2	过大的残余变形还要进行矫正，增加结构的成本。
3	焊接变形还会降低接头的性能和承载能力。

知识点 5–14　反变形法控制焊接变形

反变形法	根据焊件的变形规律，焊前预先将焊件向着与焊接变形的相反方向进行人为的变形（反变形量与焊接变形量相等），使之达到抵消焊接变形的目的，如图 5–24 所示。
说明	此法很有效，但必须精确地估计焊后可能产生的变形方向和大小，并根据焊件的结构特点和生产条件灵活地运用。反变形法主要用于控制焊件的角变形和弯曲变形。

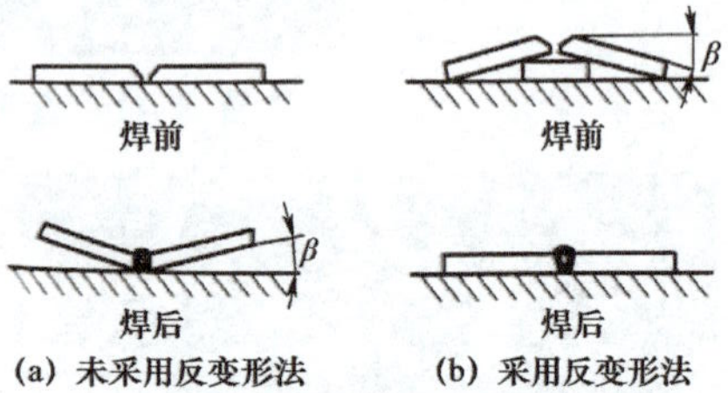

图 5–24　反变形法

知识点 5–15　装配中的安全技术

1	使用大锤时不准戴手套，严禁两人对打。
2	使用千斤顶时应垫平放稳，不准超负荷使用。
3	使用起重机进行机械吊装时，要有专人指挥，必须轻举慢落，工件到位后必须用定位焊焊牢，然后才能松钩。
4	登高装配作业时，要用坚固的脚手架或梯子，操作者必须系好安全带，工具只准放在工具袋内。
5	多人装配作业时，应注意相互配合，确保安全；装配时，应与焊工配合默契，防止弧光伤眼和热工件烫伤。
6	防止工件压坏电缆线造成触电事故。
7	禁止在吊起的工件及翻转的工件上进行锤击矫正，以防工件脱落。
8	使用手提式砂轮机时，必须有防护器，操作者应站在砂轮回转方向的侧面。
9	在大型工件或容器内部作业时，要有安全行灯，操作人员必须穿戴好规定的防护用品，以防触电及机械损伤事故的发生。

任务 5.1 测评

一、知识评价

请结合实际案例对术语进行解读。每个术语 25 分，共计 100 分。

（1）焊接变形　（2）装配定位　（3）装配夹紧　（4）装配测量

二、技能评价

按照安全文明生产操作规程的要求，进行焊前准备并填写“装配十字柱结构 H 型钢腹板”焊接工艺卡（见表 5–1），评分标准见表 5–2。其中，学生自评占 20%，学生互评占 20%，教师评价占 60%。

表 5–1　“装配十字柱结构 H 型钢腹板”焊接工艺卡

实操项目：__________　本项得分：__________

焊接工艺卡		编号：			
材料牌号		接头简图			
材料规格					
接头种类					
坡口形式					
坡口角度					
钝边					
组对间隙					
焊接方法					
电源种类		焊后热处理	种类		保温时间
电源极性			加热方式		层间温度
焊接位置			温度范围		测量方法

焊接参数					
焊层	焊材型号	焊材直径/mm	焊接电流/A	焊接电压/V	焊接速度/（cm•min^{-1}）
装配					
第一道					
第二道					
第三道					

表 5–2　“装配十字柱结构 H 型钢腹板”的焊前准备及安全评分标准

实操项目：__________　本项得分：__________

考核项目		考核要求	配分	评判标准	评判结果 a	b	c	实得分数 x	y	z
焊接工艺		根据施焊材料及所用设备特点正确填写焊接工艺参数表	24	填写施焊材料 8 分，确定工艺参数 16 分。全部未达标扣 24 分。						
焊前准备	工具工装使用	常用工具的合理使用与保养	8	未达标扣 8 分						
		正确使用夹具，做好保养工作	4	一项未达标扣 2 分						
	设备使用与维护	正确使用和维护保养焊接设备及常见故障排除	8	未达标扣 8 分						
		正确使用和维护保养辅助设备及常见故障排除	4	一项未达标扣 2 分						
	试件焊前清理及组对装配	坡口内及正反两侧 20 mm 范围内无油污、锈水等污物，打磨至露出金属光泽	4	未达标扣 4 分						
		试件组对装配（装配间隙、钝边、定位焊长度）、焊接参数调整	4	未达标扣 4 分						
		试板反变形预处理	4	未做反变形预处理扣 4 分						
安全文明生产		执行焊接安全技术操作规程	24	未达标扣 24 分						
		按企业有关文明生产规定，工作场地整洁，工具摆放整齐	16	一项未达标扣 8 分						
综合评价										

注意：①评判结果中 a、b、c 分别代表学生自评、学生互评、教师评价。

②实得分数中 x、y、z 分别代表学生自评、学生互评、教师评价。

三、素养评价

对表 5–3 所列素养点，做到即得分，未做到即零分。其中，学生自评占 20%，学生互评占 20%，教师评价占 60%。

表 5–3 “装配十字柱结构 H 型钢腹板”的素养评价表

序号	素养点	配分	学生自评得分	学生互评得分	教师评价得分
1	按时出勤，无迟到早退	10			
2	准备充分，无手忙脚乱	10			
3	积极互动，无消极态度	10			
4	安全作业，无安全隐患	10			
5	保护环境，无乱扔乱倒	10			
6	规范标准，无野蛮操作	10			
7	团队协作，无不洽关系	10			
8	场地“5S”	10			
9	团队协作能力进一步提升	10			
10	职业行动能力进一步提升	10			
总分		100			
综合评价		100			

四、拓展训练

（1）扫码观察现有的一装配好的对接接头，试指出其错误之处，并改正。

某学生完成的板对接装配试件

（2）装配的三个基本条件是什么？你认为它们之间有什么样的关系？

（3）请利用思维导图，按照学习目标三要素，对“装配十字柱结构 H 型钢腹板”学习收获进行总结。

任务 5.2　焊接十字柱结构 H 型钢腹板

职业活动

步骤 1　作业准备

1. 作业场地

选择周围 10 m 范围内没有易燃易爆物品且有消防措施的作业场地。

2. 焊接原材料

板料 3 块，材质为 Q235B，尺寸为 200 mm×60 mm×12 mm，开 30° V 形坡口。在这 3 块板料中，有 2 块为任务 1 中已经装配好的 H 型钢腹板以及 1 块还未进行装配的 H 型钢腹板。

3. 焊接材料

选择 E5015 焊条，焊条直径为 3.2 mm 或 4.0 mm。

4. 设备设施

松下 YC–400TX4 焊机。

5. 工量辅具

工量辅具见图 5–25。

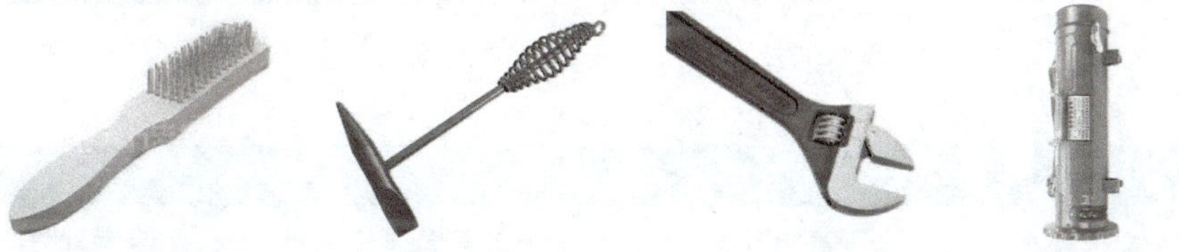

（a）钢丝刷　（b）敲渣锤　（c）扳子　（d）焊条保温桶

图 5–25　焊接 H 型钢腹板使用的工量辅具

6. 穿戴防护用品

按照焊接安全规范，检查防护用品并正确穿戴。

职业知识

知识点 5–16　焊接操作对防护用品穿戴要求

1	防护用品一般包括：焊工服、焊工鞋、防毒口罩、防尘口罩、护目镜、焊接手套、绝缘鞋、焊接面罩等。
2	使用前，使用人应对防护用品质量情况进行检查，保证防护用品的完好，符合要求。
3	焊工应穿戴好焊工服，如图 5–37 所示。
4	操作时，所有人员（包括清渣）必须戴好护目镜、焊接手套，穿焊工鞋。
5	电焊、粉尘环境岗位的员工，在生产过程中必须佩戴防尘口罩。
6	应扣紧衣领，扎紧袖口。
7	不得穿裙子。
8	任何人不得穿高跟鞋、网眼鞋、钉子鞋、凉鞋、拖鞋等进入车间。
9	必须戴好焊工帽，长发应放入帽内。
10	不允许在现场内随意脱掉或更换焊工服、焊工鞋。
11	在装卸、搬运、堆放生产过程及设备安装维护过程中使用帆布手套；电焊操作时必须佩戴焊接手套；旋转设备操作中严禁佩戴手套，维护电工带电作业必须佩戴绝缘手套。
12	工作中，违反规定穿戴者必须立即停止作业，纠正后方可恢复作业。
13	个人使用的个体防护用品，需经常保养，不用时应妥善保管，保证其完好性。

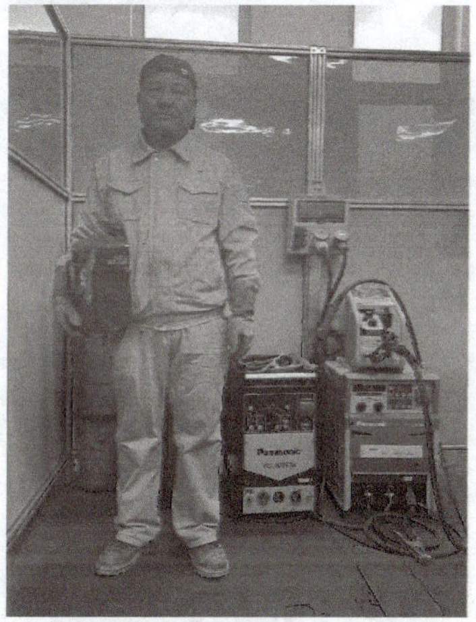

图 5-37　焊接时防护用品穿戴

步骤 2 固定焊件

选择合适夹具，利用扳子固定好准备进行立焊的部件，根据自身的习惯操作姿势调整好零件的高度，如图 5–26 所示。

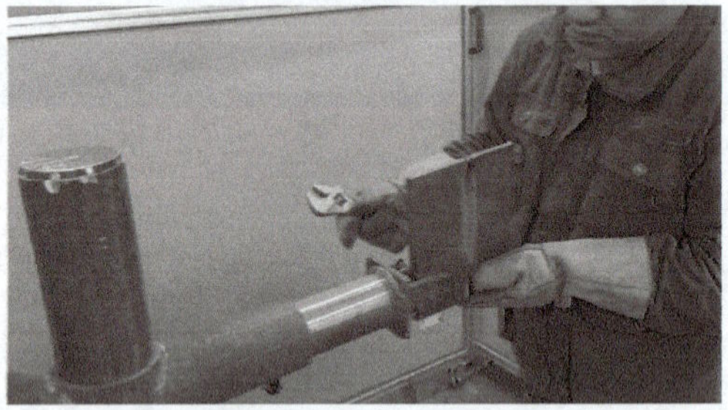

图 5–26 固定板对接立焊焊件

步骤 3 焊接接头 1 打底层焊接

1. 调节焊接参数

（1）连接电源线；

（2）直流正接；

（3）向上推开电源开关；

（4）根据焊接工艺卡片，将焊接电流调整为 100 A，焊接电压调整为 23 V，如图 5–27 所示。

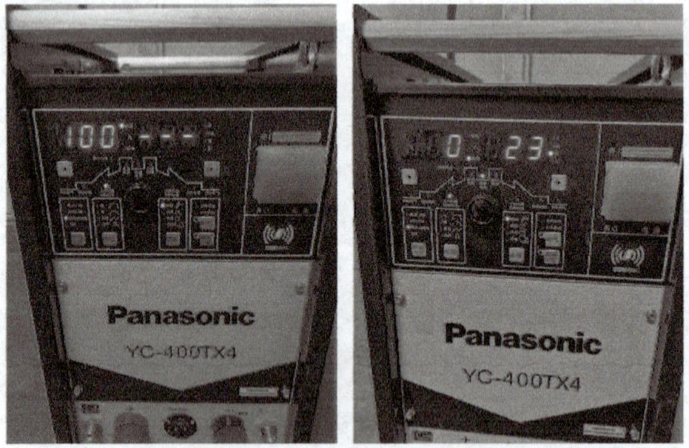

图 5–27 焊接接头 1 立焊打底层焊接参数

知识点 5–17 立焊介绍

概念		在垂直方向上进行焊接的一种操作方法。
操作方法	向上立焊	由下向上施焊，该法在生产中应用最为广泛。
	向下立焊	由上向下施焊，这种方法要求采用专用的向下立焊焊条才能保证焊缝质量。
操作难点		由于在重力的作用下，焊条熔化所形成的熔滴及熔池中的熔化金属要向下淌，造成焊缝成形困难，质量受影响。
焊接规范		立焊时选用的焊条直径和焊接电流均应小于平角焊，并应采用短弧焊接。

知识点 5–18 立焊时焊工操作姿势

说明	立焊的操作姿势根据焊缝与焊工距离的不同，一般采用胳臂有依托和无依托两种姿势★。
有依托	有依托即胳臂大臂轻轻地贴在上体的肋部或大腿、膝盖部位，随着焊条的熔化和缩短，胳臂自然地前伸，起到调节作用。用有依托的焊接姿势，比较牢靠、省力。
无依托	无依托即把胳臂半伸开或全伸开，悬空伸缩来调节焊条的位置。胳臂活动范围大时操作难度也较大，如图 5–38 所示。

不盲目跟从他人

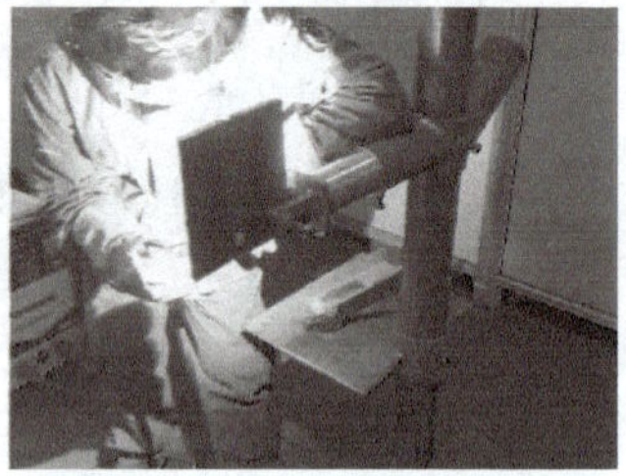

图 5–38 立焊时焊工操作姿势

知识点 5–19 V 形坡口对接接头立焊的推荐焊接参数

焊件厚度	打底层焊缝		填充层焊缝		盖面层焊缝	
	焊条直径/mm	焊接电流/A	焊条直径/mm	焊接电流/A	焊条直径/mm	焊接电流/A
5～6	3.2	80～120	—	—	3.2	90～120
7～10	3.2	90～120	3.2/4.0	100～120	3.2	100～110
≥11	3.2	90～120	3.2/4.0	100～120	3.2	100～110

★课程思政：不要盲目跟从他人

焊接的操作姿势有很多种，然而由于操作水平、身高、体重等方面的因素，适合别人的姿势不一定适合你，一定要选择适合自己的姿势去完成焊接操作。就像我们在做一件事情，如果一味地盲目地跟从他人，会让我们失去判断力。

2. 打底焊

（1）调整焊条角度

选用直径为 3.2 mm 的焊条，焊条与焊件的下倾角为 70°～80°，如图 5–28（a）所示；与焊缝左右两侧夹角为 90°，如图 5–28（b）所示。

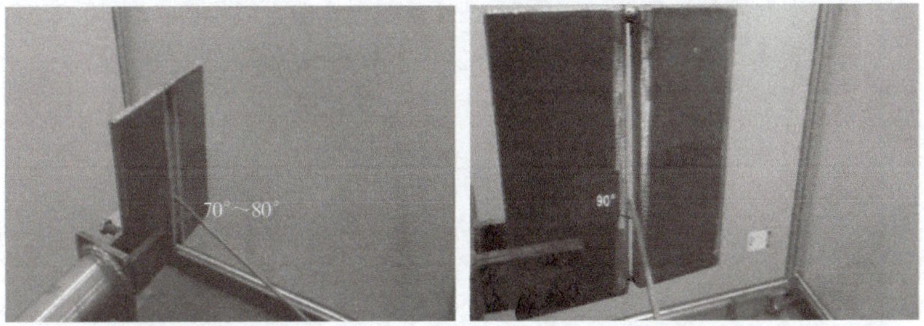

（a）下倾角　（b）两侧夹角

图 5–28　板对接立焊焊条角度

（2）断弧法打底焊

断弧法打底主要有三个操作，分别是引燃电弧［图 5–29（a）］、电弧燃烧击穿试件［图 5–29（b）］、迅速抬起焊条熄灭电弧［图 5–29（c）］。具体操作规范见知识点 5–22。

（a）引燃电弧　（b）击穿试件　（c）熄灭电弧

图 5–29　板对接立焊断弧法打底

知识点 5–20　板对接立焊打底焊焊条角度规范

说明	焊条与焊件的下倾角为 70°～80°，与焊缝左右两侧夹角为 90°，如图 5–39 所示。

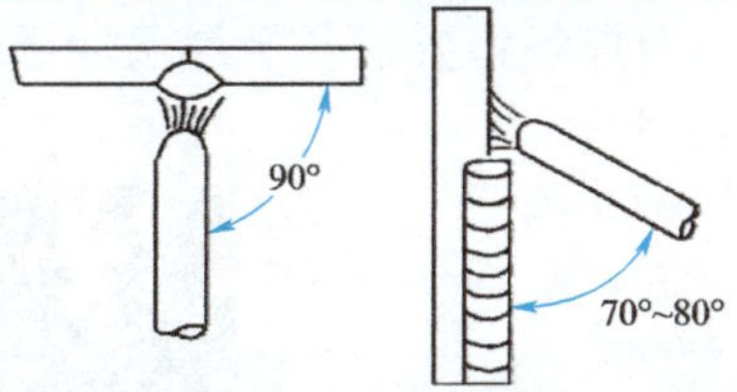

图 5–39　立焊打底时焊条与焊件间角度

知识点 5–21　断弧法与连弧法特点

连弧法	电弧燃烧不间断，具有缺陷少、生产效率高、熔池保护好等优点，但它对装配质量要求高，参数选择要求严，操作难度较大，易产生烧穿和未焊透等缺陷。
断弧法	依靠电弧时燃时灭的时间长短来控制熔池的温度，因此，焊接工艺参数的选择范围较宽，易掌握，但生产效率低，焊接质量不如连弧法易保证，且易出现气孔、冷缩孔等缺陷。

知识点 5–22　板对接立焊断弧法打底操作规范

1	在始焊端的定位焊焊缝处引弧，并略抬高电弧稍加预热，焊至定位焊焊缝尾部时，将焊条向下压一下，听到“噗噗”的声音后，稍作停留，随后立即斜向上提起焊条灭弧。此时熔池前端应有熔孔，深入两侧母材 1～1.5 mm。
2	为使根部焊透，而背面又不致产生塌陷，这时熔孔直径应等于或稍大于焊条直径。
3	当熔池边缘变成暗红色，熔池中间仍处于熔融状态时，立即在熔池中间引燃电弧，略向下轻微压下焊条，形成熔池，打开熔孔后立即灭弧，这样反复击穿直到焊完。
4	操作中运条间距要均匀准确，使电弧的 1/2 压住熔池，1/2 作用在熔池前方，用来熔化和击穿坡口根部形成熔池。

知识点 5–23　板对接立焊断弧法打底注意事项

1	观察熔池形状和熔孔大小，并基本保持一致。当熔孔过大时，应减小焊条与焊件的下倾角，把电弧多压向熔池，少在坡口上停留。当熔孔过小时，应压低电弧，增大焊条与焊件的下倾角度。
2	注意听电弧击穿坡口根部发出的“噗噗”声，如没有这种声音则表示没有焊透。
3	施焊时熔孔的端点位置要把握准确，焊条的中心要对准熔池前与母材的交界处。
4	打底焊时熔敷金属应尽可能少，保持焊道薄些，以利于背面焊缝的成型。

（3）收弧

当焊条将要消耗至焊条端部时，要进行收弧，收弧后熔孔形式如图 5–30 所示。

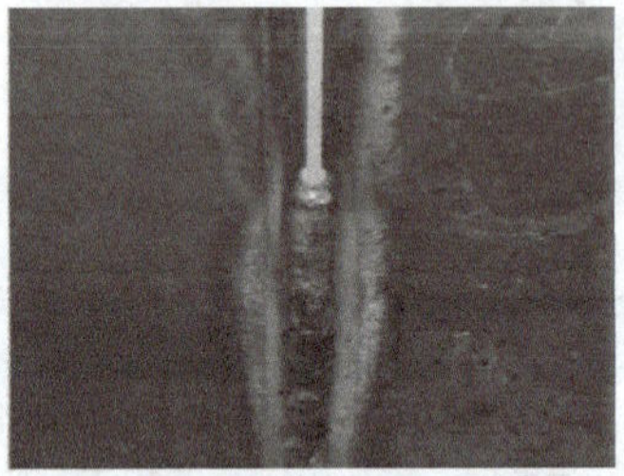

图 5–30　收弧后熔孔的形式

（4）接头

接头采用热接法，具体操作方法见知识点 5–24。值得注意的是，接头引弧后电弧一定要充分燃烧 1.5～2 s 才可进行后续的断弧打底，以保证冷却后的熔池能够充分熔化，防止背面产生较大凹陷。

板对接立焊断弧打底

步骤 4　焊接接头 1 填充层焊接

1. 敲渣

打底焊结束后，用敲渣锤进行敲渣，如图 5–31（a）所示。同时用钢丝刷仔细清理焊缝表面，去掉死角处未敲掉的细小焊渣，如图 5–31（b）所示。

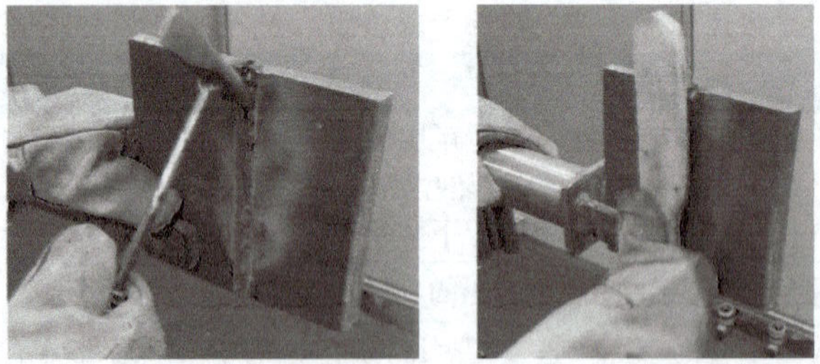

（a）　（b）

图 5–31　敲渣

知识点 5–24　板对接立焊打底层接头方法

方法名称	操作方法
热接法	当弧坑还处在红热状态时，在弧坑下方 10～15 mm 处的斜坡上引弧（见图 5–40），并焊至收弧处，使弧坑根部温度逐步升高，然后将焊条沿预先做好的熔孔向坡口根部顶一下， 使焊条与焊件的下倾角增大到 90° 左右，听到“噗噗”声后，稍作停顿，恢复正常断弧法焊接。 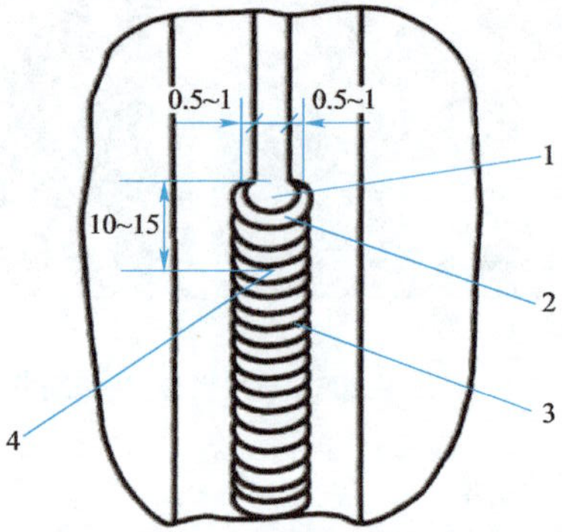 1—熔孔；2—熔池；3—焊缝；4—引弧位置 图 5–40　板对接立焊打底层接头时的引弧位置
冷接法	当弧坑已经冷却，用砂轮或扁铲在已焊的焊道收尾处打磨一个 10～15 mm 的斜坡。在斜坡上引弧并预热，使弧坑根部温度逐步升高。当焊至斜坡最低处时，将焊条沿预先做好的熔孔向坡口根部顶一下，听到“噗噗”声后，稍作停顿，并提起焊条进行正常焊接。

知识点 5–25　板对接立焊打底层接头注意事项

1	采用热接法时，更换焊条的动作越快越好，落点要准。
2	采用冷接法时，对更换焊条动作没有要求，但是落点要准。
3	无论采用何种接头方法，都要做到停顿时间一定要适当，若过长，易使背面产生焊瘤，若过短，则不易接上头。
4	一般情况下，因热接法弧坑处没有打磨出的薄斜坡，停顿时间可稍长些。
5	一般情况下，因冷接法弧坑处有打磨出的薄斜坡，停顿时间可稍短些。

2. 调整焊接参数

焊接电流调整为 105 A，焊接电压调整为 10 V，采用直流反接，如图 5–32 所示。

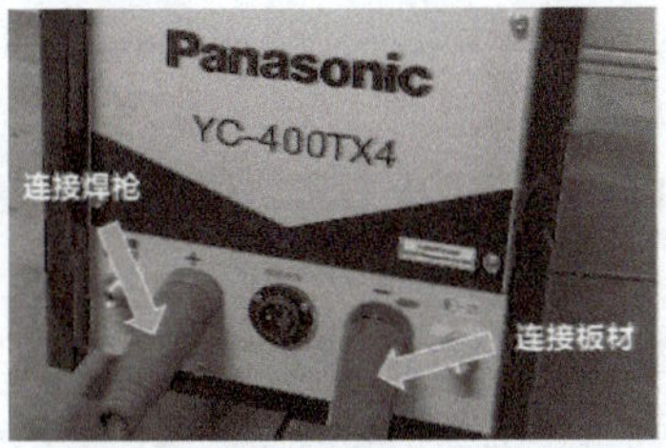

图 5–32　直流反接正负极接法

3. 焊接填充层

填充层可根据个人习惯选择填充的层数，一般推荐选择一层或两层进行填充，具体填充方法可参照知识点 5–26，填充层完成后外观如图 5–33 所示。

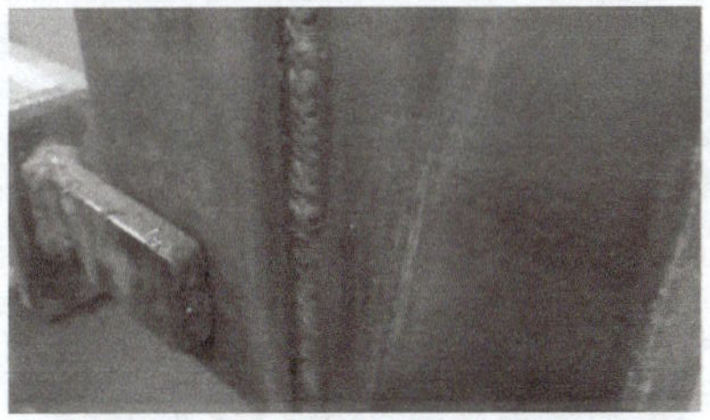

图 5–33　立焊填充后外观

板对接立焊填充层焊接

步骤 5　焊接接头 1 盖面层焊接

1. 敲渣

填充层焊接完成后，用敲渣锤进行敲渣，然后用钢丝刷仔细清理焊缝表面，去掉死角处未敲掉的细小焊渣。

2. 调整焊接参数

焊接电流调整为 105 A，焊接电压调整为 10 V。

3. 焊接盖面层

盖面层的焊接方法见知识点 5–28，盖面后外观成型如图 5–34 所示。

知识点 5–26	板对接立焊填充层焊接方法
1	在距离焊缝始端 10 mm 左右处引弧后，将电弧拉回到始端施焊。每次都应按此法操作，以防止产生缺陷。
2	采用横向锯齿形运条法，如图 5–41 所示，或月牙形运条法摆动。焊条摆动到坡口两侧处要稍作停顿，以利于熔合及排渣，并防止焊缝两边产生死角。
3	焊条与焊件的下倾角为 70°～80°。
4	最后一层填充焊的厚度，应比母材表面低 0.5～1 mm，且应呈凹形，不得熔化坡口棱边，以利于盖面层保持平直。

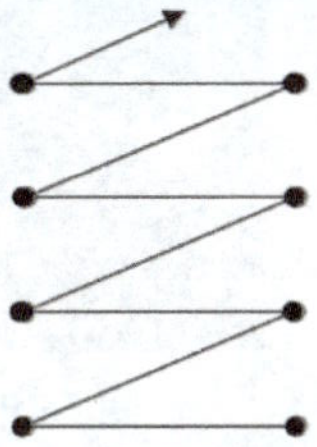

图 5–41　锯齿形运条法

知识点 5–27	板对接立焊填充层焊接注意事项
1	仔细清理打底焊缝，应特别注意死角处焊渣的清理。
2	在焊接过程中，要分清铁液和熔渣，避免产生夹渣。
3	严格控制熔池尺寸。

知识点 5–28	板对接立焊盖面层焊接方法
1	引弧与填充焊相同。
2	采用锯齿形运条法时，焊条与焊件的下倾角为 70°～75°。
3	焊条摆动到坡口边缘 a、b 两点时，要压低电弧并稍作停留，这样有利于熔滴过渡和防止咬边，如图 5–42 所示。摆动到焊道中间的过程要快些，防止熔池外形凸起产生焊瘤。
4	焊条摆动频率应比平焊稍快些，前进速度要均匀一致，使每个新熔池覆盖前一个熔池的 2/3～3/4，以获得薄而细小的焊缝波纹。
5	更换焊条前收弧时，应对熔池填满熔滴，迅速更换焊条后，再在弧坑上方 10 mm 左右处的填充层焊缝金属上引弧，并拉至原弧坑处填满弧坑后，继续施焊。

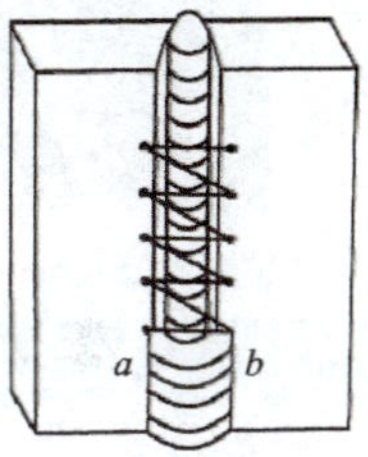

图 5–42　盖面层运条方法示意

知识点 5–29	板对接立焊盖面层焊接注意事项
1	焊件上不允许有引弧痕迹，在焊接过程中，要分清铁液和熔渣，避免产生夹渣。
2	严格控制熔池尺寸，焊缝表面应均匀，接头处不应接偏或脱节。
3	盖面焊时要保证焊缝边缘和下层熔合良好。

图 5–34 立焊盖面后外观

对接立焊盖面层焊接

步骤 6 焊接接头 1 焊后清理

焊后应将焊件表面飞溅物和焊渣清理干净，焊件表面不得用角磨机修整。

步骤 7 焊接接头 2 的焊接

重复任务 5.1 以及任务 5.2 的步骤 2、步骤 3、步骤 4、步骤 5、步骤 6，完成 H 型钢腹板对接接头焊接接头 2 的焊接，焊后试件外观如图 5–35 所示。

图 5–35 H 型钢腹板焊后外观

H 型钢腹板焊接接头 2 的装配与焊接

步骤 8 H 型钢腹板焊接变形矫正

如果焊后 H 型钢腹板存在焊接变形，可采用千斤顶进行矫正，如图 5–36 所示。

图 5–36 千斤顶矫正 H 型钢腹板焊后变形

千斤顶矫正 H 型钢腹板焊后变形

知识点 5–30 焊接中的安全技术

1	焊接工作前，应先检查焊机设备和工具是否安全。如机壳是否接地、焊接各连接线点接触是否良好，焊接电缆的绝缘有无损坏等。
2	改变焊机机头、转移工作地点、更换熔丝、焊机发生故障需要检修等时，应切断电源开关后才能进行。
3	推拉闸门开关时，必须戴皮手套。同时，焊工的头部须偏斜些，以防电弧火花灼伤脸部。
4	更换焊条时，焊工应戴绝缘手套。
5	对于空载电压和工作电压较高的焊接操作（如等离子弧焊）以及在超市工作场地操作时，还应在工作台附近地面铺上橡胶垫子。
6	夏天，由于身体出汗后衣服潮湿，不可靠在焊件、工作台上，避免触电。
7	在容积小的舱室，如油槽、气柜等化工设备、管道和锅炉等金属结构，以及其他狭小工作场所内焊接时，触电的危险性最大，必须采取专门的防护措施。
8	不允许使用简易、无绝缘壳的电焊钳。
9	电焊设备的安装、修理和检查须由电工进行，焊工不得自己拆修设备。

知识点 5–31 触电急救方法

解脱电源	触电事故发生后，电流不断通过人体。为了使触电后能得到及时和正确的处理，以减少电流长时间对人体的刺激并能立即得到医务抢救，迅速脱离电源是救活触电者的首要因素。
救治	触电者脱离电源后要用人工呼吸和心脏按压的方法对其进行急救，一旦呼吸和心脏跳动都停止了，应同时进行人工呼吸和心脏按压。
注意	触电后会出现神经麻痹、呼吸中断、心脏停止跳动等症状，外表上则呈现昏迷不醒的状态。但不应认为是死亡，可能是假死，要立即抢救，拖延时间、动作迟缓和救护方法不当，都可能造成死亡。

知识点 5–32 矫正焊接变形的方法

说明	虽然在焊接生产任务开始之前，已经采取反变形预处理方式控制和减小焊接变形，但是构件焊后还是难以避免产生焊接变形。矫正焊接变形的方法主要有手工矫正法、机械矫正法和火焰加热矫正法，关于矫正焊接变形的方法在本项目的知识拓展中再进行详细的介绍。

任务 5.2 测评

一、知识评价

请结合实际案例对术语进行解读。每个术语 25 分，共计 100 分。

（1）立向上焊　　（2）打底焊　　（3）填充焊　　（4）盖面焊

二、技能评价

焊接十字柱结构 H 型钢腹板任务技能评价成绩由焊缝外观质量 60 分+焊缝内部质量 40 分组成，合计 100 分。

1. 焊缝外观评分表

焊接十字柱结构 H 型钢腹板焊缝质量评分见表 5–4。其中，学生自评占 20%，学生互评占 20%，教师评价占 60%。

表 5–4　“焊接十字柱结构 H 型钢腹板”的焊缝外观评分标准

实操项目：板对接焊（焊条电弧焊）　δ=12 mm　　本项得分：________

检查项目	评判标准及得分	评判等级 I	评判等级 Ⅱ	评判等级 Ⅲ	评判等级 Ⅳ	测评数据 a	b	c	实得分数 x	y	z
焊缝余高	尺寸标准/mm	0～2	＞2～3	＞3～4	＜0，＞4						
	得分标准	6 分	3.6 分	1.8 分	0 分						
焊缝高度差	尺寸标准/mm	≤1	＞1～2	＞2～3	＞3						
	得分标准	6 分	3 分	1.5 分	0 分						
焊缝宽度	尺寸标准/mm	17～19	≥16，≤20	≥15，≤22	＜15，＞22						
	得分标准	6 分	3.6 分	1.2 分	0 分						
焊缝宽度差	尺寸标准/mm	≤1.5	＞1.5～2	＞2～3	＞3						
	得分标准	6 分	3 分	1.5 分	0 分						
咬边	尺寸标准/mm	无咬边	深度≤0.5		深度＞0.5						
	得分标准	12 分	每 5 mm 扣 2.4 分		0 分						
正面成型	标准	优	良	中	差						
	得分标准	6 分	3 分	1.5 分	0 分						
背面成型	标准	优	良	中	差						
	得分标准	6 分	3 分	1.5 分	0 分						
背面凹	尺寸标准/mm	0～0.5	＞0.5～1	＞1～2	长度＞30						
	得分标准	3 分	1.2 分	0 分	0 分						
背面凸	尺寸标准/mm	0～2	＞2～3	＞3							
	得分标准	3 分	1.2 分	0 分							
角变形	尺寸标准/mm	0～1	＞1～3	＞3～5	＞5						
	得分标准	3 分	1.8 分	0.9 分	0 分						
错边量	尺寸标准/mm	0～0.5	＞0.5～1	＞1							
	得分标准	3 分	1.2 分	0 分							

续表

焊缝外观成型评判标准

优	良	中	差
成型美观，焊缝均匀、细密，高低宽窄一致	成型较好，焊缝均匀、平整	成型尚可，焊缝平直	焊缝弯曲，高低、宽窄明显
综合评价			

注：①试件焊接未完成；表面修补及焊缝正反两面有裂纹、夹渣、气孔、未熔合缺陷；该件作 0 分处理。试板两端 20 mm 的缺陷不计。

②评判结果中 a、b、c 分别代表学生自评、学生互评、教师评价。

③实得分数中 x、y、z 分别代表学生自评、学生互评、教师评价。

2. 焊缝内部质量评分表

焊接十字柱结构 H 型钢腹板焊缝内部质量评分见表 5–5。该部分成绩由教师完成。

表 5–5 “焊接十字柱结构 H 型钢腹板”试件 X 射线检测评分标准

实操项目：板对接焊（焊条电弧焊）　δ=12 mm　　本项得分：________

项目	拍片数量	评定范围	得分	配分说明
板对接	1	焊缝两端各去除 20 mm		1. Ⅰ级片无缺陷得 40 分； 2. Ⅰ级片有缺陷得 36 分； 3. Ⅱ级片得 24 分； 4. Ⅲ、Ⅳ、Ⅴ级片得 0 分； 5. 同一试件有多张底片的，但必须每张底片都是Ⅰ级片或是Ⅱ级片，则每张底片均可以单独进行评分，最后得分为所有分值之和除以该试件的底片数。 6. 同一试件有多张底片时，但有一张底片出现Ⅲ、Ⅳ或Ⅴ级片时，则以最低的这张底片计算评分，即该试件得 0 分。
注：一般试件的 X 射线检测按 GB/T 3323.1—2019 标准评定。				

三、素养评价

对表 5–6 所列素养点，做到即得分，未做到即零分。其中，学生自评占 20%，学生互评占 20%，教师评价占 60%。

表 5–6 “焊接十字柱结构 H 型钢腹板”的素养评价表

序号	素养点	配分	学生自评得分	学生互评得分	教师评价得分
1	按时出勤，无迟到早退	10			
2	准备充分，无手忙脚乱	10			
3	积极互动，无消极态度	10			
4	安全作业，无安全隐患	10			
5	保护环境，无乱扔乱倒	10			
6	规范标准，无野蛮操作	10			
7	团队协作，无不洽关系	10			
8	场地“5S”	10			
9	团队协作能力进一步提升	10			
10	职业行动能力进一步提升	10			
总分		100			
综合评价		100			

四、拓展训练

（1）以下二维码所示的内容为某同学采用焊条电弧焊完成的板对接立焊焊缝，其中包含打底层背面焊缝、填充层焊缝、盖面层焊缝，试着指出这些焊缝存在的问题并说出改正的方法。

某学生完成的板对接立焊试件

（2）对接立焊时，焊条的摆动幅度、摆动频率、焊条上移的速度对焊缝成型有何影响？

（3）请利用思维导图，按照学习目标三要素，对“焊接十字柱结构 H 型钢腹板”的学习收获进行总结。

项目 5 学习成果检测

一、任务描述

识读图 5–43 中的试件图样，按照焊接工艺要求对钢板进行焊前处理，采用焊条电弧焊方法完成板对接立焊位置焊接，并对试件焊缝外观质量进行自检。将焊接过程中采用的焊接工艺参数、接头形式简图等内容填入《焊接工艺卡》。在操作过程中，应严格遵守“1+X 特殊焊接技术职业技能中级证书”考核操作规程，并体现安全意识、文明生产等职业素养。

1. 试件图样

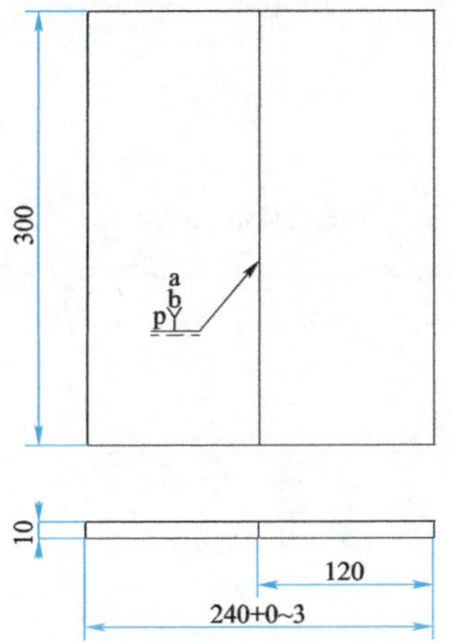

技术要求

1.单面焊双面成型；
2.试件材料Q235B/Q235B、60°±5°V形坡口；
3.根部间隙及钝边自定；
4.接头形式为板对接接头，焊接位置为立焊。

图 5-43　Q235B/Q355B 板对接立焊焊条电弧焊试件图

2. 考核要求

（1）按规定正确填写工艺卡；

（2）按照安全文明生产操作规程的要求，进行焊前准备及焊接操作；

（3）焊前将坡口及两侧 15～20 mm 范围内的铁锈、油污等清理干净，露出金属光泽；

（4）定位焊在试件两端 20 mm 范围内；

（5）根部要焊透，单面焊双面成型；

（6）试件一经固定开始焊接，不得任意移动试件；

（7）焊接完成后，焊缝表面须保持原始状态，不得再进行加工、修磨、补焊；

（8）焊缝表面无缺陷，焊缝波纹均匀，宽窄一致，高低平整，焊后无变形。

二、实施准备

1. 学生准备

学生按照教学进度计划完成以下学习任务并达到了 75 分以上后，可进行该学习成果的实施。

（1）完成学习成果检测所需要的相关知识和方法，得分大于 75 分；

（2）能够运用学习成果检测需要的相关知识和方法进行作业，得分大于 75 分；

（3）按时、按质、按量完成相应作业，得分大于 80 分；

（4）具有自觉遵守技术标准和要求规定、规范操作、安全、环保、“5S”作业、团结协作的好习惯，得分大于 80 分；

（5）能制定图 5–43 所示的装配与焊接加工工艺流程。

2. 教师准备

（1）在安排学生实施学习成果前，通过课堂问题研讨、作业、实训和考核及其他方式，确认学生已经具备了实施学习成果所需的知识、技能和素养，并确保学生在安全状态下独立进行；

（2）对协助教师进行测评的学生进行测评和监督方法的培训，确保测评结果的准确性和公平性；

（3）准备好测评记录。

三、验证方法与标准

（1）每位测评人员负责对 2 名学生进行定点、全过程的监控和测评；

（2）详细记录学生在实施学习成果过程中的相关信息、数据、结果、操作方法、完成时间，以及出现错误、事故等情况；

（3）学习成果的作业过程和数据记录等，要求在 60 min 内完成，时间不足，可在即将结束时，由学生口述剩余部分的作业方法。

（4）考核内容及标准见表 5–7、表 5–8、表 5–9、表 5–10，其中，表 5–8 占 25 分，表 5–9 占 45 分，表 5–10 占 30 分，合计 100 分。合格分数为 70 分及以上。

表 5–7 “项目 5 学习成果检测”焊接工艺卡

实操项目：__________ 本项得分：__________

焊接工艺卡		编号：				
材料牌号		接头简图				
材料规格						
接头种类						
坡口形式						
坡口角度						
钝边						
组对间隙						
焊接方法						
电源种类		焊后热处理	种类		保温时间	
电源极性			加热方式		层间温度	
焊接位置			温度范围		测量方法	

焊接参数					
焊层	焊材型号	焊材直径/mm	焊接电流/A	焊接电压/V	焊接速度/（cm · min^{-1}）
第一道					
第二道					
第三道					

表 5–8 “项目 5 学习成果检测”焊前准备及安全评分标准

实操项目：__________ 本项得分：__________

考核项目		考核要求	配分	评判标准	评判结果	实得分数
焊接工艺		根据施焊材料及所用设备特点，正确填写焊接工艺参数表	6	填写施焊材料 2 分，确定工艺参数 4 分。全部未达标扣 6 分		
焊前准备	工具工装使用	常用工具的合理使用与保养	2	未达标扣 2 分		
		正确使用夹具，做好保养工作	1	一项未达标扣 0.5 分		
	设备使用与维护	正确使用、维护保养焊接设备及常见故障的排除	2	未达标扣 2 分		
		正确使用、维护保养辅助设备及常见故障排除	1	一项未达标扣 0.5 分		
	试件焊前清理及组对装配	坡口内及正反两侧 20 mm 范围内无油污、锈水等污物，打磨至露出金属光泽	1	未达标扣 1 分		
		试件组对装配（装配间隙、钝边、定位焊长度）、焊接参数调整	1	未达标扣 1 分		
		试件反变形预处理	1	未做反变形预处理扣 1 分		
安全文明生产		执行焊接安全技术操作规程	6	未达标扣 6 分		
		按企业有关文明生产规定，工作场地整洁，工具摆放整齐	4	一项未达标扣 2 分		

表 5–9　“项目 5 学习成果检测”焊缝外观评分标准

项目：板对接焊（焊条电弧焊）　　δ=10 mm　　　　本项得分：________

检查项目	评判标准及得分	评判等级				测评数据	实得分数	备注
		Ⅰ	Ⅱ	Ⅲ	Ⅳ			
焊缝余高	尺寸标准/mm	0～2	＞2～3	＞3～4	＜0，＞4			
	得分标准	3 分	1.8 分	0.9 分	0 分			
焊缝高度差	尺寸标准/mm	≤1	＞1～2	＞2～3	＞3			
	得分标准	6 分	3 分	1.5 分	0 分			
焊缝宽度	尺寸标准/mm	15～17	≥14，≤16	≥13，≤20	＜13，＞20			
	得分标准	3 分	1.8 分	0.9 分	0 分			
焊缝宽度差	尺寸标准/mm	≤1.5	＞1.5～2	＞2～3	＞3			
	得分标准	6 分	3 分	1.5 分	0 分			
咬边	尺寸标准/mm	无咬边	深度≤0.5		深度＞0.5			
	得分标准	9 分	每 5 mm 扣 1.5 分		0 分			
正面成型	标准	优	良	中	差			
	得分标准	6 分	3 分	1.5 分	0 分			
背面成型	标准	优	良	中	差			
	得分标准	4.5 分	3 分	1.5 分	0 分			
背面凹	尺寸标准/mm	0～0.5	＞0.5～1	＞1～2	长度＞30			
	得分标准	1.5 分	0.6 分	0 分	0 分			
背面凸	尺寸标准/mm	0～2	＞2～3	＞3				
	得分标准	1.5 分	0.6 分	0 分				
角变形	尺寸标准/mm	0～1	＞1～3	＞3～5	＞5			
	得分标准	3 分	1.8 分	0.9 分	0 分			
错边量	尺寸标准/mm	0～0.5	＞0.5～1	＞1				
	得分标准	1.5 分	0.6 分	0 分				

焊缝外观成型评判标准			
优	良	中	差
成型美观，焊缝均匀、细密，高低宽窄一致	成型较好，焊缝均匀、平整	成型尚可，焊缝平直	焊缝弯曲，高低、宽窄明显

注：试件焊接未完成；表面修补及焊缝正反两面有裂纹、夹渣、气孔、未熔合缺陷；该件作 0 分处理。试板两端 20 mm 的缺陷不计。

表 5–10　“项目 5 学习成果检测”试件 X 射线检测评分标准

实操项目：板对接焊（焊条电弧焊）　　δ=10 mm　　　　本项得分：________

项目	拍片数量	评定范围	得分	配分说明
板对接	1	焊缝两端各去除 20 mm		1. Ⅰ级片无缺陷得 30 分； 2. Ⅰ级片有缺陷得 27 分； 3. Ⅱ级片得 18 分； 4. Ⅲ、Ⅳ、Ⅴ级片得 0 分； 5. 同一试件有多张底片的，但必须每张底片都是Ⅰ级片或是Ⅱ级片，则每张底片均可以单独进行评分，最后得分为所有分值之和除以该试件的底片数； 6. 同一试件有多张底片时，但有一张底片出现Ⅲ、Ⅳ或Ⅴ级片时，则以最低的这张底片计算评分，即该试件得 0 分。
管对接	根据管径确定	焊缝全长		

注：一般试件的 X 射线检测按 GB/T 3323.1—2019 标准评定。

创新之窗

专利案例：一种焊接飞溅物的收集装置

本专利案例展示了一种焊接飞溅物的收集装置。所述的焊接飞溅物收集装置，是由防火布和固定在防火布周边的金属定型软管（鹅颈管）组成的，可以随心所欲地变化成各种需要的形状。所述的焊接飞溅物收集装置，可以单独铺设或连接组合成帐篷状，遮挡并收集焊接飞溅物，如图 5–44 所示。本专利案例实现了焊接飞溅物的收集，避免了焊接飞溅物对周边材质的损伤，简单实用，可反复利用，不受环境、空间限制。

一种焊接飞溅物的收集装置

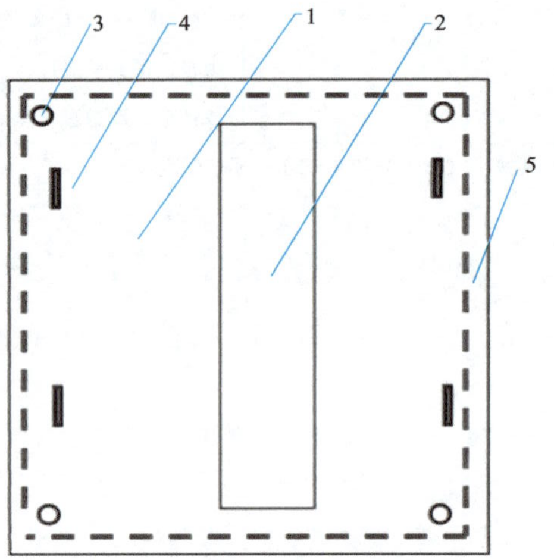

1—防火布；2—开口；3—金属环；4—磁石片；5—金属定型软管

图 5–44 一种焊接飞溅物的收集装置

创新之门

专利名称：

结合焊接生产实际，请你设计出一款新型的防飞溅装置，具体要求如下：

（1）画出所设计装置简图；

（2）写出该装置的优点。

案例视野拓展——焊接变形的原因及其控制措施

案例 5–1　单层焊和双层焊对接接头塑性变形的影响

一般情况下，压缩塑性变形量与热输入成正比。对于同样截面的焊缝，可以一次焊成，也可以采用多层焊。多层焊每层所用的热输入比单层焊时小得多，因此，多层焊时每层焊缝所产生的压缩塑性变形区的面积比单层焊时小。但多层焊所引起的总变形量并不等于各层焊缝之和，因为各层焊缝所产生的塑性变形区的面积是相互重叠的。图 5–45 所示为单层焊和双层焊对接接头塑性变形区示意图。单层焊时，塑性变形区的面积为 $ABCD$；双层焊时，第一层焊道产生的塑性变形区为 $A_1B_1C_1D_1$，第二层的塑性变形区为 $A_2B_2C_2D_2$。由此可以得出以下结论：对截面相同的焊缝，采用多层焊引起的纵向收缩量比单层焊小，分的层数越多，每层的热输入越小，纵向收缩量就越小。

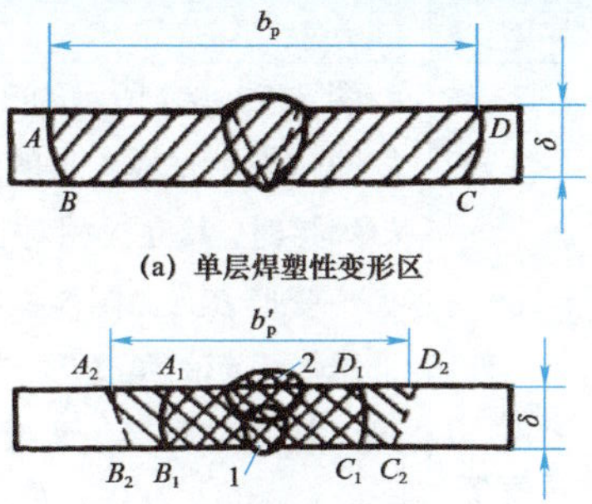

（a）单层焊塑性变形区

（b）双层焊塑性变形区

1—打底层；2—盖面层

图 5–45　单层焊和双层焊对接接头塑性变形区示意图

案例 5–2　控制焊接顺序改变对接接头角变形量

图 5–46（a）所示为 X 形坡口对接接头，先焊完一面后翻转再焊另一面，焊第二面时所产生的角变形不能完全抵消第一面产生的角变形，这是因为焊第二面时第一面已经冷却，增加了接头的刚性，使第二面的角变形小于第一面，最终产生一定的残余角变形。如果采用正反面各层对称交替焊，如图 5–46（b）所示，则正、反面的变形可相互抵消。但采用这种方法时焊件翻转次数比较多，不利于提高生产率。比较好的办法是在一面先少焊几层，然后翻转过来焊满另一面，使其产生的角变形稍大于先焊的一面，最后再翻转过来焊满第一面，如图 5–46（c）所示，这样就能以最少的翻转次数来获得最小的角变形。非对称坡口的非对称焊接如图 5–46（d）所示，应先焊焊接量少的一面，后焊焊接量多的一面，并且要注意每一层的焊接方向应相反。

知识视野拓展——焊接变形的原因及其控制措施

知识点 5–33　收缩变形的原因

说明	图 5–70 所示为对接焊缝和角焊缝焊后纵向收缩变形（用 Δx 表示）和横向收缩变形（用 Δy 表示）。在五种基本的焊接变形中，最基本的是收缩变形，收缩变形再加上不同的影响因素，就构成了其他四种基本变形形式。
横向收缩变形的原因	由于焊缝及其附近区域在焊接高温的作用下产生纵向的压缩塑性变形，焊件冷却后这个区域要收缩，于是引起纵向收缩变形。
纵向收缩变形的原因	构件在焊接时，不仅产生纵向收缩变形，也产生横向收缩变形。沿垂直于焊缝轴线方向尺寸的缩短即为横向收缩变形。产生横向收缩变形的过程比较复杂，影响因素很多，如热输入、接头形式、装配间隙、板厚、焊接方法及焊件的刚性等，其中以热输入、装配间隙、接头形式等的影响最为明显。

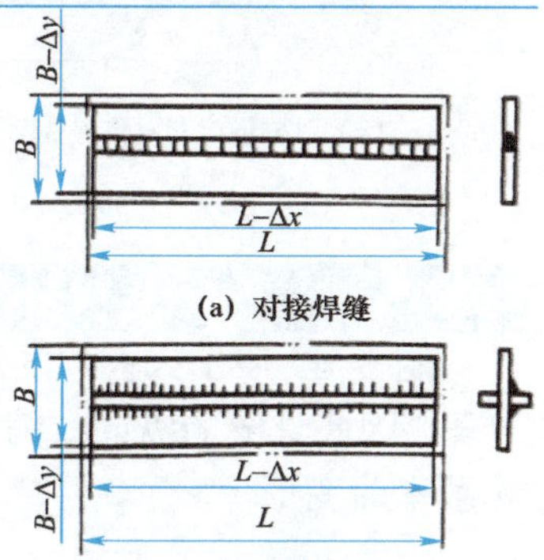

（a）对接焊缝

（b）角焊缝

图 5–70　纵向和横向收缩变形

知识点 5–34　角变形的原因

说明	焊接接头形式不同，其角变形的特点也不同。
平板堆焊的角变形原因	如图 5–71 所示，平板堆焊时，在钢板厚度方向上的温度分布是不均匀的。温度高的一面受热膨胀较大，另一面膨胀小甚至不膨胀。由于焊接面膨胀受阻，因此出现了较大的压缩塑性变形，这样，冷却时在钢板厚度方向上就会产生收缩不均匀的现象，从而产生角变形。
对接接头的角变形原因	对接接头的角变形如图 5–72 所示，主要与坡口形式、坡口角度、接焊接顺序等有关。坡口截面不对称的焊缝，其角变形大，因而用 X 形坡口代替 V 形坡口，有利于减小角变形；坡口角度越大，焊缝横向收缩沿板厚分布越不均匀，角变形越大。同样的板厚和坡口形式下，

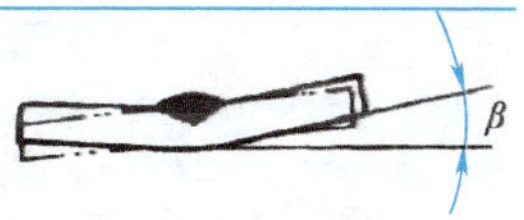

图 5–71　平板堆焊的角变形

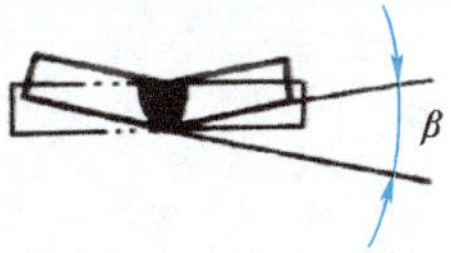

图 5–72　对接接头的角变形

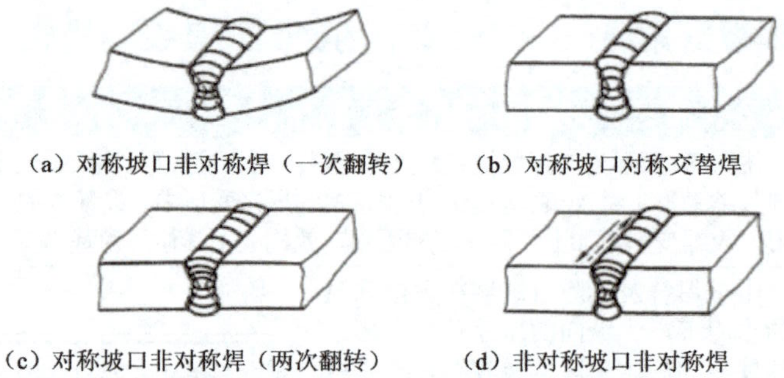

图 5–46　角变形与焊接顺序的关系

案例 5–3　纵向收缩引起的弯曲变形

图 5–47 所示为板边的堆焊，由于焊缝的中心线在结构截面中性轴的一侧，因此焊缝的纵向收缩沿宽度方向呈现出不均匀分布的状态，从而引起了弯曲变形。

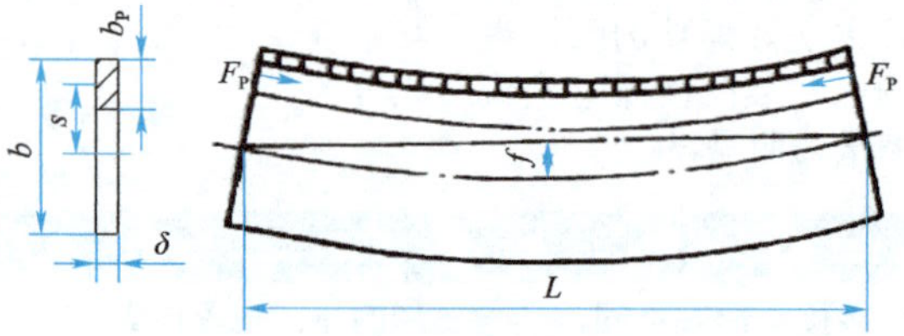

图 5–47　焊缝的纵向收缩引起的弯曲变形

案例 5–4　横向收缩引起的弯曲变形

如图 5–48 所示，工字梁上布置若干短肋板，由于肋板与腹板及肋板与上翼板的角焊缝均分布于结构中性轴的上部，它们的横向收缩沿梁高度方向的分布不对称，因而引起了工字梁的下挠变形。

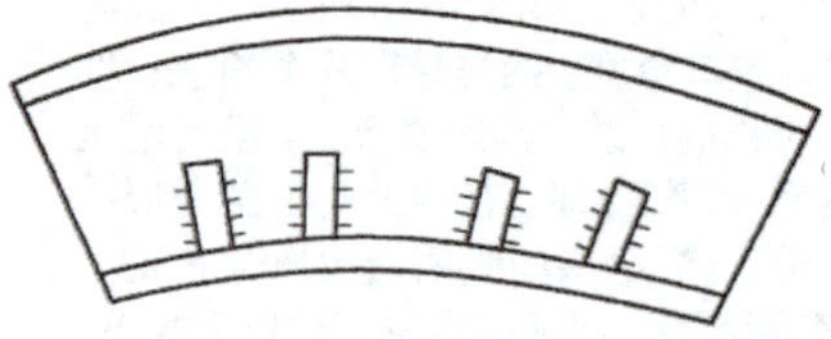

图 5–48　焊缝的横向收缩引起的弯曲变形

续表

对接接头的角变形原因	多层焊比单层焊的角变形大，多层多道焊比多层焊的角变形大。另外坡口截面对称，采用不同的焊接顺序，产生的角变形大小也不相同。
T 型接头的角变形原因	图 5–73（a）所示的 T 型接头角变形可以看成是由立板相对于水平板的回转与水平板本身的角变形两部分共同作用形成的。T 型接头不开坡口焊接时，其立板相对于水平板的回转相当于坡口角度为 90°的对接接头角变形 β'，如图 5–73（b）所示；水平板本身的角变形相当于水平板上堆焊引起的角变形 β''，如图 5–73（c）所示。这两种角变形综合的结果，是使 T 型接头两板间的角度发生如图 5–73（d）所示的变化。 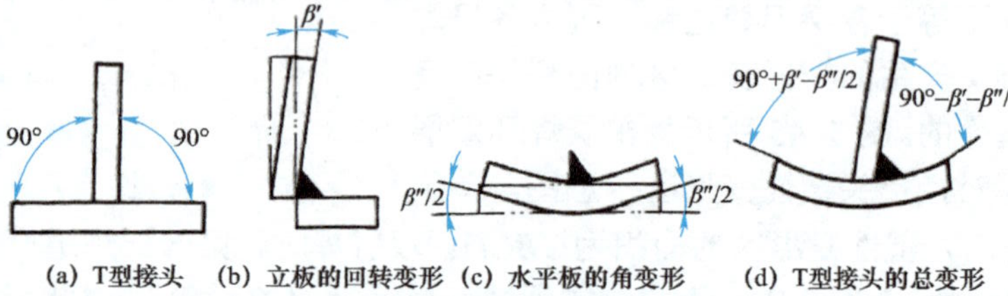 图 5–73　T 型接头的角变形

知识点 5–35　弯曲变形的原因

说明	弯曲变形常见于焊接梁、柱、管道等焊件，对这类焊接结构的生产危害较大。
变形原因	是由于焊缝的中心线与结构截面的中性轴不重合或不对称，焊缝的收缩沿构件宽度方向分布不均匀而引起的。弯曲变形的程度以挠度 f 的数值来度量，f 是焊后焊件的中心轴偏离原焊件中心轴的最大距离，如图 5–74 所示。挠度越大，即弯曲变形越大。 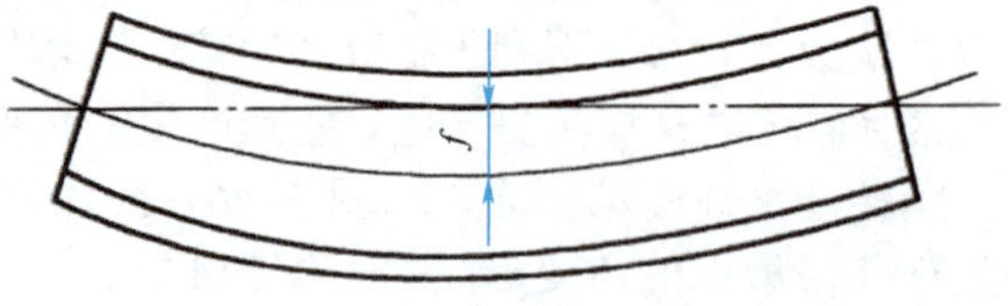 图 5–74　弯曲变形的量度

案例 5–5　船体结构焊接变形

大面积的平板拼接，如船体甲板、大型油罐底板等，极易产生波浪变形。图 5–49 所示为船体结构的焊接变形，其中图（a）为船底分段产生的纵、横向缩短和弯曲变形，图（b）为船壁分段产生的波浪变形。

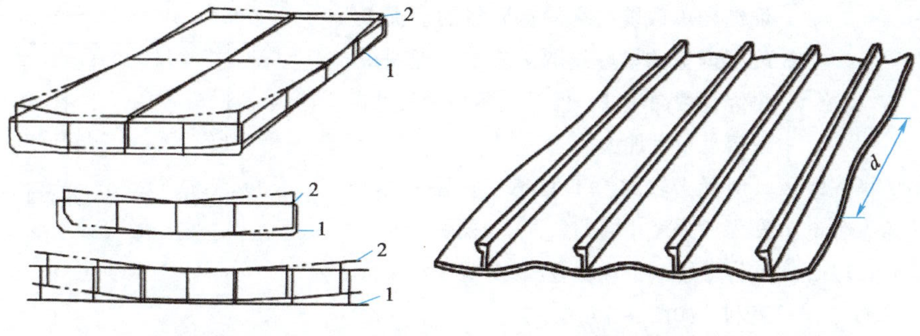

（a）船底分段的变形　（b）船壁分段的变形

1—变形前；2—变形后

图 5–49　船体结构焊接变形

案例 5–6　焊接角变形引起波浪变形

焊接角变形也可能产生波浪变形。如图 5–50 所示，采用焊接大量肋板的结构时，每块肋板的角焊缝引起的角变形连贯起来就造成了波浪变形。这种波浪变形与失稳的波浪变形有本质的区别，只是在外观上产生了类似的波浪变形，应采用不同的办法控制或预防。

图 5–50　焊接角变形引起的波浪变形

知识点 5–36　波浪变形的原因

说明	又称为失稳变形，常在板厚小于 6 mm 的薄板焊接结构中产生。
变形原因	由于薄板结构焊接时，纵向和横向的压应力使薄板失去稳定而造成波浪形的变形，如图 5–75 所示。防止波浪变形可从两方面着手：一是尽量减少产生波浪变形的外部因素，即降低焊接残余压应力，如采用减小塑性变形区的焊接方法，选用较小的焊接热输入等；二是通过增加焊件刚度和拘束度来提高焊件的失稳临界应力，如给焊件增加肋板，适当增加焊件的厚度等。 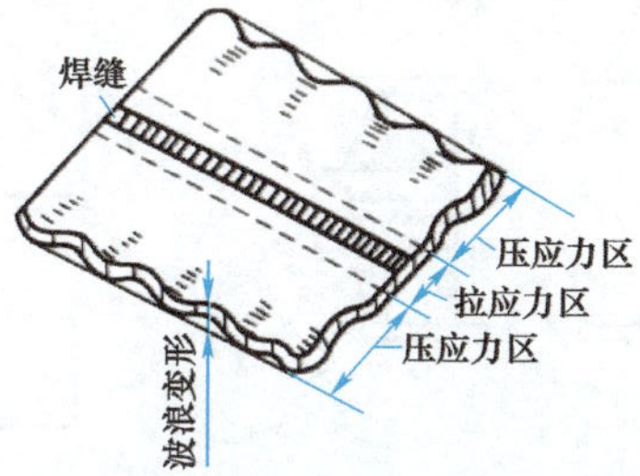 图 5–75　薄板焊接的波浪变形

知识点 5–37　扭曲变形的原因

说明	在一些框架、杆件或梁柱等刚性较大的焊接构件上，往往会发生扭曲变形。
变形原因	它的产生原因较复杂：装配质量不好，即在装配之后、焊接之前的焊件位置尺不符合图样的要求；构件的零部件形状不正确，而强行装配；焊件在焊接时位置不当；焊接顺序及方向不当等。总体来看主要是因为焊缝的角变形沿焊缝长度方向分布不均匀。 如图 5–76 所示，工字梁上有四条纵向焊缝，如果按图中 1～4 的顺序和方向焊接，因为角焊缝引起的角变形在焊缝长度方向上逐渐增大，所以会产生扭曲变形。若两条角焊缝同时同向焊接，或在夹具中进行焊接，则可以减小或防止扭曲变形。 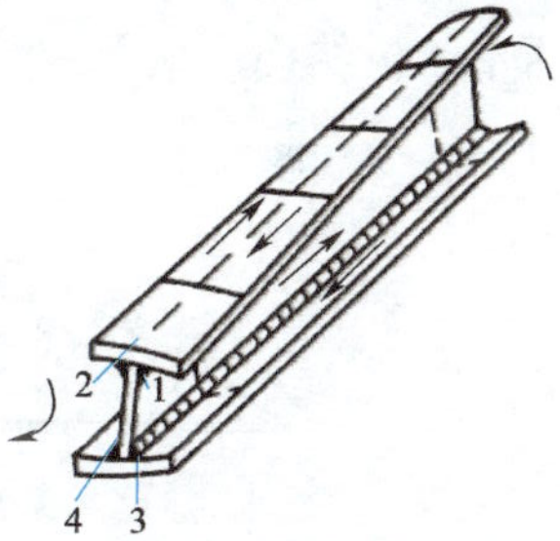 图 5–76　薄板焊接的波浪变形

案例 5–7　轴承的加固

只要条件允许尽可能地减少焊缝的数量，多采用型材、冲压件；在焊缝多且密集处，采用铸焊联合结构，就可以减少焊缝数量。此外，适当增加壁板厚度，以减少肋板数量，或者采用压形结构代替肋板结构，都对防止薄板结构变形有利。合理地选择筋板的形状，适当地安排筋板的位置，也可以减少焊缝，提高筋板加固的效果，如图 5–51（b）采用槽钢加固轴承比图 5–51（a）的辐射形筋板具有更好的效果，同时需要的焊缝也比后者少。

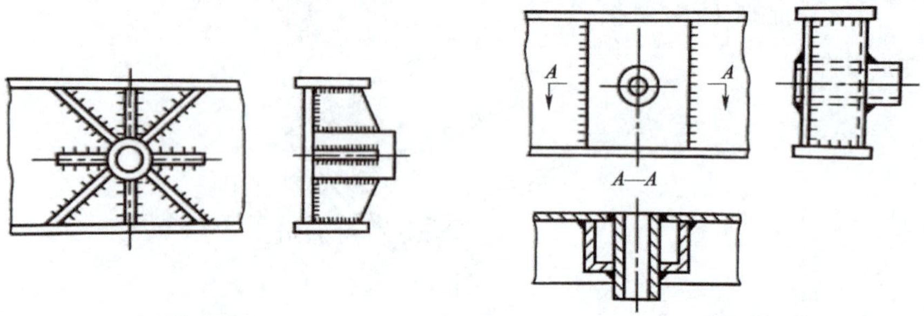

(a) 辐射形筋板　　(b) 槽钢加固轴承

图 5–51　轴承的加固方式

案例 5–8　采用接触点焊减少焊接变形

在薄板结构中，采用接触点焊可以减少焊接变形，如图 5–52 所示的两个薄板结构，采用接触点焊代替熔化焊可以省去焊后矫正变形的工序。

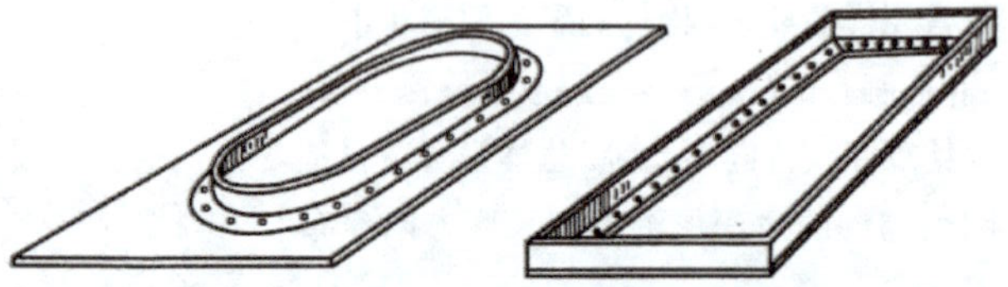

图 5–52　采用接触点焊的薄板结构

案例 5–9　工字梁的焊缝布置

图 5–53（a）中工字梁的肋板设计使焊缝多数集中在截面的中性轴上方，肋板焊缝的横向收缩将引起上挠的弯曲变形，如果改成图 5–53（b）的设计，就能减小和防止这种变形。

知识点 5–38　控制焊接变形的设计措施

说明	从焊接结构的设计开始，就应考虑控制变形可能采取的措施。
选择合理的焊缝尺寸和坡口形式	1. 选择合理的焊缝尺寸 焊接变形与焊缝金属的量有很大关系，因此对结构焊缝进行设计时，在保证结构承载能力和焊接质量的前提下应根据板的厚度选取工艺上合理的最小焊缝截面尺寸。尤其是角焊缝尺寸，最容易盲目加大。 对受力较大的 T 型或十字型接头，在保证强度相同的条件下，采用开坡口的焊缝可减少焊缝金属，对减小角变形有利，如图 5–77 所示。 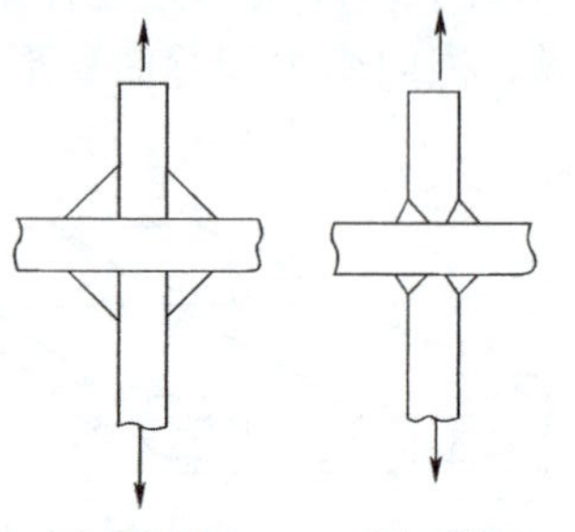 (a) 不开坡口　(b) 开坡口 图 5–77　相同承载能力的十字接头 2. 选择合理的坡口形式 对于对接焊缝，选用对称的坡口形式比非对称的形式更容易控制角变形。因此，具有翻转条件的结构，宜选用双 V 形等对称的坡口形式。T 型接头立板端开 J 形坡口比开单边 V 形坡口产生的角变形小，如图 5–78 所示。 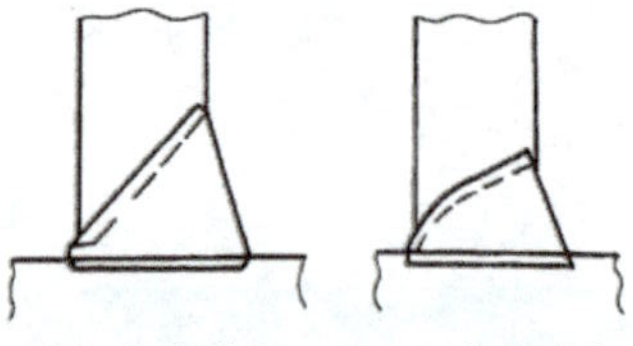 （a）角变形大　（b）角变形小 图 5–78　T 型接头的坡口
选择合理的焊缝长度和数量	由于焊缝长度对焊接变形有影响，所以在满足强度要求和密封要求前提下，可以用断续焊缝代替连续焊缝，以减小焊接变形。另外，在设计过程中还要尽可能地减少焊缝数量。如在薄壳结构中，适当增加壁板的厚度可以减少肋板的数量，从而减轻焊接变形的矫正工作量。如采用图5–79所示的压制型材代替焊接肋板对于防止焊接变形是非常有效的。 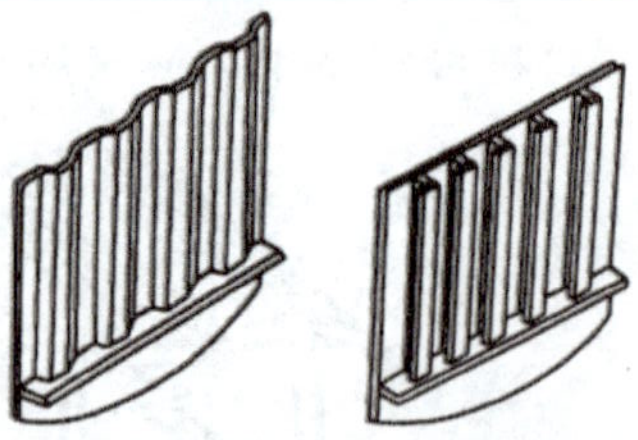 （a）压制型材　（b）焊接肋板 图 5–79　采用压制型材代替焊接肋板减少焊缝数量和焊接变形

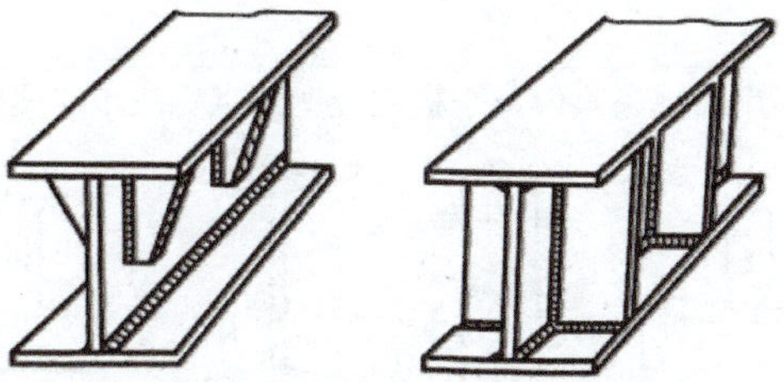

（a）不合理　（b）合理

图 5–53　工字梁的焊缝布置

案例 5–10　肋板焊缝的合理安排

图 5–54（a）所示的肋板设计，焊缝集中在截面的中性轴下方，而肋板焊缝的横向收缩集中在中性轴下方将引起上拱的弯曲变形。改成图 5–54（b）所示的设计形式后，即可以减小和防止这种变形。

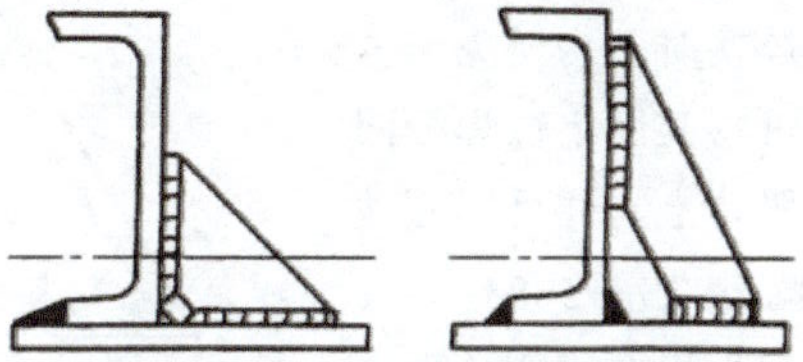

（a）不合理　（b）合理

图 5–54　肋板焊缝的合理安排

案例 5–11　各种对称截面和对称焊缝位置

图 5–55 所示为常见焊接结构件的截面形状和焊缝位置。

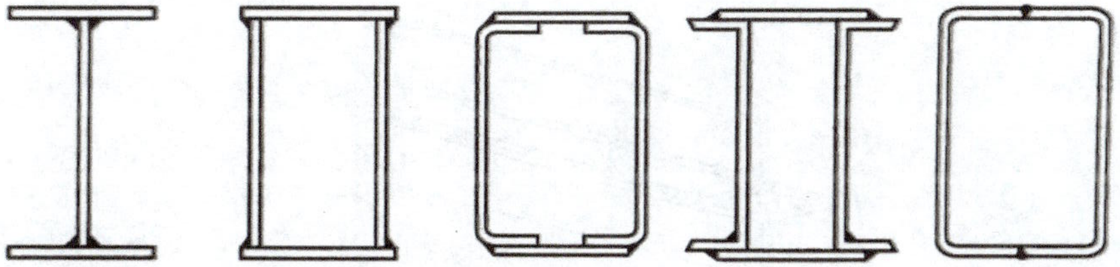

（a）单梁起重机主梁（b）桥式起重机主梁（c）汽车起重机臂杆　（d）列车中梁　（e）矿坑支柱

图 5–55　各种对称截面和对称焊缝位置

续表

合理安排焊缝位置	结构设计过程中，应尽量使焊缝中心线与结构截面的中性轴重合或靠近中性轴，力求使中性轴两侧的变形量大小相等且方向相反，以起到相互抵消的作用。图 5–80 所示为箱形结构，图（a）中的焊缝集中于中性轴一侧，弯曲变形大，图（b）和图（c）中的焊缝安排得较合理。 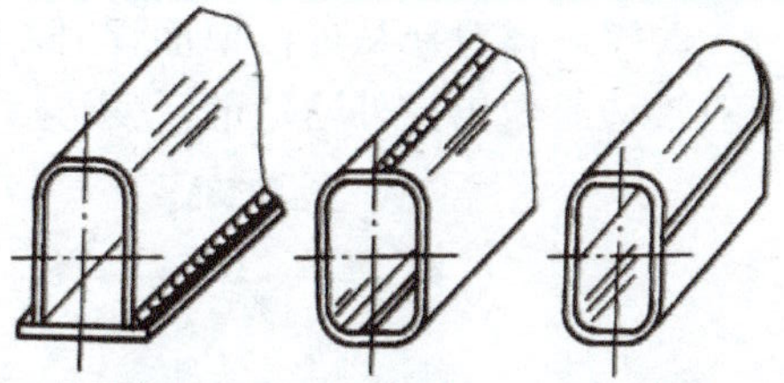 （a）不合理　（b）合理　（c）合理 图 5–80　箱形结构的焊缝安排

知识点 5–39　控制焊接变形的工艺措施

说明	进入生产阶段，可采用焊前预防变形措施，以及在焊接过程中采取适当的工艺措施。
留余量法	在下料时，将零件的长度或宽度尺寸相对设计尺寸适当加大，以补偿焊件的收缩。余量可以根据经验公式进行计算。留余量法主要用于防止焊件的收缩变形。
反变形法	主要用于控制焊件的角变形和弯曲变形。根据焊件的变形规律，焊前预先向与焊接变形的相反方向进行人为的变形（反变形量与焊接变形量相等），使之达到抵消焊接变形的目的。此方法很有效，但必须准确地估计焊后变形可能产生的变形方向和大小，并根据焊件的结构特点和生产条件灵活地运用。平板对接产生角变形时，可按图 5–81 所示的方法设置反向变形。 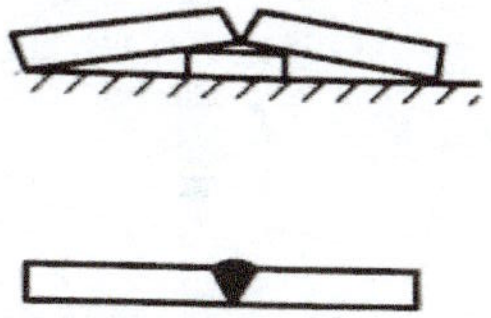 图 5–81　平板对接反变形方法 T 型接头焊后平板产生角变形，可以预先使平板反向的变形，见图 5–82（a）；在批量较大时可以用轮压法来预弯，见图 5–82（b）；然后进行焊接，见图 5–82（c）。 利用焊接胎具或夹具使焊件处在反向变形的条件下施焊，焊后松开胎夹具，焊件回弹后其形状和尺寸恰好达到技术要求。图 5–82（d）所

案例 5–12　薄壳结构支撑座焊接的反变形

薄壁筒体对接从外侧单面焊时，将产生接头向内凹的变形，可以预先在对接边缘做出向外弯边的反变形后再进行焊接，如图 5–56 所示。

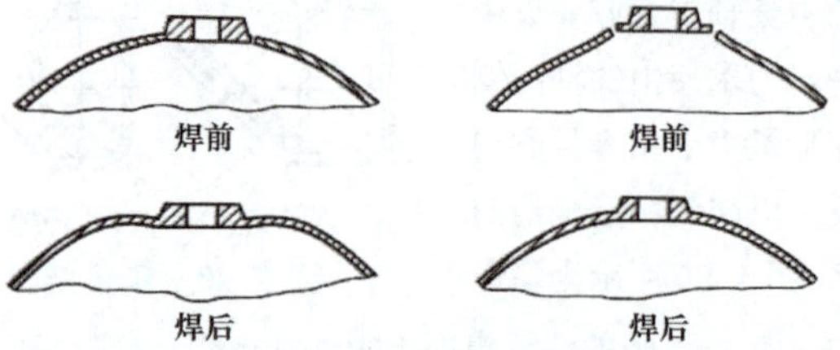

图 5–56　薄壳结构支撑座焊接的反变形

案例 5–13　锅炉锅筒的反变形焊接

焊接锅炉锅筒上的管接头时，由于接管都集中在锅筒的一侧，焊完后会发生弯曲变形，如图 5–57（a）所示。如果在焊前按图 5–57（b）所示的方式将两个锅筒同时装卡在焊接转胎上，使其在外力作用下产生图示的反变形，然后再焊接，焊后由于接管焊缝的收缩使锅筒产生的弯曲变形与预制反变形相互抵消，使锅筒保持平直。

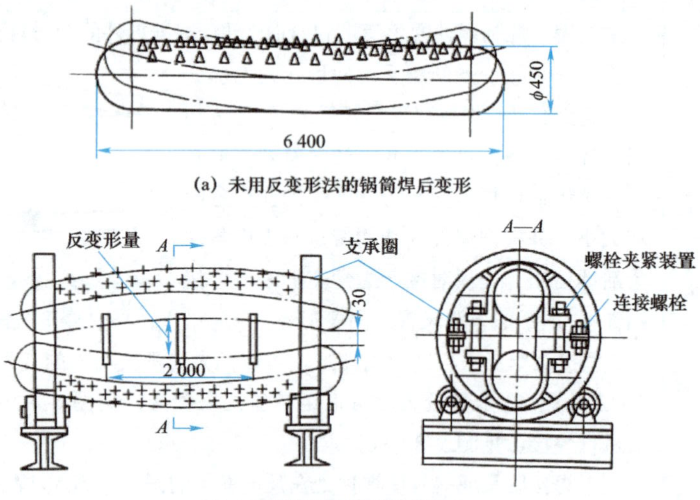

(a) 未用反变形法的锅筒焊后变形

(b) 用焊接转胎预制锅炉反变形

图 5–57　锅炉锅筒的反变形焊接

续表

反变形法	示为利用简单夹具做出平板的反变形以克服工字梁焊接引起的角变形。 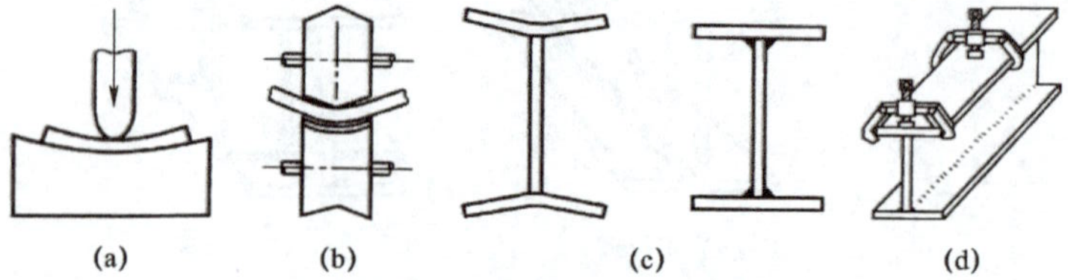 图 5–82　T 型接头反变形措施
刚性固定法	将焊件固定在具有足够刚性的胎架机具上或者临时装焊支承，来增加焊件的刚度或拘束度，以达到减小焊接变形的目的，这就是刚性固定法。但是刚性固定法只适用于塑性好的焊件★。常用的刚性固定法有以下几种。 （1）将焊件固定在刚性平台上。薄板焊接时，为避免产生波浪变形可将其用定位焊缝固定在刚性平台上，并且用压铁压住焊缝附近，如图 5–83 所示。 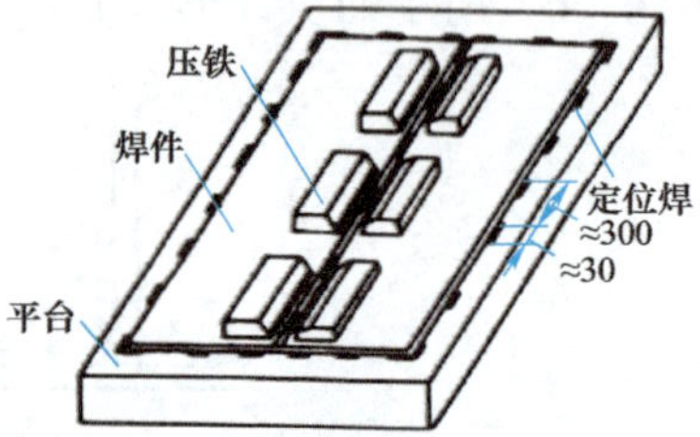 图 5–83　薄板焊接时的刚性固定 （2）将焊件组合成刚性更大或对称的结构。T 型梁焊接时容易产生角变形和弯曲变形，如图 5–84 所示，将两根 T 型梁组合在一起，使焊缝对称于结构截面的中性轴，同时增加了结构的刚性，并配合反变形法（采用垫铁），采用合理的焊接顺序，对防止弯曲变形和角变形有利。 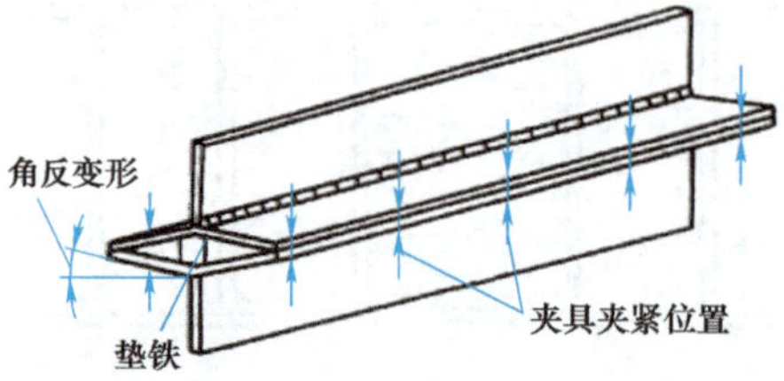 图 5–84　T 型梁在刚性夹紧下进行焊接 学会释放压力

★课程思政：学会释放压力

材料的强度太大，不容易产生塑性变形，当超出其极限时就会直接发生破坏。同学们在生活中往往会遇到各种各样的困难，内心也会不断地积累压力，这时我们不要自己去扛着，可以找朋友和老师去分享，如果长时间不宣泄，心里会产生扭曲，最终走向“破坏”。

案例 5-14　刚性固定法防止法兰焊接变形

如图 5–58 所示，在焊接法兰盘时，利用 G 形夹钳夹紧法兰盘，可以有效地减少法兰盘的角变形，使法兰盘面保持平直。

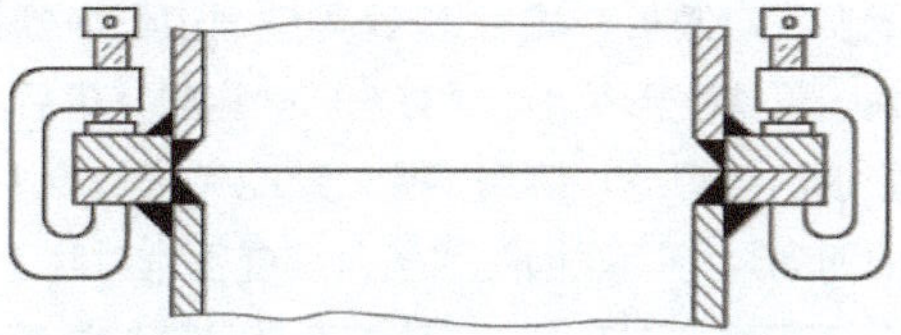

图 5–58　刚性固定法防止法兰边形

案例 5–15　拼板焊接顺序

图 5–59 所示为薄板拼接时的焊接顺序，原则上应当先焊横向焊缝，后焊纵向焊缝，这样，横向焊缝因横向收缩而产生的单值应力可在纵向焊缝纵向收缩的影响下而减弱，从而降低波浪变形的可能性。纵焊缝焊接时应对称交替焊接（按焊接接头 7、6、8 顺序进行）。

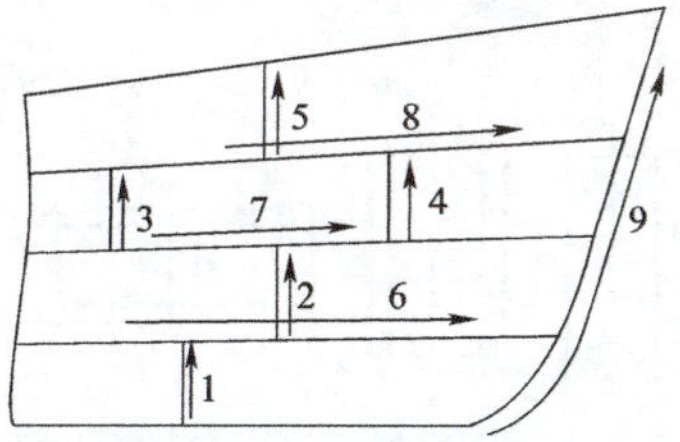

图 5–59　拼板焊接次序

案例 5–16　带盖板的双槽钢焊接梁焊接顺序

如图 5–60 所示的焊接梁，由两根槽钢、若干隔板和盖板组成。槽钢与盖板间用角焊缝 1 来焊接，隔板与盖板即槽钢间用角焊缝 2 和 3 来焊接。这个构件可用三种不同的装配焊接顺序进行生产。

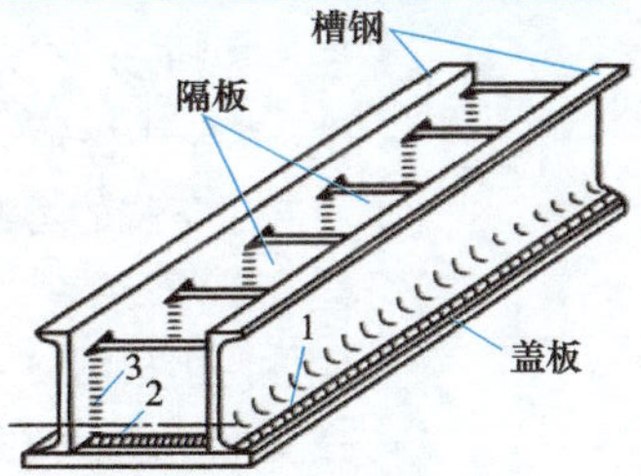

图 5–60　带盖板的双槽钢焊接梁实例

方案 Ⅰ：先焊 3，由于焊缝 3 大部分在槽钢中性轴以下，焊缝横向收缩产生上挠度 f_3，再装焊盖板焊接 1，由于焊接接头 1 位

续表

<table>
<tr>
<td>刚性
固定法</td>
<td>（3）利用焊接夹具增加结构的刚性和拘束。如图 5–85 所示，利用夹紧器将构件固定，增加构件的拘束，就可以有效地防止构件产生角变形和弯曲变形。
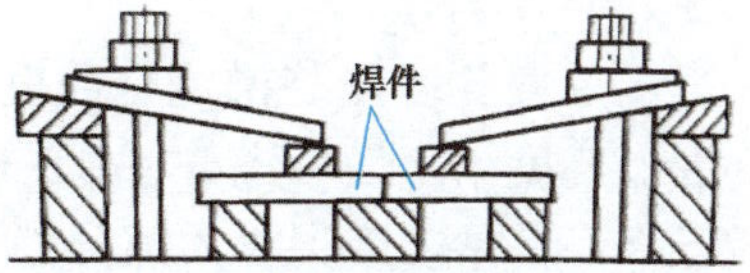

图 5–85　利用夹紧器将构件固定
（4）利用临时支承增加结构的拘束。单件生产中采用专用夹具，在经济上不合理。因此，可在容易发生变形的部位焊上一些临时支承或拉杆，增加局部的刚度，能有效地减小焊接变形。图 5–86 所示为防护罩用临时支承来增加拘束的应用实例。
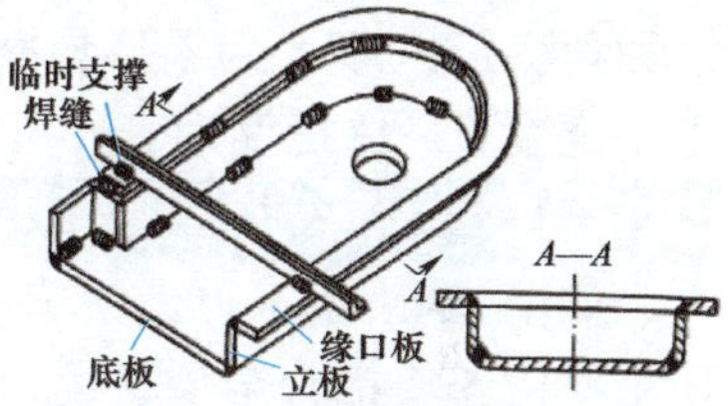

图 5–86　防护罩焊接时的临时支撑</td>
</tr>
<tr>
<td>选择合理的装配焊接顺序</td>
<td>由于装配焊接顺序对焊接结构变形的影响很大，因此，在无法使用胎夹具的情况下施焊，采用合理的装配和焊接顺序，也可使焊接变形减至最小。为了控制和减小焊接变形，装配焊接顺序应按以下原则进行。
（1）正在施焊的焊缝应尽量靠近结构截面的中性轴。桥式起重机的主梁结构由上下翼板、左右腹板及中间的若干肋板组成，如图 5–87 所示。梁的大部分焊缝处于结构中性轴的上方，其横向收缩引起梁下挠的弯曲变形，而在梁的制造技术中却要求该箱形主梁具有一定的上拱度，为了解决这一矛盾，除了在左、右腹板下料时预制上拱度外，还应选择最佳的装配焊接顺序，使下挠的弯曲变形最小。
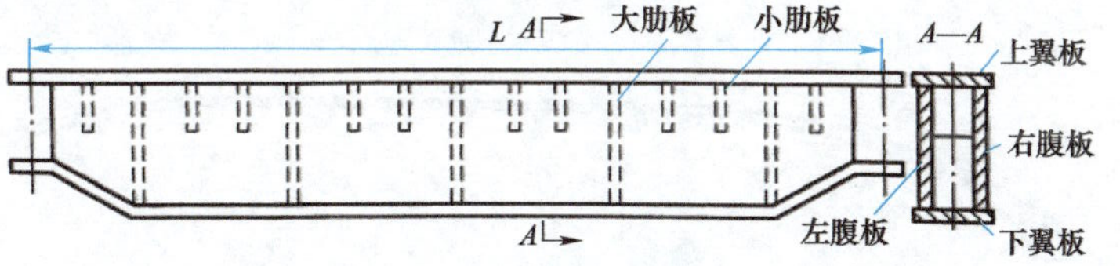

图 5–87　箱形梁结构
根据箱形梁的结构特点，一般先将上翼板与两腹板装成“Π”形梁，如图 5–88 所示，最后装下翼板，组成封闭的箱形梁。“Π”形梁的装</td>
</tr>
</table>

于截面中性轴以下，产生上挠度 f_1。最后焊 2，同样产生上挠度 f_2。总挠度为 $f=f_1+f_2+f_3$。

方案Ⅱ：先装槽钢与盖板并焊 1，产生上挠度 f_1。再装隔板焊 2，产生上挠度 f_2，最后焊 3，由于槽钢与盖板已形成整体，中性轴从槽钢中心下降，使焊接接头 3 大部分处于中性轴以上，产生下挠度 f_3，总挠度 $f=f_1+f_2-f_3$。

方案Ⅲ：先装隔板与盖板，焊 2，盖板处于自由状态，只产生横向收缩和角变形，即 f_2 为零。装槽钢焊 1，产生上挠度 f_1，再装隔板焊 3，产生下挠度 f_3，总挠度为 $f=f_1-f_3$。

案例 5–17　车体顶板焊接变形的控制

如图 5–61 所示，地铁车顶总长为 21 848 mm，宽度为 2 448 mm，车顶主要由 5 块铝合金型材板和 2 根边梁组成，装配焊接后形成 6 条长纵向焊缝。车顶总体属于长而薄的板型结构，结构的变形将影响与侧墙、端墙的整体装配，变形严重时会影响车体内部装饰件的安装等。结合焊接变形控制的相关知识，制定合理的焊接变形控制措施。

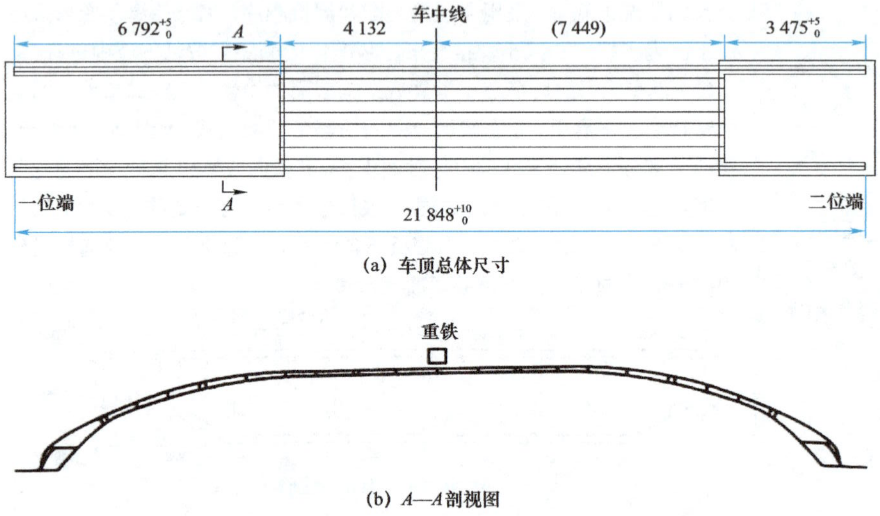

图 5–61　地铁车体顶板示意图

续表

选择合理的装配焊接顺序	配焊接顺序是影响主梁上拱度的关键，应先装配大、小肋板与上翼板，焊 A 焊缝，此时 A 焊缝基本接近结构截面的中性轴，变形最小；然后同时装配左、右腹板，焊 C 和 B 焊缝，由于焊缝基本对称于结构截面的中性轴，下挠变形很小。“Π”形梁装配完毕后，先不焊接上翼板与左、右腹板的角焊缝，等到下翼板装配完毕后再焊接左、右腹板与上、下翼板的四条焊缝，原因是四条角焊缝基本对称于结构截面的中性轴，可以使焊接变形控制在最小。该方案是最佳的装配焊接顺序，也是目前类似结构在实际生产中广泛采用的一种方案。 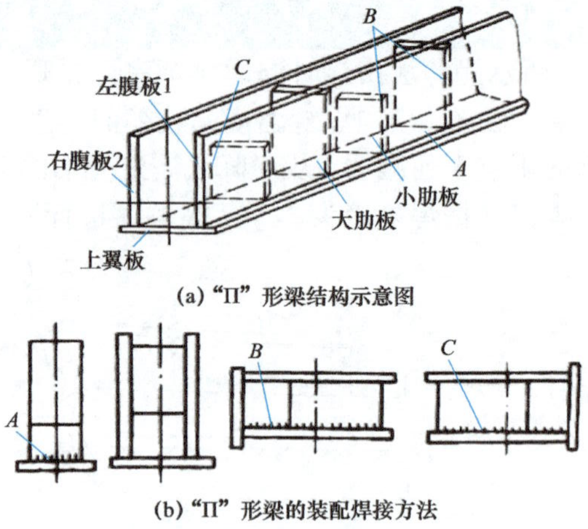 图 5–88　箱形梁装配焊接 （2）对于焊缝非对称布置的结构，装配焊接时应先焊焊缝少的一侧。图 5–89（a）所示为压力机的压型上模，截面中性轴 x–x 以上有四条焊缝，多于中性轴 x–x 以下的两条焊缝，如果装配焊接顺序不合理，最终将产生下挠的弯曲变形。解决的办法是先由两人对称地焊接 1 和 1′ 焊缝，见图 5–89（b），此时将产生较大的上拱弯曲变形并增加了结构的刚性，再按图 5–89（c）的位置焊接 2 和 2′ 焊缝，此时将产生下挠弯曲变形，最后按图 5–89（d）的位置焊接 3 和 3′ 焊缝，此时将产生下挠弯曲变形，这样，上拱弯曲变形近似等于两次下挠弯曲变形的和，并且方向相反，弯曲变形基本相互抵消。

1. 焊接方法及工艺的确定

（1）确定焊接方法

本任务采用 MIG 焊进行焊接。MIG 焊电弧热量集中，热影响区小，因此变形可以得到一定的控制。

（2）确定焊接参数

根据结构具体情况，采用直流反极性进行焊接。焊接材料选择 ER5356，保护气体为 70%He+30%Ar（体积分数），焊接电流 I=178 A，电弧电压 U=23 V，焊接速度 v=12.5 mm/s，气体流量为 20～25 L/min。

2. 刚性固定防止变形

（1）外加负载刚性固定

如图 5–62 所示，在车顶的中间板上加负载，即在车顶中间压上一块重铁，以控制总体变形，方便后续焊缝得以顺利完成。

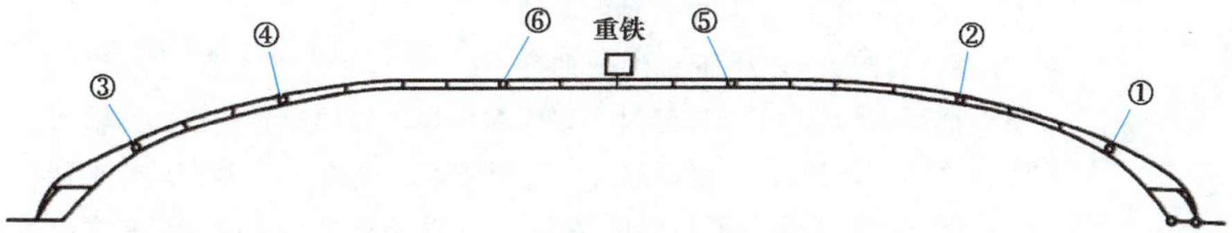

图 5–62　焊接顺序及重铁放置位置示意图

（2）工装刚性固定

利用焊接胎夹具，包括横梁、横梁支承和 F 钳，在车顶组装焊接过程中，通过焊接胎夹具将其固定，增加结构整体刚度，很好地控制焊接变形。

3. 正确的焊接顺序

（1）采用对称自动焊接

如图 5–62 所示，先焊①③两条焊缝，再焊②④两条焊缝，最后焊接⑤⑥两条焊缝，能有效地控制焊接变形。

续表

选择合理的装配焊接顺序	（3）对于焊缝对称布置的结构，应由偶数焊工对称地施焊。如图 5–90 所示的圆筒体对接焊缝，应由两名焊工对称地施焊。 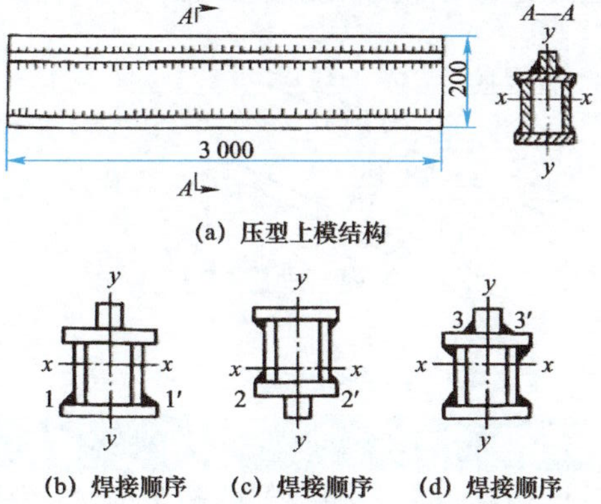 图 5–89　压力机压型上模的焊接顺序 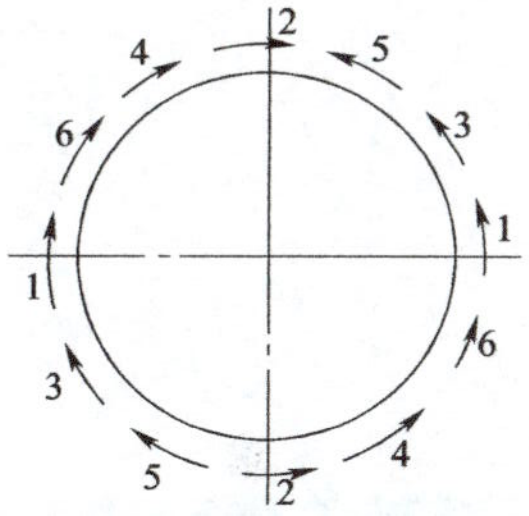 图 5–90　圆筒体对接的焊接顺序 （4）长焊缝（1 m 以上）焊接时，可采用图 5–91 所示的方向和顺序进行焊接，以减小其焊后的收缩变形。 （5）对于相邻两条焊缝，为了防止产生扭曲变形，应按图 5–92 所示正确的方向和顺序焊接。 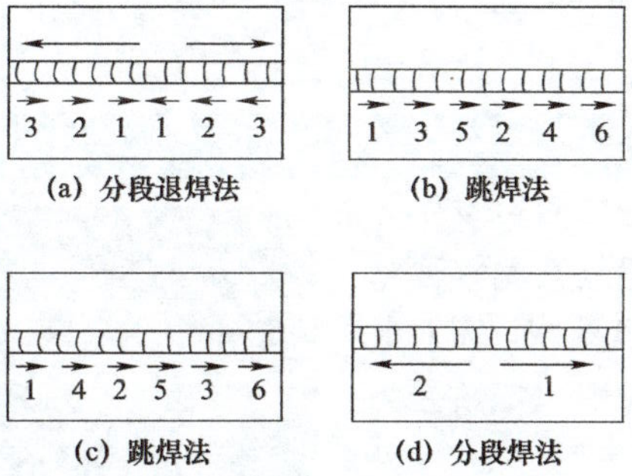 图 5–91　长焊缝的几种焊接顺序 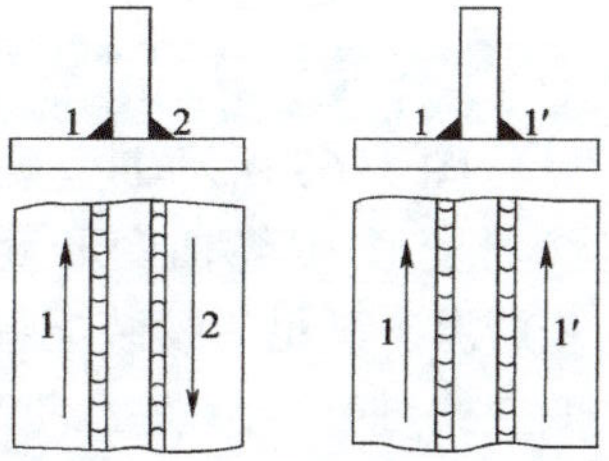 图 5–92　圆筒体对接焊缝的焊接顺序

（2）分段焊接

沿着焊缝长度方向，每 300 mm 焊接 100 mm 的焊道，如图 5–63 所示。通过分段焊接，能有效地减小收缩变形的叠加，从而控制总体的焊接收缩变形。

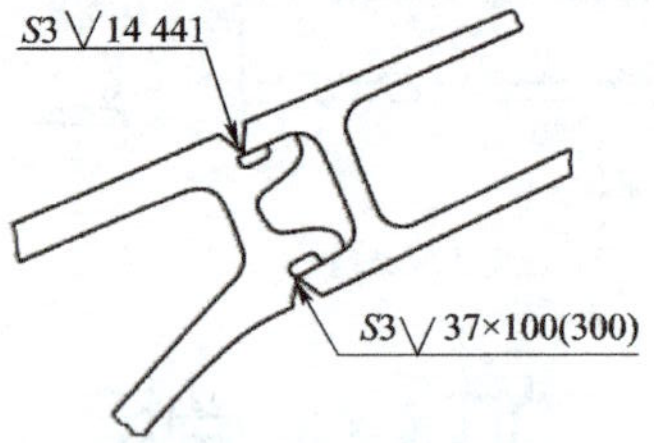

图 5–63　接头焊缝符号

案例 5–18　电子束焊接齿轮

图 5–64 为焊接前经过切削、淬火和磨削的两个齿轮，用电子束焊焊成一体的实例。

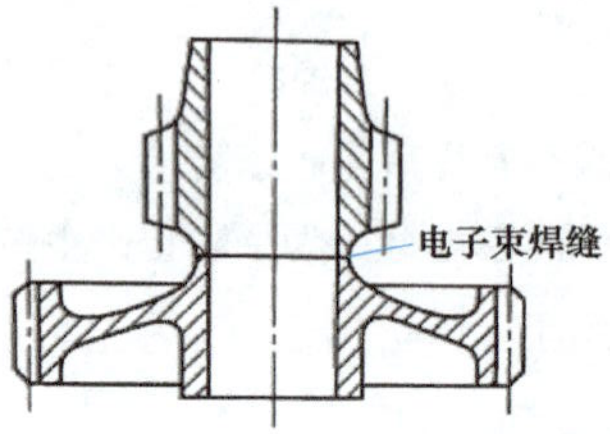

图 5–64　电子束焊接齿轮

案例 5–19　T 型构件焊接残余变形的消除

图 5–65 所示 T 型梁在焊接后发生了旁弯变形，其弯曲变形量超过其允许变形量，为了满足后续装配精度要求，需对此 T 型梁进行变形矫正，请采用火焰矫正方法对其进行矫正。

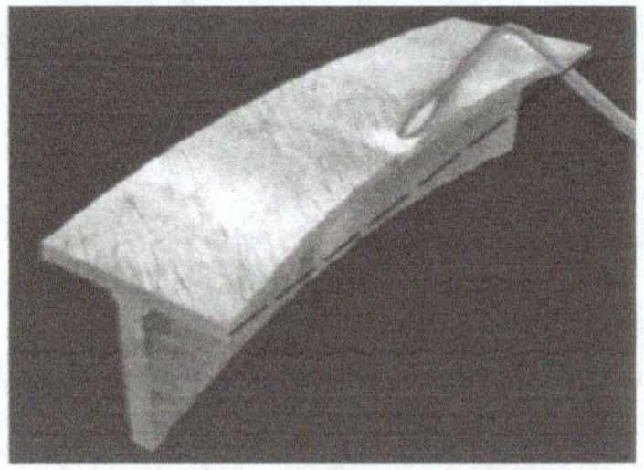

图 5–65　发生旁弯变形的 T 型梁

1. 准备工作

（1）工件准备

发生旁弯变形的 T 型梁。

续表

	由于各种焊接方法的热输入不同，因而产生的焊接变形也不一样。能量集中和热输入较低的焊接方法，可有效地降低焊接变形。用 CO_2 气体保护焊焊接中厚钢板所产生的变形比用气焊和焊条电弧焊小得多，更薄的板可以采用脉冲钨极氩弧焊、激光焊等方法焊接。电子束焊的焊缝很窄，变形极小，一般经精加工的工件，焊后仍具有较高的精度。
选择合理的焊接方法和焊接参数	焊接热输入是影响变形量的关键因素，当焊接方法确定后，可通过调节焊接参数来控制热输入。在保证熔透和焊缝无缺陷的前提下，应尽量采用小的焊接热输入。根据焊件结构特点，可以灵活地运用热输入对变形影响的规律来控制焊接变形。如图 5–93 所示的不对称截面梁，因焊缝 1、2 离结构截面中性轴的距离 s 大于焊缝 3、4 到中性轴的距离 s'，所以焊后会产生下挠的弯曲变形。如果在焊接 1、2 焊缝时，采用多层焊，每层选择较小的热输入，焊接 3、4 焊缝时，采用单层焊，选择较大的热输入，这样焊接接头 1、2 时所产生的下挠变形与焊接接头 3、4 时所产生的上拱变形基本可以相互抵消，焊后基本平直。 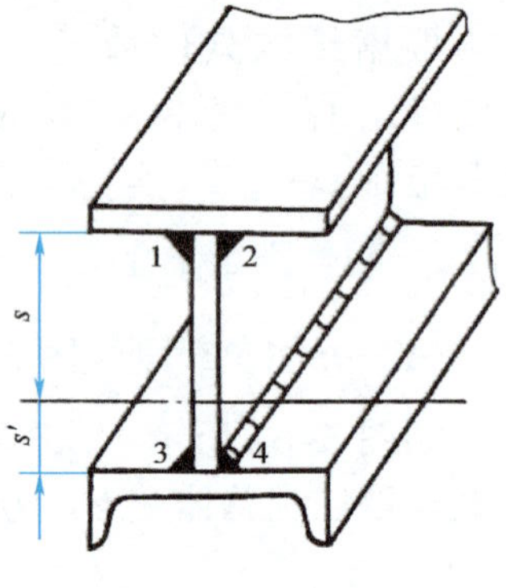 图 5–93　非对称截面结构的焊接
热平衡法	对于某些焊缝不对称布置的结构，焊后往往会产生弯曲变形。如果在与焊缝对称的位置上采用气体火焰与焊接同步加热，只要加热的工艺参数选择适当，就可以减小或防止构件的弯曲变形。图 5–94 所示为采用热平衡法对边梁箱形结构的焊接变形进行控制。 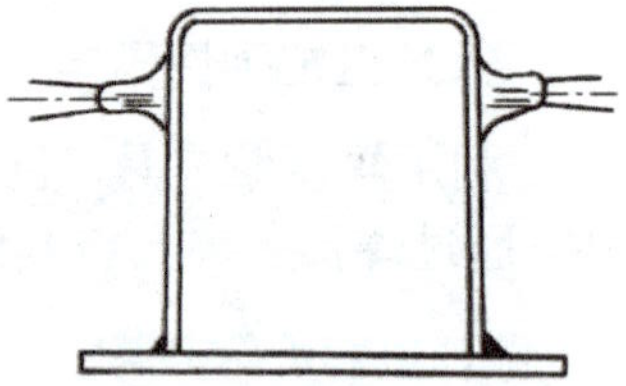 图 5–94　采用热平衡法防止焊接变形
散热法	通过各种方式将焊缝及其附近处的热量迅速带走，减小焊缝及其附近的受热区，以达到减小焊接变形的目的。图 5–95（a）所示为水浸法散

（2）设备准备

火焰加热矫正所需设备有：氧气瓶、乙炔瓶、减压器及焊矩等。

（3）防护用品准备

护目镜、口罩、手套、焊工鞋。

2. 实施

① 点燃焊炬，调整加热火焰为中性火焰。

② 根据火焰加热矫正的加热方式，选择三角形加热法对 T 型梁进行旁弯的矫正。

③ 在 T 型梁的水平盖板背面，用三角形加热方式加热，加热位置分布在 T 型梁外凸的一侧，如图 5–66 所示。

④ 进行旁弯矫正后的 T 型梁会产生上拱的弯曲变形，因此再次矫正上拱弯曲变形。

⑤ 矫正上拱弯曲变形的方法如同矫正旁弯，用焊矩在图 5–67 所示的位置按照三角形的形状进行加热，加热方向由里向外指向被矫正立板的边缘。

⑥ 随着加热的进行，T 型梁逐渐恢复平直的状态。

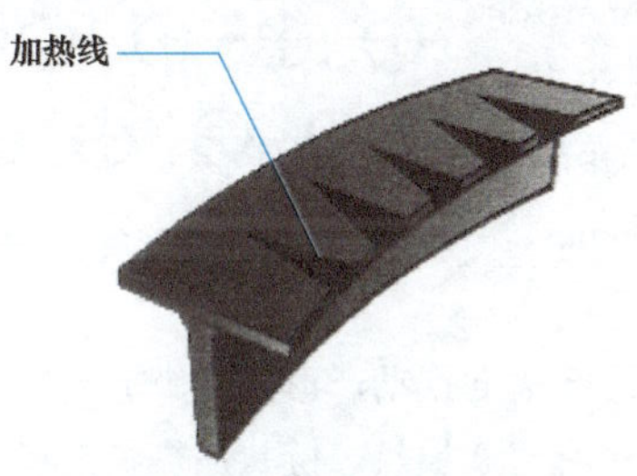

图 5–66　旁弯变形矫正位置

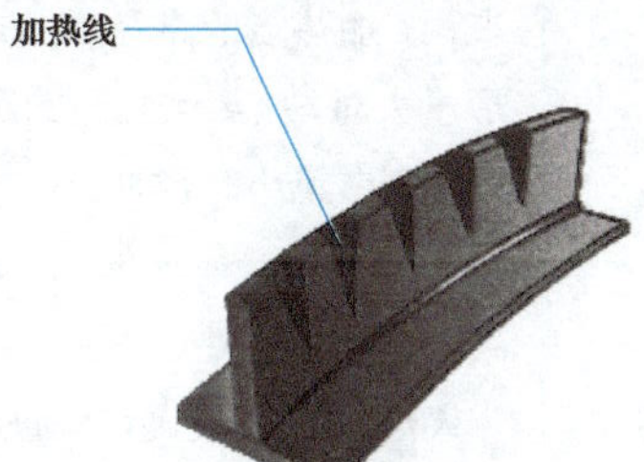

图 5–67　上供变形矫正位置

3. 火焰矫正注意事项

① 应尽量避免在构件危险截面弯矩最大区进行火焰加热矫正。

② 尽量避免同一焊道多次加热，以一次加热为宜，最多不得超过三次。

③ 加热部位尽量选择焊接部位，这样可使焊接应力减小。

续表

散热法	热示意图，图 5–95（b）所示为喷水法散热，图 5–95（c）所示为采用在纯铜板上钻孔通水的散热垫法散热。 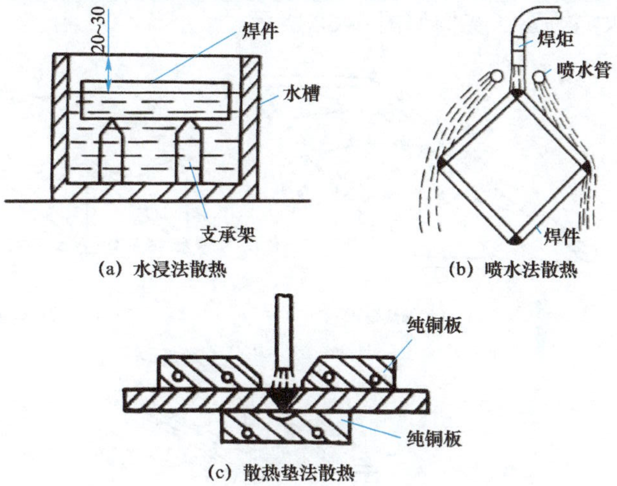 图 5–95　散热法示意图
注	以上所述为控制焊接变形的常用方法。在焊接结构的实际生产过程中，应充分估计各种变形，分析各种变形的变形规律，根据现场条件选用一种或几种方法，有效地控制焊接变形。
知识点 5–40　矫正焊接变形的方法	
说明	虽然在结构设计和生产工艺方面已经采取了各种控制和减小焊接变形的措施，但是构件焊接后还是难以避免存在焊接变形。当焊接结构中的残余变形超出技术要求的变形范围时，就必须对焊件的变形进行矫正。
手工矫正法	利用锤子、大锤等工具锤击焊件的变形处，使材料延伸以补偿焊接收缩。这种方法主要用于一些小型简单焊件的弯曲变形和薄板的波浪变形的矫正。
机械矫正法	在机械力的作用下使部分金属得到延伸，产生拉伸塑性变形，使变形的构件恢复到所要求的形状。具体地说，就是用千斤顶、拉紧器、压力机等将焊件顶直或压平。机械矫正法一般适用于塑性比较好的材料及形

④ 控制加热温度，最好不要超过 700 ℃。

⑤ 清楚被矫正构件的材质，控制冷却速度。

案例 5–20　火焰矫正法

火焰矫正法实例如图 5–68 所示。

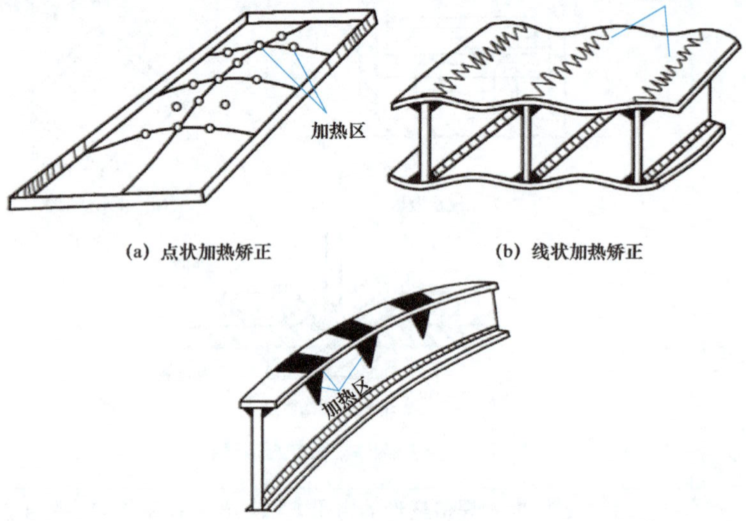

图 5–68　火焰矫正法实例

案例 5–21　转炉风管焊接变形的矫正

8 t 转炉风管由于焊缝都集中在主管的一侧，所以焊后主管发生了弯曲变形，挠度达 80 mm，如图 5–69 所示。

采用火焰矫正法对弯曲变形进行矫正，火焰加热位置选在支管的对面，即主管的下部。加热范围为主管下半部 120° 角所对应的弧长，采用三角形加热方式，三角形底边宽度为 80 mm；

加热采用 H05–12 型焊矩，2 号焊嘴，并采用中性焰，加热温度为 800℃左右（呈樱红色）；

经过两次矫正后即可矫直。

续表

机械矫正法	状简单的焊件，如图 5–96 所示。 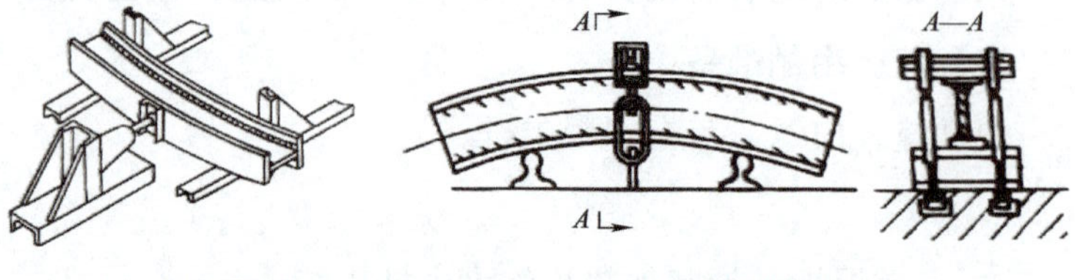 图 5–96　机械矫正法矫正梁的弯曲变形
火焰加热矫正法	利用火焰对焊件进行局部加热，使焊件产生新的变形以抵消焊接变形。由于其设备简单、操作方便。加热火焰一般采用氧乙炔中性火焰，火焰加热的方式有点状加热、线状加热和三角形加热三种。 （1）点状加热 如图 5–97 所示，加热点的数目应根据焊件的结构形状和变形情况而定。对于厚板，加热点的直径 d 应大些；对于薄板，加热点的直径则应小一些。一般来说，加热点的直径不超过 15 mm，变形量大时，加热点之间的距离 a 应小一些；变形量小时，加热点之间的距离则应大一些。一般 a 值取 50～100 mm。 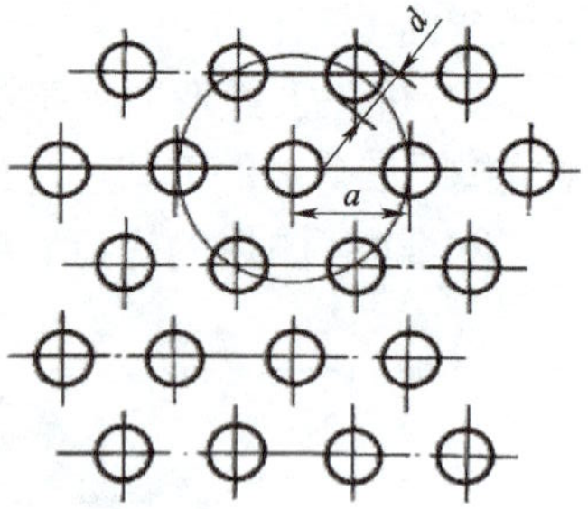 图 5–97　点状加热 （2）线状加热 火焰沿直线缓慢移动或同时进行横向摆动，形成一个加热带的加热方式，称为线状加热。线状加热有直通加热、链状加热和带状加热三种形式，如图 5–98 所示。线状加热可用于矫正波浪变形、角变形和弯曲变形等。  图 5–98　线状加热

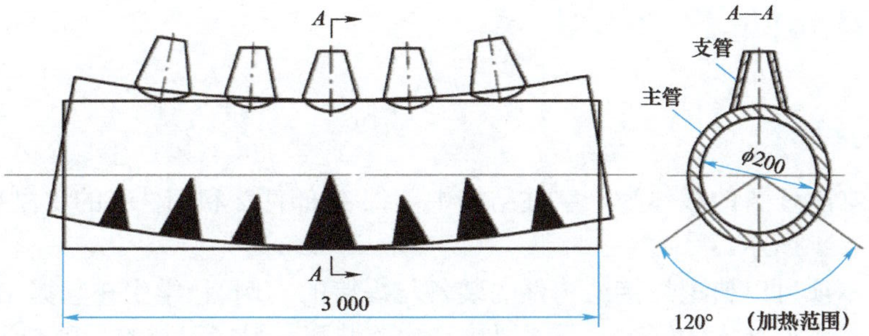

图 5–69　转炉风管焊接变形的矫正

续表

火焰加热矫正法	（3）三角形加热 加热区域呈三角形，一般用于矫正刚度大、厚度较大结构的弯曲变形。加热时，三角形的底边应在被矫正结构的边上，顶端朝向焊件的弯曲方向，如图 5–99 所示。三角形加热与线状加热联合使用，对矫正大而厚的焊件变形效果更佳。 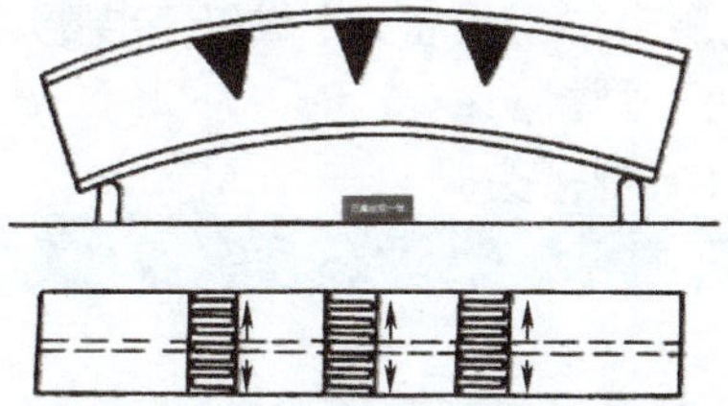 图 5–99　工字梁弯曲变形的火焰矫正 火焰加热矫正变形 火焰加热矫正焊接变形的效果取决于下列三个因素。 ① 加热方式。加热方式的确定取决于焊件的结构形状和焊接变形形式，一般薄板的波浪变形应采用点状加热；焊件的角变形可采用线状加热；弯曲变形则多采用三角形加热。 ② 加热位置。加热位置的选择应根据焊接变形的形式和变形方向而定。 ③ 加热温度和加热区的面积。应根据焊件的变形量及焊件材质确定，当焊件变形量较大时，加热温度应高一些，加热区的面积应大一些。

项目 6　制作十字柱结构部件 T 型接头

一、项目描述

对十字柱结构中部件 1、部件 2 和部件 3 的 T 型接头进行装配和焊接。

二、项目要求

依据“1+X 特殊焊接技术职业技能中级证书”考核标准，正确使用焊接生产工具、焊条电弧焊电源等加工设备，完成以下装配、焊接加工作业：

（1）装配十字柱结构的 T 型接头；

（2）焊接十字柱结构的 T 型接头。

三、学习目标

1. 职业知识目标

（1）能够说出 T 型接头焊前清理质量要求；

（2）能够解释定位基准和测量基准的含义；

（3）能够总结出 T 型接头装焊的基本知识；

（4）能够掌握焊接工装的结构特点和使用方法。

2. 职业技能目标

（1）能够完成 T 型接头焊前清理任务；

（2）能够准确地找到零件的定位基准和测量基准；

（3）能够规范地、熟练地完成 T 型接头立焊的装配任务；

（4）能够规范地、熟练地完成 T 型接头立焊的打底焊和盖面焊任务；

（5）能够规范地、熟练地测量 T 型接头立焊的焊缝外观质量。

3. 职业素养目标

（1）能够养成自觉遵守技术标准和要求规定、规范操作、安全、环保、“5S”作业、团结协作的好习惯。

（2）能够在“精益求精”“做事不要心急”“换个角度思考问题”等方面有更加深刻的理解和认识。

（3）在“用于电焊的敲渣锤”案例启发的基础之上，完成焊接敲渣锤的设计，将所学的专业内容与创新教育结合，发挥专业优势、开拓思维眼界、提升创新能力。

学习载体

本次任务的载体为十字柱结构中部件 1、部件 2 和部件 3 的 T 型接头，如图 6–1 所示。

本项目以典型焊接结构件的装备与焊接的为例，让学生在掌握 T 型接头立焊成型技术的同时，了解焊接结构的装配、焊接工装的基础知识，掌握定位的基本方法、常用焊接工装的结构特点和使用方法，能够对给定的构件选择合理的焊接工装，正确进行装配与焊接操作。

图 6–1　十字柱结构中部件 1、部件 2 和部件 3

任务 6.1　装配十字柱结构部件 T 型接头

职业活动

步骤 1　作业准备

1. 作业场地

选择周围 10 m 范围内没有易燃易爆物品且有消防措施的作业场地。

2. 焊接原材料

部件 1 腹板 1 块，尺寸为 200 mm×180 mm×12 mm；部件 1、部件 2、部件 3 翼板共 4 块，尺寸为 200 mm×60 mm×12 mm；部件 2、部件 3 腹板共 2 块，尺寸为 200 mm×80 mm×12 mm，如图 6–2 所示。

图 6–2　装配十字柱结构部件 T 型接头所需的原材料

3. 焊接材料

选择 E5015 焊条，焊条直径为 3.2 mm 或 4.0 mm。

4. 设备设施

松下 YC–400TX4 焊机。

5. 工量辅具

工量辅具见知识点 6–1。

6. 穿戴防护用品

按照焊接安全规范，检查防护用品并正确穿戴。

职业知识

知识点 6–1　装配 T 型接头所使用的工量辅具

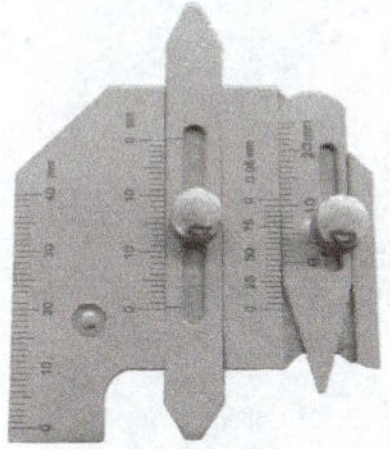	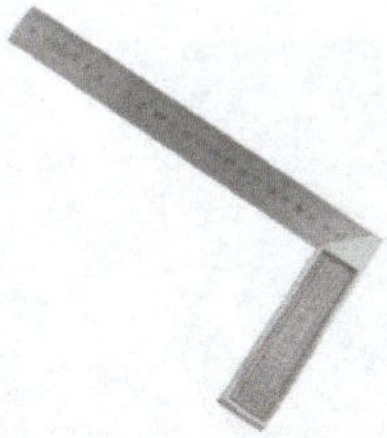		
焊缝检验尺	直角尺	钢直尺	手锤
	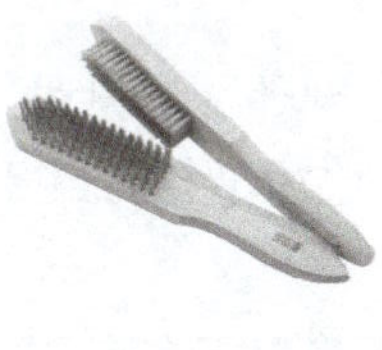		
角向打磨机	钢丝刷	护目镜	石笔
	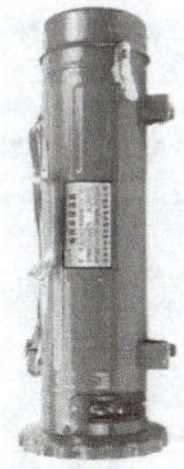		
敲渣锤	焊条保温桶	扁铲	焊接操作台

步骤 2 焊前清理

1. 核对和检查零件库中领取的焊件

（1）利用钢直尺测量部件 1、部件 2 和部件 3 中所有翼板和腹板板材长度、宽度和厚度，如图 6–3 所示。

（2）利用焊缝检验尺测量部件 1、部件 2 和部件 3 所有翼板和腹板板材坡口角度，如图 6–4 所示。

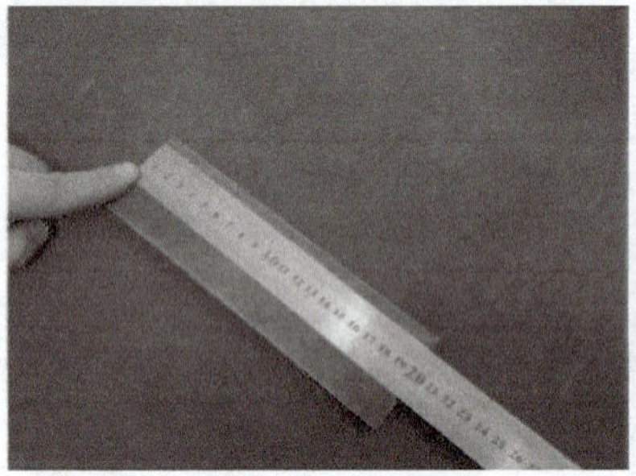
图 6–3 检验长度

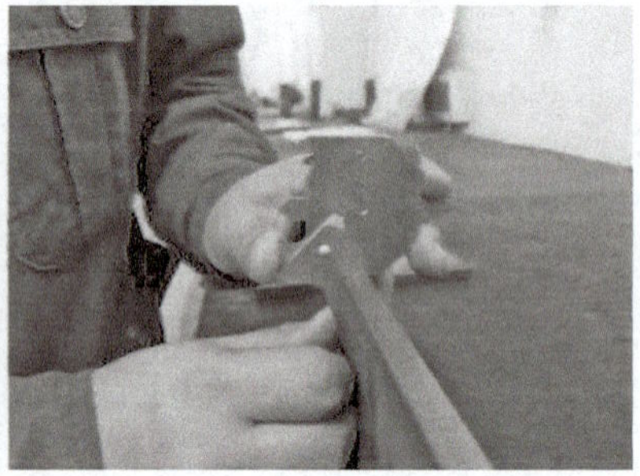
图 6–4 检验坡口角度

2. 表面清理

（1）利用角向打磨机，将部件 1、部件 2 和部件 3 中腹板的坡口及两侧 20 mm 范围内的油、锈、水分及其他污染物打磨干净，并清除毛刺，如图 6–5 所示。

（2）利用角向打磨机，将部件 1、部件 2 和部件 3 中翼板以及部件 1 腹板的中心区域 40 mm 内的油、锈、水分及其他污物打磨干净，直至露出金属光泽为止，如图 6–6 所示。

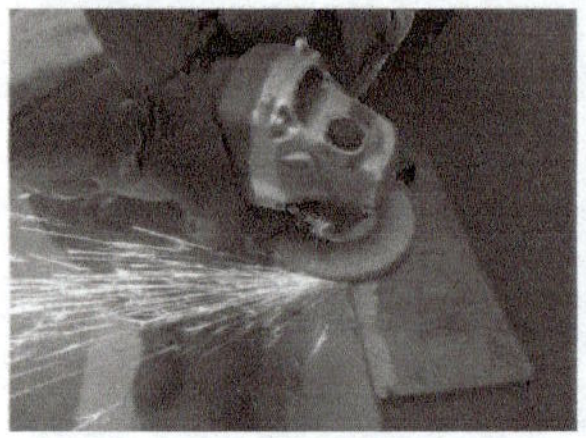
图 6–5 腹板打磨

图 6–6 翼板打磨

腹板和翼板打磨

知识点 6–2 焊前打磨要求

1	打磨范围要求焊缝两侧不小于 20 mm，注意 T 型接头翼板要求打磨中心区域。
2	使用角向打磨机沿着焊缝方向打磨，打磨速度约 12 mm/s。
3	角向打磨机打磨不到的位置采用不锈钢丝刷打磨。
4	对于较大的工件表面，使用不锈钢轮或千叶片焊接表面进行打磨。
5	要打磨出金属光泽。
6	打磨清理后要在 6 h 内完成焊接，如超过 6 h，需要重新清理打磨，对于已组装好的部件，超过 6 h 仍需要打磨，但无需拆开。
7	对于使用清洗剂清洗的焊件，在清洗剂擦拭干净后，待清洗剂挥发干净后，才可以开始焊接。
8	对于使用清洗剂清洗的焊件，焊接要在擦拭后 4 h 内完成，未在 4 h 内完成焊接的需要重新对区域进行擦拭。

知识点 6–3 焊前打磨注意事项

1	打磨深度不能超过 0.2 mm。
2	不能用手接触工件，特别是清理后的焊缝区域。
3	部件吊运后要对吊运部位检查，对污染区域重新进行清理。
4	打磨后的区域若发生污染，需要重新清理。
5	对于使用清洗剂清洗的焊件，打磨区域不能超过清洗剂清洗的区域。

留白促思

步骤 3　装配焊接接头 5

1. 定位

（1）确定翼板位置

将打磨好的翼板放在焊接操作台上。

（2）选择定位基准

利用划线定位法，在翼板上用石笔和钢直尺划出一条纵向直线，如图 6–7 所示，使直线距翼板两个边缘的距离分别为 24 mm 和 36 mm，并将此直线作为定位基准★，如图 6–8 所示。

（3）确定部件 2 腹板位置

将部件 2 腹板一端垂直立于定位基准线上，使腹板至翼板两边缘的距离相等，均为 24 mm，且不留间隙。

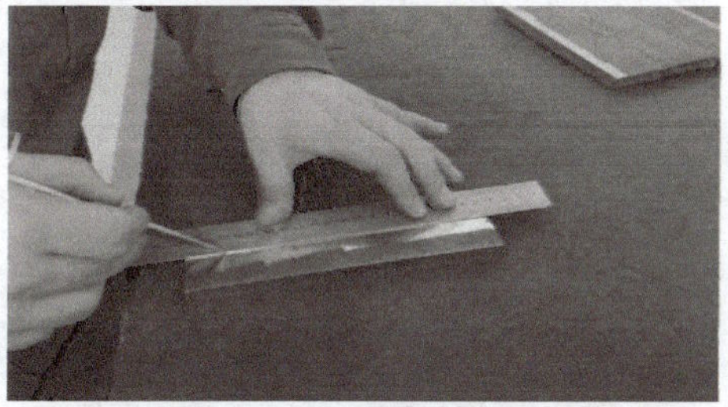

图 6–7　划翼板中心线

划翼板定位基准线

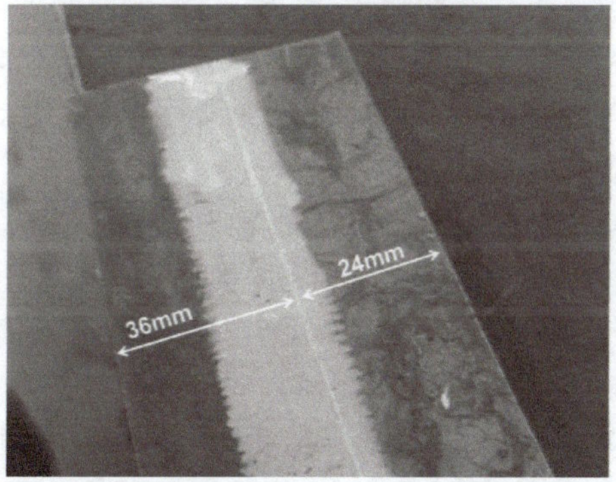

图 6–8　定位基准线距试件两边缘的距离

李万君谈工匠精神

知识点 6–4　定位基准

说明	在结构装配过程中，必须根据一些指定的点、线、面来确定零件或部件在结构中的位置，这些作为依据的点、线、面称为定位基准。
示例	图 6–14 所示容器上各接口间的相对位置，是以轴线和组装面 M 为定位基准确定的。装配接口Ⅰ、Ⅱ、Ⅲ在筒体上的相对高度是以 M 面为定位基准来确定；各接口的横向定位则以筒体轴线为定位基准来确定。

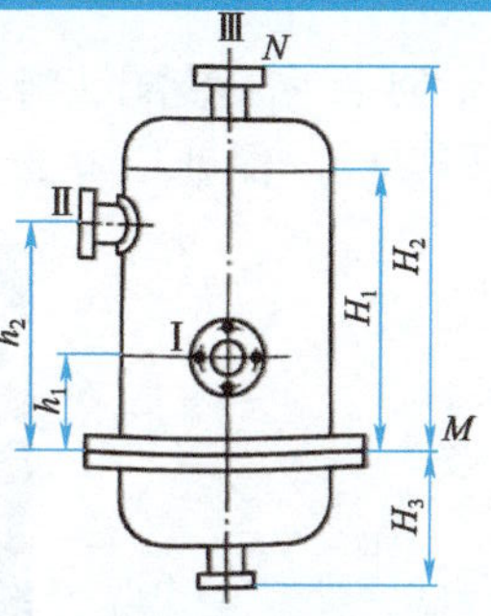

图 6–14　容器上各接口的位置

知识点 6–5　定位基准的选择原则

1	装配定位基准尽量与设计基准重合。
2	同一构件上与其他构件有连接或配合关系的零件应尽量采用同一定位基准。
3	应选择精度较高，又不易变形的零件表面或边棱作定位基准。
4	所选择的定位基准应便于装配中的零件定位与测量。

知识点 6–6　定位的基本方法

划线定位	利用在零件表面或装配台表面划出工件的中心线、接合线、轮廓线等作为定位线，来确定零件间的相互位置，并以定位焊固定。 图 6–15 所示是利用大圆筒盖板上的中心线和小圆筒上的等分线来确定两者的相对位置。
样板定位	利用样板来确定零件的位置、角度等的定位，然后夹紧并经定位焊完成装配。 图 6–16 所示为斜 T 型结构的样板定位装配，根据斜 T 型结构立板的斜度，预先制作样板，装配时，在立板与平板接合线位置确定后，即用样板来确定立板的倾斜度，使其得到准确定位后实施定位焊。

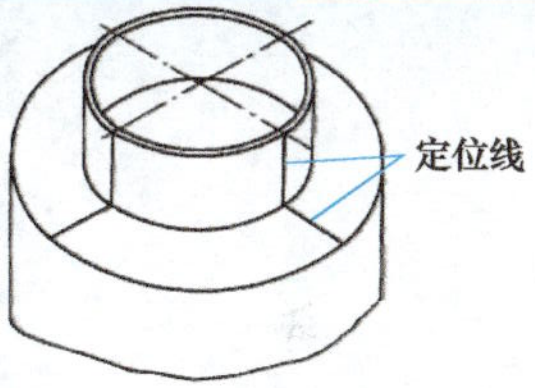

图 6–15　划线定位装配示例

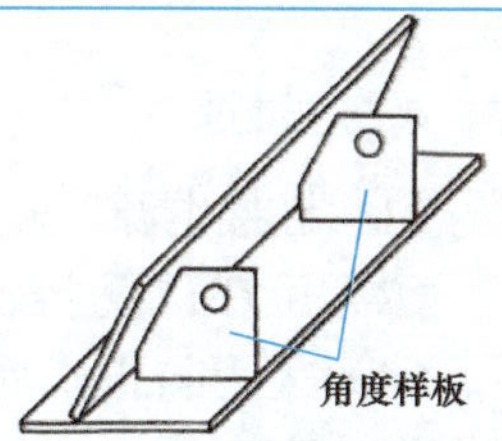

图 6–16　样板定位装配斜 T 型结构

★课程思政：精益求精的工匠精神

在装配过程中，如果划线定位不认真，不仅会导致装配精度差，甚至还会因返工而浪费人力、物力和财力。作为祖国未来的工匠，同学们都要有追求精益求精的工匠精神，努力使自己在工作中做到仔细、认真，只有我们的态度端正，产品质量才会更上一个台阶。

2. 夹紧

利用手工装配法将零件对准和固定，通常使用左手按住 T 型接头的腹板和翼板，保证二者的空间位置，如图 6–9 所示。

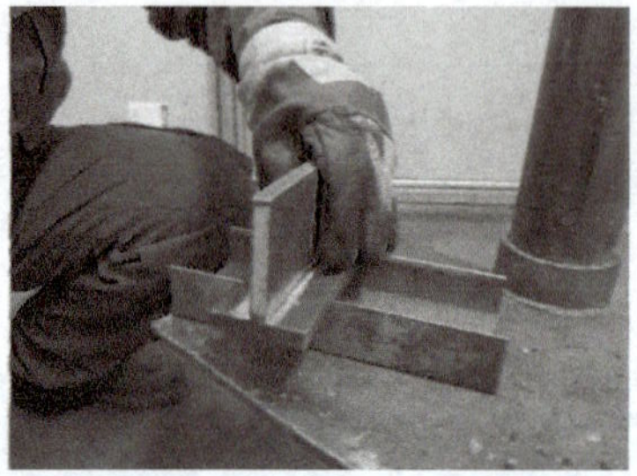

图 6–9　手动压紧腹板与翼板

3. 测量

以定位基准为测量基准，用右手拿住直角尺末端测量腹板与翼板的垂直度和错边量等装配信息，如图 6–10 所示。

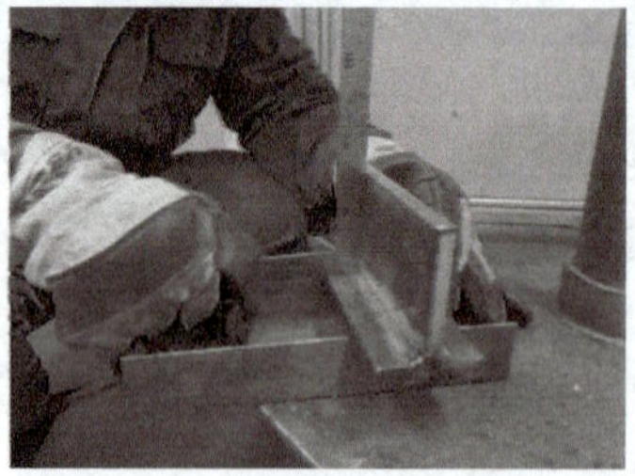

图 6–10　T 型接头垂直度测量

4. 定位焊

（1）连接电源，采用直流反接，焊接电流调为 110 A，焊接电压为 23 V。

（2）可在试板上试焊，如果电流不合适，进一步调整焊接电流大小。

（3）采用与正式焊相同的焊条进行定位焊，如图 6–11 所示。要求定位焊焊点有三处，其中两处分别位于腹板正面的两个端部，两条定位焊缝长度不得大于 15 mm，另一处位于腹板的背面中间 50 mm 范围内，采用单道连续焊接，定位焊缝长度不得大于 25 mm。

续表

定位元件定位	用一些特定的定位元件（如板块、角钢、销轴等）构成空间定位点，来确定零件位置，并用装配夹具夹紧装配。图 6–17 所示为在筒体端部加装加强圈的定位装配，在圆筒外表面焊上若干定位挡铁，以这些挡铁为定位元件确定加强圈在圆筒上的高度位置，并用弓形螺旋夹紧器将加强圈与筒体壁夹紧密贴，定位焊牢，完成加强圈装配。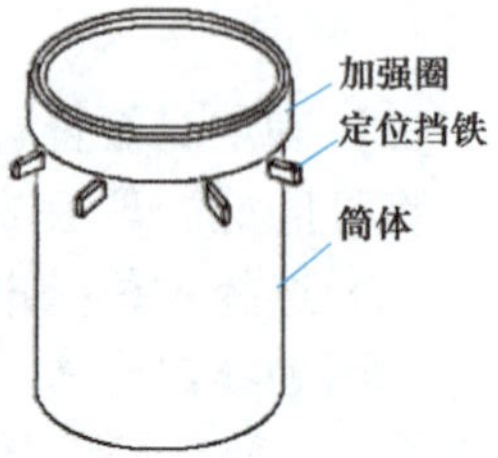 图 6–17　加强圈挡铁定位装配
胎夹具定位	将工件装配所用的各定位元件、夹紧元件和装配胎架组合为一个整体，构成胎夹具。批量装配工字梁时，可采用图 6–18 所示的简单胎夹具。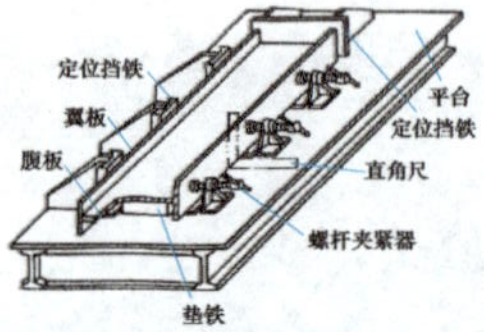 图 6–18　胎夹具定位
知识点 6–7　测量基准及其选择原则	
说明	测量中，为衡量被测点、线、面的尺寸和位置精度而选作依据的点、线、面。
1	一般情况下，多以定位基准为测量基准。 如图 6–14 所示的容器接口Ⅰ、Ⅱ、Ⅲ都是以 M 面为测量基准来测量尺寸 h_1、h_2 和 H_2 的，接口的设计标准、定位标准、测量标准三者合一，可以有效地减小装配误差。
2	当以定位基准为测量基准不利于保证测量精度或不便于测量操作时，就应本着能使测量准确、操作方便的原则，重新选择合适的点、线、面作为测量基准。 如图 6–18 所示的工字梁，其腹板平面是腹板与翼板垂直定位的基准，但以此平面为测量基准去测量腹板与翼板的垂直度，不是很方便，也不利于获得精确的测量值。此时，若按图 6–18 所示以装配平台面为测量基准，用直角尺测量翼板与平台的垂直度，则既容易测量，又能保证测量的准确性。

（4）完成第一个正面定位焊焊点后，用直角尺检验腹板垂直度，如果有偏差，可用手锤手工矫正焊件。

（5）随后，依次完成另一个正面定位焊点和背面定位焊点的焊接。

（6）定位焊完成后认真清理定位焊接口周围 20 mm 内的焊渣和飞溅物。

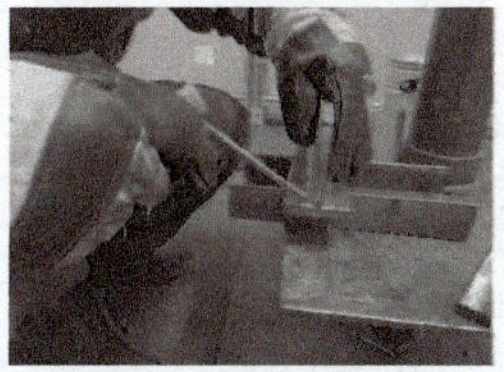

图 6–11　T 型接头定位焊

T 型接头定位焊

步骤 4　本任务装配焊接接头 6

重复本任务步骤 3 的内容，完成部件 3 焊接接头 6 的装配定位任务。

步骤 5　装配焊接接头 3

重复本任务步骤 3 的内容，完成部件 1 焊接接头 3 的装配定位任务，如图 6–12 所示。

图 6–12　装配焊接接头 3

步骤 6　装配焊接接头 4

重复本任务步骤 3 的内容，完成部件 1 焊接接头 4 的装配任务，如图 6–13 所示。

图 6–13　装配焊接接头 4

H 型钢的装配

知识点 6–8　T 型接头定位焊焊接要求

1	如果采用半自动气体保护焊进行组装定位焊接，焊接时应采用回焊引弧手法，熄弧应填满弧坑。
2	（1）当母材厚度≤20 mm 时，定位焊缝长度为 10～15 mm，焊脚高度为 4～6 mm，间距为 250～400 mm； （2）当母材厚度＞20 mm 时，定位焊缝长度为 15～30 mm，焊脚高度为 6～8 mm，间距为 250～400 mm。
3	定位焊缝的位置应避免在产品的棱角、端部、角落等强度和工艺上容易出问题的部位。
4	应从两端对称进行定位焊接，同时应尽量避免在焊缝端部外侧进行定位焊接。
5	当为坡口全熔透焊接时，如采用背面清根，其定位焊应在清根的坡口中实施。
6	当为坡口全熔透焊接时，如采用带垫板焊接，定位焊应焊接于非坡口侧，严禁在坡口面进行定位焊接。
7	在引弧、熄弧板装配定位时，为了避免损伤母材，要求在坡口内进行定位焊接以固定引弧、熄弧板，严禁在非坡口侧进行定位焊接。
8	采用与实际焊接时相同的焊接材料。
9	焊接电流应比正常焊接时提高 10%～15%。
10	当发现定位焊焊缝中存在裂纹、气孔、夹渣等缺陷时，应及时铲除掉并重新焊接。

任务 6.1 测评

一、知识评价

请结合实际案例对术语进行解读。每个术语 25 分，共计 100 分。

（1）定位基准　（2）测量基准　（3）划线定位　（4）样板定位

二、技能评价

按照安全文明生产操作规程的要求，进行焊前准备并填写“装配十字柱结构部件 T 型接头”焊接工艺卡（见表 6–1），评分标准见表 6–2。其中，学生自评占 20%，学生互评占 20%，教师评价占 60%。

表 6–1 “装配十字柱结构部件 T 型接头”焊接工艺卡

实操项目：________________　本项得分：________________

焊接工艺卡		编号：				
材料牌号		接头简图				
材料规格						
接头种类						
坡口形式						
坡口角度						
钝边						
组对间隙						
焊接方法						
电源种类		焊后热处理	种类		保温时间	
电源极性			加热方式		层间温度	
焊接位置			温度范围		测量方法	
焊接参数						
焊层	焊材型号	焊材直径/mm	焊接电流/A	焊接电压/V	焊接速度/（cm·min^{-1}）	
装配						
第一道						
第二道						
第三道						

表 6–2 “装配十字柱结构部件 T 型接头”的焊前准备及安全评分标准

实操项目：立角焊（焊条电弧焊）　δ=12 mm　本项得分：________________

考核项目		考核要求	配分	评判标准	评判结果 a	评判结果 b	评判结果 c	实得分数 x	实得分数 y	实得分数 z
焊接工艺		根据施焊材料及所用设备特点，正确填写焊接工艺参数表	24	填写施焊材料 8 分，确定工艺参数 16 分。全部未达标扣 24 分						
焊前准备	工具	常用工具的合理使用与保养	8	未达标扣 8 分						
	工装使用	正确使用夹具，做好保养工作	4	一项未达标扣 2 分						
	设备使用与维护	正确使用、维护保养焊接设备及常见故障的排除	8	未达标扣 8 分						
		正确使用、维护保养辅助设备及常见故障排除	4	一项未符合要求扣 2 分						
	试件焊前清理及组对装配	坡口内及正反两侧 20 mm 范围内无油污、锈水等污物，打磨至露出金属光泽	4	未达标扣 4 分						
		试件组对装配（装配间隙、钝边、定位焊长度）、焊接参数调整	4	未达标扣 4 分						
		试件反变形预处理	4	未做反变形预处理扣 4 分						
安全文明生产		执行焊接安全技术操作规程	24	未达标扣 24 分						
		按企业有关文明生产规定，工作场地整洁，工具摆放整齐	16	一项未达标扣 8 分						
综合评价										

注意：①评判结果中 a、b、c 分别代表学生自评、学生互评、教师评价。

②实得分数中 x、y、z 分别代表学生自评、学生互评、教师评价。

三、素养评价

对表 6–3 所列素养点，做到即得分，未做到即零分。其中，学生自评占 20%，学生互评占 20%，教师评价占 60%。

表 6–3　“装配十字柱结构部件 T 型接头”素养评价表

序号	素养点	配分	学生自评得分	学生互评得分	教师评价得分
1	按时出勤，无迟到早退	10			
2	准备充分，无手忙脚乱	10			
3	积极互动，无消极态度	10			
4	安全作业，无安全隐患	10			
5	保护环境，无乱扔乱倒	10			
6	规范标准，无野蛮操作	10			
7	团队协作，无不洽关系	10			
8	场地“5S”	10			
9	团队协作能力进一步提升	10			
10	职业行动能力进一步提升	10			
总分		100			
综合评价		100			

四、拓展训练

（1）图 6–19 所示为一个对称的支撑座结构，试用划线定位法制定出该结构的装配工艺过程。

图 6–19　支撑座结构

（2）选择测量基准时应考虑哪些问题？

（3）请利用思维导图，按照学习目标三要素，对“装配十字柱结构部件 T 型接头”的学习收获进行总结。

任务 6.2　焊接十字柱结构部件 T 型接头

职业活动

步骤 1　作业准备

1. 作业场地

选择周围 10 m 范围内没有易燃易爆物品且有消防措施的作业场地。

2. 焊接原材料

部件 1 装配好的 T 型接头 2 个；部件 2 装配好的 T 型接头 1 个；部件 3 装配好的 T 型接头 1 个，如图 6–20 所示。

图 6–20　焊接十字柱结构部件 T 型接头原材料的准备

3. 焊接材料

选择 E5015 焊条，焊条直径为 3.2 mm 或 4.0 mm。

4. 设备设施

松下 YC–400TX4 焊机。

5. 工量辅具

需要准备的工量辅具见知识点 6–9。

6. 穿戴防护用品

按照焊接安全规范，检查防护用品并正确穿戴。

职业知识

知识点 6–9　焊接 T 型接头所使用的工量辅具

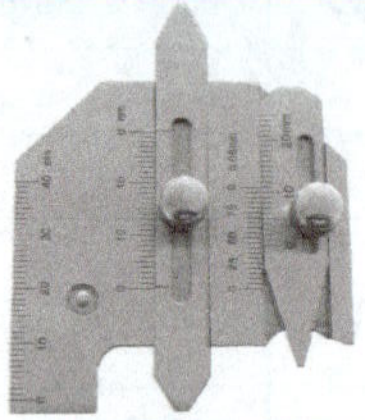	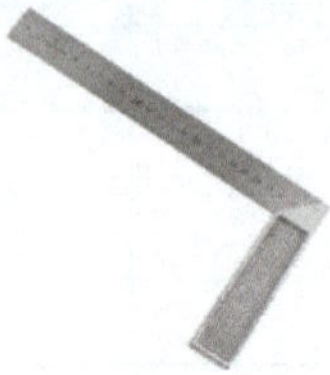		
焊缝检验尺	直角尺	钢直尺	手锤
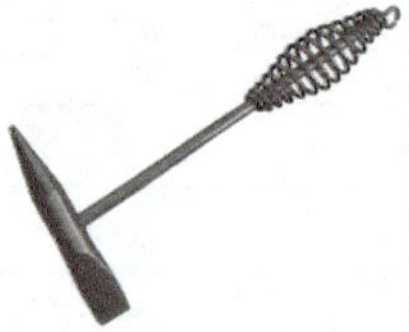	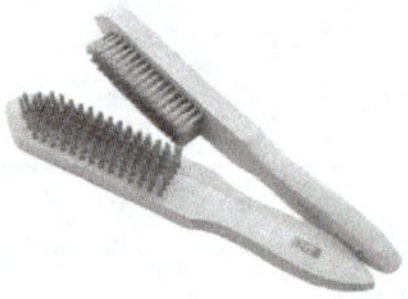	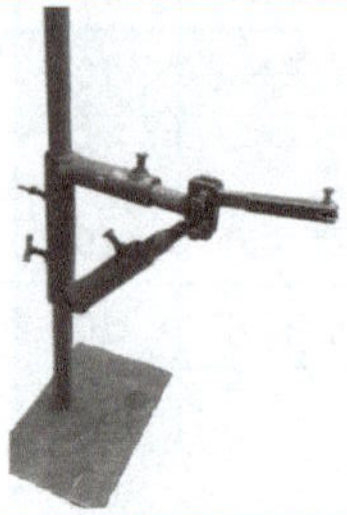	
敲渣锤	钢丝刷	焊接操作架	扁铲
		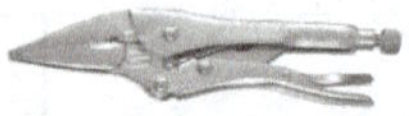	
焊条保温桶	护目镜	焊工钳子	

留白促思

步骤 2　固定焊件

选择合适夹具固定好准备进行立角焊的部件（或者可结合现场条件直接固定在焊接操作台上，注意不要损伤操作台），根据自身的身高和习惯调整好零件的高度，如图 6–21 所示。

图 6–21　固定立角焊焊件

步骤 3　焊接十字柱结构中焊接接头 5

1. 焊接打底层

（1）调节焊接参数

① 连接电源线；

② 直流反接：电源负极接母材，电源正极接焊枪；

③ 向上推开电源开关；

④ 根据焊接工艺卡片，将焊接电流调整为 100 A，焊接电压调整为 23 V，如图 6–22 所示。

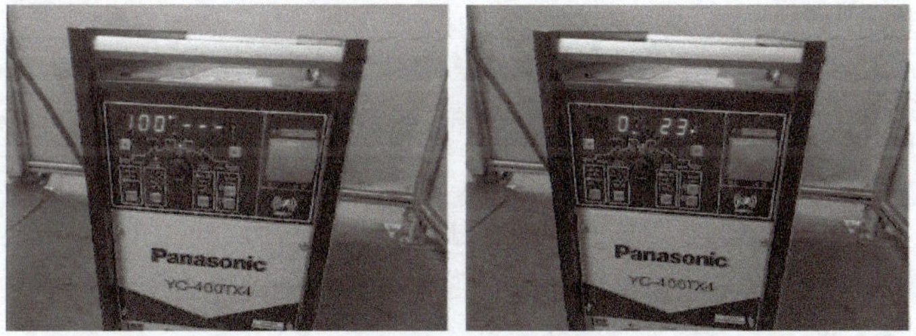

图 6–22　调节打底焊焊接电流和焊接电压

知识点 6–10　立角焊介绍

概念		角接焊缝的焊件，置于立焊的焊接操作位置。
操作方法	由上向下	对薄板对接或间隙较大的焊件，可采取由上向下施焊。这种焊法熔深浅，薄板不易烧穿；对于间隙大的焊件，可使熔化金属将间隙填满，有利于填充层和盖面层的焊缝成型。
	由下向上	除薄板对接或间隙较大的焊件以外，大都采取由下向上施焊。
操作难点		在重力作用下熔池中液体金属容易下淌，甚至会产生焊瘤，以及在焊缝两侧形成咬边。

知识点 6–11　立角焊焊接电流选择原则

1	焊接电流大小通常应首先考虑所使用的焊条直径，焊条直径越大，焊接电流也应随之增加。
2	立角焊的焊接电流应小于平焊。
3	由于立角焊的熔池金属的热量向三个方向传递，散热条件好，焊接电流可以稍大一点，以保证焊缝两侧有良好的熔合。

知识点 6–12　T 型接头立焊的推荐焊接参数

焊缝横断面形式	焊件厚度/mm	打底层焊缝		填充层焊缝		盖面层焊缝	
		焊条直径/mm	焊接电流/A	焊条直径/mm	焊接电流/A	焊条直径/mm	焊接电流/A
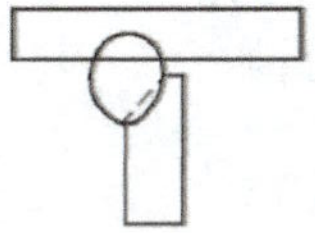	2	2	50～60	—	—	—	—
	3～4	3.2	90～120	—	—	—	—
	5～8	3.2	90～120	—	—	—	—
		4	120～160				
	9～12	3.2	90～120	4	120～160	—	—
		4	120～160				
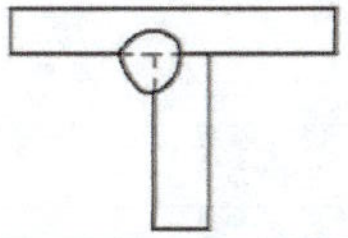	—	3.2	90～120	4	120～160	3.2	90～120
		4	120～160				

（2）打底层焊接

①调整焊条角度

选用直径为 3.2 mm 的焊条，焊条与焊件的下倾角为 75 °～90 °，与焊缝左右两侧夹角为 45°，如图 6–23 所示。

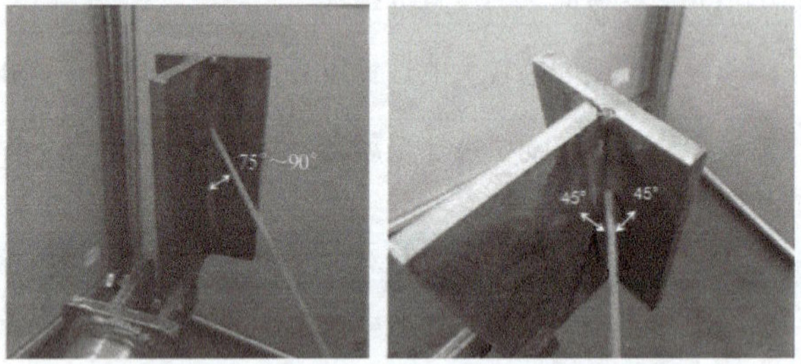

图 6–23　调整立角焊焊条角度

②开始打底层焊接

引燃电弧后，打底层的焊接方式建议选择断弧法打底（如图 6–24 所示）或连弧法打底焊（如图 6–25 所示）。

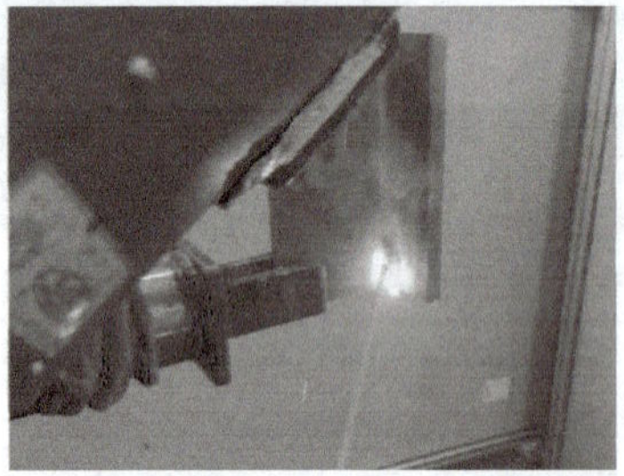

图 6–24　断弧法打底焊

T 型接头立焊断弧法打底焊

图 6–25　连弧法打底焊

T 型接头立焊连弧法打底焊

知识点 6–13　立角焊焊条角度规范

焊条角度	为了使两焊件能够均匀受热，保证熔深和提高效率，应注意焊条的位置和倾斜角度。焊条与焊件的下倾角为 75°～90°，与焊缝左右两侧夹角为 45°，如图 6–31 所示。利用电弧吹力对熔池向上的推力作用，使熔滴顺利过渡并托住熔池。

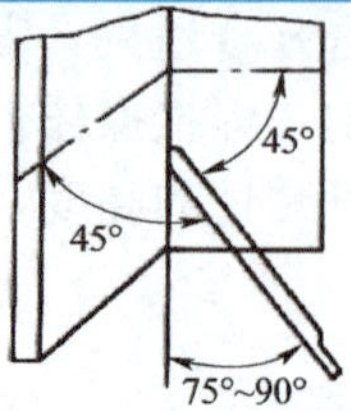

图 6–31　立角焊焊条角度规范

知识点 6–14　立角焊打底层操作规范

引弧	采用划擦法在始焊端的定位焊缝处引弧，拉长电弧预热 2 s，压低电弧焊接。
断弧法打底	形成第一个熔池后，焊条由左向右做直线摆动，摆动至右侧焊件时，稍作停留保证熔池温度，随后立即将电弧沿焊接方向抬起，熄灭电弧。待熔池由亮变暗时，在右侧熔池前端 2/3 处重新起弧，焊条由右向左做直线摆动，摆动至左侧焊件时，稍作停留保证熔池温度，随后立即将电弧沿焊接反向抬起，熄灭电弧。依次循环往复完成打底层焊接。应注意的是，如果前一个熔池尚未冷却到一定程度，就过急地引燃下一个电弧，会造成熔滴之间熔合不良★，影响焊缝美观和焊接质量。（做事不要心急）
连弧法打底	形成第一个熔池后，焊条带动电弧由左向右直线摆动，待右侧焊件熔池形成后，焊条带动电弧由右侧斜向上摆动，摆动至左侧试件熔池前端 2/3 处时，稍作停留，待熔池充分形成后，重复上述操作，完成打底层的焊接。
挑弧法打底	形成第一个熔池后，立即将电弧沿焊接方向挑起（电弧不熄灭），待熔池由亮变暗时，再将电弧向下移到熔池 2/3 处，熔焊成另一个熔池。这样不断地挑弧，下移熔焊，挑弧运条，焊完第一层焊道。
接头	立角焊接头尽量采用热接法，尽可能保持熔池的温度，更换焊条要迅速。在接头上方 10 mm 处引弧，拉长电弧下拉至接头部位，压低电弧熔焊片刻，转入正常的焊接。

★课程思政：做事不要心急

立角焊断弧法打底时，要等待前一个熔池冷却到一定程度才能进行下一个熔池的焊接，过快的焊接频率会导致焊缝熔合不良。正所谓“心急吃不了热豆腐”，当我们在做一件事情时，过于着急反而会使得过程变得慌乱，容易忽略掉一些重要的细节，适得其反。

2. 焊接盖面层

（1）清理第一层熔渣

用敲渣锤敲掉第一层的熔渣，随后用钢丝刷认真去除掉焊缝表面的细小熔渣，如图 6–26 所示。

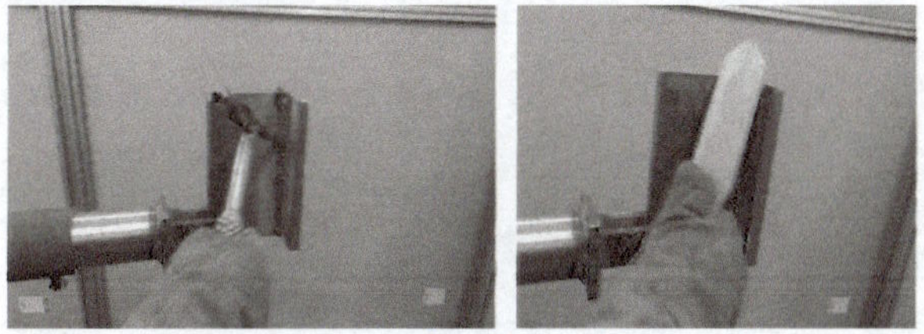

图 6–26　清理第一层熔渣

（2）调整焊接参数

电源极性依然采用直流反接，焊接电压保持不变，将焊接电流调整为 110 A，以保证获得足够的熔深和细腻的焊接波纹，如图 6–27 所示。

图 6–27　调整盖面层焊接电流

（3）开始盖面层焊接

盖面层焊接采用锯齿形运条方法，以获得平整的焊缝表面，如图 6–28 所示。

图 6–28　盖面层焊接

T 型接头立焊盖面层焊接

知识点 6–15　立角焊盖面层运条方法的选择

说明	根据板厚及对焊缝的具体要求，选择合适的运条方法，如图 6–32 所示。
1	钢板较厚，要求获得宽而厚的焊缝时，常采用三角形运条法。
2	要求焊缝表面呈圆弧状与焊件圆滑过渡时，常采用月牙形运条方法。
3	要想得到平整的焊缝表面时，常可采用锯齿形运条方法。

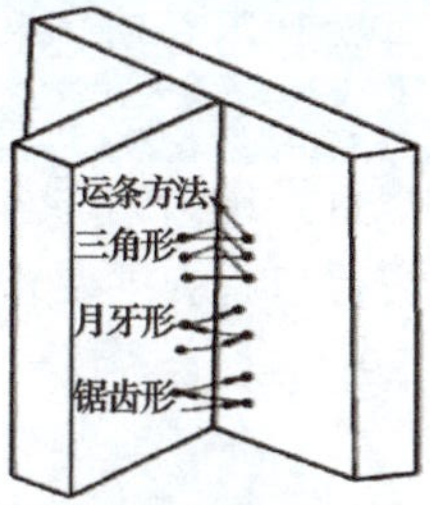

图 6–32　T 型接头立焊盖面层的运条方法

知识点 6–16　立角焊盖面层焊接方法

1	选择直径为 3.2 mm 或 4.0 mm 的焊条，不宜选择较大焊接电流。
2	采用锯齿形运条法进行焊接时，焊条在焊道中间时稍快些，两侧要适当稍作停顿，使熔敷金属填满焊道两侧，使每一个熔池成扁圆形，并保持焊条均匀上移，避免出现咬边等缺陷。
3	焊条摆动的宽度要小于所要求的焊脚尺寸，比如焊脚尺寸为 10 mm，考虑到熔池的宽度，焊条摆动的范围应在 8 mm 以内，待焊缝成型后可达到焊脚尺寸的要求。
4	立角焊盖面层接头应尽量采用热接法，尽可能保持熔池的温度，更换焊条要迅速。在接头上方 10 mm 处引弧，拉长电弧下拉至接头部位，压低电弧熔焊片刻，转入正常的焊接。

知识点 6–17　立角焊注意事项

1	一般选用直径 4 mm 以下的焊条，熔池体积小，冷却凝固快，可以控制熔池温度不会过高，减少和避免熔化金属下淌的现象。
2	焊接根部焊道的要领是电弧要短、手法要稳、运条要匀、焊道要薄，只要掌握了这些要领，一定能焊出好的根部焊道。
3	要准确地掌握好熔池的形状，并将每一滴熔滴金属都要准确送到焊接位置。
4	当焊条熔化剩余 60～80 mm 长时，由于电阻热作用使焊条熔化速度加快，为保证熔池的形状，必须加快断弧的频率。
5	随着焊接过程的进行，焊件逐步升温，熔池温度也逐步升温，保持原焊接频率易使熔池下坠，必须加快断弧的频率。

步骤 4　焊后清理

再次利用敲渣锤和钢丝刷对焊缝表面的焊渣和飞溅物进行清理。

步骤 5　焊缝外观自查

检查焊缝外观成型质量，同时用 HJC40 型焊缝检验尺对角焊缝外观尺寸进行自检，主要检查角焊缝的厚度［见图 6–29（a）］和焊角尺寸［见图 6–29（b）］。

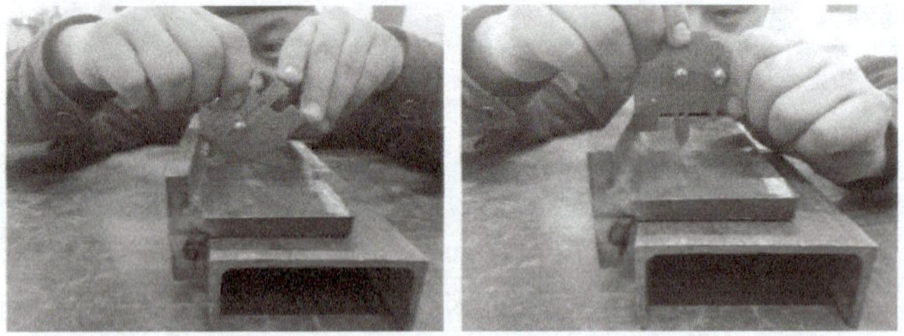

（a）　（b）

图 6–29　检查立角焊焊后焊缝厚度和焊角尺寸

步骤 6　焊接十字柱结构中焊接接头 6

重复本任务步骤 2 的内容，完成十字柱结构中焊接接头 6 的焊接任务。

步骤 7　焊接十字柱结构中焊接接头 3

重复本任务步骤 2 的内容，完成十字柱结构中焊接接头 3 的焊接任务，如图 6–30（a）所示。

步骤 8　焊接十字柱结构中焊接接头 4

重复本任务步骤 2 的内容，完成十字柱结构中焊接接头 4 的焊接任务，如图 6–30（b）所示。

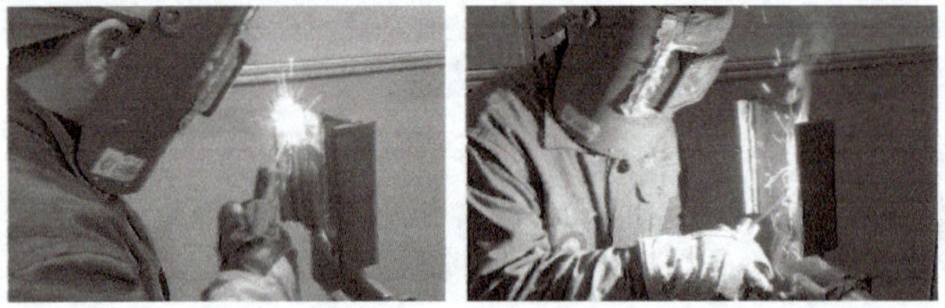

（a）　（b）

图 6–30　十字柱结构焊接接头 3 和焊接接头 4 的焊接

H 型钢 T 型接头的焊接

知识点 6–18　立角焊常见的焊接缺陷及防止措施

序号	缺陷现象	产生原因	防止措施
1	起头处熔深浅	始焊时焊速太快。	起焊时先长弧预热，后短弧横向摆动。
2	熔池偏向一侧	没有分清熔池和熔渣，焊条角度不对，电弧太长。	引弧后，电弧沿两板缝下移至起弧端，焊条横向摆动时，要分清熔池和熔渣。
3	焊脚大小不均	焊条摆幅不均匀，电弧偏向一边。	控制焊条摆幅一致，不偏向一边。
4	咬边	电弧太长，焊速过快，两侧停留时间过短。	电弧不宜过长，下移时，要压紧电弧，焊条摆动均匀。
5	夹渣	电流过小，熔池与熔池之间相隔太远。	选择用合适的焊接电流，焊条必须下移至弧坑 2/3 处才能上移。
6	焊瘤	焊速太慢，电流过大。	焊速不宜过慢，电弧在熔池中停留时间不能过长。
7	焊波间距不均	没掌握好电弧下移的位置和移动频率。	焊接位置要准确，焊条摆动要有节奏感。
8	接头有偏差	电弧下移位置不准确。	引弧后，电弧下移时要对准中心处，并横向摆动。
9	接头过高或脱节	新形成的熔池不能完全重叠原熔池。	电弧停留时间不要太长，接头位置找准更换焊条速度要快。

任务 6.2 测评

一、知识评价

请结合实际案例对术语进行解读。每个术语 25 分，共计 100 分。

（1）立角焊　（2）断弧法　（3）连弧法　（4）焊角尺寸

二、技能评价

教师在十字柱结构中随机选择一个部件的角焊缝，作为所有同学成绩评定的检测焊缝。焊接十字柱结构部件 T 型接头任务成绩由焊缝外观质量 60 分+焊缝内部质量 40 分组成，合计 100 分。

1. 焊缝外观评分表

焊接十字柱结构部件 T 型接头焊缝质量外观评分见表 6–4。其中，学生自评占 20%，学生互评占 20%，教师评价占 60%。

表 6–4　“焊接十字柱结构部件 T 型接头”的焊缝外观评分标准

实操项目：立角焊（焊条电弧焊）　δ=12 mm　　本项得分：________

检查项目	评判标准及得分	评判等级 Ⅰ	Ⅱ	Ⅲ	Ⅳ	测评数据 a	b	c	实得分数 x	y	z
焊角尺寸	尺寸标准/mm	10	>10，≤11	>11，≤12	<10，>12						
	得分标准	9.6 分	7.2 分	4.8 分	0 分						
焊角尺寸差	尺寸标准/mm	≤1	>1，≤2	>2，≤3	>3						
	得分标准	9.6 分	7.2 分	4.8 分	0 分						
焊缝凸度	尺寸标准/mm	≤1	>1，≤2	>2，≤3	>3						
	得分标准	9.6 分	7.2 分	4.8 分	0 分						
咬边	尺寸标准/mm	无咬边	深度≤0.5		深度>0.5						
	得分标准	12 分	每 5 mm 扣 2.4 分		0 分						
电弧擦伤	标准	无	有								
	得分标准	3.6 分	0 分								
焊道层数	标准	2层2道	其他								
	得分标准	3.6 分	0 分								

续表

检查项目	评判标准及得分	评判等级 Ⅰ	Ⅱ	Ⅲ	Ⅳ	测评数据 a	b	c	实得分数 x	y	z
垂直度	尺寸标准/mm	0	<1	>1，<2	>2						
	得分标准	6 分	4.8 分	3.6 分	0 分						
焊缝成型	标准	优	良	中	差						
	得分标准	6 分	4.8 分	3.6 分	0 分						

焊缝外观成型评判标准

优	良	中	差
成型美观，焊缝均匀、细密，高低宽窄一致	成型较好，焊缝均匀，平直	成型尚可，焊缝平直	焊缝弯曲，高低、宽窄明显

注：①试件焊接未完成或表面修补及焊缝正反两面有裂纹、夹渣、气孔、未熔合缺陷，该件作 0 分处理。
②评判结果中 a、b、c 分别代表学生自评、学生互评、教师评价。
③实得分数中 x、y、z 分别代表学生自评、学生互评、教师评价。

2. 焊缝内部质量评分表

对焊接十字柱结构部件 T 型接头焊缝内部质量进行破坏试验，评分见表 6–5，该部分成绩由教师完成。

表 6–5　“焊接十字柱结构部件 T 型接头”破坏试验评分标准

实操项目：立角焊（焊条电弧焊）　δ=12 mm　　本项得分：________

检查项目		评判标准及得分	评判等级 Ⅰ	Ⅱ	Ⅲ	Ⅳ	测评数据	实得分数
折断试验	根部熔深	尺寸标准	>1	>0.5，<1	>0，<0.5	未熔		
		得分标准	16 分	8 分	4 分	0 分		
	条状缺陷	尺寸标准	无	<1	<1.5	>1.5		
		得分标准	12 分	8 分	4 分	0 分		
	点状缺陷	标准	无	<ϕ1 数目：1 个	<ϕ1 数目：2 个	>ϕ1 或数目>1 个		
		得分标准	12 分	8 分	4 分	0 分		

注：试件焊接未完成或表面修补及焊缝正反两面有裂纹、夹渣、气孔、未熔合缺陷，该件作 0 分处理。

三、素养评价

对表 6–6 所列素养点，做到即得分，未做到即零分。其中，学生自评占 20%，学生互评占 20%，教师评价占 60%。

表 6–6 “焊接十字柱结构部件 T 型接头”的素养评价表

序号	素养点	配分	学生自评得分	学生互评得分	教师评价得分
1	按时出勤，无迟到早退	10			
2	准备充分，无手忙脚乱	10			
3	积极互动，无消极态度	10			
4	安全作业，无安全隐患	10			
5	保护环境，无乱扔乱倒	10			
6	规范标准，无野蛮操作	10			
7	团队协作，无不洽关系	10			
8	场地“5S”	10			
9	团队协作能力进一步提升	10			
10	职业行动能力进一步提升	10			
总分		100			
综合评价		100			

四、拓展训练

（1）扫码观察某同学采用焊条电弧焊完成的立角焊焊缝，其中包含打底层焊缝与盖面层焊缝，试着指出这些焊缝存在的问题，并说出改正的方法。

某学生完成的立角焊试件

（2）立角焊操作的困难有哪些？

（3）立角焊时常产生的焊接缺陷有哪些？如何防止？

（4）请利用思维导图，按照学习目标三要素，对“焊接十字柱结构部件 T 型接头”的学习收获进行总结。

项目 6 学习成果检测

一、任务描述

根据所学，按照“1+X 特殊焊接技术职业技能中级证书”考核标准，请将项目 6 完成的十字柱结构部件 1、部件 2 和部件 3，采用焊条电弧焊立角焊技术对十字柱结构进行总体装配和焊接，完成十字柱结构的整体制作任务。将焊接过程中采用的焊接工艺参数、接头形式简图等内容填入《焊接工艺卡》。在操作过程中，应严格遵守操作规程，并体现安全意识、文明生产等职业素养。

1. 所需试件

本学习成果检测所需的十字柱结构总装焊部件如图 6–33 所示。

图 6–33　十字柱结构总装焊所需的部件

十字柱结构总装焊

2. 考核要求

（1）按规定正确填写工艺卡；

（2）按照安全文明生产操作规程的要求，进行焊前准备及焊接操作；

（3）焊前将熔合线 25 mm 范围内的铁锈、油污等清理干净，露出金属光泽；

（4）角焊缝的定位焊允许有三处，其中一处位于组件的焊缝的背面中间 50 mm 范围内，采用单道连续焊接，定位焊缝长度不得大于 25 mm；另外两处分别位于组件两个端面，每条定位焊缝长度不得大于 15 mm；

（5）立角焊要求两层二道焊接；

（6）角焊缝焊接时根部不允许留间隙；

（7）焊接完成后，焊缝表面须保持原始状态，不得再进行加工、修磨、补焊；

（8）焊缝表面无缺陷，焊缝波纹均匀，两焊角尺寸一致，焊后无角变形。

二、实施准备

1. 学生准备

学生按照教学进度计划完成以下学习任务并达到了 75 分以上后，可进行该学习成果的实施。

（1）完成学习成果检测所需要的相关知识和方法，得分大于 75 分；

（2）能够运用学习成果检测需要的相关知识和方法进行作业，得分大于 75 分；

（3）按时、按质、按量完成相应作业，得分大于 80 分；

（4）具有自觉遵守技术标准和要求规定、规范操作、安全、环保、“5S”作业、团结协作的好习惯，得分大于 80 分；

（5）能制定出十字柱结构总装焊加工工艺过程。

2. 教师准备

（1）在安排学生实施学习成果前，通过课堂问题研讨、作业、实训和考核及其他方式，确认学生已经具备了实施学习成果所需的知识、技能和素养，并确保学生在安全状态下独立进行；

（2）对协助教师进行测评的学生进行测评和监督方法的培训，确保测评结果的准确性和公平性；

（3）准备好测评记录。

三、验证方法与标准

（1）每位测评人员负责对 2 名学生进行定点、全过程的监控和测评；

（2）详细记录学生在实施学习成果过程中的相关信息、数据、结果、操作方法、完成时间，以及出现错误、事故等情况；

（3）学习成果的作业过程和数据记录等，要求在 60 min 内完成，时间不足，可在即将结束时，由学生口述剩余部分的作业方法；

（4）考核内容及标准见表 6–7、表 6–8、表 6–9，其中，表 6–8 占 25 分（包含表 6–7）、表 6–9 占 75 分，合计 100 分。合格分数为 70 分及以上。

表 6–7 “项目 6 学习成果检测”焊接工艺卡

实操项目：立角焊（焊条电弧焊）　δ=12 mm　　本项得分：________

<table>
<tr><td colspan="2">焊接工艺卡</td><td colspan="5">编号：</td></tr>
<tr><td>材料牌号</td><td></td><td colspan="5" rowspan="8">接头简图</td></tr>
<tr><td>材料规格</td><td></td></tr>
<tr><td>接头种类</td><td></td></tr>
<tr><td>坡口形式</td><td></td></tr>
<tr><td>坡口角度</td><td></td></tr>
<tr><td>钝边</td><td></td></tr>
<tr><td>组对间隙</td><td></td></tr>
<tr><td>焊接方法</td><td></td></tr>
<tr><td>电源种类</td><td></td><td rowspan="3">焊后热处理</td><td>种类</td><td></td><td>保温时间</td><td></td></tr>
<tr><td>电源极性</td><td></td><td>加热方式</td><td></td><td>层间温度</td><td></td></tr>
<tr><td>焊接位置</td><td></td><td>温度范围</td><td></td><td>测量方法</td><td></td></tr>
<tr><td colspan="7">焊接参数</td></tr>
<tr><td>焊层</td><td>焊材型号</td><td>焊材直径/mm</td><td>焊接电流/A</td><td>焊接电压/V</td><td colspan="2">焊接速度/（cm · min^{-1}）</td></tr>
<tr><td>第一道</td><td rowspan="3"></td><td></td><td></td><td></td><td colspan="2"></td></tr>
<tr><td>第二道</td><td></td><td></td><td></td><td colspan="2"></td></tr>
<tr><td>第三道</td><td></td><td></td><td></td><td colspan="2"></td></tr>
</table>

表 6–8 “项目 6 学习成果检测”焊前准备及安全评分标准

实操项目：立角焊（焊条电弧焊）　δ=12 mm　　本项得分：________

<table>
<tr><td colspan="2">考核项目</td><td>考核要求</td><td>配分</td><td>评判标准</td><td>评判结果</td><td>实得分数</td></tr>
<tr><td colspan="2">焊接工艺</td><td>根据施焊材料及所用设备特点，正确填写焊接工艺参数表</td><td>6</td><td>填写施焊材料 2 分，确定工艺参数 4 分。全部未达标扣 6 分</td><td></td><td></td></tr>
<tr><td rowspan="7">焊前准备</td><td rowspan="2">工具工装使用</td><td>常用工具的合理使用与保养</td><td>2</td><td>未达标扣 2 分</td><td rowspan="2"></td><td rowspan="2"></td></tr>
<tr><td>正确使用夹具，做好保养工作</td><td>1</td><td>一项未符合要求扣 0.5 分</td></tr>
<tr><td rowspan="2">设备使用与维护</td><td>正确使用和维护保养焊接设备及常见故障排除</td><td>2</td><td>未达标扣 2 分</td><td rowspan="2"></td><td rowspan="2"></td></tr>
<tr><td>正确使用和维护保养辅助设备及常见故障排除</td><td>1</td><td>一项未达标扣 0.5 分</td></tr>
<tr><td rowspan="3">试件焊前清理及组对装配</td><td>坡口内及正反两侧 20 mm 范围内无油污、锈水等污物，打磨至露出金属光泽</td><td>1</td><td>未达标扣 1 分</td><td rowspan="3"></td><td rowspan="3"></td></tr>
<tr><td>试件组对装配（装配间隙、钝边、定位焊长度）、焊接参数调整</td><td>1</td><td>未达标扣 1 分</td></tr>
<tr><td>试件反变形预处理</td><td>1</td><td>未做反变形预处理扣 1 分</td></tr>
<tr><td colspan="2" rowspan="2">安全文明生产</td><td>执行焊接安全技术操作规程</td><td>6</td><td>未达标扣 6 分</td><td rowspan="2"></td><td rowspan="2"></td></tr>
<tr><td>按企业有关文明生产规定，工作场地整洁，工具摆放整齐</td><td>4</td><td>一项未达标扣 2 分</td></tr>
</table>

表 6–9　“项目 6 学习成果检测”焊件评分标准

实操项目：立角焊（焊条电弧焊）　δ=12 mm　　　本项得分：________

检查项目		评判标准及得分	评判等级 Ⅰ	Ⅱ	Ⅲ	Ⅳ	测评数据	实得分数
焊角尺寸		尺寸标准/mm	10	>10，≤11	>11，≤12	<10，>12		
		得分标准	6 分	4.5 分	3 分	0 分		
焊角尺寸差		尺寸标准/mm	≤1	>1，≤2	>2，≤3	>3		
		得分标准	6 分	4.5 分	3 分	0 分		
焊缝凸度		尺寸标准/mm	≤1	>1，≤2	>2，≤3	>3		
		得分标准	6 分	4.5 分	3 分	0 分		
咬边		尺寸标准/mm	无咬边	深度≤0.5		深度>0.5		
		得分标准	9 分	每 5 mm 扣 1.5 分		0 分		
电弧擦伤		标准	无	有				
		得分标准	3 分	0 分				
焊道层数		标准	2 层 2 道	其他				
		得分标准	3 分	0 分				
垂直度		尺寸标准/mm	0	<1	>1，<2	>2		
		得分标准	6 分	4.5 分	3 分	0 分		
焊缝成型		标准	优	良	中	差		
		得分标准	6 分	4.5 分	3 分	0 分		
折断试验	根部熔深	尺寸标准/mm	>1	>0.5，<1	>0，<0.5	未熔		
		得分标准	12 分	6 分	3 分	0 分		
	条状缺陷	尺寸标准/mm	无	<1	<1.5	>1.5		
		得分标准	9 分	6 分	3 分	0 分		
	点状缺陷	标准	无	<φ1 数目：1 个	<φ1 数目：2 个	>φ1 或 数目>1 个		
		得分标准	9 分	6 分	3 分	0 分		

焊缝外观成型评判标准			
优	良	中	差
成型美观，焊缝均匀、细密，高低宽窄一致	成型较好，焊缝均匀，平直	成型尚可，焊缝平直	焊缝弯曲，高低、宽窄明显

注：试件焊接未完成或表面修补及焊缝正反两面有裂纹、夹渣、气孔、未熔合缺陷，该件作 0 分处理。

案例视野拓展——焊接结构的装配–焊接工艺设备

案例 6–1　使用焊接夹具提高产量

使用焊接夹具后，可以省去很多辅助工作（如划线、对准、测量、点固、翻转工件等）的时间。不同的焊件，所用的辅助时间可能不同。但是，只要正确地使用焊接夹具，一般都可以减少 50%～90%辅助时间，所以能提高产量。

随着高效率焊接方法的采用，辅助时间所占的比例更大。如果不相应地采用机械化和自动化程度较高的焊接夹具与胎具，这种高效率的焊接方法也显示不出它的优越性。例如，制作一个壁厚为 16 mm 的圆筒节，用埋弧自动焊焊接一条长 1.6 m 的纵向焊缝，只用 8 min。而装配、架设焊接机头和安置焊剂垫等辅助时间就用 40 min。焊接时间占总生产时间的五分之一，有五分之四的时间花费在装配等辅助作业上。在这种情况下，即使把焊接速度提高一倍（一般很难办到），也只能提高生产率 10%。如果采用高效率的焊接夹具，使辅助时间减少到 20 min（这是可能的），那么，劳动生产率就可以提高 40%。

案例 6–2　使用焊接夹具提高质量

一个焊件在自由状态下焊接，焊后一般都要发生变形。如果它超出技术要求，就会影响到后面总装配工作，或者影响到产品将来的工作性能。利用焊接夹具，可以精确地对焊件定位和牢靠地夹紧。焊接时，它的变形就受到限制。若辅之以反变形的措施，焊后焊件就可以符合产品图纸所要求的形状和尺寸。特别是对那些尺寸精度要求高的焊件，不使用焊接夹具，是无法达到技术要求的。

实践证明，凡是处于平焊位置或“船形”焊位置的焊缝是最容易施焊的，如图 6–34 所示。焊出来的焊缝成型好，工艺缺陷（如未焊透、夹渣、气孔和咬边等）少。对于处在立焊位置或仰焊位置的焊缝，因焊接操作不方便，质量难以保证，而且焊接速度约是平焊位置的 1/4。如果使用焊接变位机把那些立焊或仰焊的焊缝调节到容易施焊的位置上进行焊接，焊缝质量就能提高。

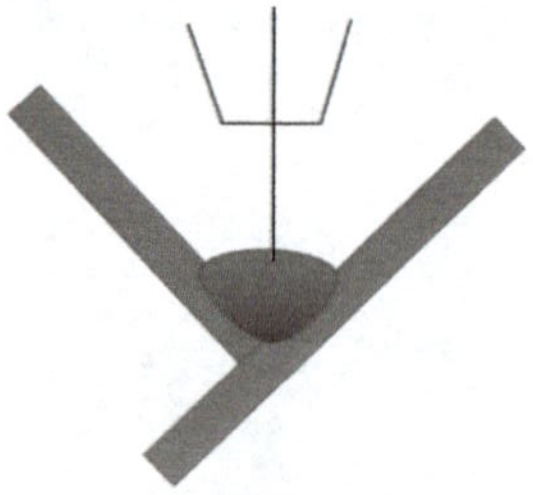

图 6–34　“船形”焊位置

知识视野拓展——焊接结构的装配–焊接工艺设备

知识点 6–19　焊接工装的地位与作用

说明	（1）装配–焊接工艺设备是在焊接结构装配与焊接生产过程中起配合及辅助作用的工装夹具、机械装置或设备的总称； （2）专门用来装配进行定位的夹具称为装配夹具； （3）专门用来焊接焊件的夹具称为焊接夹具； （4）既能用来装配又能用来焊接的夹具称为装焊夹具。
地位	焊接结构生产过程中，纯焊接工作所需要的作业工时仅占构件装配与焊接工时的 25%～30%，其余作业工时则用于备料、装配及其他辅助工作。随着高效率焊接方法的应用，这种工时比的差异更为突出。积极推广使用机械化和自动化程度较高的焊接工装，是解决工时比差异的最佳途径。
作用	焊接工装的应用对于提高产品质量减轻焊接工人的劳动强度，加速焊接生产实现机械化、自动化进程等方面起着非常重要的作用。其作用主要体现在以下几个方面： （1）定位准确、夹紧可靠，可部分或全部取代下料和装配时的划线工作。减小制品的尺寸偏差，提高零件的精度和互换性； （2）防止和减小焊接变形，降低焊接后的矫正工作量，达到提高劳动生产率的目的； （3）能够保证最佳的施焊位置，焊缝的成型性优良，工艺缺陷明显降低，可获得满意的焊接接头； （4）采用机械装置进行零部件装配的定位、夹紧及焊件翻转等繁重的工作，可改善工人的劳动条件； （5）可以扩大先进工艺方法和设备的适用范围，促进焊接结构生产机械化和自动化的综合发展。

留白促思

案例 6–3　焊接夹具扩大焊机的工作范围

一台效率高的埋弧自动焊机，如果没有夹具或胎具配合使用，它只能焊接平焊位置的直线焊缝。如果设计一套滚轮转胎，它就能焊接圆筒形焊件上的环焊缝，如图 6–35 所示。焊接变位机把各种位置的角焊缝调整到“船形”位置，焊接机头就像在平焊位置上一样对它进行焊接。这样就扩大了自动焊机的应用范围，充分发挥自动焊机的潜力。

图 6–35　埋弧焊自动焊机与滚轮架配合使用

案例 6–4　焊接夹具改善劳动条件

手工装配的劳动强度大，焊接时靠人力去翻转工件是不可能的，也不安全。使用轻巧灵便的焊接夹具或机械化自动化程度较高的焊接胎具，去代替人工定位、夹紧、翻转工件等，就能改善工人的劳动条件。

例如，机械设备焊接时通常会产生焊接变形，要进行矫正十分困难，而且劳动强度大。如果通过焊接夹具减少或防止了焊接变形，就有可能取消这道繁重的矫正工序。

案例 6–5　焊接夹具提高经济效益

制作焊接夹具虽然要增加产品的成本。但是，决定产品成本的因素主要是：原材料消耗和工时消耗。各种装备和设备投资以及管理费用等，只需要分摊到每个产品上。一旦焊接夹具发挥作用，它就能减少装配和焊接工时的消耗，从而提高质量和产量；并且由于质量提高了，就可以减少或取消焊后矫正变形或修补工艺缺陷的工序，使整个产品的生产周期缩短。这些效果导致产品成本大幅度降低，远远抵消了因制造夹具所增加的那一点成本。

知识点 6–20　焊接工装的分类

分类方法	工装名称	主要形式		基本应用
按功能分类	装配焊接夹具	定位器		主要是对焊件进行准确的定位和可靠的夹紧。
		夹紧器		
		拉紧及顶撑器		
		装配胎架		
	焊接变位机械	焊件变位机	焊接回转台	将焊件回转或倾斜，使接头处于水平或“船形”位置。
			焊接翻转机	
			焊接滚轮架	
			焊接变位机	
		焊机变位机	平台式操作机	将焊接机头或焊枪送到并保持在待焊位置，或以选定的焊接速度沿规定的轨迹移动焊机。
			悬臂式操作机	
			伸缩臂操作机	
			门架式操作机	
		焊工变位机		焊接高大焊件时带动焊工升降。
	焊接辅助装置			为焊接工作提供辅助性服务。
按适用范围分类	专用工装			适用于某一种焊件的装配和焊接。
	通用工装			适用于多种焊件的装配或焊接。
	组合式工装			使用前需将各夹具元件重新组合才能适用于另一种产品的装配和焊接。
按动力源分类	手动工装			靠人工完成焊件的定位、夹紧或运动。
	气动工装			利用压缩空气作为动力源。
	液压式工装			利用液体压力作为动力源。
	电动工装	电磁工装		利用电磁铁产生的磁力作为动力源。
		电动工装		利用电动机的转矩作为动力源。

案例 6–6　典型夹紧装置组成

图 6–36 所示是一种典型的夹紧装置。其中，力源装置（见图 6–36 气缸 1）是产生夹紧作用力的装置，通常是指机动夹紧时所用的气压、液压、电动等动力装置；中间传力机构（见图 6–36 中的 2 斜楔）起着传递夹紧力的作用，工作时可以通过它改变夹紧作用力的方向和大小，并保证夹紧机构在自锁状态下安全可靠；夹紧元件（见图 6–36 中的 4 压板）是夹紧机构的最终执行元件，通过它和零件受压表面直接接触完成夹紧。一般手动夹具，主要由中间传力机构和夹紧元件组成。

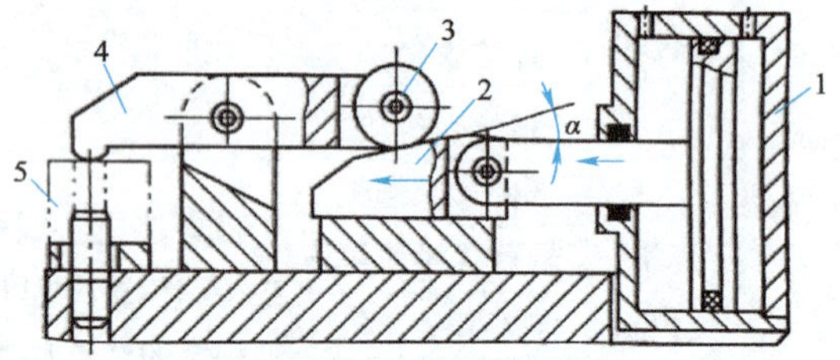

1—气缸；2—斜楔；3—辊子；4—压板；5—焊件

图 6–36　典型夹紧装置组成示意图

案例 6–7　用多位夹具装配支撑架

在一个夹具上同时装配几个或十几个同样的尺寸较小、外形简单的焊件时，可采用多位夹具。

图 6–37 所示为焊接支架用的多位夹具，支架由两块板片与四段小管组成。装配–焊接时，将板片装在托架侧面，依靠托架侧面挡铁和夹具体的平面进行定位，采用螺杆夹紧。托架上面开有半圆槽用来定位小管。此类夹具定位稳固，装卸焊件方便，生产效率高。

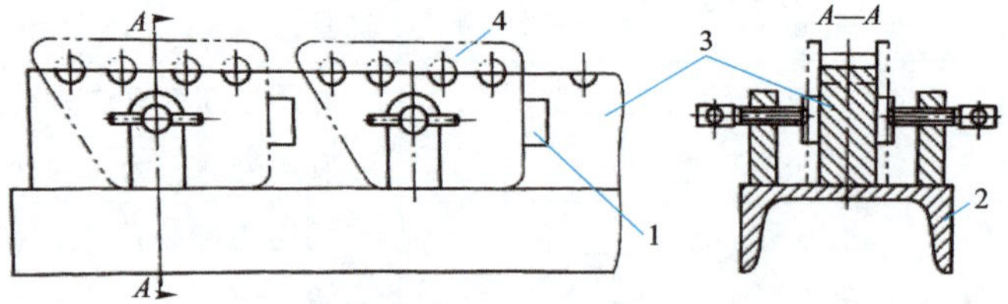

1—挡铁；2—夹具体；3—托架；4—支架

图 6–37　支架装配用多位夹具

知识点 6–21　焊接工装的组成

说明	焊接工装的构造是由其用途及可实现的功能所决定的。
装配–焊接夹具	装配–焊接夹具一般由定位元件、夹紧元件和夹具体组成。夹具体起连接各定位元件和夹紧元件的作用，有时还起支承焊件的作用。
焊接变位机械	焊接变位机械基本由原动机（力源装置）、传动装置（中间传动机构）和工作机（夹紧元件）三个基本部分组成，并通过机体把它们连接成整体。

知识点 6–22　焊接工装选用的基本原则

说明	焊接工装的选用与焊接结构产品的各项技术要求及经济指标有着密切的联系。
总体原则	焊接结构的生产规模和生产类型，在很大程度上决定了选用工艺装备的经济性、专用化程度、完善性、生产效率及构造类型。
	产品的质量、外观尺寸、结构特征以及产品的技术等级、重要性等也是选择工艺装备的重要依据。
	在产品生产工艺规程中对工艺装备的选用有着较明确的要求和说明（零部件有效定位、夹紧、反变形、定位焊、施焊等）。
其他原则	工艺装配的可靠性。
	对制品的适应性。
	焊接方法对夹具的某种特殊要求。
	安装、调试、维护的可行性。
	尽量选用已通用化、标准化的工艺装配。

留白促思

案例 6–8　工字梁的装配

工字梁装配如图 6–38 所示。两翼板的相对位置是由腹板 3 和挡铁 5 来定位的，端部由挡铁 7 定位。平台 6 既是定位基准面，也是结构的支撑面。

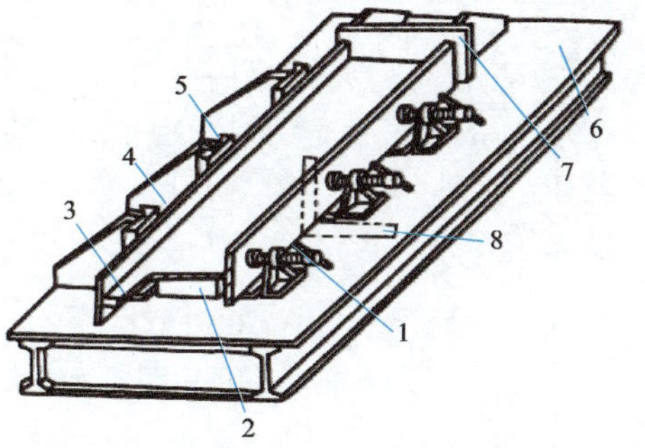

1—螺杆夹紧器；2—垫铁；3—腹板；4—翼板；5、7—定位挡铁；6—平台；8—直角尺

图 6–38　工字梁的装配

案例 6–9　护帮板装配夹具

护帮板结构如图 6–39所示，其主要技术条件是：两耳孔同轴度的要求及四个耳板孔同轴度的要求。

装配采用分部件装配来完成：

（1）在四个耳板孔中穿入一根芯轴用来保证其同轴度，由于横向肋板 1、2 的孔径不同，故在芯轴两端各加一套筒来弥补其直径的差别。耳板之间的距离应加入套筒来保证，纵向肋板、横向肋板的定位用挡铁，夹紧装置选择圆偏心轮，以此来完成纵横向肋板与耳板的组合件装配，其夹具如图 6–40 所示。

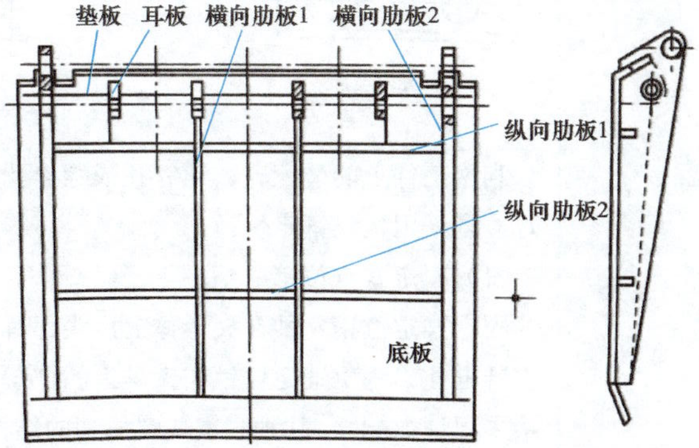

图 6–39　护帮板结构

知识点 6–23　焊接工装夹具——定位器

说明

定位器的基本任务是确定所装配零部件的正确位置。使用时，应根据被定位焊件的结构形式及定位要求进行定位器结构形式的选择和布置。挡铁的定位方法简便，但定位精度不太高，对于受力（重力、热应力、夹紧力等）较大的挡铁，必须保证挡铁具有足够的强度。

平面定位器

工件以平面定位时，常采用挡铁、支承钉或支承板进行定位。

1. 挡铁定位器

一种应用较广且结构简单的定位元件，可使工件在水平面或垂直面内进行定位，主要分为固定式、可拆式、永磁式、可退式挡铁四种，如图 6–79 所示。

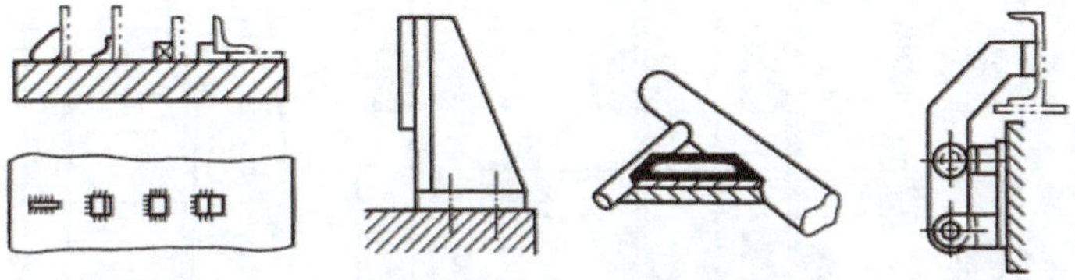

（a）固定式　（b）可拆式　（c）永磁式　（d）可退式

图 6–79　挡铁定位器

2. 支承钉（板）定位器

（1）固定支承钉定位器

固定支承钉一般固定安装在夹具体上，根据功能不同又分为平头支承钉、球头支承钉和齿纹头支承钉三种类型，如图 6–80 所示。

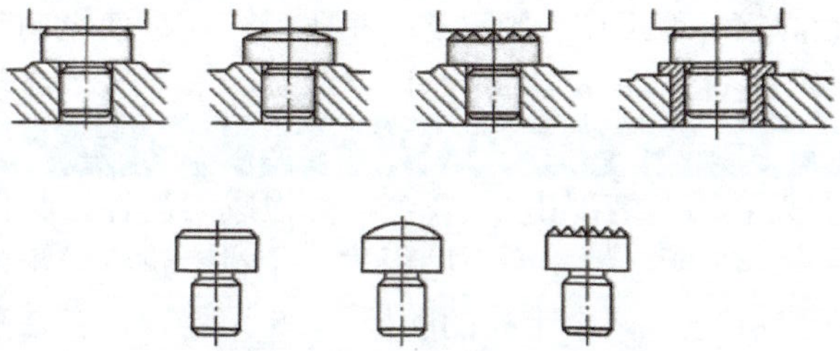

图 6–80　固定支承钉及应用

（2）可调支承钉定位器

可调支承钉是指高度可以调节的支承钉。图 6–81 所示为几种常用的

（2）选择座式焊件变位机，将变位机的工作台调至水平位置，把产品的底板用压板固定在工作台上，进行纵横向肋板与耳板的组合件和底板的装配，如图 6–41 所示。

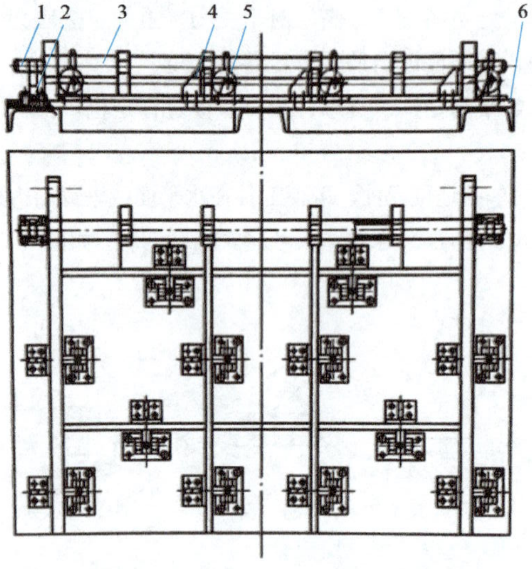

1—芯轴；2—支撑块；3—套筒；4—挡铁；5—夹紧器；6—夹具

图 6–40　护帮板装配夹具（一）

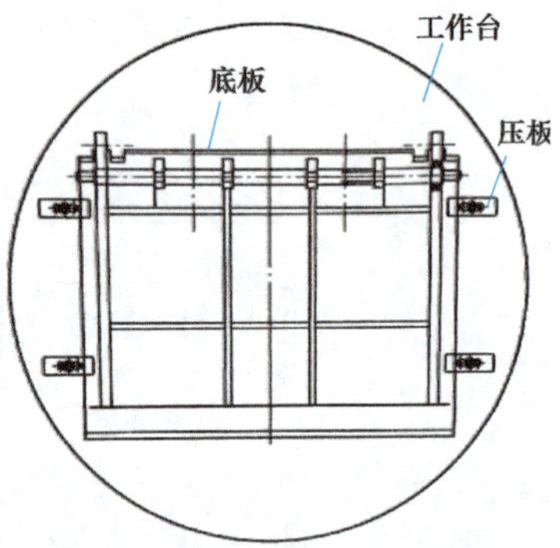

图 6–41　护帮板装配夹具(二)

（3）装配完成后即可进行焊件的整体焊接。焊接时，将工作台倾斜 45° 并做适当的转动，使纵向肋板与底板焊缝、横向肋板与底板焊缝处于“船形”位置进行焊接，将工作台倾斜 90° 并适当转动，使纵向与横向肋板焊缝处于“船形”位置进行焊接。其他角焊缝应尽量调至“船形”位置进行焊接。

案例 6–10　用轻便夹具装配肋板与衬套

轻便夹具用来装配由 2～3 个零件组成的焊件，其自身结构较简单。

如图 6–42 所示为将两个肋板与一个衬套进行装配的夹具，衬套 5 用三棱销钉 4 定位，两个带孔的肋板 3、8 用特殊销钉 2 和 6 定位，销钉头部有一段螺纹，转动高帽螺母 1 可将肋板 3、8 夹紧在支承面上。支承钉 7 是便于夹具搬放而设置的。特殊销钉螺纹的长度不应超过 8～10 mm，可以减少装配肋板的时间。

续表

平面定位器	可调支承钉的结构形式，它们都可以通过螺钉和螺母来实现支撑点位置的调节。 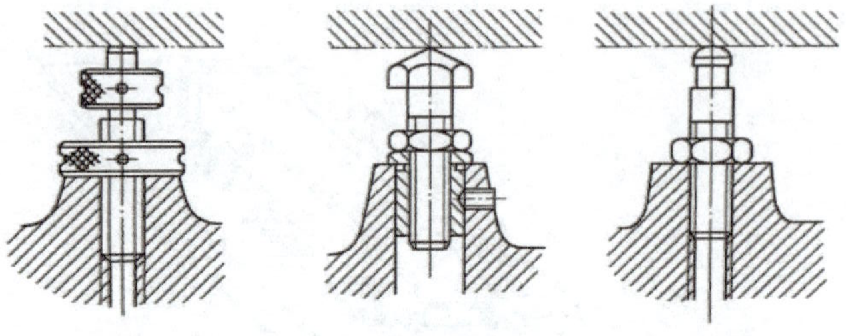 （a）GB/T 2229　（b）GB/T 2227　（c）GB/T 2230 图 6–81　常用可调支承钉 （3）支承板定位器 为使幅面较大、跨度较大的加工平面安装稳定、可靠，多选用支承板定位。光面支承板多用于垂直布置的场合；斜槽支承板多用于水平布置的场合，如图 6–82 所示。 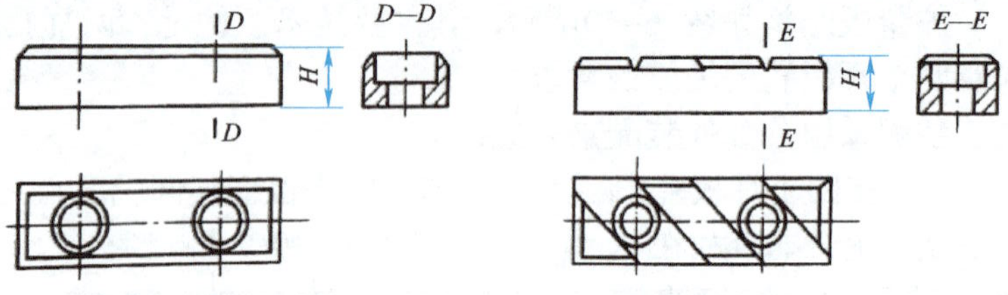 （a）光面支承板　（b）斜槽支承板 图 6–82　支承板定位器
圆孔定位器	利用工件上的装配孔、螺钉孔或螺栓孔及专用定位孔等作为定位基准时，多采用定位销定位。 （1）固定式定位销 固定式定位销常装在夹具体上，头部有 15° 倒角，以符合工艺要求且安装方便。为保证定位销在夹具上的位置精度，一般固定式定位销的连接采用过盈配合。几种固定式定位销的结构形式如图 6–83 所示。图 6–83（a）所示的两种定位销结构用于被定位工件圆孔尺寸较小的情况，这种

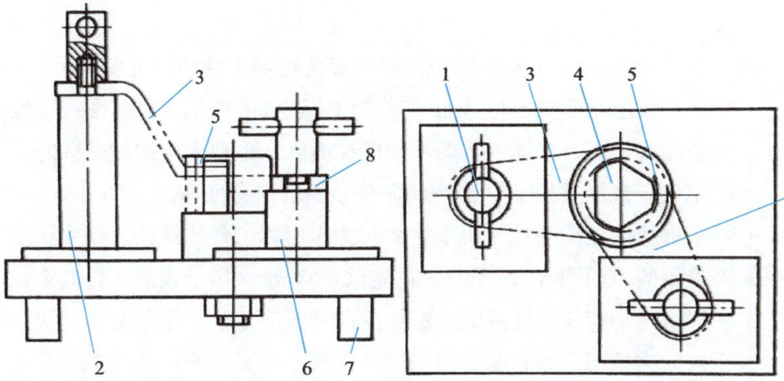

1—高帽螺母；2、6—销钉；3、8—肋板；4—三棱销钉；5—衬套 7—支承钉

图 6–42　肋板与衬套装配夹具

案例 6–11　双臂角杠杆的定位装配

如图 6–43 所示为双臂角杠杆焊接结构，它由三个轴套和两个臂杆组成。工件定位装配时，杆之间的角度和三轴孔之间的位置通过两个插销和定位销钉定位；两臂杆的水平高度位置和中心线位置通过带有挡铁的定位支承板确定；两端轴套的高度通过调整垫片定位，然后夹紧并进行定位焊。它的装配全部利用定位器定位后完成，装配质量可靠，生产率高。

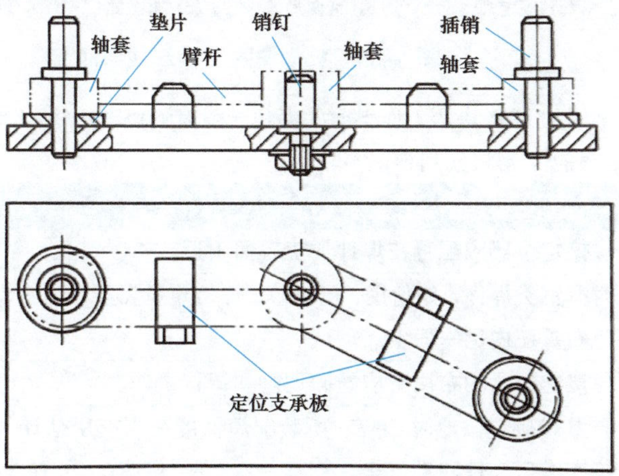

图 6–43　双臂角杠杆的定位装配

续表

圆孔定位器	带有小凸肩的定位销与夹具体连接时稳定牢靠。图 6–83（b）所示的定位销结构用于定位工件圆孔尺寸较大的情况。图 6–83（c）所示的两种定位销结构用于被定位工件同时以圆柱孔和端面组合定位的情况。 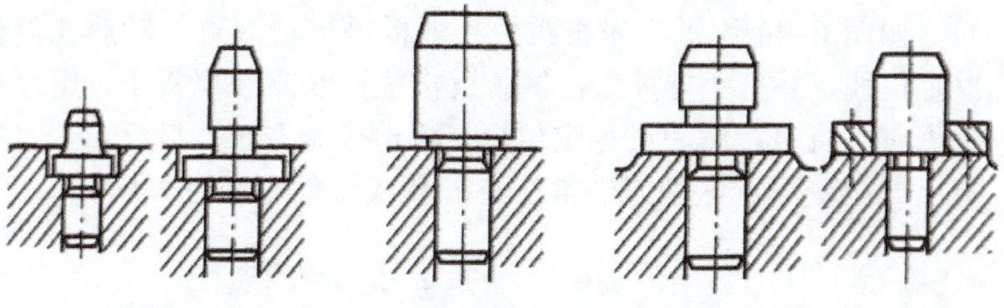 （a）圆孔尺寸较小　（b）圆孔尺寸较大　（c）圆柱孔和端面组合定位 图 6–83　固定式定位销的结构形式 （2）可换式定位销 在大批量生产中，由于定位销磨损较快，为了保证工件加工精度，需要定期维修和更换，常采用便于更换的可换式定位销。图 6–84 所示为插销式、衬套式和削边式定位销的结构形式。 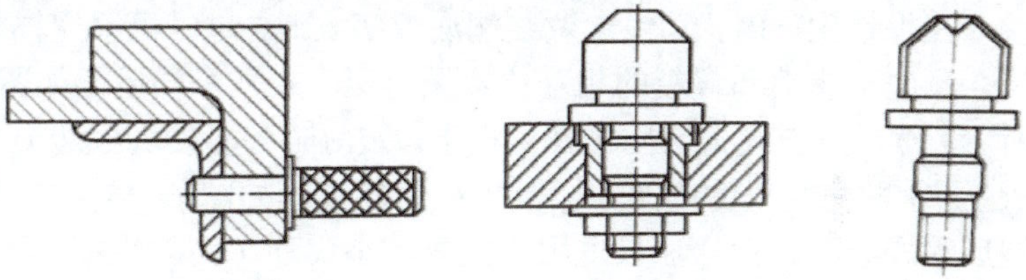 （a）插销式　（b）衬套式　（c）削边式 图 6–84　可换式定位销的结构形式
留白促思	

案例 6–12　T 型梁的装配

T 形梁是由翼板和腹板组合而成的焊接结构，根据生产批量不同，T 型梁可以采用以下三种装配方法。

1. 划线定位装配法

如图 6–44 所示，先将腹板和翼板矫平、调直，然后在翼板上划出腹板定位线，并打上样冲眼，将腹板按位置线立在翼板上，用直角尺校对两板相对垂直度，然后进行定位焊，再检查、调正，最后点上几根拉肋，以防止焊接变形。这种方法常在小批量或单件生产时采用。

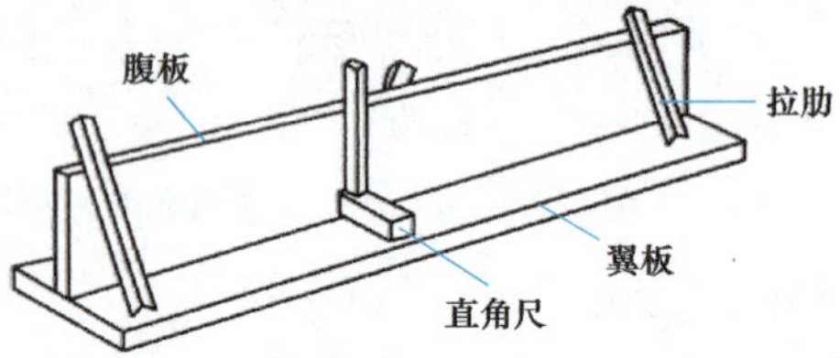

图 6–44　T 型梁的划线定位装配法

2. 样板定位装配法

在批量生产时，划线定位装配法效率太低，这时可采用样板定位装配法。预先按腹板和翼板的相互位置做出两个或几个样板，如图 6–45（a）所示。然后用斜楔把它固定在翼板上，装配时务必使翼板边沿与样板上的 *BC* 面紧贴，腹板的侧面与样板 *DE* 面靠紧，如图 6–45（b）所示，定位焊后完成装配。但该法只适用小批量、小尺寸 T 型梁装配。

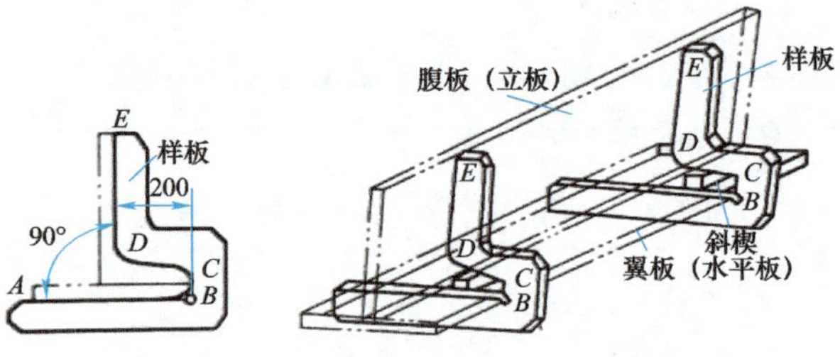

(a) 样板　(b) 装配

图 6–45　T 型梁的样板定位装配法

续表

外圆定位器

生产中，管子、轴及小直径圆筒节等圆柱形工件的定位多采用 V 形块。V 形块既能用于精定位基面，又能用于粗（毛坯）定位基面；既能用于完整的圆柱面，又能用于局部的圆柱面。V 形块定位的对中性好，工件的定位基准总是处于 V 形块两限位基面的对称面内。

V 形块的结构形式取决于它所起的作用和工件的结构、尺寸精度及生产批量等。如图 6–85 所示，固定式单 V 形块用于较短工件的定位，双 V 形块用于较长工件两端或断续圆柱轴颈的定位；可调式 V 形块一般用于同一类型但尺寸有变化的工件，或用于可调整夹具中；带磁式 V 形块型槽部分及底部均带有磁力，使用方便，适用于圆柱形产品加工中的检测，校正产品的垂直度、同心度等。

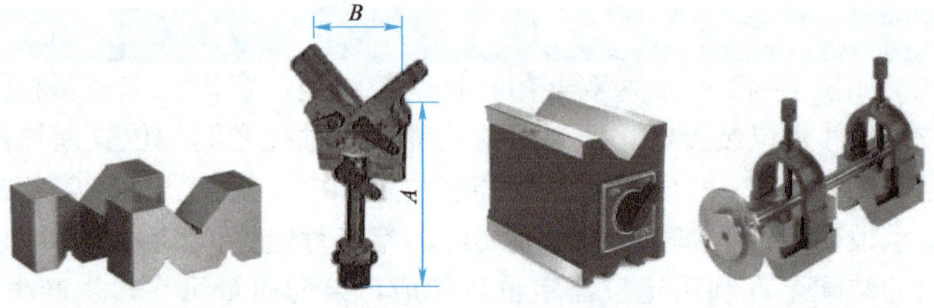

(a) 固定式　(b) 可调式　(c) 带磁式　(d) 应用示例

图 6–85　V 形块的结构形式与应用

常用的 V 形块两工作斜面的夹角一般有 60°、90° 和 120° 几种，其中 90° 角的 V 形块应用得最多。

知识点 6–24　定位器使用注意事项

1	焊接定位器应配置在焊件加工表面附近。
2	对型钢类焊件，如角钢、槽钢等，焊接定位器要布置在背面或棱边上，避免布置在内侧斜面上。
3	焊接定位器的布局不应妨碍切割和焊接操作。
4	布置焊接定位器时，应对所装配焊件的变形有所估计，以防止装配–焊接完成后焊件取不下来。
5	定位器应具有一定的耐磨性和结构刚度。

3. 胎夹具装配法

批量装配 T 型梁时，可采用图 6–46 所示的简单胎夹具。装配时不用划线，将腹板立在翼板上，端面对齐，以压紧螺栓的支座为定位元件来确定腹板在翼板上的位置，并由水平压紧螺栓和垂直压紧螺栓分别从两个方向将腹板与翼板夹紧，然后在接缝处定位焊。

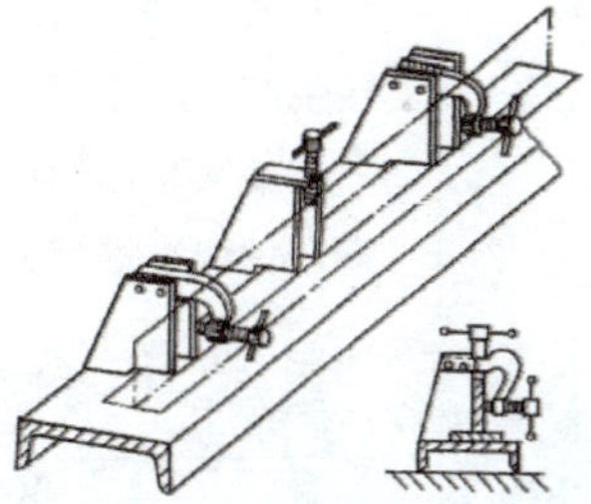

图 6–46　T 型梁的胎夹具装配

案例 6–13　用斜楔夹紧器装配平板

利用斜楔夹紧器可以完成平板装配的对齐问题，如图 6–47 所示。

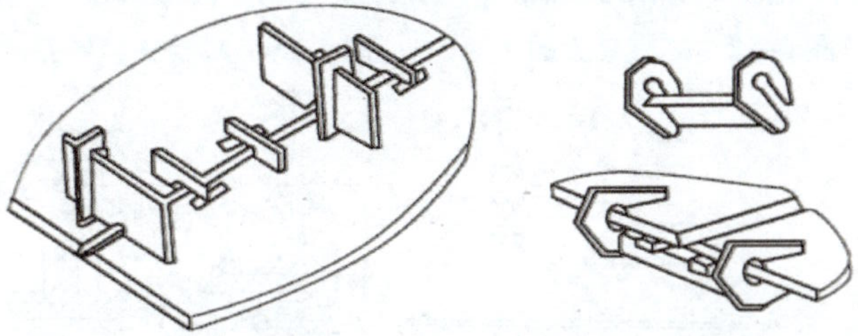

（a）对齐平板　　（b）对齐平板端部

图 6–47　斜楔夹紧器的应用

案例 6–14　螺旋压紧器

螺旋压紧器通常是将支架临时焊固在焊件上，再用丝杠起压紧作用的。图 6–48（a）所示为常用的固定螺旋压紧器，在对接板件时借助 L 形铁达到调整钢板高低的目的；图 6–48（b）所示为借助 U 形铁达到压紧目的。

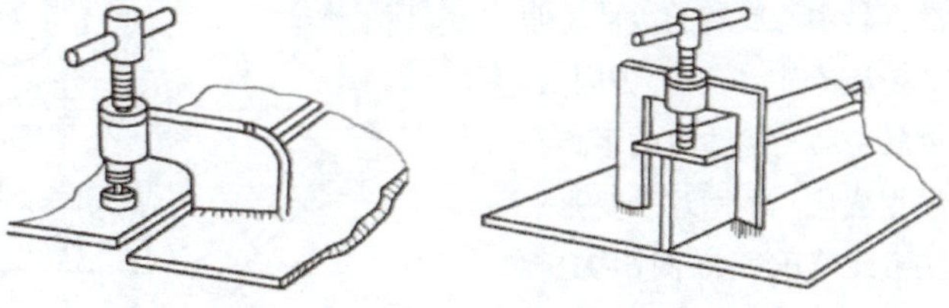

（a）调整高度　　（b）压紧

图 6–48　螺旋压紧器

知识点 6–25　焊接工装夹具——夹紧器

说明	使焊件达到并保持预定位置的某种施力元件或机构。
基本要求	夹紧器是装配–焊接夹具中最重要的基本组成部分。对夹紧器的基本要求包括以下方面： ① 夹紧作用准确，处于夹紧状态时应能保持自锁，以保证夹紧定位的可靠性； ② 夹紧动作迅速，操作方便省力，夹紧时不应损坏焊件表面质量； ③ 夹紧器应具备一定的刚性和强度，夹紧作用力应是可调节的； ④ 结构力求简单，便于制造和维修。
紧固方式	夹紧器对零部件的紧固方式有夹紧、压紧、拉紧和顶紧（或撑开）四种，如图 6–86 所示。 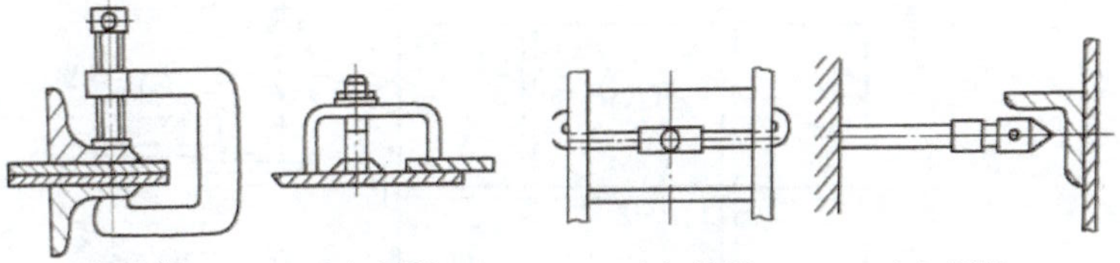 （a）夹紧　（b）压紧　（c）拉紧　（d）顶紧 图 6–86　装配夹紧器的夹紧方式
手动夹紧器	（1）斜楔夹紧器 主要通过斜面移动所产生的压力夹紧焊件。图 6–87 所示为斜楔夹紧器的工作原理，适当增大斜楔升角或制成双斜面斜楔，可减小夹紧时斜楔的行程，提高生产效率。 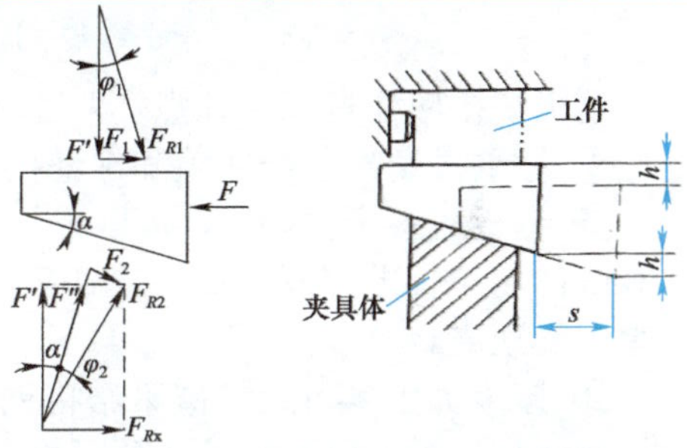 图 6–87　斜楔夹紧器的工作原理 斜楔夹紧器结构简单，易于制造，可独立使用，也可与其他机械联合使用，但其夹紧力不是很大，效率较低，多用于单件、小批量生产或现场大型金属结构的装配与焊接。 （2）螺旋夹紧器 一般由螺杆、螺母和主体三部分组成，通过螺杆与螺母的相对旋动达

案例 6–15　钢板的拼接

钢板拼接是最基本的部件装配，多数的钢板结构或钢板混合结构都要先进行这道工序。在钢板拼接时，焊缝应错开，防止十字交叉焊缝，焊缝之间最小距离应大于 3 倍板厚，并且不小于 100 mm，容器结构焊缝之间通常错开 500 mm 以上。

图 6–49所示为厚板拼接的一般方法。先将各板按拼接位置排列在平台上，然后对齐、压紧。如果某些板因变形在对接处出现高低不平，可用压马调平后立即进行定位焊。为保证拼接质量，焊缝两端应设引弧板，定位焊点应离开焊缝交叉处和焊缝边缘。

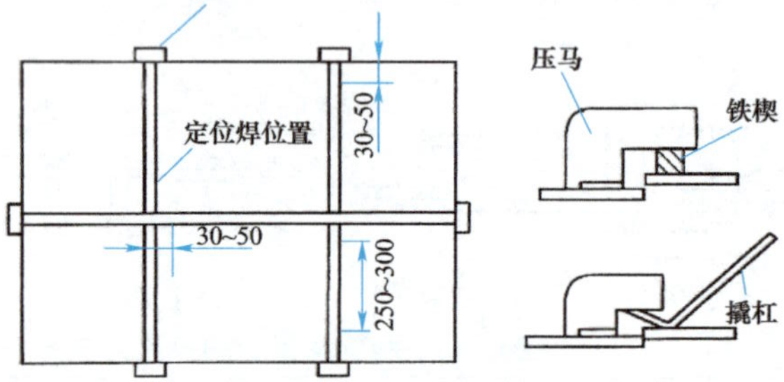

图 6–49　厚板拼接

钢板拼接应注意以下几点。

① 按要求留出装配间隙和保证接口处平齐。

② 厚板对接定位焊时，可以采用间距为 250～300 mm、长度为 30～50 mm 的定位焊缝焊固。如果局部应力较大，可根据实际情况适当缩短定位焊缝的距离。

③ 厚度大于 34 mm 的碳素结构钢和厚度大于或等于 30 mm 的低合金结构钢板拼接时，为防止低温时焊缝产生裂纹，当环境温度较低时，可先在焊缝坡口两侧各 80～100 mm 的范围内进行预热，预热温度及层间温度应控制在 100～150 ℃之间。

④ 对于 3 mm 以下的薄钢板，当焊缝长度为 2 m 以上时，焊后容易产生波浪变形。拼板时可以把薄钢板四周用短焊缝固定在平台上，然后在接缝两侧压上重物，接缝处定位焊缝长为 8 mm，间距为 40 mm，采用分段退焊法，焊后用锤子或铆钉枪轻打焊缝，消除应力后钢板即可平直。

续表

手动夹紧器

到夹紧工件的目的，如图 6–88 所示。图 6–89所示为螺旋夹紧器在焊接生产中的应用。

螺旋夹紧器的动作较慢，辅助时间长，工作效率不高。图 6–90所示为几种快速螺旋夹紧器的结构形式。

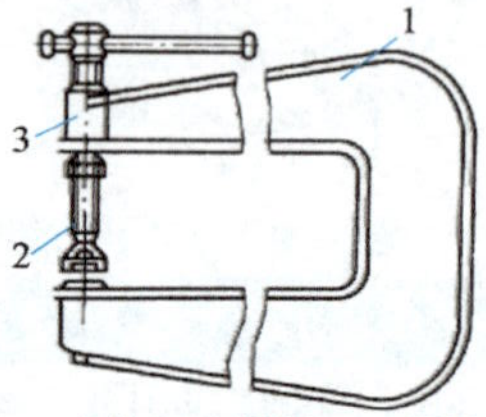

1—主体；2—螺杆；3—螺母

图 6–88　螺旋夹紧器

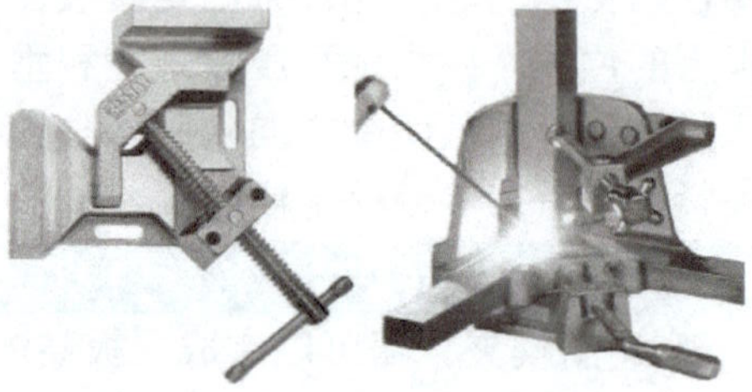

图 6–89　螺旋夹紧器应用实例

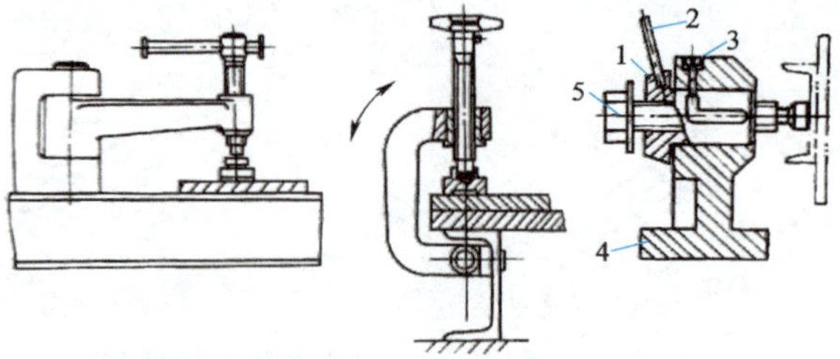

1—螺母套筒；2—手柄；3—定位销；4—主体；5—螺栓

图 6–90　几种快速螺旋夹紧器结构形式

（3）偏心轮夹紧器

偏心轮是指绕一个与自身几何中心相对偏移一定距离的回转中心旋转的零件。偏心轮旋转时，在某一方向上，回转中心与轮边缘的距离会发生变化，利用这一变化来夹紧或松开零件。图 6–91 所示为偏心轮夹紧器示意图。

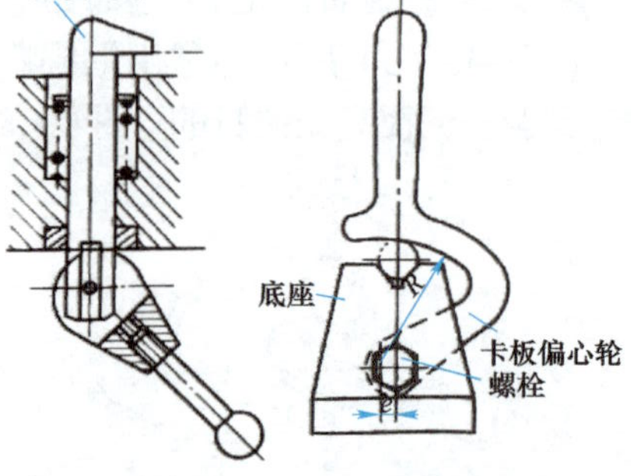

(a) 夹紧平面构件　(b) 夹持圆柱表面和管子

图 6–91　偏心轮夹紧器

偏心轮夹紧器夹紧动作

案例 6–16　圆筒节对接装配

圆筒节对接装配的要点，在于保证对接环缝和两节圆筒的同轴度误差符合技术要求。为使两节圆筒易于获得同轴度和便于装配中翻转，装配前两圆筒节应分别进行矫正使其圆度符合技术要求。对于大直径薄壁圆筒体的装配，为防止筒体椭圆变形，可以在筒体内使用径向推撑器撑圆，如图 6–50 所示。

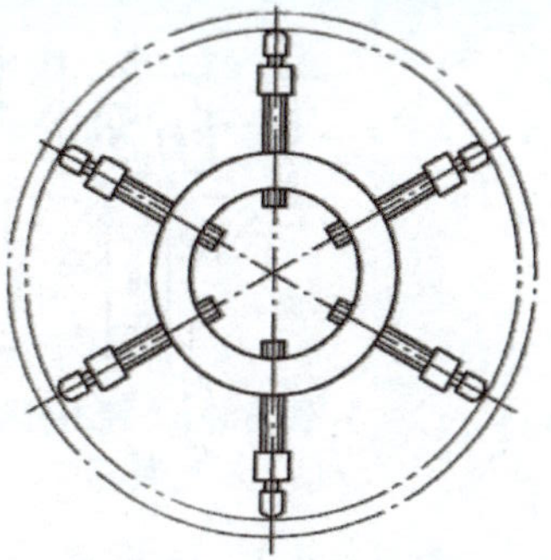

图 6–50　径向推撑器装配筒体

1. 筒体的卧装

筒体卧装主要用于直径较小、长度较长的筒体装配，装配时需要借助装配胎架，图 6–51（a）和图 6–51（b）所示为筒体在滚轮架和辊筒架上装配。筒体直径很小时也可以在槽钢或型钢架上进行，如图 6–51（c）所示。当各筒节的圆度、直径公差均符合要求时，在胎架上很容易保证其同轴度，只需沿轴向施力，使两筒节接触即可施行定位焊。

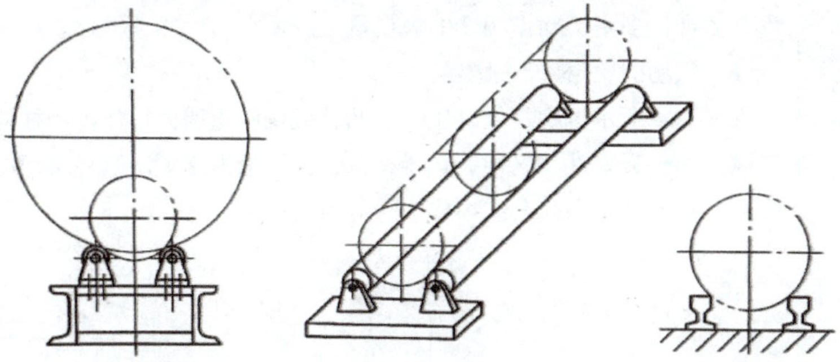

（a）滚轮架　（b）辊筒架　（c）槽钢架

图 6–51　筒体卧装示意图

2. 筒体的立装

为防止筒体因自重而产生椭圆变形，直径较大和长度较短的筒节在拼装时多采用立装，即竖装。这样可以克服由自重引起的变形。立装时，可采用图 6–52 所示的方法：先将一节圆筒放在平台（或水平基础）并找水

续表

<table>
<tr><td>手动
夹紧器</td><td>迅速（手柄转动一次即可夹紧焊件），有一定的自锁性，结构简单，但行程较短。特别适用尺寸偏差较小、夹紧力不大及很少出现振动情况下的批量生产。
（4）杠杆夹紧器
指利用杠杆的增力作用夹持或压紧焊件的夹紧器。由于它制作简单、使用方便、通用性强，故在装配中应用较多。图 6–92 所示为典型的杠杆夹紧器，当向左推动手柄时，间隙增大，焊件被松开；当向右推动手柄时，焊件被夹紧。杠杆夹紧器多与其他夹紧器联合使用，其特点是夹紧动作迅速，可起到增力的作用，适用于大批量生产。
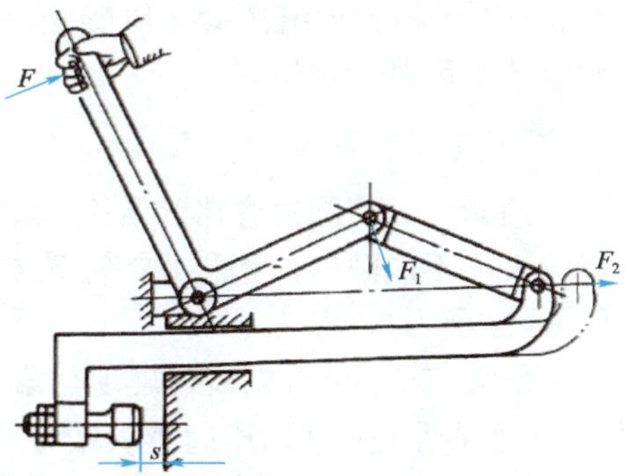

图 6–92　杠杆夹紧器</td></tr>
<tr><td>气动
夹紧器</td><td>气动夹紧器以压缩空气为传力介质，推动气缸活塞与连杆动作，实现对焊件的夹紧作用。
气动夹紧器具有夹紧动作迅速、夹紧力比较稳定、结构简单、操作方便、不污染环境及有利于实现程序控制等优点。
（1）气动斜楔夹紧器
图 6–93 所示为气缸通过斜楔进一步增力后实现夹紧作用的机构，其增力比大，可自锁，但夹紧行程小，机械效率低。
（2）气动杠杆夹紧器
图 6–94 所示为气缸通过杠杆进一步增力或减力后实现夹紧作用的机构，其形式多样、适用范围广，在装焊生产线上应用较多。
（3）气动斜楔–杠杆夹紧器
图 6–95 所示机构的气缸通过斜楔增力后，再经杠杆进一步增力或减力，实现夹紧作用。其结构形式多样、能自锁、省能源，应用较广泛。</td></tr>
</table>

平，在靠近上口处焊上若干个螺旋压马；然后将另一节圆筒吊上，用螺旋压马和焊在两节圆筒上的若干个螺旋拉紧器拉紧，进行初步定位；接着检验两节圆筒的同轴度并进行校正，同时检查焊缝环缝接口情况，并对其调整合格后进行定位焊。

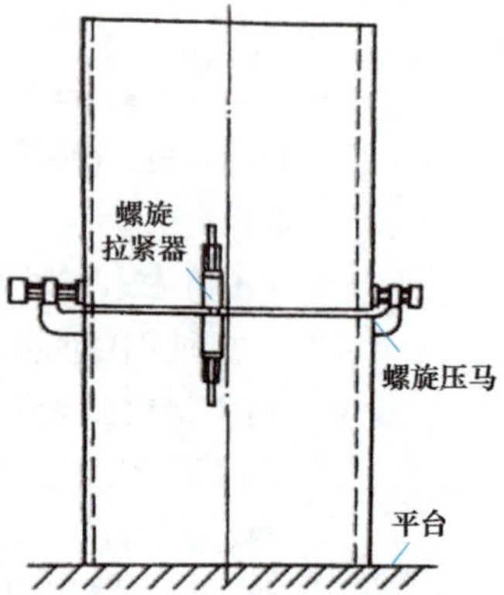

图 6–52　筒体立装对接

3. 立装倒装法

油罐等大型圆筒容器的装配，因筒体直径较大而不能卧装，可采用立装倒装法，如图 6–53 所示。

倒装方法为：首先装配罐顶与第一节筒体，并全部焊完；然后用起重机械将第一节筒体提升一定高度；接着把第二节筒体平移到第一节筒体下面，再用前面所述的立装方法，把第一节筒体缓缓地落在第二节筒体上面，接口处用若干螺旋压马进行定位，并用若干螺旋拉紧器拉紧，调整筒体同轴度和接口情况，合格后进行定位焊，最后将该节全部焊缝焊完；再用起重机械将第二节筒体提升一定高度，用同样的方法装配第三节筒体，以此类推，直到装完最后一节筒体，最后一节筒体还需与罐底板连接并焊在一起。

倒装法的筒体环缝焊接位置始终在最底一节筒体上，比正装法省去了搭脚手架的麻烦；同时，筒体的提升也是从最底下一节挂钩起吊，又可避免使用高大的起重设备，所以是比较常用的装配方案。

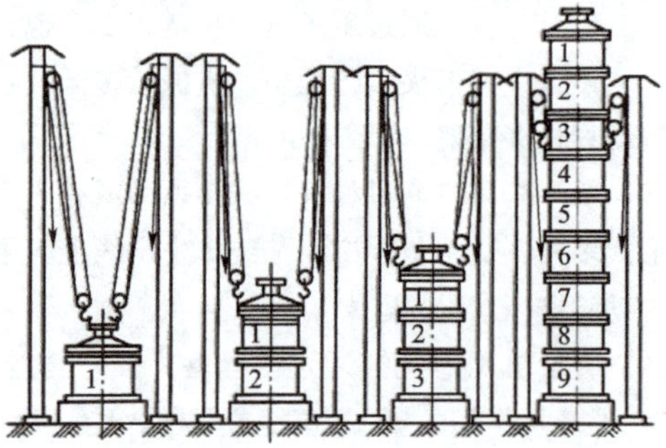

图 6–53　筒体的倒装法

续表

气动夹紧器	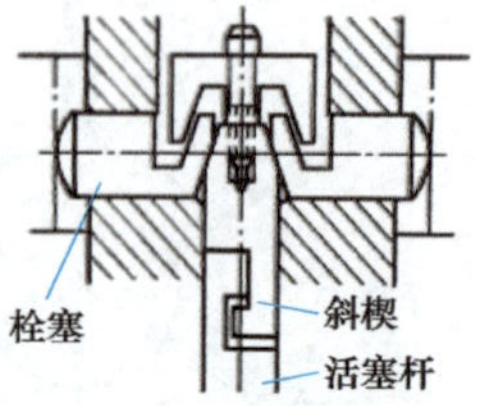 图 6–93　气动斜楔夹紧器 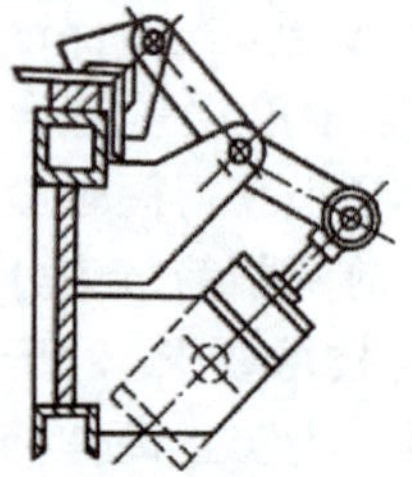 图 6–94　气动杠杆夹紧器 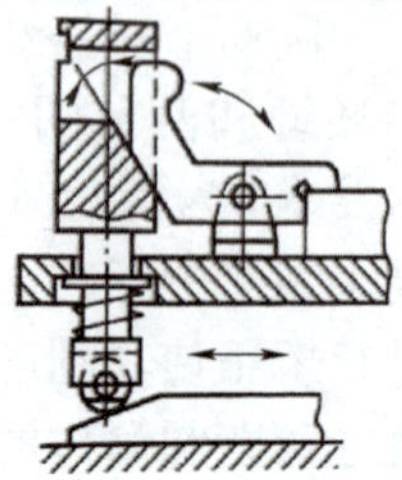 图 6–95　气动斜楔–杠杆夹紧器 （4）气动链–杠杆夹紧器 图 6–96 所示机构的气缸首先通过铰链连接板扩力，再经杠杆进一步增力或减力后，实现夹紧作用。其增力比大、机械效率高、夹头开度大，一般不具备自锁性能，多用于动作频繁、加紧速度快、大批量生产的场合。 （5）气动杠杆–铰链夹紧器 图 6–97 所示为通过杠杆与连接板的组合，将气缸力传递到焊件上实现夹紧的机构。其增力比大、有自锁性、机械效率较高、夹头开度大、形式多样，多用于动作频繁的大批量生产场合。 （6）气动凸轮–杠杆夹紧器 图 6–98 所示机构是气缸压力经凸轮或偏心轮增力后，再经杠杆增力或减力来夹紧焊件。这种夹紧器有自锁性、增力比大，但夹头开度小，夹紧行程不大，因此在装焊作业中应用较少。 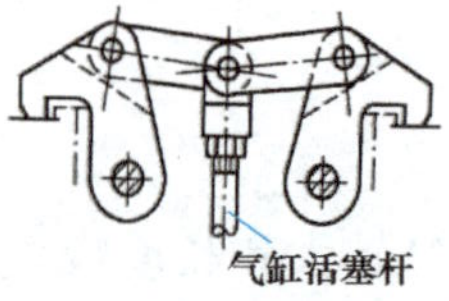 图 6–96　气动链–杠杆夹紧器 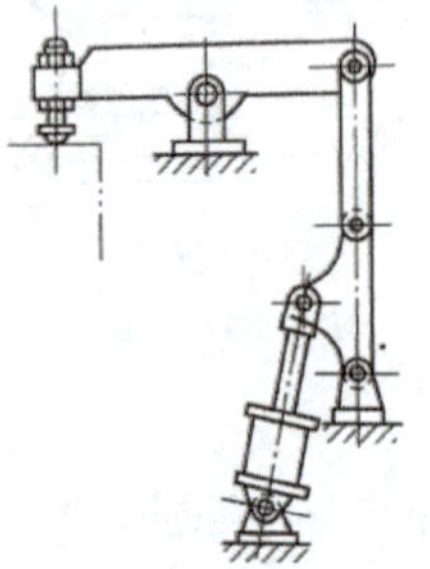 图 6–97　气动杠杆–铰链夹紧器 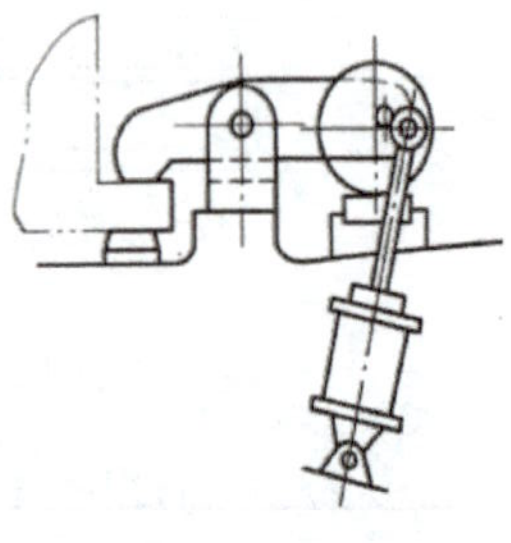 图 6–98　气动凸轮–杠杆夹紧器

案例 6–17　螺旋推撑器

推撑器的作用与拉紧器相反，是起顶紧或撑开作用，不仅可用于装配，还可以用于矫正焊件。图 6–54（a）所示为最简单的螺旋推撑器，由丝杠、螺母、圆管组成。由于这种螺旋推撑器头部是尖的，不利于保护焊件表面，只适用于顶撑表面精度要求不高的厚板或较大的型钢。如图 6–54（b）所示，在丝杠头部增加了活动垫铁，顶压时不会损伤焊件，也不容易打滑。图 6–54（c）所示的螺旋推撑器丝杠，具有正反方向的螺纹，可加快顶、撑动作。

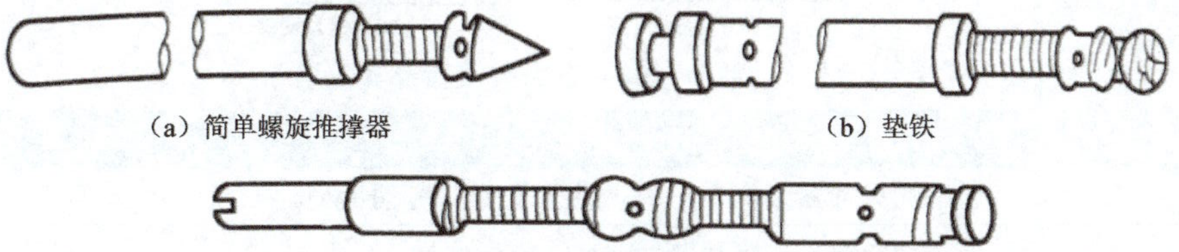

（a）简单螺旋推撑器　（b）垫铁

（c）丝杠

图 6–54　螺旋推撑器

案例 6–18　箱形梁的专用夹具

专用夹具是指具有专一用途的焊接工装夹具装置，是针对某种产品装配与焊接的需要而专门制作的。专用夹具的组成基本上是根据被装配焊接零件的外形和几何尺寸，在夹具体上按照定位和夹紧的要求，安装了不同的定位器和夹紧机构。

图 6–55 所示为箱形梁的专用夹具，夹具的底座 1 是箱形梁水平定位的基准面，下盖板放在底座上面，箱形梁的两块腹板用电磁夹紧器 4 吸附在立柱 2 的垂直定位基准面上，上盖板放在两腹板的上面，由液压夹紧器 3 的钩头形压板夹紧。箱形梁经定位焊后，由顶出液压缸 5 从下面把焊件往上部顶出。

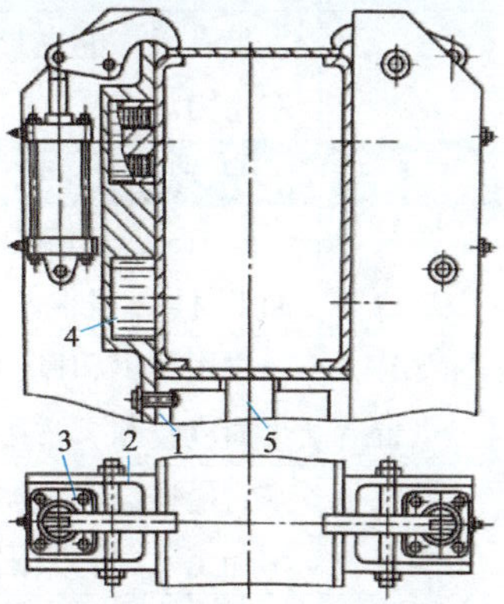

1—底座；2—立柱；3—液压夹紧器；4—电磁夹紧器；5—顶出液压缸

图 6–55　箱形梁的专用夹具

续表

液动夹紧器	液动夹紧器是以液压油为传力介质，推动液压缸活塞与连杆产生动作实现夹紧的。工作原理和工作方式与气动夹紧器相似，只是采用高压液体代替了压缩空气。液压传动用液体的工作压力一般为 3～8 MPa，在输出力相同的情况下，液压缸的尺寸较小、惯性小、结构紧凑。由于液体有不可压缩性，故液动夹紧器的夹紧度较高且工作平稳，夹紧力大，有较好的抗过载能力。液压油有吸振能力，便于频繁换向。但液压系统结构复杂，制造精度要求高，成本较高，控制部分复杂，不适合远距离操纵。 图 6–99所示为液压撑圆器，适用于厚壁筒体的对接、矫正及撑圆装配。 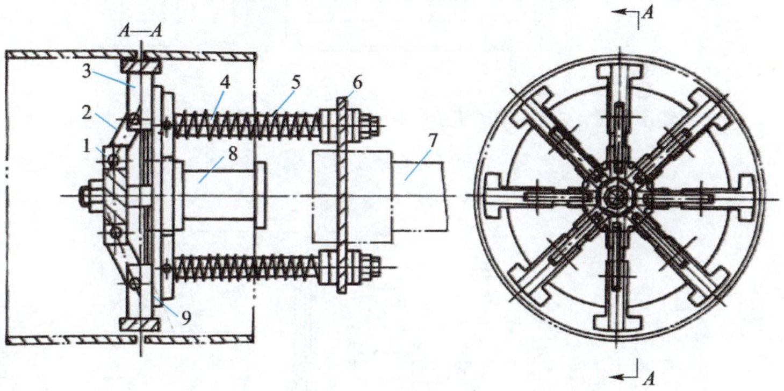 1—心盘；2—连接板；3—推撑头；4—支撑杆；5—缓冲弹簧；6—支承板；7—操作机伸缩臂；8—液压缸；9—导轨花盘 图 6–99　液压撑圆器
磁力夹紧器	指借助磁力吸引铁磁性材料的焊件实现夹紧的装置。磁力夹紧器操作简便，而且对工件表面质量没有影响，但其夹紧力通常不是很大。 图 6–100 所示为移动磁力夹紧器的几种形式。图 6–100（a）所示为用两个电磁铁与螺旋夹紧器配合使用矫正变形的板料；图 6–100（b）所示为利用电磁铁作为杠杆的支点，压紧角铁与焊件表面；图 6–100（c）所示为依靠电磁铁对齐拼板的错边，并可代替定位焊；图 6–100（d）所示为采用电磁铁做支点使板料接口对齐。

案例 6–19　水箱总装夹具

图 6–56 所示为某装置中的一水箱结构。该结构外形尺寸不大，根据结构特点及要求，采用夹具进行装配–焊接可简化装配操作、保证质量及提高生产效率，因此，该结构的制造关键就是设计出适合的装配–焊接夹具，如图 6–57 所示。

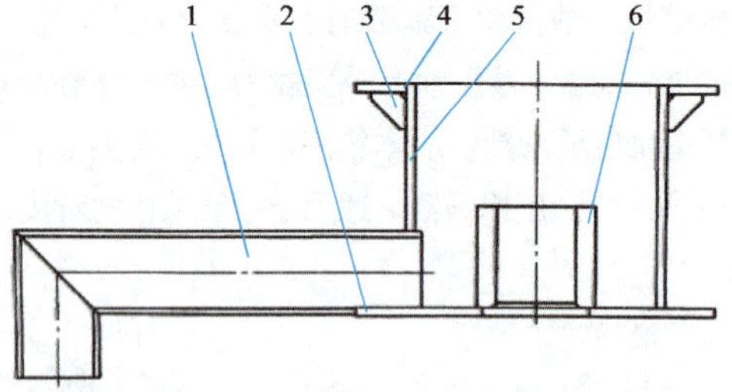

1—水箱出水管；2—水箱底法兰；3—肋板；4—水箱顶法兰；5—水箱管；6—水箱立管

图 6–56　水箱结构图

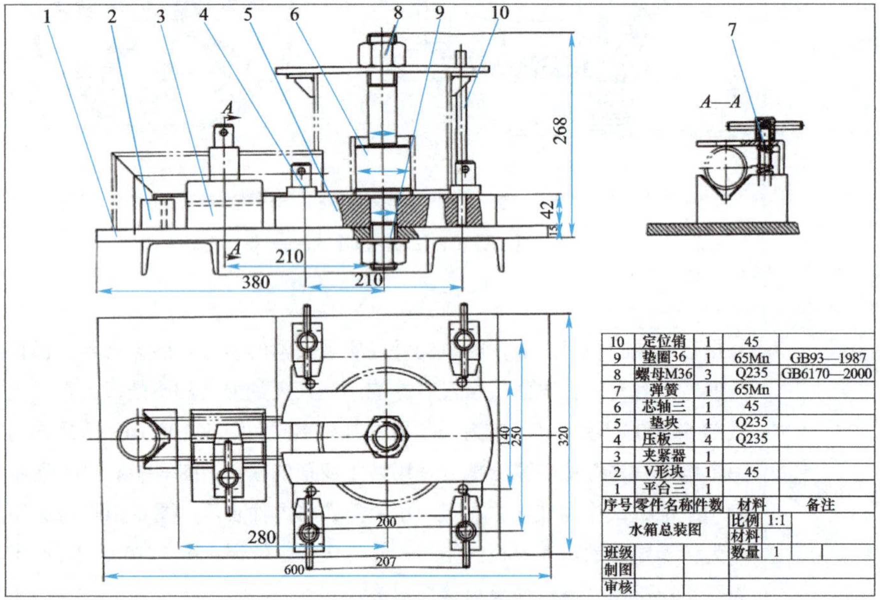

图 6–57　水箱总装夹具图

续表

磁力 夹紧器	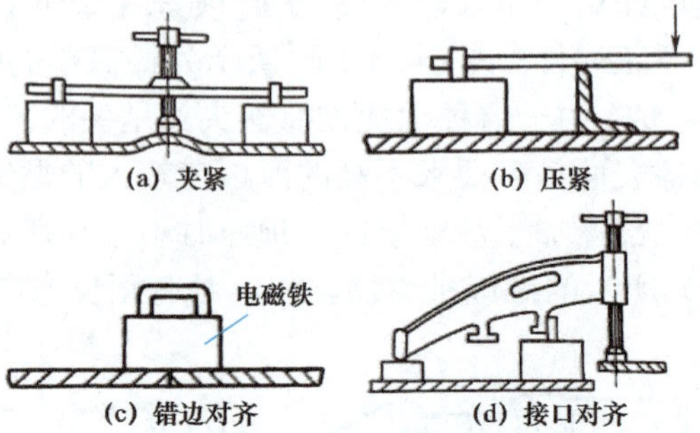 图 6–100　磁力夹紧器及其应用
知识点 6–26　布置夹紧器时的注意事项	
1	选用的夹紧器要简单可靠、便于操作、劳动量小。
2	夹紧动作快、生产率高。
3	对精度要求较高的工件作用点应在工件中心线下方，不能影响工艺顺序及操作。
4	对同一胎夹具，夹紧器元件的类型越少越好。
5	带有手柄的夹紧器，其手柄的运动方式应是朝自己从上往下，从右往左用力。
知识点 6–27　装配用设备——装配平台	
铸铁平台	它由许多块铸铁组成，结构坚固，工作表面经过机械加工，平面度较高，面上有许多孔洞，便于安装夹具。常用于装配及进行钢板和型钢的热弯。
钢结构平台	它由型钢和厚钢板焊制而成。它的上表面一般不经过切削加工，所以平面度较差。常用于制作大型焊接结构或桁架结构。
导轨平台	它由安装在水泥基础上的许多导轨组成。每条导轨的上表面都经过切削加工，并有紧固工件用的螺栓沟槽，主要用于制作大型结构件。
水泥平台	它是由水泥浇注而成的一种简易且适用于大面积工件的平台。既能用于拼接钢板、框架和构件，又可以用于安装胎架，进行较大部件的装配。
电磁平台	它由平台（型钢或钢板焊成）和电磁铁组成。电磁铁能将型钢吸紧固定在平台上，焊接时可以减少变形。

案例 6–20　汽车横梁胎夹具装配

图 6–58（a）所示为汽车横梁结构，它由拱形板 4、槽形板 3、角形板 6 和立平板 5 等零件组成。其装配胎夹具如图 6–58（b）所示，它由定位铁 8、螺栓卡紧器 9、回转轴 10 共同组合连接在胎架 7 上。装配时，首先将角形铁置于胎架上，用定位铁 8 定位并用螺栓卡紧器 9 固定，然后装配槽形板和立平板，它们分别用定位铁 8 和螺栓卡紧器 9 卡紧，再将各板连接处定位焊。该胎夹具还可以通过回转轴 10 回转，把工件翻转，使焊缝处于最有利的施焊位置。

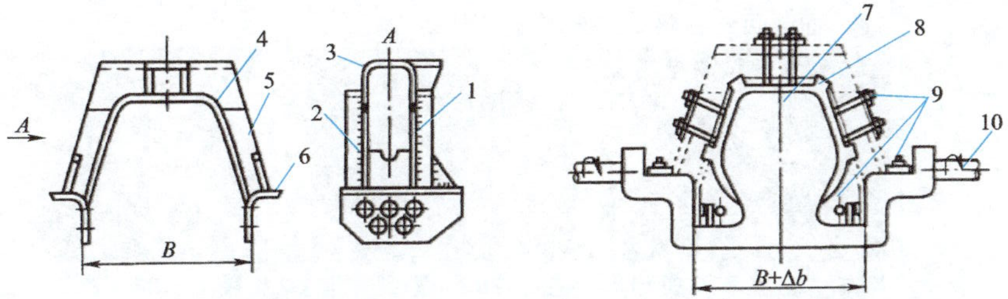

(a) 汽车横梁结构　　(b) 装配胎夹具

1、2—焊缝；3—槽形板；4—拱形板；5—立平板；6—角形板；7—胎架；8—定位铁；9—螺栓卡紧器；10—回转轴

图 6–58　汽车横梁胎夹具装配

案例 6–21　箱形梁的装配

箱形梁一般由翼板、腹板和肋板组合焊接而成。根据生产类型不同，可采用下列装配方法。

1. 划线装配法

图 6–59（a）所示为箱形梁，装配前，先把翼板、腹板分别矫直、矫平，板料长度不够时应先进行拼接。装配时，将翼板放在平台上，划出腹板和肋板的位置线并打样冲眼。各肋板按位置垂直装配于翼板上，用直角尺检验垂直度后定位焊，同时在肋板上部焊上临时支撑角钢，用来固定肋板之间的距离，如图 6–59（b）中虚线所示。再装配两腹板，使它们紧贴肋板立于翼板上，并与翼板保持垂直，用直角尺校正后实施定位焊固定。装配完两腹板后，由焊工按一定的焊接顺序先进行箱形梁内部焊缝的焊接，并经焊后矫正，内部涂上防锈漆后再装配上盖板，即完成了整个箱形梁的装配工作，如图 6–59（c）所示。

知识点 6–28　装配用设备——装配胎具

说明	装配胎具是为了保证产品的装配质量，提高生产率，根据产品的形状和零件装配的位置要求而设计的工装。装配胎具按其功能分为通用胎具和专用胎具，按其动作方式又分为固定式胎具和旋转式胎具。
固定式胎具	固定式胎具有型钢式胎具和专用胎具两类。型钢式胎具常用的形式有槽钢、轨道钢、工字钢等，用于直径较小的筒体卧装对接，如图 6–101 和图 6–102 所示。专用胎具只适用于一种形状、尺寸工件的装配，如图 6–103 所示为较大型压力容器封头组装采用的专用胎具。  图 6–101　用槽钢卧装对接筒体  图 6–102　用工字钢卧装对接筒体 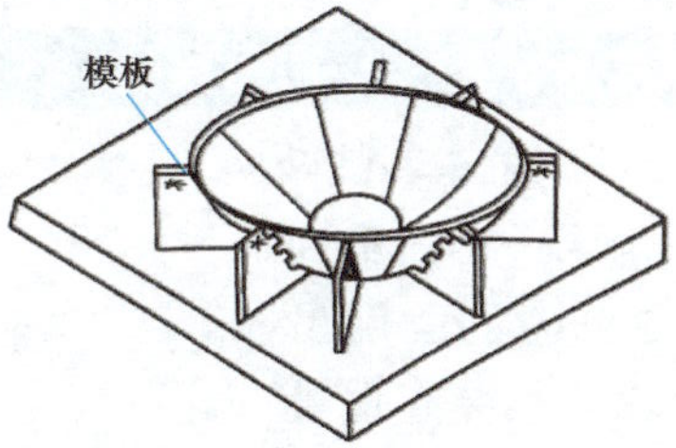 图 6–103　固定式封头专用夹具
旋转式胎具	旋转式胎具有垂直旋转式胎具和水平旋转式胎具两种。 对于分瓣下料的大型压力容器封头的组装，通常采用垂直旋转式胎具，这种胎具一般采用现场制作，由钢板和加强肋组成，如图 6–104 所示。 水平旋转式胎具有滚轮式胎具、滚筒式胎具和筒体卧装对接机。筒体进行卧装时，可以采用滚轮式胎具和滚筒式胎具，如图 6–105 和图 6–106 所示。  图 6–104　多瓣椭圆形封头装配施焊

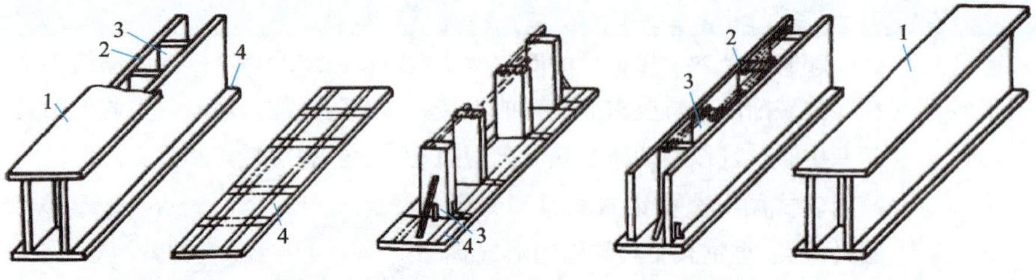

(a) 箱形梁　(b) 支撑角钢　(c) 完成装配

1、4—翼板；2—腹板；3—肋板

图 6–59　箱形梁的装配

2. 胎夹具装配法

批量生产箱形梁时，也可以利用胎夹具进行装配，以提高装配质量和装配效率。

案例 6–22　梁用吊具

图 6–60 所示为一种自重为 20 kg 的梁用吊具，吊装起重量为 2 000 kg。此种吊具多用于工字梁及箱形梁的吊装工作。其主要特点是卡爪在吊钩自重的作用下能自动开启和闭合，可方便地抓取和卸下工件，使起吊作业更加简化。

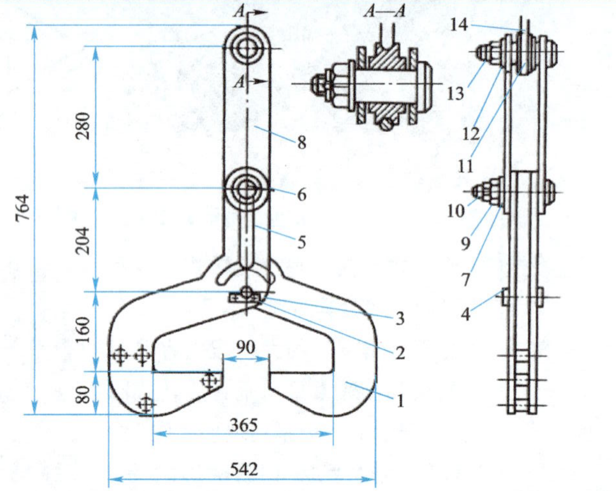

1—右抓；2—轴抽板；3—螺栓；4、6、13—轴；5—左爪；7、12—垫圈；8—连接板；9—螺母；10—销；11—滑轮；14—钢丝绳

图 6–60　梁用吊具

续表

旋转式胎具	这两种胎具可以减轻对接筒体径向滚动时的劳动强度，且没有划痕，但是在轴向移动时，筒体的外表面仍易产生划痕。 筒体卧装对接机如图 6–107 所示，其工作原理是电动机经减速器减速后，通过刚性联轴器与二次减速器的输入轴连接，再通过套筒联轴器、轴与另一减速器的输入轴连接。两台减速器的输出轴用十字轴式万向联轴器分别与筒连接，同一轴向的筒与辊的连接仍然采用十字轴式万向联轴器连接。采用筒体卧装对接机进行套筒卧装对接，不仅减轻了劳动强度，而且可一次性对接较长的筒体。 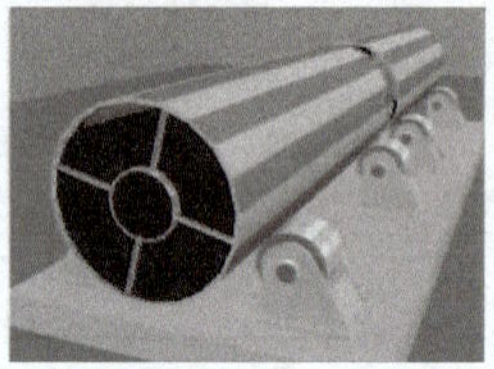 图 6–105　滚轮式胎具　 图 6–106　滚筒式胎具　 图 6–107　筒体卧装对接机

知识点 6–29　装配用设备——吊装设备

说明	在焊接结构生产中，各种板材、型材及焊接构件在生产准备中的吊装工作量很大，如吊运、翻转、就位等。吊装过程中采用吊具，对提高输送效率、节省工时、减轻捆挂作业强度及保证安全生产都起着重要作用。
机械吊具	图 6–108 所示为一种主要用于板材水平吊装的吊具。吊具成对使用，整体吊具由吊爪、压板、销轴及吊耳等组成。使用时，若将 4 个吊具通过链条两两并排安装在纵向起吊梁上，则既可用于较长、较薄板材的吊装，又可用于筒节、箱体等结构件的吊装。 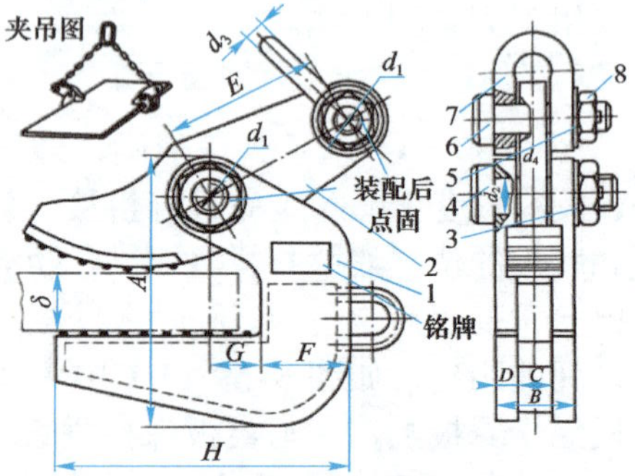 1—吊爪；2—压板；3、5—垫圈；4、6—销轴；7—吊耳；8—螺母 图 6–108　板材水平吊具

案例 6–23　桥式起重机

桥式起重机是横架于车间、仓库和料场上空进行物料吊运的起重设备。它的两端坐落在高大的水泥柱或者金属支架上，形状似桥。桥式起重机的桥架沿铺设在两侧高架上的轨道纵向运行，可以充分利用桥架下面的空间吊运物料，不受地面设备的阻碍。它是使用范围最广、数量最多的一种起重机械。

5 t 以下的起重机一般由电葫芦或链轮小车和一段工字梁或桁架组成，如图 6–61 所示。在工厂应用较普遍，形式也多样，有人工开动的、也有遥控的，用来实现工件在车间内的搬运、装卸和安装等任务。

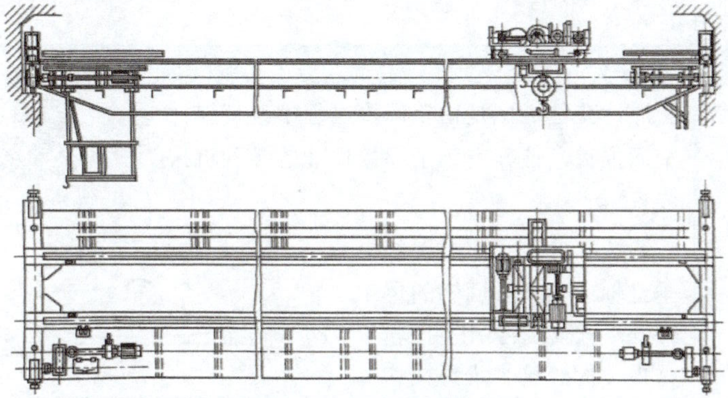

图 6–61　桥式起重机

案例 6–24　门式起重机

门式起重机是带腿的桥式起重机，如图 6–62 所示。在车间应用较广泛。

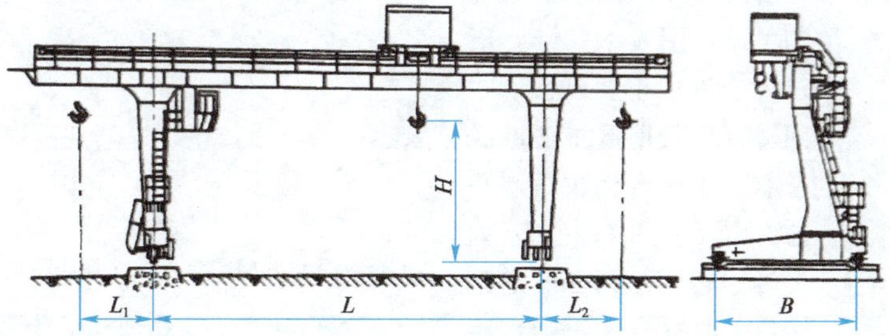

图 6–62　门式起重机

续表

磁力吊具	磁力吊具有永磁式、电磁式及永磁–电磁式吊具三类。图 6–109 所示为一种永磁–电磁式吊具的结构形式，在吊具与焊件接触的初期，给电磁铁通电并使电磁铁的极性与永久磁铁的极性相同以增加吸附力，使焊件牢牢地吸附在吊具上，然后关断电流，转为仅依靠永久磁铁吸附焊件。当需要卸料时，反向给电磁铁通入电流，使其极性与永久磁铁的极性相反，抵消永久磁铁的磁力，以达到迅速卸料的目的。 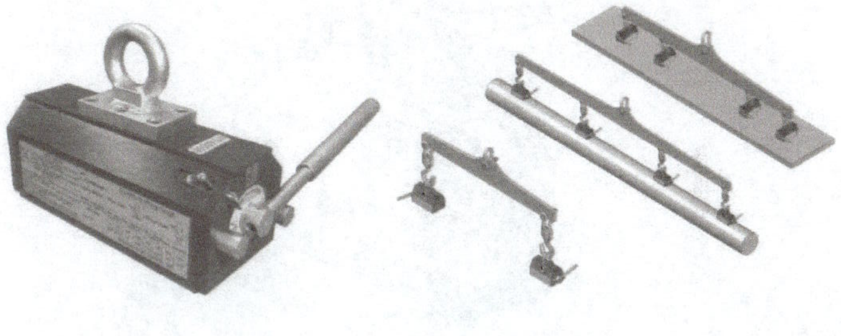 图 6–109　磁力吊具及其应用
真空吊具	图 6–110 所示为一种真空吊具。工作时，依靠真空泵将吸盘内抽成真空，吸附焊件。由于吸力有限，因此主要用于吊运表面平整、重量不大的薄型板材。 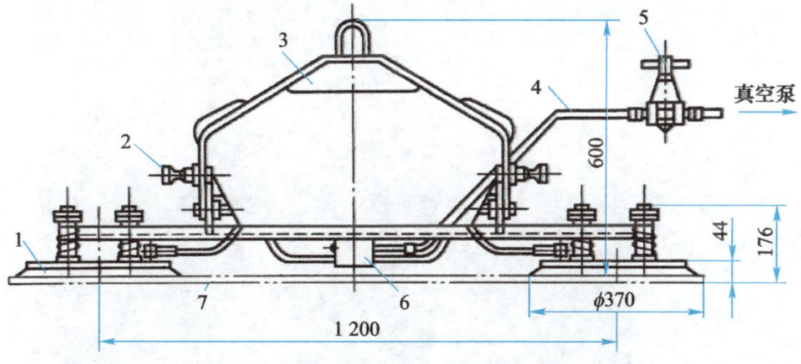 1—吸盘；2—照明灯；3—吊架；4—管路；5—换向阀；6—分配器；7—焊件 图 6–110　真空吊具

案例 6–25　焊接操作机与焊接回转台配合使用

图 6–63 所示为焊接操作机与焊接回转台配合使用，进行“船形”位置焊缝的焊接。

图 6–63　焊接操作机与焊接回转台配合进行焊接

案例 6–26　焊接机器人与焊接回转台配合使用（1）

图 6–64 所示为焊接机器人与焊接回转台配合进行焊接。

图 6–64　焊接机器人与焊接回转台配合进行焊接

知识点 6–30　焊接变位机械

说明		焊接变位机械的主要作用是改变焊件、焊机、焊接工人的操作位置，以达到和保持最佳的施焊条件，同时有利于实现机械化和自动化焊接生产。各种焊接变位机械既可单独使用又可相互配套使用。
分类	焊件变位	焊接回转台、焊接翻转机、焊接变位机、焊接滚轮架。
	焊机变位	焊接操作机、电渣焊立架。
	焊工变位	焊工升降台。

知识点 6–31　焊接变位机械——焊件变位机

说明	焊件变位机械是指在焊接过程中改变焊件空间位置，使其有利于焊接作业的各种机械装备★。 换个角度看问题
焊接回转台	焊接回转台是将焊件绕垂直轴或倾斜轴回转的焊件变位机械。主要用于回转体焊件的焊接、堆焊或切割。图 6–111 所示为常用焊接回转台。其中图 6–111（a）所示为最常用的固定式电动回转台，工作台转速均匀可调；图 6–111（b）所示为一种中小型可移动式回转台，载重量在 500 kg 左右，工作台面也是水平的；图 6–111（c）所示为一种回转轴倾角在一定范围内可调的小型回转台，用于小件焊接。 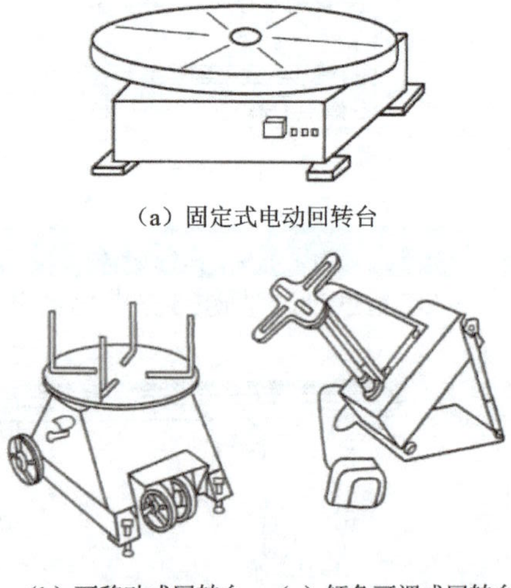 （a）固定式电动回转台 （b）可移动式回转台　（c）倾角可调式回转台 图 6–111　常用焊接回转台

★课程思政：换个角度思考问题

焊接变位机械的出现，使得原来焊工绕着焊件转动变为焊件转动，大大降低了焊接操作难度，同时也保证了焊接质量。通过一个角度的变换，就获得到了不同的效果，同学们也应当培养出换个角度看待问题的能力，一个简单的变化可能就会出现意想不到的效果。

案例 6–27　焊接机器人与焊接回转工作台配合使用（2）

如图 6–65 所示，采用两个安有装配夹具的回转工作台，操作者将焊件装配好后，由回转工作台送入焊接工位，而焊完的焊件同时转回原位，经操作者检查、补焊后从工作台上卸下。这种组合方式的特点是：

① 能及时地对焊接质量进行检查；

② 简化了机器人配套工艺装备的运用，并能焊接很复杂的焊件；

③ 为了使装配间隙保持一致，操作者可随时进行调整，纠正焊缝的位置偏差；

④ 操作者与焊接机器人同时工作时，为了改善作业条件，两者之间应用弧光飞溅隔离屏隔开。

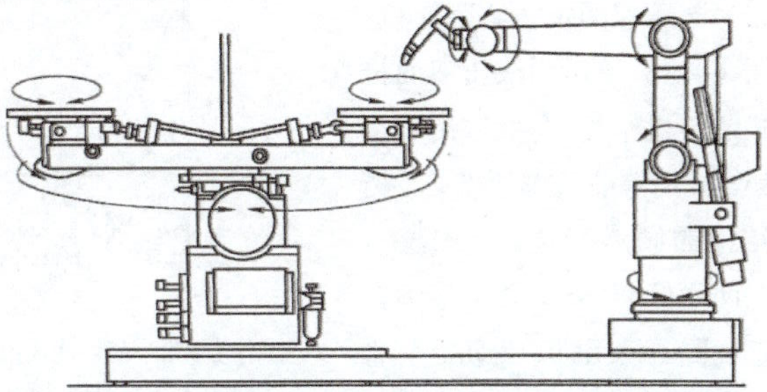

图 6–65　机器人与两个工位回转工作台配合使用

案例 6–28　翻转机与焊接机器人配合使用

图 6–66 所示是将整体装配好的炉体放在焊件变位机上由机器人改变焊枪位置进行焊接。

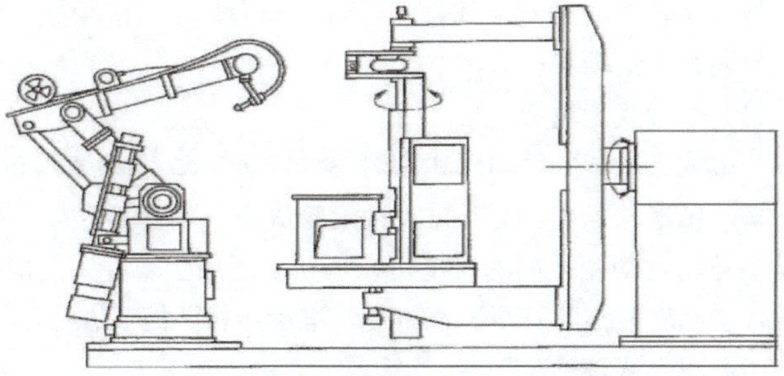

图 6–66　翻转机与焊接机器人配合进行炉体焊接

续表

<table>
<tr><td>焊接
翻转机</td><td>焊接翻转机是使工件绕水平轴转动并可使之处于倾斜位置的焊件变位机械。
（1）头尾架式翻转机
头尾架式翻转机由主动的头架和从动的尾架组成，主要用于轴类及筒形和椭圆形焊件环形焊缝的焊接以及表面堆焊时的旋转变位。图 6–112 所示为典型的头尾架式翻转机，它的优点是可以翻转或按焊接速度转动，并能调整位置与自锁；不足之处是工件由两端支承，翻转时在头架端要施加扭转力，因而不适合加工刚性小、易弯曲的工件。

图 6–112　头尾架式翻转机
（2）框架式翻转机
图 6–113 所示为一台可升降的框架式翻转机。焊件装夹在回转框上，框架两端有两个插入滑块中的回转轴。滑块可沿左右两支柱上下移动，由电动机、减速器带动丝杠旋转，使与滑块固定在一起的丝杠螺母升降。由电动机经减速器带动光杠上的蜗杆旋转，使与它啮合的蜗轮及与蜗轮刚性固定的框架旋转，实现工件翻转。

图 6–113　框架式翻转机
（3）转环式翻转机
将焊件夹紧并且固定在由两个半圆组成的支承环内，同时安装在支承滚轮上，依靠摩擦力或齿轮传动方式翻转的机构称为转环式翻转机，如图 6–114 所示。它具有水平和垂直两套夹紧装置，可用于夹紧和调整工作位置。电动机经减速后带动支承环上的针轮传动系统，使支承环旋转。

图 6–114　转环式翻转机
（4）链条式翻转机
链条式翻转机结构形式如图 6–115 所示，主要用于经装配定位焊后</td></tr>
</table>

案例 6–29　专用于梁柱构件自动焊接的链式翻转机

如图 6–67 所示，该链式翻转机是利用电动机驱动链轮带动环形链条完成工字梁的翻转任务。

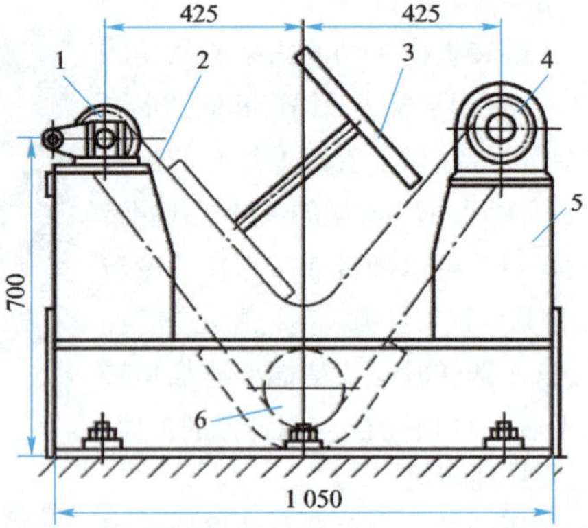

1—链轮；2—链条；3—工字梁；4—轴承座；5—驱动机构；6—制动轮

图 6–67　一种专用于梁柱构件自动焊接的链式翻转机

案例 6–30　筒体外环焊缝的焊接

图 6–68 所示为焊接操作机与焊接滚轮架配合进行筒体外环焊缝的焊接。

图 6–68　焊接操作机与焊接滚轮架配合进行筒体外环焊缝的焊接

续表

焊接翻转机	自身刚性很强的梁、柱等焊件的翻转变位。工作时，主动链轮带动链条上的工件翻转变位，从动链轮上装有制动器用于防止焊件因自重而产生滑动。无齿链轮拉紧链条，防止焊件下沉。链条式翻转机的结构简单、焊件装卸迅速，但使用时应注意因翻转速度不均而产生的冲击作用。  图 6–115　链条式翻转机 （5）液压双面推拉式翻转机 图 6–116 所示为液压双面推拉式翻转机结构，主要应用于小车架、基座等非长形板结构、桁架结构的倾斜变位。工作台 1 可向两面倾斜 90°，并可停留在任意位置。使用时，为防止焊件倾倒，焊件应紧固在工作台面上。 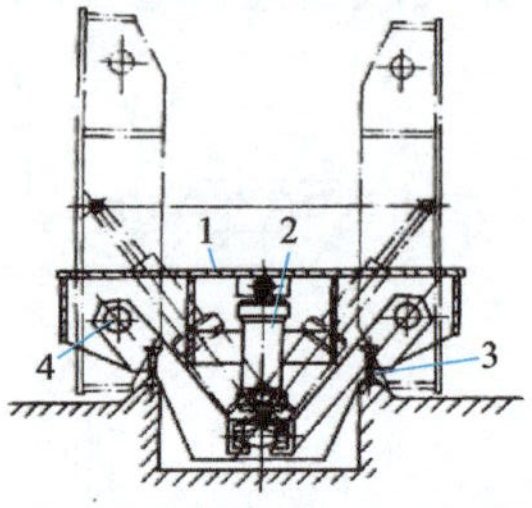 1—工作台；2—翻转液压缸；3—台车底座；4—推拉式销轴 图 6–116　液压双面推拉式翻转机
焊接滚轮架	焊接滚轮架是借助主动滚轮与焊件之间的摩擦力带动筒形焊件旋转的焊件变位机械，主要用于筒形焊件的装配与焊接。根据产品需要，适当调整主、从动轮的高度，还可进行锥体、分段不等径回转体的装配与焊接。 根据滚轮架的结构形式不同，可以分为长轴式滚轮架、组合式滚轮架以及履带式滚轮架。 （1）长轴式滚轮架 长轴式滚轮架的结构形式如图 6–117 所示，驱动装置布置在一侧，与一排长轴滚轮相连，另一排长轴滚轮从动。为适应不同直径筒体的焊接，从动轮与主动轮之间的距离可以调节。适用于长度大的薄壁筒体，而且筒体在回转时不易打滑，能方便、准确地将两筒节进行对装。 （2）组合式滚轮架 图 6–118 所示为一种组合式滚轮架结构。每组滚轮都相对独立地安装

案例 6–31　筒形容器的装配–焊接装置

如图 6–69是气–液分离器装配–焊接图，由于该容器直径不大并且比较长，故选择长轴式焊接滚轮架和悬臂式焊接操作机来配合使用，可完成筒形容器的环、纵焊缝的焊接。若在操作机上安装割炬后，还可以完成筒节端部的切割任务。

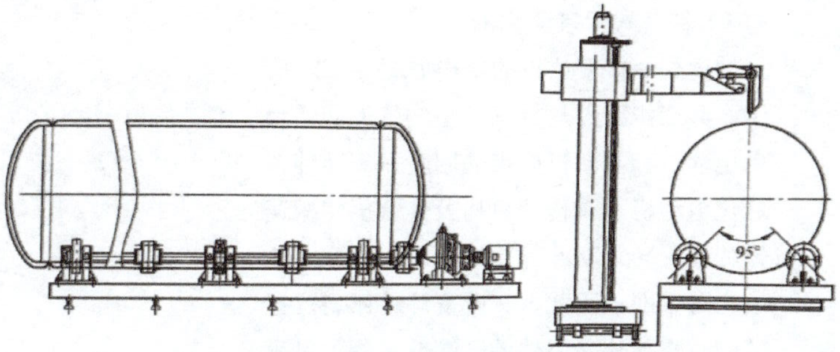

图 6–69　气–液分离器装配–焊接图

案例 6–32　两台伸缩臂式焊接操作机与滚轮架相组合生产

图 6–70 所示是采用两台伸缩臂式焊接操作机与滚轮架相组合生产的实例。每台伸缩臂操作机上都安装了两套焊接机头装置，完成筒体内外环缝的焊接。因此，这种组合可以同时完成四道环缝的焊接任务，使生产效率成倍提高。

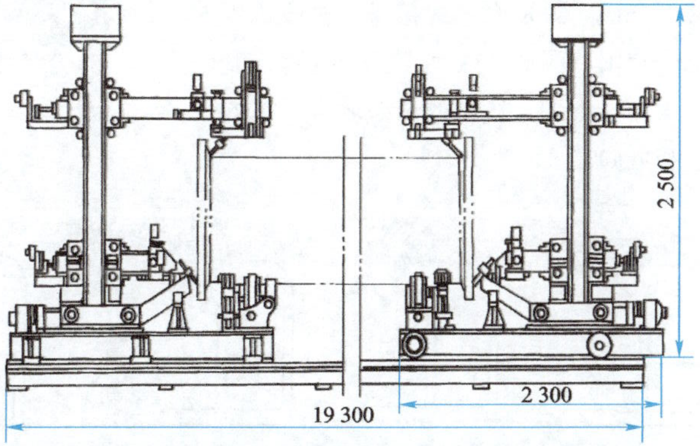

图 6–70　两台伸缩臂式焊接操作机与滚轮架相组合生产

续表

焊接滚轮架

在各自的底座上，且每组滚轮的轮距是可调的，以适应不同直径筒体的焊接。这种滚轮架使用方便灵活，对焊件的适应性强，是目前焊接生产中应用最广泛的一种结构形式。

图 6–119 所示为自调式滚轮架，它也属于组合式滚轮架的一种。其主要特点是可根据筒体的直径自动调节滚轮的中心距，适于在一个工作地点装配和焊接不同直径的筒体。

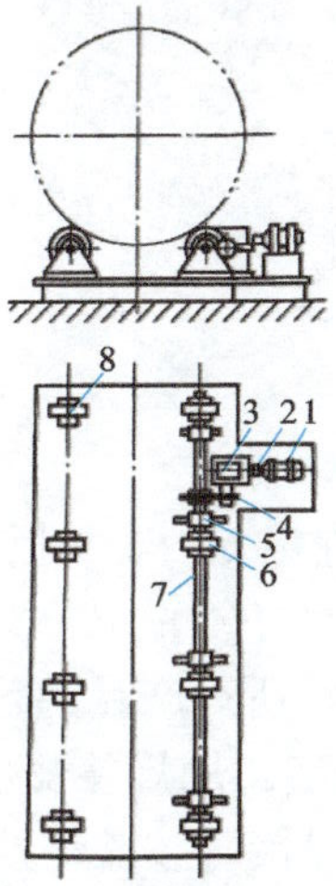

1—电动机；2—联轴机；3—减速器；4—齿轮对；5—轴承；6—主动齿轮；7—公共轴；8—从动滚轮

图 6–117　长轴式滚轮架

图 6–118　组合式滚轮架

图 6–119　自调式滚轮架

（3）履带式滚轮架

图 6–120 所示为履带式滚轮架。工作时，大面积的履带与焊件相接触，接触长度可达到焊件圆周长度的 1/6～1/3，有利于防止薄壁焊件的变形，且传动平稳。履带式滚轮架适用于轻型、薄壁、大直径的焊件及非铁金属容器。此种滚轮架的不足之处是焊件容易产生螺旋形轴向窜动。

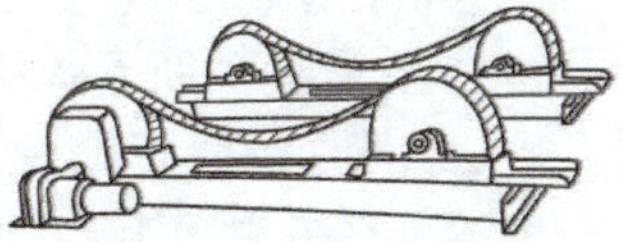

图 6–120　履带式滚轮架

案例 6–33　轴承座焊接焊缝位置的调整

图 6–71 所示为轴承座，针对轴承座焊缝较多的结构特点，请选择合适的焊接变位设备，以将待焊轴承座的各种焊接位置调整为最佳的平焊位置。

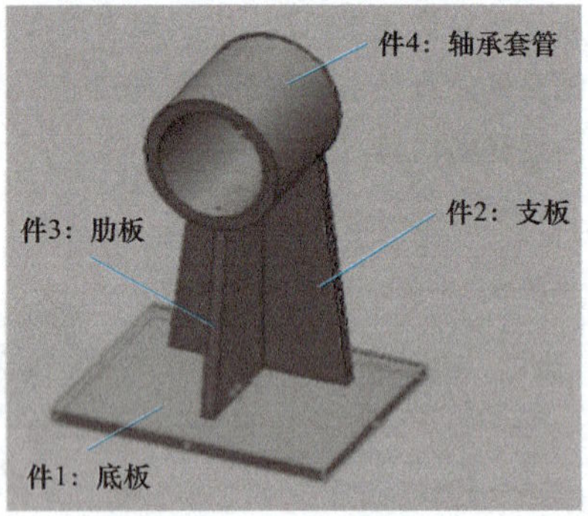

图 6–71　轴承座

焊接如图 6–71 所示轴承座时，先焊接支板、肋板、底板、轴承套管，再分别与支板、肋板组焊。为使工件始终处于平焊位置，必须采用焊接变位机。选择合适的焊接变位机，需要了解所焊产品的各种焊接位置，明确需要变位的焊接位置，确定变位机的功能。用焊接变位机焊接该轴承座，要完成轴承座在变位机上的正确装夹，焊接时按操作技术和安全技术操作变位机，使工件始终处于平焊位置。

1. 变位前准备

（1）明确需要变位的焊接位置

经分析，从减小焊接变形及应力的角度考虑，应先焊件 2、件 3 焊缝（图 6–72 中箭头 1 所示焊缝），组对好的焊件应置于如图 6–72 所示的位置；件 2、件 3 焊缝焊完后，在同一焊件位置将件 1 与件 2 焊缝和件 4 与件 2 焊缝（图 6–72 中箭头 2 所示焊缝）焊完。

此时，图 6–72 所示的焊件处于平焊位置的焊缝已焊完，而件 1 与件 2 另一面焊缝和件 4 与件 2 另一面焊缝处于仰焊位置，因此需要将焊件翻转成如图 6–73 所示的位置，使上述焊缝处于平焊位置（见图 6–73 箭头 2 所指焊缝）。在此焊件位置完成图 6–73 中箭头 2′所指焊缝的焊接。

续表

焊接变位机	焊接变位机是集翻转（或倾斜）和回转功能于一身的变位机械。翻转和回转分别由两根轴驱动，夹持焊件的工作台除能绕自身轴线回转外，还能绕另一根轴倾斜或翻转。因此，可将焊件上各种位置的焊缝调整到水平或“船形”等易于施焊的位置。 （1）伸臂式焊接变位机 伸臂式焊接变位机的结构如图 6–121 所示。其工作特点是带有 T 型沟槽的回转台由电动机和回转机构带动回转；旋转伸臂通过电动机、带传动机构及伸臂旋转减速器传递旋转运动。伸臂旋转时，其空间轨迹为圆锥面，因此，在改变焊件倾斜位置的同时将伴随着焊件的升高或下降，以满足获得最佳施焊位置的需求。这种变位机主要用于 1 t 以下中小焊件的旋转变位。 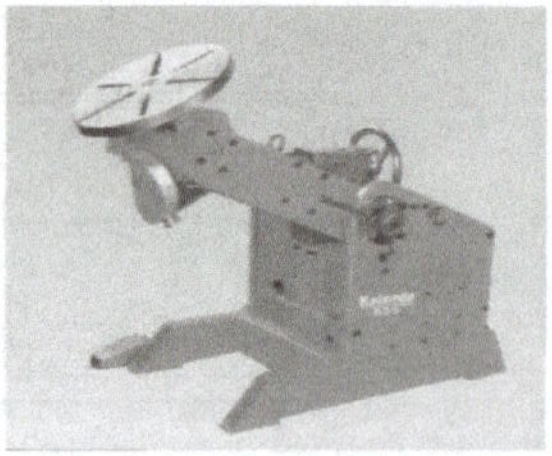 图 6–121　伸臂式焊接变位机 （2）座式焊接变位机 图 6–122 所示为一种常见的座式焊接变位机的结构形式。此变位机主要用于 1～50 t 焊件在焊接时的变位，在焊接结构中应用广泛，最适合与焊接操作机或机器人配合使用。图 6–123 所示为座式焊接变位机操作示意图，图中的箭头表示焊嘴的位置和方向。  图 6–122　座式焊接变位机 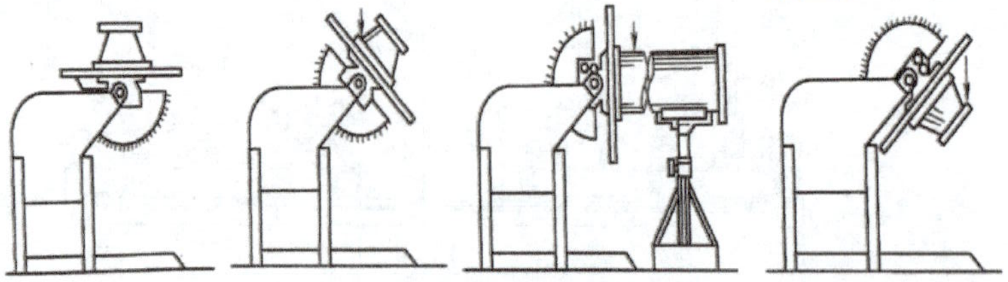 （a）工作台水平　（b）工作台倾斜 45°　（c）工作台倾斜 90°　（d）工作台倾斜 135° 图 6–123　座式焊接变位机操作示意图

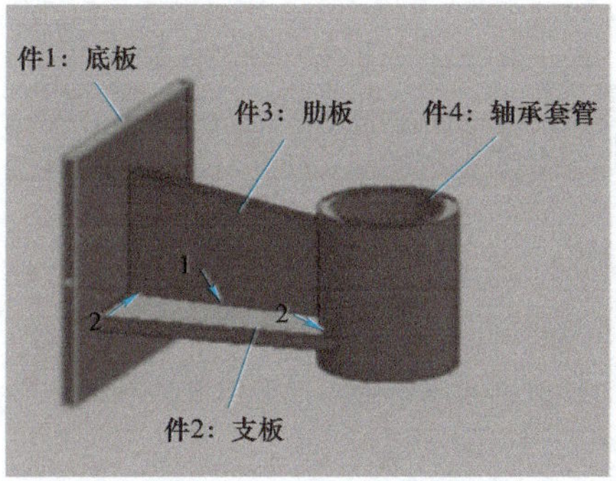

图 6–72　焊件初始位置

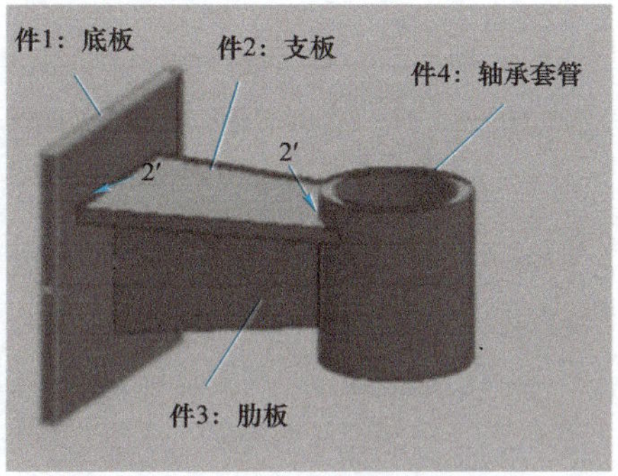

图 6–73　焊件一次变位位置

件 1 与件 3 焊缝和件 4 与件 3 焊缝（见图 6–74 中箭头 3 所指焊缝和图 6–75 中箭头 3′所指焊缝）均处在立焊位置。因此，焊件应进行第二次变位至如图 6–74 所示位置，在此位置完成图 6–74 中箭头 3 所指的焊接。

至此，仅剩图 6–75 中箭头 3′所指焊缝，其处于仰焊位置，需要焊件第三次变位至如图 6–75 所示位置，并完成焊缝的焊接。

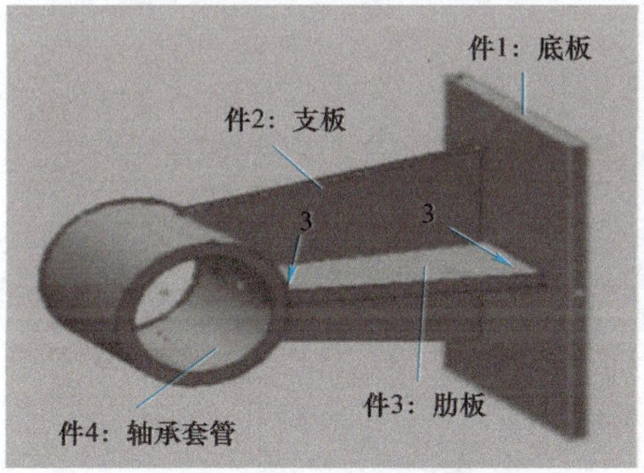

图 6–74　焊件二次变位位置

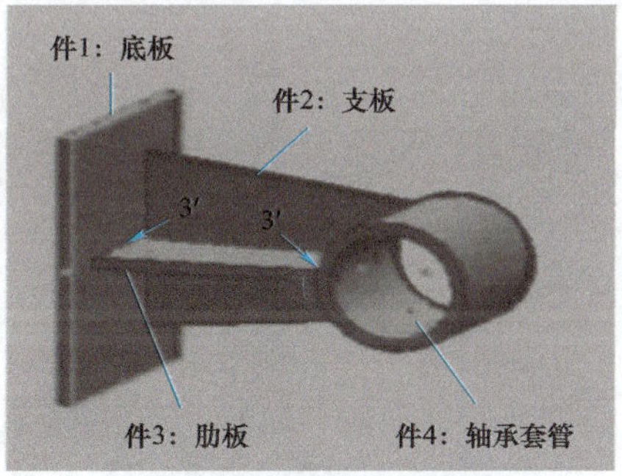

图 6–75　焊件三次变位位置

（2）选择焊接变位机及装夹焊件初始位置

根据轴承座的各种焊接位置及需要变位的焊接位置和各类焊接变位机功能，选择座式焊接变位机。

装配过程：先将定位焊后的焊件固定在变位机回转工作台上，然后转动变位机机构，使回转工作台处于近垂直状态，最后转动变位机回转工作台使焊件处于初始位置。

续表

焊接变位机	（3）双座式焊接变位机 图 6–124 所示为双座式焊接变位机，工作台及回转装置安装在一个 U 形架上，U 形架两端装有翻转轴，由两个支座支承，通过传动装置实现翻转。它具有较高的稳定性和较大的承载能力，特别适用于大型和重型焊件的变位。  图 6–124　双座式焊接变位机

知识点 6–32　焊接变位机械——焊机变位机械

说明	焊机变位机械是将焊接机头准确送达并保持在待焊位置，或是以选定的焊接速度沿规定的轨迹移动焊接机头，配合完成焊接操作的焊接机头变位机械。与焊接变位机配合使用，可以焊接多种焊缝，如纵缝、环缝、对接焊缝、角焊缝及任意曲线的自动焊接焊缝，也可以进行自动堆焊和切割工艺。
焊接操作机	（1）平台式焊接操作机 图 6–125 所示为平台式操作机，焊机放置在操作平台上，可在操作平台上移动；操作平台安装在立架上，能沿立架升降；立架坐落在台车上，可沿轨道运行。这种操作机的作业范围大，主要应用于外环焊缝和外纵焊缝的焊接。  图 6–125　平台式操作机 平台式操作机又分为单轨式和双轨式两种。为防止倾斜，单轨式须在车间的墙上或柱上设置另一轨道，双轨式则要在台车或支架上放置平衡配重，以增加操作机的稳定性。 （2）悬臂式操作机 图 6–126 所示为悬臂式焊接操作机的一种结构形式，焊接机头安装在悬臂的一端，并可沿悬臂移动，同时可绕立柱 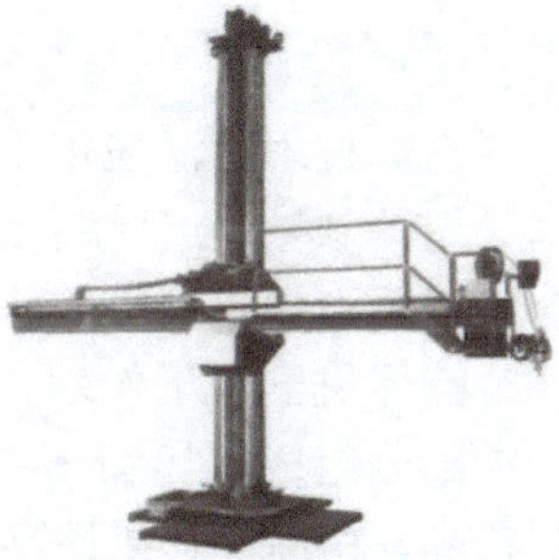 图 6–126　悬臂式焊接操作机

2. 操作要领

按图 6–76 所示轴承座焊接时的初始位置、变位顺序及各次变位后的焊件位置及焊接工艺焊接焊件。

（1）初始位置

完成底板与支板、支板与肋板、轴承管套与支板间的正面角焊的焊接。

（2）第一次变位

完成支板与底板、轴承管套与支板的背面焊缝的焊接。

（3）第二次变位

完成支板与底板间焊缝的焊接。

（4）第三次变位

完成肋板与底板另一面焊缝的焊接。

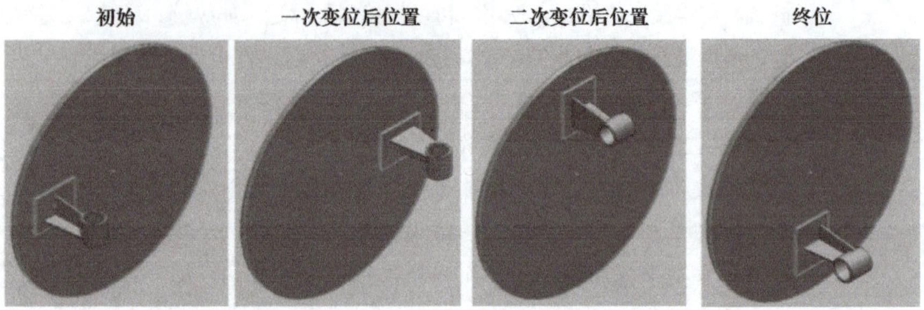

图 6–76　轴承座焊接时初始位置、变位顺序及各次变位后的焊接位置

案例 6–34　点焊机器人工作站

点焊技术广泛应用于汽车、土木建筑、家电产品、电子产品、铁路机车等相关领域。点焊相比其他焊接方法，比较擅长于薄板焊接领域，更适合运用于点焊机器人工作站的自动化生产。

点焊机器人工作站主要由工业机器人本体、控制系统及点焊设备系统三大部分组成，如图 6–77所示。点焊机器人工作站工艺设计开发，具有配置高、精度高、柔性高、稳定性好、适应性强、安全性高、可拓展性大等特点，能够满足产品生产过程中的严格需求。

续表

焊接操作机	回转和沿立柱升降。焊机可随悬臂沿地轨作纵向移动。当它与焊件翻转装置配合使用时，可以焊接不同直径容器的纵、环焊缝。 （3）伸缩臂式操作机 伸缩臂式操作机如图 6–127 所示。该操作机具有可以随台车移动，绕立柱回转，伸缩臂水平伸缩与垂直升降四个运动；并且伸缩臂能以焊接速度运行，与变位机、滚轮架配合可以完成各种工位上内外环焊缝和内外纵焊缝的焊接；在伸缩臂的一端还可安装割炬、磨头、探头等工作机头，完成切割、打磨和探伤等作业，机动性强，作业范围大。
电渣焊立架	在焊接生产中，许多厚板材的拼接及厚板结构的焊接常采用电渣焊方法。电渣焊立架是将电渣焊机连同焊工一起按焊速提升的装置，主要用于立焊缝的电渣焊。若与焊接滚轮架配合，它也可用于环焊缝的电渣焊。如图 6–128 所示，焊机 1 沿着导轨 2 上升，操作人员在工作架 4 上，工作架沿立柱 3 与焊机同步上升，整套装置由下面小车 5 支承，小车可以行走。  图 6–127　伸张臂式操作机 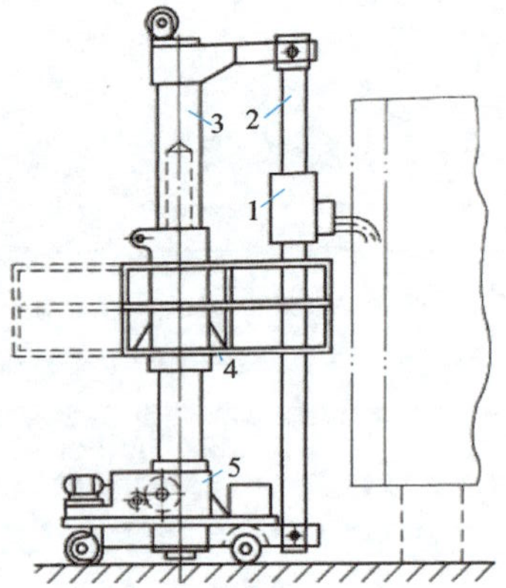 1—焊机；2—导轨；3—立柱； 4—工作架；5—小车 图 6–128　电渣焊立架

留白促思

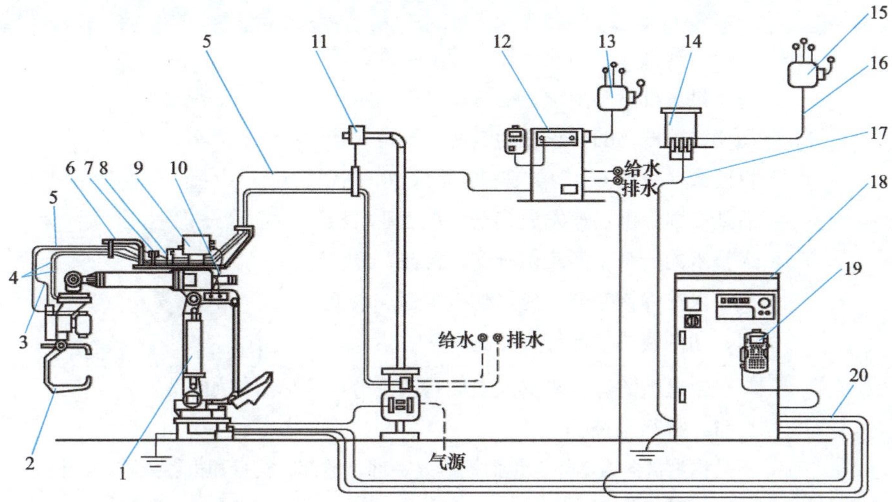

1—机器人本体；2—点焊钳；3—气管；4—冷却水管；5—焊钳电缆；6—中继盒安装基座；7—电缆中继接头；8—加压电磁阀；9—中继盒；10—装备电缆；11—管线支架；12—点焊机；13—三相电源(380 V)；14—机器人用变压器；15—三相电源（380 V）；16—次电缆；17—控制电缆（380 V/200 V）；18—机器人控制柜；19—示教盒；20—示教盒电缆

图 6–77　SG–MOTOMAN 点焊机器人工作站构成图

案例 6–35　弧焊机器人工作站

弧焊机器人的组成和原理与点焊机器人基本相同，在 20 世纪 80 年代中期，哈尔滨工业大学的蔡鹤皋、吴林等教授研制出了中国第一台弧焊机器人——华宇–Ⅰ型弧焊机器人。

弧焊机器人可以被应用在所有的弧焊和切割技术领域。最常用的应用范围是 CO_2 气体保护焊、MAG 焊、熔化极惰性气体保护焊（MIG 焊）、自动填丝的钨极惰性气体保护焊（TIG 焊）以及等离子弧焊。还可应用在氧–燃气火焰切割、等离子弧切割、等离子弧喷涂及激光焊接和切割等方面。

图 6–78 所示为一套 SG–MOTOMAN 弧焊机器人工作站构成图。它包括机器人系统、焊接设备及附属设备等。

知识点 6–33　焊接变位机械——焊工变位机械

说明	焊工变位机械又称焊工升降台，这类装置的主要作用是在焊接高大结构或在工地上施工时，将焊工连同焊接或切割设备输送到作业位置。	
移动式液压焊工升降台	图 6–129 所示为移动式液压焊工升降台，其工作载荷为 1 961.33 N，工作台与地面之间的高度可在 1 700～4 000 mm 的范围内调节，同时工作台的伸出位置也可以改变。使用时，将支撑装置 1 放下，使升降台不再移动，用手动液压泵 2 驱动工作台 8 升降到合适的高度即可工作。	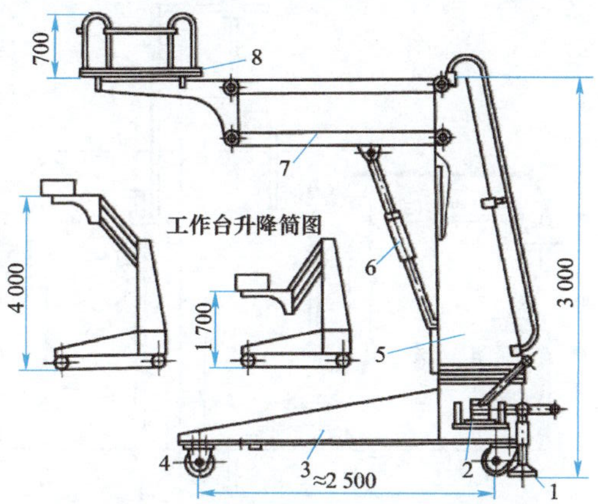 1—支撑装置；2—手动液压泵；3—底架组成；4—走轮；5—立架；6—柱塞液压泵；7—转臂；8—工作台 图 6–129　移动式液压焊工升降台
垂直升降液压焊工升降台	图 6–130 所示为垂直升降液压焊工升降台，它由底架 6、液压缸 5、铰链杆 4、活动平台 2 及固定平台 3 等组成。依靠电动液压泵推动顶升液压缸 5，使其获得平稳的升降，液压缸全部伸出时，可把工作台举伸到 7 m 的高度。到达所需高度后，工作台可水平移出，便于工人接近焊件。	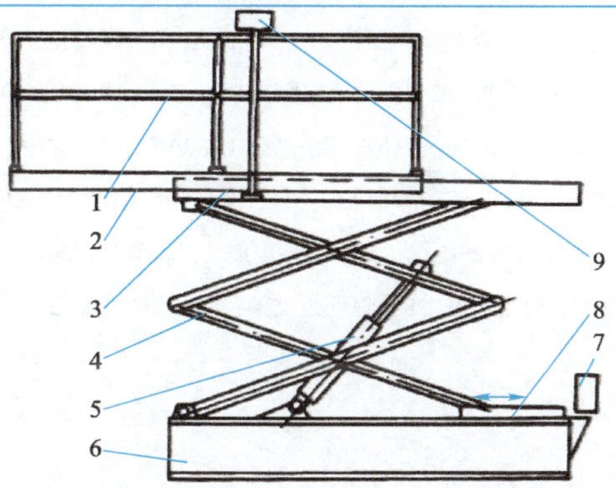 1—活动平台栏杆；2—活动平台；3—固定平台；4—铰链杆；5—液压缸；6—底架；7—开关箱；8—导轨；9—控制板 图 6–130　垂直升降液压焊工升降台

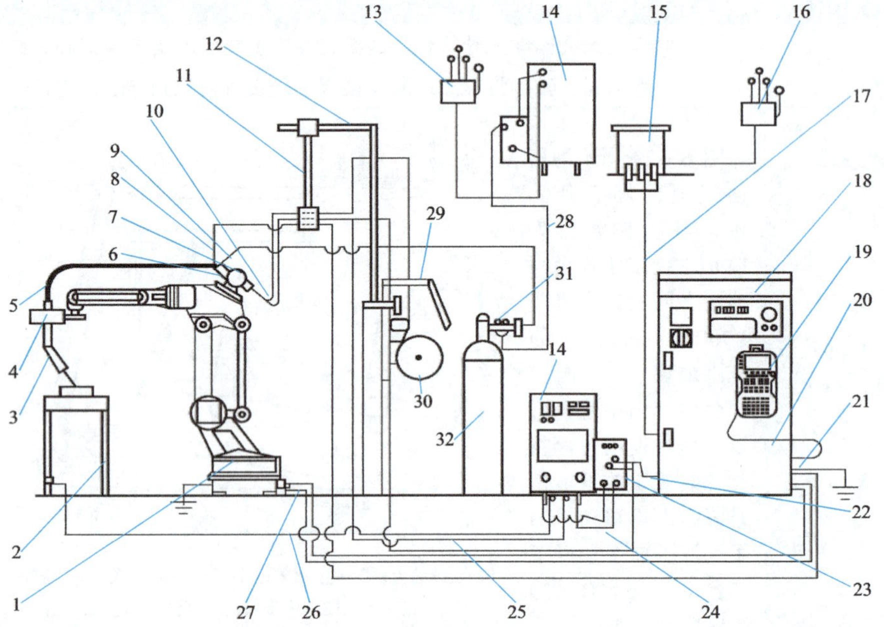

1—机器人本体；2—夹具工作台；3—焊枪；4—带碰撞传感器的焊枪把持器；5—焊枪、传感器电缆及气管；6—送丝机安装基座；7—送丝机；8—碰撞传感器电缆；9—保护气软管；10—送丝管及电缆；11—电缆吊挂；12—焊丝及电缆支架；13—三相电源（380 V）；14—焊机（正面及背面）；15—变压器（380 V/220 V）；16—三相电源（380 V）；17—控制柜电源线；18—YASNAC—XRC 控制柜；19—示教盒；20—示教盒用电缆；21—第三种接地电缆；22—焊接指令电缆；23—焊机的接口线路板（内置）；24—控制电缆；25—焊接电缆（焊枪侧）；26—焊接电缆（焊件侧）；27—机器人用电缆；28—保护气压检测线；29—焊丝盘支架；30—焊丝盘；31—气体调节器；32—保护气体气瓶

图 6–78　SG–MOTOMAN 弧焊机器人工作站构成图

知识点 6–34　焊接机器人

说明	由于焊接工艺的复杂性、劳动强度、产品质量及批量等要求，使得焊接工艺对自动化、机械化的要求极为迫切，于是焊接机器人（见图 6–131）在 20 世纪 60 年代后期在国际上迅速发展起来，是工业机器人技术的一个主要应用分支。目前，焊接机器人在焊接领域已应用到电阻焊、电弧焊、切割及热喷涂等方面。 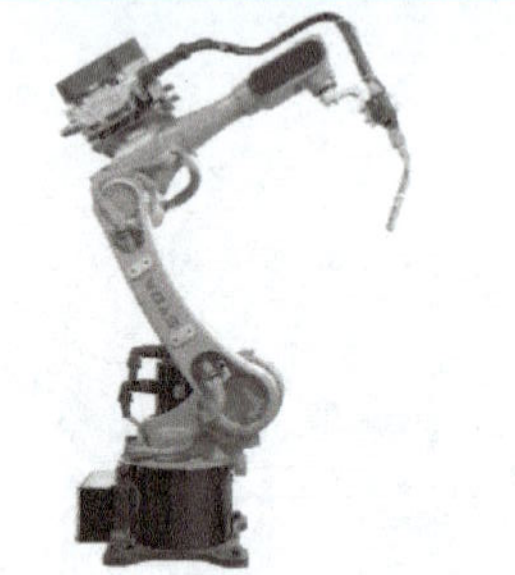 图 6–131　焊接机器人
焊接机器人的组成	一台典型的焊接机器人主要有四部分，具体组成如下。 （1）执行系统 又称为机器人本体，包括机器人手部、臂部、机身和机器人移动机构等。 （2）控制系统 包括控制柜、示教盒和再现盒等，其中控制柜中装有运动控制装置、位置检测装置及伺服驱动装置等。 （3）焊接系统 包括焊接电源、送丝机构和焊枪或焊钳等。 （4）配套工艺装备 包括转胎和变位机等。
焊接机器人的分类	焊接机器人按用途分为点焊机器人和弧焊机器人。 点焊机器人在汽车工业领域广泛应用，在装配每台汽车车体时，大约 60%的焊点是由机器人完成的。 弧焊机器人一般较多采用熔化极气体保护焊（MIG 焊、MAG 焊、CO_2 焊）或非熔化极气体保护焊（TIG 焊、等离子弧焊）方法。
焊接机器人的应用	焊接机器人虽然有 4～6 个自由度，其焊枪可达作业范围内的任意点对焊件施焊，但在实际操作中，对于一些结构复杂的焊件，如果不适时变换位置，就可能和焊枪发生结构干涉使焊枪无法沿设定的路径进行焊接。另外，为了保证焊接质量，提高生产率，往往要把焊缝调整到水平、船形等最佳位置进行焊接。因而，焊接机器人应用中几乎都是配备了焊件变位机械才实施焊接的。